U0289737

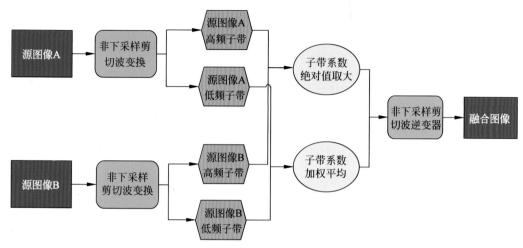

图 5-19　基于非下采样剪切波变换的图像融合算法流程

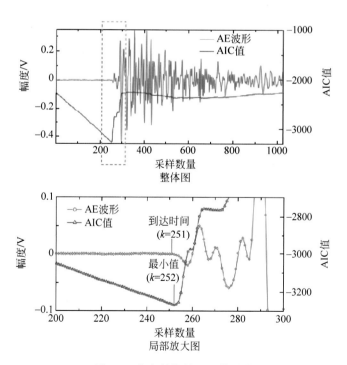

图 6-4　声发射信号 AIC 值计算

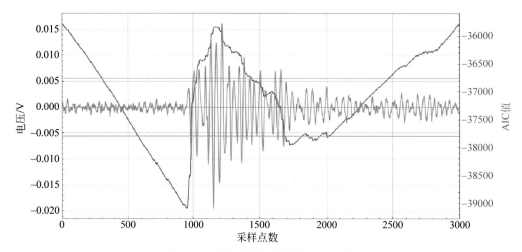

图 6-5　典型声发射波形及 AIC 曲线

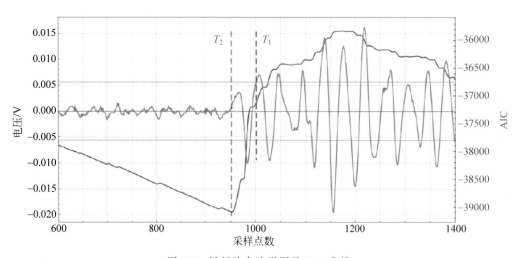

图 6-6　局部放大波形图及 AIC 曲线

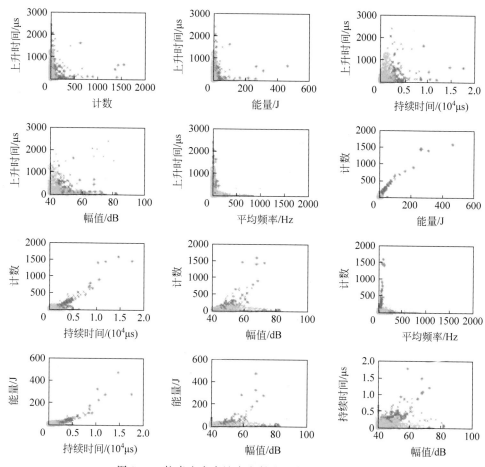

图 7-14　拉索应力腐蚀声发射特征参数分布相关图

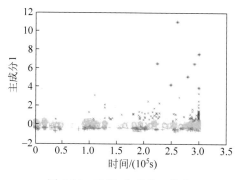

图 7-15　时间-主成分 1 分布

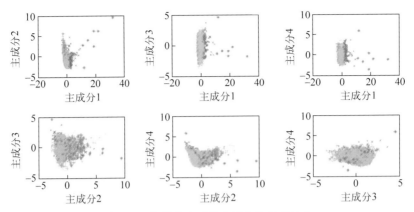

图 7-16  数据在主成分空间上的分布结构

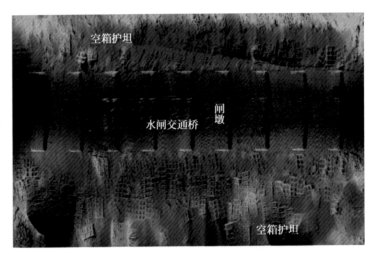

图 7-18  多波束成像系统检测结果

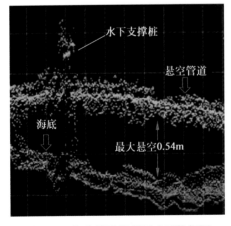

图 7-21  海底管道纵剖面点云数据图

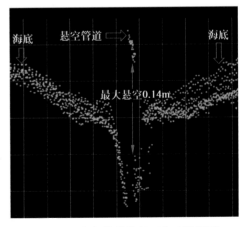

图 7-22  海底管道横剖面点云数据图

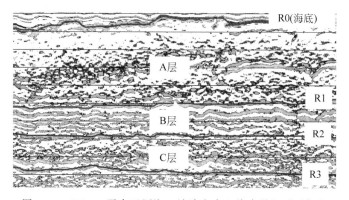

图 7-27　ZH104 平台至原海一站路由中心线声学记录及解释

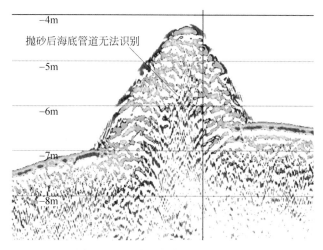

图 7-28　抛砂海底管道浅剖效果图

图 7-29　多波束和侧扫声呐测试裸露、悬空管道图像

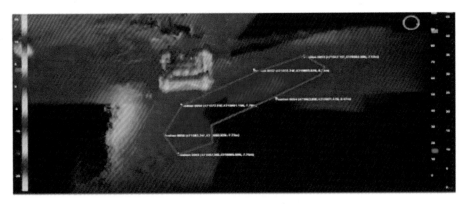

图 7-31　3 号平台目标西北侧沟槽位置分布

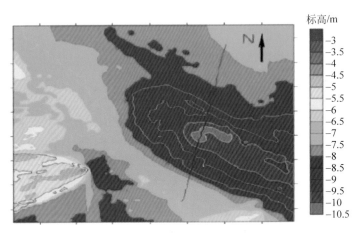

图 7-32　3 号平台目标沟槽部位等高线图

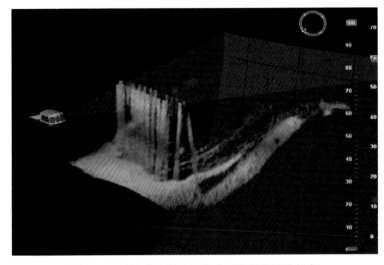

图 7-38　三维多波束实时声呐系统面状测试方式

图 7-39　5 号墩基础上游侧三维声呐点云图

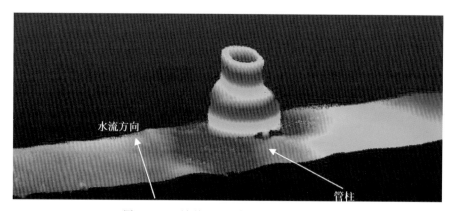

图 7-40　6 号墩基础左侧三维声呐点云图

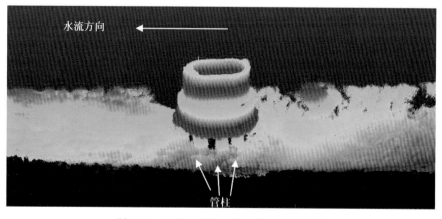

图 7-41　7 号墩基础左侧三维声呐点云图

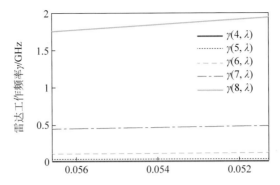

图 14-1　γ 随海态和频率的连续变化趋势

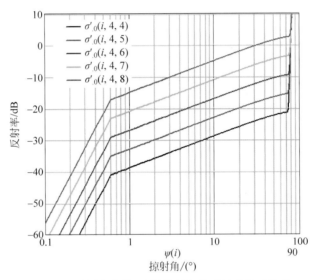

图 14-3　不同海态势、不同掠射角的反射率仿真结果

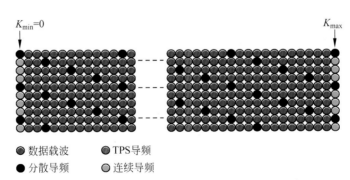

图 18-22　DVB-T 的导频

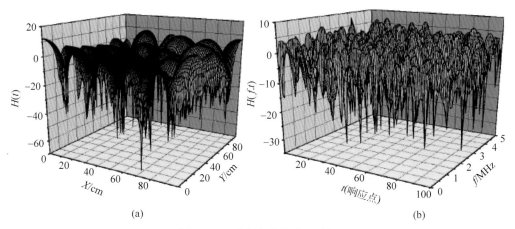

(a)                                          (b)

图 18-79　瑞利衰落信道的特性

（a）空间分布；（b）信道频率响应特性

# 海洋无人平台技术

丁峰 李响 向文豪 王劲涛 朱尚清 编著

清华大学出版社

北京

## 内 容 简 介

海洋无人平台技术是信息技术发展的一个崭新研究方向,虽然各项关键技术的发展取得了一定进步,但仍存在诸多难题需要进一步解决和完善。本书总结了作者多年来对海洋无人平台的光电、雷达、声呐、通信与舰艇集成技术方面的研究成果和经验,从基本原理、关键技术以及实际应用等角度介绍了海上无人装备技术特点以及实现海上无人装备智能化发展的关键技术。

本书可供海洋装备、无人平台等领域的科研工作者及相关专业本科生、研究生阅读参考。

版权所有,侵权必究。举报:010-62782989,beiqinquan@tup.tsinghua.edu.cn。

**图书在版编目(CIP)数据**

海洋无人平台技术/丁峰等编著.—北京:清华大学出版社,2023.5
ISBN 978-7-302-63113-2

Ⅰ.①海… Ⅱ.①丁… Ⅲ.①海洋—无人值守—信息技术设备 Ⅳ.①TN05

中国国家版本馆 CIP 数据核字(2023)第 054010 号

**责任编辑:**孙亚楠
**封面设计:**何凤霞
**责任校对:**王淑云
**责任印制:**杨 艳

**出版发行:**清华大学出版社
　　　　**网　　址:**http://www.tup.com.cn,http://www.wqbook.com
　　　　**地　　址:**北京清华大学学研大厦 A 座　　　**邮　　编:**100084
　　　　**社 总 机:**010-83470000　　　　　　　　　　**邮　　购:**010-62786544
　　　　**投稿与读者服务:**010-62776969,c-service@tup.tsinghua.edu.cn
　　　　**质量反馈:**010-62772015,zhiliang@tup.tsinghua.edu.cn
**印 装 者:**三河市龙大印装有限公司
**经　　销:**全国新华书店
**开　　本:**185mm×260mm　　**印 张:**28.5　　**插 页:**5　　　**字　　数:**707 千字
**版　　次:**2023 年 6 月第 1 版　　　　　　　　　　　　**印　　次:**2023 年 6 月第 1 次印刷
**定　　价:**188.00 元

产品编号:091317-01

# 序
## FOREWORD

党的十八大以来，以习近平同志为核心的党中央高度重视智慧海洋工作，海洋装备发展进入了新时代，开启了新征程。建设海洋强国是实现中华民族伟大复兴的重大战略任务。要推动海洋科技实现高水平自立自强，加强原创性、引领性科技攻关，把装备制造牢牢抓在自己手里，努力用我们自己的装备开发油气资源，提高能源自给率，保障国家能源安全。

世界经济一体化加速发展，我国"一带一路"倡议的顺利推进，海上丝绸之路的开辟和维护，都对我国海洋技术与先进装备的开发，尤其是智能船艇与海洋无人系统装备的发展提出了新的要求和挑战。我国拥有18000多公里的大陆海岸线，无论是用于海洋国土防卫、专属经济区资源开发、蓝色经济发展，还是远洋运输、科学考察、深海探测、渔业生产等领域，经略海洋都急需大量智能化船艇和无人系统装备来支撑。

近年来，无人作战技术正逐步走向海洋军事应用领域，推动以无人机、水面无人艇和无人潜航器为代表的海上无人装备发展，催生无人海战新形态。美俄等海洋强国高度重视将海上无人作战技术作为长期保持军事优势的重要技术手段之一，持续加大投入，目的是利用该技术构建领先的海上作战优势。美国发布了《无人系统计划框架报告》《海军作战部长指导计划》等文件，积极打造无人舰队，以"应对大国竞争带来的重大挑战"。俄罗斯也开展多重举措推动海上无人装备尤其是无人潜航器的发展。目前，在系列战略规划指引下，美俄海上无人装备发展已取得长足进步。

我国海洋装备制造起步较晚，存在发展滞后、重复投资、部分设备依赖进口等问题。"十四五"时期加快建设海洋强国，需要进一步发展壮大海洋装备制造，推动海洋科技实现高水平自立自强。要不遗余力增强海洋科技自主创新能力，从"造外壳"走向"做大脑"，从集成创新迈向自主创新。回顾"雪龙2""奋斗者号"的研发历程，科研工作者无一不是把实现关键核心技术自主可控作为首要任务，实施创新驱动，补齐短板弱项，刻苦钻研、奋力拼搏，才换来从事海洋科学考察活动的主动权和话语权。

要持续完善科技创新机制，激发海洋科技力量新活力。我国近年来努力突破海洋装备制造关键核心技术，在创新机制方面取得不少有益探索。例如山东发起设立海洋共同体基金，重点支持原始创新、海洋成果转化和高端海洋科技产业化项目培育；广东持续提供海洋经济发展年度专项资金3亿元，支持海洋工程装备、海上风电等产业协同创新和集聚发展。像这样的有益探索要进一步推广，坚持海洋科技创新与体制机制创新"双轮"驱动，支持海洋科技创新和成果转化，促进海洋产业人才链、创新链与产业链高度融合。

当前，新一代信息技术正与制造业深度融合，海洋装备制造也应顺应大势，加快数字化和智能化转型。在实现高质量发展的大背景下,为适应学习、掌握和运用海洋电子装备知识,提升装备能力,经过一线工作的同志们的编写,《海洋无人平台技术》正式出版。该书对发展海上无人装备的意义及国内外发展的历程和现状进行了阐述,以无人机和无人艇装备平台为例,从基本原理、关键技术及在海洋工程中的应用等维度剖析了海上无人装备技术特点。详细介绍了实现海上无人装备智能化发展的四项必要技术:声呐技术、光电技术、雷达技术、海上通信技术。以实例形式讲解相关专业知识,紧盯实践应用,让专业知识更专业、更通俗可读,是既面向海洋装备从业人员,又面向大众的学习读物。

鉴于作者是来自一线的工作者和科研人员,由于实践和学识有限,我们希望广大读者特别是海洋装备从业人员提出宝贵意见,以便改进书籍质量、提升书籍品质,更好地帮助广大读者朋友学习掌握海洋电子装备知识,更好地服务于新时代大国海洋装备伟大事业。

作　者

2022 年 12 月

# 前言

## PREFACE

随着人工智能、大数据融合及信息化技术的发展,海洋无人平台技术越来越智能化、自动化及平台化。海洋工程领域的检测、监测和自动识别技术的发展是无人平台技术的基础,声、光、电等技术领域的新技术、传感技术及数据处理与系统集成等技术的革新将会开启海洋工程无人平台领域新的技术革命。目前,以信息学、光学、声学、电子学等为理论基础的声呐、光电、雷达、通信技术已经在海洋工程领域广泛应用,其发展应用的前景非常广阔。以无人艇和无人机平台为代表的无人技术在海上应急保障、水下地形测绘、大坝环境监测等领域也有成功的应用,广泛应用于无人装备和智能装备领域,将成为二十一世纪信息技术的重要支柱,推进人类社会信息化和光电子高新技术产业化更快地向更高的水平发展。

本书共分为六个篇章:

第一篇 绪论:从第 1 章到第 3 章,重点介绍海洋无人平台概述、发展历程、系统介绍。

第二篇 声学篇:从第 4 章到第 7 章,重点介绍声学技术的概述、原理、关键技术及在海洋无人平台的典型应用。

第三篇 光电篇:从第 8 章到第 11 章,重点介绍光电技术的概述、原理、关键技术及在海洋无人平台的典型应用。

第四篇 雷达篇:从第 12 章到第 15 章,重点介绍雷达技术的概述、原理、关键技术及在海洋无人平台的典型应用。

第五篇 通信篇:从第 16 章到第 19 章,重点介绍通信技术的概述、原理、关键技术及在海洋无人平台的典型应用。

第六篇 展望篇:第 20 章,结合现有海洋平台技术的特点和产业现状,展望下一步的发展。

本书是本课题组多年来科研成果的总结,是发展海洋无人平台系统的关键所在。吴大鹏等同志在本书编写过程中付出了辛勤劳动,王劲涛教授为本书的编写提供了大力支持,清华大学相关科研人员提供了很大帮助,在此表示感谢。

特别感谢宋健教授给予的悉心指导和对本书提出的宝贵意见。本书相关的研究工作得到了国家课题的关键技术及相关理论研究的支持,对此深表谢意。感谢本书作者的家人,对本书编写过程的支持与理解。在本书出版过程中,清华大学出版社的孙亚楠编辑给予了极大的帮助,在此一并表示感谢。

海洋无人平台技术是信息技术发展的一个崭新研究方向,虽然各项关键技术的发展取得了一定的进步,但还存在诸多难题需要进一步解决和完善。本书从技术基础和实际应用的角度出发,总结了作者多年来在无人机和无人艇的声呐、光电、雷达、通信与舰艇集成技术方面的研究成果和经验,在突出基本概念、基本原理的基础上,参考国际最新的技术发展进程,力求深入浅出、通俗易懂,希望能够对无人机和无人艇领域的科研工作者有所帮助。由于作者水平有限,尽管做了很大努力,书中难免有疏漏和不当之处,敬请广大读者批评指正。

作　者

2022 年 12 月于北京

# 目录

## CONTENTS

## 第三篇  光  电  篇

## 第四篇  雷  达  篇

## 第五篇　通　信　篇

# 第六篇　展　望　篇

# 第一篇

# 绪　论

在过去的一二十年里,无人平台的研究和应用得到了飞速发展。由于在高危险的复杂环境中采用无人平台,可以大大减少人员伤亡,同时在设计和功能上更加灵活多变,因此关于无人平台的研究和应用率先在军事领域迅速开展。与此同时,针对民用领域的无人平台的研究进展得也非常迅速。

无人平台是相对于传统的有人平台而言的,主要包括地面无人车(unmanned ground vessels,UGV)、空中无人机(unmanned aerial vessels,UAV)、无人水下潜艇(unmanned underwater vessels,UUV)、水面无人艇(unmanned surface vessels,USV),其中地面无人车、空中无人机、无人水下潜艇的研究起步较早,发展较快,已经取得了大量成果。

无人艇相对来说起步较晚,但最近几年得到了越来越多的重视。无人艇是指可以根据导航信息自主规划、自主航行并且可以在完成环境信息搜集、目标探测等任务同时接受岸上人员遥控操作的水面舰艇。无人艇可以在各种复杂环境下执行信息侦察、潜伏和作战等任务,可在未来的海战中为其他舰艇扫清海上障碍,在建立安全的海上通道等方面发挥作用。21世纪以来,西方国家十分重视水面无人艇的研究和应用。美国、以色列、日本等国已经将无人艇作为海军最重要的研究领域之一。近年来我国也对水面无人艇的研究日益重视,但是目前对无人艇的研究还处在初步的理论探索阶段,在实船实验方面研究得较少。在未来的海战中,日益强调浅海登陆作战、海上与空中及水下的配合作战、低伤亡作战等。由于无人艇无须船员在其上作业,即使面对拥有高效、致命武器的敌人,也没有人员伤亡的危险,尤其是在高危环境及含有高辐射、高污染区域。因此,无人艇的研究吸引了越来越多国家的重视。

目前,在我国进行水面高速无人艇的研究具有十分重要的意义:

随着美国"斯巴达侦察兵"无人艇加入美军战斗序列并在局部战争中发挥积极作用,未来舰艇必将朝着自动化、智能化、无人化的方向发展,高速水面无人艇正是这一历史潮流的产物。无人艇必将成为未来战争中不可或缺的重要成员,为夺取信息优势地位,进行精确军事打击、履行特殊作战任务发挥不可替代的作用。目前,西方各国已陆续开展了对各种用途的无人艇的研究,为顺应这一历史潮流,在军事科技领域追赶世界先进水平,对各领域的智能水面无人艇的研究已成为我国迫在眉睫的任务要求。

近年来,随着信息化、无线通信、精确导航及人工智能等技术的飞速发展及其在军事领域的广泛应用,智能无人系统已经成为现代战争的重要组成部分,世界主要军事强国均高度重视无人系统装备在军事领域的应用。未来,智能无人装备将深刻影响作战方式,颠覆战争规则,而智能无人装备作为前沿技术的集大成者,其代表了一个国家科技实力发展的最高水平。信息化条件下的战争,将人与人、人与机、机与机之间的对抗转变为作战体系之间的对抗,在这种情况下,如果具有局部的或某项技术上的优势,极有可能影响整个战争的最后结局。在我国,由于历史和地理及现实经济利益的原因,海洋权益不断受到西方强国和周边国家的侵犯,维护国家主权的局部冲突随时可能爆发。目前,我国海洋军事装备水平仍落后于西方先进国家,将智能水面无人艇编入其他大中型水面舰艇的战斗序列,以较低的成本弥补军事装备水平的不足,发挥无人艇运动灵活、功能多样等特点,将形成局部战术优势,达到影响局部乃至整个冲突的目的。在未来可能爆发的冲突中,利用水面无人艇可快速布置水面信息节点,建立海上通信网络,进行信息中继,亦可执行目标侦察、海上搜救、火力打击、巡逻安防、后勤保障和诱饵靶船等任务。

无人艇也可应用于民用领域,如清理海上漏油及其他各种垃圾、清理水面蓝藻、进行水文气象探测等,无人艇还可用于海上巡逻、侦察等,应对海洋突发事件并进行海洋、大型湖泊等方面的环境监测及灾害预警等,其中一个重要用途是海上搜救,即在风浪比较大、搜救人员无法抵达时,由无人艇来营救被困人员。近年来,国内一些科研机构和院校相继开展了无人艇的研究。

国内的研究机构对无人艇的系统组成和原理均进行了深入的研究。作为无人艇核心的设计思想,体系结构从总体的角度阐述其组成原理,将对无人艇成型产品的研制具有重要的指导意义。同时,在运动控制系统的研究上,国内主要局限于控制理论的论证、以模型为基础的性能研究及用计算机进行仿真等,以实船为基础,以柴油机为动力、喷水推进器为推进的控制系统硬件和软件研究的书籍极少。本书通过对国内外无人艇现有相关资料进行分析整理,并借鉴其他有人和无人平台的技术成果,对水面无人艇的国内外发展情况进行探索,基于对水面无人艇的国内外研制和产品现状情况的调研,结合当前国内外水面无人艇的市场需求情况,经过整理和分析研究,对无人水面平台进行系统的介绍,并对平台构成涉及的主要专业技术领域,按照声学、光电、雷达和通信四个专业方向分篇章进行论述。每个篇章又分为几部分进行介绍,按照概述及国内外现状、关键技术、典型应用分述,力求系统地介绍各专业内容,更好地帮助大家了解无人平台。

第1章

## 海洋无人平台概述

## 1.1　无人机概述

无人飞行器系统是以无人机为主体、由多个分系统组成的复杂系统,集成了航空技术、信息技术、控制技术、测控技术、传感技术及新材料、新能源等多学科技术,已成为航空航天的一个新的发展方向。无人机的发展历史可以追溯到20世纪20年代,由于技术进步和战争需求,无人机已逐渐发展为世界各国尤其是发达国家武器装备中的重要组成部分之一,无人化也日益成为未来战争发展的方向之一,同时无人机也正在向民用化发展。进入20世纪末,无人机发展进入了一个新时代并先后形成三次发展浪潮。目前,世界各主要国家尽管发展方向和发展程度各异,但无不积极研制开发无人机,在进一步发展军事用途的同时扩展到民用领域,无人机发展高潮即将到来。

无人驾驶飞机简称"无人机",英文缩写为"UAV",是利用无线电遥控设备和自备的程控装置操纵的不载人飞机。从技术角度定义可以分为无人直升机、无人固定翼机、无人多旋翼飞行器、无人飞艇、无人伞翼机等。而无人机系统,英文缩写为"UAS",是以无人机为主体,配有相关的分系统,能完成特定任务的一组设备。无人飞行器系统一般由无人机平台、测控与信息传输分系统、飞行控制与导航系统、任务载荷、发射与回收系统和地面运输与保障系统组成。

上述关于无人机的定义,强调以空气动力为飞行器提供升力,考虑的主要是航空空间的无人飞行器。但是,随着无人机技术的快速发展,无人机已经开始向航空空间之外发展,临近空间无人机、空天无人机已经开始出现。以美国试飞的临近空间无人飞行机、空天无人机为代表,无人机正在向更高、更远、更快的空天发展,无人机技术的发展赋予了无人机新的外延和内涵。

基于以上认识,本书对无人机给出新的定义:一种需要依靠动力装置,能够在空中进行持续、可控的任务飞行,或是在航空航天空间均可实现可控飞行,能携带民用或军用性质的任务载荷执行任务,可一次性使用或可重复使用的无人驾驶飞行器。特别地,把能在临近空间持续巡航飞行的无人机称为临近空间无人机,把兼具航空器和航天器飞行能力的无人机称为空天无人机。

无人机系统按质量、航程和飞行高度可分为微型无人机(质量一般不超过 1kg)、小型无人机(质量一般不超过 20kg,航程不超过 30km)、近程无人机(航程能达到 100km)、中程无人机(航程能达到 500km)、中空长航时无人机(航程超过 500km,续航时间 20h 以上,飞行高度为 5000～10000m)和高空长航时无人机(航程达到 10000km,续航时间 20h 以上,飞行高度达到 15000m)[1]。

相比于有人驾驶飞行器,无人机有着用途广泛、成本低、效费比好、无人员伤亡风险、生存能力强、机动性能好、使用方便等优势,适用于执行"枯燥的、脏的、危险的"所谓"3D"任务,能在核污染、化学污染地区和战争前沿侦察,能在极端恶劣天气下飞行,在现代战争中有着极其重要的作用。无人机执行的任务分为攻击杀伤型和非攻击杀伤型。美国海军给无人机划分了以下任务分区:

(1) 地平线之上:探测、分类、导向目标、战斗损失评估。

(2) 两栖作战支持:海军火力支持、水雷/地雷。

(3) 指挥控制通信/无线电。

(4) 情报:天气、电子支持措施、信号情报、核武器和生物武器传感器、监视、侦察。

(5) 混合作业:攻击、欺骗、心理战、搜寻与营救行动。

(6) 电子战/对抗:电子对抗、电子支持措施、干扰物、空中诱饵。

到目前为止,侦察/监视任务是无人机的主要活动,传感器和数据链是其现今发展的重点。目标观察次之,电子战是它的第三项任务。在侦察/监视、目标观察及电子战任务取得成功后,其他任务最后也将得到拓展。

海上无人机应用是无人机系统应用的重要组成部分,地球上 71％的区域由海洋覆盖,为无人机提供了更多可开发的用途和发挥作用空间[2]。无人机机动性强,运行空间几乎不受地理环境限制,在海上拥有极大的性能优势。海上无人机按照起降方式可分为舰载无人机和陆基无人机两种。其中舰载无人机由起降舰载平台和无人机构成,无人机可以在航行舰船的甲板上实现起飞和回收,大大增加了无人机的覆盖空域和海域,舰载无人机如图 1-1 所示[3]。陆基无人机在陆地上实现起飞和回收,可以在海上执行飞行任务。

图 1-1　海上无人机系统组成示意图

由于海上舰船空间狭小,海面风速较大,舰船不但要前行,甲板升沉、横摇和纵摇运动也相当剧烈,对无人机的起降提出很高要求。同时,搭载海上无人机的作战舰艇通常还会搭载许多电磁探测侦察设备和武器等,这就要求无人机测控系统能够适应舰艇空间和外界复杂的电磁环境,做到不被其他信号干扰和不干扰别的设备正常工作。

军事应用方面,国外的海上无人机发展较早且相对成体系,具有代表性的有美国军方使用的 RQ-2A 先驱者、以色列军方研发的 Scout 无人机和 Orbiter 无人机、波音公司研发的扫描鹰无人机等。除去以上所列的固定翼之外,RQ-8 火力侦察兵旋翼式舰载无人机也常应用于海上军事行动。

民用方面,海上无人机可应用于海上搜救、应急援助、海上资源勘探、气象侦测等方面,国内各研究机构也逐渐重视海上无人机在民用领域的研发,如国内研发的 U650 无人机可用于海上运送补给和监测任务等。无人机在海洋领域的发展得到越来越多的关注,未来国内外更多的研发机构将设计出更多的机型,来适应不同的海上应用环境。

# 1.2　水面无人艇概述

无人艇是水面无人艇(unmanned surface vessels,USV)的简称,指一种直接通过自主航行或远程遥控以实现正常航行、操纵及作业的水面小艇。无人艇可通过搭载各种任务载荷执行指定任务。无人艇包括平台、任务载荷、通信系统和操控系统。

(1) 平台:由艇体、轮机和电气设备组成的组合体。

(2) 任务载荷:完成指定任务而配置的设备。

(3) 通信系统:用于平台与平台、平台与母船/岸基/空基等控制站之间传递各种指令、状态信息、图像、视频、音频数据的无线传输系统。

(4) 操控系统:位于平台和母船/岸基上对采集的各种信息进行识别、处理和决策,从而实现平台的自主或遥控航行的系统。

(5) 平台就地人工控制:在平台上进行维护、检修和应急的人工操控方式。

(6) 远程遥控:在母船/岸基上采用自动驾驶仪对平台推进装置和各种设备及系统进行远程操控的航行模式。

(7) 自主航行:按照目标任务,在完全没有人工干预的情况下进行安全航行的航行模式。

无人艇可分为如下五类:

(1) 1 类:设计为可航行于距岸超过 200n mile,且最小设计有义波高(Hs)为 6m 的无人艇。

(2) 2 类:设计为可航行于距岸不超过 200n mile,且最小设计有义波高(Hs)为 4m 的无人艇。

(3) 3 类:设计为可航行于距岸不超过 20n mile,且最小设计有义波高(Hs)为 2m 的无人艇。

(4) 4 类:设计为可航行于距岸不超过 10n mile,且最小设计有义波高(Hs)为 1m 的无人艇。

(5) 5 类:设计为可航行于距岸不超过 5n mile,且最小设计有义波高(Hs)为 0.5m 的无人艇。

水面无人艇主要用于执行危险及不适于有人船只执行的任务,一旦配备先进的控制系统、传感器系统、通信系统和武器系统,可以执行多种战争和非战争军事任务,比如侦察、搜索、探测和排雷,搜救、导航和水文地理勘察,反潜作战、反特种作战及巡逻、打击海盗、反恐攻击等。

到目前为止,世界各国已研制了各种用途的无人艇(图 1-2)。基于不同功能需求的无人艇的体系结构设计亦有所不同。本书主要介绍无人艇用于在近海水域执行安全保卫任务。作为近海防御的前沿防线,这种无人艇可以对重要港口和岛屿进行安全巡逻,对近海水域进行情报搜集,对可疑目标进行监察和跟踪,在确定可疑目标为危险时,其上搭载的武器系统可对其进行打击和摧毁。如搭载的为警示和引导设备,可作为民用设备,供海事部门等使用,协助其完成海事管理和海事搜救等任务。要实现以上任务,首先要具备精确可靠的航行及导航定位功能,同时还要具备对周围环境信息进行搜集和处理的能力及对目标进行智能干预处理的功能。

图 1-2　水面无人艇[4]

（1）无人艇应具备精确可靠的航行及导航功能。无人艇一方面要利用自身配备的 GPS、陀螺仪、电子海图等设备沿着规划的路径自主航行,遇到障碍时能自主设置避障路径,绕过障碍物;另一方面,还要能接受岸基控制人员的远程遥控命令,实现遥控航行。在控制人员的视距范围外,无人艇要能对自身位置进行精确定位,并能精确测量航向及无人艇的速度、加速度和角加速度值。在高速航行时,应保证较好的船体稳定性。无人艇要具备足够长的为设备供电能力,这可以通过装备高性能的蓄电池和轴带发电机实现。通过采用大容量的油箱和先进的节油技术使无人艇具有较长的巡航时间,以确保无人艇航程覆盖其所辖水域。

（2）无人艇应具备向岸基控制人员提供实时的现场环境信息和自身的航行信息的功能。应考虑不同传感器的性能特点,进行优化组合,尽可能全面地采集环境信息。由于海上特殊的环境,无人艇应配备专用的搭载平台,尽量降低传感器工作时由于海水晃动造成的采集信息失真及画面抖动等。无人艇还要将测量到的自身航行信息精确地返回给岸上操作人员,以方便控制人员了解无人艇实时信息,从而做出正确的控制指令。传给控制人员的信息格式包括图像、图片、音频等,经过处理,实时呈现给控制人员。

（3）无人艇应具备对可疑目标进行智能干预处理的功能。利用无人艇携带的非致命性设备对违法行为进行制止,消除潜在威胁,或者借助武器系统直接进行打击摧毁。无人艇搭载的遥控机枪和小口径火炮可以对各种自杀性小艇及布置在水面的水雷进行打击摧毁,成本低且安全。民用无人艇用于海事管理时,对违法行为,岸上人员可以通过遥控无人艇上的强光灯进行警示,对倾覆船只和落水人员,可以用无人艇进行海上营救。

　　与其他无人装备相比,水面无人艇的发展相对滞后,但自主程度在不断提升。自主程度是衡量无人系统先进性的核心指标。水面无人艇按自主程度可分为遥控型、半自主型和全自主型三类。由于全自主控制方式对智能化程度要求较高,实现极为困难,尚处于研究探索阶段。目前,各国水面无人艇多采用半自主型,从国外已服役或在研的水面无人艇主要特征和功能看,全自主型水面无人艇是未来水面无人艇的发展目标。

# 参考文献

［1］　https://blog.csdn.net/u011326478/article/details/79297485.

［2］　陈星达.海上无人机应用与发展综述[J].中国战略新兴产业,2018(12):47.

［3］　https://www.163.com/dy/article/E7OG4PS20511DV4H.html.

［4］　https://m.sohu.com/a/195809245_358040.

# 第2章

# 海洋无人平台的发展历程

## 2.1 海洋无人机平台发展历程

### 2.1.1 海洋无人机平台的起源

无人机的历史实际上就是所有飞机的历史。从多个世纪之前中国的风筝优雅地飞翔在空中到第一个热气球的问世,无人飞行器的出现要远早于附带风险的载人飞行器。据传说,三国时期蜀汉军师诸葛亮(公元 180—234 年)是早期无人机的运用者之一,他在纸质气球中点燃油灯以加热空气,然后在晚上将气球放飞至敌营上空,使敌人误以为有神力在起作用。到了现代,无人机主要是指能够模仿有人机机动飞行的自主/遥控操作的空中飞行平台。多年来,无人机的名称也发生了多次改变。飞机制造商、民航当局和军方各自对其都有不同的命名。航空鱼雷(aerial torpedoes)、无线电控制飞行器(radio controlled vehicle)、遥控驾驶平台(remotely piloted vehicle)、遥控飞行器(remote control vehicle)、自主控制平台(autonomous control vehicle)、无人平台(pilotless vehicle)、无飞行员的遥控飞机(drone)及空中无人平台(即发展为无人机,unmanned aerial vehicles,UAVs)等都曾被用于描述这种"机上无人"飞行机器。

在早期航空领域,无人机的开发和试验具有显著的优势,至少可以使那些极具实践精神的人不必冒丧失生命或者缺肢断腿的风险。19 世纪 90 年代,德国航空先驱奥托·李林赛尔(Otto Lilienthal)采用无人滑翔机作为测试平台,进行主升力机翼设计和轻型航空结构的开发,尽管在实验中发生了一些事故,却没有造成人员伤亡,测试也取得了极大的进展。早期的无人机尽管尝试使用了"机上无人"的模式,但由于缺乏令人满意的控制方法,因而限制了其推广使用。航空研究很快转而使用"试飞员"来驾驶这些具有开创性的飞行器,但是这种为了突破无人滑翔机技术而做出的种种尝试也付出了惨痛的代价,甚至连航空先驱李林赛尔也在 1896 年的飞行实验中不幸遇难。

从现代无人机的使用来看,历史上的无人机常常遵循一致的使用模式——今天所说的 3D 任务,即危险的、恶劣的、枯燥的(dangerous,dirty,and dull)任务。"危险"是指有人试图击落飞机或者飞行员在操作上可能面临额外的生命风险;"恶劣"是指任务环境可能被化学、生物、放射性物质甚至核污染,使人体不能暴露于其中;"枯燥"是指重复性的任务或者持久性任务,在此类任务中,飞行员易产生疲劳和紧张。目前还有 1D,即纵深的(deep),指的是超越有人机作战半径的任务,合起来也称为 4D。更广泛地,无人系统面临的来自深空、深海、深地等应用的挑战,均是指纵深性质的任务。

## 2.1.2　首架现代无人机

1916 年末,美国开始通过海军资助斯佩里开发无人航空鱼雷。埃尔默·斯佩里将整个团队力量全部投入当时最艰巨的航空事业中。按照海军的合同指示,斯佩里要建造一种体积小、重量轻的飞机,这种飞机能够在没有飞行员操纵的情况下自行发射,在无人驾驶的条件下,通过制导飞行到 1000yd(914.4m,1yd=0.9144m)以外的目标,然后在距离军舰足够近的地方引爆弹头,对军舰形成有效的打击(图 2-1)。由于当时飞机自问世起只有短短 13 年的历史,即使要造出一架能够携带大型弹头的机身,或者一部带电池的体积较大的无线电设备,沉重的电力制动器和大型机械三轴陀螺稳定装置本身就是令人难以置信的,况且要将这些原始的技术融合起来形成一个有效的飞行剖面,更是令人无法想象。

图 2-1　早期无人机

斯佩里指定他的儿子劳伦斯·斯佩里(Lawrence Sperry)来领导在纽约长岛的试飞工作。当美国于 1917 年加入第一次世界大战时,这些技术已经实现融合并开始测试。正是由于美国海军提供了大量资金,才使该项目能够经受一系列的挫折,包括"柯蒂斯"(Curtis)N-9 航空鱼雷曾多次坠毁、各类组件曾完全失效。一切可能出现的差错都出现了,如弹射器故障,引擎停车,多个机身先后因失速、翻转和侧风等原因而坠毁等。然而,斯佩里的团队坚持了下来,最终于 1918 年 3 月 6 日成功实现了"柯蒂斯"原型机的无人发射,使其平稳地飞行了 1000yd,并在预定时间和地点俯冲飞向目标,随后成功回收和降落,使其成为世界上第一架真正的"无人机"。无人机系统就这样诞生了。

为了不落后于海军,美国陆军投资提出了一种类似于航空鱼雷的航空炸弹(aerial bomb)概念。陆军的努力进一步改进了斯佩里的机械陀螺稳定技术,达到了几乎与海军项目接近的水平。查尔斯·凯特林(Charles Kettering)设计了一架轻型双翼飞机,结合了有人机项目中并不重视的航空稳定性特征(如主翼上反角过大),从而提高了飞机的横滚稳定性,但同时也牺牲了精密性和部分机动性。福特汽车公司曾受命设计了一种新的轻型 V-4 引擎,动力为 41hp(1hp=745.7W),重 151lb(68.5kg,1lb=0.4536kg)。降落架采用宽型轮距,以减少着陆时的地面滚转。为了进一步降低成本和强调飞行器的可消耗性,机身除了使用传统的布蒙皮外,还采用纸板和纸质蒙皮。此外,该飞行器还配备了带不可调全油门设置的弹射器系统。

凯特林发明的航空炸弹被命名为"臭虫"(Bug),它具有极高的远距离高空性能,在多次试飞中飞行了 100mile(160.9km,1mile=1609m)的距离和 10000ft(3050m,1ft=0.305m)的高度。为了证明其机身部件的有效性,凯特林建造了一个带有飞行员座舱的模型,以便试飞员能够驾驶飞机。与海军的航空鱼雷不同的是,航空炸弹是第一种大规模投产的无人机(航空鱼雷后来从未服役和投产)。虽然生产出来为时已晚,未能在第一次世界大战中投入使用,但在战后 12~18 个月期间仍然在测试中发挥了积极的作用。航空炸弹当时得到了亨利·哈普·阿诺德(Henry Hap Arnold)陆军上校的极力支持,他后来在第二次世界大战期间成为负责整个美国陆军航空队的五星上将。1918 年 10 月,当陆军部长牛顿·贝克(Newton Baker)观摩了一次试飞后,该项目得到了极大重视。第一次世界大战结束后,12 架"臭虫"连同数枚航空鱼雷继续在佛罗里达州卡尔斯特罗姆(Calstroni)实验场进行飞行测试。

### 2.1.3　早期无人靶机

令人奇怪的是,第一次世界大战后世界上大多数无人机研究工作并不是以武器平台为方向(如航空鱼雷和航空炸弹等),而是主要集中在无人靶机(target drone)的技术应用上。在两次世界大战中间的和平期(1919—1939 年),飞机的作战能力对地/海面作战效果的影响开始得到认可,世界各国军队加大了对防空武器的投入,这反过来又促进了对似实物目标的需求。正是在这种背景下,无人靶机应运而生。无人靶机在检验空战理论方面也发挥了关键作用。英国皇家空军与皇家海军就飞机击沉舰艇的能力展开了激烈的辩论。20 世纪 20 年代初,陆军航空队的比利·米切尔(Billy Mitchell)将军击沉了一艘作为战利品的德国军舰和一些老旧军舰靶标,这令美国海军极为沮丧。对这些行动持相反观点的人认为,一艘全员配备并装备有防空高射炮的战舰可轻易击落来袭飞机。英国就曾用无人靶机飞越配备同种装备的战舰来检验这种观点是否正确。令所有人惊奇的是,1933 年无人靶机在装备了最新式高射炮的皇家海军军舰上空飞行了 40 多次,却从未被击落。因此,无人机技术不仅在确定空中力量作战理论方面发挥了关键作用,而且为美国、英国、日本等国家投入巨资发展航空母舰提供了重要数据,航空母舰在随后的第二次世界大战中所起到的至关重要的作用,也证明了这笔投资的正确性。

美国的无人靶机项目主要是受"斯佩里信使"(Sperry Messenger)轻型双翼飞机研制成功的影响。这种飞机有两个型号,分别是有人驾驶型和无人驾驶型,在军事上既可作为有人机又可作为鱼雷载机使用。美国陆军共订购了 20 架,并于 1920 年将其命名为"信使航空鱼雷"(messenger aerial torpedo,MAT)。然而,在 20 世纪 20 年代初,美国在这方面的努力遭受了重大挫折,因为斯佩里的儿子劳伦斯·斯佩里在一次飞机事故中不幸遇难,斯佩里飞机公司退出了现有无人机的设计。

由于美国陆军失去了对 MAT 项目的兴趣,因此将注意力转向了无人靶机。1933 年,雷金纳德丹尼(Reginald Denny)完善了一种无线电遥控飞机,它只有 10ft 长,采用单缸 8hp 的发动机。陆军将这种飞行器命名为 OQ_19,后又改称为 MQM-33。这种灵活轻便的无人机共生产了约 48000 架,在整个第二次世界大战中成为世界上最受欢迎的无人靶机。

20世纪30年代末,美国海军重返无人机领域,海军研究实验室研制出了"柯蒂斯"N2C-2无人靶机。这种靶机重2500lb(1134kg),采用径向引擎和双翼设计,在解决如何确定海军防空高炮威力不足之处的这一问题上发挥了积极作用。正如早期英国空军使用无人机躲过了装备精良的海军军舰的无数次射击的经历一样,美国海军的"犹它"号(Utah)战舰未能击落对其进行模拟攻击的N2C-2无人机。更奇怪的是,美国海军还为这类无人机取名为NOLO(no live operator onboard,无实时操作员)。20世纪30年代后期,美国海军在海军无人靶机计划的支持下,还开发出拥有人机控制无人机飞行的技术。

1951年,美国雷恩航空公司以雷恩火蜂为基础开发出衍生型号——火蜂军用靶机(图2-2)。它是第一个以涡轮喷射引擎为推进动力的无人机,拥有无人机有史以来用途最广泛的纪录。1955年首次飞行,火蜂是第一批喷气推进无人机之一,主要用于美国空军情报收集任务和无线电通信监测。

图2-2　火蜂无人机靶机

同样,在两次世界大战的间隔期,英国皇家海军也曾尝试使用相同机身开发无人航空鱼雷和无人靶机。期间曾多次尝试从舰艇发射,但均以失败告终。皇家飞机制造厂(Royal Aircraft Establishment,RAE)最终通过将远程火炮与"山猫"(Lynx)发动机结合起来的办法获得了成功,这种结合体称为Larynx。紧接着,英国皇家空军又在现有有人机上装上自动化控制装置,开发出第一种实用的靶机。具体做法是将"费尔雷童子军"-IUF(FaireyScout)有人机改装为陀螺稳定的无线电遥控飞机,现称为"女王"(Queen)。当时共建造了5架,除最后一架在海上射击实验中取得了成功以外,其余均在首次飞行时坠毁。下一步的发展就是将"费尔雷"飞行控制系统与具有高稳定性的德哈维兰"舞毒蛾"(Gypsy Moth)相结合,组装成现称为"费尔雷蜂后"(Fairey Queen Bee)的无人靶机。经验证,这种靶机比先前的"女王"可靠性更强。英国皇家空军共订购了420架"费尔雷蜂后"无人靶机。从此,无人机的名称中都用字母Q表示无人操作。美国军方也采用了这一协议。

在两次世界大战的间隔期,几乎所有拥有航空工业的国家都以各种形式开始发展无人机,主要形式仍是无人靶机,但德国是个例外。发明家保罗·施密特(Paul Schmklt)于1935年率先推出了脉冲喷气发动机。这是一种低成本、易操作、高性能的推力装置。德国空军上将艾哈德·米尔希(Erhard Milch)在考察完他的工作后,建议将这种新的脉冲喷气发动机改装到无人机上。

### 2.1.4 早期无人侦察机

从 1918 年无人机首次成功飞行开始到第二次世界大战期间,无人机主要用作靶机和武器投射平台。在随后的冷战时期,无人机的发展迅速转向了侦察和诱饵任务。这一趋势一直延续至今,近 90% 的无人机参与了军事、执法、环境监测等领域各种形式的数据采集活动。无人机未在第二次世界大战期间用于侦察的主要原因更多地与成像技术和导航的要求有关,而不是飞机平台本身。20 世纪 40 年代的摄像机需要相对更加精确的导航才能获得关注地区的所需数据,但当时的导航技术与现在不可同日而语,甚至不如现在一名拿着地图的训练有素的飞行员。但是,战争的结束是一个重大的转折点,随着雷达测绘的出现、无线电导航技术的改进及罗兰型(Loran-type)网络和惯性导航系统的运用,无人机终于实现了自主飞行,可以以足够的精度在出发地与目标区域之间往返飞行。

第一架高性能无人侦察机(unmanned reconnaissance aircraft)是在高空靶机 YQ-1B 上加装相机改装而来的,后称为 GAM-67。这种以涡喷发动机为动力的飞机原来是从 B-47 飞机上发射用来执行压制敌防空系统(suppression of enemy antiaircraft destruction,SEAD)任务的。加装相机的建议提出之后,仅改装了 20 架计划就被取消了,主要原因是航程太短和成本过高。

### 2.1.5 远程侦察无人机

美国空军率先研制出第一种投入大规模生产的远程(long range)高速无人机,设计主要用于执行侦察任务,但后来逐渐扩展到压制敌防空系统、武器投射等一系列其他任务。瑞安公司(Ryan)的型 I47,后更名为 AQM-34“萤火虫”(Firefly)系列,创下了无人机最长的服役记录。该机是根据瑞安飞机公司 20 世纪 50 年代末期的一款早期靶机设计的,安装有一台涡喷发动机,采用了低阻机翼和机身构型,飞行高度可达 50000ft(15250m)以上,速度可达 600n mile/h(1105km/h,高亚声速)。

这种被操作员称为“虫子”的无人机服役生涯很长,可以在高空、低空各种不同的剖面上飞行,执行电子信号情报搜集、照相侦察、发射雷达诱饵信号等各种任务。在 20 世纪 60 年代初至 2003 年的作战使用过程中,该无人机经历了多次改进。许多独特的突破性技术被运用到该无人机上,包括从 DC-130 飞机的机翼挂架上空中发射、在 H-2(“绿巨人”,Jolly Green)直升机上用空中降落伞进行回收等。在服役后期,该无人机又被更名为 AQM-34,并执行了许多重要任务,以及用作战斗机空空导弹的靶机等相对平常的任务(图 2-3)。

图 2-3　AQM-34 无人机

### 2.1.6　首架无人直升机

美国海军20世纪60年代初列装的QH-50DASH(drone antisubmarine helicopter,无线电遥控反潜艇直升机)创造了无人机历史上的多个第一。这种结构特殊的反向旋转旋翼飞机是第一种无人直升机,也是第一种在海上从舰艇起降的无人机。DASH无人机的目的就是增加反潜鱼雷的射程。20世纪60年代初,典型驱逐舰对潜艇的探测距离为20多英里(32.2km),但只能从不到5mile(8.05km)的距离发射武器。而这种小型紧凑的无人直升机只需飞出到最大探测距离,然后向水下的潜艇投射自寻鱼雷。QH-50DASH采用遥控方式,由舰艇的飞行员操纵起降,然后采用陀螺稳定自动驾驶仪引导其到达母舰雷达跟踪到的位置。从20世纪60年代初到70年代中期,共制造了700余架,最后作为防空高炮的拖靶机结束其服役生涯。法国和日本等国家也曾使用过这种无人机(图2-4)。

图2-4　QH-50DASH无人直升机

### 2.1.7　双尾桁推进式无人机的诞生

20世纪60年代末,美国海军陆战队成功研制了"比基尼"(Bikini)无人机,这一突破性工作作为一种最流行的无人机构型奠定了基础,而在此基础上诞生的RQ-7"影子"(Shadow)无人机,是除手抛式"大乌鸦"(Raven)无人机外生产数量最大的无人机。"比基尼"机身的最大特点是将摄像机安装在机头位置,视场几乎毫无遮挡。这导致了推进式发动机布局的出现,并通过采用双尾桁构型而得到进一步简化。尽管也尝试过三角形推进布局,如最典型的"天鹰座"(Aquila)无人机,这一气动布局使得重量和平衡成为更具挑战性的设计点,因为升降舵力臂通常是固定的,然而双尾桁很容易实现伸展。

20世纪70年代末,以色列借鉴"比基尼"无人机构型,研制出一种名为"侦察兵"(Scout)的小型战术战场监视无人机,由以色列航宇工业公司(Israel Aerospace Industries,IAI)制造。与其相配合的是IAI的诱饵无人机UAV-A和瑞安公司研制的"马巴特"(Mabat)无人机。其中,诱饵无人机是为对付防空导弹部队而设计的,通过欺骗使雷达过早启动甚至向无人机本身发射导弹。"马巴特"设计用于搜集与防空导弹相关的雷达信号。而"侦察兵"利用另外两种无人机的行动,重点用于防空导弹部队目标信息搜集和火力打击后的战损评估。此外,"侦察兵"还为地面机动部队指挥官提供近距离战场图像情报,这对于无人机来说实属首例。这种方法与在此之前的侦察无人机相比有极大区别,主要区别在于其图像更具战役/战略意义,底片也可以随后洗出来或以电子形式发送到搜集中心进行分析。在发展小型计算机技术的基础上,可以将这种"鸟瞰"图像实时传送给地面机动部队指挥官,直接影响其对小股士兵甚至单辆坦克的指挥决策过程。

20世纪80年代,以色列在吸取"侦察兵"和"猛犬"无人机使用经验基础上研制出双尾桁微型"先锋"无人机(图2-5)。美国海军航空系统司令部对该机型进行了批量采购,并装备到依阿华级战列舰上进行服役,利用该无人机的主要任务是飞至目标上空,向己方发回有关阵地的实况视频图像,用于引导火炮、评估打击效果、工事构筑、兵力部署及作战行动等。

图 2-5　"先锋"无人机

## 2.1.8　21世纪海上无人机发展

进入21世纪以来,各国不断加强无人机能力建设,完善无人机谱系,形成竞相发展的局面。目前看,海上无人机类型主要包括广域海上监视无人机、固定翼作战/保障无人机、垂直起降无人机、小型战术无人机和潜射无人机等。

(1)广域海上监视无人机:技术成熟、使用效率高

海上作战少不了对海洋目标的广域侦察,主要针对在主要战略方向上有关国家的海军基地、水面舰船、水下航行器和飞机的部署、训练和演习情况。近年来,美国海军在阿联酋空军基地长期部署2架"全球鹰"广域海上监视无人机执行侦察任务。伊朗核危机以来,每当大型海军战舰经过霍尔木兹海峡,头顶就有一架"全球鹰"广域海上监视无人机飞过。该无人机还密切关注伊朗海军和沿岸军队的调动部署,并将这些情报实时传回美国海上舰船和地面站。

除"全球鹰"外,美国海军加快发展的下一代海上无人机是MQ-4C"人鱼海神"。该无人机翼展39.9m,长14.5m,宽4.6m,最大起飞重量为14.6t,最大内部载荷为1.452t,最大飞行高度为17000m,最大续航时间为28h,机上搭载有源相控阵雷达、多频谱目标瞄准系统、电子支援和自动识别系统等各种海上监视传感器。未来,该机将配合P-8A"海神"有人反潜巡逻机一起执行海上监视任务。

(2)固定翼作战/保障无人机:直接参与作战行动

固定翼作战/保障无人机直接参与作战行动,被称为海上无人作战体系中的一柄"利

剑"。大型固定翼无人机以航母舰载为基础,研制难度大,代表机型有 X-47B 隐身舰载无人机和 MQ-25"黄貂鱼"无人加油机。

X-47B 隐身舰载无人机曾参与美国海军"舰载无人空中监视与打击"项目,该无人机续航时间为 6h,有两个内置弹舱,可携带 2t 武器。自 2011 年 2 月完成陆地首飞后,该无人机相继完成弹射起飞、拦阻降落、夜间飞行、与有人机协同作战和空中加油等项目测试,相关技术已经成熟。不过,由于该无人机航程太短,载弹量不足,无法承担预计作战任务,因此在 2017 财年预算中美国海军取消了该项目,转而打造"舰载空中加油系统",入选的无人机被命名为 MQ-25"黄貂鱼"。

作为一款无人加油机,MQ-25"黄貂鱼"可以携带 15000lb(约合 6800kg)燃油,在距母舰 500n mile(约 920km)外,对 4～6 架舰载机实施空中加油作业,使舰载机作战半径在现有基础上扩大 300～400mile(约合 480～640km),滞空时间延长、活动范围扩大。未来,该类型无人机将配合多种远程打击武器作战,使舰载机有能力深入内陆发动打击,或扩展航母编队的防空警戒、截击和反潜区域。

(3)垂直起降无人机:驱护舰的"最佳拍档"

固定翼无人机需要由航母或两栖攻击舰等平甲板战舰携带,对仅有一块直升机起降平台的驱护舰来说,垂直起降无人机成为最佳选择。

垂直起降无人机中,无人直升机的装备历史非常悠久。第一代无人直升机可携带 1～2 枚反潜鱼雷,配合声呐、雷达进行反潜作战,是重要的航空反潜力量。

21 世纪以来,美国海军推出 MQ-8"火力侦察兵"无人直升机。这是一种大型无人直升机,采用有人直升机作为研发基础,加装成熟的设备,因此研制进度非常快。目前,多型美军战舰都将该无人机的海军型号作为"标配",以配合有人直升机执行海上侦察、目标甄别、对面打击、导弹中继、反水雷等作战任务。

除无人直升机外,近年来倾转旋翼无人机也发展迅速。倾转旋翼无人机既具有直升机的垂直起降和悬停能力,又具有固定翼飞机速度快、航程远、升限高等优点,比无人直升机更具战术优势,成为各国争相研发的重点。

(4)小型战术无人机:通用性强、装备广

小型战术无人机具有很强的通用性,可在无飞行甲板的小型舰艇上使用,甚至能够装入空间狭小的潜艇内,主要执行情报监视/侦察、航路护送、高价值目标守护、通信中继等任务,代表机型是"扫描鹰"无人机。该机翼展仅 3.1m,长 1.2m,最大起飞重量为 18kg,最大续航时间为 28h,巡航速度为 90km/h,最大飞行高度为 4880m。头部载荷舱可随时换装光电/红外传感器、生化探测器和激光指示器等多种载荷。由于研制难度不大,加上通用性强,小型无人机已经成为各国装备最广泛的无人机型,近年来频频出现在中东战场上。

(5)潜射无人机:潜艇战力的"倍增器"

潜射无人机并非新话题,早在 20 世纪 40 年代,某些国家就曾设想从核潜艇上发射无人飞行器,执行空中非攻击性任务,实现"潜艇＋战机"的作战模式,但由于技术难度大最终放弃。21 世纪初,随着技术进步,一些国家又相继开展对潜射无人机的研究。

对研制潜射小型无人机最热衷的是德国,德国海军研制的潜射无人机系统可携带 3 架无人机,采用弹射方式从潜艇上发射,通过天线实时接收无人机侦察到的图像。无人机与潜艇之间的通信距离为 30km,超过这个距离后,可存储侦察数据,恢复正常通信距离后再将图像传输给潜艇。不过这种无人机属于一次性消耗品,主要用于特种作战前的战术侦察。

美国的"鸬鹚"潜射无人机项目旨在为核潜艇装备,采用可折叠机翼,使用时就像发射洲际导弹一样。该机主要用于特种作战侦察,也可执行攻击任务,任务完成后返回潜艇所在区域溅落海上等待回收。由于诸多因素,该项目最终下马。不过,潜射无人机作为潜艇战力的"倍增器",仍受到各国重视并得到发展。

## 2.2　海洋无人艇平台发展历程

水面无人艇的发展历史最早可以追溯到 1898 年,当时著名发明家尼古拉·特拉斯发明了名为"无线机器人"的遥控艇。首次应用于实战则是在第二次世界大战时期,最初设计成鱼雷状用以清除碎浪带的水雷和障碍物。第二次世界大战后期美国海军还曾通过在小型登陆艇上加装无线电控制的操舵装置和扫雷火箭弹,用于浅海雷区作业。

第二次世界大战结束后,水面无人艇得到了进一步的发展,主要用于扫雷和战场损伤评估(BDA)等任务。随着信息技术、自动控制技术、导航技术及材料科学等方面的进步,水面无人艇技术也得到了新的发展,截至目前,已有十几个国家研制、部署了水面无人艇,见表 2-1。

表 2-1　水面无人艇发展的里程碑

| 序号 | 时　　间 | 研　究　成　果 | 国家 |
|---|---|---|---|
| 1 | 1898 年 | 遥控无人艇(世界上第一艘水面无人艇) | 美国 |
| 2 | 20 世纪 60 年代 | 遥控扫雷艇 | 美国 |
| 3 | 20 世纪 60 年代 | 小型遥控式水面无人艇 | 苏联 |
| 4 | 20 世纪 70~80 年代 | 由于技术的限制,水面无人艇发展并未获得很大突破,主要应用于军事演习和火炮射击的海上靶标 | 美国 |
| 5 | 20 世纪 90 年代 | 遥控猎雷作战样机 | 美国 |
| 6 | 2003 年 | "斯巴达侦察兵"无人艇 | 美国 |
| 7 | 2005 年 | "黄貂鱼"水面无人艇 | 以色列 |
| 8 | 2006 年 | "保护者"无人艇 | 以色列 |
| 9 | 2010 年 | "水虎鱼"无人艇 | 美国 |
| 10 | 2013 年 | 大型无人艇,连续自主运行 48h | 新加坡 |
| 11 | 2014 年 | 无人艇具有保护本方舰艇的能力,并可以以"蜂群战术"发起自主攻击 | 美国 |

20 世纪 70 年代末,欧洲海军开始发展一种新的反水雷系统,使无人艇的研究进入了一个新的阶段。当时无人艇被设计成无线电遥控船,载人反水雷系统在无人艇后面航行,这种设计的亮点在于增加了危险水域与载人平台的距离,大大降低了人员面临的风险。另外,还实现了一个载人平台同时遥控操作多个无人小艇,提高了效率。

21 世纪以来,水面智能无人艇进入了快速发展的新时期。"9·11事件"以来,基于海上反恐的需要,研究具有情报收集、跟踪、侦察、排雷、反潜、搜救、精确打击等功能的水面无人艇已成为以美国为首的西方各国的重要研究方向。2001 年,美国海军部门正式提出了建造滨海战斗舰的计划。在这个计划中明确提出将水面高速无人艇与无人机、无人地面车、无人水下潜艇共同构成无人作战体系,完成如侦察、探测、警戒、反潜等任务,以协同特种作战。

典型的水面高速无人艇当属美国研制的"斯巴达侦察兵"(Spartan Scout)。该艇是在美军标准的 7m 和 11m 刚性充气艇的基础上研制的,法国和新加坡共同参与了该项目。"斯巴达侦察兵"的主要设计目标是:依靠网络化的 ISR 增强海上空间的预警能力,保护部队免受各种突击式攻击;验证无人化条件下传感器和武器的性能;尽量减少有人操作,降低人员伤亡。到目前为止,从技术上已经达到了无人自主控制的要求,并能根据任务需求以模块化的方式迅速更换任务模块。该艇已经部署到美国海军"葛底斯堡号"巡洋舰上,配合其他部队,执行了阿拉伯地区的"持久自由行动"和"伊拉克自由运动"两项作战任务。

"幽灵卫士"号是美国机器人船舶公司研制的另一艘具有代表性的水面高速无人艇。主要用于执行情报搜集、海岸警戒、后勤补给和气候监测等任务。此外,在美国还有其他机构也相继开展了无人艇的研究,并取得了不错的成果。例如麦格吉特防务系统公司研制的"水虎鱼",主要用于目标靶船的拖拽。DRS 公司研制的"海上猫头鹰"号无人艇,作为海上运载平台,执行监视和侦察任务。MRVR 公司与 AAI 公司、SearoBotics 公司合作研制了"拦截者"号高速无人艇,该艇采用混合燃料引擎和喷水推进器,航速可达 40kn 以上,可通过无线电遥控,也可以按照设定的路线自主航行。这艘无人艇主要用于执行海上缉毒、反海盗巡逻、港口保安等任务。

作为科技大国,以色列在无人艇的研制方面同样处在世界前列。由于特殊的地理位置,以色列的海上反恐形势异常严峻。在此背景下,以色列政府推出了多种无人艇。其中,"保护者"号最引人注目。2003 年,拉斐尔武器设计局向以色列军方交付了首批"保护者"号水面无人艇。该艇除具有美国"斯巴达侦察兵"的特点外,重点增加了隐身性能。主要用于执行海上反恐作战、部队保护和侦察等任务。2006 年 12 月,以色列的艾比尔系统公司推出了"银色马林鱼"号无人艇。该艇被称为第二代无人艇,艇长 10m,重量为 4000kg,最大航速达 45kn,最大航程为 500n mile,主要用于海上巡逻任务。此后,该公司还推出了"黄貂鱼"号无人艇,最大航速达 40kn,续航时间达 8h。这种无人艇相对其他无人艇的突出特点是艇体尺寸小,隐身能力强,主要用于电子侦察、海岸警戒。

为了防止敌对国家海上入侵对其实施突然袭击,日本防务省开始着手开展水面无人艇和无人水下潜艇的技术研究。为此,2008 年日本国会通过了为期六年、总拨款金额达 60 亿日元的无人艇研究计划。按照规划,无人艇将大量布置于日本的海岸线,用于海岸警戒、防止他国部队入侵、敏感岛屿监控和布防、排查危险船只等。在此背景下,雅马哈公司研制出了高性能的 UMV-H 和 UMV-O 无人艇。其中,UMV-H 船长 4.4m,呈深 V 形,配备 90kW 的喷水推进器,最大航速可以达到 40kn。UMV-O 主要用于海洋与大气的变化,已于 2003 年交付日本科技局使用。

此外,法国、德国、英国、新加坡等国也加快进行了无人艇的相关研究。英国的海军研究机构通过借鉴美国"斯巴达侦察兵",于 2002 年成功研制了"芬里厄"号水面无人艇。编入海军后,主要用于执行各种高危任务。2010 年,新加坡推出了其最新的"维纳斯"号无人艇,主要用于打击海盗和海上走私。

从各国研制的先进无人艇可以看出,在无人艇的艇体材料方面,刚性充气艇是国外无人艇的主流。目前,水面无人艇正朝着智能化、模块化、标准化等方向发展。智能化的高速水面无人艇大量装备于海军,可以在为大部队建立快速安全的海上通道、建立安全警戒系统、武装保护和精确打击等方面发挥积极的作用。

水面无人艇是一种具有自主规划、自主航行能力,并能自主完成环境感知、目标探测等任务的小型水面平台,可承担情报收集、监视侦察、扫雷、反潜、精确打击、搜捕、水文地理勘察、反恐、中继通信等任务。

目前,诸多国家的海军正积极地开始部署无人驾驶水面航行器,开展水面无人艇研制的国家和地区主要包括美国、以色列、欧洲、日本等,但仅有美国、以色列的部分型号装备了部队,如图 2-6 所示。各国正在竞相发展集反水雷战、反潜战、电子战等能力于一体的多功能水面无人艇。国内对无人艇的研究虽然起步较晚,但是发展较快,逐渐从概念设计阶段过渡到实际应用阶段,不过与国外相比还是有较大的差距。

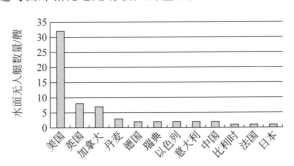

图 2-6    主要生产水面无人艇(USV)的国家分布

鉴于各种作战需要,尤其是反恐作战的需要,各国海军加大了对于水面无人艇的研发力度,并且随着水面无人艇中的制导技术和控制技术取得的进步,迎来了高速发展阶段,目前国外研制水面无人艇的主要机构包括美国的诺斯罗普·格鲁曼公司、雷神公司、洛克希德·马丁公司、达信防务系统公司、Meggitt 防务系统公司、Liquid Robotics 公司、SeaRobotics Corporation、美国海军研究所和以色列的拉斐尔公司、埃尔比特系统公司、航空航天工业公司、航空防御系统公司、航空防务系统公司,以及英国的奎奈蒂克公司等。

### 2.2.1    美国 USV 研制成果

美国是全球海军实力最强大的国家,USV 发展一直受到美国海军的关注,其发展思路和顶层规划十分明确和清晰,在相关研发方面居世界领先地位(图 2-7)。21 世纪初,美国海军在《21 世纪海上力量——海军设想》中提出,在 2015 年前将新型无人平台引入未来网络化作战体系中。2007 年 7 月,美国海军首次发布《海军水面无人艇主计划》,设定了水面无人艇的 7 项使命任务——反水雷战、反潜战、海上安全、反舰战、支持特种部队作战、电子战、支持海上封锁行动,为美国工业界、学术界和国际合作伙伴指明了未来水面无人艇的发展重点及技术攻关方向。此后,美国军方开始统筹各军种无人系统发展,并统一发布《无人系统路线图》,对水面无人艇的作战需求、关键技术领域及与其他无人系统之间的互联互通性进行了总体规划。其中,2013 年 12 月发布的最新版《无人系统路线图》对水面无人艇未来 5 年(近期)、10 年(中期)、25 年(远期)的技术发展重点和能力需求做出了更细致的说明:水面无人艇近期的技术发展重点将围绕增强型动力系统、通信

"斯巴达侦察兵"水面无人艇　　　　　　　　"幽灵卫士"无人艇

图 2-7　美国的水面无人艇研制成果

系统和传感器系统等方面,中远期则将重点开发高效自主系统、障碍规避算法及安全架构等;水面无人艇近期的能力需求是提高在本地受控区域执行特定任务的自主性并提高联网能力,中期将扩展行动范围并增加任务类型,远期则实现在全球自主执行任务。《无人系统路线图》提出水面无人艇面临的技术挑战主要包括海上持久能力、恶劣环境中的生存能力等。同时还指出,为将无人系统潜能最大化,未来各类无人系统必须实现无缝互操作技术。在过去几年间,美国海军对开发水面无人艇的投资已超过 5 亿美元,现已有多种型号在研制、实验和评估之中,见表 2-2。

表 2-2　美国的水面无人艇成果

| 名　　称 | 控制方式 | 性　　能 | 任　　务 | 最大载荷 | 厂商/机构 |
|---|---|---|---|---|---|
| "海上猫头鹰" | 遥控 | 航速 45kn;续航能力 10h(航速 12kn)和 24h(航速 5kn) | 雷区侦察、浅海监视、海上拦截和保护港口码头周边的安全 | 200kg | 美国研究所于 20 世纪 90 年代牵头开发,是美国海军开发水面无人艇的首次尝试 |
| "斯巴达侦察兵" | 遥控或半自动 | 航速 28kn(海情为 3 级以下,最大航速 50kn);续航能力 8h(最大 48h);航程 150n mile(最大 1000n mile) | 环境监视、情报侦察、精确打击、反水雷、反潜 | 1350～2300kg | 美国海军国防项目,其先期技术概念演示项目于 2002 年启动 |
| "幽灵卫士" | 遥控或自动 | 航速 40kn 以上;最大功率为 266hp | 海上警戒和防护 | — | 美国机器人船舶公司 |
| "水虎鱼" | 遥控或自动 | 航速 40kn 以上;最大功率为 200hp | 海军的水面靶标 | — | 美国 Meggitt 防务公司 |
| 无人远程猎雷艇 | 遥控 | 航速 10kn 以上;最大航程 700m;续航能力 20～40h;深度达深水 30ft 以下 | 对水雷(尤其是锚雷和沉底雷)进行快速侦察、探测、分类、识别并准确定位;反潜探索;水面监视;沿海情报侦察与收集 | — | 洛克希德·马丁公司于 20 世纪 90 年代提出 |

续表

| 名　　称 | 控制方式 | 性　　能 | 任　　务 | 最大载荷 | 厂商/机构 |
|---|---|---|---|---|---|
| 三体船型水面无人艇 | 遥控 | 航速 35kn | 情报监视、侦察搜索和水雷对抗 | — | — |
| "蓝色骑士" | 遥控或自主 | 航速 50kn(可在 3 级海况下正常工作) | 攻击作战 | 排水量 129t | 采用了全模块化设计结构,可根据战场需要更换不同的武器和传感器 |
| "海猎号" | 遥控 | 船长 40m | 深入追踪敌人潜水艇 | — | 美国国防部高级研究计划局(DARPA) |

## 2.2.2　以色列 USV 研制成果

以色列也非常重视水面无人艇的研制,近年来先后推出了多种型号的水面无人艇,见表 2-3。基于以色列拥有丰富的无人机研制技术,通过将无人机技术应用于水面无人艇的研发,使其具有独特的竞争优势。以色列的水面无人艇的研制种类仅次于美国,研制水平处于世界先进行列,而且少数水面无人艇也成功出口海外。

表 2-3　以色列的水面无人艇成果

| 型　　号 | 控制方式 | 性　　能 | 任　　务 | 最大载荷/kg | 厂商/机构 |
|---|---|---|---|---|---|
| "保护者" | 遥控或自主 | 航速达 40kn;排水量 4t | 海上兵力保护;情报监视和侦察;反水雷战;电子战;精确打击;反恐 | 1000 | 拉斐尔公司和航空防务系统公司于 2003 年联合研制 |
| "海星" | 遥控 | 航速 45kn;续航 300n mile | 港口/战略设施保护;海岸巡逻;舰船和石油钻机保护;ISR 任务;目标标示;干扰和诱饵;兵力保护和延伸光电磁场 | 2500 | 以色列航空航天工业公司 |
| "黄貂鱼" | 遥控 | 航速 40kn;续航能力 8h | 近岸情报侦察与监视;电子战和电子侦察 | 150 | 以色列埃尔比特系统公司独资研制 |
| "银色马林鱼" | 自主或遥控 | 最大航速 45kn;最大航程 500n mile;续航时间 24h | ISR 任务;兵力保护/反恐;反舰和反水雷;搜索与救援;港口和水道巡逻;电子战 | 2500 | 以色列埃尔比特系统公司开发,是第二代水面无人艇 |
| "KATANA"的新一代水面无人艇 | 自动或遥控 | — | 保护专属经济区、海上边界、港口安全、离岸天然气钻井平台和管道;浅水巡逻和对电子战远近目标进行辨识、追踪和分类;提供实时情报图像,并根据指令对目标发动进攻等 | — | "KATANA"是以色列航空航天工业公司生产的水面无人艇家族的最新成员 |

### 2.2.3　其他国家的 USV 研制成果

美国、以色列发展的 USV 主要服务于国家,而其他国家发展的 USV 更多服务于民用领域,比如航运、航道测量、海洋环境保护等,包括英国、法国、德国、意大利、瑞典、新加坡等国家也积极开展水面无人艇的研制工作,见表 2-4。

表 2-4　其他国家的水面无人艇成果

| 型　号 | 主 要 载 荷 | 国家 | 厂商/机构 | 备　注 |
|---|---|---|---|---|
| 快速机动扫雷 | — | 英国 | 奎奈蒂克公司 | 2008 年完成演示艇生产,2009 年开始测试 |
| 哨兵 | 微波控制链、昼夜高分辨率照相机、声呐、雷达、可选的光电传感器、化学传感器和环境传感器 | 英国 | 奎奈蒂克公司 | 已经海试 |
| 海上系列快速靶标 | 前视摄像机、麦克风/扩音器、GPS 导航装置 | 英国 | 英国自主水面艇公司 | 2008—2009 年英国海军在公海对该靶标艇进行了测验 |
| 萨普尔 | GPS 导航系统、音频(目前是甚高频)、视频通信系统 | 加拿大 | 加拿大国际潜艇工程公司 | 2001 年已开始相关测试工作 |
| ART-STER 无人靶标艇 | 导航摄像机、侧扫声呐、回音探测器、磁力计 | 法国 | 法国 ECA 公司 | 法国海军预计采购超过 6 艘 |
| Inspector | K-STER 灭雷器、侧扫声呐、前视/障碍规避声呐、多波段回声探测仪、磁力计 | 法国 | 法国 ECA 公司 | 2006 年 12 月向海军交付 7 艘,用于测试 |
| 莱茵曼陀 | 卫星、雷达、光电等传感器 | 德国 | 德国莱茵曼陀防务公司 | 2009 年进行了一系列海试 |
| U-RANDER | 可见光/红外照相机、指南针、惯性传感器、GPS、前视/侧扫声呐 | 意大利 | 意大利 Calzoni S.r.l. 公司 | 曾在"北约港口保护实验-2008"展出 |
| SAM 3 | 电磁信号效应器、电力/液压驱动声信号效应器和电信号效应器 | 瑞典 | 考库姆 AB 公司 | 2008 年 8 月进行了综合测试 |
| 金星 | 部队保护模块:雷达、光电传感器、小口径遥控武器;反潜战:主动式吊放声呐;水雷战:合成孔径雷达、一次性水雷失效装置;电子战、海上监视和精确火力:电子战系统、近程导弹系统 | 新加坡 | 新加坡电子技术公司与法国联合研制 | 2010 年在新加坡航展上展出;2011 年完成于 Hitrole 海军型遥控武器站的集成 |

### 2.2.4　国内发展概况

目前,我国也紧随日本、英国、德国等国家加入水面无人艇开发研制行列。在水面无人艇的研发和应用领域,国内虽然起步较晚,但发展很快,目前已从最初的概念设计阶段逐渐过渡到实际运用阶段。我国现在自主研发水面无人艇的单位包括高等院校、科研院所和相关企业,比如哈尔滨工程大学、上海大学、上海海事大学、大连海事大学,中国科学院沈阳自动化研究所及沈阳航天新光公司、珠海云洲智能科技有限公司等,已成功应用的几种水面无人艇控制方式、性能参数和应用场景见表 2-5,几种典型的无人艇外观如图 2-8 所示。无人艇在海洋开发建设、水上工程应用等领域有广泛的应用前景。

表 2-5　我国水面无人艇的研制成果

| 型　号 | 控制方式 | 性　能 | 任　务 | 厂商/机构 |
|---|---|---|---|---|
| "天象 1 号" | 自主或遥控 | 航程达数百千米;一次连续作业 20 天左右 | 应对海洋突发事件和在海洋、大型湖泊等方面的环境监测及灾害预警等 | "天象 1 号"是航天新光公司研制的我国第一艘用于工程实际的水面无人艇,也是第一艘用于进行气相探测的水面无人艇 |
| "精海号" | 自主 | 最大航速 18kn;最大续航能力 120n mile;满载重量 2.3t | 水体环境要素探测、环境测量及海洋水文测量 | 由上海大学研发 |
| "海腾 01 号" | 自主、半自主、遥控 | — | 海事巡航、航道测量、水上溢油控制与回收、海上搜寻救助、沉船勘探打捞 | 由上海海事大学研发 |
| "领航者"海洋测绘船 | — | — | 环保监测、科研勘探、水下测绘、搜索救援、安防巡逻、海上应急 | 2014 年 9 月由珠海云洲智能科技有限公司研发 |
| "云洲"无人测量艇 | 自主 | — | 海底地形测量、航道勘测、海事搜救 | 2015 年 11 月由珠海云洲智能科技有限公司研发 |

　　2008 年,国内第一艘工程应用的高速单体无人艇"天象 1 号"问世,随后中国相继研发出第一艘水面无人智能测量平台工程样机,"精海号"系列 USV,"海腾 01"号高速水面无人艇,"海翼 1 号"USV 等。无人艇在民用领域的研究时间较短。珠海云洲智能科技有限公司是近几年在中国发展较快的无人船研发企业,也是世界第一家做环保无人船的企业。先后研发出领航者、ESM30、MC120 等,设计艇型涵盖单体、双体和穿浪三种。2016 年 8 月,中集来福士与上海某公司签订了 USV 合作研制协议,表明我国将开始研发和生产具备自主知识产权的、具有更高科技含量的海洋智能设备,为国家科技创新和地方经济发展做出更大贡献。这也意味着国产化无人艇即将开启历史的先河。除上述企业单位外,国内部分高校等研究机构也对 USV 进行了大量研究。江苏科技大学的杨松林教授对 USV 做了很多研究,包括:智能控制技术研究、艇型及线型设计研究、优化建模和新寻优方法研究等,研究的船型包括单体滑行艇、双体、三体和五体船等。哈尔滨工程大学在 USV 和水下机器人等领域较早就进行了研究,其中在路径规划和运动控制方面做了大量的研究。

　　综合国内外研究现状,无人船艇的发展将呈现以下 5 个趋势:

　　(1) 结构模块化

　　无人船艇采用模块化的结构设计,可在基本型无人船艇的基础上装配多种"即插即用"型任务模块。同时,通用化、标准化的平台、技术、组件、接口可有效降低水面无人艇的研制、使用风险和成本,降低后勤维修的难度,同时增强其与其他平台之间相互协调的能力。模块化设计和开放式体系结构增强了功能的多样性,同时加快了研发进度并且有效降低了研发

"天象1号"

"精海号"

"海腾01号"

云洲L30"瞭望者"高速无人艇

首艘无人测量艇

云洲智能"瞭望者Ⅱ"察打一体无人艇

图2-8 我国水面无人艇研制成果

成本。水面无人艇的这个设计开发特点在未来也将一直保持。结构模块化时要特别注意保证系统性能的高可靠性,使无人船艇在完成要求的任务后能安全回收。

(2)功能智能化

目前各国正在服役的无人船艇大都属于半自主型,要实现全自主型的无人船艇,必须提升无人船艇的自适应水平和自主决策能力,应对恶劣海况的防摇晃能力也要增强,提高各功能模块的智能化水平。高度智能化的无人船艇可减少对远程操控人员的依赖,降低对通信带宽的要求,同时提升超视距离执行任务的能力。无人船艇必将朝着全自主型的方向发展。

(3)体系网络化

无人船艇的体系网络化一方面要实现无人船艇与母船、无人船艇之间的集成网络控制,提升无人船艇的协同作战、执行任务的能力;另一方面,要实现无人作战系统的集成网络化。作为未来战争中完成信息对抗、特殊作战使命的重要手段,早在 2001 年,美国海军在濒海战斗舰作战系统中就提出了利用无人艇、无人潜艇和无人机共同构成海军无人作战体系,完成诸如情报收集、反潜、反水雷、侦察与探测、精确打击等作战任务。

（4）应用广泛化

无人船艇在军事领域已得到广泛应用,并且在转变军事结构的过程中发挥了重要作用。在军事上,无人船艇已可以执行扫雷、反潜作战、电子战争、支持特种作战等军事任务。近年来,无人船艇在民事上也有一些尝试性应用,例如,应用无人船艇进行气象监测。不久的将来,无人船艇可应用到大面积的海洋测绘和水质监测、大范围搜寻与救助中,在提升覆盖能力的同时降低劳动强度、减少作业时间,应用也逐渐由小型无人船艇向大型无人船艇过渡。

（5）装备国产化

在无人船艇的研究方面,美国和以色列走在了世界前列。如美国的"斯巴达侦察兵"已经部署到"葛底斯堡"号巡洋舰上,并参加了阿拉伯湾地区的"持久自由行动"和"伊拉克自由行动"等作战任务。以色列的"保护者"在 2003 年就已经向以色列国防军交付,已在本国海军和新加坡海军中服役。欧盟自 2012 年 9 月 1 日起投资 670 万欧元开展为期 3 年的名为"MUNIN"的无人货船驾驶系统研究,探索基于自主航行加岸基监控模式的无人船舶驾驶。相比于世界先进水平,我国无人船艇的研究尚处在落后状态,需逐步加强无人船艇的研究,在未来无人驾驶领域掌握主动地位。

# 参考文献

[1]    https://blog. csdn. net/weixin_45839894/article/details/114020234.
[2]    https://www. 163. com/dy/article/C5R4A4F505148ALS. html.
[3]    https://baijiahao. baidu. com/s? id=1602967564004531474&wfr=spider&for=pc.
[4]    https://baike. baidu. com/item/%E5%A4%A9%E8%B1%A1%E4%B8%80%E5%8F%B7.
[5]    https://www. 163. com/dy/article/EVJGRCUL0511DV4H. html.
[6]    https://baike. baidu. com/item/%E2%80%9C%E6%B5%B7%E8%85%BE01%E2%80%9D%E5%8F%B7/18703070.
[7]    https://www. 163. com/news/article/DRIVEMMO000181KT. html.
[8]    https://baijiahao. baidu. com/s? id=1602967564004531474&wfr=spider&for=pc.
[9]    https://news. sina. com. cn/o/2018-12-29/doc-ihqfskcn2489405. shtml.

# 第3章

# 海洋无人平台系统介绍

## 3.1　组成介绍

### 3.1.1　无人机系统组成

海上无人机系统包括飞机系统、船载系统、任务载荷和综合保障系统。飞机系统包括飞行器平台、推进系统、飞行控制系统、导航系统、起飞/着舰系统机载部分、数据链路机载终端等；船载系统包括船载指挥控制分系统(任务控制站、起降控制站、起降引导站)、起飞/着舰系统船载部分、数据链路船载终端(链路站)、情报处理系统、船载辅助设备等；任务载荷是无人机系统完成作战使命的设备，机载任务载荷主要有光电侦察、SAR成像、气象探测、测绘、通信中继、技术侦察、电子对抗及机载武器等设备。综合保障系统是无人机系统能够正常工作的支持保障，主要包括人力人员、使用训练、无人机系统技术维修等所用的保障资源及气象探测、通信、机场设施等保障设备。图3-1为无人机系统的组成框图。

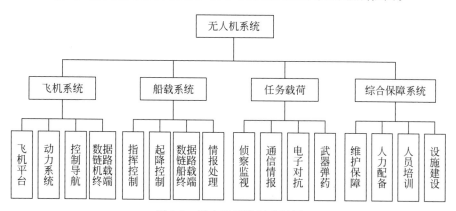

图 3-1　无人机系统组成框图

飞机系统中，起飞/着陆系统的机载部分与船载部分配合，完成无人机的发射、回收。推进系统提供无人机的动力。机体系统指无人机的飞行器平台。导航系统可以通过卫星导航、预警机指引、船载导引,以及无人机自身的目标发现与跟踪能力为无人机系统完成战术任务提供导航和目标信息的保障。飞行控制系统是无人机机上部分的核心,监视、控制和指挥其他机载子系统,接受船载任务控制站的指令,协调机载各子系统的工作,并把无人机的状态及其他需要的信息发送给船载指挥控制分系统。在船载指挥控制系统的监控和指挥下,由机载的制导、导航与控制系统控制无人机完成预定的飞行和任务。因此,制导导航与控制系统是协调、管理和控制无人机各子系统的中心控制器,也是实现无人机飞行管理与控制的核心。

在船载系统中,起飞/着陆系统的船载部分是完成无人机发射、回收的重要保证。数据链路船载终端与机载终端配合工作,提供船载站与无人机的通信,实现对无人机的监控、指挥,完成预定的任务。船载指挥控制分系统通过遥控遥测数据链路发送控制指令,并接收无人机下传的状态数据和任务信息,通过图形界面的形式提供操作员对无人机状态、战场态势的了解,监控、指挥无人机的作战,发生意外或无人机出现故障时提供操作员的干预能力。

在船载系统中,指挥控制分系统处于核心地位,全面监视、控制和指挥其他子系统的工作,给操作员提供全面的战场信息和无人机状态信息,根据操作员的命令安排各个子系统完成预定的任务。对突发事件做出合理的处置,并及时通报给操作员。

数据链路船载终端与机载终端构成了无人机系统的遥控遥测数据链路,负责无人机系统的指令、数据、情报信息等的上传下达。上行链路为遥控链路,用于传输无人机的控制和任务载荷的操控指令。下行链路为遥测链路,用于传输飞机的状态信息,另外,还有一个下行的遥感数据传输通道。

### 3.1.2　无人艇系统组成

根据物理分布,无人艇系统可以分为两大子系统:无人艇子系统和岸基监控子系统。无人艇子系统包括无人艇艇体和其上搭载的各种设备。岸基监控子系统设置于岸上或者其他水面舰艇之上,对无人艇进行监视和控制。

#### 1. 无人艇子系统物理结构

(1) 艇体及辅助结构部件模块

艇体及辅助结构部件是无人艇子系统的载体。艇体作为无人艇所有设备的搭载平台,确保设备的安全稳固是对其最基本的要求。艇体对无人艇的操纵性、灵活性、续航力、载重量和实现的其他功能都有较大的影响。可供无人艇选择的艇型有三体艇、复合艇、射流滑行艇、刚性充气艇、水翼艇、表面效应船等。辅助结构部件包括水上舷侧结构及支架平台等,主要用来安装包括导航设备、武器系统等设备。玻璃纤维、碳纤维等都能用来制造辅助结构部件。

(2) 运动控制模块

运动控制模块负责对无人艇的航速和航向进行调节控制。主要设备包括发动机、推进器、伺服液压缸等。基于续航能力和能源供给方面的考虑,发动机选择可电控操作的高性能柴油机。执行军事任务的无人艇需具备较高的航速,推进器选择性能优良的喷水推进器,通过控制柴油机的进油量控制喷水推进器的转速,通过改变喷水推进器的喷口角度实现舵的功能。

（3）能源模块

能源模块包括为柴油机提供能源的燃油箱和为艇上电子设备供电的电池组。为防止无人艇执行任务中途能源耗尽,燃油箱和电池组具有实时显示能源剩余情况和能源不足时自动报警功能。为了确保无人艇安全返航,剩余油料紧张时,能源智能管理系统自动关闭暂时不用的设备。由于无人艇搭载的电子设备较多,电量消耗大,为保证无人艇单次执行任务期间不间断供电,设计可采用银锌电池组。银锌电池组是普通铅酸电池组电量的5～6倍。若无人艇搭载其他大型电子设备,可考虑在柴油机上安装轴带发电机。如无人艇要执行长期任务,可考虑搭载太阳能电池板。

（4）导航避碰模块

由于无人艇执行任务时,需要精确的导航定位信息,而目前的各种导航方式都同时存在着优缺点,为发挥各自优势,设计采用多种导航设备参与的组合导航方式。使用GPS接收机模块获取无人艇的经纬度信息。为避免电磁干扰,影响信号接收,GPS接收机应安装于远离其他天线的位置。装备激光陀螺仪,获取无人艇的加速度和角加速度信息。通过计程仪测量速度和航程信息。由回声探测仪读取水深信息,防止浅水域搁浅。装配具有ARPA功能的小型导航雷达,这种雷达一方面可以向控制与指挥系统提供雷达视频和目标信息,另一方面,可以跟踪锁定目标,并通过分析目标运动轨迹,提供最近会遇时间和最近会遇距离。

（5）通信模块

考虑到无人艇外出执行任务时与岸基控制设备的距离,设计采用卫星通信、无线网络通信和微波通信组合通信方式。微波通信距离较短,因此其主要用于视距范围内的通信。近岸水域通过布置无线网络,采用无线宽带技术可实现无线通信,在无人艇和控制端架设天线,可实现50km范围内的通信。更远范围的距离,采用卫星通信方式。无人艇工作时,根据实际需要,灵活选择通信方式。

（6）环境信息采集模块

环境信息采集模块主要用于对无人艇周边水域进行侦察和监视。设计在无人艇上安装黑白/彩色摄像机,用于获取现场图片或视频,前视红外传感器可在夜晚获取环境信息,通过激光测距仪可以得到目标的距离,方位指示仪获得相对方位信息。这些信息采集设备集中安置于控制云台内。云台是安装、固定信息采集设备的支撑设备,具有360°水平运动和一定幅度的上下运动的功能。根据采集设备采集角度的需要,在外部控制信号的作用下,可以按指定的速度完成要求的水平、垂直运动和实现光圈、焦距的调节及传感器的关闭开启等功能。信息传感设备和云台均位于多功能广电塔内。基于监听的目的,无人艇设计了指向型的音频采集卡,使用VHF设备通过实时监听VHF通信信道,获取无人艇周围的通信信息。AIS(船舶自动识别系统)可以实时获得附近船只的身份信息和航行状态。

（7）负载平台模块

负载平台模块主要由转动平台构成,还包括其他负载设备。转动平台可以带动其上携带的武器系统转动到需要的位置。根据需要,转动平台安装于无人艇的前部。武器系统通过控制信号,对危险目标进行摧毁打击。为配合目标打击,转动平台上还安装目标识别和跟踪器,对目标进行锁定跟踪。安装的非致命性武器包括强光灯和扩音器等,用于对非致命危险的违规船只进行强光照射警告和喊话。

（8）指挥与控制模块

指挥与控制模块是无人艇的大脑,其他模块的设备收集的信息都将汇总到这里。指挥与控制模块的核心为一台 PC/104 工控机,负责将无人艇的所有信息进行汇总、处理,并将视频、音频、图像等信息经过压缩后通过合适的通信链路传送到岸基控制单元。同时负责接收岸基监控系统的控制指令,经过处理分析出相应的控制信号发送给相应的设备,实现需要的动作和功能。PC/104 工控机内安装航行管理系统,在无人艇自主航行模式或与岸基监控系统因故障失去联系时,能按照规定的程序进行控制。为方便遥控操作,在无人艇上安装与岸上操作人员的控制界面相对应的操控台。同时为确保无人艇的安全,航行管理系统内部有应急返航系统,当无人艇发生故障或运行程序错乱时,该系统自动启动,使无人艇及时回岸接受维修。

以上就是无人艇子系统的物理构架设计,由于采用的是模块化设计,只要更换或切换不同的模块,就可执行不同的任务,具体结构布置如图 3-2 和图 3-3 所示。

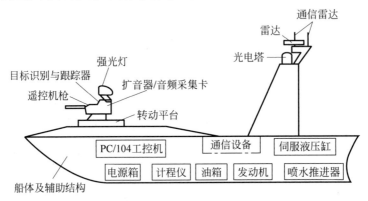

图 3-2　无人艇设备布置侧视图

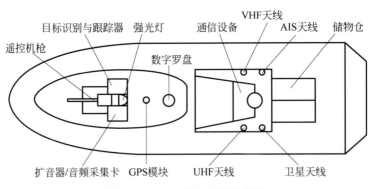

图 3-3　无人艇设备布置俯视图

**2. 岸基监控子系统物理结构**

岸基监控模块作为无人艇的指挥控制中枢,根据任务需要对无人艇进行遥控操作。考虑实际应用,采用便于灵活方便地布置的移动式工作站的模式。这样岸基监控模块可以任意搭载于其他舰艇之上或者放置于岸上。根据任务需要还可以通过网络连接至上一级指挥中心,在上一级控制终端上进行控制。岸基监控系统通过选定的通信方式与无人艇实时通信,接收无人艇上各种信息采集设备传回的数据,为操作人员下达控制指令提供参考。控制指令经通信设备传到无人艇后,经过无人艇上的控制单元进行解码和分类,发送到相应的设备,实现需要的操作。

岸基监控系统由多台计算机相连组成局域网,如图3-4所示。其中一台计算机用于显示雷达传回的水面目标视频信息,一台显示无人艇上各种传感器传回的周围环境信息,还有一台用于无人艇综合信息显示,包括无人艇的位置坐标、航向、航速及剩余油量、电量等工作状态信息。计算机内安装有电子海图系统,可以对无人艇进行路径规划。同时计算机内还安装有对无人艇进行控制的操作软件,通过该软件不仅可以对无人艇进行航向航速控制,还可以对光电塔内的各种传感器进行遥控操作,以及对负载平台上的武器设备和强光灯等进行控制。这些控制指令经通信链路送到无人艇上。

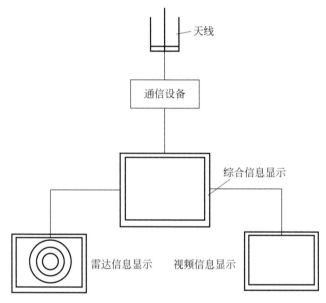

图3-4 无人艇岸基监控系统组成

# 3.2 海洋无人平台关键技术

## 3.2.1 海洋无人机平台关键技术

舰船装备海上无人机后,将可以提升任务能力。但海上舰船空间狭小,海面风速较大,舰船不但要前行,甲板升沉、横摇和纵摇运动也相当剧烈。海上无人机的运用还必须保证对海上舰船的正常作业不产生或少产生干扰。正是由于海上无人机使用环境恶劣,技术要求更高,研制难度也更大,需要解决的关键技术如下:

(1) 船上回收技术

对于海上垂直起降无人机来讲,在海上舰船上起飞和降落相对简单。它可充分利用悬停、小速度前飞及侧飞的能力,在舰面操作人员的目视遥控下,准确降落到狭小的甲板上。在中高海况下,可以借助鱼叉-格栅或助降网等,防止无人飞行器侧滑和倾覆。

对于海上固定翼无人机而言,在驱护船上起飞一般需采用助推火箭等方式对固定翼无人机进行加速。降落问题则比较复杂,目前常用的方法有"伞降回收"和"撞网回收"。"伞降回收"就是无人机依靠自身携带的降落伞落到附近海面,再由船员人工回收。该方式要求无人机有足够的载重和容积为伞包提供舱位,还要求在船上对无人机进行清洗和修复。"撞网回收"就是操控无人机准确撞向竖立在舰船尾部的拦阻网上,通过阻尼吸能系统将飞机安全回收。撞网回收技术适合小场地或舰船上回收无人机,但控制精度要求较高,对飞行器也可能有损伤。国外海上固定翼无人机多采用撞网回收技术,如美国海军装备的"先锋"海上固定翼无人机系统。

上述两种回收方式存在的主要问题如下:一是对飞行器甚至任务设备都有一定的损伤,需修复或清洗,再次出动准备时间较长;二是在中等海况下使用十分困难,对人员和舰船的安全也会构成威胁。

在大型舰船如大型登陆舰或航空母舰上使用海上固定翼无人机,由于起降场地较大,可以采用的回收方式更多,如遥控自动滑降、绳索拦阻等方式,在船上安全回收无人机也相对简单。

因此,采用自动船上回收技术、具备自动船上起降能力是海上无人机的主要发展趋势。良好的船上回收技术应能保证海上无人机在5~6级海况下的正常使用。

(2)自主飞行与控制能力

自主飞行与控制能力是当今无人飞行器走向实用、顶用的一个重要标志。它具有对飞行环境的感知并进行航姿修正的能力,还可对自身状态进行下传并可在一定范围内自行调整。自主飞行与控制能力比目视遥控和编程飞行上了一个新台阶。

2000年,美国海军和空军相关研究机构针对固定翼无人飞行器的发展提出了"自主行动"(autonomous operation)的定义,也可译为"自主作战",其内涵比自主飞行更广。近年来,美国国防部相继在其无人机(系统)中长期发展路线图报告中,对无人机(系统)的自主飞行与控制能力采用相同的提法。美军对无人机系统的自主控制能力定义为10个级别,见表3-1。其中"先锋"为1级半,"捕食者"为2级,而"全球鹰"处于2级半水平。

表 3-1　自主控制能力级别定义

| 级别 | 定　　义 | Definition |
|---|---|---|
| 10 | 完全自主群体 | fully autonomous swarm |
| 9 | 团队战略目标 | group strategic goals |
| 8 | 分布控制 | distributed control |
| 7 | 团队战术目标 | group tactical goals |
| 6 | 团队战术重新规划 | group tactical replan |
| 5 | 团队协调 | group coordination |
| 4 | 机上路径重新规划 | onboard route re-plan |
| 3 | 适应故障和飞行条件 | adapt to failure and flight conditions |
| 2 | 实时健康诊断 | real time health diagnosis |
| 1 | 遥控引导 | remotely guided |

从表3-1可以看出,自主控制能力大致可以划分为两个层次。第一层次针对单机或单系统的自主控制能力要求,等级为1~4级;第二层次针对多机或多系统的自主控制能力要求,等级为5~10级。

国内学者大多认同并直接引用美国无人机自主控制能力级别定义。对于等级1,也许用"远距引导"(remotely guided)更好理解。对单机或单系统而言,具备初级自主飞行能力的无人机系统应能按照任务规划完成预定的飞行与作战任务;而具备中级(≥2级)以上自主飞行能力的无人机系统,还应能根据威胁判断及自身状态自行进行航路修正与重规划,圆满完成赋予的作战任务。

对于上述无人机自主控制能力级别划分与定义,也存在一些值得商榷的地方。特别是对于海上无人机来讲,要实现海上垂直无人飞行器在小型舰船上及海上固定翼飞行器在大型舰船上的自主着舰,无论在技术上还是在使用上难度都是相当大的。要实现真正的自主着舰,除了需要考虑由于母舰运动带来的动基座问题,还涉及在中等以上海况下母舰甲板升沉、横摇和纵摇运动等姿态问题。因此,海上无人飞行器单系统的自主能力应该在第2级与第3级之间增加"自主着舰"的等级,即①远距引导控制;②实时状态诊断与控制;③自动跟随与着舰控制;④对故障和飞行条件的自适应;⑤机上路径重规划(威胁判断与规避)。这样,也许更便于对海上无人飞行器有关问题的深入研究。

对于机群自主控制能力,第8级分布控制(distributed control)的技术内涵已在第7级或第9级内体现,因此,第7、第8、第9级可以合并为两级。这样,海上无人机系统的自主能力仍然为10级,但与美国军方的划分与内涵有所不同。其中最大的不同之处就是突出了海上无人机技术与使用的特点和难点。

第3级"自动跟随与着舰控制"能力还应包括:如果海上固定翼无人机未对准甲板着舰点,或未钩住拦阻索,在未成功着舰的一瞬间(在几分之一秒时间内),海上无人机必须能自主采取补救措施,如自动加大油门/推力进行复飞控制。

(3) 总体构型与设计

一种飞行器的总体设计主要由其使命任务和战术技术指标决定,但总体构型不是唯一的,设计师有很大的发挥空间。特别是当一些主要战技指标不能完全与总体设计方案对应,或者说,在设计阶段难以考虑周全,必须要通过大量试飞实验,甚至批量试用后才会充分暴露存在的技术和使用问题时。

综观世界各国海上无人机的研制与装备情况,普遍存在直接搬用岸基型无人机上舰的情况,结果导致一些无人机在实验试飞阶段就出现不能满足甲方要求,还有一些投入使用后立即就发现难以达成预期的作战任务,或者使用范围和功能明显减少。笔者认为,出现上述情况一方面是由于甲方技术指标不够明细,另一方面是由于承制方设计理念存在偏差,仅仅满足明确的定量指标,而对使用环境、可靠性及适用性等定量或定性指标考虑较少。

以海上无人直升机为例,加拿大的CL-327在陆上使用性能良好,但美国海军实验评估后认为,难以满足船上的使用要求。目前国内外大多数无人直升机均以民用或岸基直升机的设计理念来开展总体构型设计,其结果是:虽然全机的布局合理、气动效率较高,但上舰后的使用及能力必将大打折扣。

因此,不能按岸基/民用直升机的气动总体设计点来研制海上无人直升机。一架性能优良的海上无人直升机必须充分考虑以下三个能力,并处理好相关的矛盾。

一是抗风能力要很强。相对于陆地而言,海面上的风力更大。优良的抗风能力不但可以保证UAV使用的安全性,还可提高其适用性。这就要求其桨盘载荷要大些,动力储备要足些,而机身截/侧面积要小些。这与提高气动效率和降低功率油耗是相矛盾的。

二是抗侧滑和倾覆能力要强。由于经常在中等以上海况下起降,这一点就特别重要。这就要求其重心尽可能低,起落架间距尽可能大。这与机腹下方安装任务载荷要求抬高机身的要求及减少结构重量的设计理念是相矛盾的。

三是抗过载和抗冲击能力要强。舰船升沉和横摇运动将大大增加机身结构的冲击载荷,必须提高海上无人直升机的抗过载和抗冲击能力,由此导致全机结构重量的增加。在相同的材料体系下,海上型的空机重量一般要明显大于岸基型。这与岸基型无人直升机轻巧的设计理念是相矛盾的。

以诺斯罗普·格鲁门公司正在研制的"火力侦察兵"为例,刚开始的原型机是 RQ-8A(岸基型)。美国海军很快发现其作战能力较低,无法满足使用要求。承制方马上更改设计出 MQ-8B,该机几乎是全新构型:桨叶由 3 片改为 4 片;更换发动机,功率提高 30% 以上;任务载荷提高一倍多,最大起飞重量也提高 20%。同时,机身外型及挂架等也进行了较大修改,目的就是研制出作战能力更强、适用范围更广、性能优秀的海上无人直升机,满足美国海军未来的作战使用要求。

(4) 舰面自动/自主起降技术

海上无人机有别于陆基起降无人机的最根本的差异是无人机起降过程,海上无人机起降极其复杂,如何引导其按要求的航迹飞行实现自动起降是海上无人机的关键技术之一。

典型的无人机着舰引导系统有美国 Sierra Nevada 公司的(UCARS)无人机通用自动回收系统(图 3-5),它是一种以雷达体制作为无人机主要引导手段的起降引导系统,海上系统通过雷达主动探测无人机的范围,实现对无人机的精准跟踪,配合机载设备,可以实现对无人机的精确着舰引导。UCARS 系统先后发展了 V1 和 V2 两个版本,已成功应用在 RQ-8B 火力侦察兵海上无人直升机系统上。

图 3-5　无人机通用自动回收系统(UCARS)

单雷达体制无人机着舰引导系统较为适合旋翼无人机的着舰,为适应海上固定翼无人机上舰使用,美国于 1996 年 5 月开始,由雷神公司负责研发基于卫星导航的联合精密近着陆系统(JPALS),该系统更适合海上固定翼无人机在平直甲板(如航空母舰或两栖攻击舰)舰艇上起降。2013 年,在 JPALS 的支持下,美国 X-47B 无人机完成了在航母上的起降实验。

除美国外,法国的 SADA 自动甲板起降系统、D2AD 无人机自动着舰系统、ADS 自主着舰系统及奥地利 S-100 无人直升机采用的 Deckfinder 起降辅助系统(图 3-6),均已实现无人机在舰艇平台的起降。

海上无人机平台作为海上无人系统最根本的特征,是执行任务的载体,是实现系统功能的基础。海上无人机上舰急需解决的问题是如何在移动的舰艇甲板上起降,目前国内外主要着舰导引技术包括 GPS 导引、雷达导引、电视导引、红外成像导引、光电导引等。

单纯利用某一引导方式无法满足发展迅速的无人机着舰引导要求,不同引导方式的对比见表 3-2,因此需要研究多种引导方式并存的无人机着舰引导方法,通常解决方案为利用

图 3-6 Deckfinder 起降辅助系统

雷达、光电和卫星共同组合引导的方式。

表 3-2 不同引导方式对比

| 导引方式 | 优 点 | 缺 点 |
|---|---|---|
| GPS 导引 | 精度高,使用简单,技术也相对成熟 | 完全受控于美国军方,一旦发生战争将完全失去意义 |
| 雷达导引 | 具有全天候对目标进行搜索、截获和跟踪的能力,不易被敌方截获、发现和干扰 | 设备尺寸较大,受船上安装空间限制 |
| 电视导引 | 抗电磁干扰性强,可在无线电静默时工作 | 作用距离较近,且在夜间和恶劣天气下无法工作 |
| 红外成像导引 | 抗干扰能力强、灵敏度高、分辨率高、能全天候工作 | 受近程时定位精度限制 |
| 光电导引 | 抗电磁干扰性强,可在无线电静默时工作 | 作用距离较近 |

（5）天线集成与链路传输技术

与陆上起降无人机系统相比,海上无人机系统的测控数据链天线需要安装在作战舰艇上。由于舰艇上空间受限和运动特征,测控天线虽然尽可能的设计很小,但有可能仍无法满足安装要求。另外,随着海上相控阵雷达的技术发展,一般的测控天线会造成舰艇雷达辐射面积 RCS 的扩大,导致舰艇目标暴露,严重降低了生存概率。因此,海上无人机系统的测控数据链天线需要与其他任务天线进行集成,以减少辐射面积和部署需求。

同时,由于海上复杂的电磁环境和对抗环境,对数据链路传输信息需要增强抗干扰性能和加密性能。

（6）新材料应用与动力系统技术

近年来,海上无人机大量采用新材料新动力等先进的技术。在新材料方面,机体机构大量使用复合材料,如玻璃纤维和碳纤维,以降低结构重量和减少零部件数量;动部件,如旋翼轴和桨毂采用钛合金,以提高动部件的寿命。模块化设计及新材料的大量使用,使海上无人机的空机重量有所降低,结构寿命明显提高,维修性能也得到改善。

在动力系统方面,一些正在研发的海上无人机采用新型转子发动机或小型涡轴发动机,提高功重比和寿命,降低振动和油耗。为了满足舰船上的安全使用要求,动力系统大多使用重油或正在改进使用重油,并采用全权限数字发动机控制(FADEC)技术。

目前中小型无人直升机大多采用往复式活塞发动机。这种发动机的主要优点是效率高、油耗低,缺点是外廓尺寸和重量较大。德国人旺格尔发明了三角转子发动机,简称为转子发动机。转子发动机具有重量轻、体积小、比功率高、零件少、运转平稳、高速性能良好等优点。20世纪80年代德国和英国在转子发动机方面处于领先地位,近些年美国加大了转子发动机研发的力度,水平明显提升。在美国军方无人机发展路线图中,把重油和转子发动机列为2010年前研发的重点。以色列研制生产的HERMES-450长航时战术无人机采用AR801转子发动机。SCHIEBEL公司新近研发的VTOL UAV采用转子发动机,使平台的重量和振动水平下降,高速性能提高。而加拿大的CL-327"卫兵"和美国的"火力侦察兵"都使用中小型涡轴发动机。因此可以说,在许多方面,发达国家最新研制的海上无人直升机采用的新技术和新材料比一些有人驾驶直升机还要多。

(7) 机舰适配技术

机舰适配性是海上无人机的特殊要求,也是一个十分重要的战术技术指标。对于岸基无人机来讲,无人机可以占用较大的空间,船载控制站的体积也可以不作严格要求或不受限制。然而,由于舰船空间狭小,使用环境恶劣,对海上无人机系统的适用性必须提出很高的要求,否则海上无人机将无法正常使用或作战能力明显下降。

机舰适配性的一般要求是:海上无人机采用模块化设计,装拆和存储方便,停放空间小。舰面控制站应该小型化、一体化,甚至便携化。

机舰适配性还表现在以下方面:海上无人机的抗风、抗侧滑及抗冲击能力要强;全机的抗腐蚀、抗盐雾、抗霉菌能力也要强;机体上要设计有甲板系留环,发动机要方便冲洗;大展弦比的固定翼无人机的机翼要可以折叠,三片以上的海上无人直升机的旋翼桨叶要可以折叠等。

机舰适配性还要求在气候、海况变化多端的恶劣环境中,海上无人机可以在小型舰船上进行正常、便捷的回收。这一点对海上固定翼无人机特别重要,也特别困难。

总而言之,良好的机舰适配性要求海上无人机具备紧凑型特征,即宁可尺寸小一点、宁可牺牲一点气动效率,但要求其动力储备大一点、抗风能力强一点,最终实现适用范围更广、作战能力更强。笔者认为,海上无人机的使用范围应该不低于同等功能的海上有人飞行器。只有这样,才能使海上无人机真正走向实用和顶用。

### 3.2.2    无人艇平台关键技术

从国内外对无人艇研制的情况来看,无人艇作为一个复杂的工程系统,涵盖了认知心理学、材料学、结构学、声学、光电、雷达和通信等广泛的学科领域。结合无人艇的应用前景,无人艇涉及的相关理论和技术主要有模式识别、图像处理、控制理论等。总结起来,包括如下关键技术:

(1) 无人艇的艇型设计及优化研究

主要研究内容为:适合高速无人艇特点的艇型设计;高速无人艇的性能优化及耐波性研究。关键技术为:①适用无人艇高速航行特点的船型研究,使其在复杂海况下具有较好的耐波性、抗沉性和抗颠覆性能;②无人艇的性能优化研究。在不增加推进器尺寸和主机马力的情况下,提高载重能力和航行速度。

（2）自主综合驾控技术的研究

主要涉及有波浪、有涌流干扰的情况下,无人艇实现航向航速的自动控制。重点是在喷水推进器下,柴油机及变速齿轮箱的速度调节、喷水推进器喷水转向的调节等。

（3）无人艇自主导航技术

以 GPS/北斗导航系统为代表的定位技术,基于数字罗盘的航向检测和控制及以捷联惯性导航为基础的组合导航技术。在无人操作的情况下,为无人艇实现自主航行提供导航支持。

（4）目标识别与检测技术

水面静止和运动目标的识别、运动轨迹预测、跟踪技术;多传感器的目标跟踪技术。

（5）智能路径规划与决策技术

基于电子海图的全局路径规划;基于自动雷达标绘仪及其他传感器的局部航线规划;基于动态目标的应急式避碰技术。

（6）无线数据通信技术

无线数据网络链接技术;利用超高频扩频技术及卫星宽带技术,实时在无人艇和岸基监控系统之间传输无人艇周边水域环境信息、静止图片、控制指令等技术;数据传输过程中信号加密、抗衰减、抗干扰技术。

（7）数据融合与系统集成技术

高速水面智能无人艇的信息综合处理技术;满足快速模块化功能更换与快速调试技术;各种传感器的协调工作与信息甄别、融合技术。

# 3.3 海洋无人平台典型应用

## 3.3.1 海洋无人机典型应用

无人机可应用于海上巡逻执法、调查取证和应急反应、海上搜寻与救助,海上船舶溢油、排污监视和应急行动、航标巡检、航道测量等海事监管业务领域。

（1）海上巡逻执法、调查取证和应急反应

目前海上船舶大型化、快速化趋势已经十分明显,高速船和大型集装箱船舶的航速已超过 28kn,但海事系统现有巡逻船大部分不能达到此航速。同时,受巡逻船客观条件的限制,利用巡逻船开展巡航存在视程短、反应慢,难以把握整体态势,对违法船舶无法进行持续有效跟踪,对一些违章行为无法继续取证和处理等问题。而无人机的高速、高效优势可以有效地弥补执法舰船速度方面的不足。尤其是在调查取证和应急反应方面,通过使用无人机,可以保证反应的快速性和调查的及时性,防止肇事船舶逃逸,利用机载的摄像、摄影设备还可记录和保存数据,便于调查处理。

（2）海上搜寻与救助

一般海上救助常利用飞机或无人机快速到达现场,并在目标区上空低速飞行进行搜索。可通过机载光电制冷红外吊舱对有生目标进行探测,避免了由于人工搜救的不确定性而导致的遗漏。光电吊舱的制冷红外传感器可对视野范围内的有生目标和没有温度的物体进行颜色区分,地面站工作人员通过辨识为救助直升机、舰船指示目标,指挥救助直升机、救助船舶和过往船舶协同实施救助。并且无人机能抗 8 级大风,能到达许多人员和船只无法到达的危险区域,可以把高清视频和图片实时传送至监控中心,为有关部门快速处理提供信息保障,利用无人直升机可以大大提高救助成功率。

（3）海上船舶溢油、排污监视和应急行动

海洋环境保护是当今海洋国家最关心的主题之一。随着海上石油运输量逐年增加,油船趋向大型化,海上船舶溢油风险也不断增加。统计表明,石油是海洋最大的污染源,每年排入海水中的石油有 42% 是石油运输过程中造成的。为此,各海洋国家纷纷制订溢油应急计划,国际海事组织也通过了相应的决议。随着中国石油进口量的增加和海洋石油开采力度的不断加大,对于海洋溢油的实时监测工作显得尤为重要。海上溢油发生后的最初几小时是防止污染扩散及其危害的最佳时机,利用无人机对重要航线、石油开采重点海域进行实时监测,一旦发生原油泄漏,借助机载的多光谱成像雷达对海面进行巡查,其中专用多光谱成像雷达更可在夜间进行溢油监测。同时,对于逐渐隐蔽化的夜间排污作业行为,无人直升机载多光谱成像雷达能够通过违法排污船只排放物体的温度色值等信息确定排污行为。

（4）航标巡检

航标是航海保障的主要手段,中国沿海有许多重要的灯塔、灯桩位于孤岛之上,点多、线长、分散,交通不便,补给、维护十分困难。利用无人机上的任务设备实现航标的快速巡检,及时有效地报告航标工作状态,避免无目的巡检,可以有效提高航标正常率水平。

（5）航道测量

利用航空摄影拍摄地面、水面,获取图像信息,经加工、处理和分析以提取被测对象的空间位置和有关信息的方法,已得到广泛应用,特别是全数字摄影测量方法的应用,使无人飞机进行航空摄影也完全能够满足航空测量的要求。

### 3.3.2  海洋无人艇典型应用

美国、以色列和一些欧洲国家对水面无人艇予以了相当的重视,并开发出了"保护者""海星""斯巴达侦察兵""黄貂鱼"等诸多型号的水面无人艇,可完成多种任务。根据兰德公司 2013 年的统计数据,全球共有 63 种技术成熟的水面无人舰船,能够执行 16 种使命任务,如图 3-7 所示。

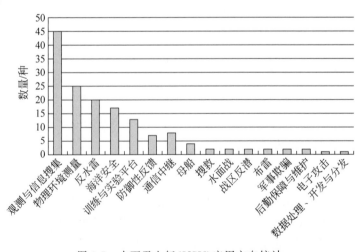

图 3-7  水面无人艇（USV）应用方向统计

**1. 军用领域**

当前世界各国正在服役及技术成熟度已达到服役水平的水面无人艇中,军事用途的水面无人艇约占70%。

- 反水雷战

反水雷战是水面无人艇的主要作战任务之一。通过猎雷系统,可执行水雷探测、航道清查、提供海底图像等任务,为多艘舰艇同时扫探水雷提供安全保障。特点是其可以快速、高效、低成本地以集群方式完成大范围的水雷探测与定位任务。

- 反潜作战

面对舰船日益增长的来自水下潜艇的威胁,水面无人艇提供了一种反潜的新手段,其可以携带反潜设备,在主力舰队周围形成移动的向外延伸的反潜警戒网,并可长时间不停地作业,提高舰队的反潜能力。装有猎潜探测声呐的长航时水面无人艇可执行探测敌方潜艇、向母舰提供目标数据或直接对目标发动攻击等任务。

- 海上安全

水面无人艇上的情报、监视和侦察(ISR)模块/兵力保护模块能很好地提供这方面的功能。另外,在浅水区作战时,能够探测蛙人,防止蛙人袭击,还能够进行战区内核生化侦察。

- 水面战

水面无人艇可以按作战需要装备机枪、小型舰炮及小型舰载防空和反舰导弹,为水面提供火力支援。其特点是灵活小巧、隐蔽性好等,特殊情况下甚至可以在水面无人艇上安装高能炸药或加装遥控武器,制成海上无人攻击艇,选择有利时机,摧毁敌方海上作战平台。

- 支持特种部队作战

水面无人艇支持特种部队作战,被用于执行打击海盗和恐怖分子的任务。

- 电子战

水面无人艇具有模块化设计、小巧机动及隐蔽性好等特点,可根据不同任务加装不同的任务模块,并借助海浪、岛礁等的掩护使敌方岸基雷达站和舰载探测系统难以发现,从而有利于实现信息战环境下的水面电子战。

- 支持海上拦截作战

利用装备无线电和光电系统的水面无人艇来拦截身份不明的船只,进行无线电监测和通过光电系统进行远距离观测,可以避免海军官兵面临自杀式袭击的威胁。

**2. 民用领域**

目前,民用水面无人艇为了满足执行海事安全相关的各项任务的要求,应具备以下性能:
(1)足够的速度、机动性和续航能力;
(2)恶劣海洋条件下的生存能力和稳定性;
(3)足够的有效负载能力以搭载各种设备和仪器;
(4)易于更换设备和仪器以适应不同的任务;
(5)与母船或岸上的基站能进行可靠通信,并有足够的通信范围;
(6)具有连接不同设备和仪器的数据接口。

- 航道数据测量

借助无人艇的高机动性、定速巡航功能,可以利用无人艇在航道进行诸多数据测量。

- 海事巡航

借助无人艇的高机动性和高效性,可以安排无人艇在重要水域进行巡逻和安全检查,协助海事部门进行海事管理,借助搭载的设备可以对违法船只进行调查取证,使用扩声器和强光灯等非致命设备警告劝阻违法作业的渔船。也可以使用无人艇协助对航标进行检查和管理。

- 港口监控

利用无人艇的高机动性和高效性,可以对无人艇在港口重点位置进行布防监控,为第一时间了解港口动态提供重要的侦察手段。给无人艇配置光电侦察设备,使其具备高分辨图像、视频获取能力,进而监控违法行为,具体应用如下:①对违法行为如盗采海砂、倾倒、排污等进行拍照摄像取证;②对海域进行 24 小时动态监管。

- 水文勘测

无人艇不会对周围的水域产生不利影响,在浅水中可以以很高的精度进行定位和跟踪。在浅水、江河和难以到达的水域,常规的测量船并不适用。利用无人艇的稳定性及精确的航迹控制能力,可以测量水深,对港口和江河入口处的水流及其流剖面进行测量。

- 水质采样

利用无人艇的稳定性及精确的航迹控制能力,可以测量水深,对港口和江河入口处的水流研究沉积物,提取生物调查样本。

- 海事搜救

大多数海难发生时多为恶劣海况,搜救人员抵达救援现场需要较长的时间,利用搜救直升机先期投送无人艇至海难现场,一方面,可以实时传回海难现场的情况,便于搜救人员制定方案;另一方面,使用无人艇对落水人员立即进行搜索可以大大提高搜救的效率。同时无人艇上搭载基本的救生器材,可以帮助落水人员等待救援人员的到来。

海洋无人平台技术是信息技术发展的一个崭新研究方向,虽然各项关键技术的发展取得了一定的进步,但在战略目标定位、原型开发方法、成果综合利用、干系人责任分工等方面还存在诸多难题需要进一步解决和完善。本书从技术基础和实际应用的角度出发,参考了国内外最新的研究技术及成果,总结了作者多年来对海上无人平台的声、光、雷达、通信与集成技术方面的研究成果和经验。

本书从第二篇起将对海上无人平台的重要系统声学、光电、雷达、通信技术的基本概念、基本原理、关键技术及应用场景分别展开论述,力求深入浅出、通俗易懂,希望能够对海上无人平台领域的科研工作者、爱好者有所帮助。

# 参考文献

[1]　徐应气.无人机在海事管理中的应用实践分析[J].决策探索(中),2019(11):94.

[2]　潘杨生.无人机系统在海事执法中的应用[J].世界海运,2018,41(10):5-9.

[3]　程子坤.浅析无人机在长江海事监管中的应用[C]//中国航海学会内河海事专业委员会.2017:8-13.

[4]　程鑫,王永涛.基于无人机系统的海事保障体系构架及发展规划研究[J].中国海事,2017(7):49-51.

[5]　卢大河,樊伟.无人机在海事监管中的应用[J].中国水运,2017(4):24-25.

[6]　段贵军.无人机在海事管理中的应用探讨[J].世界海运,2015,38(2):38-40.

[7]　李楠.蓝海之翼——新时期无人机在海事监管中的挑战与解决方案[J].中国水运,2014(7):22-23.

[8]　https://www.163.com/dy/article/E7OG4PS20511DV4H.html.

第二篇

声 学 篇

# 第4章

# 声学技术概述

## 4.1 声学技术的发展历程

### 4.1.1 声学的发展概况

声学的英文为 Acoustics,来源于希腊语 ακούειν,意为"听"[1]。声学为物理学的分支,但与工程技术密切相关,它是研究声的产生、传播、接收和效应等问题的学科。声音的传播实质上是声波的传播过程,声波作用到人耳所引起的感觉称为声音,可见声波是声音传播的本质。从狭义上讲,声是人耳能听到的声音,从广义上说,声是弹性媒质中传播的机械扰动,例如压力、密度、质点位移、质点速度等的变化。在 17 世纪以前,声学研究的内容主要是音乐和乐器。17—19 世纪,已经对经典声学进行了系统的研究和总结,包括物体振动和声波的产生原理、声波的传播和辐射、驻波和反射、衍射等。在经典声学中,声、音和乐都是指可以听到的现象。声是指声波,但也指由声波作用到人耳引起的感觉。因此人们把声波理解为"可听声"的同义词。20 世纪 20 年代以来,随着电子学的出现和电子产品的进步,声学也得到了迅速发展,一些声学设备产生的声源频率相对于人耳来说为"不可听声"。声波按频率范围可以分为次声、可听声和超声。可听声的频率范围为 $20\,\mathrm{Hz}\sim20\,\mathrm{kHz}$,次声的频率从 $20\,\mathrm{Hz}$ 向下延伸至 $7\sim4\,\mathrm{Hz}$,声波由 $20\,\mathrm{kHz}$ 向上延伸到 $5\times10^{8}\,\mathrm{Hz}$ 为超声,再向上延伸到 $10^{13}\,\mathrm{Hz}$ 为特超声。声波按频率的划分是以人能接受的频率范围为参考的,而人作为声源能发声的频率范围为 $85\sim5000\,\mathrm{Hz}$。人和动物既是声源的发声者,又是声音的接受者,但其发声和接收的频率范围也不相同。随着电子技术的发展,一些发声设备和接收设备被广泛用于物理、工程、医疗、艺术等人类生产实践中。从本质上讲声学也是声音的科学;也就是说,一切和声音有关的事物,都在声学研究的范围内。从各种声源发出的声音,经过不同的介质传播,被能听见声音的器官(比如耳朵、测量传感器)接收并感知到,这一系列过程的每一个环节都和声学相关。从人的听觉方面来讲,声源(物体振动)发出的声音分为两个方面的内容:一是声音从人的听觉如何传递到人耳,从而使人耳的鼓膜发生振动;二是鼓膜的振动如何使人们主观上感觉为声音。从声音测量方面来讲,声源发出的声音也分为两个方面:一是声音如何从声源传递到测量点(测点);二是传感器如何测量到声音。无论是从人的听觉还是从声音测量方面来讲,第一部分的内容都是相同的,即声音在介质中的传递是相同的,但第二部分是有明显差异的,即人耳与传声器有着本质的区别[2]。

现代声学是在声学研究中应用电子技术发展起来的,实验基础是电声测量技术。电声学对现代声学的发展起了决定性作用。目前由于数字技术和大规模集成电路的发展,采用微处理机的测量技术使声学测量的速度和精度都得到提高,并且实现了过去不能采用的许多新的测量方法,例如频谱实时分析、声强相干测量、声源鉴别、信号处理技术等。由于现代声学涉及很宽的频率范围($10^{-4} \sim 10^{12}$ Hz)和不同媒质(气体、固体和液体),一般来说在不同频率范围和不同媒质中,虽然物理原理基本相同,但技术和设备差别很大,因此形成了应用于各个范围的分支学科,几乎涉及人类活动的每一方面。

### 4.1.2　声学和其他学科的关系

声学是一门具有广泛应用的学科,涉及人类生产、生活及社会活动的各个方面;同时声学又是一门具有很强交叉渗透性的学科,与各种新学科、新技术相互作用,相互促进,不断地吸收、应用和发展新的思想,增强了声学的生命力、竞争力和学术与艺术魅力。医学、心理学、生理学、生物学、语言和音乐、通信和广播、计算科学、机械工程学、海洋学、电工学等在不同程度上都和声学发生联系。现代声学不但渗透到物理学的各个分支,而且也广泛地渗透到其他科学技术领域。现代声学的交叉学科性质十分明显,一些分支学科的名称就反映了两种不同的学科结合形成的新分支学科,例如声学和电子学形成电声学,声学和建筑学形成建筑声学,其他诸如音乐声学、心理声学、生物声学等都是交叉分支学科。声学的发展中由于许多新的发现而不断改变其研究方向,从而产生了新的研究课题。但随着研究工作的深入,一些新研究领域逐渐脱离了声学变成独立的分支学科或其他学科的一部分。因此现代声学的发展,一方面包含了许多其他学科领域内的工作,另一方面又不断把研究内容转交给其他科学技术领域。

R. Bruce Lindsey 在 1964 年提出了著名的"声学之轮"(Lindsey's wheel of acoustics),如图 4-1 所示。"声学之轮"很清楚地表示了现代声学的各个分支和它们的基础理论及与其他科学技术之间的关系。图 4-1 中中心圆内是现代声学的基础,在圆外有两个同心环并分成若干个扇形。内环各个扇形代表的是各个分支学科,外环扇形是对应各分支的应用范围。外圈描述了声学研究的四大领域是地球科学、工程、生命科学和艺术。事实上,物理学家Lindsey 并没有把物理学特别列在外圈作为单独的研究领域,这可能是因为物理学的背景为几乎所有的声学研究领域提供了必要的基础知识。

因此,声学广泛分布于人类活动和人类社会的各个方面,比如音乐、医疗、建筑、工业、环境甚至战争等。美国声学协会(Acoustical Society of America,ASA)按照声学研究领域设有 13 个技术委员会,其对应研究领域为:气动声学、音频信号处理、建筑声学、生物声学、电声学、环境声学、音乐声学、噪声控制、心理声学、语音、超声、水声、振动和动力。除美国声学协会对以上声学的分类外,还有医疗声学、材料声学、虚拟声学等。

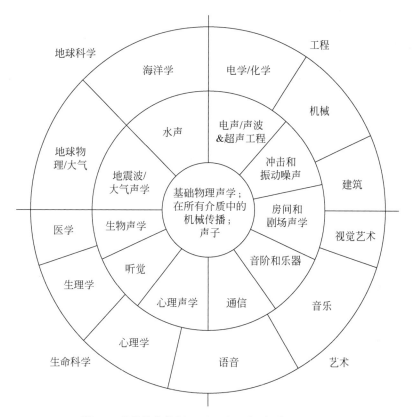

图 4-1　"声学之轮"(Lindsey's wheel of acoustics)

## 4.2　现代声学主要内容与发展

　　现代声学是在经典声学的基础上发展起来的,其包含的内容非常丰富,应用领域极其广泛。现代声学具有的主要特点如下:

　　(1) 现代声学中基础理论问题研究相对较少,主要是其大部分理论已经比较成熟且在经典声学中得到了充分的发展;

　　(2) 声学技术应用领域非常广泛,一些应用基础理论在不同范围内研究成果较多;

　　(3) 声学的传播介质范围越来越广泛,包括一切气体、液体和固体,同时介质所处的环境也向高温或低温,高压或低压等极端条件延伸;

　　(4) 现代声学已广泛渗透到物理学其他分支科学和其他科学领域及文化领域,形成了许多边缘分支学科,各分支学科相互独立,但学科间又有交叉和渗透;

　　(5) 现代声学研究还涉及声子运动、声子与物质的相互作用,可用于研究物质内部结构,因此现代声学既有经典物理的性质,也有量子的性质;

　　(6) 现代声学的实验条件是基于电声测量技术的,随着现代数字技术、计算机的应用及信息科学的发展,现代声学的研究内容不断拓展,学科也有新的发展。

　　现代声学内容丰富、分支学科众多,各学科和其他科学领域交叉、渗透特征明显。根据上文"声学之轮"中声学应用领域和对应学科分支之间的关系,本章重点介绍海洋平台应用相关的电声学、超声学和水声学的内容和发展。

### 4.2.1　电声学

电声学是研究声电相互转换的原理和技术,以及声信号的存储、加工、传递、测量和利用的学科。它所涉及的频率范围很广泛,从极低频的次声一直延伸到几十亿赫兹的特超声。电声技术的历史最早可以追溯到19世纪,由爱迪生发明留声机和贝尔发明的碳粒传声器开始,1881年曾有人以两个碳粒传声器连接几对耳机,做了双通路的立体声传递的实验。大约在1919年第一次用电子管放大器和电磁式扬声器做了扩声实验。第一次世界大战以后,科学家们把机电方面的研究成果应用于电声领域,奠定了电声学的理论基础。随着电声换能器理论的发展,较为完善的各类电声设备和电声测量仪器相继问世,特别是20世纪70年代以来,电子计算机和激光技术在电声领域中的应用大大促进了电声学的发展。

电声学研究的重要分支包括电声换能器、电声技术、录放技术和数字声频技术等。电声转换器是把声能转换成电能或电能转换成声能的器件,包括次声、可听声、超声换能器。电声转换器按照换能方式可以分成电动式、静电式、压电式、电磁式、碳粒式、离子式和调制气流式等。其中后三种是不可逆的,碳粒式只能把声能变成电能,离子式和调制气流式只能产生声能,而其他类型换能器是可逆的,既可用作声接收器,也可用作声发射器。近年来,电声换能器在新材料、新工艺和新结构方面都有了新的进展,其研究朝着宽频带、高效率、高灵敏度和大功率的方向发展。电声技术主要包括录放声技术、扩声技术及与其相关的电声仪器和电声测试技术等。电声技术是电声领域中发展较快的一个分支,在政治、军事、文化等各个领域内有着广泛的应用。例如,应用于有线或无线通信系统,有线或无线广播系统及会场、剧院的扩声,录音棚、高保真录放系统等;此外,还应用于发展中的声控语控技术,以及语言识别和声测等新技术。录放声技术是指把自然声音经过一系列技术设备(如传声器、录音机、拾声器等)进行接收、放大、传送、存储、记录和复制加工,然后再重放出来供人聆听的技术。它研究的主要问题是如何保持自然声的优良的音质,即在各个环带及整个系统,都具有逼真地保持声音信号原来面貌的能力,包括对声音信号进行必要的美化和加工。数字声频技术指对声频信号进行数字处理的有关技术,包括模—数和数—模变换,数字数据的传输、记录、存储、混合及其他处理技术。随着数字化技术及大规模集成电路的发展,数字声频技术也得到了迅速发展,其典型应用包括数字录音、节目传输、人工混响和混录等。

随着电声学的应用和社会、生产的需要,人们对电声学提出大量的实际和理论问题,促进了电声学的不断发展。电声学未来总的发展趋势是:电声器件和电声设备朝着高保真、立体声、高抗噪能力、高效率、高通话容量的方向发展;进行音质评价的研究,改善录放技术及声音加工技术;新的换能机理研究及新材料的开发;提高检测声信号的能力仍是声测技术的主要研究方向。

### 4.2.2　超声学

超声学是研究超声的产生、接收和在媒质中的传播规律,超声的各种效应,以及超声在基础研究和国民经济各部门的应用等内容的声学重要分支。超声学最主要的研究内容是超生换能器的设计和它的应用,早期的超声发射器使用哨和旋笛式超声发射器,机电式超声发射器的出现革新了超声波技术。机电式超声发射器主要利用磁致伸缩、压电效应、电致伸缩三种物理现象。

1883 年首次制成超声气哨,此后又出现了各种形式的气哨、汽笛和液哨等机械型超声发生器(又称换能器)。由于这类换能器成本低,经过不断改进,至今仍广泛用于对流体介质的超声处理技术中。20 世纪初,电子学的发展使人们能利用某些材料的压电效应和磁致伸缩效应制成各种机电换能器。1917 年,法国物理学家朗之万用天然压电石英制成了夹心式超声换能器[3],并用来探查海底的潜艇。随着军事和国民经济各部门中超声应用的不断发展,又出现了更大超声功率的磁致伸缩换能器,以及各种不同用途的电动型、电磁力型、静电型换能器等多种超声换能器。材料科学的发展使应用最广泛的压电换能器也由天然压电晶体发展到机电耦合系数高、价格低廉、性能良好的压电陶瓷、人工压电单晶、压电半导体及塑料压电薄膜等。产生和检测超声波的频率,也由几十千赫兹提高到上千兆赫。产生和接收的波型也由单纯的纵波扩大为横波、扭转波、弯曲波、表面波等。如频率为几十兆赫兹到上千兆赫兹的微型表面波已成功地用于雷达、电子通信和成像技术等方面。

近年来,在物质结构等基础研究方面,超声波的产生和接收还在向更高频率($10^{12}$ Hz 以上)发展。例如,在媒质端面直接蒸发或溅射上压电薄膜或磁致伸缩的铁磁性薄膜,就可获得数百兆赫兹直至几万兆赫兹的超声;利用凹型的微波谐振腔,可在石英棒内获得几万兆赫兹的超声。此外,可用热脉冲、半导体雪崩、超导结、光子与声子的相互作用等方法,产生或接收更高频率的超声。随着产生和接收的超声波频率的不断提高,目前已逐步接近点阵热振动的频率,利用这些甚高频超声的量子化声能来研究原子间的相互作用、能量传递等问题。通过对极高频超声声速和衰减的测定,可以研究声波与点阵振动的相互关系及点阵振动各模式之间的耦合情况,此外,还可以用来研究金属和半导体中声子与电子、声子与超导结、声子与光子的相互作用等。因此,超声、电磁辐射及粒子轰击被列为研究物质微观结构和微观过程的三大重要手段。

超声波在高速流动的流体媒质中的传播、在液晶等特殊液体中的传播,以及大振幅声波在流体媒质中转插的非线性问题等的研究,仍在不断发展。超声学不断借鉴电子学、材料科学、光学、固体物理等其他学科的内容,而使自己更加丰富。同时,超声学的发展又为这些学科的发展提供了一些重要设备器件和有效的研究方法。如超声探伤和超声成像技术都是借鉴了雷达的原理和技术发展起来的,而超声的发展又为电子学、光电子学、雷达技术的发展提供了超声延迟线、滤波器、卷积器、声光调制器等重要的体波和表面波器件。

由于超声波易于获得指向性极好的定向声束,采用超声窄脉冲,就能达到较高的空间分辨率,加上超声波能在不透光材料中传播,使超声波的应用范围极其广泛,包括超声检测、超声探伤、功率超声、超声处理、超声诊断、超声治疗、超声成像等。超声处理是通过超声对物质的作用来改变或加速改变物质的一些物理、化学、生物特性或状态的技术。由于使用适当的换能器可产生大功率的超声波,而通过聚焦、增幅杆等方法,还可获得高声强的超声,加上液体中的空化现象,使得利用超声进行加工、清洗、焊接、乳化、粉碎、脱气、促进化学反应、医疗,以及种子处理等广泛地应用于工业、农业、医学卫生等各个部门,并还在继续发展。利用媒质非声学特性(如黏度、流量、浓度等)和声学量(声速、衰减和声阻抗率)之间的联系,通过对声学量的检测还可达到对非声学量的检测和控制。

当前,超声检测这方面的新研究和新应用仍在不断地出现,例如,声发射技术和超声全息等。而采用数字信号处理技术来解决超声检测中尚未解决或尚未圆满解决的问题的研究工作,也是近年来研究的热点问题。

### 4.2.3 水声学

水声学是研究声波在水下的产生、传播和接收过程,用以解决与水下目标探测和信息传输过程有关的声学问题。声波是已知的唯一能够在水中远距离传播的波动,在这方面远优于电磁波(如无线电波、光波等),水声学随着海洋的开发和利用发展起来,并得到了广泛的应用。水声学在军事上可用来侦察潜水艇,在民用上可以用水声技术开发和利用海洋资源,进行水下结构物的检测和监测。如利用水声技术对水下目标的探测、跟踪和识别,实现水下信息的超远距离传播,探查海洋和海底资源,勘探海底石油和矿藏;对海洋平台水下结构物在施工、运营周期内进行检测和监测,如基础施工质量的检查、基础周围冲刷、管道的悬空及变位等检测和监测。

1827年左右,瑞士和法国的科学家首次相当精确地测量了水中的声速。1912年,"泰坦尼克号"客轮同冰山相撞而沉没,促使一些科学家研究对冰山回声的定位,这标志着水声学的诞生。美国的费森登设计制造了电动式水声换能器,1914年就能探测到两海里远的冰山。1918年,朗之万制成压电式换能器,产生了超声波,并应用当时刚出现的真空管放大技术,进行水中远程目标的探测,第一次收到了潜艇的回波,开创了近代水声学,也由此发明了声呐。

1919年,马蒂制造了用笔在记录纸上记录的回声测深记录仪。1932年试制成功了采用磁致伸缩的回声测深仪,由中心装置、振荡发射机和振荡接收机组成,在中心装置中装备了产生发射脉冲、反射信号处理和自动深度记录器等关键设备。1930年以后,利用石英晶体压电振荡的超声波测深仪投入批量生产,在世界范围内得到了广泛的应用。随后,各式各样的回声测深仪相继问世,使海洋声学有了显著的发展。1960年开展的印度洋国际联合调查也开始使用精密回声测深仪。回声测深仪的出现,可以说是海洋测深技术方面的一次飞跃,其优点一是快速,二是可以得到连续的记录。随着海洋的开发,水声学在海洋资源的调查开发、对海洋动力学过程和环境监测、增进人类对海洋环境的认识等方面的应用也在不断地扩展与推进。

随着水声换能器的革新,关于温度梯度影响声传播路径的机理、声吸收系数随频率变化等水声学研究的成就,使声呐得以不断改进,并在第二次世界大战期间反德国潜艇的大西洋战役中起了重要作用。

第二次世界大战以后,为提高探测远距离目标(如潜艇)的能力,水声学研究的重点转向低频、大功率、深海和信号处理等方面。同时,水声学应用的领域也更加广泛,出现了许多新装置,例如,水声制导鱼雷,音响水雷主、被动扫描声呐,水声通信仪,声浮标,声航速仪,回声探测仪,鱼群探测仪,声导航信标,地貌仪,海底地层剖面仪,水声释放器及水声遥测、控制器等。

现代水声学的主要研究内容有:新型水声换能器;水中非线性声学;水声场的时空结构;水声信号处理技术;海洋中的噪声和混响、散射和起伏,目标反射和舰船辐射噪声;海洋媒质的声学特性等。特别是水声学正在与海洋、地质、水生物等学科互相渗透,从而形成海洋声学等研究领域。

水声换能器的研究是水声学研究的重要内容,因此换能器的新材料、结构和机理的研究也是其研究的重点。20 世纪 60 年代以来,为了实现声呐的远程探测,发展了不少新的换能材料、结构振动方式和换能机理;发展了工作在低频、宽带、大功率和深水中的发射器,具有高灵敏度、宽带、低噪声等性能的水听器;出现了新型的水声换能器,如复合压电陶瓷水听器、凹型弯张换能器、利用亥姆霍兹共鸣器原理制成的低频水听器、应用射流开关技术的调制流体式换能器、声光换能器等。随着技术的发展,新型材料在水声换能器中逐渐得到应用,如超磁致伸缩材料稀土铽(Tb)、镝(Dy)的铁合金的水声换能器,能解决磁路和结构问题,光纤水听器的高灵敏度使其发展也很迅速。

水声信道的研究是通过研究声波在海洋中的传播规律,揭示海洋声环境因素对声场的影响。海水中声场研究的内容包括:声场的空间结构和声波的衰减规律,波形在传输过程中的畸变,从环境噪声中提取有用信号的技术。国际上对深海声场研究多年,解决得比较好。近年来由于海洋油气勘探提出的课题,西方学者把注意力转向更为复杂的浅海声场研究。我国因有世界上最重要的大陆架浅海,从 20 世纪 60 年代以来致力于研究浅海声场,取得了可观的成果,使西方同行瞩目。

水声信息的检测识别也是水声信号处理的关键技术,用高速数字计算芯片对接收到的信号进行空域和时域处理,增强信号,滤去干扰,最后进行识别和估值。空间处理技术有波束形成、相控、数字多波束、分波束互相关等,形成最佳的接收指向性。可以根据预估的声场,组成与之相匹配的简正波过滤阵,利用声道、会聚区等条件。目前人工智能、神经网络及模式识别等技术在水声信息识别中也已经得到了广泛的应用。

用水声学观测海洋环境也是水声学在海洋探测中的重要应用,海洋环境参量的统计采用水声学原理的仪器进行观测。如根据多普勒海流计(ADCP)测出海流产生的多普勒频移,可在船上、海底遥测各层深度海流剖面;声学相关海流计(ACCP)则利用船上两处接收到的信号的相关求海流;从声脉冲在海水中悬浮的泥沙、生物、污染物的反向散射可以遥测悬浮物的浓度剖面;利用低频声波采用类似医学层析的方法反演大洋中的涡旋和水温变化等。

海洋测绘及资源勘探是水声学在海洋探测的重要应用领域,其应用研究包括电子海图绘制,海底地貌、地层剖面和海水深度的测绘及海底矿藏的探测等。

水声定位技术是建立在超声波传播技术基础之上的一种海上定位技术和方法,通过测定声波信号传播时间或相位差,进行海上定位。水声学定位包括长基线定位、短基线定位和超短基线定位。目前能实现自动控制系统偏差极小的动力定位系统,已经用于钻探船的井口重入和张力腿式油气开发平台的海上定位。现代海洋工程已经广泛应用载人或无人潜水器通过水声定位技术进行观察、测量、检查、操作等工作。

# 4.3  国外声学技术发展现状

海洋平台是指为在海上进行钻井、采油、集运、观测、导航、施工等活动提供生产和生活设施的构筑物。海洋平台按其结构特性和工作状态分为固定式、活动式和半固定式三类。根据海洋平台的受力特点、结构形式、工作状态及特殊工作环境,海洋平台采用的材料多为海洋工程特殊用钢或纤维复合材料,对于固定式海洋平台有时也采用钢筋混凝土或钢-钢筋混凝土复合结构。对于海洋平台结构材料损伤或缺陷的监测和检测,结构损伤和缺陷的主要类型包括结构裂纹、焊缝开裂、材料内部缺陷、结构腐蚀和疲劳及断裂破坏等。由于海洋环境的随机性及海洋平台的复杂性，海洋平台及其附件发生损坏甚至倾覆等事件时有发生，其主要原因为常用的无损检测无法及时发现海洋平台潜在的结构危险。声发射检测技术因其自身的特点能对海洋平台实施实时监测。而对于海洋平台水下部分结构的变形、海底基础的冲蚀、淘空及水下部分的测量等，声波在水中检测的技术优势使声呐检测成为最主要的检测方法。

针对海洋平台结构检测和监测的特点，声发射技术和声呐技术是海洋平台利用声学检测的主要方法。近年来这两种检测技术在海洋平台的检测中得到了广泛的应用，本节将对这两种技术的国内外发展情况进行介绍。

### 4.3.1　声发射技术

现代声发射技术起始于 20 世纪 50 年代初 Kaiser 在德国所做的研究工作，他观察到金属材料发生变形与产生声发射信号是同时发生的，此外，Kaiser 同时发现一种普遍的规律：声发射现象是不可逆的，即 Kaiser 效应。

20 世纪 50 年代末期，美国学者 Tatro 对金属的声发射机理进行了研究，发现在金属的塑性变形中，引起声发射现象的原因主要是金属晶体的位错运动，因此得出结论，声发射现象的产生出现于材料内部而不是材料表面[4-5]。Tatro 和 Schofield 对于声发射物理机制的研究属于声发射领域的首创，并对声发射技术的应用前景给出预测，认为声发射技术在解决工程问题方面有广阔的发展前景[6]。1959 年，Rusch 首次研究了混凝土中的声发射特征，发现混凝土中也存在类似金属的 Kaiser 效应[7]。

进入 20 世纪 60 年代，美国人 Dunegan 对声发射技术的提高起到巨大的推进作用[8]，他首次将声发射技术用于压力容器检测。20 世纪 70 年代初，Dunegan 等开展了现代声发射仪器的研制，他们把实验频率提高到 100kHz～1MHz，这是声发射实验技术的重大进展，从此使声发射技术从实验室走向现场的检测。

随着现代声发射仪器的出现，20 世纪 70 年代和 80 年代初人们从声发射源机制、波的传播和声发射信号分析方面开展了广泛和深入的系统研究。20 世纪 80 年代初，美国 PAC 公司将现代微处理机技术引入声发射检测系统，设计出了体积和重量较小的第二代源定位声发射检测仪器并开发了一系列多功能高级检测和数据分析软件，通过微处理机控制，可以对被检测构件进行实时声发射源定位监测和数据分析。由于第二代声发射仪器体积小、重量轻且易于携带，大大推动了声发射技术在现场检测的广泛应用[9]。20 世纪 90 年代以后，声发射检测系统进入数字化时代，利用现代计算机的强大功能，充分发挥计算机的软硬件平台，对声发射的数字化信号以高频率、高采样率记录到计算机硬盘，实现了高速、全数字、全波形地对声发射信号进行采集、记录、分析。

对于声发射技术在海洋平台中的应用，国外学者对钢结构的裂缝、疲劳、腐蚀等缺陷也进行了大量的应用研究。1976 年，美国埃克森核能公司率先使用声发射检测系统进行近海的水下检验活动。20 世纪 80 年代，挪威 Nork Hydro 研究中心多年应用 AE 技术进行近海结构的监测，研究了钻井平台的横向支管与立柱裂缝实验验证，以及水下管节点的监测。Rogers 在利用声发射技术对海洋平台易疲劳点及存在缺陷的焊缝进行监测的基础上，提出了一种远距离监测裂纹的方法。Rogers 等[10]验证了在疲劳损伤中，裂纹增长阶段的声发射幅值高于裂缝闭合阶段的幅值。Roberts 等[11]对材料的疲劳裂纹扩展过程进行了声发射监测,对疲劳加载过程中的裂纹扩展特征与声发射信号之间的关系进行了探讨。

近年来,随着信号采集与分析技术的进步,以及神经网络、小波分析、模式识别等技术的引入,进一步推动声发射技术向更广阔的领域和更深入的方向发展。

## 4.3.2 声呐技术

### 1. 国外声呐发展历史

1827 年,瑞士物理学家 Daniel C 和 Charles S 合作,精确地测出了水下声速[12],通过声速可以精确计算水下目标的距离。19 世纪中叶发明了碳粒微音器[13],即一种最早的水听器。水下声速的精确测量和水听器的发明为水声学的发展奠定了基础。

声呐是 1906 年由英国海军军人刘易斯·尼克森发明的,他发明的第一部声呐仪是一种被动式的聆听装置,主要用来侦测冰山。这种技术到第一次世界大战时应用到战场上,被用来侦测潜藏在水底的潜水艇,这些声呐只能被动听声,属于被动声呐,或者叫作"水听器"。1912 年"泰坦尼克号"与冰山相撞而沉没后,一些科学家开始研究对冰山回声的定位。1914 年,美国的费森登设计制造了电动式水声换能器,探测到两海里远的冰山,标志着水声学的诞生。1914 年第一次世界大战的爆发,极大地促进了民用和军用声呐的研制和发展[12]。第一部反潜声呐的问世是在第一次世界大战中,但当时由于理论和技术上的不完善,这种水声回声定位系统的性能很不可靠。1916 年,朗之万提出利用压电石英获得超声波,并通过真空管放大技术实现"回声定位",1918 年他第一次利用这项技术实现了水中远程目标的探测,由此发明了世界上第一台实用主动声呐。

随后,人们利用回声探测设备又制成了航海用的回声仪,这些更增加了人们应用声呐技术服务于军事及民用的信心。大约在 1925 年,德国"信号"公司将其生产的声呐设备定名为"测深仪",并在美国和英国有商品销售。同时,美国海军实验室积极改进对潜艇进行回声定位的方法,他们通过采用磁致伸缩换能器找到了回声定位中合适的发射换能器。与此同时,由于电子学的发展,已经可以使声呐信息经过放大进行简单的处理显示。1935 年,德国、英国、美国三国又研制出了几种较为实用的声呐,美国于 1938 年开始批量生产声呐设备。到第二次世界大战,几乎所有的军用舰船都装备了声呐系统,并在海战中发挥了十分重要的作用。第二次世界大战后,军用声呐技术继续发展,但各个国家都将这方面的最新技术列为严格保密的范围。

20 世纪七八十年代以后,随着海洋开发事业的迅猛发展,声呐技术以惊人的速度向民用方面转化,出现了各种用途的现代化声呐,如导航声呐、通信声呐、侧扫声呐、远程警戒声呐、水声对抗声呐、拖曳阵声呐、鱼雷自导声呐、水雷自导声呐等,声呐技术已日趋成熟和完善。

### 2. 声呐技术应用领域

声呐是利用水中声波对水下目标进行探测、定位和通信的电子设备,是水声学中应用最广泛、最重要的一种装置。声波是人类迄今为止已知可以在海水中远程传播的能量形式,声呐在海洋探测中有着极其广泛的应用。声呐的应用领域主要包括:军事、海洋测绘、海流流速测量、海洋渔业、水下声学定位及水声通信等。

（1）军事

声呐是各国海军进行水下监视使用的主要技术，用于对水下目标进行探测、分类、定位和跟踪，进行水下通信和导航，保障舰艇、反潜飞机和反潜直升机的战术机动和水中武器的使用。随着现代声呐技术的发展和进步，新一代声呐具有更先进的探测性能和更远的探测距离，一些高科技声呐还具有相当高的分辨率，能够识别蛙人和可疑水下航体。

（2）海洋测绘

随着海洋高新技术的介入和装备的不断升级，水下地形声学探测技术获得了迅速的发展，现已成为世界各海洋国家在海洋测绘方面的重要研究领域之一。利用声呐技术进行海洋测绘的设备有单波束回声测深仪、侧扫声呐、多波束测深、浅地层剖面仪。

（3）海流流速测量

现代声呐技术可以利用多普勒效应进行流速测定，这种声呐系统使用一对装在船底倾斜向下的指向性换能器，由海底回波中的多普勒频移可以得到舰船相对于海底的航速。另外，若将声呐固定在流动的海域中，它可以自动检测和记录海水的流动速度及方向。

（4）海洋渔业

探鱼仪是一种可用于发现鱼群的动向、鱼群所在地点及范围的声呐系统，利用它可以大大提高捕鱼的产量和效率；助鱼声呐设备可用于计数、诱鱼、捕鱼或者跟踪尾随某条鱼等。海水养殖场已利用声学屏障防止鲨鱼的入侵，以及阻止龙虾鱼类的外逃。

（5）水下声学定位

海洋中水下环境复杂恶劣，因此为水下作业设备进行准确的定位，对于掌握设备工作情况、回收海洋监测数据和设备具有非常重要的意义。水下声学定位技术出现时间早，发展速度快，如今已经广泛应用于海洋工程的各个方面，适用于潜标、海床基和水下深潜器等水下作业设备。由于潜标系统和海床基系统中集成安装了声学释放器，可完成定位作业中的测距工作，无须额外安装专门的水声通信装置，因此此项技术在潜标和海床基的定位应用中具有先天的硬件优势。

对水下目标声源进行探测、搜寻和定位时，设置声基阵为目前应用最广泛的一种水下定位技术。根据作业系统定位基线的长度，可分为长基线阵（LBL）、短基线阵（SBL）和超短基线阵（SSBL/USBL）。声基阵主要由声学通信装置及其甲板单元、船载测深仪、GPS和基于VB平台的水下目标定位测算软件等组成。

（6）水声通信

水声通信是水面舰艇、潜艇间相互通信的重要手段，利用声呐系统在水下可代替导线的连接，使用声束来传递信息，实现舰艇之间的通信和交流。水声通信系统的工作原理是首先将文字、语音、图像等信息转换成电信号，并由编码器将信息数字化处理，然后换能器将电信号转换为声信号。声信号通过水这一介质，将信息传递到接收换能器，这时声信号又转换为电信号，电接收机将信号再转换成声音、文字及图片。声音是由于振动产生的，在海中要把通信信息传到远处，需将空气换成海水，在空气中、水中、固体中任意发射和接收不同频率、不同强度的声信号。

当潜艇处在潜航状态时，无线电和其他通信方式都将失效，唯一可能的通信方式就是水声通信。水声通信还用于水下深潜器的命令和数据传送，包括对水下机器人的状态控制和水下机器人的状态应答、对水下机器人的状态控制、水下采集系统的数据回送或深海目标图像的获取等。而在我国大陆架附近海域和远海域,组建可靠的、大范围的水声通信网,对于我国领海防御和未来海军远航作战必将起到重要的保障作用。

**3. 声呐技术发展趋势**

在信息化高度发展的背景下,未来声呐的发展也将朝着高精度、智能化、集成化、多数据融合、多功能等方向发展。主要体现在以下几个方面。

(1) 全自适应智能化认知

传统主动声呐系统在处理目标反射回波时,没有考虑声呐接收机感知的环境信息和目标特性的先验知识对发射机的影响,发射信号参数固定。因此,在传输衰减、噪声、混响、多径、时变和大多普勒等复杂水下环境中很难获得理想的探测效果。基于知识理论的智能化认知声呐能够根据环境变化和目标特性的先验知识对发射机和接收机进行联合自适应控制,提高对水下目标信号的探测和识别能力。

受近年来认知无线电、认知雷达快速发展的启发,人们通过将先验知识和连续学习引入传统声呐系统,建立对发射端的自适应反馈控制,提出了认知声呐,其组成如图 4-2 所示。发射机与接收机、环境及目标之间构成一个动态的闭环系统,可根据环境变化、性能要求和先验知识对发射波束、功率、频率、重频、脉内调制和接收波束、检测门限及工作模式动态调整。

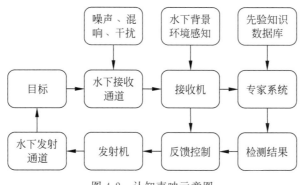

图 4-2 认知声呐示意图

认知声呐将发射机、接收机与环境自适应匹配,根据对工作环境和目标信息的学习,不断更新接收机和自适应调整发射机;发射机根据目标距离、尺寸,调整发射波形参数,智能地进行照射;整个认知声呐系统构成发射、接收和环境的闭合反馈环路;利用环境和目标先验信息提高声呐系统性能。

(2) 共址和分布式 MIMO 声呐

MIMO 技术首先在通信和雷达领域得到应用,分为共址 MIMO 和分布式 MIMO。共址 MIMO 利用发射信号的分集特性扩展收发阵列的虚拟孔径,提高目标探测能力。分布式 MIMO 阵元分开排列,发射正交信号,从不同角度照射目标,降低起伏衰落,提高探测稳定性。水下特别是近海航船数量多、噪声大、声场复杂、多径和多普勒效应严重,对水雷、蛙人、静音潜艇等弱小目标探测难度大,传统主被动雷达都难以达到理想效果,MIMO 声呐为解决这一问题提供了一条新途径。

2006 年,Bekkerman 等[14]提出了 MIMO 声呐目标检测与定位的处理架构,证明了通过发射正交波形引入虚拟阵元可以提高目标探测能力,推导了广义似然比检测器和侧向的 $CR_B B$ 性能极限。Li 等[15]于 2008 年提出 MIMO 声呐处理模型,并分别与单输入单输出、单输入多输出及多输入单输出处理进行了性能比较。2009 年,Vossen 等[16]通过引入虚拟源信息提高了目标检测能力。2010 年,Zhou 等[17]利用空-时编码技术降低了 MIMO 处理对正交发射信号间互相关性的要求。

（3）广域异质多传感器联合感知

单一传感器探测效率低,难以满足大范围、长时间水下信息获取需求,通过网络技术将警戒监视海域内多个不同位置布放的声呐、雷达、激光、红外等传感器进行互联,实现数据的交换、分发和汇聚,进行集中或分布式数据处理,可以形成分布式网络化水下警戒探测系统,实现对覆盖范围内目标的探测、定位、跟踪和分类识别功能。分布式网络化水下预警探测系统具有机动灵活、成本低、效费比高等优点,能够有效增强水下战场信息感知能力。

近年来,为应对潜在潜艇威胁和浅海、沿岸水域的水雷威胁,美国进一步发展以海网为代表的水下探测体系,结合分布式敏捷猎潜 DASH、可部署自主分布式系统 DADS 及直升机反潜系统,实现大区域水下感知,并向跨域对海监视引导体系 CDMaST 迈进,以期在高对抗环境中,利用水下、海上、空中等有人、无人系统的雷达、光电、声呐探测装备,构建跨域分布式探测、识别、定位、打击、评估体系,提高作战效能,如图 4-3 所示。

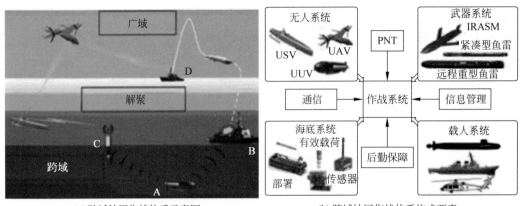

(a) 跨域协同作战体系示意图　　　　(b) 跨域协同作战体系构成要素

图 4-3　美军 CDMaST 平台、传感器、武器、通信、导航协同作战体系架构

# 4.4　国内声学技术发展现状

## 4.4.1　声发射技术

声发射技术在 20 世纪 70 年代初引入我国,人们希望利用声发射进行预报和测量裂纹的开裂点。中国科学院沈阳金属研究所、北京航空材料研究所、原机械部合肥通用机械研究所和武汉大学等一些科研院所和大学开展了金属和复合材料方面的声发射特性研究。

20 世纪 80 年代初,国内开始尝试将声发射技术用于压力容器检验等工程,但由于当时声发射仪器的性能和信号处理方面的限制,以及人们对声发射源和声发射波产生后到达传感器过程中的传输特性等认识的欠缺,在实验结果的重复性和可靠性方面存在很多问题,从而导致声发射技术一度曾陷入低谷。

20 世纪 80 年代,原中华人民共和国劳动部锅炉压力容器检测研究中心率先从美国 PAC 公司引进当时世界上最先进的 SPARTAN 源定位声发射检测与信号处理分析系统,并在石化和煤气公司开展了球形储罐和卧罐等压力容器的检测,取得了成功。随后,中钢集团武汉安全环保研究院、大庆石油学院、航空航天部第四研究院、西安 44 研究所和石油大学等许多单位相继从 PAC 引进先进的 SPARTAN 和 LOCAN 等型号的声发射仪器,开展了压力容器、飞机、金属材料、复合材料和岩石方面的检测应用。1989 年的全国第四届声发射会议指出,从 20 世纪 90 年代以后,声发射技术在我国的研究和应用进入了快速发展的阶段。90 年代初燕山石化、天津石化、大庆油田、胜利油田、辽河油田和深圳锅炉压力容器检验所等石油、石化企业检验单位和专业检验所相继进口大型声发射仪器并广泛开展压力容器的检验。90 年代中期北京航空工程技术研究中心和北京材料及工艺研究所从美国 PAC 公司引进了第三代可以存储声发射信号波形的 Mistras 2000 多通道声发射仪,从而开始了以波形分析为基础的航空航天设备的声发射检测与信号处理。

2002 年,国家质量监督检验检疫总局锅炉压力容器检测研究中心从德国 VALIEN 公司引进了最新型号的 ASM5 型 36 通道声发射仪,该仪器既可对声发射信号进行基于波形的模式识别分析,又能检测大型常压油罐底部泄漏。目前声发射技术已经在我国石油、石化、电力、航空、航天、冶金、铁路、交通、煤炭、建筑、机械制造与加工等领域得到广泛的研究和应用。

在声发射仪器的研制和生产方面,我国的起步并不算晚。沈阳电子研究所于 20 世纪 70 年代末研制出单通道声发射仪;长春实验机研究所于 80 年代中期也研制出采用微处理机控制的 32 通道声发射定位分析系统。劳动部锅炉压力容器检测研究中心于 1995 年成功研制出世界上首台硬件采用 PC-AT 总线、软件采用 Windows 界面的多通道(2~64)声发射检测分析系统。2000 年,广州声华公司研制出基于大规模可编程集成电路(FPGA)技术的全波形全数字化多通道声发射检测分析系统。2002 年,国家质量监督检验检疫总局锅炉压力容器检测研究中心研制出基于信号处理集成电路技术的全数字化多通道声发射检测分析系统。

我国的声发射技术在压力容器、管道、金属材料、非金属材料、飞机、钢筋混凝土材料海洋平台等方面取得了成功的应用。航天动力研究所耿荣生利用声发射技术跟踪检测了飞机疲劳实验中的疲劳裂纹的形成和扩展,及时预报了飞机隔框、主梁螺栓孔等处的疲劳裂纹扩展情况。北京交通大学秦国栋、刘志明[18-19]利用 16MnR 钢材料疲劳实验的声发射特征参数进行分析,建立了 16MnR 钢材料的损伤程度声发射评估模型。

国内学者对大型桥梁结构的声发射检测研究,主要集中在对桥梁关键金属构件的研究,如钢绞线、斜拉索、吊杆等。李冬生等[20]通过声发射技术对桥梁拉索和预应力混凝土结构体系中钢绞线的拉伸进行了监测实验,利用监测数据判断断丝发生的时刻和根数。研究表明钢绞线损伤的特征量可以用 AE 累积能量表示,并通过定义钢绞线损伤因子建立了可用 AE 特征参数表示其拉伸损伤的威布尔累积分布函数方程。李冬生等[21]还利用 AE 技术对四川峨边大渡河拱桥的吊杆进行了全面监测,利用 AE 信号参数分析法确定了其损伤度;此外他们还对国内某大型斜拉桥多龄期斜拉索腐蚀疲劳进行了声发射检测,通过 AE

能量累积图确定了拉索疲劳损伤的 3 个阶段。

在海洋平台声发射研究方面,国内一些学者也进行了大量的研究。如贾光、杨国安等[22]进行了海水盐度对声发射传播特性的研究;曲文声等[23]通过搭建海洋平台材料弯曲疲劳实验平台,利用声发射特征参数和小波分析技术得到材料疲劳损伤不同阶段的特征信息;张华、吕涛等[24]将声发射技术应用到导管架海洋平台结构实时监测,并提出基于检测数据的结构健康评定方法;林丽和赵德有[25]运用识别算法对声发射信号进行定位,建立了基于局域波法的导管海洋平台声发射信号识别系统;李洪涛等[26]对声发射信号进行多种信号处理方法的融合,建立了对海洋平台结构健康状况快速识别的系统。

### 4.4.2　声呐技术

我国的水声科学研究起步较晚,直到 1958 年才在中国科学院和其他有关部、院建立了水声研究、设计和生产的相关单位。我国水声研究的成就首先表现在浅海方面,从理论上用三种方法建立了海底反射损失模型。其中有代表性的是张仁和在 1965 年根据射线-简正波理论,建立了将声线跨度、群速和简正波海底反射衰减联系在一起的普遍公式。在声场研究中从理论上解决了深浅海均适应的反转点发散问题,这一声场计算中的突破领先国外研究。与此类似的理论描述在国外直到 1974 年才正式发表。我国在 20 世纪 70 年代至 80 年代在浅海领域进行了系列的研究,如浅海信号的多途结构或多途拖散和相关损失问题;海上简正波提取方法问题、浅海混响强度;声场的简正波与射线表达之间的关系等。

我国的深海研究始于 20 世纪 70 年代末。在反转点的发散问题相关成果的基础上给出了深海区增益、宽度和位置的理论表示。我国在深海研究理论方面取得了一系列成果,如深海声场预报研究、声场匹配处理等成果曾一度处于国际领先水平;用共振桶法研究了海水吸收问题、解决了低千赫兹频段声吸收的精确测量难题;在非线性水声学方面解决了所谓参量阵声束透入水-泥沙界面后不遵从斯奈尔定律的问题;在目标散射方面研究了有限长弹性圆柱的共振散射问题。

我国在水声学理论研究尤其是浅海理论方面取得了一系列成就,在声呐技术研究方面也取得了许多重要的成果。在声呐技术装备方面距世界先进水平仍有较大的差距,主要表现为:

(1) 核心关键技术研发落后,可靠性低于进口产品,只能主打低端市场;

(2) 声呐等技术装备的主要研究机构为高校和科研院所,未形成需求驱动,产业化水平低,技术研发与市场机制未能有效结合。

世界首台侧扫声呐系统由英国海洋研究所于 20 世纪 60 年代研制成功。而我国侧扫声呐研究始于 20 世纪七八十年代,代表产品有华南理工大学的 SGP 型侧扫声呐和中国科学院声学研究所的 CS-1 型侧扫声呐等。经过几十年的发展,侧扫声呐技术已较成熟,但同国际先进设备相比仍存在一些不足:只能获取海底相对起伏的数据,无法获取精确的水深数据;横向分辨率取决于声呐基阵的尺寸。

多波束测深技术的研究始于 20 世纪 60 年代美国海军的军事科研项目,世界上首台多波束测深声呐诞生于 20 世纪 70 年代,是在回声探测仪的基础上发展起来的。我国多波束测深声呐研究始于 20 世纪 80 年代中期,首台实验样机由中国科学院声学研究所和天津海洋测绘研究所于 20 世纪 80 年代末联合研制成功,首台声呐产品由哈尔滨工程大学和天津海洋测绘研究所于 1998 年联合研制成功。21 世纪以来,在国家"863"计划等项目的支持下,哈尔滨工程大学、中国科学院声学研究所、中国船舶重工集团公司第 715 研究所和浙江大学等单位研究设计了多款样机和产品。目前我国浅水型多波束测深声呐已完成多款产品的研制,而深水型多波束测深声呐还处于实验样机阶段,未形成产品化。

20 世纪 90 年代前国际上对合成孔径声呐的研究主要处在理论研究和实验阶段,仅有少数机构进行了实验研究。在合成孔径声呐技术方面我国于 20 世纪 90 年代开展研究。在国家"863"计划的支持下,中国科学院声学研究所和中国船舶重工集团公司第 715 研究所于 1997 年联合研制成功合成孔径声呐湖试样机;2005 年,我国首部具有自主知识产权的合成孔径声呐海试成功。目前国内处于领先地位的产品为苏州桑泰海洋仪器公司的合成孔径声呐系列产品,相关技术已达到国际先进水平。

# 参考文献

[1] TURNER J D, PRETLOVE A J. Acoustics for engineers[M]. Macmillan Education LTD,1991.

[2] 谭祥军. 从这里学 NVH——噪声、振动、模态分析的入门与进阶[M]. 北京: 机械工业出版社,2018.

[3] LEMASTER R A, GRAFF K E. Influence of ceramic location on highpower transduoers performance [C]//IEEE Ultrasonics Symp. Proc. ,1978: 296-299.

[4] TATRO C A. Sonic technique in the detection of crystal slip in metal[J]. Engineering Research, 1957, 1: 23-28.

[5] TATRO C A, LIPTAI R G. In proceedings symposium on physics and non-destructive testing[J]. Southwest Research institute, San Antonio, Tex, 1962.

[6] SCHOFIELD B H. Acoustic emission under applied stress[R]. LESSELLS AND ASSOCIATES INCWALTHAM MA, 1963.

[7] RUSCH H. Physical problems in testing of concrete[J]. Zement-Kalk-Gips(Wies),1959,12(1).

[8] 李孟源. 声发射检测及信号处理[M]. 北京: 科学出版社,2010.

[9] 沈功田,戴光,刘时风. 中国声发射检测技术进展——学会成立 25 周年纪念[J]. 无损检测,2003(6): 302-307.

[10] ROGERS L M, HANSEN J P, WEBBORN C. Application of acoustic emission analysis to the integerity monitoring of offshore steel production platforms[J]. Materials Evaluation,1980, 38(8): 39-49.

[11] ROBERTS T M,TALEBZADEH M. Fatigue life prediction based on crack propagation and acoustic emission count rates[J]. Journal of Constructional Steel Research, 2003,59(6): 679-694.

[12] 王炳和,李宏昌. 声呐技术的应用及其最新进展[J]. 物理,2001,30(8): 492-493.

[13] ROBERT J U. 水声原理[M]. 洪申泽,译. 哈尔滨: 哈尔滨工程大学出版社,1990.

[14] BEKKERMAN I,TABRIKIAN J. Target detection and localization using MIMO radars and sonars[J]. Signal Processing,IEEE Transactionson,2006,54(10): 3873-3883.

[15] LI W H, CHEN G, BLASH E. Cognitive MIMO sonar based robust target detection for harbor and maritime surveillance applications[C]//Aerospace Conference. IEEE, 2009: 7-14.

[16] VOSSEN R V, RAA L T,BLACQUIERE G. Acquisition concepts for MIMO sonar[J]. Underwater Acoustic Measurments Proceedings, 2009.

[17] SONG X F, ZHOU S L, WILLETT P. Reducing the waveform cross correlation of MIMO radar with space-time coding[J]. IEEE Transactions On Signal Processing,2010,58(8): 4213-4224.

[18] 秦国栋,刘志明. 声发射测试系统的发展[J]. 测试技术学报,2004,18(3): 274-279.

[19] 秦国栋,刘志明.LOCAN320 数据格式识别与转化处理系统的开发[J].无损检测,2005,27(1):12-14.

[20] 李冬生,欧进萍.钢绞线拉伸过程中的声发射特征及其损伤演化模型[J].公路交通科技,2007,24(9):57-60.

[21] 李冬生,杨伟,喻言.土木工程结构损伤声发射监测及评定——理论、方法与应用[M].北京:科学出版社,2017.

[22] 贾光,杨国安,沈江,等.海水对海洋平台声发射传播特性影响研究[J].海洋工程,2013,31(3):84-88.

[23] 曲文声,王寿军,穆为磊,等.基于声发射技术的海洋平台材料疲劳损伤检测[J].无损检测,2016,38(10):10-13.

[24] 张华,吕涛,徐长航,等.基于声发射的导管架海洋平台结构健康实时监测研究[J].中国海洋平台,2016,31(1):86-90.

[25] 林丽,赵德有.导管架海洋平台声发射信号识别系统[J].无损检测,2009,31(1):42-45.

[26] 李洪涛,刘跃,徐长航,等.基于振动与声发射信息融合的海洋平台损伤定位方法实验[J].天然气工业,2013,33(4):120-124.

# 第5章

# 声学技术原理

## 5.1　声发射技术原理

声发射(acoustic emission，AE)是指固体材料在内外力或环境等因素的作用下，产生弹塑性变形、开裂、相变及磁效应等动态过程中，伴随出现的以应力波形式快速释放能量的一种常见的物理现象，因此也称为应力波发射(stersswave emission)[1-3]。应力波的产生会导致应力场变化，这些变化也会被记录在声发射监测仪中，用于结构的评价与诊断。因此，声发射仪又被形象地称为结构的"听诊器"。

声发射是自然界普遍存在的一种现象。例如海洋平台钢结构的构件形成裂纹或裂缝扩展时会产生声发射；工程结构的钢筋混凝土构件裂缝的形成、断裂及疲劳等会发生声发射；地壳的地质运动(如地震)会发生声发射；树木在折断时也会发生声发射现象。但是，不同声发射现象和过程产生的声发射波的频率和幅值差别很大，其频率范围可从次声波、可听声到 50MHz 左右的超声波，幅值可从几微伏到数百伏。一般工程中的声发射不同于可听声，它是指"应力波发射"。当材料和结构受力时，开始发生弹性变形以弹性应变能的形式储存在材料中，使其内部存在微观结构的改变，导致局部应力集中，造成不稳定的应力分布。当结构中的这种不稳定的应力分布积累到一定程度时，不稳定的高能状态一定要向稳定的低能状态过渡，材料就出现了快速相变、裂纹等现象，并在此过程中释放应变能，这就是声发射现象产生的原因[4]。

1950 年，德国学者 Josef Kaiser 对多种金属材料的声发射现象进行了详尽的研究，发现了材料形变过程中声发射的不可逆效应，这就是 Kaiser 效应，奠定了声发射研究的基础。1959 年，Rusch 对混凝土受力后的声发射信号进行了研究，并证实在混凝土材料中，Kaiser 效应仅存在于极限应力的 $70\%\sim85\%$ 以下的范围内[5]。20 世纪 60 年代，声发射技术在美国、德国得到了进一步的发展，Dunegan 发现声发射技术在检测压力容器方面有明显的优势，首次把声频提高到超声范围(100kHz～1MHz)，大大减少了背景噪声，声发射技术开始进入实用阶段。20 世纪 70 年代，声发射检测仪器系统实现了计算机自动化监控和数据处理，大大扩展了声发射技术的应用领域。声发射技术从开始实验室的材料研究阶段推向工程现场的大型构件的完整性监测。同时,商用声发射检测仪器开始出现,进一步促进了声发射传播理论研究、声发射传感器的校正理论和实验技术及声发射信号等方面的研究取得很大的进展。20 世纪 80 年代后期到现在,人们更多地侧重于应用技术的研究和仪器方面的研制,涉及声发射机理方面的基础研究相对较少。但随着计算机技术和现代信号分析技术及人工智能、模式识别技术的发展,声发射技术已广泛应用于机械、航空航天、土木工程、水利大坝、海洋平台、岩土、石油等工程领域的检测和监测。

本章主要介绍声发射技术的基本概念、声发射的原理、信号数据处理的主要方法及典型的声发射产品。

### 5.1.1 基本概念

**1. 声发射基本术语**

(1) 声发射

声发射指材料中局部区域应力集中,快速释放能量并产生瞬态弹性波的现象,也称应力波发射。

(2) 声发射源

引起声发射的材料局部变化称为声发射事件,而声发射源是指声发射事件的物理源点或发生声发射波的机制源[6]。

(3) 声发射检测技术

声发射检测技术是一种无损检测技术(NDT)。用声发射检测仪检测、记录、分析声发射信号和利用声发射信号推断声发射源的技术称为声发射检测技术。可以通过接收和分析这些声发射信号达到检测和诊断的目的。声发射检测是一种动态无损检测方法,其信号来自缺陷本身,因此,用声发射检测法可以判断缺陷的活动性和严重性。

(4) 声发射检测系统

声发射检测系统通常由传感器、前置放大器、数据采集处理系统和记录分析显示系统 4 个部分组成(图 5-1)。声发射仪器中传感器接收采集来自声发射源的声波信号,即声发射信号,经前置放大器放大并由信号采集处理系统对声发射信号做处理后,由记录显示系统进行记录、分析、显示,达到检测声发射源的目的。有时声发射检测系统会合并某几部分在一起,例如内置放大器的声发射传感器,集放大器、数据采集处理和记录、分析、显示于一体的手持声发射仪等。

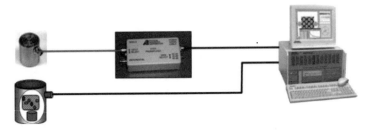

图 5-1　声发射检测系统

**2. 声发射信号相关的术语**

声发射检测通常需要分析采集信号的特征参数,包括幅值、能量、振铃计数、持续时间、上升时间、强度等。声发射信号主要有突发型信号和连续型信号两种。典型突发型信号特征参数如图 5-2 所示。

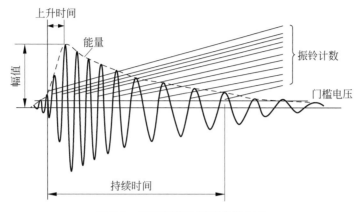

图 5-2　突发型信号特征参数定义

（1）突发型信号

声发射信号出现的频率较低时，在时域上可以将每个信号的波形单独分离出来，这种类型的信号就是突发型信号。

（2）连续型信号

声发射信号频率很高时，信号与信号之间不能独立区分，就形成了连续型信号。

（3）撞击数（hit）

超过阈值并使其中某个通道获取数据的任一信号称为一个撞击，可用总计数与计数率计量。它反映声发射活动的总数与频率，常作为声发射活动性评价的指标。

（4）事件数（event）

引发声发射活动的一次材料局部变化称为一个声发射事件，可用总计数与计数率计量。它反映声发射事件的总数与频率，常作为声发射源活动性和定位集中度评价的指标，易受样本几何形状、传感器特性、耦合条件等影响。

（5）振铃计数（counts）

声发射信号越过门槛值的振荡次数，可用总计数与计数率计量。可大致表征信号的强度与频率，易于处理，广泛应用于声发射活动性评价的指标，但受门槛值的影响。一个信号撞击可能产生很少的计数，也可能有大量的计数，这取决于信号的大小和形状。

（6）幅值（amplitude）

从一个声发射事件的信号波形中得到的最大峰值电压，大小是峰值电压的绝对值。幅值是信号能量大小的重要度量指标之一，通常以分贝（decibel，dB）为单位。分贝是相对量，电压可以利用式（5-1）转化成分贝：

$$A = 20\lg\left(\frac{V}{V_{\mathrm{ref}}}\right) \tag{5-1}$$

其中，$A$ 为幅值（dB）；$V$ 为峰值偏移电压；$V_{\mathrm{ref}}$ 为参考电压。

声发射信号的峰值可以表示波源的强度。由于传感器的响应可能受到多种因素的影响，单个传感器的峰值幅值可能不会提供关于波源的有意义的信息，但通过统计方法评估幅值相关的数据时,可能会得到有用的信息。

（7）能量（energy）

声发射信号波形包络线下的面积反映信号的强度。能量参数经常作为材料或结构声发射测试的评价标准。但能量对于门槛值、频率与传播特性不敏感,可替代振铃计数,也可鉴别波源类型。

（8）上升时间（rise time）

声发射信号从开始到信号达到峰值的时间。上升时间提供与持续时间类似的应力波特征信息。上升时间因受传播的影响较大,没有明确的物理意义,有时用于鉴别机电噪声。

（9）持续时间（duration）

声发射信号从开始到结束的时间,就是信号第一次越过门槛至最终降至门槛所经历的时间间隔。信号的持续时间受到所选用阈值电压高低的影响。在实验中,其他参数也可能影响信号的持续时间,不同的声发射波源可能会使信号的持续时间不同。机械噪声源通常有较长的持续信号,而电子脉冲信号的持续时间通常小于 $10\mu s$。持续时间和幅值的关系是声发射信号波形的主要特征,常用于鉴别特殊的波源类型与噪声。

（10）到达时间（arrival time）

信号从产生到到达传感器需要的时间,单位为 $\mu s$。到达时间可以用于确定波源的定位,定位时依据传感器的间距、传播波速等参数。

（11）有效电压（RMS）

采样时间间隔内电压信号的方均根值,符号为 $V_{rms}$。有效电压与声发射的大小相关,易于测量,不受门槛值的干扰,主要作为连续声发射活动的评价指标。

（12）频率（frequency）

波动下每秒的振荡周期数。声发射信号波形通常含有多个频率成分,可以用于声源信号的鉴别、分离和噪声的去除。

（13）平均信号电平（ASL）

采样时间间隔内信号电平的平均值,单位为 dB。其作用与有效电压（RMS）相似,对连续信号中幅度动态范围要求高且时间分辨率要求低的信号优势明显,也可测量背景噪声水平。

（14）Kaiser 效应

Kaiser 效应[7]是德国学者 Kaiser 研究金属声发射特性时发现的。当材料重新加载时,应力值未达到上次加载最大应力前没有声发射信号产生。大多数金属材料和岩石中,可观察到明显的 Kaiser 效应。Kaiser 效应可用来推测材料或结构曾受到的最大应力,以及监测疲劳裂纹的开裂与扩展。

（15）Felicity 效应

Felicity 效应[8]是指在已经加载的条件下,应力水平未达到上次加载最大值前,就已探测到声发射信号。Felicity 效应是 Kaiser 效应更详细的描述。Felicity 比可以用于指示损伤,较小的 Felicity 比值表明较大的损伤增长水平。

Felicity 比的一般定义为:

$$\text{Felicity 比} = \frac{\text{重复加载时的声发射起始荷载}}{\text{历史加载的最大荷载}} \tag{5-2}$$

Felicity 比作为声发射监测手段的定量参数,能够较好地反映材料所受损伤或结构缺陷的程度,是缺陷评定的重要判据。

### 3. 声发射检测相关的概念

(1) 断铅实验

在采用声发射仪进行检测时通常要进行门槛值、波速测定及其他参数设置的确定,而声发射采集参数设置及参数大多采用断铅实验来确定。断铅实验就是利用铅笔芯断裂作为模拟脉冲声源,以模拟结构或材料变形和断裂产生的信号,用于声发射检测的实验前采集参数的测试校准。

在声发射源的模拟中,模拟源要满足的主要要求是信号稳定且频谱宽。研究表明,对于突发型的脉冲,波源模拟可以由电火花、玻璃毛细血管破裂、铅笔芯断裂、落球和激光脉冲等产生。其中断铅模拟声发射源具有简单、经济、重复性好等优点,是目前声发射检测中常用的方法。

(2) 峰值鉴别时间(PDT)

峰值鉴别时间是指为正确确定撞击信号的上升时间而设置的最大峰值等待时间间隔。其选择的总原则是尽量短,但是将其选得过短,会把高速、低幅度前驱波误作为主波处理。峰值鉴别时间是为确定声发射波形的真正峰值点而预先确定的一个时间参数,主要作用是避免将高速、低幅度的前沿波误认为声发射波。

(3) 撞击鉴别时间(HDT)

撞击鉴别时间是指为正确确定撞击信号的终点而设置的撞击信号等待时间间隔。如将其选得过短,会把一个撞击当成几个撞击;而如果选得过长,又会把几个撞击当成一个撞击。撞击鉴别时间的作用是使系统能够测定撞击的结束,停止测量过程并存储测试到的特征数据。撞击鉴别时间电路可以被高过门槛的声发射信号单次触发,在多数检测系统中,必须将撞击鉴别时间设置成至少是峰值鉴别时间的两倍,从而更逼真地识别和描述声发射信号。一方面,撞击鉴别时间必须尽量长以超过信号低于门槛的时间间隔;另一方面,还要求撞击鉴别时间必须设置得可能短,以确保信号通过率,减少将两个独立的分开的信号误认为一个信号的风险。

(4) 撞击闭锁时间(HLT)

撞击闭锁时间是指在撞击信号中为避免采集反射波或迟到波而设置的关闭测量电路的时间间隔。撞击闭锁时间是为了抑制声发射信号反射波和迟到的声发射信号而设置的时间参数。撞击闭锁时间电路在撞击鉴别时间完毕后启动,并在设定时间内不被信号触发。HLT 是一个很重要的消除回波及其他噪声影响的参数,意义在于撞击鉴别时间后,系统锁定一段时间不处理任何撞击信号,以防止噪声干扰。撞击闭锁时间必须足够长,可以消除噪声干扰,但是太长也可能将真正的信号当成噪声干扰过滤掉。

### 4. 声波的相关概念

(1) 纵波

纵波是指质点振动方向与波的传播方向相同的波,在纵波中波长指相邻两个密部或疏部之间的距离。纵波在固体、液体和气体中都可以传播。

(2) 横波

横波是指质点振动方向与波的传播方向垂直的波。在横波中突起的部分为波峰,凹下部分为波谷。波长通常是指相邻两个波峰或波谷之间的距离。因为固体有切变弹性,所以横波在固体中能够传播,而在液体和气体中不能传播。

（3）体波

体波是指在均匀介质中传播的纵波和横波,体波分为纵波和横波。

（4）导波

导波是由于声波在介质中的不连续界面间产生多次往复反射,并进一步产生复杂的干涉和几何弥散而形成的。导波的实质是一种以超声频率或声频率在波导中(如管、板、棒、绳等)平行于边界传播的弹性波。

对于薄板、圆柱长细杆、空心圆柱体这一类具有一定厚度"层"的弹性体介质,其共同点是引入了一个或多个几何特征尺寸(如板厚、直径、壁厚等),当信号激励的超声波在这类介质中传播时,激励源激发的纵波和横波以各自的特征速度传播,在经过"层"与"层"之间的交界面时,横波与纵波将会产生发射现象并同时发生波形模式转换,波形之间相互耦合形成复杂的干涉。我们称这类具有"层"构造的弹性体为波导,而在这类波导中传播的波称为超声导波。例如,板中的兰姆波(Lamb 波),空心圆柱体中的周向导波和纵向导波,圆柱长细杆中的纵向、扭转、弯曲三种形式的柱面导波[4]。

（5）群速度

群速度也称"波包的速度",是指弹性波的包络上具有某种特性(如幅值最大)的点的传播速度,或者说是关于某族频率相近的波的传播速度。

（6）相速度

相速度与群速度是导波中的两个基本但有明显区别的概念。相速度为波上相位固定的一点沿传播方向的传播速度,也就是保持相位不变的某一频率的同相点的传播速度。

（7）Lamb 波

Lamb 波指一种在薄层中传播的波,信号经上、下界面的反射和折射以一种超声导波的形式传播。兰姆波是纵向波和剪切波的一种组合。

（8）瑞利波(Rayleigh 波)

传输介质为半无限大固体时,如果某点产生声发射源,当传播到表面某一点的时候,纵波、横波之间的相互模态转化将在固体表面形成超声导波理论中的表面波(Rayleigh 波)。瑞利波存在于半无限大固体介质与气体介质的交界上,沿深度为 1～2 个波长的固体表面传播,波的能量随着深度增加而迅速减弱。

（9）Stonely 波

传输介质为两固体的交界时,形成的就是导波理论中在固-固界面上传播的 Stonely 波。

（10）Scholte 波

传输介质为固体-液体的交界时,形成的就是导波理论中在固-液界面上传播的 Scholte 波。

（11）频散效应

由于受到波导几何尺寸的影响,在波导中传播的超声波的速度将依赖于其频率,从而导致超声波的几何弥散,即导波的相速度随频率的不同而改变,称为频散效应。在这里,频散效应一般指的都是由几何特征引起的几何频散(对于某些高分子非金属材料,材料本身的非线性物理性质将导致波的物理频散)。

（12）波形效应

声发射源处释放的应力波往往为宽频带尖脉冲，不是单一频率，而是由不同频率（不同的波速）的波组成的一组波（即波群或波包），在这组波被传感器接收前，由于传输介质的耦合作用，其传播中的畸变非常复杂。由于介质的传播特性和传播介质的几何形状，必定使信号波形不断地反射、折射和发生波形转换。

## 5.1.2　声发射的基本原理

### 1. 声发射波产生的机理

引起声发射的材料局部变化称为声发射事件，而声发射源是指声发射事件的物理源点或发生声发射波的机制源。声发射源的机制具有多样性，包括固体内裂纹的形成和扩展（如升载时裂纹的扩展、恒载时裂纹的扩展、疲劳时裂纹的扩展、应力腐蚀裂纹的扩展和氢脆裂纹的扩展等）、塑性形变（位错运动、滑移、孪晶变形和边界移动等）、相变（马氏体相变）、压力泄漏、摩擦与磨损、裂缝面闭合与摩擦、撞击、磁畴壁运动、燃烧、沸腾、凝固与融化、氧化膜、锈皮和熔渣开裂等。尽管不同的源机制产生不同的声发射信号，但其共同点都是由于外界条件变化，材料局部或部分区域变得不稳定并通过释放出能量以达到新的稳定平衡的过程[9]。由于材料内部存在各种缺陷及不均匀性，材料受到外界作用时将出现应力集中且局部分布不均匀。这种不均匀稳定性积累的应变达到一定程度时，必然造成应力的重新分布，在这个过程中常常伴随位错移动、滑移、裂缝的产生和发展、微观龟裂等，并最终使得材料达到新的平衡状态。这一过程实际就是应变能释放以达到新的平衡的过程。

不同材料的声发射源机理可能会有所不同，但声发射现象的本质是结构或材料释放瞬态弹性波。如混凝土受载后声发射产生的机理主要是由于晶体的位错运动、晶体间的滑移、弹性和塑性变形、裂纹的产生和扩展及摩擦作用等；金属材料中的位错运动、裂纹扩展和相变等是其声发射源机理；地震预测和矿山结构监测中的岩石开裂和土壤颗粒受压破碎是其声发射源机理；海洋平台钢结构材料的裂纹的产生和发展、结构腐蚀和疲劳等是其声发射源机理；复合材料中的基体材料开裂、纤维断裂等是其声发射源机理。

正是基于上述机理，可以利用声发射信号和声发射技术来监测结构或材料在受载情况下的微观形变和开裂及裂纹的产生和扩展来获得它们的动态信息。各种灾难性的破坏，比如斜拉索钝化膜破坏引起的点蚀直至最后穿孔，微裂缝的扩张直至拉索的断裂，均会产生声发射信号。对结构或材料采用声发射进行监测属于被动、动态的监测，这也是声发射与其他无损检测方法的优势所在。材料破坏前往往就有声发射现象，因此如果能够获得这些早期声发射现象并进行分析，不但能判断声发射源的当前状态，甚至能对其形成原因及未来的发展趋势进行预测分析，从而进行结构状态监测和故障诊断。

### 2. 基本原理

声发射技术涉及声发射源、波的传播、声电转换、信号处理、数据显示与记录、解释与评定等，其基本原理为声发射源产生弹性波在材料中传播，引起被监测试件表面的振动，这些振动被耦合在试件上的传感器感应到时，产生的压电效应将弹性波引起的表面振动转换成电压信号,再经仪器放大处理后以参数或者波形的形式采集,然后对其进行信号处理[10]。声发射技术的基本原理如图 5-3 所示。

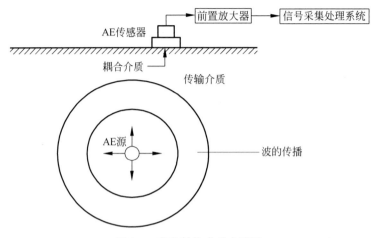

图 5-3 声发射技术基本原理

### 3. 声发射技术的特点

声发射技术是一种独特的、具有非侵入性及高灵敏度的无损检测技术,能准确揭示材料和结构内部的变化状态,相较于其他常规的动态无损检测具有明显的优势[11],这是由其固有的物理特性所决定的,主要特征有:

(1) 记忆特征

声发射技术的记忆特征主要表现为 Kaiser 效应和 Felicity 效应。Kaiser 效应的记忆特征表现为:材料再次加载至上次加载的最大荷载以前不会发生明显的声发射现象,表现为不可逆的性质。Felicity 效应有时又称为反 Kaiser 效应,即材料重复加载到之前所加最大荷载前发生明显的声发射现象。

(2) 激励特征

声发射动态监测依据材料或结构因变形、开裂等缺陷而产生的声发射信号进行分析处理,以了解其健康状况,并可根据 AE 信号在介质中的传播规律合理地布置传感器进行损伤源的定位及大范围的监控,提高监测效率与可靠性。

(3) 动态特征

声发射技术是一种被动型的动态无损检测方法,所探测到的能量来自被检测物体的本身,无须外界进行激励产生信号,并且可以捕捉到缺陷随荷载等因素的改变而产生的实时信息。声发射技术能对构件或材料的内部结构缺陷或潜在缺陷处运动变化的过程进行无损检测。此外,还可利用物体内部缺陷在外力作用下能动的发射声波,进行缺陷的定位和诊断。根据所发射的声波的特点和诱发声发射的外部条件,不仅可以了解缺陷目前的状态,也能了解缺陷的形成历史,以及该缺陷在将来的实际使用条件下的扩展趋势,这是其他传统无损检测方法无法做到的。

(4) 频谱特征

各类声发射信号的分布频率较宽,有几赫兹的次声频,几十赫兹到几万赫兹的声频,亦有数兆赫兹的超声频,多数材料的信号强度较弱,人耳无法听到,需借助声发射仪进行探测、记录、分析。

由于不同材料声发射现象产生的机理不同,因此不同材料缺陷在形成和发展过程中产生的声发射频谱特性也不相同,因此可以利用频谱特征进行缺陷的定位和识别。

(5) 衰减特征

声发射信号的实质是材料或结构在外界条件的作用下发生形变、开裂时因释放能量而产生的一种瞬时弹性应力波,故声发射信号本质上是一种机械波,具备波的波动性和衰减性的基本特性[12],对频谱分析造成一定影响。

## 5.1.3　声发射数据处理

### 1. 声发射特征参数分析方法

由于早期声发射仪功能较少,只能采集到计数、幅值、能量等少量参数,因此较多采用的是单参数分析法,如计数法、能量分析法、幅度分析法等。随着声发射仪器的技术升级,具有强大功能的多通道声发射仪被广泛应用,进而演变出参数列表分析法、经历图分析法、分布分析法、关联分析法等[13-14]。

(1) 参数列表分析法

以时间为顺序将各种声发射特征参数进行排列的分析方法,即将每个声发射信号特征参数按照时序排列直接显示于列表中,包含信号的到达时间,各声发射信号的参数、外变量等。

(2) 经历图分析法

声发射经历图分析法是指通过建立各参数随时间或外变量变化的情况进行分析,最常见的直观方法是制作图形,常使用的经历图和累计经历图有计数、幅度、能量、上升时间、持续时间等随时间或外变量的变化。

(3) 分布分析法

声发射分布分析法是指根据信号的参数值进行统计撞击或事件计数分布分析的一种方法。分布图的横轴代表参数,选用哪个参数即为该参数的分布图,纵轴为撞击或事件计数,常见的分布图有时间分布图、能量分布图、上升时间分布图、幅度分布图等。

(4) 关联分析法

声发射关联分析法是指将两个任意特征参数做关联图分析的方法。关联图的两坐标轴分别表示一个参数,图中每个点对应一个声发射信号撞击或事件计数。通过不同参量间的关联图可以分析不同声发射源特征,从而达到鉴别声发射源的目的。

### 2. 波形分析法

早期声发射仪的传感器多为谐振式、高灵敏型,该类传感器近似为一个窄带滤波器,会将声发射源本质的信息掩盖或过滤掉,获得的大多为衰减后的正弦波,必然会引起信息的缺失,这也是参数分析法最大的不足。基于参数分析法的不足,人们很早就意识到波形蕴含了声源的一切信息,具有重要的研究价值[15]。常见的波形分析法有模态声发射(MAE)、傅里叶变换、小波分析、神经网络、全波形分析。

（1）模态声发射

1991 年，美国学者 Gorman[16] 发表了对板波声发射（PWAE）的研究，加深了研究人员对 Lamb 波的认识，并将该理论更多地应用于声发射监测。PWAE 又被称为模态声发射（MAE），MAE 理论结合了声发射源的物理机制与板波理论，该方法适用于薄型板金属材料、薄壁长管腐蚀的声发射信号监测，这是因为信号具有典型的扩展波与弯曲波特征，在波形特征上与噪声差异较大，故易于辨识出腐蚀信号的波形[17]。

（2）傅里叶变换

傅里叶变换于 1807 年首次被法国数学家、物理学家傅里叶（Jean Baptiste Joseph Fourier）提出，直到 1966 年才发展完善，是人类数学史上的一个里程碑，一直以来被视为最基本、经典的信号处理方法，而且由其得到的频谱信息具有重大物理意义，在各领域得到广泛应用。它是对傅里叶级数的推广，将时域信号转化到频域进行分析，使信号处理取得了质的突变，非常适用于周期性信号的分析。但因其是对数据段的平均分析，对于非平稳、非线性信号缺乏时域局部性信息，处理结果差强人意。

（3）小波分析

小波分析是一种从傅里叶分析演变、改进与发展而来的两重积分变换形式的分析方法，该方法对于信号具有自适应功能，即保证窗口面积（大小）不变，通过改变窗口形状、时间窗与频率窗，实现信号在不同频带、不同时刻的适当分离，将信号逐层分解为低频与高频部分[18]，低频部分的频率分辨率较高，但时间分辨率较低，而高频部分的时间分辨率较高，但频率分辨率较低，因此亦被形象地称为"数学显微镜"，为非平稳、微弱信号的提取分析提供了强有力的高效工具。

噪声分离和提取有用的微弱信号是小波分析应用于信号处理的重要方面。通过将信号分解为不同频段的信号，很容易进行噪声的分离。同时，小波分析的时频分析能力在处理声发射信号这类具有非平稳特征的信号时具有巨大的优势。

根据声发射信号的特征，在采用小波分析法时，对小波基的选取有以下原则：

① 尽量选择离散的小波变换

与离散小波变换相比，连续小波变换可以自由选择尺度因子，对信号的时频空间划分比二进离散小波要细，但计算量较大。声发射信号的数据量庞大，从处理速度这个角度考虑，声发射信号采用离散小波变换比较合适。由于对声发射信号分析的目的是获取声发射源的相关信息，因此通过对声发射信号的小波分析，能够实现声发射源特征信号的重构，有利于获取声发射源的信息。

② 优先考虑选择在时域具有紧支性的小波基

声发射信号具有突发瞬态性，能够准确拾取突发的声发射信号是获取正确的声发射源信息的前提保障，所以应优先考虑选择在时域具有紧支性的小波基，而且紧支性的小波基能避免计算误差[19]；为了保证小波基在频域的局部分析能力，要求小波基在频域的频带具有快速衰减性。综合以上分析，在时域具有紧支性、在频域具有快速衰减性是声发射信号小波基选择应遵循的另一个规则。

③ 小波基在时域具有与声发射信号类似的特性

声发射信号在时域通常表现为一类具有一定的冲击特性和近似指数衰减性质的波形信号，且具有一定持续时间。因此选择的小波基具有类似的性质能为声发射信号的特征提供好的分析效果。

④ 选择具有一定阶次消失矩的小波基

具有一定阶次消失矩的小波基能有效地突出信号的各种奇异特性,声发射信号具有类似冲击信号的特性,因此选择具有一定阶次消失矩的小波基能突出声发射信号的特征。

⑤ 应尽量选择对称的小波基

对声发射信号的小波变换分析应尽量选择对称的小波基,在对称小波基获取困难的情况下,应尽量选择近似对称的小波基,以降低信号的失真。

（4）神经网络分析法

神经网络是随着计算机发展而来的一门新兴学科,具有自组织、自适应、自学习的功能,以及很强的鲁棒性,因而在数据的处理方面具有较强的适应性[20]。人工神经网络（ANN）中的每个信息处理单元（神经元）通过向相邻的其他单元发出激励或抑制信号来进行"交流",以完成整个网络系统的信息处理,该系统具有高度鲁棒性及并行分布处理信息的能力,同时还具有知识的分布式表达、自动获取、自动处理的自适应性及较好的容错能力与学习能力等优点,被广泛应用于语音识别、图像识别、图像分类等领域[21]。

（5）全波形分析法

随着声发射仪的不断发展,主流的第三代数字化声发射监测仪均为多通道,并配有宽频传感器,可以对声发射信号进行实时全方位的采集,采用分析信号的时域波形和频域分析相结合的方法,在声发射信号的分析及信噪分离方面取得了良好的效果。

**3. 声发射用于结构损伤评价的方法**

（1）$b$ 值分析法

$b$ 值分析法最初用于表征地震震级和频度的关系,声发射瞬态应力波和地震波的相似性使得 $b$ 值法在声发射损伤评价中得到了广泛的应用[22]。地震学中,小震级地震发生的概率大于大震级地震发生的概率。Guenberg 和 Richter 提出了著名的 G-R 准则来描述这种震级与频度之间的关系:

$$N = aM_L^{-b} \quad \text{或} \quad \lg N = a - bM_L \tag{5-3}$$

其中,$M_L$ 表示里氏震级;$N$ 代表震级高于 $M_L$ 的地震数量;$a$ 和 $b$ 为常系数,可以通过线性拟合得到。

由于声发射应力波和地震波相类似的性质,使得 $b$ 值分析法在声发射信号分析中得以广泛应用。G-R 准则应用于材料声发射监测领域可以解释为:材料轻微开裂释放的声发射撞击数要多于较严重开裂释放的撞击数,$b$ 值可按式（5-4）定义:

$$\lg N = a - b\left(\frac{A_{dB}}{20}\right) \tag{5-4}$$

其中,$A_{dB}$ 是声发射撞击幅值;$N$ 是幅度超过 $A_{dB}$ 的声发射撞击数;$a$ 和 $b$ 为线性拟合参数,20 为常数,用于保持与 G-R 准则中的 $b$ 值一致,参数 $b$ 代表曲线斜率。在求解 $b$ 值时,首先对声发射实验获得的数据进行分组,然后分别求出每组对应的 $b$ 值,分析 $b$ 值随试件加载过程的变化规律[23]。

$b$ 值的物理意义是:当裂纹以较大幅度扩展时,幅度较大的信号成分比例较大,则 $b$ 值较小;当裂纹以较小的幅度扩展时,则幅度较小的信号成分比例较大,此时 $b$ 值较大。$b$ 值反映了声发射信号的强弱程度,以及不同强度声发射信号的组合情况,且 $b$ 值与传播距离无关[24]。$b$ 值的变化规律表明:较大的 $b$ 值对应结构微裂纹的发展,而较小的 $b$ 值代表结构中宏观裂缝的产生,这样,通过分析 $b$ 值的变化便可实现对结构损伤全过程的监测。Schumacher 等[25]认为,若有大量较低幅值的声发射撞击出现且 $b>1.0$,则材料内部有微观裂纹形成;若有较多高幅值的声发射撞击出现且 $b<1.0$,则材料内部有宏观裂纹形成,存在较大损伤。

(2) RA-AF 关联分析法

声发射参数 RA-AF 关联分析在混凝土等脆性材料的失效模式识别中已经得到广泛应用。参数 AF 定义为声发射撞击振铃计数与持续时间的比值(kHz);参数 RA 的定义为声发射事件上升时间与幅值的比值($\mu$s/V)。

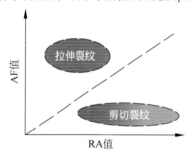

图 5-4　声发射裂缝分类

研究表明,对于不同的失效模式(剪切裂纹和拉伸裂纹),声发射参数 AF 与 RA 表现出明显的不同:拉伸裂纹通常在瞬间释放大量能量,信号上升时间短且幅值大、振铃计数(振荡频率)较多,AF 值较高;与之相反,剪切裂纹则表现为上升时间和持续时间长且振铃计数少,RA 值较高,因此,通过对参数 AF 与 RA 进行关联分析,可定性判断结构的损伤失效模式[4],如图 5-4 所示。

(3) 声发射信号强度分析

声发射信号强度分析需要计算两个指标:历史指标(historicindex, HI)和严重值(severity value, Sr)[26-27]。这两个指标可用来评估结构构件的负载能力和退化程度。为分析声发射源强度,需要根据记录的声发射信号计算 HI 和 Sr 这两个指标,分析其量值的变化并采用图示的方式来形象地表示。

HI 是一个用来评估试件在加载过程中信号强度变化情况的指标,其计算公式如下:

$$HI = \frac{N}{N-K} \frac{\sum\limits_{i=K+1}^{N} S_{oi}}{\sum\limits_{i=1}^{N} S_{oi}} \tag{5-5}$$

其中,$N$ 是从加载开始到 $t$ 时刻的声发射事件数;$S_{oi}$ 是第 $i$ 个声发射事件的信号强度;$K$ 是一个与 $N$ 有关的经验因数,对于混凝土结构构件来说,$K$ 的值可以按照如下标准进行选取:$K=0, N \leqslant 50$;$K=N-30, 51 \leqslant N \leqslant 200$;$K=0.85N, 201 \leqslant N \leqslant 500$;$K=N-75$,$N \geqslant 500$。

对于严重值 Sr,是指到 $t$ 时刻 50 个最大声发射信号强度值的平均值,可以用式(5-6)计算:

$$Sr = \frac{1}{J} \left( \sum_{m=1}^{J} S_{om} \right) \tag{5-6}$$

其中,Sr 是声发射的严重值;$S_{om}$ 是声发射信号强度值由大到小排列第 $m$ 大的信号强度值;$J$ 是与构件材料有关的经验常数。对于混凝土结构来说,可按照如下规定进行选取:$J=0, N<50$;$J=50, N \geqslant 50$。

（4）NDIS-2421损伤评价准则

声发射监测通常是为了获得定性或定量的结果，即通过观察实时采集到的声发射信号特征参数的变化趋势，评估结构的损伤程度。日本无损检测学会（JSNDI）推荐的 NDIS-2421 定量评定标准可以用于结构损伤程度的评估。该评定标准利用了混凝土材料在重复加载过程中的"Kaiser 效应"。NDIS-2421 损伤分类准则提出两个指标 CR：（calm ratio）与 LR（load ratio）：

$$CR 指标 = \frac{本次载荷循环卸载阶段的累积 AE 活动数}{上一载荷循环总 AE 活动数};$$

$$LR 指标 = \frac{此次载荷循环开始出现 AE 活动时的载荷值}{上一载荷循环的载荷值}。$$

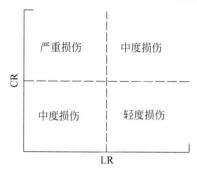

图 5-5　基于 NDIS-2421 两个比值的损伤分类

NDIS-2421 定量评定标准的损伤分类界限如图 5-5 所示，用虚线表示。结构的损伤程度根据裂纹开口宽度位移（CMOD）确定，中度损伤（intermediate damage）与轻度损伤（minor damage）的分界值为裂纹开口宽度位移（CMOD）0.1mm，结构严重损伤（heavy damage）发生的裂纹开口宽度位移大于 0.5mm。Ohtsu[28] 建议 CR 和 LR 的分界线分别在 0.05 和 0.9。因此，当一个结构在特定载荷下声发射响应特性的 CR 大于 0.05 且 LR 小于 0.9 时，则认为结构有严重损伤。

## 5.1.4　典型声发射技术产品

声发射技术研究始于 20 世纪 50 年代，以德国学者 Josef Kaiser 发现 Kaiser 效应为重要标志。20 世纪 60 年代，波兰、瑞典、加拿大等国家相继成功开发了单通道、多通道掩体声发射检测仪，并应用于矿井大面积地压活动和局部岩体冒落预测、预报。直到 20 世纪 70 年代，随着电子工业的发展和计算机硬件、软件技术的成熟与进步，商用声发射检测仪器才开始出现，如 Duengan 创立的 Duengan 和 Bell 实验室创建的美国物理声学公司（PAC）。20 世纪 80 年代初，美国 PAC 公司将现代微处理计算机技术引入声发射检测系统，设计出了体积和重量较小的第二代源定位声发射检测仪器，并开发了一系列多功能检测和数据分析软件。通过微处理计算机控制，可以对被检测构件进行实时声发射源定位监测和数据分析显示。1985 年 PAC 公司兼并了当时世界上最著名的声发射技术公司——美国 Dunegan 公司，使 PAC 公司成为世界上最大的声发射技术研发公司。

20 世纪 90 年代，美国 PAC 公司，DW 公司、德国 VallenSysteme 公司和中国广州声华公司先后开发了计算机化程度更高、体积和重量更小的第三代数字化多通道声发射检测分析系统，除了能进行声发射参数实时测量和声发射源定位外，还可直接进行声发射波形的观察、显示、记录和频谱分析。

目前国内外主要声发射公司都开发了新一代全数字多通道声发射测量系统，如 PAC 公司的 SAMOS 系统、德国 Vallen 公司的 AMSY-6 声发射系统及北京声华公司的 SAEU3H 检测仪。

（1）SAMOS 系统

SAMOS 系统是 PAC 公司开发的第三代全数字化系统,其核心是并行处理 PCI 总线的声发射功能卡——PCI-8 板,在一块板上具有 8 个通道的实时声发射特征提取、波形采集及处理的能力,是 PAC 公司目前集成化更高、价格更低的系统,更适用于压力容器检测等工程应用。

PAC 公司声发射系统产品中包括:声发射传感器系列、通用声发射系统、专用声发射系统、声发射专家系统、声发射软件和附件。

（2）AMSY-6 系统

AMSY-6 是全数字多通道声发射(AE)测量系统。它由并行测量通道和运行在外部 PC 机上的系统前端软件组成。测量通道由声发射传感器、前置放大器和 1 个通道的 ASIP-2 (双通道声信号处理器)组成。每个通道包括一个模拟测量部分和一个数字信号处理单元。利用 ASIP-2 可以提取声发射信号的特征参数,如第一阈值穿越时间(到达时间)、上升时间、持续时间、峰值幅度、能量和计数等。在提取特征的同时,还可以通过一个可选的瞬态记录模块来记录完整的波形。

（3）SAEU3H 检测仪

SAEU3H 系列台式检测仪包括 SAEU3H 集中式声发射检测仪、4 通道 SAEU3H 声发射检测仪、20 通道 SAEU3H 声发射检测仪和 48 通道 SAEU3H 检测仪及相应的声发射软件系统。其中集中式 SAEU3H 多通道声发射检测仪可以根据需要定制通道数。系统可以分析的声发射特征参数有过门限到达时间、峰值到达时间、幅度、振铃计数、持续时间、相对能量、绝对能量、信号强度、上升计数、上升时间、有效值 RMS、平均值 ASL、起始相位、12 个外参、质心频率、峰值频率、5 个局部功率谱、原始频率、回荡频率、平均频率等。

# 5.2　声呐技术原理

声呐是利用水中声波对水下目标进行探测、定位和通信的电子设备,是水声学中应用最广泛、最重要的一种装置。声呐(sonar)一词是由声音（sound）、导航（navigation）和测距（ranging）3 个英文单词的字头构成的,是声音、导航、测距的缩写。声呐利用声波在水下的传播特性,通过电声转换和信息处理,完成对水下目标或结构物的探测、定位和通信,通过声呐水下成像技术对水下目标或结构物的位置、形状有无缺陷等进行分析和判断,从而实现水下结构物的检测和评定。

声呐(sonar)系统与雷达和电光系统有很多类似之处,声呐基于声波在目标声呐和接收传感器之间的传播运行;但其与雷达和电光系统不同,这是因为声呐观测到的能量是通过液体、固体、气体或等离子体的机械振动来传播的,而不是电磁波。也就是说声呐技术是基于声波进行传播的,其声波的波速远小于电磁波的波速。声呐在水中的传播只有纵波传播而没有横波传播,这是由于横波在水或其他液体中无切变强度。

声呐系统主要分为被动声呐和主动声呐两类,此外还有日光/环境声呐系统。被动声呐系统是目标产生的能量传送到接收器,类似于被动红外探测。主动声呐系统是声波从发射器传送到目标再返回到接收器,类似于脉冲反射雷达。

在军事应用方面,声呐系统不仅用于通信、导航和识别障碍物或危险物(如极地冰),还用于检测、分类、定位、跟踪潜艇和水雷等。在商业应用方面,声呐可以用于鱼类探测器、医学成像、海洋地貌测绘、航道测深、地震探测、海洋平台及海底管道的检测等方面。

## 5.2.1 基本概念

### 1. 声呐基本概念

(1) 声呐

声呐是指利用声波在水中的传播和反射特性,通过电声转换和信息处理进行导航和测距的技术,也指利用这种技术对水下目标进行探测(存在、位置、性质、运动方向等)和通信的电子设备。

(2) 主动声呐

主动声呐是指用于探测水下目标,并测定其距离、方位、航速、航向等运动要素的一种设备。声呐发射某种探测信号,该信号在水中传播的路径上遇到障碍物或目标反射回来到达发射点被接收,由于目标信息保存在被目标反射回来的回波之中,所以可根据接收到的回波信号来判断目标的参量。主动声呐声波发射、声信号传播及接收处理的流程如图 5-6 所示。

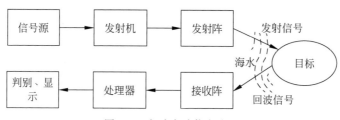

图 5-6　主动声呐信息流程

(3) 被动声呐

被动声呐也称噪声声呐,是通过接受和处理水中目标发出的辐射噪声或声呐信号,从而获取目标参数的各种声呐的统称,被动声呐信息流程如图 5-7 所示。

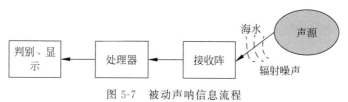

图 5-7　被动声呐信息流程

### 2. 声呐参数

在声呐方程中,声呐参数指用来反映声波在介质中传播规律、目标性质、干扰背景和声呐设备基本性能的各种物理量。主动声呐相关的参数包括声源级(SL)、传播损失(TL)、目标强度(TS)、指向性指数($DI_R$)、噪声级(NL)、等效平面波混响级(RL)、检测阈(DT);而被动声呐相关的参数包括声源级(SL)、传播损失(TL)、指向性指数($DI_R$)、噪声级(NL)、检测阈(DT)。

(1) 主动声呐声源级(SL)

主动声呐声源级表征主动声呐所发射声信号的强弱,其量值为声轴上距声源 1m 处产生的声强相对于参考声强的分贝数,用 SL 表示:

$$SL = \frac{10 \lg I}{I_0} \tag{5-7}$$

其中，$I$ 指发射器声轴方向上距离声源 1m 处的声强；$I_0$ 指参考声强，即均方根声压为 $1\mu Pa$ 的平面波的声强。

对于点声源在距离声源中心 1m 处的声强 $I$（单位为 $W/m^2$）与声辐射功率 $P$ 的关系，见式(5-8)。

$$I = \frac{P}{4\pi} \tag{5-8}$$

无指向性声源辐射声功率与声源级的关系如下：

$$SL = 10 \lg P + 170.8 \tag{5-9}$$

有指向性声源辐射声功率与声源级的关系如下：

$$SL = 10 \lg P + 170.8 + DI_T \tag{5-10}$$

其中，$P$ 指声功率，单位为 W；SL 指参考声压为 $1\mu Pa$ 时，距离声源中心 1m 处的声源级，单位为 dB。

（2）被动声呐声源级（SL）

被动声呐的目标舰船辐射噪声是宽带的，不同频率上的噪声强度各不相同，反映声源辐射噪声强度对频率的依赖关系。接收水听器声轴方向上、离目标声学中心 1m 处测得的目标辐射噪声强度 $I_N$ 和参考声强之比的分贝数，用 SL 表示。

$$SL = \frac{10 \lg I_N}{I_0} \tag{5-11}$$

其中，$I_N$ 指接收设备工作带宽内的噪声强度。

（3）传播损失（TL）

传播损失定量描述声波传播一定距离后声强度的衰减变化。其定义为某点与参考距离（通常为 1m）间的强度损失，单位为 dB。声信号在海洋中传播时，因各种机理会发生衰减和变形，影响传播损失的因素有：扩散、吸收、散射（水体或海面、海底）、多途和波动影响，如波导泄漏。如果 $I_0$ 是参考距离处的声强，那么距离为 $R$、深度为 $D$ 处传播损失（TL）的计算公式如下：

$$TL = -10 \lg \left( \frac{I(R,D)}{I_0} \right) \tag{5-12}$$

其中，$I(R,D)$ 指距离为 $R$、深度为 $D$ 处的声强；$I_0$ 指参考距离处的声强。

（4）目标强度（TS）

在主动声呐中，目标强度是指一个目标反射回声的能力。在声呐方程中，目标强度是指距离目标回声中心特定距离（通常为 1m）处反射强度 $I_r$ 与入射强度之比，取以 10 为底的对数后乘以 10。目标强度计算见式(5-13)：

$$TS = \frac{10 \lg I_r}{I_i} \tag{5-13}$$

其中，$I_r$ 指参考距离处的反射声强；$I_i$ 指声波的入射强度。

（5）海洋环境噪声级（NL）

在海洋中，环境噪声与特定的环境有关。环境噪声的定义为去除掉所有单个可辨声源后剩下的噪声,它是由海洋中大量各种各样的噪声源发出的声波构成的,是声呐设备的一种背景干扰。环境噪声可能的噪声源包括湍流、航运、波浪运动、热扰动、地震、降雨、海洋生物、冰层破裂等。环境噪声是度量环境噪声强弱的量,计算见式(5-14):

$$NL = \frac{10 \lg I_N}{I_0} \tag{5-14}$$

其中,$I_N$ 指接收设备工作带宽内的噪声强度。

(6) 等效平面波混响级(RL)

当主动声呐发射信号时,除了感兴趣的目标外还有许多其他的源反射声信号并传至接收器。不是来自感兴趣的目标而是由离散的类似目标的物体反射回的信号统称为混响。海洋中的混响源包括海面、海底和水体。体积混响源包括海洋生物、气泡及海水本身的不均匀结构。

已知强度为 $I$ 的平面波轴向入射到水听器上,水听器输出某一电压值;将水听器移置于混响场中,声轴指向目标,水听器输出某一电压值。若两电压值恰好相等,则该平面波声级就是混响级,计算见式(5-15)。

$$RL = \frac{10 \lg I}{I_0} \tag{5-15}$$

(7) 接收指向性指数($DI_R$)

指向性是指水听器的声波信号在同位的、各向为常数的噪声场中所获得的增益。水听器指向性指数是指无指向性水听器产生的噪声功率与指向性水听器产生的噪声功率的比值取以 10 为底的对数后的数值,单位为 dB。

(8) 检测阈(DT)

声呐设备接收器接收声呐信号和背景噪声,两部分的比值(信噪比 SNR),即接收带宽内的信号功率与工作带宽内(或 1Hz 带宽内)的噪声功率之比,会影响设备的工作质量,比值越高,设备越能正常工作,"判决"就越可信。

检测阈(DT)指设备刚好能正常工作时所需处理器输入端信噪比值(SNR)。因此对于同种功能的声呐设备,检测阈值较低的设备的处理能力强,性能也好。

### 3. 声呐组合参数

声呐组合参数是由基本声呐参数组合而成的参数,有明确的物理意义。常见的声呐组合参数有品质因数、回声信号级、噪声掩蔽级、混响掩蔽级、回声余量、优质因数。

(1) 品质因数

品质因数是指声呐接收换能器测得的声源级与噪声背景干扰级之差,其值为 SL-(NL-DI)。

(2) 回声信号级

回声信号级指加到主动声呐接收换能器上的回声信号的声级,其数值为 SL-2TL+TS。

(3) 噪声掩蔽级

噪声掩蔽级指工作在噪声干扰中的声呐设备正常工作所需的最低信号级,其值为 NL-DI+DT。

(4) 混响掩蔽级

混响掩蔽级指工作在混响干扰中的声呐设备正常工作所需的最低信号级,其值为 RL+DT。

（5）回声余量

回声余量指主动声呐回声级超过噪声掩蔽级的数量,其值为 $SL-2TL+TS-(NL-DI+DT)$。

（6）优质因数

对于被动声呐,优质因数规定最大允许单程传播损失;对于主动声呐,当 $TS=0$ 时,优质因数规定了最大允许双程传播损失。优质因数的数值为 $SL-(NL-DI+DT)$。

### 4. 声呐方程

声呐方程是指工程上要合理设计声呐系统或在使用过程中要确切地预报声呐系统的性能,必须把声呐系统的设备性能、信道影响、目标特性等作为一个整体综合起来加以考虑。根据一定准则,利用一个基本方程来定量地反映三者之间的数量关系,这个基本方程即称为"声呐方程"。声呐方程从本质上讲就是将海水介质、声呐目标和声呐设备作用联系在一起,并将信号与噪声联系起来,综合考虑水声所特有的各种现象和效应对声呐设备的设计和应用所产生影响的关系式。

声呐方程根据声呐的分类分为主动声呐方程和被动声呐方程。

（1）主动声呐方程

当计算主动声呐方程时,信号由发射器发出,传播至目标并被反射,然后再传回接收器,如图 5-8 所示。主动声呐的发射器和接收器位置相同,即收发合置主动声呐,其声呐方程表述如下,符号含义见声呐参数部分。

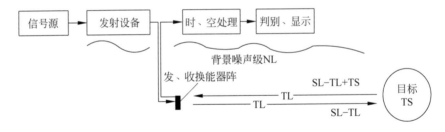

图 5-8　主动声呐方程信号关系

当噪声为背景噪声时,主动声呐方程为

$$(SL-2TL+TS)-(NL-DI)=DT \tag{5-16}$$

当噪声为混响噪声时,主动声呐方程为

$$(SL-2TL+TS)-RL=DT \tag{5-17}$$

（2）被动声呐方程

声呐方程就信噪比计算而言,对于主动声呐和被动声呐是一样的。被动声呐同主动声呐的区别是:噪声源发出的噪声直接由噪声源传播至接收换能器;噪声源发出的噪声不经目标反射,即无 TS;背景干扰为环境噪声,不存在混响干扰。被动声呐方程信号的关系如图 5-9 所示,声呐方程为

$$(SL-TL)-(NL-DI)=DT \tag{5-18}$$

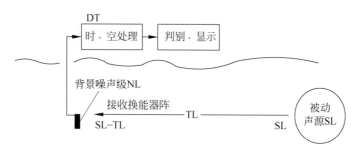

图 5-9　被动声呐方程信号关系

## 5.2.2　声呐技术原理

随着现代水声信号处理技术和水声换能器技术的大幅进步,水下目标精细探测和成像声呐技术已成为国内外研究的热点,在民用和军用领域都有着其他声呐不可替代的作用。在民用方面,成像声呐技术可用于海洋资源开发、海底地质勘探、海底地形地貌测绘、水下物体探测等海洋工程领域;在军事上,高隐蔽性水下军事小目标(如军用无人潜器、鱼雷、水雷、蛙人等)的探测与识别、港口锚地和舰艇的安全防范、地形匹配导航等领域也迫切要求应用高分辨的水下目标精细探测和成像声呐技术。目前国内外已有多种先进的成像声呐技术,主流的声呐技术主要包括干涉侧扫声呐技术、多波束测深声呐技术及合成孔径声呐技术等。以下介绍其基本原理。

### 1. 多波束声呐技术

多波束声呐系统的工作原理是利用发射换能器阵列向海底发射宽扇区覆盖的声波,通过发射、接收扇区指向的正交性形成对海底地形的照射脚印,对这些脚印进行恰当的处理,一次探测就能给出与航向垂直的垂面内上百个甚至更多的海底被测点的水深值,从而能够精确、快速地测出沿航线一定宽度内水下目标的大小、形状和高低变化,比较可靠地描绘出海底地形的三维特征。多波束声呐系统的基本原理如图 5-10 所示。

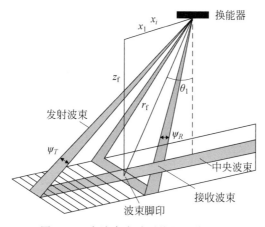

图 5-10　多波束声呐系统的工作原理

多波束声呐系统的波束形成原理可以分为束控法和相干法两种基本原理。束控法是在特定角度下,测量反射信号的往返时间;而相干法是在特定时间下,测量反射回波信号的角度。因此,在多波束声呐系统中主要有两个待测变量:一是斜距或声学换能器到海底每个点的距离;二是从换能器到水底各点的角度。所有的多波束声呐系统利用束控法和相干法中的一种或两种来测定这些变量。

多波束测深声呐能较精确地测量出海底深度并获得水体成像,能得到直观的、精确定位的全覆盖三维海底地形图,然而多波束测深声呐波束脚印随着深度增加而扩大,对远距离情况下的目标探测分辨率较低,对小目标的探测更为困难。

现代多波束测深系统主要包括:多波束声学系统、软件系统和外围辅助传感器系统等。多波束声学系统包括声呐信号处理系统、发射/接收换能器、显控系统等;软件系统包括导航采集软件、数据后处理软件等;外围辅助传感器系统的主要设备有罗经、姿态传感器、声速计、验潮仪、GPS/水下导航系统等。

多波束声呐系统探测海洋深度、绘制海底地形图等应用较为成熟,影响多波束声呐探测精度和应用的因素主要体现在以下方面:

(1) 测深分辨率

多波束测深分辨率是指多波束测深系统在海底空间三维方向上所能分辨的相邻两个目标点的最小间隔,它决定了水下小目标及复杂地形的精细探测能力。影响多波束测深分辨率的因素主要有脉冲宽度、ping 采样率、波束宽度、航速等。

多波束声呐系统在深海探深时由于探测机理制约,远距离情况下的目标探测分辨率较低,对小目标的探测更为困难。

随着技术的发展,研究者通过发射/接收换能器阵精度及算法的改进来提高多波束声呐的分辨率,此外多波束声呐通过合成孔径来提高其分辨率。如 HydroSweep DS 可以配备波束宽度为 $0.5°×1°$ 的发射/接收换能器阵,每次发射可以获得 320 个反馈波束(硬波束),又通过高阶波束形成技术分解成 960 个水深点;其 2 倍多频发射使接收波束的数量加倍达到 640 个,水深点加倍到 1920 个,大大提高了测深分辨率。

(2) 测深精度

多波束测深系统最重要的用途是进行海洋海底地形测绘,测深精度无疑是衡量其性能的核心指标。国际水道测量组织对测深的准确性有专门的规定,对测量的水深数据分别进行声速折射补偿、运动姿态补偿和潮位补偿。因此,多波束声呐精度的提高可以通过声速补偿、运动姿态补偿及潮位补偿等算法精度调高实现。

可以通过表面声速计实时获取表面声速,并结合可抛弃式全海深声速计定期获得全海深声速剖面,提供声速折射补偿准确性;运动传感器可以提供发射阵和接收阵的三维偏移参数,其中发射波束将进行纵摇、横摇和艏摇校正,接收波束进行横摇校正;针对深远海缺乏潮位站支持的情况,利用 GPS 载波相位测量技术确定潮位的瞬时变化,对测深数据进行潮位补偿。

(3) 测量范围

多波束测深覆盖范围直接决定了多波束测深系统的测绘效率。它一般用几倍(5~6倍)水深覆盖或条带扇面角度(140°)来表示,但是在深海情况下,受双程传播衰减的影响,外侧(小掠射角)信号的信噪比较低、波形展宽严重,因此覆盖范围又受最大覆盖宽度(30km)的制约。通过对发射阵和接收阵的阵型进行优化设计,并使用宽带信号可以提高外侧信号的信噪比;使用宽带信号也能抑制波形展宽的问题;采用新的目标方位估计方法(如多子阵检测方法)则可以提高外侧信号的方位估计精度。

（4）水体探测

当来自海底地层之下的气体或流体以喷溢或渗漏的形式进入海底附近时,会形成与周围海水物理性质相异的羽状、柱状、鞭状等各种形状的局部异常海水。羽状流可以作为海底热液、冷泉和天然气水合物探测的重要标志。只有当深水多波束测深系统具备强大的水体探测能力时,才能探测水体里的异常特征体,实现大面积的无缝海底羽状流探测,并对海底以上一定水深范围的海水进行全覆盖三维立体探测。

（5）探测成果

船载多波束测深系统一般全程工作,每个航次/航段都要生成大量的探测数据,达上百GB,甚至更多。对于多波束测深系统,在利用软件进行成图分析时,仍需要大量的人为干预,具有不同经验的数据处理人员的处理结果可能不完全相同。因此,对于海量的探测,应建立统一的多波束测深数据成图标准,尽量减少人为因素的影响,提高成图软件的智能化、可靠性和便捷化。

**2. 侧扫声呐技术**

（1）侧扫声呐系统

侧扫声呐是一种主动声呐,是通过向侧方发射声波来探知水体、海面、海底（包括上部地层）声学结构和介质性质的仪器设备。它利用海底反向散射来实现对海底的地形地貌信息的获取,构建海底地形地貌图像信息,是海底成像的基础。侧扫声呐系统主要包括发射阵、接收阵、发射机、接收机和信号处理器五部分。声呐在工作过程中通过信号处理器发送一个脉冲驱动信号,驱动发射机产生大功率的发射脉冲,该脉冲信号具有在水平方向窄、垂直方向宽的特点。在声波信号接收期间,通过每个接收阵上的天线对回波信号进行接收,通过接收机初步处理,得到较强的回声信号,最终送到计算处理单元处理得到图像相关的信息。

（2）工作原理

侧扫声呐系统是基于回声探测原理进行水下目标探测的,通过系统的换能器基阵以一定的倾斜角度、发射频率向海底发射具有指向性的宽垂直波束角和窄水平波束角的脉冲超声波,在换能器左、右两侧照射一窄梯形海底,如图 5-11 所示。当声脉冲发出之后,声波以球面波方式向远方传播,碰到海底后反射波或反向散射波沿原路线返回到换能器,距离近的回波先到达换能器,距离远的回波后到达换能器。设备按一定时间间隔进行发射/接收操作,设备将每次接收到的一线数据显示出来,就得到了二维海底地形地貌的声图,通过计算机对该图进行进一步的数据处理形成海洋地貌灰度图像就可以对海洋地貌信息进行识别和判断。

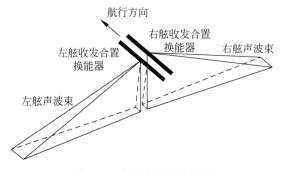

图 5-11　侧扫声呐工作原理

　　由于海底的凸凹不平,使得海底或海底目标有的地方被声波照射,有的地方没有被声波照射,反映到记录纸上就是有的地方为黑色,有的地方为白色(目标阴影),类似照相机的摄影照片底版,从而反映出海底的地貌状况。侧扫声呐根据海底目标反射的回波的强弱、次数、时间间隔换算到仪器记录针在记录纸划线的长短、黑度变化,多次发射接收形成侧扫声呐图,从图中可反映海底的地貌状况(海底地物形状、高度、相对位置关系)。现有多数设备增加了匹配滤波数字信号技术(Chirp 技术)和图像处理技术,以增强信号的抗干扰、滤波和视觉效果,便于海底目标的识别和判定。图 5-12 为探测到的海底出露岩礁的侧扫实时声呐图。

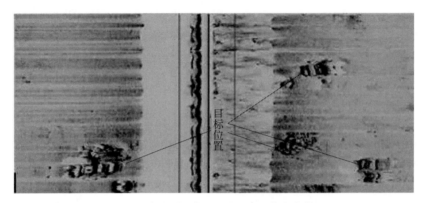

图 5-12　侧扫声呐探测海底出露岩礁成像图

　　(3) 侧扫声呐技术特点

　　侧扫声呐一般需搭载水下拖体进行工作,其设备安装简单、目标横向分辨率较高,可以借助阴影对目标进行识别判断。但是由于其探测机理制约不容易获得精确海底深度,并且测量垂底区域存在缝隙,需要单独的声呐设备或者方法进行补隙。侧扫声呐系统并不提供直接的高度或者深度,高度和深度必须从图像上推测。根据物体高度与拖鱼高度的比例,通过物体阴影长度和拖鱼与阴影末端距离的比值来推算。

　　根据侧扫声呐的探测机理,在侧扫声呐技术参数中最重要的参数是量程和分辨率。侧扫声呐的分辨率决定了其成像的图像质量,其分辨率主要包括沿航迹方向分辨率、垂直航迹分辨率和反向散射分辨率。

　　① 侧扫声呐的量程

　　侧扫声呐的量程决定声呐在工作中的效率,其量程指声呐一条线可以扫测的海底宽度。侧扫声呐的量程实际上是其发射频率的函数:频率越高则量程越小,频率越低则量程越大。对于侧扫声呐量程和其分辨率,又有一定的关系:对于频率低的大量程声呐,其分辨率相对较低;而对于高频的小量程声呐,其分辨率相对较低。因此现代的侧扫声呐很多都具有双频甚至三频运行的功能,可以在不切换系统、不用多跑测线的条件下同时获得大量程(分辨率低)和小量程(分辨率高)数据。

　　② 垂直航迹分辨率

　　垂直航迹分辨率或者说量程分辨率决定了在侧扫声呐波束方向上能看清的两个物体之间的最小距离。早期侧扫声呐的传输信号采用 CW 模式,而现在侧扫声呐的传输是通过FM 或者 Chirp 信号,Chirp 的主要优势在于兼顾更大的量程和更好的垂直航迹分辨率。

采用 CW 型信号的侧扫声呐的垂直航迹分辨率由信号的脉冲长度决定,而 Chirp 型侧扫声呐的垂直航迹分辨率是由信号的带宽决定的,发射的信号脉冲更长,从而可以增大发射能量。一个高频低量程(1600kHz,35m)的 Chirp 型侧扫声呐,其量程分辨率是亚厘米级的,可以获得非常好的垂直航迹方向的图像细节。

③ 沿航迹方向分辨率

传统意义上侧扫声呐的沿航迹方向分辨率是由侧扫声呐的水平波束角(典型的在 $0.2°\sim1.5°$)、有效量程和拖拽速度决定的。小的波束角在短量程下能够探测到航迹旁边的微小物体。鉴于搜寻物体时经常需要对海底进行 100% 全覆盖测量,NOAA 规范指出对于 1m 见方的物体至少需要进行三次扫描,这就限制了侧扫声呐的最大限速。在此速度下,SSS 可以在拖拽状态下用连续波束/ping 探测到相当远距离的物体,对常规侧扫声呐系统而言此速度在 $4\sim5kn$。

④ 多波束和多 ping

如果能使侧扫声呐从一个物体上接收到更多的回波,则可以提高声呐工作时的拖曳速度。目前侧扫声呐采用两种不同的解决方案来提高拖曳速度。一是采用多波束技术,例如在 SSS 的一侧使用 5 个波束,沿航迹方向的分辨率就可以提高 5 倍,从而可以允许较高的拖曳速度,如图 5-13 所示;二是采用多 ping 技术,Chirp 型侧扫声呐通过采用多 ping 技术可以实现,如果在水中对于一个确定的量程有两个 ping,那么有效拖曳速度也可以提高两倍,如图 5-14 所示。

图 5-13 侧扫声呐的多波束示意图

图 5-14 侧扫声呐的多 ping 示意图

⑤ 反向散射分辨率

数字系统中最后一个决定图像质量的参数是将接收到的声学信号数字化转换成可用的数字信号的水平。目前侧扫声呐可以将拖鱼的数据通过网络传输到声呐处理器上进行数字化处理。要实现信号数字化,必须有 A/D 转换器将模拟信号转换成数字信号,A/D 转换器的数字位数决定了细节可辨识度的高低。对于侧扫声呐而言,提高信号 A/D 转换器的数字位数可以提高其声呐扫描图像细节的分辨率。

**3. 合成孔径声呐**

(1) 基本原理

合成孔径声呐(synthetic aperture sonar，SAS)是一种新型高分辨率的水下成像声呐，其原理是利用小孔径基阵的移动来获得方向上较大的合成孔径，从而得到方位向的高分辨率。声呐合成孔径干涉测量(interferometic synthetic aperture sonar，InSAS)在合成孔径声呐的基础上，在垂直航迹方向增加一副(或多副)接收阵列，通过比相测高的方法得到场景的高度信息，经过处理后得到场景的三维图像。合成孔径声呐优点是横向分辨率与工作频率和距离无关，且比侧扫声呐横向分辨率高 1~2 个数量级。

(2) 声呐干涉测量原理

声呐合成孔径干涉测量(InSAS)技术是根据声波复图像的相位来提取海床目标三维空间信息的。其基本思想是：在某平台上装载一个发声装置和垂直航迹方向的多个接收阵列，成像获取同一区域的声呐复图像对，由于接收阵列与海床目标之间的距离不等，使得在声呐复图像对同名像点之间产生相位差，形成干涉纹图，干涉纹图中的相位值即为两次成像的相位差测量值，根据成像相位差与海床目标三维空间位置之间存在的几何关系及平台的位置参数，可测定海床目标的三维坐标。

(3) 多波束合成孔径声呐

① 多波束合成孔径声呐发展

合成孔径声呐技术的研究主要集中在侧扫式合成孔径上，但其同样存在测深精度不佳和垂底探测缝隙等局限性。相比于侧扫合成孔径声呐，多波束合成孔径声呐的研究起步较晚，最先见于文献的是 2001 年日本的研究人员在 SeaBeam 2000 多波束测深声呐的基础上使用了合成孔径的算法，得到了很好的探测效果。2002 年，美国研究者向美国专利局申请了多波束合成孔径声呐的发明专利申请，在国际上首次提出了多波束合成孔径声呐的初步设想，然而其后国际上未有该机构研究者利用多波束测深声呐进行合成孔径算法深入研究的文章公开发表。

2015 年，Kongsberg 公司首次利用该公司 EM 2040C 浅水多波束测深系统数据进行合成孔径算法处理，并将结果与多波束测深声呐结果进行对比。对比结果表明，经合成孔径算法处理后，能够得到更为精细的水下地形图像，该公司称这套系统为 HISAS 2040，这也是国外目前为止见到的最新利用多波束声呐数据进行合成孔径算法处理的实例。

哈尔滨工程大学通过对侧扫合成孔径声呐的研究，在国内率先提出多波束合成孔径声呐的概念，并独立开展了利用现有基于单线阵的国产多波束测深系统的实验，证明了多波束合成孔径声呐的可行性，相较于传统多波束测深系统分辨率具有显著提高，并且能够一次测绘得到全覆盖测绘的结果，对目标的深度信息、航迹向坐标信息等有良好的成像效果，可以在保证与侧扫合成孔径声呐具有相同航迹向分辨率的前提下有效地提高合成孔径声呐的距离向分辨率并完成正下方无缝隙测绘。

② 多波束合成孔径声呐的模型

在合成孔径声呐和多波束测深声呐的基本模型的基础上提出了一种多波束合成孔径声呐测量模型。它能够一次性完成测绘区的全覆盖测绘，不需要额外进行补隙，同时多波束合成孔径声呐能够通过距离向的波束形成，得到目标回波方向，从而计算出目标的深度，形成一种三维成像声呐,基本模型如图 5-15 所示。多波束合成孔径声呐与多波束测深声呐的最大区别是前者的发射波束沿航迹向的开角很大,这样在航迹向的不同位置波束会多次照射到目标,从而可以通过合成孔径提高航迹向的分辨能力。

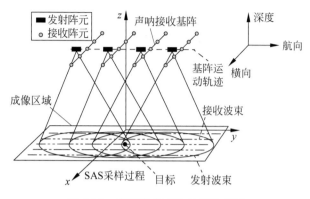

图 5-15　多波束合成孔径声呐模型

## 5.2.3　数据处理

海洋水下探测设备中声呐是主要的有效方法,无论是多波束探测、侧扫声呐还是合成孔径声呐,其在各领域的应用成果主要是以声呐成像图像的形式。它不仅可以提供水下物体的详细位置信息,还可以提供所探寻目标的具体大小、形状等特征,从而更直观和全面地对水下目标进行研究分析。因此声呐数据处理的研究重点是水下成像技术的研究,包括数据的去噪处理(图像的预处理)、图像分割、特征值匹配及数据融合技术等。水下成像分为基阵式成像、合成孔径成像等,然而水声信道是一个极其复杂的时空域随机传输信道,海洋、湖泊等环境更是一个复杂的动态系统,无论何种形式的水下成像,其成像质量分辨率都远低于光学成像,如何在声呐成像后期改进成像质量,一直是声呐数据处理分析研究的目标。

### 1. 声呐图像的降噪处理

海洋环境复杂,不同区域不同层的海水的密度不同,同时海洋中悬浮着大量微粒,再加上海水的不规则涌动,声呐接收到的回波不可避免地包含噪声。而且声呐本身也会受到来自运载器的干扰,例如船体航行和发动机工作时的振动、其他设备的电磁干扰等。此外,声呐设备本身也可能受到热噪声等电子设备的干扰。这些噪声按照其来源可以分为环境噪声、自噪声、辐射噪声。

由于声呐在采集信息过程中受各种因素的影响,图像往往具有噪声严重、多幅不匹配等问题。因此,在进行声呐图像后处理前需要对待融合的图像进行预处理图像去噪和图像配准。

(1)空间域滤波的方法

空间域滤波的原理是将图像解构成两个不同的向量空间,即信号和噪声。空间域的去噪方法包括均值滤波或加权均值滤波、中值滤波、维纳滤波、双边滤波等。

① 均值滤波(加权均值滤波)

均值滤波又称为线性空间滤波,利用邻域平均法,即用几个像素灰度的平均值来代替每个像素的灰度。有效抑制加性噪声,但容易引起图像模糊,尤其是会模糊图像边缘。

②　中值滤波

中值滤波是基于排序统计理论的一种能有效抑制噪声的非线性的平滑滤波信号处理技术。中值滤波的特点是首先确定一个以某个像素为中心点的邻域,然后将邻域中各像素的灰度值排序,取其中间值作为中心像素灰度的新值。

③　维纳滤波

维纳滤波(wiener filtering)是一种基于最小均方误差准则对平稳过程的最优估计器。这种滤波器的输出与期望输出之间的均方误差最小,因此,它是一个最佳滤波系统,可用于提取被平稳噪声污染的信号。

④　双边滤波

双边滤波也是采用加权平均的方法,用周边像素亮度值的加权平均代表某个像素的强度,所用的加权平均基于高斯分布。最重要的是,双边滤波的权重不仅考虑了像素的欧氏距离(如普通的高斯低通滤波,只考虑位置对中心像素的影响),还考虑了像素范围域中的辐射差异(如卷积核中像素与中心像素之间的相似程度、颜色强度、深度距离等),在计算中心像素的时候同时考虑这两个权重。双边滤波的核函数是空间域核与像素范围域核的综合结果:在图像的平坦区域,像素值的变化很小,对应的像素范围域权重接近1,此时空间域权重起主要作用,相当于进行高斯模糊;在图像的边缘区域,像素值变化很大,像素范围域权重变大,从而保持了边缘的信息。

均值滤波是最简单的一种滤波方法,对同质区域的零均值噪声效果比较好。但是由于其操作实质是一个低通滤波器,将必然损失一些细节和导致边缘的变形。维纳滤波是比较早的一种滤波方法,对高斯噪声和乘性噪声有很好的抑制作用。中值滤波和双边滤波是非线性滤波,可以弥补线性滤波器模糊图像边缘的缺点。为了改善滤波的效果,Buades 于2007 年提出了非局部均值去噪的方法[29]。

(2) 频域滤波方法

由于图像的边缘细节和噪声同属于高频成分,在频域中进行高频滤波的同时不可避免地会造成图像边缘细节的损失。有学者通过可视化数据分析语言研究声呐图像的数据特点,将图像进行 2D-FFT 变换使其在频域上进行滤波处理。石红等[30]针对现有声呐图像降噪及保边效果不理想问题,提出的在频域滤波中基于小波变换多分辨分析的图像滤波方法是其典型代表。

(3) 小波域的声呐图像降噪

由于小波变换具有良好的时频特性,通过小波变换可对信号的不同频率成分进行分解,在信号去噪中得到了广泛的应用。从信号学角度看,小波去噪是一个信号滤波的问题,而且尽管在很大程度上可以把小波去噪看作低通滤波,但是由于在去噪后,还能成功地保留图像特性,所以在这一点上又优于传统的低通滤波器。目前常用的小波阈值去噪算法主要可分为如下三种:一是硬阈值函数,二是软阈值函数,三是半软半硬阈值函数。

Anitha 提出基于小波域的声呐图像降噪算法,并与空域滤波算法如中值滤波、均值滤波、Gaussian 滤波等算法作对比,实验证明在小波域降噪效果及边缘保持方面具有明显优势[31]。Nafornita 通过对小波基分析研究寻找出最适合声呐图像分解的小波基,以提高声呐图像降噪效果[32]。

（4）雷达图像滤波的方法

一些学者根据噪声的类型，提出了一些基于统计模型的雷达图像滤波方法，如 Lee 滤波器、Kuan 滤波器、Frost 滤波器等。这些滤波器根据雷达图像斜视图像畸变的特点，多属于自适应滤波器。自适应滤波器被设计成对斑点噪声压缩的同时，对图像分辨率的减少是微小的。自适应滤波器利用每个像元值标准差来计算一个新的像元值。这些滤波器不同于传统的低通平滑滤波，在抑制噪声的同时保留了图像的高频信息和细节。

Lee 滤波器用于平滑亮度等与图像密切相关的噪声数据及附加或倍增类型的噪声。增强型 Lee 滤波器可以在保持雷达图像纹理信息的同时减少斑点噪声。Kuan 滤波器用于在雷达图像中保留边缘的情况下减少斑点噪声。Frost 滤波器能在保留边缘的情况下减少斑点噪声。增强型 Frost 滤波器可以在保持雷达图像纹理信息的同时减少斑点噪声。Gamma 滤波器可以用于在雷达图像中保留边缘信息的同时减少斑点噪声。

（5）其他滤波方法

除上述方法以外，还有如形态滤波、模糊滤波法、将隐马尔可夫树与形态学融合、在 Curvelet 域下结合贝叶斯最大后验概率估计对声呐图像的去噪方法等。

**2. 声呐图像配准**

图像配准是图像融合前的关键步骤。图像融合是指对两幅或者多幅图像通过最佳匹配，使图像在几何位置上能够完全对准。待配准图像和参考图像之间存在一个缩放、平移和旋转的关系，图像配准的目标就是确定三种变换的对应关系，计算变换矩阵。

目前，根据参照的图像信息，可以将图像配准分为基于灰度信息的配准算法和基于特征的配准算法。

（1）基于灰度信息的配准算法

基于灰度信息的配准算法是利用图像的灰度信息计算图像的一些统计信息，并把此信息作为图像相似度的判别指标，然后采用一定的搜索算法，使参考图像与待配准图像相似度最大，在此基础上完成配准。基于灰度信息的配准方法主要有互信息法、序列相似度检测法和互相关法。互信息法是通过比较图像的统计依赖性，以互信息相似性为准则，当互信息达到最大时，待配准的图像与参考图像达到匹配。序列相似度检测法是计算每个点的残差和，残差和增长最慢的点是匹配点。互相关法是计算搜索窗口与参考图像之间的相关性的值，利用相关的程度决定匹配程度。基于灰度信息的配准算法实现简单，但是使用范围窄，运算量大，同时也不适用于直接校正图像的非线性变化。

（2）基于特征的配准算法

基于特征的配准算法是通过提取图像的一些特征，如特征点、直线段、边缘、轮廓等，利用图像的这些特征进行特征匹配。特征的匹配关系反映了参考图像与待配准图像的映射关系。这类方法计算量小，速度快，对图像的灰度变化具有很强的鲁棒性，所以基于特征的图像配准算法是目前应用更为广泛的方法。常用的特征匹配方法有基于 SIFT 匹配算法、基于 Hough 变换的匹配法、使用线段检测的 LSD 法、基于 SURF 匹配算法等。为了加速算法，有研究者提出基于 ORB 匹配算法。后来针对模糊图像和有噪声干扰的图像，有学者提出 Kaze 算法等。由于声呐图像的对比度低，如果利用图像的灰度信息进行配准，会出现很多相似点，误匹配率高，从而影响配准效果。而且，声呐图像的噪声复杂，基于灰度信息的配准方法对噪声比较敏感,所以基于特征的配准方法更适用于声呐图像。

① SIFT 方法

尺度不变特征变换(scale invariant feature transform,SIFT)算法适用于声呐点特征提取。SIFT 算法通过建立图像的尺度空间来精确定位候选特征点的位置,利用梯度求出特征点的幅值和方向,最后构建 128 维的特征描述子来完成 SIFT 算法。

SIFT 算法在图像处理过程中引入合适的尺度参数,通过不断改变尺度参数的值和降采样得到不同模糊程度和大小的图像,构成金字塔式的尺度空间。高斯卷积核是实现尺度空间的唯一变换核。为保证所检测特征点的鲁棒性,图像沿着尺度轴进行差分,差分金字塔完成后,检测特征点需要判断差分金字塔中候选点是否满足在空间邻域中属于极大值或者极小值点,若满足则标记为初步特征点,若不满足则摒弃。为了提高关键点的稳定性,需要对尺度空间 DOG 函数进行曲线插值计算,进一步对特征点进行筛选。特征点常应用在图像之间的匹配中,SIFT 算法为了避免光照和视觉变化对匹配产生影响,利用特征向量来构建特征点的描述子,从而提高匹配正确率。

② Hough 变换

Hough 变换是模式识别领域中对二值图像进行直线检测的有效方法,它通过分析边缘点的共线性来进行直线特征的提取,是一种全局性的检测提取方法。直线特征的 Hough 变换主要依赖 2 个坐标空间之间的变换,将一个(图像)空间中的直线通过相应数学计算映射到另一个(参数)坐标空间的各点集合,形成峰值,从而把检测直线特征问题转化为统计峰值问题。

利用 Hough 变换对声呐图像直线特征的提取,首先需要对声呐图进行去噪,然后对图像进行边缘处理,并在此基础上进行直线特征的提取。二值化边缘处理的方法有高斯拉普拉斯(Laplacian of Gaussian,LOG)算子、Robert 算子及 Canny 算子等。将边缘点映射到 Hough 空间得到一系列由正弦和余弦组成的曲线,将极坐标系按照极径和极角精度来划分方格,每个方格对应 1 个极径和极角的坐标,当点映射成曲线时,经过每一格子时相应的坐标对应数值加 1,依次累积,最终将所有点对应的极坐标划分完毕。统计每个方格的累计数,当其大于设定的阈值时,进行保留,并反向映射在笛卡儿坐标系中,得到最终的直线特征。

③ LSD 方法

线段检测(line segment detection,LSD)方法的图像直线特征提取是以每个像素点的梯度和幅值作为基础进行处理的。LSD 算法采用 $2 \times 2$ 模板对像素梯度幅值和方向进行计算,如图 5-16 所示。选择较大梯度幅值的像素点作为起始点,将梯度方向在一定阈值内的相邻点归在同一区域,并将区域中的所有点作为初始点重复寻找,直到归并所有满足条件的像素点。提取区域的直线特征,需要用矩形区域对所得区

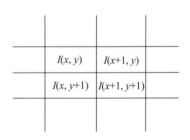

图 5-16　像素点位示意图

域进行近似估计。为了得到估计矩形的长度、宽度和中心等,利用对像素灰度值的计算对中心坐标进行定位。通过计算确定矩形结构后,将矩形的中轴线作为要提取的直线特征,作为声呐图像的直线特征提取结果。

④ Kaze 算法及改进

为了保证去噪声的同时不损失图像的细节信息,充分利用传导系数与图像的局部结构特性关系,即在图像梯度很小的区域,传导系数会自适应地变大,从而使这些区域中因噪声的存在而产生的起伏被平滑,而在图像边缘等梯度比较大的区域,传导系数自适应地变小,这些区域的平滑程度会变小,从而达到保护边缘的目的。Perona 和 Malik 根据图像的梯度量级定义了一种传导函数 $c$,其定义为

$$c(x,y,t)=g\left(\left|\nabla\mu(x,y,t)\right|\right)=\frac{1}{1}+\left(\frac{|\nabla\mu|}{K}\right)^{2}\in[0,1] \tag{5-19}$$

其中,亮度函数 $\nabla\mu$ 是原图像的 $\mu$ 的梯度。

PM 方程的定义为

$$\begin{cases}\dfrac{\partial\mu}{\partial t}=\mathrm{div}(c(\lfloor\nabla\mu\rfloor)\nabla\mu), & (x,y,t)\in R^{m}\\[2mm] \mu(x,y,t)=\mu(x,y), & (x,y)\in R^{m}\end{cases} \tag{5-20}$$

正则化 PM 的方程为

$$\frac{\partial\mu}{\partial t}=\mathrm{div}(g\mid\nabla\mu_{\sigma}\mid\nabla\mu_{\sigma}) \tag{5-21}$$

$$\mu_{\sigma}=G_{\sigma}\mu \tag{5-22}$$

其中,$G_{\sigma}$ 表示方差为 $\sigma$ 的 Gaussian 平滑核,即用高斯平滑图像的梯度代替原来 PM 方程中的原始图像梯度。

式(5-19)中的传导函数 $c$ 是一个依赖于图像梯度幅值单调递减的有界函数,此函数也被称作扩散函数或边缘停止函数。参数 $K$ 是用于计算扩散函数值的常数项,量化了图像梯度的大小,通常可以手动设置。传导函数可以根据图像区域的梯度信息自适应地变动,当处理平坦区域时,图像梯度幅值远远小于 $K$,$c(|u|)\approx1$,图像被平滑;当处理图像的边缘等含有细节信息的区域时,图像梯度幅值远远大于 $K$,$c(|u|)\approx0$,图像平滑程度将非常弱。当 $c(|u|)=0$ 时,平滑操作停止,图像没有任何平滑。反复迭代上述过程,图像中的噪声将被滤除,而边缘等细节信息没有被损坏。

Kaze 算法改进的方法是引入引导滤波,通过这个滤波算法在平滑噪声的同时可以很好地保护图像的边缘信息。引导滤波算法在滤波过程中,根据引导图像的梯度信息对输入图像进行不同程度的滤波操作。在引导图像梯度大的区域,输入图像的对应区域内平滑程度小,而在引导图像梯度小的区域,输入图像的对应区域内平滑程度变大。

引导滤波是一种基于窗口的自适应滤波操作,即位于引导图像方差大、梯度比较大的窗口内的像素,则输入图像中对应位置的像素将直接被保留到输出图像中,而位于引导图像方差小、像素值变化小的窗口内的像素,则输出图像中对应位置的像素值为输入图像对应窗口内像素的加权平均。引导滤波在处理平滑区域时,可以理解为两个并行的盒子滤波器,近似为高斯滤波,因此能够最大化地保持边缘变化大的区域,同时使平滑区域到边缘的过渡更加平缓。这种改进的 Kaze 算法相较于原始的 PM 方程,在滤波时能更好地保护图像的边缘,更适合特征微弱的声呐图像配准。

⑤ 其他算法

声呐图像特征提取和图像标准匹配一直是国内外水下图像处理研究的重点,近年来国内外学者已有诸多研究成果。如有学者提出一种通过对声呐图的阴影进行特征提取并进行分类的特征提取方法;Reed 等利用马尔可夫随机场(Markov random field,MRF)模型结合统计合作蛇形(cooperating statistical snake,CSS)模型的方法对声呐图像进行特征提取。目前针对 Hough 变换在提取直线特征时效果不理想的问题,提出了一种改进的 Hough 变换方法;针对 LSD 算法中检测到的直线特征会因相交而出现断裂的问题,设计了一种断裂线特征拟合方法等。

(3) 声呐图像融合技术

基于多分辨率分解的融合方法一直是融合领域的研究热点,这类方法应用广泛,适用性强,在遥感图像、医学图像及光学多传感器图像融合中都取得了很好的融合效果。

声呐图像从本质上与光学图像类似,均为能量在空间域的分布图,但由于水下特殊环境及声呐成像机制的不同,声呐图像与传统光学成像又存在一定区别[33]。声呐图像与光学图像最主要的区别表现为:水下声呐图像的成像分辨率低,图像以低频为主,细节部分比较模糊,目标精确识别较为困难;水下目标轮廓残破不完整,如沉船和失事飞机的残骸等由于海水、水下生物的腐蚀会造成目标边缘模糊,很难形成细微、精确的边缘特征;水声信道的干扰,如环境噪声、混响及声呐自噪声等干扰造成声呐成像后噪声严重,这些以斑点噪声为主的噪声源灰度级丰富且声呐目标灰度级占比相对较少,造成声呐成像质量差、对比度低。因此,对于声呐图像处理,采用传统图像处理的技术方法可能效果不佳,应该采用多分辨率融合的技术方法对声呐图像进行处理。

基于多分辨率分解的融合方法主要由三部分构成:图像多分辨率分解、不同频率子带图像融合、图像重构,具体的框架如图 5-17 所示。

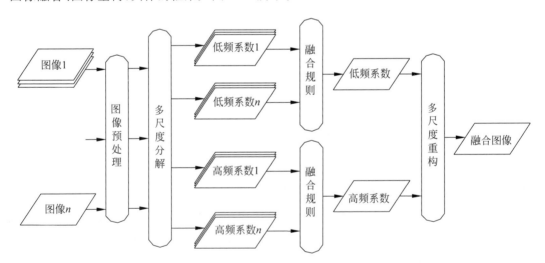

图 5-17　基于多分辨率的声呐图像融合处理框架

多分辨率分析是一种灵活高效地处理高维信号的算法,常用来分析非平稳信号。图像的多分辨率分析类似于相机的原理,即远大近小,当相机的镜头距离目标物体比较远时,观察的范围广,但是只能看到目标物体的大致的比较模糊的信息;当距离近时,观察的范围窄,但是可以清楚地观察到目标物体的细节信息。随着尺度的变换,物体信息可以由粗糙到细致地呈现出来,这种方式与人类的视觉感知系统一致。将这种多分辨率分析方法应用在图像融合领域,将待融合的图像进行多尺度分解,针对不同频率子带图像有针对性地选择融合规则,可以得到很好的融合效果。多分辨率分解中最典型、应用比较广泛的方法是小波变换,它可以有效地表示一维信号,但是在二维信号或更高维的信号表达上有欠缺,因为小波变换只能表达水平方向、竖直方向、对角线方向上的信息,并且小波变换的二维变换基的支撑区间为正方形,无法很好地逼近图像固有的奇异曲线。多尺度几何分析的提出克服了小波变换的缺点。典型的多尺度几何分析方法有脊波变换、曲线波变换、轮廓波变换、非下采样轮廓波变换。脊波变换只能很好地逼近含有直线奇异性的多维函数,而对于含有曲线的多维函数的逼近能力相当于小波变换。曲线波变换可以高效地逼近图像中的边缘等线状奇异性,是 $C^2$ 空间中对连续曲线最稀疏的表示,但由于其离散实现很难,限制了它在多分辨率分解上的应用。轮廓波变换用长方形结构来逼近图像,可以很好地描述图像中的几何结构信息,但是由于它的基函数的几何正则性不高,空域和频域的局部性不够理想,在频域内存在频域混叠现象,并且这种变换在多方向分解阶段的实现比较繁琐。非下采样轮廓波变换是轮廓波变换的改进,保证了算法的平移不变性。近年来,Easley[34]提出了一种新的多尺度几何分析方法——剪切波变换,这种方法接近最优的多维函数的稀疏表达。此外,还基于双树双密度小波分析和双树高密度小波分析等方法在声呐图像数据融合中进行了应用。下面对常用的基于多分辨率的声呐数据融合方法进行介绍。

① 小波变换分析法

小波分析是 20 世纪发展起来的新兴数据处理工具,Wavelet 变换是时间(空间)频率的局部化分析,它通过伸缩平移运算对信号(函数)逐步进行多尺度细化,最终达到高频处时间细分,低频处频率细分,自动适应时频信号分析的要求,从而聚焦到信号的任意细节。Wavelet 变换的这种优势可以提取信号中的"指定时间"和"指定频率"变化,因此 Wavelet 变换被誉为"数学显微镜"。

小波变换包括连续小波变化、离散小波变换(DWT)和二维小波变换。由于连续小波变换中的伸缩参数和平移参数为连续的实数,在应用中通常需要积分,因此在信号处理的实际中经常采用离散小波变换(DWT)。而在图像处理中通常采用二维小波变换,采用二维小波变换时需要构造二维离散小波函数。对图像进行二维小波分解时,通过构造二维正交小波基函数进行二维尺度的分解,图像分解的过程如图 5-18 所示。

$f(x,y)$ 表示原始图像,$A$ 表示近似图像(低频图像),$B$ 表示细节图像(高频图像),下标表示分解的层数,分解的数学表达式为

$$S \approx A_1 + B_1 \approx A_2 + B_2 + B_1 \approx A_3 + B_3 + B_2 + B_1 \tag{5-23}$$

由于分解的过程是迭代的,从理论上讲可以无限制地连续分解下去,但在实际图像分析时,分解可以进行到细节只包含单个样本为止。分解层数越多,越能充分利用各层细节子带中具有相同方向和位置的系数间的相关性,更利于对图像进行分层分析。但同时应注意到分解层数越多,重建信号的信噪比越下降,因此在实际应用中,可根据图像的特征或者合适的标准来选择适当的分解层数。

采用小波变换对声呐图像进行处理时存在以下缺陷:由于 Wavelet 变换具有带通滤波特性,小波系数在奇异点处会出现类似振铃正负波动现象,使奇异点处的小波系数被放大,

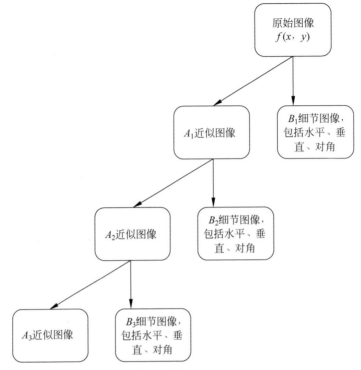

图 5-18　二维图像小波变换分解过程

当信号出现平移甚至在奇异点的微小变化时,小波系数就会发生波动;二维小波变换在图像处理时对曲面奇异处理效果并不理想,究其原因为可分离 Wavelet 变换仅提供三个小波方向选择:水平方向、垂直方向和斜方向。

② 剪切波变换的方法

剪切波变换是指将一维小波变换扩展到多维的形式,实现在不同尺度、不同方向和位置上对图像信息进行各向异性的表示。剪切波变换是近年来出现的一种新的多尺度几何分析方法,接近最优的多维函数的稀疏表达。它拥有与曲线波变换相似的对图像边缘等高维信息的最稀疏表达能力,还具有比轮廓波变换及非下采样轮廓波变换更自由的方向分解,而且由于剪切波变换的正向变换过程只需要简单地对剪切波滤波器加和,所以其实现过程简单,计算效率高。剪切波变换的数学结构简单,只需通过对一个函数进行简单的平移、伸缩、旋转即可得到它的基函数。并且剪切波变换在频域空间中是逐层细分的,也正是这种逐层细分特性使其获得更优的多维函数稀疏表达的能力。

剪切波是一个尺度、方向、位置参数为 $a,s,t$ 的具有良好局部性的函数的集合,随着尺度参数 $a$ 的减小,图像的剪切波变换的渐近衰减性不仅能够描述图像中的边缘位置,还可以指示边缘处的方向,所以剪切波变换具有捕捉图像边缘方向的能力,在各尺度、各方向上能够接近最优地表示富含方向信息的图像。

通常情况下剪切波变换的多尺度分解和局部化方向分解两个阶段都会有下采样的操作,导致其缺乏平移不变性,在图像融合时容易引起振铃效应。同时,根据多抽样率理论可知,对滤波后的图像进行隔行隔列下采样的操作容易导致频率混叠现象。

为了克服剪切波变换的以上缺点,Easley 提出了平移不变剪切波变换(NSST)。这种变换也主要由两部分组成,多尺度分解和局部化方向分解。其中,多尺度分解部分采用非下采样拉普拉斯金字塔滤波器组(NSPF),在分解过程中,上一级的低频子带要通过上采样的滤波器完成滤波,利用非下采样金字塔滤波器组进行滤波得到的子带图像与输入图像大小一致。

　　基于剪切波变换的声呐图像融合算法首先对两幅原图像分别进行非下采样剪切波变换,获得多频带系数,针对高低频子带分别采用不同的融合规则。低频采用加权平均的规则,高频采用绝对值取大的规则,最后通过非下采样剪切波逆变换获得融合图像。基于非下采样剪切波变换的图像融合算法流程如图 5-19 所示。

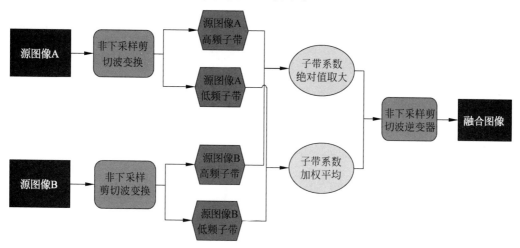

图 5-19　基于非下采样剪切波变换的图像融合算法流程(见文前彩图)

　　③ 改进剪切波变换的方法

　　当声呐图像噪声比较严重时,基于非下采样剪切波变换的融合算法不能得到很好的融合图像。主要是因为在多尺度分解阶段噪声被当作细节信息分解到高频子带,并且噪声对应的高频子带系数比较大。如果此时高频采用绝对值取大的规则,那么在保留图像边缘的同时也会把原图像中的噪声融合到最终的图像中。

　　改进剪切波变换数据融合算法采用改进的 PM 扩散方程对剪切波变换中多尺度分解阶段进行改进,将非下采样拉普拉斯分解改进为非线性扩散滤波多尺度分解,从而达到在分解阶段更好地保护声呐图像边缘的目的。

　　各向同性的非线性扩散滤波有平滑作用,原图像与滤波后的图像的残差是高频信号,这为改进的非线性扩散滤波的多尺度分解及重构的实现提供了依据。改进的非线性扩散滤波的分解及重构的具体步骤如下:

　　(a) 确定待处理图像的分解尺度层数 $n$ 及随尺度分解层数改变扩散滤波次数增加或者减少的次数 $N$;

　　(b) 对待处理的图像 $I_0$ 进行 $nN_t$ 次扩散滤波,得到的滤波结果记为 $I_1^{nN_t}$,残差记为 $E_1^{nN_t}$;

　　(c) 对 $E_1^{nN_t}$ 进行 $(n-1)N_t$ 次扩散滤波,得到的滤波结果记为 $I_2^{(n-1)N_t}$,残差记为 $E_2^{(n-1)N_t}$;

　　(d) 以此类推,对 $E_n^{N_t}$ 进行 $N$ 次扩散滤波,得到的滤波结果记为 $I_n^{N_t}$,残差记为 $E_n^{N_t}$;

(e) 重构过程为 $I_0 = I_1^{nN_t} + I_2^{(n-1)N_t} + \cdots + I_n^{N_t} + E_n^{N_t}$。

经过以上的多尺度分解后，$E_n^{N_t}$ 为最高频的信息，$I_1^{nN_t}$ 为最低频的信息，$I_1^{nN_t} \sim I_n^{N_t}$ 为信号的频率递增。

基于改进剪切波变换的声呐图像融合算法首先对两幅原图像分别进行改进的非下采样剪切波变换，获得多频子带系数，根据一定的融合规则得到融合系数，最终通过改进的剪切波逆变换获得融合图像。基于改进剪切波变换的图像融合算法流程如图 5-20 所示。

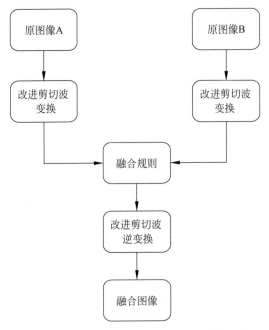

图 5-20　基于改进剪切波变换的图像融合算法流程

④ 曲波(Curvelet)变换

Curvelet 变换是在小波变换基础上提出来的一种新理论，具有各向异性的特点，从而对图像几何特征有更优的表达能力，能够有效地提取图像边缘的特征。Curvelet 变换主要经历两个版本发展，2000 年，Candes 和 Donoho[35] 首先提出了一代曲波概念，该算法主要由 Ridgelet 分析的基本原理衍化而来，是基于多尺度 Ridgelet 和带通滤波器组的一种变换。第一代曲波算法由于是基于 Ridgelet 分析，而 Ridgelet 中的 Radon 变换无论在时域还是频域中执行效率都很低，算法实现复杂。因此，易于实现的二代曲波被提出，摒弃采用 Ridgelet 变换作为 Curvelet 变换预处理步骤，减少算法冗余，提高运算速度。

在二维空间 $\boldsymbol{R}^2$ 中构建二代连续曲波结构，设空间变量为 $x$，频域变量 $\omega = (\omega_1, \omega_2)$，进一步得到频域极坐标 $r = \sqrt{\omega_1^2 + \omega_2^2}$，$\theta = \arctan\left(\dfrac{\omega_1}{\omega_2}\right)$，定义 Curvelet 变换的一对窗函数：径向窗 $\left\{\omega(r), r \in \left(\dfrac{1}{2}, 2\right)\right\}$ 和角度窗 $\{V(t), t \in [-1, 1]\}$，它们符合容许条件：

$$\sum_{j=-\infty}^{\infty} W^2(2^j r) = 1, \quad r \in \left(\dfrac{3}{4}, \dfrac{3}{2}\right) \tag{5-24}$$

$$\sum_{l=-\infty}^{\infty} V^2(t-l)=1, \quad t \in \left(\frac{\frac{1}{2},1}{2}\right) \tag{5-25}$$

对于每一个 $j \geqslant j_0$，在频域中由径向窗和角度窗构成频域中的窗函数 $U_j$：

$$U_j(r,\theta)=2^{-\frac{3}{4}}W(2^{-2j}r)V\left(\frac{2^{\left|\frac{j}{2}\right|}\theta}{2\pi}\right) \tag{5-26}$$

其中，$\left|\dfrac{j}{2}\right|$ 是 $j/2$ 的整数部分；$U_j$ 的支撑区间是受 $W$ 和 $V$ 支撑区间限制获得的楔形区域，如图 5-21 所示，楔形区域符合各向异性尺度的特性。

令 $\varphi_j(\omega)=U_j(\omega)$，记角度参数为 $\theta_l=2\pi \times 2^{\left|\frac{j}{2}\right|} \times l, l=0,1,\cdots,0 \leqslant \theta_l < 2\pi$，位置参数为 $k=(k_1,k_2) \in Z^2$，定义在尺度 $2^{-j}$，方向 $\theta_l$，位置在 $k=(k_1,k_2)$ 处的 Curvelet 函数为

$$\varphi_{j,l,k}(x)=\varphi_j\left[\boldsymbol{R}_{\theta_l}(x-x_k^{(j,i)})\right] \tag{5-27}$$

其中，$x_k^{(j,l)}=\boldsymbol{R}_{\theta_l}^{-l}(k_1 \times 2^{-j}, k_2 \times 2^{-j})$，$\boldsymbol{R}_{\theta_l}$ 表示旋转矩阵。

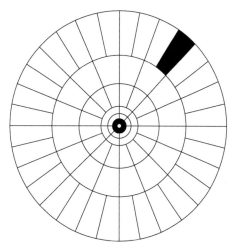

图 5-21　Curvelet 函数频率示意图

和小波变换、脊波变换理论一样，采用基函数与信号（或函数）的内积形式来定义 Curvelet 变换。

$$c(j,l,k) \leqslant f \cdot \varphi_{j,l,k} \geqslant \int_{R^2} f(x)\overline{\varphi_{j,l,k(x)}}\mathrm{d}x \tag{5-28}$$

由式(5-28)通过 Plachherel 理论可以得出：

$$c(j,l,k)=\frac{1}{2\pi^2}\int f(\omega)\varphi_{j,l,k(x)}\mathrm{d}\omega=\frac{1}{2\pi^2}\int f(\omega)U_j(R_{\theta_l}\omega)\mathrm{e}^{j\langle x_p(j,i),\infty\rangle}\mathrm{d}\omega \tag{5-29}$$

对于声呐图像的 Curvelet 变换在计算机中的算法实现，也需进行离散化和曲波系数的计算。实现快速离散曲波变换（fast discrete curvelet transform，FDCT）的算法主要有两种：基于非均匀空间抽样的二维 FFT 算法（unequally-spaced fast Fourier transform，USFFT）和基于 Wrap 算法，两种实现方式的主要不同点为 FDCT 在不同尺度和方向角度所选择的空间网格，Wrap 算法是在 USFFT 基础上，增加指定频率采样卷绕规则实现算法的快速实现。

⑤ 双树双密度小波变换

由于传统的小波变换存在平移不变性和方向选择性差等缺点，不断有学者提出通过增加小波的冗余度来改进传统小波分解精度差的问题。针对小波的缺陷有学者提出了新型的小波框架、复数小波。复数小波结构由实数域扩展为复数域，Daubechie 小波为最早提出的复数小波，不但继承了传统实小波对于信号的时频局部化多分辨分析能力，同时还具备优良的平移不变性和多方向选择性。由于该小波结构为复数形式，在小波重构时很难满足完全重构条件，因此该算法很难在实际中实现，基于此 Kingsbury 设计出新的复小波结构——双

树复小波变换(double tree discretewavelet transform,Dt-Dwt)[36]。

双树复小波变换设计为两路并行 Dwt 的二叉树结构,分解结构如图 5-22 所示。

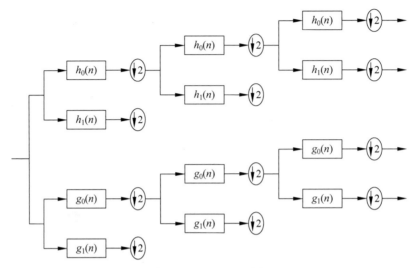

图 5-22　Dt-Dwt 分解结构图

Dt-Dwt 设计中一路为实数小波,一路为虚数小波。当进行第一层分解时,一棵树中设计滤波器延时恰与另一棵树所设计滤波相差一个采样间隔,则一棵树采样正好为另一棵树因二抽取舍弃的值,对于后几层分解只需确保该层和所有前层延时差的和相对于输入为一个采样周期,基于该思想可较简单地设计满足完全重构的滤波器组。分解结构图中 $h_0(n)$ 和 $h_1(n)$ 为树 A 滤波器组的低通和带通滤波器对,$g_0(n)$ 和 $g_1(n)$ 为树 B 滤波器组的低通和带通滤波器对,双树复小波函数如下:

$$\phi_h(t) = \sqrt{2} \sum_n h_0(n)\phi_h(t) \tag{5-30}$$

$$\psi_h(t) = \sqrt{2} \sum_n h_1(n)\phi_h(t) \tag{5-31}$$

$$\phi_g(t) = \sqrt{2} \sum_n g_0(n)\phi_g(t) \tag{5-32}$$

$$\psi_g(t) = \sqrt{2} \sum_n g_1(n)\phi_g(t) \tag{5-33}$$

$$\psi(t) = \psi_h(t) + j\psi_g(t) \tag{5-34}$$

其中,$\psi_g(t)$ 和 $\psi_h(t)$ 为近似希尔伯特变换关系:$\psi_g(t) = H\{\psi_h(t)\}$。

双密度小波变换(double density discrete wavelet transform,Dd-Dwt)是 Selenick 根据传统 DWT 提出的改进型离散小波变换。与传统 DWT 相比,双密度 DWT 多了一个方向小波,含有一个尺度函数和两个小波函数,其中一个小波函数是用另外一个小波函数近似半个时间单位延时,使同一尺度内的相邻小波频带间隔更小,这种交叉结构使小波具有时移不变性,同时两通道小波函数在设计滤波器时具有高自由度[37]。Dd-Dwt 分解重构时,信号由多通道滤波器组 $h_0(n)$,$h_1(n)$,$h_2(n)$ 进行分解重构,$h_0(n)$,$h_1(n)$,$h_2(n)$ 分别为低通、带通和高通滤波器,尺度函数和小波函数分别定义为

$$\phi(t) = \sqrt{2} \sum_n h_0(n)\phi_h(2t - n) \tag{5-35}$$

$$\psi_i(t) = \sqrt{2} \sum_n h_i(n) \phi(2t - n), \quad i = 1, 2, \cdots \tag{5-36}$$

$$\psi_1(t) = 2\psi_1(t - 0.5) \tag{5-37}$$

双树双密度小波变换 DtDd-Dwt 是一种冗余度为 3 的紧支撑结构,其设计综合了双树小波近似平移不变性和双密度小波带通滤波器组高设计自由性等特点。一维信号 DtDd-Dwt 有两层分解结构,有两组并行的过采样滤波器组,其中 $h_i(n)$ 和 $g_i(n)$($i = 0, 1, 2$)为有限冲击响应滤波器;DtDd-Dwt 的小波基函数由两个尺度函数和 4 个小波函数构成。二维 DtDd-Dwt 为一维扩展,采用 4 个双密度过采样滤波器组,分别对图像进行行滤波和列滤波,图像由 DtDd-Dwt 分解后得到 4 个近似子带和 32 个细节子带系数。第一层分解为其实部,有 $\pm 15°$、$\pm 45°$、$\pm 75°$ 共 6 个方向,第二层分解为其虚部,同样有 6 个方向,因此每层分解都有 12 个方向且每个方向都有两个小波表示,增加了信息冗余度;每一层分解得到 32 个细节子带代表各个方向,每个细节子带是图像的同一边缘或轮廓信息在不同方向、不同分辨率下由细到粗的描述。

⑥ 双树高密度小波变换

高密度小波变换(higher density discrete wavelet transform,Hd-Dwt)由三通道过采样滤波器组构成,其分解结构如图 5-23 所示,前两组滤波器需要下采样而第三通道滤波器是非抽取采样,$h_i(k)$($i = 0, 1, 2$)分别为低通、带通和高通滤波器组,$c_i$ 和 $d_i$ 为滤波器组分解后的低频系数与高频系数。

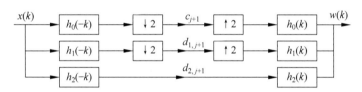

图 5-23 高密度小波分解与重构滤波器组

双密度小波变换只是在时域上增加采样密度,而高密度同时在时域与尺度上进行二倍采样,这样设计使该扩展小波具有中间尺特性,进一步增加冗余,提高分解精度。高密度离散小波既可在对信号变换的精度上与冗余度更高的非抽样小波变换效果类似,又能有效降低算法复杂度,利于工程实现。

在高密度小波变换的基础上考虑多方向选择性,同样可将双树复小波与高密度小波相结合得到新的小波——双树高密度小波变换。双树高密度小波变换(double tree high density discrete wavelet transform,DtHd-Dwt)的框架结构由 2 个尺度函数和 4 个小波函数构成。双树高密度小波的一维滤波器组结构与双树双密度小波滤波器组结构类似,有两组并行的过采样滤波器组,其中 $\{h_i(k)\}$($i = 0, 1, 2$)和 $\{g_i(k)\}$($i = 0, 1, 2$)为有限冲击响应滤波器(FIR),树 A 输出信号实部序列,树 B 输出信号虚部序列 $h_i(k)$ 和 $g_i(k)$。

二维双树高密度小波变换的基本原理为:先对图像行序列与一维 DtHd-Dwt 滤波器卷积进行行滤波,然后对图像列序列与一维 DtHd-Dwt 滤波器进行卷积操作(列滤波),再利用双树小波张量积获得最终二维 DtHd-Dwt 方向子带。

双树高密度小波变换 DtHd-Dwt 由于在时频平面上采样更加密集,使所形成的包络更加平滑,更有利于增加分解后对原始信号的逼近程度及降低在信号奇异点处的振荡效应。

⑦ 其他数据融合的方法

由于声呐图像与光学图像特征上的不同,对数据融合算法的要求也比较高。随着计算机技术及人工智能的发展,一些学者也在声呐图像融合技术上不断进行算法的研究。除了以上介绍的算法外,还有研究将不同算法进行组合来进行数据的融合。如将曲波变换同高斯-马尔可夫随机场结合的多尺度 GMRF 水平集分割的算法;将稀疏表示(SR)理论用在多聚焦图像融合的方法;基于高阶奇异值分解(HOSVD)理论的图像融合算法;基于四叉树的方法、遗传算法和差分算法等。此外图像研究中将神经网络应用在图像融合中,如脉冲神经网络(PCNN)、PCNN 与变换域相结合的方法等。

### 5.2.4 典型的声呐产品

#### 1. 多波束声呐

国际上主要的深水多波束测深系统生产厂商有 L3 ELAC Nautik、Teledyne(ATLAS)和 Kongsberg 等公司。表 5-1 给出了典型深水多波束测深系统的对比。

表 5-1 多波束声呐参数对比

| 参　　数 | 产　　品 | | |
|---|---|---|---|
| | SeaBeam 3012 | HydroSweep DS | EM122 |
| 基本原理 | 束控法 | 相干声呐原理 | 束控法 |
| 发射频率/kHz | 12 | 14～16 | 12 |
| 测量水深/m | 50～11000 | 10～11000 | 20～11000 |
| 发射波束宽度 | 1°,2° | 0.5°,1°,2° | 0.5°,1°,2° |
| 接收波束宽度 | 1°,2° | 1°,2° | 1°,2°,4° |
| 最大条带宽 | 5.5 倍水深 | 5.5 倍水深 | 6 倍水深 |
| 最大覆盖宽度/km | 31 | 28 | 30 |
| 每条带波束数 | 301 | 320 | 288 |
| 最大 ping 速率/Hz | 3 | 10 | 5 |
| 测深分辨率/cm | 12 | 6 | 10～40 |
| 测深精度 | 0.2%水深 | 0.2%水深 | 0.2%水深 |
| 发射波形 | CW | CW/LFM/Barker | CW/LFM |
| 波束间隔 | 等角/等距 | 等角/等距 | 等角/距/加密 |
| 最大作业航速/kn | 12 | 10 | 16 |
| 发射阵长度 | 约 7.7m(1°) | 约 5.6m(1°) | 约 7.8m(1°) |
| 接收阵长度 | 约 7.7m(1°) | 约 5.6m(1°) | 约 7.8m(1°) |

(1) L3 ELAC Nautik 公司的 SeaBeam 3012

SeaBeam 3012 是 L3 ELAC Nautik 公司的最新一代深水多波束测深系统,其工作频率为 12kHz,工作水深为 50～11000m,波束数为 301 个,最小波束宽度为 1°×1°,具有等角和等距两种波束间隔,最大覆盖宽度为 5.5 倍水深,最大工作速度可达 12kn。SeaBeam 3012 采用先进的波束扫描专利技术,可以完全进行艏摇、纵横摇运动补偿。它是世界上唯一能在所有水深下进行实时全姿态运动补偿的全海洋深度多波束测深系统。新的波束扫描技术包括宽覆盖、浅水近场聚焦、多脉冲、线性调频等特性,使其性能远超过其他常规扇区扫描技术。

SeaBeam 3012 系统能够实时采集测深信息、后向散射数据、水体数据、侧扫声呐图像等,并以良好的视觉形式将测量结果呈现在操作员面前。在深海海底地形测绘、海底构造研究、海洋资源探测、天然气水合物探测、地球物理探测等领域具有极高的应用价值。

SeaBeam 3012 多波束测深主系统由水下的发射、接收换能器阵,水面的接收发射单元,数据采集及数据后处理计算机组成。辅助配套设备有表面声速仪、光纤罗经运动传感器、不间断电源、声学同步器、图形显示器和后处理计算机等。

（2）Teledyne(ATLAS)公司的 HydroSweep DS

HydroSweep DS 属于第三代全海深多波束测深系统,其工作频率为 14～16kHz,工作水深为 10～11000m,波束数为 320 个,最小波束宽度为 0.5°×1°,具有等角和等距两种波束间隔,最大覆盖宽度为 5.5 倍水深,最大工作速度可达 10kn。它可以持续不间断获得较高要求的海底数据,其特点在于水柱、后向散射和沉积物分析。在接收端,每次发射被分解成 320 个接收波束。

为了克服传统阵列孔径的限制,HydroSweep DS 采用了一种获得过专利的接收波束形成技术,即高阶波束形成。至于水深数据,它可以实现扫描的角度高达 140°(5.5 倍水深),分解成 960 个窄波束。声学足迹设为等距或等角度模式,以适应特定的调查需要。它具备多频发射功能,可同时发射和接收多种频率,而传统的测深仪通常只能进行单频循环。多频大幅提升了调查效率,特别是当在船舶航迹方向提高到 0.5°波束精度时,为了确保实现 100%海底无缝覆盖,该船只的速度将被限制为 4n mile/h 或更低。但是,运用多频发射,为了获得较高的波束分辨率,可以保持船只高速航行,或在不需要达到很高精度的情况下,甚至可以提高船速。空间分辨率为各种广泛应用提供了最大的操作和科研价值。图 5-24 给出了 HydroSweep DS 的系统组成框图。

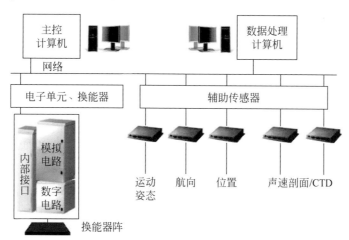

图 5-24 Teledyne(ATLAS)公司的 HydroSweep DS 系统组成框图

（3）Kongsberg 公司的 EM122

EM122 是 Kongsberg 公司新一代深海多波束测深系统,其工作频率为 12kHz,工作水深为 20～11000m,波束数为 288 个,最小波束宽度为 0.5°×1°,具有等角、等距和加密 3 种波束间隔,最大覆盖宽度为 6 倍水深,最大工作速度可达 16kn。系统采用高效降噪前放、频率编码分组波束、纵横摇和艏摇主动波束转向等技术,保证获得最大的海底覆盖宽度。在提高测量精度和分辨率上,系统采用相位和振幅检测结合技术及声源级多向分别自动控制技术。系统具有覆盖扇面和波束指向角可随水上变化而自动变化、等距波束、集成海底声学图像和声速剖面内插等功能,能在一个航次之内获得最大的测量效益。

（4）国内深水多波束

中国科学院声学研究所联合国内几家单位共同研制了国内第一套深水多波束测深系统,在西太平洋获得了 6000m 海域海底地形地貌图,并在国家"863"计划重大项目"海底观测网实验系统"进行了实际实验性应用,完成了相应调查工作。该系统拥有波束 289 个,波束宽度为 1°×2°,最大覆盖宽度为 6 倍水深,具备发射三维姿态稳定、接收横摇稳定和边缘波束发射线性调频功能,可满足 20～11000m 全海深海底地形地貌探测的需求。

**2. 侧扫声呐**

侧扫声呐的典型产品有美国劳雷公司的侧扫声呐 Edgetech 4200 系列、Klein Marine Systems 公司的 MA-X VIEW 600 和 System 4000 及中海达海洋信息技术有限公司的 iSide 系列。

（1）Edgetech 4200 系列

美国劳雷公司新一代侧扫声呐产品 Edgetech 4200 系列包括 Edgetech 4200-MP、Edgetech 4200-SP、Edgetech 4200-FS 等产品。

4200-MP 侧扫声呐系统应用 EdgeTech 的全频谱 chirp 技术得到宽频带、高能量发射脉冲和高分辨率、高信噪比的回声数据。系统采用宽频带、低噪声的前置电子电路,使得由系统引起的相位误差和漂移减小到可以忽略的水平。4200-MP 拖鱼采用可拼接的发射/接收换能器阵,通过系统控制软件,可选择两种工作模式:高分辨率模式（HDM）和高速模式（HSM）。系统采集的声呐数据为高度关联的数据集,适合于高级用户进行后处理。其两种模式下主要工作技术参数如下:

① HDM 模式下可同时进行双频 100kHz/400kHz 操作:100kHz 时水平波束宽度为 0.640,单侧最大量程为 500m;400kHz 时是 0.30,单侧最大量程为 150m。

② HSM 模式以双脉冲单频进行工作:100kHz 或 400kHz。100kHz 时水平波束宽度为 1.260,400kHz 时水平波束宽度为 0.40,量程与 HDM 模式相同。拖鱼额定工作水深为 2000m,内置标准的艏向、纵摇和横摇传感器,同轴拖缆最长可达 6000m。

4200-SP 型侧扫声呐系统为 EdgeTech 公司 4200-MP 型侧扫声呐系统的精简型版本,具有较高的性价比。其耐压能力如下:不锈钢拖鱼耐压水深 2000m;铝壳拖鱼为 300m。

4200-FS 型侧扫声呐系统的全频谱和多脉冲技术集成于一体,其工作模式为双工作模式:高分辨率模式（HDM）和高速模式（HSM）。其主要技术参数特点:特长阵列（90cm）提供超高分辨率;工作频率为 120kHz 和 410kHz 双频;额定工作水深为 1000m,同轴拖缆最长可达 6000m。

（2）MA-X VIEW 600 和 System 4000

Klein Marine Systems 公司在 2019 年推出了全新产品 MA-X VIEW 600。它带来了侧扫声呐产品的革命性创新,是业界首款集成了填缝声呐的单波束侧扫声呐,具有每侧 50m 最佳量程、120m 最大量程的扫测能力,可生成 600kHz 高清晰图像。

Klein BLUE Technology 对换能器、信号调节和后处理设计方面都进行了创新改进,带来了无可比拟的图像质量和量程表现。Klein BLUE Technology 的最优化设计使声学性能达到了一个新的水平。该技术目前应用于 Klein MA-X VIEW 600 和 System 4000 两款侧扫声呐上。

MA-X VIEW 600 侧扫声呐是业界首款集成了填缝声呐的单波束侧扫声呐。除了使用最新的 Blue Technology 以外，它还使用了正在申请专利的 MA-X 的技术，使用尾部换能器在天底区域内形成回声成像并呈现在 SonarPro 的 MA-X 窗口上，节省了约 40% 的测量时间。MA-X VIEW 600 侧扫声呐主要技术参数见表 5-2。

**表 5-2　MA-X VIEW 600 侧扫声呐主要技术参数**

| 参　　数 | 数　　值 |
|---|---|
| 频率 | 600kHz(侧扫声呐)，850kHz(天底 MA-X) |
| 脉冲类型 | FM CHIRP |
| 水平波束宽度 | 0.23°(侧扫声呐) |
| 垂直波束宽度 | 40°(侧扫声呐) |
| 垂直航迹分辨率 | 1.2cm（侧扫声呐） |
| 最大量程(每一边) | 120m（侧扫声呐） |
| 垂直波束中心 | 从水平面向下倾斜 30°(侧扫声呐) |
| 输出数据格式 | SDF 或 XTF(同时或可选) |
| 输入电压 | 12VDC 或者 110/220 VAC（50～60Hz） |
| 功耗 | 75W |

S4000 侧扫声呐是另一款使用了 Blue Technology 的产品，满足了长量程、深水作业和优化浅水性能这些需求。它浓缩了 Klein 公司 50 年来的设计知识，结合了 Klein 的标志性成像和前所未有的拖曳选项和量程性能，拥有无与伦比的搜索和调查效率，其主要技术参数见表 5-3。

**表 5-3　S4000 侧扫声呐主要技术参数**

| 参　　数 | 数　　值 |
|---|---|
| 频率 | 100kHz/400kHz(双频同时发射) |
| 脉冲类型 | FM CHIRP，可选择的 CW 模式 |
| 水平波束宽度 | 1°@100kHz<br>0.3°@400kHz |
| 垂直波束宽度 | 50° |
| 垂直航迹分辨率 | 9.6cm@100kHz<br>2.4cm@400kHz |
| 最大操作量程(单侧) | 600m@100kHz<br>200m@400kHz |
| 垂直波束中心 | 从水平面向下倾斜 25° |
| 输出数据格式 | Klein SDF(声呐数据格式)<br>XTF(扩展 Tricon 格式)<br>同时或可选 |

（3）iSide 系列

近年来，国内一些声呐生产厂家也在推出新的产品，如中海达旗下子公司江苏中海达海洋信息技术有限公司(下称海洋公司)同时推出 4 款自主品牌的侧扫声呐产品 iSide 系列，型号分别为 iSide 1400/4900/4900L/400。iSide 系列高分辨率侧扫声呐可双频同时工作,发射多种 CW 及 Chirp 信号,采用先进的数字电路处理技术,其技术性能达到了国际同类型声呐技术指标,iSide 1400 技术参数见表 5-4。

表 5-4　iSide 1400 侧扫声呐技术参数

| 参　　数 | 数　　值 |
| --- | --- |
| 工作频率 | 100kHz&400kHz |
| 发射脉宽 | 20~1000μs(CW),1~4ms(LFM) |
| 信号类型 | CW/LFM |
| 水平波束角 | 0.7°@100kHz,0.2°@400kHz |
| 垂直波束角 | 45° |
| 波束倾斜 | 10°,15°,20° |
| 距离分辨力 | 62.5px@100kHz,31.25px@kHz |
| 最大量程 | 600m@100kHz;200m@400kHz |
| 工作航速 | 2~6kn |
| 工作深度 | 1000m |
| 尺寸 | 105mm×1300mm |
| 质量 | 30kg(316 不锈钢) |
| 功耗 | ≤40W |
| 内置传感器 | 内置姿态、艏向、压力、测深传感器 |
| 拖缆 | 凯夫拉加强缆,标准 50m(250m 可选) |

### 3. 合成孔径声呐

2015 年,Kongsberg 公司首次利用该公司 EM2040C 浅水多波束测深系统数据,进行合成孔径算法处理,并将结果与多波束测深声呐结果进行对比。该公司将这套系统称为 HISAS 2040,这也是国外目前为止见到的最新利用多波束声呐数据进行合成孔径算法处理的实例。

EM2040C 是一款基于 EM2040 技术的浅水型多波束测深仪,适用于高分辨率测图和海底检测。换能器内置发射单元与接收单元,尺寸与 EM3002 相同。该系统满足甚至超过 IHO-S44 特级标准及更加严格的 LINZ 指标。当频率覆盖范围在 200~300kHz 时,单换能器覆盖角度高达 130°,扫宽是水深的 4.3 倍。采用双换能器时,每个换能器倾斜 35°~40°,覆盖角可达 200°,平坦海底的扫宽可达到 10 倍水深。

# 参考文献

[1]　徐荣葆.声发射(AE)动态监控的原理和应用[J].新技术新工艺,1992(3):20-21.

[2]　王牛俊,陈莉.声发射检测技术的原理及应用[J].陕西国防工业职业技术学院学报,2010,26(2):41-43.

[3]　ELBATANOUNY M K,LAROSCHE A,MAZZOLENI P,et al. Identification of cracking mechanisms in scaled FRP reinforced concrete beams using acoustic emission[J]. Experimental Mechanics,2014,54(1):69-82.

［4］ 李冬生,杨伟,喻言.土木工程结构损伤声发射监测及评定——理论、方法与应用[M].北京:科学出版社,2017.

［5］ 纪洪广,裴广文,单晓云.混凝土材料声发射技术研究综述[J].应用声学,2002,21(4):1-5.

［6］ 杨明纬.声发射检测[M].北京:机械工业出版社,2005.

［7］ 李梦源,尚振东,蔡海潮,等.声发射检测及信号处理[M].北京:科学出版社,2010.

［8］ 魏俊,赵建华.纤维增强复合材料声发射的 Felicity 效应[J].复合材料学报,1992,9(1):65-69.

［9］ 赵静荣.声发射信号处理系统和源识别方法的研究[D].长春:吉林大学,2010.

［10］ 欧阳利军.基于声发射技术的锈蚀钢筋混凝土构件黏结性能研究[D].南宁:广西大学,2007.

［11］ 沈功田,戴光,刘时风.中国声发射检测技术进展——学会成立 25 周年纪念[J].无损检测,2003,25(6):302-307.

［12］ 庆光蔚,岳林,冯月贵,等.声发射信号特征分析中的小波变换应用方法[J].无损检测,2012,34(11):48-51.

［13］ 沈功田,耿荣生,刘时风.声发射信号的参数分析方法[J].无损检测,2002(02):72-77.

［14］ 刘丛兵.基于小波分析的声发射信号降噪处理方法[J].机电工程技术,2010,39(7):82-84.

［15］ 丁穗坤.斜拉桥关键构件腐蚀损伤声发射监测技术[D].大连:大连理工大学,2011.

［16］ GORMAN M R,ZIOLAS M. Plate waves produced by transverse matrix cracking[J]. Ultrasonics,1991,29(3):245-251.

［17］ 方江涛.金属腐蚀声源信号识别技术研究[D].大庆:大庆石油学院,2007.

［18］ 鞠双,李新慈,罗廷芳,等.应用小波分析法对马尾松胶合木表面声发射信号特征检测[J].东北林业大学学报,2018,46(8):84-90.

［19］ 陈志奎.工程信号处理中的小波基和小波变换分析仪系统的研究[D].重庆:重庆大学,1998.

［20］ OLIVEIRA R D,MARQUES A T. Health monitoring of FRP using acoustic emission and artificial neural networks[J]. Computers & Structures,2008,86(3):367-373.

［21］ KWAK J S,HA M K. Neural network approach for diagnosis of grinding operation by acoustic emission and power signals[J]. Journal of Materials Processing Technology,2004,147(1):65-71.

［22］ FARHIDRNDCH A,DEHGHAN-NIRI E,SALAMONE S,et al. Monitoring crack propagation in reinforce concrete shear walls by acoustic emission[J]. Journal of Structural Engineering. 2013,139(12):113-134.

［23］ 吴贤振,刘祥鑫,刘洪兴.砂岩岩爆声发射特征及 $b$ 值动态特性实验研究[J].金属矿山,2011,40(03):13-18.

［24］ 董毓利,谢和平,赵鹏.砼受压全过程声发射 $b$ 值与分形维数的研究[J].实验力学,1996(3):272-276.

［25］ SCHUMACHER T,HIGGINS C C,LOVEJOY S C. Estimating operating load conditions on reinforced concrete highway bridges with b-value analysis from acoustic emission monitoring[J]. Structural Health Monitoring,2011,10(1):17-32.

［26］ GOLASKI L,GEBSKI P,ONO K. Diagnostics of reinforced concrete bridges by acoustic emission [J]. Journal of Acoustic Emission,2002,20:83-98.

［27］ GOSTAUTAS R S,ASCE A M,RAMIREZ G. Acoustic emission monitoring and analysis of glassfiber-reinforced composites bridge decks[J]. Journal of Bridge Engineering,2005,10(6):713-721.

［28］ OHTSU M,UCHIDA M,OKAMOTO T,et al. Damage asessment of reinforced concrete beams qualified by acoustic eission[J]. Structural Journal,2002,99(4):48-417.

［29］ ZHANG Y,HONG G. An IHS and wavelet integrated approach to improve pan-sharpening visual quality of natural colour IKONOS and Quick Birdim ages[J]. Informnation Fusion,2005,6(3):225-234.

［30］ 石红,赵春晖,沈郑燕.结合非线性滤波器的形态小波域声呐图像去噪[J].哈尔滨工程大学学报, 2010,31(11)：1524-1529.

［31］ ANITHA U,MALARKKAN S. A novel approach for despeckling of sonar image[J]. Indian Jounal of Science & Technology,2015,8(S9)：252-259.

［32］ NAFORNITA C,ISAR D,ISAR A. Searching the most appropriate mother wavelets for Bayesian denoising of sonar images in the Hyperanalytic Wavelet domain[C]//Statistical Signal Processing Workshop. IEEE,2011：169-172.

［33］ 李庆武,霍冠英,周妍.声呐图像处理[M].北京:科学出版社,2015.

［34］ EASLEY G,LABATE D,LIM W Q. Sparse directional image representations using the discrete shearlet transform[J]. Applied and Computational Harmonic Analysis,2008,25(1)：25-46.

［35］ CANDES E J,DEMANET L,DONOHO D L,et al. Fast discrete curvelet transforms. applied and computational mathematics[J]. California Institute of Teehoology ,2005(6)：1-43.

［36］ SELESNICK I W,BARANIUK R G,KINGSBURY N C. The dual-tree complex wavelet transform [J]. IEEE signal processing magazine,2005,22(6)：123-151.

［37］ SELESNICK I W. The double density DWT[M]//Wavelets in Signal and Image Analysis. Springer, 2001：39-66.

# 第6章

# 声学关键技术

## 6.1 声发射关键技术

声发射检测的目的在于发现声发射源和得到有关声发射源尽可能多的信息,利用声发射信号处理和分析的结果,可实现对结构的缺陷定位、分类及评估。然而,受声发射源的自身特性、声发射源到换能器的传播路径、换能器的特性和声发射仪器测量系统等多种因素的影响,声发射换能器输出的声发射电信号波形十分复杂,它与真实的声发射源信号相差很大,有时甚至面目全非。声发射源信号指的是声发射源发出的原始声发射信号,而通常所说的声发射信号是声发射源信号经过各种传播介质之后由声发射传感器接收到的信号。可见,接收到的声发射信号虽然与真实的声发射源信号有着一定的联系,但在传播过程中由于各种因素的影响,声发射源信号在一定程度上产生了失真或畸变。因此,声发射技术在结构检测和监测中的关键技术就是如何根据声发射换能器输出的电信号来更准确地获取声发射源的真实信息,实现声发射源的定位,利用提取的特征值并采用模式识别的方法进行缺陷(如裂纹、腐蚀等)分类、缺陷程度的评估。

根据声发射技术检测的机理,声发射信号的传播过程中的不确定性是造成声发射信号处理困难的主要原因。声发射仪器采集到的信号是由声发射源、传输介质、耦合介质和换能器及仪器特性共同决定的,而在大多数情况下,这些响应函数是未知的。因此,一般而言,声发射信号 $s(t)$ 会与声发射源在外力作用下产生的瞬间弹性波 $e(t)$ 有较大差异,如图 6-1 所示。

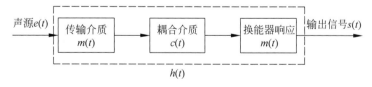

图 6-1 声发射系统输出信号与声源信号的关系

声发射信号的传输过程可以表示为

$$s(t) = e(t)m(t)c(t)r(t) \tag{6-1}$$

若将传播介质、耦合介质、换能器响应特性等一系列使声发射源信号产生畸变的因素综合起来用一个传递函数 $h(t)$ 来表示，即用 $h(t)$ 表示从声发射源发出信号到仪器接收信号的整个过程的传递函数：

$$h(t) = m(t)c(t)r(t) \tag{6-2}$$

则声发射信号的传播过程(式(6-1))可以表示为

$$s(t) = e(t)h(t) \tag{6-3}$$

其中，$e(t)$ 是声发射源产生的真实的声发射信号，而 $s(t)$ 是传感器接收到的声发射信号，目前通常所做的声发射信号处理是直接对 $s(t)$ 信号进行分析处理。能接收到有效的声发射信号 $s(t)$ 的必要条件是：传播路径和换能器的非理想特性所造成的失真和畸变不足以完全淹没声发射源发出的信息。

海洋平台采用声发射技术进行结构检测时，除了机械噪声和电磁噪声外，海洋环境特有的环境噪声的影响增加了声发射信号的处理难度。

## 6.1.1　信号的分析与处理技术

前面章节介绍了声发射特征参数法及波形分析法常用的数据处理方法，声发射信号分析与处理中的关键技术包括：声发射信号降噪技术、信号复原技术、信号波形的谱分析方法、特征参数提取及模式识别技术。

### 1. 声发射信号降噪技术

1) 声发射信号的噪声类型

根据声发射形成机理和信号的传播过程可知，声发射信号在分析过程中最主要的困难包括以下两个方面：一是声发射信号自身具有的突发性、不确定性、微弱性及易失真性；二是声发射信号中掺杂多种类型的噪声信号，对分析结果的准确性造成一定的影响。常见的声发射噪声类型主要包括机械噪声与电磁噪声。机械噪声指因物体间的撞击、摩擦、振动等而引发的噪声，电磁噪声指由电磁感应、静电感应等所引发的噪声。

机械噪声的类型有：因器件振动、人为拍打、风、雨点、雪花、沙尘等环境因素引发机械撞击产生的碰撞噪声；设备运转、连接管道的噪声；水泵、阀门、容器内流体的高速流动(含泄漏、沸腾、燃烧等)产生的流体噪声；加载引起的机械相对滑动产生的所有摩擦噪声；人自身及周围动物引起的噪声；海洋环境中海浪、涨退潮、舰船、鱼群等环境特有的噪声。

电磁噪声包括：前置放大器输入端不可避免的白噪声；因仪器或结构接地不当而引起的地回路噪声；声发射 AE 系统内部元件、系统间产生的"拾取"噪声；无线发射器、电源开关、电机、焊接、电火花、打雷等引起的电磁干扰等。

2) 不同类型噪声的降噪方法

声发射技术进行结构检测和健康监测的首要任务是"发现损伤"，最终目的是通过接收信号"逆源"评价损伤特性(主要包括源的位置、源的性质、源的严重程度)。在发现损伤的过程中，如何排除因噪声而产生的"伪声发射信号"的干扰是声发射技术研究的重要内容。目前声发射系统有许多可供选择的硬件和软件方法进行去噪，主要归纳为两类：一是前端去噪，即利用仪器的硬件或嵌入式软件去噪，可通过交互参数设置，但开源性差；二是终端去噪，即利用电脑终端信号处理软件去噪，可针对待处理噪声特点实现用户自定义，开源性强。

（1）前端去噪方法

常见的声发射信号前端去噪对策包括符合鉴别、主副鉴别、频率鉴别、载荷控制门、幅度鉴别、时间门、前沿鉴别、数据滤波等。依据噪声特性选择合适的去噪方法是噪声分析的关键，同时还应注意避免噪声间的相互干扰。

符合鉴别与主副鉴别适用于特定区域外的机械噪声的去噪。符合鉴别是一种定区检测方式，利用其时间差窗口门电路只采集特定时差范围内信号，可以被很好地鉴别；主副鉴别主要通过信号到达主副传感器的次序的逻辑关系及其门电路，只采集来源于主传感器附近的信号，来达到过滤噪声的目的。频率鉴别属于频域滤波方法，适用于任意频段的机械噪声的去噪；载荷控制门适用于疲劳实验过程中产生的机械噪声的去噪，载荷门电路只采集特定载荷范围内的信号。

幅度鉴别适用于低幅度的电磁噪声的去噪，幅度鉴别通过调整固定或浮动检测门限值滤除噪声。时间门适用于点焊时电极和开关噪声的去噪分析，通过其电路只采集特定时间范围内的信号，可用于剔除长时间间隔的突发型噪声。

前沿鉴别与数据滤波同时适用于机械噪声与电磁噪声的去噪分析。通过对信号波形设置上升时间滤波窗口过滤远距离的机械噪声或电脉冲干扰；数据滤波主要分为频域去噪（含高斯滤波、带通滤波、带阻滤波）、时间-空间域（含维纳滤波、卡尔曼滤波、扩展卡尔曼滤波）去噪两种。

（2）终端去噪方法

终端去噪方法主要有基于小波分析的去噪方法、经验模态分解法、独立成分分析法（ICA）和神经网络法等。

小波分析法是声发射信号降噪处理时常用的方法，它属于时-频分析的方法。该方法适用于突变型、非平稳信号的去噪，依据处理方式原理的不同，主要包含小波变换模极大值法、小波系数尺度相关法、小波阈值去噪法三类[1]。尺度的选择对于小波变换模极大值法去噪效果具有较大的影响，且该方法对于信号奇异点的保留具有独特的优势，也无须知道噪声的方差，但重构的计算速率较慢；小波系数尺度相关法对于信号的边缘特性的分析具有显著优势，但需对噪声的方差进行预估，且计算量较大；小波阈值去噪法因操作简便、计算量小、适用范围广等诸多优点，被广泛应用[2]。软阈值法和硬阈值法二者在处理小波系数时存在差别，软阈值法利用同时略微降低所有系数幅值来减少噪声，而硬阈值法在消除噪声的同时也可能使原始波形中部分有效信号受损。小波去噪也存在一定的局限性，去噪的效果与信号特点、小波基函数、信噪比等因素有关。在对声发射信号进行小波分析时在选择小波基函数时，可以参照本书声发射数据处理部分关于小波基函数选取的原则来选择合适的小波基进行降噪处理。

经验模态分解法（empirical mode decomposition，EMD）是一种自适应的信号时频处理方法，是由 Huang 等[3]在 1998 年提出的，该方法相较于小波，不受基函数选择的限制，在时域、频域具有更高的分辨率[4]，分解过程中，可以根据信号自身的时间尺度特征进行。综合小波阈值与经验模态法降噪的优势，有学者提出小波阈值-经验模态综合分解法用于裂纹声发射信号降噪处理，效果明显；徐锋等[5]对原始声发射信号进行中值滤波及 SVD 降噪，并对降噪后信号进行 EMD 分解，对仿真信号与真实声发射信号的处理结果表明，噪声得到有效滤除，且 IMF 无频率混叠现象，分解层数也得到减少，EMD 分解精度及时效性亦有效提高。

　　独立元分析（independent component analysis，ICA）是从盲源分离（blind source separation，BSS）逐步发展起来的，是一种可以在未知信号源与传输模式的条件下分离混叠信号的分析方法，因不同源信号之间通常具有统计独立性的特点，ICA 正是利用这一特点，可以在混杂信号中估算出源信号[6]。采用 ICA 进行信号去噪处理时，当采集信号的通道数大于等于源信号时，可直接将信号进行分离，否则，可采用虚拟噪声通道或者稀疏编码收缩（SCS）法[7]进行去噪。ICA 常用的判据主要有信息极大化、互信息极小化、非高斯性度量、极大似然估计，算法有自适应算法、批处理算法、投影寻踪算法（快速独立分量分析算法等）及基于神经网络的分析算法等。ICA 特别适用于相同源线性组合的强背景噪声下微弱信号的提取，但该方法难以适用于传输中的非线性、畸变性的声发射信号，很大程度上限制了其使用范围。

　　神经网络法由于具有可充分逼近任意复杂的非线性关系、较高的鲁棒性与容错性、快速运算能力、学习不确定系统能力、获取知识能力、自适应能力等优点，被广泛应用于声发射信号处理。

### 2. 信号复原技术

　　从声发射信号的传播过程来看，影响输出信号的因素有传输介质、耦合介质及换能器的响应特性。当声发射信号受传播过程影响造成声源信号识别困难时，为了能够提高信号的分辨率，减少传感器和检测仪器本身特性的影响，得到更为准确的有关声发射源的信息，将声发射信号进行复原是一种有效的方法。

　　所谓信号复原，并不是恢复或重构没有的信息，而是利用包含全部信息的已知数据和条件去重构或恢复信号。由信号复原的理论可知，重构信号是需要一定条件的。如果实际应用的情况能符合指定的条件，就可以完成信号的重构，在这里就是指声发射信号的复原。声发射信号的复原就是对声发射信号的一个预测过程，在信号处理领域属于预测反卷积的问题。

　　要估计声发射源真实的信号，需要知道传播介质和换能器的特性，即要知道传递函数 $h(t)$。由于接收到的声发射信号 $s(t)$ 是传递函数 $h(t)$ 和原始声发射源信号 $e(t)$ 的卷积，而传递函数未知。因此，要预测源处声发射信号，需要先估计出传递函数 $h(t)$ 的响应特性。

　　根据离散卷积的"筛选"特性：

$$x(t)\delta(t)=x(t) \tag{6-4}$$

　　若声源发射的是单位脉冲信号，则根据仪器接收到信号与源信号之间的关系可以推出：

$$s(t)=h(t) \tag{6-5}$$

那么，仪器接收到的声发射信号就可以认为是传递函数 $h(t)$。

　　假定标准断铅信号为单位脉冲信号 $\delta(t)$。采用声发射技术进行过检测前，首先应进行断铅实验来确定信号采集的参数和波速的测试。断铅信号本身是一个脉冲信号，且其重复性好，将标准断铅模拟信号作为单位脉冲信号，那么实验系统的传递函数可以用标准断铅实验仪器接收的信号表示，即

$$h(t)=s_{断铅}(t) \tag{6-6}$$

　　也就是说，可以将仪器接收到的标准断铅模拟信号看作传递函数。这样就可以利用它来复原出声发射源的原始声发射信号：

$$s(t) = e(t)h(t) = e(t)s_{断铅}(t) \tag{6-7}$$

### 3. 基于小波分析的声发射信号处理技术

声发射信号包含一系列频率信号的信息,具有随机性、不确定性和非平稳性。而小波分析具有同时在时域和频域表征信号局部特征的能力,既能对信号中的短时高频成分进行有效分析,又能对信号中的低频缓变成分进行精确估计,这对于分析含有瞬态现象并具有频谱多模态性特点的声发射信号是最合适的。

目前,小波分析在声发射信号处理中主要有以下几个方面的应用:

(1) 信号源识别。通过小波变换可在不同频率段上提取波形,使成分复杂的数据波形分离成具有单一特征的波,并且能够同时对声发射数据进行时频分析,获取较为全面的信号源特征,并进一步对信号源进行识别。

(2) 特征参数检测。利用小波分析可以有效分离相互叠加的事件,并结合全波形数据,使事件尽量少丢失;同时利用小波变换检测声发射事件计数,与阈值电平无关,可大大提高事件计数的准确率。

(3) 噪声剔除。小波强大的分解细化能力可用来从噪声信号中找出有效成分,分解合成时可以去掉不理想的通道,使声发射数据更加规则化,从而达到去除噪声、提取有效信息的目的。

(4) 源定位。主要是利用小波变换提取声发射数据波形单一频率或某一很窄频段的波形,并选取形成波形的峰值对衰减的信号进行有效补偿,进而高精度地计算时差。由于现在声发射源定位多采用时差定位法,利用小波变换可大大提高源定位精度。国外有学者提出一种新的小波包族,将小波分析与傅里叶分析相结合,能够以所要求的精度实现对未知波形声发射源的检测和定位。

1) 小波变换的基本理论

(1) 小波变换的定义

小波变换的基本思想与傅里叶变换是一致的,它也是用一组函数来表示信号的函数,这一组函数称为小波函数系。但是小波函数系与傅里叶变换所用的正弦函数不同,它是由一个基本小波函数的平移和伸缩构成的。

① 连续小波变换

设函数 $\psi(t) \in L^1 \bigcap L^2$,将 $\psi(t)$ 的傅里叶变换记为 $\hat{\psi}(t)$,如果满足

$$\int_{-\infty}^{\infty} \frac{|\hat{\psi}(\omega)|^2}{|\omega|} d\omega < \infty \tag{6-8}$$

则称 $\psi(t)$ 为一个基本小波或小波母函数。式(6-8)称为可容性条件。将

$$\psi_{a,b}(t) = |a|^{-\frac{1}{2}} \psi\left(\frac{t-b}{a}\right) \tag{6-9}$$

称为基本小波或小波母函数。$\psi(t)$ 依赖于 $a,b(a,b \in R, a \neq 0)$ 生成的连续小波,$a$ 称为尺度参数,$b$ 称为平移参数。尺度参数 $a$ 改变连续小波的形状,平移参数 $b$ 改变连续小波的位移。

函数 $f(t)$ 的小波变换为

$$W_f(a,b) = |a|^{-\frac{1}{2}} \int_R f(t) \bar{\psi}\left(\frac{t-b}{a}\right) dt \tag{6-10}$$

其中，$\bar{\psi}(t)$ 为函数 $\psi(t)$ 的复共轭。由可容性条件得：

$$\int_{-\infty}^{\infty} \psi(t)\mathrm{d}t = 0 \tag{6-11}$$

$W_f(a,b)$ 的逆变换为

$$f(t) = \frac{1}{c_\psi} \int_R \int_R \frac{1}{a^2} W_f(a,b)\psi_{a,b}(t)\mathrm{d}a\,\mathrm{d}b \tag{6-12}$$

其中，

$$c_\psi = \int_{-\infty}^{\infty} \frac{|\hat{\psi}(\omega)|^2}{|\omega|}\mathrm{d}\omega < \infty \tag{6-13}$$

连续小波 $\psi_{a,b}(t)$ 在时域空间和频域空间都具有局部性，其作用与窗口傅里叶变换中的函数 $g(t-\tau)\mathrm{e}^{-\mathrm{j}\omega t}$ 类似。两者的本质区别在于：随着 $|a|$ 的减小，$\psi_{ab}(t)$ 的时域窗口变小，频谱向高频部分集中，因而时域分辨率升高。也就是说，小波变换对不同的频率在时域上的取样步长是具有调节性的：对低频信号小波变换的时间分辨率较低，而频率分辨率较高；对高频信号小波变换的时间分辨率较高，而频率分辨率较低，这正符合低频信号变化缓慢而高频信号变化迅速的特点。小波变换能将信号分解成交织在一起的多种尺度成分，并对大小不同的尺度成分采用相应粗细的时域或频域取样步长，从而能够不断地聚焦到对象的任意微小细节。

② 离散小波变换

对于声发射信号处理常采用离散的小波变换，定义如下：

$$\psi_{m,n}(t) = a_0^{m/2}\psi(a_0^m t - nb_0), \quad m,n \in Z, a_0 > 1, b_0 > 1 \tag{6-14}$$

式 (6-14) 为连续小波 $\psi(t)$ 的离散形式。

对于 $f \in L^2(R)$，将式 (6-14) 中的因子 $a$ 和 $b$ 进行离散化，即取 $a = a_0^j(a_0 > 1)$，$b = ka_0^j b_0(b_0 \in R; k \in Z)$，则相应的离散小波变换为

$$c_f(m,n) = \int_{-\infty}^{\infty} f(t)\bar{\psi}_{m,n}(t)\mathrm{d}t \tag{6-15}$$

其重构公式为

$$f(t) = C \sum_{m=-\infty}^{+\infty} \sum_{n=-\infty}^{+\infty} c_f(m,n)\psi_{m,n}(t)\mathrm{d}t \tag{6-16}$$

式 (6-16) 中 $C$ 是一个与信号无关的常数。

下面分析对于离散小波变换，由 $c_f(m,n)$ 能否确定唯一的函数 $f(t)$。

将离散化参数取为 $a_0 = 2, b_0 = 1$（此时又称为二进小波），则式 (6-14) 变为

$$\psi_{m,n}(t) = 2^{m/2}\psi(2^m t - n) \tag{6-17}$$

若 $\{\psi_{m,n}(t)\}_{m,n \in Z}$ 构成 $L^2(R)$ 空间的一组规范正交基，即

$$\int_{-\infty}^{\infty} \psi_{m,n}(t)\bar{\psi}_{m'n'}(t)\mathrm{d}t = \begin{cases} 1, & m=m', n=n' \\ 0, & \text{其他} \end{cases} \tag{6-18}$$

则对于任意 $f(t) \in L^2(R)$，有展开式

$$f(t) = \sum_{m,n \in Z} c_f(m,n)\psi_{m,n}(t) \tag{6-19}$$

可见，只要构造出 $L^2(R)$ 空间的一组规范正交基（小波母函数），对于离散小波变换，同

样能够唯一确定函数 $f(t)$。Mallat 将各种正交小波基的构造统一起来,在正交小波基构造的框架下,给出了信号的分解算法和重构算法——Mallat 算法。

(2) Mallat 算法

Mallat 于 1989 年提出了多尺度分析(multi-scale analysis)和多分辨率逼近(multi-resolution approximation)的概念,将正交小波基的构造纳入统一的框架之中,同时给出了小波快速算法。信号通过 Mallat 算法进行层层分解的过程就是小波分解的过程。

① 多尺度分析

如果 $u(x) \in L^2(R)$,则满足下列条件的 $L^2(R)$ 空间中的一列子空间 $\{V_j\}_{j \in Z}$ 称为 $L^2(R)$ 的多尺度分析:

单调性:$V_j C V_{j-1}(j \in Z)$。

逼近性:$\bigcap V_j = \{0\}, \bigcup V_j = L^2(R)(j \in Z)$。

伸缩性:$u(x) \in V_j \Leftrightarrow u(2x) \in V_{j-1}$。

平移不变性:$u(x) \in V_j \Rightarrow u(x - 2^{-j}k) \in V_j(k \in Z)$。

类似性:令 $A_j$ 为用尺度 $2^{-j}$ 逼近信号 $u(x)$ 的算子,在尺度为 $2^{-j}$ 的所有逼近函数 $g(x)$ 中,对于任意给定的 $g(x) \in V_j$,下式成立:

$$\| g(x) - u(x) \| \geqslant \| A_j u(x) - u(x) \| \tag{6-20}$$

Riesz 基:存在 $g(x) \in V_j$,使得 $\{g(x - 2^{-j}k) | k \in Z\}$ 构成 $V_j$ 的 Riesz 基,即对任意给定的 $u(x) \in V_j$,存在唯一序列 $\{a_k \in I^2\}$(平方可和列),使得

$$u(x) = \sum_{k \in Z} a_k g(x - k) \tag{6-21}$$

$$A \| u \|^2 \leqslant \sum_{k=-\infty}^{+\infty} | a_k |^2 \leqslant B \| u \|^2, \quad A, B > 0 \tag{6-22}$$

成立。而矢量空间 $\{V_j\}_{j \in Z}$ 的正交基可以通过伸缩和平移某函数 $\varphi(x)$ 实现,且函数 $\varphi(x)$ 是唯一的。

令 $\{V_j\}_{j \in Z}$ 是 $L^2(R)$ 的多尺度分析,则存在一个唯一函数 $\varphi(x) \in L^2(R)$,使得它的伸缩平移系

$$\{\varphi_{j,k}(x) = 2^{-j/2} \varphi(2^{-j}x - k) | k \in Z\} \tag{6-23}$$

构成空间 $V_j$ 的一个规范正交基。其中函数 $\varphi(x) g(x)$ 称为 $\{V_j\}_{j \in Z}$ 的尺度函数。

对于不同的多尺度分析,其尺度函数是不同的。因此,多尺度分析的关键问题是如何构造其尺度函数。

② 多分辨率分析

小波变换对信号的分解功能是通过小波变换将原始信号分解为低频近似分量和高频细节分量实现的,多分辨率分析只是对低频部分进行进一步分解。图 6-2 所示为 3 层多分辨率分析结构树。

原始信号 $S$ 经过 3 层多分辨率分析分解后,其分解关系为

$$S = A_3 + D_3 + D_2 + D_1 \tag{6-24}$$

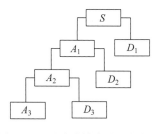

图 6-2　3 层多分辨率分析结构树

原始信号 $S$ 分解后,其近似分量 $A$ 是大尺度上信号的低频成分,细节分量 $D$ 是小尺度上的高频成分。在小波多分辨率分解中,若将信号中的最高频率成分看作 1,则各层小波分解是带通或低通滤波器,各层所占的具体频带为

$A_1$:0～0.5;$D_1$:0.5～1

$A_2$:0～0.25;$D_2$:0.25～0.5

$A_3$:0～0.125;$D_3$:0.125～0.25

③ Mallat 算法的实现

Mallat 在 Burt 图像分解和重构的塔式算法(pyramidal algorithm)的启发下,基于多分辨率框架提出了塔式多分辨率分解与综合算法——Mallat 算法。该算法在小波分析中具有十分重要的地位。

Burt 的塔式算法的基本思想是将一个分辨率为 1 的离散逼近 $A_0 f$ 分解成一个粗分辨率为 $2^{-j}$ 的逼近 $A_1 f$ 和逐次细节信号 $D_j f(0 < j \leqslant J)$。假定已经计算出一个函数 $f(t) \in L^2(R)$ 在分辨率 $2^{-j}$ 下离散逼近 $A_j f$,则 $f(t)$ 在较粗分辨率 $2^{-(j+1)}$ 的离散逼近 $A_{j+1} f$ 可通过用离散低通滤波器对 $A_j f$ 滤波获得。

令 $\varphi(t)$ 和 $\psi(t)$ 分别是函数 $f(t)$ 在 $2^{-j}$ 分辨率通近下的尺度函数和小波函数,则其离散逼近 $A_j f(t)$ 和细节部分 $Df(t) D_j f(t)$ 可分别表示为

$$A_j f(t) = \sum_{k=-\infty}^{\infty} C_{j,k} \varphi_{j,k}(t) \tag{6-25}$$

$$D_j f(t) = \sum_{k=-\infty}^{\infty} D_{j,k} \psi_{j,k}(t) \tag{6-26}$$

其中,$C_{j,k}$ 和 $D_{j,k}$ 分别为 $2^{-j}$ 分辨率下的粗糙像系数和细节系数。

根据 Mallat 算法的思想,有

$$A_j f(t) = A_{j+1} f(t) + D_{j+1} f(t) \tag{6-27}$$

其中,

$$A_{j+1} f(t) = \sum_{k=-\infty}^{\infty} C_{j+1,m} \varphi_{j+1,m}(t) \tag{6-28}$$

$$D_{j+1} f(t) = \sum_{k=-\infty}^{\infty} C_{j+1,m} \psi_{j+1,m}(t) \tag{6-29}$$

于是

$$\sum_{k=-\infty}^{\infty} C_{j+1,m} \varphi_{j+1,m}(t) + \sum_{k=-\infty}^{\infty} C_{j+1,m} \psi_{j+1,m}(t) = \sum_{k=-\infty}^{\infty} C_{j,k} \varphi_{j,k}(t) \tag{6-30}$$

其中,尺度函数 $\varphi(t)$ 是标准正交基,$\psi(t)$ 为标准正交小波,有

$$\varphi_{j+1,m}(t) = 2^{-(j+1)/2} \varphi[2^{-(j+1)/2} t - m] = 2^{-(j+1)/2} \cdot \sqrt{2} \sum_{i=-\infty}^{\infty} h(i) \varphi(2^{-j} t - 2m - i) \tag{6-31}$$

将式(6-31)两边同乘以 $\varphi_{j,k}^*(t)$,并做关于 $t$ 的积分,利用 $\varphi_{j,k}(t)$ 的正交性,有

$$\langle \varphi_{j+1,m}, \varphi_{j,k} \rangle = h^*(k - 2m) \tag{6-32}$$

类似地,有

$$\langle \varphi_{j,k}, \psi_{j+1,m} \rangle = g^*(k-2m) \tag{6-33}$$

将式(6-30)的两边同乘以 $\varphi_{j+1,k}^*(t)$,并做关于 $t$ 的积分,利用式(6-33)得:

$$C_{j+1,m} = \sum_{k=-\infty}^{\infty} h^*(k-2m)C_{j,k} \tag{6-34}$$

将式(6-30)的两边同乘以 $\varphi_{j+1,k}^*(t)$,并做关于 $t$ 的积分,利用式(6-33)有

$$D_{j+1,m} = \sum_{k=-\infty}^{\infty} h^*(k-2m)C_{j,k} \tag{6-35}$$

将式(6-30)两边同乘以 $\varphi_{j,k}^*(t)$,并做关于 $t$ 的积分,利用式(6-32)和式(6-33)有

$$C_{j,k} = \sum_{k=-\infty}^{\infty} h(k-2m)C_{j+1,k} + \sum_{k=-\infty}^{\infty} g(k-2m)D_{j+1,k} \tag{6-36}$$

引入无穷矩阵 $\boldsymbol{H} = [H_{m,k}]_{m,k=-\infty}^{\infty}$ 和 $\boldsymbol{G} = [G_{m,k}]_{m,k=-\infty}^{\infty}$,其中 $H_{m,k} = \boldsymbol{h}^*(k-2m)$,$G_{m,k} = \boldsymbol{g}^*(k-2m)$,则式(6-34)~式(6-36)可分别记为

$$\begin{cases} C_{j+1} = \boldsymbol{H}C_j \\ D_{j+1} = \boldsymbol{G}C_j \end{cases}, \quad j=0,1,2,\cdots,J \tag{6-37}$$

$$C_j = H^*C_{j+1} + G^*D_{j+1}, \quad j=J,\cdots,2,1,0 \tag{6-38}$$

其中,$H^*$ 和 $G^*$ 分别是 $H$ 和 $G$ 的对偶算子(共轭转置矩阵)。

式(6-37)就是著名的一维 Mallat 塔式分解算法,式(6-38)则是一维 Mallat 塔式重构算法。这样,Mallat 塔式算法的实现就转换为滤波器组 $G$ 和 $H$ 的设计。滤波器 $H$ 的作用是实现函数 $f(t)$ 的逼近,而滤波器 $G$ 的作用是抽取 $f(t)$ 的细节,所以 $H$ 可以看作低通滤波器,$G$ 可以看作带通滤波器。

2)基于小波分解的声发射信号处理

(1)小波基的选择

根据常用小波基的特征,结合声发射信号的特点及工程中对声发射信号分析的要求,用于声发射信号分析的小波基应满足以下条件:

① 对于大数据量信号能够满足快速处理要求。声发射信号的特点之一是突发性,而且是多通道的过程监测,所以在实际的应用中往往采样时间比较长,信号的数据量比较大。连续小波变换虽然对信号的时频空间划分比二进离散小波要细,但是计算量比离散小波变换大。因此从处理速度这个角度考虑,离散小波变换比连续小波变换更适合于声发射信号的处理,应该选取可进行离散小波变换的小波基。

② 小波基应对缺陷信号敏感,而对结构噪声不敏感,即在变换后的尺度上应较好地包含和表征缺陷信息。小波基与信号的相关性越好,小波变换对信号的特征提取量就越高,用小波基分析信号的特征就越准确。声发射信号在时域通常表现为冲击振荡衰减性,且具有一定持续时间。因此用于声发射信号小波变换的小波基应具有类似的性质。

③ 小波基至少应具有一阶消失矩。要想从接收到的信号中提取出人们真正感兴趣的声发射信号,首先要排除其中掺杂的各种干扰信号。小波分析是减少噪声影响的有效手段,从小波理论中可以知道,具有一定阶次消失矩的小波基能有效地突出信号的各种奇异特性,声发射信号具有类似冲击信号的特性,因此选择具有一定阶次消失矩的小波基,能突出声发

射信号的特征。

④ 有效地增强有用信息,压制无用信息。选用具有线性相位的小波基对信号进行分解和重构能避免或减少信号的失真,从相关理论可知对称或反对称的小波函数具有线性相位。而且,用对称的小波基进行分解能对信号突变点做出符号一致的且位置整齐的对应表现。因此,对声发射信号进行小波处理时,应尽量选择对称的小波基,在难以得到对称小波基的情况下,应尽量选择近似对称的小波基。

⑤ 良好的时频分析性能。声发射信号具有瞬态性和多样性的特点,具有良好的时域局部特性的小波基能够有效地表现声发射信号的每一次突变,而具有良好的频域局部特性的小波基有利于把声发射信号中的多种模式在不同的频域范围内进行分析,以便提取与声发射源相关的信息。前面提到过小波变换的时频分析窗口的特点,海森堡测不准原理告诉我们,时窗和频窗的宽度是相互制约的,不可能同时都取到很小,当时窗宽度减小时,频窗宽度就要增大,反之亦然。而对于声发射信号的特征研究,要求小波基在时域和频域均具有一定的局部分析能力。因此,应选择在时域具有紧支性,同时在频域的频带具有快速衰减性的小波基。

综合考虑以上几方面的要求,在目前工程中常用的小波基中可选用对称的双正交小波(如 B 样条小波)和有一定近似对称性的正交小波,如 Coiflet 小波、Symlets 小波、Daubechies 小波。

(2) 最大分解尺度的选择

小波分解尺度可以根据实际信号的分析需要,结合小波变换对信号的频带分解特性加以分析选择。首先应清楚小波分解中每个分解尺度的频率范围。

若信号的采样频率为 $f_s$,则信号的可测频率范围为 $[0, f_s/2]$。由于在信号的频率范围内,细节信号和近似信号的范围是对称的,所以在尺度 1 时,其近似信号和细节信号的频率范围分别是 $[0, f_s/4]$ 和 $[f_s/4, f_s/2]$。下一尺度是对近似信号的进一步分解,即 $[0, f_s/4]$ 再分解成两个对称的部分。以此类推,即可得到所有尺度下的频率范围,即对于采样频率为 $f_s$ 的信号 $f(n)$ 进行 $j$ 次小波分解后可分解成 $j+1$ 个频率范围的信号,每个频率范围的计算公式为

$$\left[0, \frac{f_s}{2^{j+1}}\right] \quad \left[\frac{f_s}{2^{j+1}}, \frac{f_s}{2^j}\right] \tag{6-39}$$

可见,尺度越大,频率划分得越细,但其计算量也会相应增加。只有选择合适的分解尺度,小波变换对信号分析的优越性才能得到体现。具体的分解层数应根据所分析信号的频率特点来确定。如对于金属材料的声发射,研究的频率范围一般在 $100\sim500\text{kHz}$,因此其小波分解最大尺度下的细节信号的频率范围在 $50\text{kHz}$ 左右,应能满足声发射的分析要求。而对于一些频率范围更广的声发射活动,如活动频率集中在 $10\sim550\text{kHz}$ 的声发射信号,则最低分解频率范围应不大于 $10\text{kHz}$。

(3) 小波分析实现声发射的信噪分离

① 小波阈值去噪

一般步骤为:选择合适的小波基与分解层数,对一个含噪声的声发射信号进行多尺度小波分解;对含有噪声的系数进行阈值量化,即选定一个适当的阈值进行多尺度小波分解;对含有噪声的系数进行阈值量化,即选定一个适当的阈值,令小于阈值的系数为零,大于阈

值的点变为该点值与阈值的差值；实行小波重构,得到降噪后的声发射信号。

对加噪信号进行离散二进小波变换,其小波分解尺度越大,越利于消除噪声,但尺度太大有时会丢失信号的某些重要局部奇异性。因此,分解尺度的选择应根据实际要求来确定,选择合适的尺度不仅可以去除白噪声,还能保留信号的局部奇异性。

② 非白噪声去除

在声发射检测中有些噪声实际是外界扰动产生的声发射信号(如部分机械噪声),它不是材料本身缺陷发出的信号,属于一种干扰信号,即也是一种噪声。在信号处理过程中,也应设法将这类信号去除。对于这类噪声分离,可以采取以下两种方法。

一是在了解声发射信号中所关心频率成分的情况下,通过小波分解,只保留所关心的频带的小波变换结果,将其他频带的变换结果置为零,然后重新合成信号。由于声发射信号的能量主要集中于关键频带(关键频带可以根据具体研究的对象进行调整),所以我们主要着重于关键信号分析。在多尺度分析中,每个尺度的信号都表示一定频率范围内的信号,我们只对关键频带内的信号感兴趣,对关键频带外所有尺度的细节信号全部置为零,然后进行重构信号。这样重构的信号又过滤了大部分非白性噪声,而且还保证了绝大部分声发射信号没有丢失,凸显了信噪比。

二是在了解声发射检测过程中噪声成分频率范围的情况下,可以通过将噪声成分所在频带的小波变换系数置为零,然后重新合成信号去除噪声。利用这种方法,首先要采集噪声,分析其特点。分析的方法同样也是采用小波多尺度分解,并辅以傅里叶变换的谱分析,找出其主要频谱范围(如机械振动和摩擦碰撞等噪声通常频率在 20kHz 以下)。这样就可以将小波分解的某些尺度置为零,然后重构信号就可以去除干扰。当然,也有少部分宽谱噪声,所以应分析各种噪声的频谱特性,了解其分布规律就可以有针对性地消除。

## 6.1.2 声发射源定位技术

对声发射源(往往是缺陷或潜在的缺陷)进行定位是声发射检测最重要的目的之一。根据检测对象、声发射信号特点和定位要求的不同,声发射源的定位方法各不相同。图 6-3 所示为目前常用的各类声发射源定位方法。其中最常用的源定位技术有两类:时差定位和区域定位。

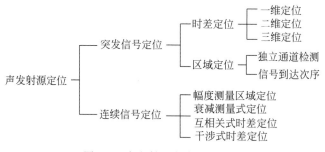

图 6-3 声发射源定位方法分类

时差定位法利用声发射信号到达不同传感器的时差和传感器位置之间的几何关系,联立方程组并求解,最终得出缺陷与传感器的相对位置,这是一种精确的点定位方式。但是,由于声发射波在传播过程中发生衰减、模式转换等,加上不同模式的波在同一介质中可能具有不同的速度,因而在实际应用中其精度受到许多限制。

区域定位是按不同传感器检测不同区域的方式或按声发射波到达各传感器的次序,大致确定声发射源所处的区域。这是一种快速、简便而又粗略的定位方式,主要用于复合材料等由于声发射频度过高、传播衰减过快或检测通道数有限而难以采用时差定位的场合。随着声发射技术的发展及仪器设备精度的提高,目前常用时差法来进行定位。

声发射源定位方法按测试对象或测试定位要求主要可分为线定位(一维定位)、面定位(二维定位)和三维定位。

**1. 信号到达时间的鉴别**

在声发射源定位体系中,很重要的一个量就是信号到达时间。信号到达时间是声源发出的信号被传感器捕捉到的时刻,这个时间的准确性与声发射源定位结果的准确性有很大的关系。

对于声发射信号到达时间鉴别,最准确的方法是人工手动识别,即通过观察每一个波形,识别信号的起振时间。但对于数据量比较大的情况,人工识别方法显然是不合适的,尽管有准确性的保障,但效率很低。现有的声发射检测系统一般利用门槛值识别信号的到达时间。一旦信号的电压幅值达到预设的门槛,认为通过门槛时刻就是这次信号到达传感器的时间。这种到达时间的鉴别方式可以在一定程度上解决效率与准确性平衡的问题,但也存在一些不足:到达时间的鉴别受门槛值设定的影响,且从严谨的角度来讲,信号到达时间并不是过门槛值时间,而是信号的波形偏离平衡位置开始起振的时间。

考虑信号的时间序列的到达时间鉴别,较为常用的理论是 AIC 准则。AIC 准则即赤池信息量准则(Akaike information criterion, AIC),是日本学者赤池弘次于 1973 年提出的理论,并在 AR 模型的定阶和选择中成功得到应用[8-9]。

(1) AIC 准则

时间序列由若干个局部平稳的时间序列组成,每一个局部时间序列都是自回归过程,可以用 AR 模型拟合。对于一个声发射波形的时域信号,采样的时间段包含信号起振之后的时间序列及起振前的一段时间。利用 AIC 准则,将一次声发射信号的波形分为两个平稳时间序列,两段时间序列的波形信号分别表示系统安静时的信号(噪声信号)和真实的声源信号。两个时间序列的最优间隔点就是声发射信号的到达时间,最优间隔点通过 AIC 的最小值确定。在对时间序列进行 AR 处理时,需要通过实验确定 AR 处理的阶数,再通过 Yule-Walker 方程确定 AR 系数。1985 年,Maeda[10] 提出直接用声发射信号的时间序列计算 AIC 函数,并确定信号的到达时间,AIC 函数如下:

$$\text{AIC}(k) = k \cdot \lg(\text{var}(R(1,k))) + (N - k - 1) \cdot \lg(\text{var}(R(1+k,N)))  \quad (6\text{-}40)$$

其中,$R$ 表示时间窗口下的时间序列,一般将波形采样点的电压绝对值作为时间序列;$N$ 为时间窗口下点数;var 是序列的方差函数,$\text{var}(R(1,k))$ 就是时间序列中第 1 个到第 $k$ 个参数点的方差。对于时间窗口的确定,基本要求是将起振位置置于时间窗口内。然后根据 AIC 函数在时间窗口内的最小值,确定两个平稳时间序列的分割点,得到波形的起振时刻,也就是声发射信号的到达时间,如图 6-4 所示,AIC 函数值最小值 252 点处就是信号的起振时刻[11]。

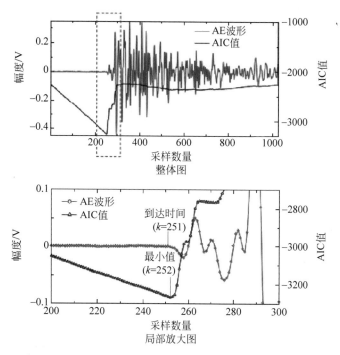

图 6-4　声发射信号 AIC 值计算（见文前彩图）

（2）用 AIC 准则识别声发射信号到达时间

选择试件单轴压缩实验中的一个典型波形作为 AIC 准则识别到达时间的实例。声发射系统的参数设置如下：采样频率为 5MHz，预采样长度为 $200\mu s$。采样频率决定了每两个采样点之间的时间间隔，在 5MHz 的采样频率下两个点的时间间隔为 $0.2\mu s$。

图 6-5 和图 6-6 给出了典型声发射信号的波形图及 AIC 函数曲线，图 6-5 是完整的波形图，图 6-6 是截取采样点 600 到 1400 的局部放大图。图中的蓝色线是信号波形，黄色线是电压的门槛值，紫色曲线是 AIC 函数曲线。从图 6-5 可以直观地看出，在波形的范围内AIC 曲线存在明显的最小值，最小值点将波形分成两个部分：背景噪声阶段和声发射信号阶段。对局部放大图进行进一步分析，声发射系统识别信号到达时间采用的是过门槛值的时刻，且只考虑波形曲线的正半轴，图中的 $T_1$ 时刻是系统给出的信号到达时刻。从波形图来看，在 $T_1$ 时刻之前已经出现过一次波形振荡，只是由于电压没有达到正门槛值而没有触发信号到达时间的鉴别机制。因此，通过门槛值确定信号到达时间的方式存在一定的误差。

经过 AIC 函数的计算，AIC 最小值出现位置在图 6-6 中标明（用 $T_2$ 表示），从图中红色虚线可以看出，此时刻很接近波形的起振时刻。$T_1$ 时刻对应的采样点是 1002 点，$T_2$ 时刻对应的采样点是 952 点，相差 50 个采样点，转换到时间尺度上是 $10\mu s$。

AIC 方法和门槛值法在确定声发射信号到达时间时存在一定的差异，差异的大小取决于门槛值的设置及起振波形的特征。通过典型波形的算例可以得出结论，AIC 算法可以较为准确地识别波形信号的起振时刻，与手动识别的信号到达时间相差无几，并且可以排除门槛值的干扰。对比现有声发射系统所使用的正门槛值的信号到达时间识别方法，AIC 方法大大提高了识别的精度和准确性。

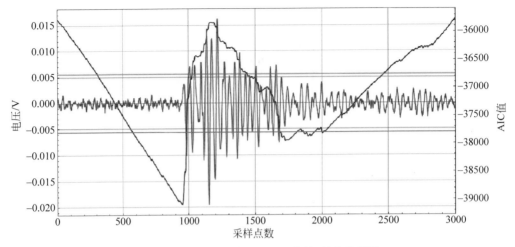

图 6-5　典型声发射波形及 AIC 曲线（见文前彩图）

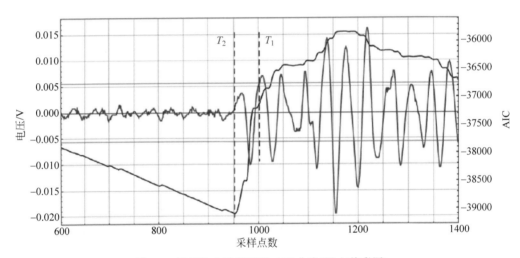

图 6-6　局部放大波形图及 AIC 曲线（见文前彩图）

### 2．声发射源的几何定位方法

声发射源位置的几何定位按检测的对象和测试定位要求分为直线定位、平面定位和三维定位，其中直线定位和平面定位又分别称作一维定位和二维定位。声发射信号几何定位通常采用时差定位法，通常假定材料声传播各向同性，声速为常数，是目前直线定位、平面定位应用最普遍的声发射源定位方法。它根据同一声发射源所发出的声发射信号到达不同传感器的时间上的差异及传感器布置的空间位置，通过它们的几何关系列出方程并进行求解，可得到声发射源的精确位置。本节重点介绍常用的直线定位法和平面定位法，三维定位法可以采用直角坐标系下的三维定位，对于石油上常用的压力容器等也可采用球面坐标进行三维定位。

（1）直线定位法

当被检测物体的长度与半径之比非常大时，可采用时差线定位进行声发射检测（如管道、钢梁等),其定位原理如图 6-7 所示。如果在 1 号和 2 号探头之间有一个声发射源产生声发射信号,到达 1 号探头的时间为 $t_1$,到达 2 号探头的时间为 $t_2$,则信号到达两个探头之间的时差 $\Delta t = t_2 - t_1$,设两探头间的距离为 $D$,声波在试件中的传播速度为 $V$,则声发射源距 1 号探头的距离 $d$ 可由下式求出:

$$d = \frac{1}{2}(D - V\Delta t)$$

(6-41)

由式(6-41)可知:当 $\Delta t = D/V$ 时,声发射源位于 1 号探头处;当 $\Delta t = -D/V$ 时,声发射源位于 2 号探头处;当 $-D/V < \Delta t < D/V$ 时,声发射源位于两探头之间。而当声发射源在探头阵列外部时,无论声发射源距较近的探头有多远,都有时差 $\Delta t = -D/V$,声发射源被定位在较近的探头处。

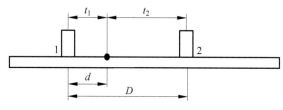

图 6-7 直线定位法原理图

(2) 平面定位法

对于平面定位,可利用三个或四个探头阵列的平面定位计算方法来进行定位。对任意三角形探头阵列进行平面声发射源定位,有时会得到两个源,即一个真实 AE 源和一个伪 AE 源。但如采用四个探头构成的菱形阵列进行平面定位,则相当于增加了一个约束条件,只会得到一个真实的 AE 源,如图 6-8 所示。由探头 $S_1$ 和 $S_3$ 间的时差 $\Delta t_1$ 得到双曲线 1,由探头 $S_2$ 和 $S_4$ 间的时差 $\Delta t_2$ 得到双曲线 2。若声发射 AE 源为 $Q$,探头 $S_1$ 和 $S_3$ 间距为 $a$,探头 $S_2$ 和 $S_4$ 的间距为 $b$,波速为 $V$,那么,AE 源就位于两条双曲线的交点 $Q(x,y)$ 上,其坐标可表示为

$$x = \frac{\Delta t_1 V}{2a}\left[\Delta t_1 V + 2\sqrt{(x - a/2)^2 + y^2}\right]$$

(6-42)

$$y = \frac{\Delta t_2 V}{2b}\left[\Delta t_2 V + 2\sqrt{(y - b/2)^2 + x^2}\right]$$

(6-43)

### 3. 声源定位的算法

采用时差定位法进行声发射源定位时,常见的求解方法有最小二乘法、单纯形算法、Geiger 算法等。最小二乘法是直接求解方法,利用声波时差、探头坐标等参数直接求解方程得到声发射源的坐标。单纯形算法、Geiger 算法是间接求解方法,通过迭代的方式将计算的声源定位点逐渐向声源真实位置靠拢。

实际声发射信号由非平稳、多模式波组成,且每一模式的波又由宽频带的波组成,各模式中不同频率的波速不同,因此声发射信号会出现频散现象。声发射的定位的精度主要取决于波速和时差的准确度。为提高声发射定位的精度,国内外学者对声发射定位的算法进行了大量的研究:采用小波变换减少频散效应的影响以提高声发射的定位精度;采用小波

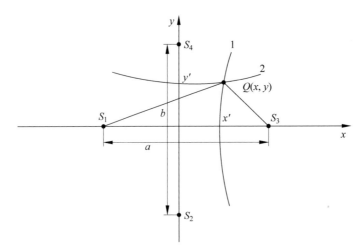

图 6-8  平面定位法原理图

变换同相关关系相结合进行声源的定位；将谱熵能量积引入声发射信号到达时间的测量来进行声源定位；有学者还提出穷举法及基于人工智能神经网络和利用时间反转聚焦方法进行声发射源的定位。

本节重点介绍目前常用的最小二乘法、Geiger 算法及结合相关关系的小波变换方法。

(1) 最小二乘法

最小二乘法是直接求解方法，利用多个传感器接收到的到达时间和传感器坐标建立固定方程组，每个方程的实质就是声源与传感器之间的距离等于波速乘以声波传递时间。

$$\sqrt{(x-x_i)^2+(y-y_i)^2+(z-z_i)^2}=v(t_i-t) \tag{6-44}$$

其中，$(x_i,y_i,z_i)$ 表示第 $i$ 个传感器的坐标值；$t_i$ 表示信号到达第 $i$ 个传感器的时刻；$(x,y,z)$ 表示声发射源的坐标；$t$ 表示声发射源产生信号的时刻；$v$ 是所定位材料中的声波波速，认为材料均质各向同性，波速 $v$ 取定值。

式(6-44)是最小二乘法时差定位的基本方程。方程中的未知数是声发射源坐标 $(x,y,z)$ 和声波产生的初始时间 $t$。方程组本身是非线性方程组，方程组的方程个数取决于传感器数量，每有一个传感器参与定位检测，就可以写出一个方程。求解这个非线性方程组采用的方法是每个方程同时减去一个方程，消去二阶项从而将方程组线性化。$N$ 个传感器的方程组进行线性化后变为 $(N-1)$ 个方程。对于三维定位问题，由于存在 4 个未知数，需要 4 个线性方程，那么至少需要 5 个传感器形成方程组。对于二维平面定位问题，未知数数量减少一个。由式(6-44)可以得到：

$$(x-x_i)^2+(y-y_i)^2+(z-z_i)^2=v^2(t_i-t)^2 \tag{6-45}$$

对于三维定位，若采用 5 个传感器定位，则有 5 个上述公式组成的方程组。对 5 个传感器组成的方程组，通过各个方程减去同一个方程，消去二次项，可以得到 4 个方程组成线性方程组。对于得到的线性方程组，可以采用矩阵的表达形式：

$$\boldsymbol{A}\boldsymbol{X}=\boldsymbol{B} \tag{6-46}$$

其中，$\boldsymbol{A}$ 为系数矩阵；$\boldsymbol{B}$ 为常数项向量。通过对 4 个线性方程组采用最小二乘法进行求解就可以计算声源的位置。

（2）Geiger 定位算法

声发射源发出的声波被各个传感器接收到，传感器能记录得到声波到达各个传感器的时间，这个时间是我们测定的时间，称为"测量到达时间"。同时，我们通过假定声发射源位置，人为定义波速，计算得到声发射源所发出的信号到达传感器的到达时间，称为"计算到达时间"。由于猜想假定的声发射源位置与真实位置存在偏差，就导致"测量到达时间"与"计算到达时间"之间存在差值。通过最小二乘法，利用两个时间的差值来修正猜想假定的声发射源位置，采用迭代计算得到真实的声发射源的位置，这就是 Geiger 迭代定位算法的基本思想。计算得到的到达时间 $t_i^c$ 的计算式如下：

$$t_i^c = t(x_i, y_i, z_i, x_0, y_0, z_0) + t_0 \tag{6-47}$$

计算得到的到达时间 $t_i^c$ 由两部分构成：第一部分是声波传递时间 $t$，它是关于已知的传感器坐标 $(x_i, y_i, z_i)$ 和假定的声发射源坐标 $(x_0, y_0, z_0)$ 的函数，即从声源位置 $(x_0, y_0, z_0)$ 到传感器位置 $(x_i, y_i, z_i)$ 声波传播的时间；第二部分 $t_0$ 为声发射源产生信号的原始时间。对于三维问题，这个方程中存在四个未知数，至少需要四组到达时间进行求解，对于二维问题，则至少需要三组。如果传感器数量多于定位的未知数个数，那么整个系统称为超定系统，形成矛盾方程组。对于超定系统，未知数个数少于方程数，则需要通过使残差最小的方式求解，残差是"测量到达时间"和"计算到达时间"的差值。

$$r_i = t_i^0 - t_i^c = \text{Min} \tag{6-48}$$

迭代定位方法中，需要用到线性化的方式。在迭代求解的过程中，要假定声发射源位置为迭代初始步，第一次假定的声发射源位置 $(x_0, y_0, z_0)$ 的选取是比较重要的。一般来讲，假定源位置尽可能地接近真实声发射源位置，而真实的声发射源位置是无法提前确定的。对于小试件而言，第一次假定的声发射源位置选取在试件中心是较为合理的，对于较大的试件，这个假定位置可以选在第一个接收到信号的传感器位置。

在混凝土试件的声发射定位分析中，可以认为材料是均质且各向同性的，声发射源发出声波信号，被传感器接收到的时间用如下函数表示：

$$t_i = \frac{\sqrt{(x - x_i)^2 + (y - y_i)^2 + (z - z_i)^2}}{v} + t_0 \tag{6-49}$$

其中，坐标 $(x, y, z)$ 是计算目标点，公式计算目标点发出的声波信号到每个传感器 $(x_i, y_i, z_i)$ 的传播时间。式中的 $v$ 表示材料中的波速，$t_0$ 为第一次假定源位置的原始时间。

初始声发射源位置是计算开始假定的，那么通过计算得到的计算到达时间与传感器真实测量得到的测量到达时间之间必定存在差异。因此通过引入初始声源位置及初始时间的修正 $(\Delta x, \Delta y, \Delta z, \Delta t)$，尽量减小到达时间的计算值与测量值之间的残差。如果修正量相当的小，那么式（6-49）可以线性化。通过泰勒展开保留一阶项，则式（6-48）变为如下形式：

$$r_i = \left( \frac{\partial t_i}{\partial x} * \Delta x \right) + \left( \frac{\partial t_i}{\partial y} * \Delta y \right) + \Delta t \tag{6-50}$$

改成矩阵的表达形式如下：

$$\boldsymbol{r} = \boldsymbol{G} \Delta \boldsymbol{x} \tag{6-51}$$

其中，$\boldsymbol{G}$ 是偏导数矩阵；$\Delta \boldsymbol{x}$ 是修正量向量。考虑到声源原始时间的修正项，偏导数矩阵 $\boldsymbol{G}$

的最后一列恒等于 1。

对于三维定位问题,式(6-51)是一组存在 4 个未知数的线性方程组。对偏导数矩阵 $\boldsymbol{G}$ 中的一项求偏导的结果如下:

$$\frac{\partial t_i}{\partial x} = \frac{x - x_i}{v} \frac{1}{\sqrt{(x - x_i)^2 + (y - y_i)^2 + (z - z_i)^2}} \tag{6-52}$$

求解修正量 $\Delta x$,可以利用矩阵广义逆求解式(6-51),表达式如下。

$$\Delta x = (\boldsymbol{G}^\mathrm{T} \boldsymbol{G})^{-1} \boldsymbol{G}^\mathrm{T} \boldsymbol{r} \tag{6-53}$$

算出修正量 $\Delta x$ 后,将修正量累加至初始值,将 $(x + \Delta x)$ 作为新的计算数据,进行迭代求解。当迭代精度达到提前设置的精度时,停止迭代计算。迭代精度可以设置如下三种:残差小于设定好的数值;最后一步迭代得到的声源位置的修正值小于某一设定的数值;迭代步数达到一定的数量级。

(3) 利用信号相关关系的定位算法

信号相关关系定位法根据同一声发射源同一时刻信号的相关特性来进行定位,通过两通道声发射信号波形之间的相关关系来测量两者之间的时差,对突发型和连续型声发射信号都适合。

它是一种更适合分解后相对窄的频带的信号处理方法。其具体思想如下:设对于同一个声发射源 $s(t)$,经不同传感器 $i$ 接收到的信号为 $f_i(t)$,对任意两通道的信号,其互相关函数 $r_{ij}(\tau)$ 可表示为

$$r_{ij}(\tau) = \frac{1}{N} \sum_{n=0}^{N-1} f_i(t) f_j(t + \tau) \tag{6-54}$$

两信号之间的相关系数为

$$\rho_{ij} = \frac{\sum\limits_{n=0}^{\infty} f_i(t) f_j(t + \tau)}{\left[ \sum\limits_{n=0}^{\infty} f_i^2(t) \sum\limits_{n=0}^{\infty} f_j^2(t + \tau) \right]^{1/2}} \tag{6-55}$$

由许瓦兹(Schwartz)不等式,有 $0 \leqslant \rho \leqslant 1$。相关系数 $\rho_{ij}$ 表示信号 $f_i(t)$ 与 $f_j(t)$ 的相似关系,$|\rho_{ij}|$ 的值越接近 1,则两波形之间相似性越好,找到最大值从而计算出信号到达两个传感器之间的时间差,最终达到实现声发射源定位的目的。

由于经传播后到达不同传感器的声发射信号包含多种频率成分,不同频率的波形初始相位不同,传播速度也不相同,存在频散现象,并且在传播过程中存在各种干扰,导致到达各传感器的波形在不同程度上都发生了较大变化。若利用传感器接收到的多频率混杂的波形直接进行相关运算,得到的时间差并不准确,自然会对定位精度有影响。因此更为有效的方法是用小波包分解后的声发射信号的相应频率段的波形进行相关运算,这样不仅可以不受波形在传播过程中变形带来的影响,而且噪声的影响也可以减小。

## 6.1.3　声发射信号的模式识别

在运用声发射技术对材料(或构件)进行检测的过程中,检测人员的经验一直发挥着非常重要的作用,并在一定程度上可以弥补现有检测仪器性能和信号处理手段方面的不足。

但是,检测过程中人为因素会影响分析结果的客观性和准确性,因此会出现对同样的声发射现象,不同的检测人员可能会得出不同的结论。这一问题曾经在相当长的一个时期内严重地制约了声发射技术的发展和推广应用。对此,许多学者和仪器生产厂家尝试采用模式识别技术对材料(和构件)损伤进行声发射自动化检测。这既是声发射技术发展的需要,也是相关领域技术(尤其是计算机技术)发展的必然结果。

**1. 模式识别的概念**

模式识别(pattern recognition)是 20 世纪 60 年代初迅速发展起来的一门边缘学科。一般来说,模式识别指的是对一系列过程或事件的分类与描述,而要加以分类的过程或事件可以是物理对象,也可以是抽象对象。在一些应用领域中,有些专家将模式识别称为数量(或数值)分类学。但是,严格地说,模式识别并不是简单的分类学,其目标应包括对系统的描述、理解与综合。

一个完整的模式识别系统由设计与实现两部分组成。设计是指用一定数量的样品(一个识别对象称为一个样品,相当于数理统计中的个体或抽样,其集合称为样本)进行分类器的设计;实现是指用所设计的分类器对待识别的样品进行分类决策。以统计模式识别方法为例,其识别系统主要由数据获取、预处理、特征提取与选择、分类决策四部分组成。

在设计阶段,通过对训练样本进行测量,获取大量数据,并对这些数据进行量纲标准化等预处理,再提取或选择出最适于分类的少量特征,根据特征的分布规律设计出合理的分类器,完成训练过程。对于待识别样品,使其经过数据获取、预处理和特征提取后进入分类器,根据判别规则对其进行分类识别。

**2. 模式识别的分类**

根据识别过程中所采用的机制和规则的不同,模式识别可分为统计决策法、句法结构法、模糊识别法和人工智能法四大类。

(1) 统计决策法

统计决策法模式识别是将模式表示成特征向量的形式,根据特征向量在空间分布的统计规律,采用距离相似性准则或 Bayes 法则进行分类判别。统计决策法使用的实际上是模式的数学特征。

根据样本先验知识情况,统计决策法存在两种分类问题:一是类别数量已经确定,并且有一批已分类的训练样品,以此为基础寻求某种判别法则,然后利用法则对未知类别的样品进行分类,这类问题称为分类判别问题,相应的方法称为有教师学习方法;二是在样本类别及类别数量未知的情况下,要求直接对其进行分类或利用它设计分类器,这样的问题称为聚类或聚类分析,其方法称为无教师学习方法。

统计决策法模式识别中的模板匹配法是模式识别中最原始、最基本的方法,其匹配的好坏程度取决于模板和样品各部分之间的统计相似程度。

(2) 句法结构法

对于某些识别对象,如图片、语言、景物等,结构信息是其主要特征,这类对象的模式比较复杂。为进行识别需要将其划分成若干个较简单的子模式,而子模式又分为若干基元,通过对基元的识别,进而识别子模式,最终识别该复杂模式。由于描述这类模式的结构类似于语言的句法,故其模式识别方法称为句法结构法。基元间的合成操作关系被称为语法规则。当待识别模式的每个基元被识别后,再分析其语法,根据基元及语法规则最终确定其模式。

（3）模糊识别法

在模式识别过程中引入模糊数学的概念,即称为模糊模式识别。对于外延不确定的情况,可以采用模糊集合对其进行描述,然后根据择近原则进行分类。这种方法在识别过程中多采用隶属度、贴近度及模糊关系作为识别的手段。在实际应用中,模糊识别法更多地被用于聚类分析。

（4）人工智能法

基于人工智能的模式识别技术是近年来人工智能领域的一个重要发展。目前,引入模式识别领域的人工智能方法主要有两类:一是逻辑推理;二是人工神经网络。逻辑推理方法基于对客体的知识表达,运用推理规则识别客体。其中知识是通过统计（或结构模糊）识别技术,或人工智能技术获得的对客体的符号性表达,这是分类的基础。在此基础上,参考人类对客体进行分类的思路,确定相应的推理规则,启动推理机制,判定客体的类别。

人工神经网络模式识别是模仿脑神经系统处理信息的原理,用人工神经网络对模式进行识别的方法。它首先建立起某种结构的神经网络,然后对典型样品进行学习,获得相应的识别算法,再对其余样品进行分类识别。

神经网络在声发射信号模式识别的应用研究包括金属和钢筋混凝土材料裂纹、腐蚀损伤阶段的识别及疲劳过程的识别等领域。目前在声发射领域常用的神经网络包括:BP神经网络、改进的BP神经网络、自组织神经网络（SOFM）、概率神经网络等。

### 3. 基于声发射的结构损伤模式识别

基于声发射信号的结构损伤模式识别[12]就是利用采集的声发射信号,按照模式识别的方法对结构损伤（如裂缝、结构加载阶段不同损伤等）的不同发展阶段进行识别。采用声发射信号进行结构损伤模式识别的过程包括:特征参数的确定、信息的获取、数据的预处理、特征参数的提取与选择、损伤模式识别。

（1）特征参数的确定

利用声发射信号进行结构损伤的模式识别首先要选择和确定声发射信号的特征参数。如采用声发射监测和分析金属材料的裂纹产生、扩展过程时,每一个声发射事件都可以用一组表征参数的数值（如信号幅值、持续时间等）来表示。换言之,每一个声发射事件都可以表示为由声发射信号表征参数形成的多维空间中的一点。对于由大量声发射事件组成的裂纹产生、扩展过程,其声发射事件的分布一般按统计规律进行描述。因此,以统计规律为基础的识别方法是金属材料裂纹损伤识别的有效方法。

采用参数分析方法进行金属材料（30CrMnSi高强度合金钢等）试样裂纹损伤声发射检测时,由于对金属材料裂纹损伤的发声机制还不十分清楚,且声发射信号的表征参数难以全面反映裂纹损伤的全部信息。因此,对金属材料裂纹损伤进行模式识别应该基于所测得的大量数据提取与选择能反映裂纹不同扩展阶段之间差别的特征,并依据其具体分布设计合适分类器实现对金属裂纹损伤模式的识别。

对于不同的材料和结构,由于声发射的机理不同,其特征参数在不同损伤阶段的统计规律有所不同,因此对于模式识别应根据不同材料或结构损伤形成机理选择合适的能表征不同损伤阶段差别的声发射特征参数。

根据国内外学者研究的结果:对于30CrMnSi高强度合金钢,在进行裂缝损伤模式识别时,可以作为声发射特征参数的有幅值、能量、峰前计数、上升时间、持续时间、振铃计数、平均频率7个。李冬生在FRP-钢管混凝土柱损伤过程声发射信号的结果表明,振幅、能量、振铃计数、上升时间、持续时间、RMS等特征参数能很好地表征其损伤过程。

因此,在利用声发射信号识别结构损伤模式时,应根据结构材料损伤声发射机理选择和确定合适的声发射特征参数。

(2)信息的获取

在模式识别中,每一个被分析的对象称为一个样品。对于结构或材料损伤(如裂纹、腐蚀、疲劳等)模式识别,每一个声发射撞击信号就是一个样品。对每个样品表征参数的描述,如声发射撞击的幅值、能量、上升时间、持续时间、振铃计数等,构成了最原始的测量数据。当然,通过参数组合,如幅值/上升时间、振铃计数/持续时间等,还可以得到更多的参数。

下面以30CrMnSi高强度合金钢裂纹模式识别为例介绍信息获取,可以采用声发射撞击的幅值、能量、峰前计数、上升时间、持续时间、振铃计数、平均频率这7个参数,那么每个样品(声发射撞击)就可以表示成7维空间中的一个点,记作

$$\boldsymbol{X} = \begin{bmatrix} x_1 & x_2 & \cdots & x_7 \end{bmatrix}^T \tag{6-56}$$

如果实验过程共取得N个样品,则可以用如下形式表示:

$$\boldsymbol{X}_n = \begin{bmatrix} x_{1n} & x_{2n} & \cdots & x_{7n} \end{bmatrix}^T, \quad n = 1, 2, \cdots, N \tag{6-57}$$

对于带预制裂纹的30CrMnSi试样,在裂纹扩展的不同阶段其声发射表现出不同的特点。在裂纹萌生和早期扩展阶段,由于裂纹扩展缓慢,产生的声发射撞击数相对较少,信号幅值较低,每一次声发射撞击释放的能量也低,持续时间短;随着裂纹扩展速度的加快,声发射活动程度相应增强,产生的撞击数大为增多,且信号幅值升高,持续时间变长;当裂纹接近破坏阶段时,裂纹扩展速度进一步加快,声发射活动程度也加大,而且每个声撞击的信号幅值很高,持续时间很长。在相关研究中,金属材料裂纹损伤声发射信号也表现出类似的特点。对带预制裂纹的30CrMnSi试样进行加载实验时,试样受力断裂过程明显可分为4个阶段:塑性变形、裂纹形成、稳定扩展和失稳断裂,每个阶段都有强烈的声发射现象。这4个阶段实际上反映了试样裂纹损伤的不同程度,因此,可以将它们看成试样裂纹损伤发展过程表现出来的4种模式。对于实验过程中采集到的试样断裂损伤某个阶段的声发射信号(待识别样品),可以用特定的模式识别方法来判断该发射信号对应的裂纹所处的阶段,即利用声发射测试信号识别其对应损伤阶段(模式)。

(3)数据的预处理

通常情况下,对于实验或工程检测中获得的原始声发射数据,在进行模式识别之前,应进行数据预处理。其内容包括两个方面:一是典型数据的选取;二是数据的标准化处理。

为了简化分析,这里仅讨论匀速加载条件下30CrMnSi裂纹损伤的声发射信号模式识别。由于裂纹损伤声发射检测实验获得的数据是试样实际损伤情况的反映,因此不考虑坏值的剔除问题,全部用作典型数据。

数据标准化处理的目的是消除不同参数之间量纲差异的影响,以便进行特征的比较与选择。常用的数据标准化方法有极差标准化、标准差标准化等。

（4）特征参数的提取与选择

对每个样品必须确定一些与分类识别有关的因素，并将它们作为识别的依据，这样的因素称为特征。特征选择是模式识别中的一个关键问题，它直接影响分类器的设计与分类效果。特征选择可依据不同的规则进行，可选择的方法较多，但选样质量的好坏最终应根据识别的结果加以判断。

通常，在信息获取阶段应该尽量多地列举出各种可能与分类有关的因素以充分利用各种有用的信息，这时的特征称为原始特征。但是，原始特征并不能完全用于分类识别，需要通过进一步的分析和筛选。其原因有以下三个：一是特征过多会给计算带来困难；二是特征中可能包含许多彼此相关的因素，造成信息的重复；三是特征数与样品数有关，特征数过多会使分类效果恶化。因此，应该从数量较多的原始特征中提取出少量的、对分类识别更有效的特征参数，这就是所谓的特征参数的提取与选择。

特征提取与选择通常有两种方法：一是对单个特征的选择，即对每个特征参数分别进行评价，从中找出那些对识别作用最大的特征参数；二是从数量较多的原有特征出发去构造适量的新特征参数。这两种方法可单独使用，也可同时采用，这需要根据结构声发射模式识别的效果来确定。

① 单个特征参数的选择

对于 30CrMnSi 高强度合金钢，能表征裂纹损伤不同阶段特征的参数有幅值、能量、峰前计数、上升时间、持续时间、振铃计数、平均频率 7 个参数。但是这 7 个表征参数对模式识别不一定都有很好的效果，需要进行进一步的特征参数提取和选择。因此可以采取统计决策中提到的聚类分析方法，采用类内、类间距离作为可分性判据，对单个特征参量进行选择。

在实验中将 30CrMnSi 试样裂纹断裂损伤过程分为 4 个阶段：塑性变形、裂纹形成、稳定扩展和失稳扩展。因此将该试样裂纹损伤定义为 4 种模式，将第 $i(i=1,2,3,4)$ 类模式的第 $n$ 个样品的第 $j$ 个特征参量值记为 $x_{jn}^i$，则第 $i$ 类模式样本的 $j$ 特征多参数的均值为

$$\widetilde{m_j^i} = \frac{1}{N_i} \sum_{n=1}^{N_i} x_{jn}^i \tag{6-58}$$

其中，$i=1,2,3,4$，分别代表试样受力断裂损伤过程中的 4 个不同的阶段，依次为塑性变形、裂纹形成、稳定扩展和失稳扩展；$j=1,2,\cdots,7$，分别代表进行模式识别选择的声发射信号的特征参数，依次为振动信号的幅值、能量、峰前计数、上升时间、持续时间、振铃计数、平均频率；$N_i$ 为第 $i$ 类损伤模式中的样品数。

以上 4 种损伤模式的所有样品的 $j$ 特征多参数的总平均值为

$$\widetilde{m_j} \sum_{i=1}^{4} \frac{N_i}{N_1 + N_2 + N_3 + N_4} \widetilde{m_j^i} \tag{6-59}$$

对于 4 种损伤模式，类间方差 $S_{jb}$ 与类内方差 $S_{jw}$ 分别为

$$S_{jb} = \sum_{i=1}^{4} \frac{N_i}{N_1 + N_2 + N_3 + N_4} \left( \widetilde{m_j^i} - \widetilde{m_j} \right)^2 \tag{6-60}$$

$$S_{jw} = \frac{1}{N_1 + N_2 + N_3 + N_4} \sum_{i=1}^{4} \sum_{n=1}^{N_i} \left( x_{jn}^i - \widetilde{m_j^i} \right)^2 \tag{6-61}$$

对于声发射信号的可分性判据，可以采用式（6-62）来进行计算：

$$J_j = \frac{S_{jb}}{S_{jw}} \tag{6-62}$$

可以根据可分性判据 $J_j$ 值来确定选择特征参数的效果,从而选择适合模式识别的单个特征参数或多个特征参数组成的特征空间向量。$J_j$ 值越大,表示类间的离散度越大,而类内离散度越小,则选择的特征值适合于模式识别的分类,否则相反。

阳能军等[12]通过对 30CrMnSi 合金钢试样进行声发射检测的实验数据验证,设计的声发射信号的样本数量为 960 个,制作 6 种不同长度裂纹试件 96 个,其中每种长度实验为 4 个,裂纹损伤模式包括 4 个阶段的裂缝形式。通过声发射信号的幅值、能量、峰前计数、上升时间、持续时间、振铃计数、平均频率 7 个参数分别计算样本的可分性判据 $J_j$ 值,见表 6-1。

表 6-1　设计样本的特征参数的可分性判据 $J_j$ 的计算值

| 特征参数 | 幅值 | 能量 | 峰前计数 | 上升时间 | 持续时间 | 振铃计数 | 平均频率 |
|---|---|---|---|---|---|---|---|
| $J_j$ | 3.120 | 4.833 | 0.126 | 1.117 | 1.856 | 4.124 | 0.089 |

由表 6-1 可以看出,幅值、能量、振铃计数、上升时间和持续时间这 5 个特征参数的 $J_j$ 值较其余 2 个特征参数在数量级上有明显差别,其中能量、振铃计数、幅值 3 个表征参数最为明显。因此,选择能量、振铃计数、幅值、持续时间、上升时间这 5 个特征参数作为模式识别的特征参数。特征参数选择的是否合理可以结合声发射信号的二维图及特征参数的统计分布规律来进行验证。

此外,对于声发射特征参数的选择还有很多聚类分析方法,如朴素贝叶斯模型(NBM)法、$K$ 均值、模糊 $C$ 均值等聚类方法等。

② 确定特征参数组合

在确定模式识别的特征参数时,按样品的单个特征进行选择得到的特征参数组合其效果未必是最佳的,在有的情况下甚至是达不到预期的效果。因此,有必要对前面得到的特征参数组合(如幅值、能量、振铃计数、持续时间和上升时间)进行评价。

在进行最佳特征参数组合前需要对选定的特征参数进行数据样本的规范化处理,然后根据选定的聚类有效判断指标进行判定,依据判定结果确定由特征参数组合得到的最优组合用于模式识别。

(a) 样本数据的规范化

在确定特征参数组合时,首先应进行样本数据的规范化处理。样本数据规范化的目的是将量纲或数量级不同的数据转换成具有相同量纲或数量级的数据,使数据彼此之间具有可比性。数据规范化方法主要包括:线性函数法、范数法和均值法等,其中线性函数法又包括最大最小值法、均值法等。

最大最小值法又称极差标准化方法,就是用最大最小值法将样本向量数据规范化到特定的范围内,通常范围为[0,1]。

均值法将样本向量调整到任意的范围内,每个样本数据均除以均值,再乘以调节因子后作为新的向量数据。

范数法就是对样本数据构成的向量采用 2 范数法将向量转变为方向不变、长度为 1 的单位向量。

（b）特征参数组合聚类评价

在特征参数组合聚类分析时，通常需要预先确定聚类类别数，即通过某种计算指标分析样本数据的结构特点并参考相关经验评价聚类结果，进而确定最佳聚类数。目前判断聚类有效性的指标有很多，如 DB 指标、XB 指标、PC 指标、CE 指标、DI 指标、CH 指标等。下面简单介绍几种常用的特征参数组合聚类效果评价指标。

DB 指标是由 Davies 和 Boudian 提出的，其评价目标函数定义如下：

$$\mathrm{DB}(k) = \frac{1}{k}\sum_{i=1}^{k}\max\left\{\frac{S(i)+S(j)}{M(i,j)}\right\} = \frac{1}{k}\sum_{i=1}^{k}\max R(i,j), \quad i \neq j \tag{6-63}$$

其中，$k$ 为聚类类别数，$S(i)$ 和 $S(j)$ 代表类内分散程度（类内距离），值越大说明数据越分散。$M(i,j)$ 代表类间分散程度（类间距离），值越大说明不同类别间距离越大。而 $R(i,j)$ 定义为样本数据第 $i$ 类和第 $j$ 类的相似程度，其值越大说明相似程度越高。DB 指标值越小，所对应的聚类数目更加符合样本的特点，通常根据经验选择 DB 指标取得局部最小值处所对应的类别数作为最佳聚类数。

XB 指标是基于模糊聚类的一种聚类有效评价指标，其定义为

$$\mathrm{XB}(\boldsymbol{U},\boldsymbol{V},\boldsymbol{C}) = \frac{\sum_{i=1}^{C}\sum_{j=1}^{n}u_{ij}^{m}\parallel v_i - x_j\parallel^2}{n*\min\parallel v_i - v_j\parallel^2} \tag{6-64}$$

其中，$C$ 代表聚类类别；$n$ 为第 $i$ 类样本数量；$\boldsymbol{U}$ 代表分为 $C$ 类时的最优隶属度矩阵；$\boldsymbol{V}$ 代表相应的聚类中心；$u_{ij}$ 代表第 $j$ 个样本数据归属到第 $i$ 类的隶属度值；$x_j$ 表示第 $i$ 类中第 $j$ 个样本；$v_i$ 表示第 $i$ 类的聚类中心。XB 指标在类内紧凑度和类间分散度之间寻找平衡点，使 XB 指标取得最小值，此时对应的聚类数 $C$ 即为最优聚类数。

邓恩（Dunn index，DI）指标，即 DI 是指基于数据紧凑型和分离集群度而提出的硬聚类内部评价指标，评价结果仅仅依赖于分类数据本身。

$$\mathrm{DI}(c) = \min_{i\in c}\left\{\min_{j\in c, i\neq j}\left\{\frac{\min_{x\in c_i, y\in c_j}d(x,y)}{\max_{k\in c}\{\max_{x,y\in c}d'(x,y)\}}\right\}\right\} \tag{6-65}$$

其中，$\min_{x\in c_i, y\in c_j}d(x,y)$ 表示两个不同类别中元素间距离的最小值，用于衡量类间分散度；$\max_{x,y\in c}d'(x,y)$ 定义为同一聚类类别内各元素间距离的最大值。

在特征参数聚类分析时可选择的判别指标有很多，本节采用声发射特征参数组合组成的向量的可分性判据进行分析。数据的归一化处理采用最大最小值法（极差标准化法）进行，采用向量可分性判据 $J$ 来进行评价。

（c）声发射特征参数组合评价

根据单个指标的可分性判据指标计算结果，从声发射信号的 7 个表征参数中任意选取 5 个进行组合，可以得到 $C=21$ 种特征组合。在这些特征组合中，如果所选特征参数组成的组合（幅值、能量、振铃计数、持续时间和上升时间）是最优的，则说明这种选择是可行的。对于组合数不多的，有时可能采用穷举法进行计算，但计算工作量比较大。

这里，采用类内方差阵 $\boldsymbol{S}_{\mathrm{w}}$ 和类间方差阵 $\boldsymbol{S}_{\mathrm{b}}$ 产生的可分性判据来对特征组合的分类性能进行评价。

对各特征值 $x_{jn}^{i}$ 采用最大最小值法进行标准化处理，得到的归一化特征值为

$$x_{jn}^i = \frac{x_{jn}^i - \min x_{jn}^i}{\max x_{jn}^i - \min x_{jn}^i}, \quad 1 \leqslant n \leqslant N_i \tag{6-66}$$

将任意上述 5 个特征参数组合所形成的向量表示为

$$\boldsymbol{z}_n' = [\dot{x}_{1n}^i \quad \dot{x}_{2n}^i \quad \dot{x}_{3n}^i \quad \dot{x}_{4n}^i \quad \dot{x}_{5n}^i]^T, \quad i = 1,2,3,4; \ n = 1,2,\cdots,N_i \tag{6-67}$$

其中，$\boldsymbol{z}_n'$ 表示由 5 个声发射特征参数组成的向量；$i$ 表示 30CrMnSi 合金钢试样裂缝扩展过程中的 4 种损伤模式；$N_i$ 代表由 4 种损伤模式组成的第 $i$ 类损伤的样本数量。

若第 $i$ 类样本均值用 $m^i$ 表示如下：

$$m^i = \frac{1}{N_i} \sum_{n=1}^{N_i} z_n^i \tag{6-68}$$

所有样本的总平均向量用 $\boldsymbol{m}$ 表示如下：

$$\boldsymbol{m} = \sum_{i=1}^{4} \frac{N_i}{N_1 + N_2 + N_3 + N_4} m^i \tag{6-69}$$

因此，类内方差阵和类间方差阵可分别表示为

$$\boldsymbol{S}_{\mathrm{w}} = \frac{1}{N_1 + N_2 + N_3 + N_4} \sum_{i=1}^{4} \sum_{n=1}^{N_i} (z_n^i - m^i)(z_n^i - m^i)^T \tag{6-70}$$

$$\boldsymbol{S}_{\mathrm{b}} = \sum_{i=1}^{4} \frac{1}{N_1 + N_2 + N_3 + N_4} (m^i - m)(m^i - m)^T \tag{6-71}$$

故采用特征参数组合的可分性判据 $J$ 可以表示为

$$J = \mathrm{tr}(\boldsymbol{S}_{\mathrm{w}}^{-1} \boldsymbol{S}_{\mathrm{b}}) \tag{6-72}$$

$J$ 值的大小反映了所选特征参量组合的分类性能，$J$ 值最大的特征组合即是最优组合。样本仍然用前面选择单个特征参量时的设计样本，按上面的公式计算不同特征组合的 $J$ 值。在所有 21 种特征参量组合中，能量、振铃计数、幅值、持续时间和上升时间组合的值最大（$J = 5.881$），其次为能量、振铃计数、幅值、持续时间和平均频率组合的 $J$ 值（$J = 5.127$），再次为能量、振铃计数、幅值、上升时间和峰前计数的组合（$J = 4.235$）。这样就证明了所选择的特征组合（能量、振铃计数、相值、持续时间和上升时间）在 5 个表征参数组合条件下是最优的，具有最佳分类性能。

（5）金属裂纹声发射模式识别

采用声发射技术对结构裂纹识别的方法有很多种，下面介绍基于聚类分析中常见的近邻识别法对金属裂缝进行识别。

① 近邻识别法

近邻识别法包括最近邻法和 $K$-近邻法两种。若将样品看作多维空间中的点，一种简单而直观的分类方法是将样品划入与其最接近的样品所属类别中去，这就是最近邻法。按最近邻法进行模式识别时，先选出待识别样品到每种模式样本的最小距离，再选出各个最小距离中的最小者，即找出待识别样品与最近邻的样品，并判别待识别样品属于该样品所代表的模式。

假定研究对象（样品）有 $a$ 个特征参量，所有样品依某种规则分别属于 $c$ 种模式 $\omega_1$，$\omega_2, \cdots, \omega_c$；对于 $\omega_i (i = 1, 2, \cdots, c)$，有已知样品 $N_i (i = 1, 2, \cdots, c)$。将属于 $c$ 种模式的样品采用向量的形式表示如下：

$$\boldsymbol{X}_n^i = \begin{bmatrix} x_{1n}^i & x_{2n}^i & \cdots & x_{an}^i \end{bmatrix}^{\mathrm{T}}, \quad i=1,2,\cdots,c; \ n=1,2,\cdots,N_i \tag{6-73}$$

其中，$x_{jn}^i(j=1,2,\cdots,a)$ 表示第 $i$ 类模式的第 $n$ 个样品的第 $j$ 个特征参量的值。则相应的待识别样品可以表示为

$$\boldsymbol{X} = \begin{bmatrix} x_1 & x_2 & \cdots & x_a \end{bmatrix}^{\mathrm{T}} \tag{6-74}$$

对所有样品采用最大最小值法进行标准归一化处理可以得到 $x_{jn}^i$。

② 最近邻法

作为模式距离的度量，待识别样品 $X$ 与第 $i$ 类模式的第 $n$ 个样品的 Euclid 距离可以表示为

$$d_n^i = \sqrt{\sum_{j=1}^{a} (\dot{x}_j - \dot{x}_{jn}^i)^2} \tag{6-75}$$

按最近邻法定义，其判别函数为待识别样品 $X$ 与模式 $\omega_i$ 中各点距离的最小值，即

$$g_i(x) = \min d_n^i, \quad 1 \leqslant n \leqslant N_i \tag{6-76}$$

因此最近邻法对样品识别分类决策规则如下式所示，以此来判断样品归属于 $c$ 模式中的类别：

$$g_{j^*}(x) = \min g_i(x), \quad 1 \leqslant i \leqslant c \tag{6-77}$$

③ $K$-近邻法

$K$-近邻法是最近邻法的推广，最近邻法是根据距离待识别样品 $X$ 最近的一个样品的类别来判断 $X$ 的类别；而 $K$-近邻法是根据 $X$ 的 $K$ 个近邻来判定 $X$ 的类别。

设 $N$ 个已知模式的样品中，其中 $N_i(i=1,2,\cdots,c)$ 个样品分别来自模式 $c$ 中 $\omega_i(i=1,2,\cdots,c)$ 类，若待识别样品 $X$ 的 $K$ 个近邻中属于 $\omega_i(i=1,2,\cdots,c)$ 模式的样品数分别是 $k_1$，$k_2\cdots,k_c$，则按 $K$-近邻法判别决策规则为

$$g_{j^*}(x) = \max k_i, \quad 1 \leqslant i \leqslant c, x \in \omega_j \tag{6-78}$$

④ 金属裂纹模式识别

以 30CrMnSi 合金钢试样带预制裂纹的 960 个声发射信号作为模式识别的样本，从 4 种损伤模式的样本中取出一半即 480 个声发射信号作为测试样本，采用 $K$-近邻法进行模式识别的检验，结果见表 6-2。

表 6-2　金属裂纹采用 $K$-近邻法模式识别结果

| 裂纹损伤模式 | 模式 1 | 模式 2 | 模式 3 | 模式 4 | 准确率/% |
|---|---|---|---|---|---|
| 塑性变形 | 116 | 2 | 1 | 1 | 96.67 |
| 裂纹形成 | 4 | 110 | 6 | 0 | 91.67 |
| 稳定扩展 | 1 | 1 | 118 | 0 | 98.33 |
| 失稳断裂 | 1 | 0 | 1 | 118 | 98.33 |

由表 6-2 可以看出，采用 $K$-近邻法能获得较好的识别效果，对于所有 480 个测试样本，总的准确率为 $(116+110+118+118)/480 = 96.25\%$。在裂纹损伤的 4 种模式中，裂纹形成阶段引起的声发射信号比较容易产生误判情况，而且多与模式 1、模式 3 混淆，其原因可能有两个方面：一方面，由于裂纹形成阶段的声发射信号表征参数分布范围与塑性变形、裂纹稳定扩展比较接近；另一方面，所选的特征参量有限，未能将信号的所有信息包含进来，而且在一定程度上受到所选 $K$ 值的影响（$K$ 值越大，识别结果越准确，但计算量也会迅速增加）。但总体来说，$K$-近邻法能够对声发射特征参数进行有效识别，从而判定试样损伤所处阶段的状况。

# 6.2　声呐关键技术

## 6.2.1　波束形成技术

波束形成技术是基于阵列信号处理技术,发展较早,较成熟稳定,也是运用较多的声成像技术。早期的成像声呐系统主要为二维成像,例如侧扫声呐系统和前视声呐系统,采用的技术主要分为固定波束、单波束及多波束。其中,侧扫声呐系统采用的是固定波束,利用系统平台移动扫描海底采集回波信号。单波束和多波束均可自行扫描海底,只是效率不同。近年来,三维成像声呐技术也得到了较快发展,目前世界上一些先进国家已经拥有良好的三维声呐成像技术,三维声呐成像已被用于海底勘测、海底成像等领域。

波束形成主要有两种方法:数据独立算法(常规波束形成算法);数据依赖算法(自适应或者部分自适应算法)。

### 1. 波束形成的原理

波束形成技术是将一定几何形状(直线、圆柱等)排列的多元基阵的各阵元输出经过处理(如加权、延时、求和等)形成空间指向性。所谓空间指向性,就是让空间某一特定方向的波束输出幅度值最大,而其他方向的波束输出受到抑制,这样波束输出就指向了空间某一方向。通常可以将一个波束形成看成一个空间滤波器,它可以滤去其他方向的来波信号,只让指定方向的信号通过[13]。为了提高成像声呐的成像性能,声成像系统中的接收换能器和发射换能器通常采用由多个阵元组成的基阵结构,通过波束形成技术使基阵形成预定方向的指向性,这样发射换能器能将发生声波的能量集中在某个方向发射出去,而接收换能器接收空间指向方向的回波。我们以最简单、最基本的点源均匀直线基阵为例,如图 6-9 所示,一个 $N$ 元线性阵列,各个阵元间距为 $d$,设各个阵元接收灵敏度相同,平面波入射方向为 $\theta$,则各个阵元输出信号为

$$\begin{cases} F_0(t) = A\cos(\omega t) \\ \quad\vdots \\ F_n(t) = A\cos(\omega t) + n\varphi = A\mathrm{Re}(\mathrm{e}^{-\mathrm{j}\omega t}\,\mathrm{e}^{-\mathrm{j}n\varphi}) \end{cases} \tag{6-79}$$

其中,$A$ 为信号幅度; $\omega$ 为信号角频率; $\tau$ 为相邻阵元接收信号的时间差; $\varphi$ 为相邻阵元接收信号间的相位差,有

$$\tau = \frac{d\sin\theta}{c} \tag{6-80}$$

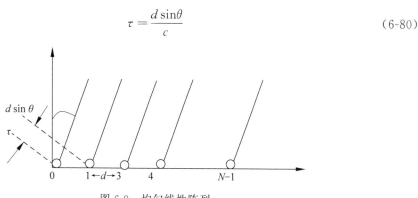

图 6-9　均匀线性阵列

$$\varphi = 2\pi f \tau = \frac{2\pi d}{\lambda}\sin\theta \tag{6-81}$$

Re(·)为取实部的记号，$\lambda = c/f$ 为信号波长，$c$ 为海水中的声速，可以推算出阵的输出为

$$S(\theta,t) = \sum_{n=0}^{N-1} F_n(t) = A \cdot \mathrm{Re}\left(\mathrm{e}^{-\mathrm{j}\omega t}\sum_{n=0}^{N-1}\mathrm{e}^{-\mathrm{j}n\varphi}\right) \tag{6-82}$$

由于

$$\sum_{n=0}^{N-1}\mathrm{e}^{-\mathrm{j}n\varphi} = \frac{1-\mathrm{e}^{-\mathrm{j}N\varphi}}{1-\mathrm{e}^{-\mathrm{i}\varphi}} = \mathrm{e}^{-\mathrm{j}\left[\frac{(N-1)\varphi}{2}\right]}\frac{\sin\dfrac{N\varphi}{2}}{\sin\dfrac{\varphi}{2}} \tag{6-83}$$

所以

$$s(\theta,t) = A\,\frac{\sin\dfrac{N\varphi}{2}}{\sin\dfrac{\varphi}{2}}\cos\left[\omega t + \frac{(N-1)\varphi}{2}\right] \tag{6-84}$$

将其除以阵输出的最大幅度值，即 $NA$，实现幅度归一化，则得到输出幅度为

$$R(\theta) = \frac{\sin\left(\dfrac{N\varphi}{2}\right)}{N\sin\left(\dfrac{\varphi}{2}\right)} = \frac{\sin\left(\dfrac{N\pi d}{\lambda}\sin\theta\right)}{N\sin\left(\dfrac{\pi d}{\lambda}\sin\theta\right)} \tag{6-85}$$

式(6-85)表示一个 $N$ 元等间隔线阵的归一化自然指向性函数。可以看出，当 $\theta = 0$，$R(\theta) = 1$ 时，各个阵元输出信号实现同相相加，使得 $R(\theta)$ 达到最大值[14]，一个多元阵输出幅度大小会随着信号入射角度的变化而变化。要使线性阵列定向在 $\theta_0$ 方向，则第 $i$ 个阵元相对于参考阵元的信号时延变为

$$\tau_i(\theta_0) = (i-1)\frac{d\sin\theta_0}{c} \tag{6-86}$$

此时线阵的指向性函数也相应地变为

$$R(\theta) = \frac{\sin\left[\dfrac{N\pi d}{\lambda}(\sin\theta - \sin\theta_0)\right]}{N\sin\left[\dfrac{\pi d}{\lambda}(\sin\theta - \sin\theta_0)\right]} \tag{6-87}$$

线阵可以实现空间 DOA 估计，且阵元数越多，主瓣宽度越小，DOA 估计精度也越高。

上述介绍的为时延波束形成的原理，相移波束形成原理与时延波束类似。当信号为单频或者窄带信号时，因为频带很窄，不涉及频率的变化，此时相移波束形成可近似为时延波束形成。

综上所述，由于各个阵元之间的接收信号存在时延差或相位差，对各个阵元的输出信号进行时延或相位补偿后再叠加，可使预定方向的入射信号形成同相相加，使该方向的波束输出幅度为最大值，其他方向的波束输出受到抑制，从而实现空间滤波的功能。

### 2. 多波束形成技术

尽管单波束声呐具有简单、容易理解及易实现等特点，但因单波束声呐一次只能发射一

个扇形波束进行扫描,一次收发过程中只能观察到一个波束所覆盖的扫描空间。对于单波束声呐要实现观察较大的扇面区域,通常采用机械或者电子扫描的方法来转动这个波束,使该单波束逐步搜索并覆盖该扫描区域,且只能观察搜索一个方位上的目标,效率低。对于要

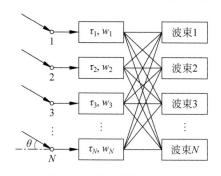

图 6-10  多波束形成原理

求较高的海底测深、勘探及海洋测绘等领域,单波束声呐是不能满足要求的,而多波束系统不仅可以提高搜索速度,实现较大范围对海底进行的覆盖扫描,将目标区域分割成若干块,每一块对应一个像素,而每个像素都要有一个波束与之对应。因此多波束声呐在海底测深、海底绘图等技术领域有广泛应用。多波束系统声呐由多个波束形成器组成,如图 6-10 所示,多个波束形成器形成的波束按顺序排列并充满这个扫描空间,将扫描空间分割为若干块。

当在相邻阵元之间插入相移 $\beta$ 或者时延 $\tau\left(\tau=\dfrac{\beta}{2\pi f}\right)$ 时,式(6-82)中阵的求和输出变为

$$s(\theta,t)=\sum_{n=0}^{N-1}A\cos[\omega t+n(\varphi-\beta)] \tag{6-88}$$

因而形如式(6-85)的归一化输出幅度变为

$$R(\theta)=\frac{\sin\left[\dfrac{N}{2}(\varphi-\beta)\right]}{N\sin\left[\dfrac{1}{2}(\varphi-\beta)\right]} \tag{6-89}$$

当得到的主波方向(主波束)满足 $\varphi-\beta=0$,即 $\dfrac{2\pi d}{\lambda}\sin\theta_0=0$ 时,此时的 $\theta$ 记为 $\theta_0$,则

$$\sin\theta_0=\frac{\beta\lambda}{2\pi d} \tag{6-90}$$

$$\theta_0=\sin^{-1}\frac{\beta\lambda}{2\pi d} \tag{6-91}$$

式(6-90)和式(6-91)说明主极大方向从 $\sin\theta=0$ 变到 $\sin\theta_0=\dfrac{\beta\lambda}{2\pi d}$ 或有 $\theta_0=\arcsin\dfrac{\beta\lambda}{2\pi d}$,因为 $\beta=2\pi f\tau$,故式(6-91)可以写成

$$\theta_0=\arcsin\frac{cr}{d} \tag{6-92}$$

从以上分析可知,在阵元之间插入不同的相移 $\beta$(对应相移波束形成)或者不同的延迟 $\tau$(对应时延波束形成),使得主波束指向不同的方向。从图 6-10 得知,第 $i$ 个波束形成器对应时延为 $\tau_i$(对应的相移为 $\beta_i$),各个波束形成器的时延(相移)均不同,则可以形成在空间多个不同方向指向的波束。

利用多波束对空间进行分割时,分割的份数直接影响生成图像的像素。在二维成像声呐系统中,二维图像由垂直和平行声轴两个方向的像素确定。形成的多波束垂直于声轴方向,垂直于声轴方向的像素要求越高,即空间分割越细,形成的波束数就越多。而平行于声

轴方向的像素由主动声呐发射声波的时间间隔及接收阵对回波信号的采样频率决定。有了这两个方向的每一点的像素，一幅完整的二维图像便确定下来了。对三维成像声呐来说，空间每个像素都具有 $(x,y,z)$ 三个方向的坐标信息，沿声轴方向的分辨率是由回波采样频率确定的，而垂直于声轴方向的每一个切面的像素与空间形成的波束数成正比。一般成像声呐的像素数会大于基阵的阵元数 $N$，这样不会太影响图像的质量，但如果像素数小于 $N$，图像的质量就会受到影响。波束形成的好坏也会直接影响图像的质量，通常采用预成多波束的方法。在阵元数和预成波束数相等的条件下，扫描角度范围越小，则对应的角度分辨率越高。当信号来自某一个扫描角度时，对应的波束就会输出最大值，且在指定扫描空间区域形成的波束数越多，该区域对应的角度分辨率越高。

### 3. 波束形成的几个关键问题

**1) 内插波束形成[15]**

根据波束形成的原理，设来波方向为 $\varphi_b$，$\delta_s = \dfrac{df_s}{c}$ 为相邻阵元的最大延迟采样点数，设第 $m$ 个阵元的延迟采样点数为 $q_{mb}$。为了形成指向 $\varphi_b$ 的波束，则

$$q_{mb} = m\delta\sin\varphi_b \tag{6-93}$$

其中，$q_{mb}$ 为整数延迟点数，是采样间隔 $t_s$ 的整数倍。设空间波束索引号为 $b$（$b$ 为整数，例如 $b=0,\pm1,\pm2,\pm3,\cdots$），$b$ 号波束对应来波方向为 $\varphi_b$，有

$$\delta_s\sin\varphi_b = b \tag{6-94}$$

这样求得波束指向角度 $\varphi_b$ 如下：

$$\varphi_b = \arcsin\left(b \cdot \frac{1}{\delta_s}\right) \tag{6-95}$$

但这样的波束指向性是远远不能满足现实要求的。例如，信号频率 $f_0$ 为 $100\text{kHz}$，采样频率 $f_s$ 为 $500\text{kHz}$，阵元间距 $d=0.5\text{cm}$，求得 $\delta_s=1.67$，阵元间最大延迟取整为 1 个采样点。即在 $0°$ 到 $180°$ 之间预成 3 个波束，很显然，这样的空间分辨率是很低的，DOA（direction of arrive）测试精度远远不够，通过波束内插法可以解决以上问题，设波束内插 $D$ 倍，则

$$q_{mb} = mD \cdot \delta_s\sin\varphi_b \tag{6-96}$$

$$\varphi_b = \arcsin\left(b \cdot \frac{1}{D\delta_s}\right) \tag{6-97}$$

由式(6-96)可知，波束内插可以整数倍提高采样频率，采样频率变为 $D \cdot f_s$，波束指向角度也相应变为原来的 $D$ 倍。

**2) 基阵的空间分辨率**

基阵的空间分辨率可以用波束的主波束宽度 $\theta$ 来表示，波束的主瓣宽度定义如下：从主瓣方向（$R(\theta)$ 最大值点处）开始，$R(\theta)$ 下降到 $R(\theta)_{\max}/\sqrt{2}$ 的角度间隔称为主瓣半角度 $\theta/2$，$\theta$ 则称为主瓣宽度，也叫半功率点或者是 3dB 波束宽度。空间分辨率是声呐成像的一个重要指标，主瓣宽度越窄，波束指向性越强，目标空间分辨率越高，形成的图像也就越清晰。在 $\sin\theta$ 为坐标轴时，主瓣宽度的一半为 $\Delta\sin\theta = \dfrac{\lambda}{Nd}$，发射声波的波长及基阵的长度 $l = Nd$ 决

定主瓣宽度[14]。在实际工程中,往往通过提高发射声波的频率,或通过增加基阵长度来提高基阵的空间分辨率。这也是声呐成像系统中多采用几百千赫兹到几兆赫兹的声信号的原因。

3) 波束主旁瓣比的改善

成像声呐系统中对基阵的指向性要求较高,希望有较小的旁瓣级,降低主旁瓣的相对幅度,以免形成对主瓣方向的干扰,降低声呐图像的成像质量。对阵元输出进行幅度加权可以改善基阵的指向性,降低旁瓣级。常用的幅度加权标准有:在给定旁瓣高度的要求下获得最窄的主瓣;在给定主瓣宽度要求下获得最低的旁瓣;在一定阵元数下,满足给定的主旁瓣高度比等。使用最多的是道夫-契比雪夫加权法(Doolph-Chebyshev),用这种方法可以得到相等的旁瓣级,道夫-契比雪夫加权具有以下两个特点:

(1) 在给定任意的旁瓣级下使主瓣宽度最窄;

(2) 在给定主瓣宽度下使旁瓣级最低。

道夫-契比雪夫加权法在波束形成算法中广泛使用[16]。如信号频率 $f_0$ 为 300kHz,采样频率 $f_s$ 为 3000kHz,阵元间距 $d$ 为 0.25cm。与等值加权相比,经过主旁瓣比为 35dB 的道夫-切比雪夫加权后,旁瓣级明显下降,幅度加权获得的旁瓣级降低是以增加主瓣宽度为代价的。实际应在主瓣宽度和主旁瓣比折中考虑。

4) 信号频率、阵元间距的选择

根据声呐技术波束形成基本原理,基阵的指向性存在第一副极大值 $\lambda/d$,当阵元间距较大时,则主波束转动时第一副极大值会落入扫描扇面内,造成目标方位模糊或混淆。若扫描扇面半宽度为 $\theta_s$,则需要满足 $2\sin\theta_s \leqslant \dfrac{\lambda}{d}$,即可做到在这个扇面内扫描,不会在其中出现副极大值。如要求扫描范围为 $\pm 90°$,此时要求 $\lambda/d \leqslant 1/2$。有时限制搜索范围时,可以根据要求在有限范围内搜索,则应适当选择 $d/\lambda$,使副极大足以远离扇面边缘即可。

例如,信号频率 $f=200\text{kHz}$,选定波束扫描范围为 $\pm 30°$,根据信号波长 $\lambda=c/f$,其中 $c=1500\text{m/s}$,求得 $\lambda=0.75\text{cm}$,则得到阵元间距 $d \leqslant \dfrac{\lambda}{2\sin\theta_s} = 0.75\text{cm}$,由阵元间距和阵元数就可得到波束的主瓣宽度。

## 6.2.2　波束形成声成像技术

波束形成声成像技术是一种被广泛使用的声成像技术,波束形成技术是波束形成声成像系统中的重要组成部分,波束形成的好坏将直接影响最终生成的图像质量。发展较早的主要是二维成像声呐,如侧扫声呐、前视声呐等,二维声图像中仅包含了目标的距离和方位信息,不包含被扫描区域的垂直距离变化等三维信息。随着科技的不断进步和发展,三维声呐成像技术也得到了较快发展,目前世界上一些先进国家已经拥有良好的三维声成像技术,三维声成像声呐已被用于海底勘测、海底成像等领域。

### 1. 二维声成像技术

采用波束形成的二维声成像系统中,主要是利用波束形成来获得观测区域的距离和方位信息。其中距离信息是根据目标后向散射回波时间换算成距离,而方位信息是根据各个扫描角度的波束输出强弱来实现的。二维声成像主要采用的是线性阵列,线性阵列具有电路结构简单、通道数少、硬件实现方便等优点,被广泛应用于声成像系统中。常用的线性阵列的成像方式有以下两种:

(1) 单波束扫描成像

单波束成像声呐一次只能发射一个波束,只能观察到一个波束扫描区域。要想获得被观测区域的完整信息,可以通过机械旋转单波束线阵来获得指定扇面或者全方位的区域信息,最终通过拟合二维点图生成二维声图像。

(2) 多波束预成电子扫描成像

利用多波束形成技术,在一次脉冲发射期间预成多个波束,实现同时对很宽的区域扫描,获得观测区域的二维信息,生成目标二维图像。预成多波束的优点为一次扫描就能覆盖较宽的区域,因为采用数字电子扫描技术,其成像速度快,可以进行大面积区域成像。

1) 成像系统的组成

二维声呐成像多采用单波束扫描声呐和预成多波束声呐进行扫描成像,其基阵采用线性阵。对于二维成像声呐,其水下目标声成像系统主要由四部分组成,分别为目标回波信号接收、前置预处理、后置处理及终端显示,系统中各个模块的功能如图 6-11 所示。

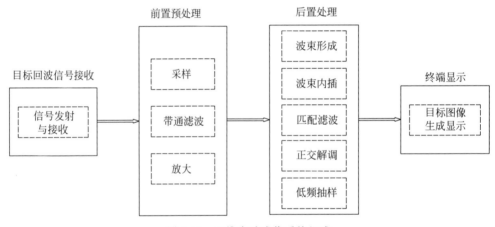

图 6-11　二维声呐成像系统组成

(1) 目标回波信号接收:发射换能器向探测水域发射特定的声信号,经过水下环境反射体反射后,接收换能器基阵接收后向散射回波,声信号经过水下信道传输再经反射体反射,形成水下目标的回波信号,回波信号由目标回波及混响叠加而成。

(2) 前置预处理:完成对回波信号的预处理,为后续波束形成和图像生成提供可靠有效的数据,主要包括对回波信号的采样、带通滤波、放大等功能。

(3) 后置处理:在前置预处理的基础上,对回波信号进行波束形成、波束内插、匹配滤波、正交解调、低频抽样等数据处理,再对目标的方位、距离和强度等信息进行估计,最终生成回波声成像(强度—角度—强度声图像),即目标的二维俯视图、侧视图及三维图,再经终端显示出来。

(4) 终端显示:通过终端显示对声呐成像的结果进行显示。

对水下目标进行声成像可以较完整地获取目标及其所在水下环境的多维空间信息,从而为目标分类与识别提供更加充分的依据。水下声成像依据对目标回波信息进行数据及图像处理,形成由主要亮点构成的目标伪图像,从而对目标进行有效识别。

2)波束形成的实现

二维成像声呐系统主要采用线列阵,使用常规波束形成算法实现。通过测量发射声波的收发时间差,获取目标的距离信息,再由波束空间扫描获取目标方位信息。由波束形成理论可知,系统的输出可以表示为

$$y(t) = \sum \omega_i s_i(t - \tau_i) \tag{6-98}$$

其中,$\omega_i$ 为第 $i$ 个阵元的加权系数;$s_i$ 为第 $i$ 个阵元的输出信号;$\tau_i$ 为第 $i$ 个阵元的时延。采用加权系数是为了改善旁瓣比或者抑制某种特定的干扰,常用的加窗函数有汉宁窗、海明窗、切比雪夫窗等加权方法,应根据实际情况选择加权系数。延迟时间的补偿精度取决于系统信号采样频率,较好的系统性能要求较高的采样频率,一般要求达到奈奎斯特频率的 5~10 倍,并要求较高的数据传输速率。要想得到更高的空间角度分辨率,可以采用提高采样频率 $f_s$ 或者提高波束插值倍数 $D$ 的方法来实现。

3)匹配滤波

在主动声呐信号处理技术中,常用波束形成、匹配滤波等方法来提高回波信号的信噪比,提高判决目标有无的把握。主动声呐接收的回波信号先经过波束形成技术取得空间增益;再经过对波束形成后的输出作进一步的处理,以获取足够的时间增益。

考虑将回波信号经过一种最佳的线性滤波器,通过该滤波器后,能够获得最大信噪比的输出。在波形检测中,经常用匹配滤波器来构造最佳检测器,匹配滤波器在信号检测理论中占有重要地位[13-15]。在通信系统中,常用的接收机都简化为由一个线性滤波器和一个判决电路两部分组成。

设接收机系统输入为确知的、能量有限的信号 $u_e(t)$,其复数形式为 $u(t)$,接收系统响应函数为 $h(t)$,传递函数为 $H(f)$,在 $t = t_0$ 时系统输出为

$$y(t_0) = \int u(t) h(t_0 - t) \mathrm{d}t \int U(f) H(f) \mathrm{e}^{\mathrm{j}2\pi f t_0} \mathrm{d}f \tag{6-99}$$

使 $y(t_0)$ 达到最大值的系统定义为与信号 $u(t)$ 匹配的匹配滤波器系统,简称匹配滤波器。由施瓦尔兹不等式及系统输出最大值的条件可以得出:

$$y(t) = K \int u(t') u^*(t' - t + t_0) \mathrm{d}t' = K R_u(t_0 - t) \tag{6-100}$$

其中,$K$ 为滤波器的相对放大量;$R_u(t_0 - t)$ 为输入信号 $u(t)$ 的相关函数,在 $t = t_0$ 时刻为匹配滤波器的最大输出时刻。对于一般输入信号而言,匹配滤波器相当于能计算互相关函数的互相关器,匹配滤波器是在白噪声背景下有效信号检测的最佳接收机[16]。

## 2. 三维声成像技术

近年来随着声呐技术的快速发展,人们已经能够运用声呐完成水下导航、定位及测距等多种任务。在声成像声呐中,二维成像声呐生成的二维图像只包含距离和方位信息,任何物体的形状都是三维的,在水下声成像中,将接收到的声呐信号经过信号处理后形成目标的空间三维信息,再以三维图像进行终端显示,这将有利于全面掌握目标的立体信息,帮助人们做出更加直观和准确的判断。因此水下目标三维声成像技术越来越受到人们的重视,在海底测绘、海底成像、水下目标探测等领域的应用也越来越广泛。

1）三维成像的方法

目前水下三维声成像使用的方法主要有三种：①利用一维线性阵列，在垂直（或平行）航迹方向上形成多波束，获取观测区域的二维信息，在平行（或垂直）于航迹方向上进行机械扫描，通过计算机拟合获取的二维信息最终生成三维图像，如美国 RESON 公司的 SeaBat8125 成像声呐；②利用平面阵具有两个扫描角度，在空间进行多波束扫描，直接获取目标的水平、垂直、距离 3 个方向上的分辨率，形成三维图像。如 CodaOctopus 公司的 Echoscope 系列声呐；③利用声透镜技术中的干涉原理获取观测区域的高度信息，实时形成目标的三维图像，如干涉测深仪等。

三维成像采集到的数据量很大，一次性处理完所有数据生成三维空间图像对硬件要求极高。一般采用先形成垂直（或水平）截面内的二维切片图（slice 或 vertical section），再将多个二维切片图按顺序排列，最后形成三维图像所需的回波矩阵显示出来。三维图像的显示也有多种形式，可以进行直接的三维目标立体空间显示，也可以辅之以俯视图、侧视图等，判断更加准确。

2）三维声图像处理技术

声呐系统向感兴趣的水下区域发射声信号，利用声成像的方法对接收到的后向散射回波进行处理，可得到该区域一系列 2D 的声呐图像切片，合成这一系列切片就可以得到三维声呐图像。声呐图像切片可以有两种，一种是振幅（强度）图像，另一种是距离图像，同一时刻的振幅图像与距离图像在方位上是一一对应的。其中由距离图像得到的三维数据称为程距数据（range data）。对于一次三维声成像，可同时得到这两种类型的图像，其中振幅图像给出的是成像方位上的目标回波振幅（强度）信息，距离图像给出的是成像方位上的目标与参考点的距离信息。通过对两类声呐图像同时进行处理以实现目标探测与识别，三维声呐图像处理流程包括：图像滤波，图像分隔与重构，特征值提取、图像分类与识别及终端显示。

（1）图像滤波

图像滤波的作用在于减少非物体表面散射点的影响，消除旁瓣及噪声的干扰，目的在于减少色点（speckle），增强图像的对比等。声呐图像的滤波主要是利用幅度信息，方法有很多种，常用的有 FIR 滤波法、门限法、统计学法等。

FIR 滤波法主要用于剔除图像中的色点，通过设定连续的窗函数，利用同一窗函数内的像素加权和来实现滤波。FIR 滤波法会使图像边缘模糊，使目标识别变得困难，也不能有效滤去干扰和信号相关噪声。门限法在区分后向散射回波与干扰信号时是一种简单有效的方法，被广泛用在水下三维图像处理中。门限法一般作用于振幅图像，通过设定回波振幅的门限，留下振幅高于门限的分辨单元，滤去振幅低于门限的分辨单元。通过振幅图像与距离图像的对应关系，对距离图像也进行相同的处理。这一处理过程直接作用于波束信号且效果明显。统计学的方法也可以用来处理数据以分析实时的信息。运用统计学的理论模拟实时的物理过程，然后利用"倒置"（反向）技术来减弱噪声。对去除噪声及改进成像质量而言，门限法及 FIR 滤波器效果较好，统计学的方法在图像实时修复方面更有优势。

（2）图像分隔与重构

不同声呐图像的数据有不同的分割方法。总体来说，分割被认为是设置像素群（区域）的过程。不同的像素点有不同的特征，将有相似特征的像索群归于一类，在不同的区域标上不同的标签,就可以进行区域分类,或简单地描述不同的区域。图像分割主要运用统计学的方法,特别是运用 MRF(马尔可夫随机场)模型。另外一种方法是几何学法,主要处理的是距离图像。

马尔可夫随机场(MRF)本质上是一个条件概率模型,结合贝叶斯准则,把问题归结到求解模型的最大后验概率估计,进而转化为求解最小能量函数的结合优化问题、探测与分类。尽管 MRF 模型适用于处理声信号,但是其运算量极为庞大,不利于三维图像的实时显示。几何学法主要是对距离图像进行分割。目前对距离图像分割的方法主要有:基于边缘的分割、基于区域的分割及混合区域分割方法。基于边缘的分割方法根据图像数据点局部封闭的边界来检测多个连续曲面。由于声呐图像的低分辨率及低信噪比,基于边缘的分割方法不适于处理声呐图像。基于区域的分割方法主要是划分具有相同几何微分特性的区域,一般遵从局部到整体的分割顺序。在第一个局部阶段,对图像进行过度分割( over segmentation),按照不同的微分特征将全部点标上记号;接下来的整体阶段是一系列的合并过程,将有相同特征的局部合并到一起以实现更好的分割。整体阶段实际上是一个迭代的过程,目的在于改善第一次过度分割的效果。计算过程中首先需要确定选用何种表面函数来对不同的局部进行分类(建模)。一般基于区域的分割方法可以得到较好的分割效果,但其计算量无法预知。这一方法在三维声图像处理中运用较为广泛[17]。混合区域分割方法将基于边缘和基于区域的方法结合起来,首先利用二次曲面拟合测量数据点集,然后计算曲面的高斯曲率和平均曲率,利用这两个参数进行初始区域分割。通过基于边缘的方法对初始区域进行边界提取,得到最后的分割区域。

图像三维重构的目的是构建出待测物体的三维几何表达,恢复物体真实的表面状况。图像重构主要运用几何学的方法,常常和图像分割迭代进行。基于不同的数据类型,几何学方法包括对不同交叉区域的融合、曲面拟合法及体重构等。

(3) 特征值提取、图像分类与识别

图像识别就是以图像的分类与描述为主要内容,目的是找出图像各个部分的形状和纹理特征,即特征提取。图像的特征就是一幅图像与其他图像不同的原始特性或根本属性。有的特征与图像的视觉外观相对应,具有原始性,如亮度、形状描述、灰度纹理;有的特征缺少自然的相应性,如灰度直方图、颜色直方图等。

如果将原始目标图像直接进行分类,则需要很大的计算量,并且目标图像中含有的噪声对识别也存在很大的影响,特征提取与选择的基本任务是从众多特征中求出那些对分类识别最有效的特征,从而实现特征空间维数压缩。依据不同的机理提取多个目标特征,完成目标到不同特征空间的映射,将这些特征组成特征矢量即构成目标空间到多维特征空间的映射,这种多维特征识别技术往往能够达到很好的识别效果。特征提取的方法主要有基于颜色的特征提取、基于纹理的特征提取及基于形状的特征提取,在声呐图像中一般不涉及颜色的特征提取。经过特征提取后,完成了目标数据由图像域到特征域的转换,就可以用特征来表示图像数据,然后将特征数据送到设计好的分类器进行目标分类。

(4) 终端显示

声呐所获得的信息通常用一些显示设备集中地显示出来,显示的内容一般包括目标的位置及其运动的情况、目标的各种特征参数等。这些显示设备是声呐的一种终端设备,可称为声呐终端显示器。通过显示终端的声呐成像处理软件对图像进行处理,并通过显示终端图像显示三维成像结果。

3）聚焦波束的形成

声呐系统在远场成像时有一个假定，即信号的波阵面是平面波，而在近场时对水下目标成像时可能造成的误差较大。假定基阵的尺度为 $L$，目标距离为 $r$，信号波长为 $\lambda$，当 $r \leqslant 2E/n$ 时，目标位于基阵近场，此时信号是按照球面波传播的，需要对声呐系统进行聚焦，一般将聚焦和波束形成结合处理。而对近场成像通常有两种解决聚焦问题的方法：正前方单波束聚焦及所有波束都聚焦。

（1）正前方单波束聚焦

以线阵为例，介绍正前方单波束聚焦的原理。如图 6-12 所示，$\boldsymbol{X}_i$ 为线阵各基元位置，$\boldsymbol{F}$ 为焦点位置（沿声轴方向离阵中心 $R$），阵元间距为 $d$。假定参考阵元为 $\boldsymbol{X}_k$，为使各基元对 $\boldsymbol{F}$ 处信号同相叠加，首先需要计算各阵元接收的信号与参考阵元间的相位差 $\phi_1, \phi_2, \cdots, \phi_N$。在波束形成之前用 $\phi_1, \phi_2, \cdots, \phi_N$ 对空间其他方位的波束进行相位补偿，这种聚焦方法称为正前方单波束聚焦，而 $\phi_1, \phi_2, \cdots, \phi_N$ 称作聚焦校正因子。对于平面阵，正前方单波束聚焦的相位补偿因子 $\phi_{n,m}$ 是任意阵元与参考点（沿声轴方向离阵中心点 $R$ 处）的声程差。

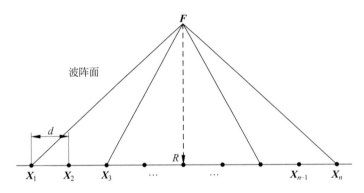

图 6-12　正前方单波束聚焦波束形成的几何关系

由于对空间所有方位的波束均采用正前方单个波束的聚焦校正因子去补偿，只有沿声轴方向的波束才能达到真 $\boldsymbol{F}$ 的同相相加，波束偏离声轴方位越大则造成的误差越大，聚焦后的波束宽度会变宽且主旁瓣比会减小。因此这种聚焦方法只有当基阵扫描角度较小时才适用。

（2）所有波束都聚焦

所有波束都聚焦的方法即对所有扫描范围内的波束都计算其聚焦校正因子，并在波束形成之前用各自的聚焦校正因子去补偿。以直线阵为例，声源在近场空间任意位置 $\boldsymbol{F}$，基阵任意阵元与参考点之间相位差为 $\phi_1, \phi_2, \cdots, \phi_N$，在波束形成前先对基阵输出做相位补偿，使各阵元的输出信号在声源方位达到同相相加。对扫描空间内所有波束方位均计算 $\phi_1, \phi_2, \cdots, \phi_N$ 并进行补偿。$N$ 元等间隔线阵在空间有 $N$ 个独立波束，因此需要对空间 $N$ 个方位做相位补偿。等间隔平面阵需要补偿 $N \times M$ 个方位，其焦面在一个以基阵中心为球心、半径为 $R$ 的切面上。这一聚焦方法计算量过大不利于实时成像，工程上实际使用时往往采用只取若干聚焦面的方法，把离 $R$ 焦面较近的若干距离都按照 $R$ 焦面去补偿相位。

### 6.2.3 多波束声呐技术

#### 1. 多波束探测技术

多波束成像算法是以多波束测深声呐测深的算法为基础的。在实际工程应用中,将成像算法与测深算法结合起来,采用多波束测深算法对各个波束进行 TOA 估计与 DOA 估计,将得到的 TOA 信息和 DOA 信息应用到成像算法中,利用成像算法来计算各个波束内的回波强度信息、水平位移及入射角等信息,可以得到形成海底声呐图形所需的信息。在多波束测深算法中,比较经典、应用较广泛的是基于幅度的 WMT 算法。

(1) FFT 波束形成

多波束声呐系统接收阵阵元数一般是固定的,为了获取更多的波束控制方向的信息,在进行处理之前,首先要对接收信号进行波束形成计算。

波束形成的实质就是空间滤波,波束形成要达到的目的就是对特定角度的信号有响应,而忽略其他角度的信号。按照线性系统的理论知识,波束形成本质上也可以看作一种卷积运算,所以可以用频域的乘积来实现波束形成,这就是频域波束形成技术。对多波束声呐系统的数据进行波束形成计算时,可以直接对每个采样点的信号进行空间傅里叶变换,作为波束形成的输出。由于 FFT 运算量小,速度快,而且在器件上比较容易实现,目前大多数数字信号处理器件都有比较成熟的 FFT 算法,使用起来也比较方便,多波束声呐大多都利用 FFT 做波束形成。

多波束形成的结果可以用矩阵的形式表示:

$$\begin{bmatrix} B(\theta_1) \\ \vdots \\ B(\theta_M) \end{bmatrix} = \begin{bmatrix} D_{11} & \cdots & D_{1N} \\ \vdots & \ddots & \vdots \\ D_{M1} & \cdots & D_{MN} \end{bmatrix} \times \begin{bmatrix} S_1 \\ \vdots \\ S_N \end{bmatrix} \tag{6-101}$$

其中,$B$ 表示波束输出向量;矩阵 $D$ 表示相位补偿矩阵;向量 $S$ 表示加权系数。

FFT 运算的一般表达式为

$$H_k = \sum_{i=0}^{N-1} h_i e^{j\frac{2\pi ik}{N}} \tag{6-102}$$

其中,$k$ 的取值范围为 $0 \sim N-1$,可做如下替换:

$$H_k = B(\theta_k)$$

$$\frac{2\pi}{N} ik = \frac{2\pi}{\lambda} id \sin\theta_k$$

那么可以得到:

$$\theta_k = \sin^{-1}\left(\frac{\lambda k}{dN}\right) \tag{6-103}$$

其中,$\theta_k$ 为第 $k$ 个波束控制角。因此利用 FFT 运算做波束形成,可以计算出每个波束的控制角,就是计算深度信息中所需的 DOA。因此,多波束声呐用 WMT 方法来测量深度时,若采用 FFT 做波束形成,可以很快地计算出 DOA,就可以把主要精力放在 TOA 的估计上。

(2) WMT 测深算法

多波束 WMT 测深算法的基本原理是通过发射波束和接收波束对海底进行 Mills 交叉采样,形成按波束角度分布的波束输出序列,分别对各个波束进行 TOA 估计得到每个波束主轴方向的回波到达时间,就可以得到与波束数目相同的深度信息。

多波束测深声呐系统接收来自海底的回波信号,在一个测量周期(1 ping)内接收到的数据按以下矩阵分布:

$$\boldsymbol{D}_1 = \begin{bmatrix} a_{11} & \cdots & a_{1T} \\ \vdots & \ddots & \vdots \\ a_{N1} & \cdots & a_{NT} \end{bmatrix} \tag{6-104}$$

其中,$N$ 代表接收阵中接收阵元数量;$T$ 代表每个测量周期中采样点数量,即每个测量周期的采样时间长度。由于接收到的信号为实信号,不进行波束形成计算。因此,为了方便进行波束形成计算,将每一个接收阵元接收信号的时间序列进行 Hilbert 变换,将实信号变为复信号,得到原始信号的解析信号,这样就可以得到如下按矩阵方式排列的解析信号数据块:

$$\boldsymbol{D}_2 = \begin{bmatrix} S_{11} & \cdots & S_{1T} \\ \vdots & \ddots & \vdots \\ S_{N1} & \cdots & S_{NT} \end{bmatrix} \tag{6-105}$$

对 Hilbert 变换之后得到的数据矩阵 $\boldsymbol{D}_2$ 中的每一列(即每个采样时刻得到的信号)做 $M$(一般是 2 的整数次幂)点的 FFT 运算。其中,$A_{ij}$ 表示阵元接收信号波束控制角为 $\theta_i$ 方向、采样时刻 $j$ 时的幅度值。根据数据块,对于每一个波束控制角度方向的信号,由式(6-106)计算每个采样时刻的动态门限:

$$\mathrm{DOOR}_j = \frac{1}{M} \sum_{i=1}^{M} A_{ij} \tag{6-106}$$

在每一个波束控制角方向 $\theta_i$ 上,将各采样点上的回波信号幅度 $A_{ij}$ 按采样的时间顺序进行排放,然后利用起始门、终止门,将动态门限以外的数据剔除,只保留动态门限以内的数据,如图 6-13 所示。起始门和终止门代表的能量集中时间范围就是该波束 TOA 的范围,而动态门限的作用就是剔除波束幅度序列中幅度过小的采样点,利用中心能量收敛法确定波束的动态门限。然后利用动态门限保留下来的数据计算回波到达时间(TOA),计算方法为幅度加权平均,如下所示:

$$\hat{t}_{\mathrm{TOA}} = \frac{\sum\limits_{i=1}^{M} A_i t_i}{\sum\limits_{i=1}^{M} A_i} \tag{6-107}$$

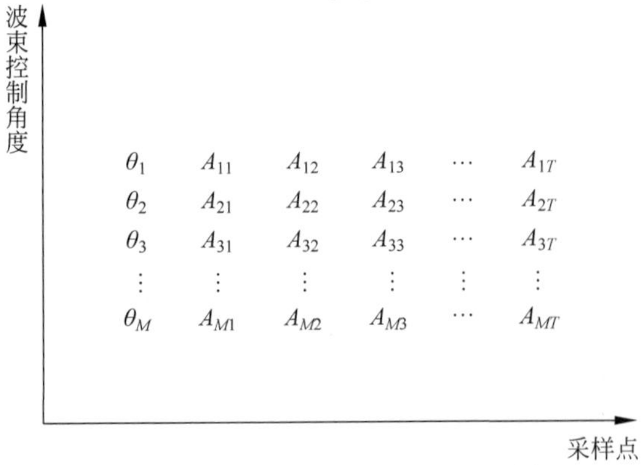

图 6-13　FFT 波束形成之后得到的数据

在每一个波束控制方向,都可以计算出对应的回波到达时间(TOA),在进行 FFT 波束形成的时候,可以计算出每个波束控制方向的角度值(DOA)。有了 TOA 和 DOA 信息,就可以利用三角模型计算出每个波束对应的深度信息和水平位移,为多波束成像算法计算提供信息。

**2. 多波束声呐成像技术**

1) 多波束声呐成像方法

在海底成像技术中,多波束成像技术因为覆盖范围广、分辨率高等优点,是国内外研究的热门。国内外提出了很多基于多波束声呐的成像算法,比较典型的包括快拍法、伪侧扫法、波束幅值法及 Snippet 法。

(1) 快拍法

在典型多波束海底成像算法中,快拍法在每个测深窄波束内完成对回波信号的采样,这样就可以在每个波束内获取一个完整的反映回波强度的时间序列,在成像处理的过程中,要应用所有的回波数据,实现既包含海底信息又包含水体信息的完整回波强度数据采样,图 6-14 就是快拍法波束采样的几何示意图,因此快拍法对于水体成像的研究较为有效。但是,在海底成像过程中完全没有必要应用所有回波强度信息,因此快拍法的数据量相对较大,数据传输和处理均会对探测设备性能带来影响,直接表现为降低测量频率。即便目前信号处理能力日益提高,在实际工程中还是要尽可能地降低数据量,以满足高效率和高可靠性的要求。

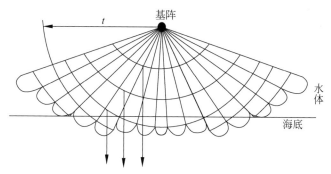

图 6-14　快拍法波束采样几何示意图

(2) 伪侧扫法

伪侧扫法则是利用基阵两侧的两个宽波束来获取海底回波强度数据,其工作几何示意图如图 6-15 所示,在某一个特定时刻分别对两个宽波束的覆盖范围进行采样,得到回波强度数据,然后将得到的每个回波强度值转化为像素值,这种生成回波强度时间序列的方式与侧扫声呐类似。因为伪侧扫法的宽波束与测深窄波束不同,相互之间是独立的,而且宽波束在高程面上很宽,因此与回波强度信息对应的水平位移或入射角度必须通过深度剖面间接计算获得。

(3) 波束幅值法

波束幅值法与快拍法类似,通过测深窄波束获取回波强度数据,每个波束生成的回波强

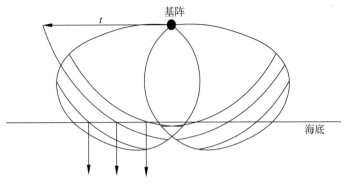

图 6-15　伪侧扫法几何示意图

度时间序列对应于该波束的反向回波强度值,然后转化为像素值,图 6-16 是波束幅值法的几何示意图。该像素值与波束主轴方向的回波强度值对应,因此每个像素值的位置信息对应于波束脚印的中心位置,图 6-17 表示回波强度数据与位置信息的测量示意图。

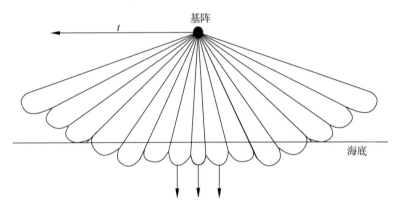

图 6-16　波束幅值法几何示意图

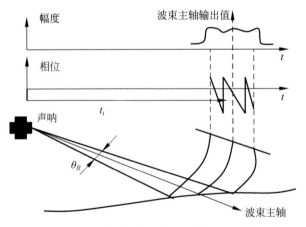

图 6-17　回波强度数据与位置信息的测量示意图

（4）Snippet 算法

Snippet 算法是国外比较成熟也比较先进的多波束成像算法。利用 Snippet 算法进行多波束成像,有很多优点:①在测量过程中,回波强度测量与地形测量使用了相同的窄波束,所以回波强度的位置信息与接收波束的方位信息能够联合起来,利于后续处理中回波强度采样样本位置信息的获取及反向散射数据与测深数据的准确融合;②每个 Snippet 计算一系列回波强度值,生成的海底声呐图像的分辨率可与侧扫声呐相比拟,但是多波束测深声呐对地理位置的估计更为准确,而且多波束形成带来了比侧扫声呐更高的空间分辨能力;③Snippet 算法能够在每个波束的波束脚印内解算反向散射强度信息,所以可以更大地提高反向散射回波强度数据的信噪比。

在这些成像算法中,每种方法都有其优缺点,需要根据使用条件来选择具体的成像算法。

2)多波束 Snippet 成像算法基本原理

与其他几种多波束成像方法不同的是,Snippet 法对每个测深窄波束输出完整信号包络,以各自波束主轴方向的海底检测点作为采样参考点,在各自波束脚印内进行时间采样,生成反向散射强度时间序列,如图 6-18 所示。因为采样仅在各波束输出序列在海底的波束脚印内进行,所以利用该方法获得的回波强度时间序列只是截取于完整信号包络的一个片断,即 Snippet 片断。Snippet 法能较好地克服另外几种海底成像方法存在的分辨率低、信息利用率低及不能与地形信息融合的问题,是当前国际上多波束测深声呐获取海底回波强度数据最主要的手段与研究热点。

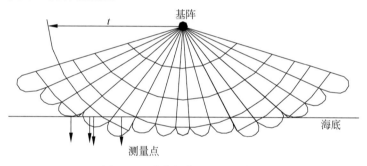

图 6-18 波束幅值法测量示意图

(1)片段截取

由于不同多波束声呐系统在换能器结构和波束角度及控制上存在一定的差异,因此在利用多波束 Snippet 成像算法进行成像处理时,不同的多波束声呐系统在波束内截取片断所用的方法也会存在一定的差异,但有一个前提,那就是在每个波束内截取到的回波强度时间序列能够无缝连接起来,即相邻的波束截取的片断之间不能有空隙,如果出现空隙就会出现测量盲点,这样相邻波束内的反向散射强度信息就无法衔接起来。

在实际应用中,一般都是由声呐系统处理单元根据每个波束的斜距值估计来预先设定每个片断的起始时刻和长度,在使用多波束 Snippet 成像算法时,时间一般用采样样本数来表示,因此起始时刻和长度也分别称为片断偏移和采样的样本数。

多波束 Snippet 成像算法数据的采集有两种模式:均匀距离模式和平海底模式。均匀距离模式下采集数据时,其时间窗的长度与波束斜距长度呈比例关系,并且波束主轴对应检测点的位置为该波束的采样时间窗的中心位置。如果某一波束主轴方向对应的深度为 $h$,波束角度为 $\theta$,且波束宽度为 $\theta_R$,那么在均匀距离模式下采集数据时采样时间窗的长度与

波束脚印中心位置所对应斜距的比例关系可以用式(6-108)表示:

$$\text{prop} = \frac{h \cdot \tan\left(\theta + \dfrac{\theta_R}{2}\right) - h \cdot \tan\left(\theta - \dfrac{\theta_R}{2}\right)}{\dfrac{h}{\cos\theta}} = \frac{2\sin\theta_R\cos\theta}{\cos(2\theta) + \cos\theta_R} \tag{6-108}$$

从式(6-108)可以看出,该比例关系的数值与深度信息并无直接关系,主要与波束宽度和波束角度有关,在每个波束宽度固定的情况下,比例关系的数值会随着波束角度的增加而逐渐变大。

在实际工程应用中,如果对每个波束都严格按照对应的比例关系进行片断截取,会增加系统的工作量,因此对每个波束角度都取同一比例值,这样可以使计算更加简化。但是,为了达到使每个采样时间窗都尽可能地覆盖整个波束脚印的目的,考虑到波束脚印随波束角度变化而变化的特点,一般在计算比例关系的数值时都是取最左边或最右边波束来计算。在比例关系确定以后,根据声呐系统的采样长度间隔 $d_s$,就可以计算出每个采样时间窗内每一侧的采样样本数 $N_s$,根据采样样本数 $N_s$,可以计算采样时间窗开窗时刻和关窗时刻对应的采样样本号,并确定采样时间窗的长度。

因此,可以计算出采样时间窗开窗时刻和关窗时刻对应的采样样本号分别为

$$\begin{cases} N_{\text{start}} = N_{\text{center}} - N_s \\ N_{\text{end}} = N_{\text{center}} + N_s \end{cases} \tag{6-109}$$

采样时间窗的长度可以用下式计算:

$$W_m = 2N_s + 1 \tag{6-110}$$

当多波束声呐测量范围内海底地形发生显著变化时,准确地计算波束脚印宽度就变得非常困难了,在这种情况下,一般选择均匀距离模式来进行数据采集。但是均匀距离模式下进行数据采集时,也可能会出现其他问题,直接表现为在相邻波束 Snippet 片断的覆盖区域之间有可能会出现缝隙,即各个波束的片断不能无缝连接,导致出现测量盲点。

平海底模式下进行数据采集的前提是假设每个波束脚印内的海底都是平的,即认为波束脚印内的地形没有起伏变化,这样就可以通过各个波束对应的深度信息和波束角度来计算每个波束片断采样时间窗开窗时刻和关窗时刻分别对应的采样样本号,计算公式如下所示:

$$\begin{cases} N_{\text{start}} = 2 \cdot \dfrac{h}{\cos\left(\theta - \dfrac{\theta_R}{2}\right)} \cdot \dfrac{1}{d_s} \\[4mm] N_{\text{end}} = 2 \cdot \dfrac{h}{\cos\left(\theta + \dfrac{\theta_R}{2}\right)} \cdot \dfrac{1}{d_s} \end{cases} \tag{6-111}$$

可得采样时间窗的长度为

$$W_{\text{in}} = N_{\text{end}} - N_{\text{start}} + 1 \tag{6-112}$$

需要指出的是,根据三角模型可以知道,在平海底模式下进行数据采集得到每个波束的片断时,每个波束主轴方向在海底的检测点对应的样本号与采样时间窗的中心并不对应,波束主轴方向垂直于海底的情况除外。

平海底模式与均匀距离模式有一个共同点,那就是受到海底地形变化和波束入射角

度变化的影响,每个波束内截取的片断中采样得到的回波强度样本数不等,采样样本数会随着海底深度和波束入射角度的增加而增加。如果海底的地形变化不是很明显,一般都会采用平海底模式进行数据采集,需要说明的是,在两种模式下得到的结果并没有显著差异。

（2）片段处理

片断截取之后,对其进行处理可以得到每个波束对应的回波强度值,对每个波束的片断进行处理,并将处理结果按照水平位移排列,就可以得到一个测量周期（1 ping）的回波强度。对于 Snippet 的处理方法主要分为两种:第一种方法是每个 Snippet 计算一个回波强度,第二种方法是每个 Snippet 计算一系列的回波强度。

方法一在本质上与波束幅值法相同,但是 Snippet 法的回波强度是通过片断的峰值或平均强度来计算的,所以 Snippet 法的第一种处理方法可以归为波束幅值法的一种。

因为采样片断记录的信息是一个波束内的回波强度时间序列,为了提高信息利用率,也使计算的结果更为准确,所以一般采用的方法是计算平均强度值,这样做更为合理。计算平均强度值的方法是先对回波信号包络的平方进行积分,再对其进行归一化处理,归一化处理利用的是发射信号的脉冲宽度。

使用多波束 Snippet 成像方法的首要目的是提高成像的分辨率,采用这种处理方法使得一个波束内只能得到一个回波强度值,这样对于提高成像的分辨率没有任何好处,而且也不能准确地反映出波束脚印内反向散射强度的变化特征,因此,采用第一种方法对多波束片断数据进行处理是不合理的。

方法二则是利用截取的片断来计算每个波束内的一系列回波强度,这样既提高了采样片断的信息利用率,也能提高成像的分辨率。在成像处理过程中,若是把每个波束内计算的回波强度结果全部用上,生成的地貌图像与侧扫声呐生成的地貌图像相似,但是与侧扫声呐相比有一个明显的优点,那就是旁瓣和水中的噪声都会小很多。每个波束的片断中,根据成像的需要来设置回波强度采样间隔,然后以波束主轴为参考点,分别向前、向后对回波时间序列片断进行采样。

若采样间隔为 $\Delta t$,则其间隔的采样点个数 $\Delta N$ 可以表示为

$$\Delta N = \frac{\Delta t}{t_s} \tag{6-113}$$

那么对应斜距上的采样长度 $L_{\text{sampel}}$ 可以表示为

$$L_{\text{sampel}} = \frac{c \cdot \Delta t}{2} \tag{6-114}$$

进而可以计算出每个片断内的回波强度的样本数量为

$$N_{\text{sampel}} = \frac{N_{\text{center}} - N_{\text{start}}}{\Delta N} + \frac{N_{\text{end}} - N_{\text{center}}}{\Delta N} + 1 \tag{6-115}$$

式（6-115）右边的前两项分别为波束主轴方向之前、波束主轴方向之后的采样样本数,若波束主轴方向在回波强度序列中对应的样本号为 $N_{\text{center}}^s$,那么可以计算出每个回波强度 TOA 对应的样本号为

$$N_{\text{sampel}} = N_{\text{center}} + (N_{\text{sampel}}^s - N_{\text{center}}^s) \cdot \Delta N \tag{6-116}$$

其中,$N_{\text{sampel}}^s = 1, 2, \cdots, N_{\text{center}}^s, \cdots, N_{\text{sampel}}^s$。 如果该样本号对应的时刻为回波强度采样时间

窗的开窗时刻,那么每个回波强度采样时间窗的关窗时刻可以用式(6-117)进行计算:

$$N_{over} = N_{sampel} + \Delta N \qquad (6-117)$$

这样就可以利用每个回波强度时间窗内所有采样点的平均幅度值计算对应样本的声强信息。

因为幅度或相位检测法都只能用来估计波束主轴方向的地理信息,而对波束主轴方向以外的点无法估计出地理位置信息,所以多波束 Snippet 算法在估计各个回波强度的水平位移时,是以平海底为假设前提的。每个回波强度的 DOA 可用式(6-118)进行计算:

$$\theta_{sampel} = \arccos\left( \frac{h}{\dfrac{h}{\cos\theta} + L_{sampel}(N_{sampel}^{s} - N_{center}^{s})} \right) \qquad (6-118)$$

则每个回波强度对应的水平位移为

$$x_{sampel} = h \cdot \tan\theta_{sampel} \qquad (6-119)$$

从上述公式可以看出,声呐在斜距上采样是等间隔线性的,表现在海底上却是非线性的。入射角越小,这种非线性现象表现得越明显,而且随着入射角的变大,采样间隔逐渐变小,当角度变大时,采样间隔趋向于一个固定值,这时采样就可以看作是线性的。

### 3. 多波束声呐成像影响因素及修正

多波束声呐成像算法可以得到比侧扫声呐更高的空间分辨率,并且信噪比要比侧扫声呐高。但是回波强度并不能直接反映海底地貌特征,反映海底地貌特征的参数是反向散射强度,因此需要根据回波强度对海底反向散射强度进行计算。在实际的探测中,声波在海水中传播时会受到很多因素的干扰,如传播损失、声线弯曲等。因此,在数据处理过程中,要对声强信息进行一定的补偿,这样才能使得到的海底回波散射强度信息更加准确。

1) 散射强度影响因素

根据主动声呐方程,多波速声呐方向散射强度计算的关键步骤就是声波在海水中的传播损失 $T_{L}$ 及在海底的有效声照射面积 $A_{E}$。声波在海水中传播时,传播速度随深度的变化而变化,由声波的折射定理可知,声波在海水传播时会发生声线弯曲现象。在计算传播损失 $T_{L}$ 时,必须要精确地计算出声波在海水中传播的实际路程,所以对声线弯曲现象进行声线跟踪是非常必要的。另外,在进行声线跟踪处理过程中,还可以准确地计算出海底深度和声波的水平偏移值,这对于后续处理中成像和地形地貌信息准确融合也是必不可少的。因此,声线弯曲也是反向散射强度的一个重要影响因素。下面将会对传播损失、声线弯曲现象和有效声照射面积进行分析,并介绍相应的修正方法。

(1) 传播损失

声波信号在海水中传播时,传播距离越远,损失的能量就越多,声强就会越弱。损失的能量分两种,一种是扩展损失,也称几何衰减;另一种则是衰减损失。扩展损失是因为波阵面在离开声源向外传播的过程中随着传播距离的增加而逐渐扩展导致声强减小而产生的衰减。衰减损失包括吸收损失和散射损失,吸收损失是指声波在介质中传播时,由介质黏滞、热传导和其他弛豫过程引起的衰减;散射损失是由海水介质中存在悬浮离子及介质不均匀性导致的声波散射而引起的声强的衰减。

声波的扩展损失是指声波在传播的过程中由波阵面的扩展造成的。除了由波阵面扩展导致的损失,在计算传播损失的过程中,还要考虑由海水中存在的大量自由离子、悬浮颗粒,以及海水自身的黏滞和热传导对在其中传播的声波的能量产生比较大的吸收作用导致的衰减损失。

(2) 声线弯曲

根据声波动力方程,声波在海水中的传播损失计算需要知道声波在海水介质中的实际传播距离 $R$。因此在计算传播损失的过程中,对声波在海水介质中实际传播距离的精确计算是非常关键的步骤。声波在海水中的传播速度并不是恒定不变的,在海洋中不同深度,其温度、盐度、海水压力等都不同,声波在海水中的传播速度受这些因素影响,因此声波传播速度是随海水深度变化而变化的。

由于不同深度上声波的声速不同,所以在不同声速水层之间存在一个界面,当声波传播到这个界面上时,会产生折射的现象。这种折射现象可以用声波在不同介质中传播的 Snell 定律来描述。根据 Snell 定律,多波束成像探测计算时,由于声波在不同深度水层的声速不同,对结果的准确性不可忽略。

(3) 有效声照射面积

波束的有效声照射面积 $A_E$ 是计算反向散射强度 $B_S$ 的另一个重要的影响因素。为了使反向散射强度的计算更加准确,对波束有效照射面积的准确求解也是非常重要的一个步骤。声波由换能器发射传播到水底时,波束会发生扩展,在水底形成波束脚印。波束的有效照射面积除了与波束在水底的波束脚印面积 $A_{fpa}$ 有关外,还与瞬时声照射面积 $A_{intonif}$ 有关,由这两个因素共同决定。波束脚印区域和声瞬时照射区域的重叠部分就是波束的有效照射区域,其面积就是波束的有效声照射面积。

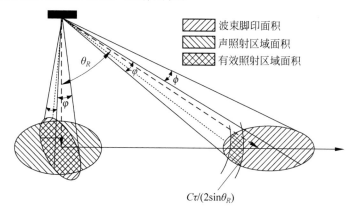

图 6-19 有效声照射面积示意图

图 6-19 为有效声照射面积的示意图。其中,波束脚印面积 $A_{fpa}$ 是一个与波束角宽度 $\theta_R$、接收阵换能器所接收到的波束宽度 $\varphi$、声波在海底的实际传播距离 $R$ 和发射机所发射信号的波束宽度 $\phi$ 有关的物理量,其表达式为

$$A_{fpa} = \frac{R^2 \phi \sin\varphi}{\cos\theta_R} \tag{6-120}$$

而声瞬时照射面积 $A_{insonif}$ 不仅与波束控制角度 $\theta_R$、声波在海底的实际传播距离 $R$ 和发射机所发射信号的波束宽度 $\phi$ 有关,还受到声波在海底传播的声速 $C$ 和发射信号的脉冲宽度 $\tau$ 的影响,可以表示为

$$A_{\text{insonif}} = \phi R \frac{C\tau}{2\sin\theta_R} \tag{6-121}$$

从式(6-120)和式(6-121)可以看出,无论是波束脚印面积 $A_{\text{fpa}}$,还是声瞬时照射面积 $A_{\text{insonif}}$,都与声波在海底的实际传播距离有着密切的关系,并且后者还与声波在海底的实际传播声速有关,所以要计算波束有效照射面积,首先要准确地计算出声波在海底传播的实际距离和声速,这就需要用到声线跟踪技术。

2)散射强度修正

由多波束声呐测深及成像可知,散射强度影响因素有传播损失、声线弯曲现象和有效声照射面积,在计算时应进行修正才能保证结果准确。

(1) Snell 定律

由于不同深度上声波的声速不同,所以在不同声速水层之间存在一个界面,当声波传播到这个界面上时,会产生折射的现象。这种折射现象可以用声波在不同介质中传播的 Snell 定律来描述。图 6-20 为声波传播过程中 Snell 定律示意图。

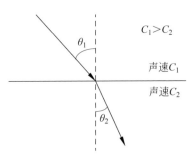

图 6-20　Snell 定律示意图

声波在入射到介质不均匀的临界面时产生折射现象,声波的传播路径会发生偏移。在图 6-20 所示的这种情况中,临界面上方介质中的声速 $C_1$ 大于临界面下方介质中的声速 $C_2$,而且临界面上方介质中的入射角 $\theta_1$ 大于临界面下方介质中的折射角 $\theta_2$。声波在传播过程中发生折射时,声线都是向介质中声速小的方向弯曲,这就是 Snell 定律的含义,Snell 定律也可以定量地用式(6-122)表示:

$$\frac{\sin\theta_1}{C_1} = \frac{\sin\theta_2}{C_2} = P \tag{6-122}$$

其中,$P$ 为 Snell 常数。

由 Snell 定律可知,如果声波在海水中传播时不以垂直角度入射,那么声波在海水中的传播路径并不是一条直线,而是在不同的声速界面上沿折线传播。因此,根据声波的直线传播模型利用 DOA 和 TOA 计算海底的深度及声波的水平位移是不准确的,所以这样计算声波在海水中的传播距离很显然也是不准确的,导致计算的传播损失出现误差,因此成像结果会受到影响。所以,在计算传播损失的过程中,必须要考虑声波在海水传播过程中的声线弯曲,利用声线跟踪方法对其进行修正。

声线跟踪方法是在声速剖面内相邻的两个声速采样点划分一个水层,这样在纵向上将海水划分为若干个很薄的水层,当声波在这样的模型中传播时,声速是呈常梯度变化的。这样在每个水层中,就可以使用三角法推算出垂直位移、水平位移和传播距离,最后通过将各个水层的计算结果进行累加,就可以得到较为准确的水深、水平位移和实际的传播距离。

假设声波在海水中传播时经过的声速梯度不同的水层数为 $M$,声波在各个水层中传播的声速变化梯度 $g$ 为常数,则

$$g_i = \frac{C_i - C_{i-1}}{h_i - h_{i-1}} \tag{6-123}$$

其中,第 $i$ 层上界面的声速为 $C_{i-1}$,下界面的声速为 $C_i$,上界面的深度为 $h_{i-1}$,下界面的深

度为 $h_i$。如图 6-21 所示，根据 Snell 定律得：

$$P = \frac{\sin\theta_i}{C_i} \tag{6-124}$$

综上所述，第 $i$ 层的上界面和下界面对应的深度分别为 $h_{i-1}$ 和 $h_i$，则可以计算出第 $i$ 层的厚度为 $\Delta h_i$。声波在该水层传播时，实际声速也是变化的，那么实际的传播轨迹应该是一条带有一定曲率的圆弧，曲率半径 $R_i$ 可以表示为

$$R_i = -\frac{1}{Pg_i} \tag{6-125}$$

那么声波在第 $i$ 层中的水平位移为

$$x_i = R_i(\cos\theta_i - \cos\theta_{i-1}) = \frac{\cos\theta_{i-1} - \cos\theta_i}{Pg_i} \tag{6-126}$$

声波入射到该层的入射角为 $\theta_{i-1}$，则可表示为

$$\cos\theta_{i-1} = \sqrt{1-(PC_{i-1})^2} \tag{6-127}$$

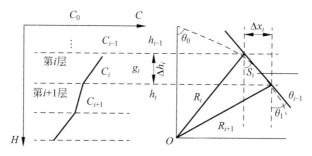

图 6-21　声线跟踪示意图

该层的厚度 $\Delta h_i = h_i - h_{i-1}$，则式（6-124）可以表示为

$$x_i = \frac{\sqrt{1-(PC_{i-1})^2} - \sqrt{1-(PC_i)^2}}{Pg_i} \tag{6-128}$$

在图 6-21 中，右图中 $S_i$ 表示该层内声波传播的实际距离，可表示为

$$S_i = R_i(\theta_{i-1} - \theta_i) \tag{6-129}$$

声波在该层内传播所经历的时间可以用式（6-130）表示：

$$t_i = \frac{R_i(\theta_{i-1} - \theta_i)}{C_{Hi}} = \frac{\theta_{i-1} - \theta_i}{Pg_i^2 \Delta h_i}\ln\left(\frac{C_i}{C_{i-1}}\right) = \frac{\arcsin(PC_i) - \arcsin(PC_{i-1})}{Pg_i^2 \Delta h_i}\ln\left(\frac{C_i}{C_{i-1}}\right) \tag{6-130}$$

其中，$C_{Hi}$ 为 Harmonic 平均声速，可以通过式（6-131）计算：

$$C_{Hi} = (h_i - h_0)\left[\sum_{n-1}^{i}\frac{1}{g_n}\ln\left(1+\frac{g_n}{C_n}\Delta h_n\right)\right]^{-1} \tag{6-131}$$

这样，在对水层进行划分后，在每一个水层内按上述方法进行计算，可以得到每一个水层内声波的垂直位移、水平位移、实际传播距离及传播时间。通过对每一个水层内得到的结果进行叠加，可以求得声波入射到海底的过程中的垂直位移、水平位移、实际传播距离及传播时间，这就是利用声线跟踪技术对成像进行修正的基本原理。

（2）声线跟踪方法

在利用多波束 Snippet 成像算法进行成像处理之前，通过多波束 WMT 测深算法，可以得到一系列的海底回波 DOA 和 TOA 信息，利用这些信息，通过声线追踪处理方法，可以计算出成像所需要的数据。在实际测量中，利用声速剖面仪，可以测得海洋中的声速和深度对应的函数 $C(h)$，将海洋划分为 $n$ 个水层，则可以得到 $n+1$ 个声速值 $C_{0,1,2,\cdots,n}$ 和 $n+1$ 个声速界面。其中 $C_0$ 代表发射换能器表面的声速值，$C_n$ 则代表海底的声速值。

下面介绍声线跟踪处理的具体步骤：

第一步，以 $\theta_0$ 为第一层上界面（即接收换能器表面）的角度，分别求出声波在每一层中传播的水平位移 $x_i$、实际传播距离 $S_i$ 和实际传播的时间 $t_i$，每计算一层的实际传播时间 $t_i$，就将其与前面所有水层计算出的实际传播时间进行累加，得到一个时间累加值 $\sum\limits_{i=1}^{m}t_i$（假设累加到第 $m$ 层）。

第二步，比较时间累加值 $\sum\limits_{i=1}^{m}t_i$ 与 TOA 的大小。

如果时间累加值 $\sum\limits_{i=1}^{m}t_i$ 小于 TOA 的值 $t$，则需要继续累加下一个水层，即重复进行第一步，然后将时间累加值与 TOA 的值 $t$ 继续进行比较。

如果时间累加值 $\sum\limits_{i=1}^{m}t_i$ 等于 TOA 的值 $t$，则不需要继续累加，此时的时间累加值 $\sum\limits_{i=1}^{m}t_i$ 就是声波在海洋中的实际传播时间，将已经累加的各个水层中计算得到的水平位移 $x_i$、实际传播距离 $S_i$ 和水层厚度 $h_i$ 分别进行累加，就可以得到声波在海水中传播的水平位移、实际传播距离和海水的深度。

如果时间累加值 $\sum\limits_{i=1}^{m}t_i$ 大于 TOA 的值 $t$，也不需要继续累加，但是要利用以下几个公式计算出多余的部分：

$$\Delta x' = \left(\sum_{i=1}^{m}t_i - t\right)C_m \sin\theta_m \tag{6-132}$$

$$\Delta S' = \left(\sum_{i=1}^{m}t_i - t\right)C_m \tag{6-133}$$

$$\Delta h' = \left(\sum_{i=1}^{m}t_i - t\right)C_m \cos\theta_m \tag{6-134}$$

则实际的水平位移、实际传播距离和深度分别为

$$x = \sum_{i=1}^{m}x_i - \Delta x' \tag{6-135}$$

$$S = \sum_{i=1}^{m}S_i - \Delta S' \tag{6-136}$$

$$h = \sum_{i=1}^{m}h_i - \Delta h' \tag{6-137}$$

以上介绍的是声波的入射角不垂直于水面的情况,即 $\theta_0 \neq 0$;如果 $\theta_0 = 0$,那么声波在从上一水层传播到下一水层时,就不会发生折射现象,声线也不会出现弯曲,声波是垂直入射到海底,那么声波在每一水层中传播经历的时间就可以表示为

$$t_i = \frac{1}{g_i} \ln\left(\frac{C_i}{C_{i+1}}\right) \tag{6-138}$$

声波在每一水层中传播的实际距离就是该水层的厚度,即 $S_i = h_i$,水平位移始终为零。

具体的计算过程与上述第一步、第二步相同,并且在时间累加值 $\sum\limits_{i=1}^{m} t_i$ 大于 TOA 的值 $t$ 时,$\Delta h' = \Delta S'$。然后可计算得到声波在海水中传播时的实际传播距离、传播时间和水平位移。

以上所述就是声线跟踪处理的具体流程,不管是利用多波束声呐系统进行深度探测,还是进行成像处理,利用声线追踪处理,能使计算的结果更接近实际值,使测量的结果更加准确,因此,声线跟踪技术在多波束声呐设备中有着广泛的应用。图 6-22 是整个声线追踪处理的过程。

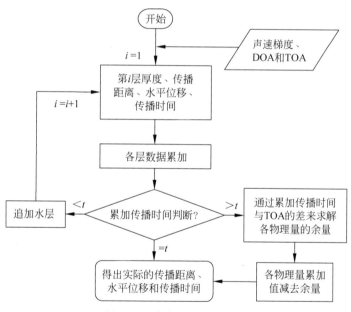

图 6-22　声线追踪计算流程

需要注意的是,经过声线跟踪处理计算出的实际传播距离是声波的单程传播距离,在计算传播损失的过程中,需要用到的是双程传播损失,也就是单程传播损失的两倍,通过计算得出声波在海水中传播时的传播损失。结合声波在海水中的传播距离和到达海底时的声速,可以得到波束脚印面积和声瞬时照射面积,进一步即可求得各个波束在海底的有效声照射面积,进而通过计算得到海底的反向散射强度。

## 6.2.4　侧扫声呐技术

多波束测深仪与侧扫声呐都是实现海底全覆盖扫测的水声设备,都能够获得几倍于水深的覆盖范围。它们具有相似的发射方向性图案,以一定的角度倾斜向海底发射声波脉冲,

接收海底反向散射回波,从海底反向散射回波中提取所需要的海底几何信息。由于接收波束图案的不同及对所接收回波信号处理方式的不同,多波束测深仪通过接收波束形成技术能够实现空间精确定向,利用回波信号的某些特征参量进行回波时延检测以确定回波往返时间,从而确定斜距以获取精确的水深数据,绘制出海底地形图;侧扫声呐只是实现了波束空间的粗略定向,依照回波信号在海底反向散射时间的自然顺序检测并记录回波信号的幅度能量,仅仅能显示海底目标的相对回波强度信息,获得海底地貌声图。两者工作原理的不同,导致了对海底反向散射回波信号检测方法的不同。

综上所述,多波束测深声呐与侧扫声呐具有相似的测试原理,但侧扫声呐从设计原理上是为了获得海底的地貌声图,其换能器仅仅是完成粗略的空间定向,不需要像多波束声呐那样实现精密的定向,因此侧扫声呐测量的是海底目标的相对回波强度信息,不需要进行回波时延的检测,回波时延按时间的自然顺序记录在声图上。下面重点介绍侧扫声呐不同于多波束声呐的关键技术,原理相似的部分可以参照多波束声呐的关键技术。

### 1. 侧扫声呐回波检测

侧扫声呐回波信号检测的关键是回波信号的幅度处理。侧扫声呐回波信号幅度处理的核心是回波信号幅度的归一化处理,主要有三种方法:时间增益控制(TGC)、自动增益控制(AGC)和手动增益控制(MGC)。

（1）时间增益控制（TGC）

为了补偿声波在传播过程中的损失,避免记录声图远近端灰度不均,使回波信号的放大级按时间的指数规律变化,考虑与距离时间有关的传播损失和混响级:

$$EL = 2TL - RL = 40 lg r_m + 2a r_m / 10^3 - 10 lg \frac{CT}{2} r_m \phi + S_b \qquad (6-139)$$

考虑海底回波的相对量,补偿量为

$$GL = 30 lg r_m + 2a r_m / 10^3 \qquad (6-140)$$

其中,EL 为总衰减量,单位为 dB。

根据式(6-140),TGC 如果从 10m 开始补偿,最大侧扫作用距离为 750m,则对工作频率为 100kHz 的回波信号,需从 30dB 补偿到 129dB。

（2）自动增益控制（AGC）

经过时间增益控制 TGC,信号幅度变化仍有较大的动态范围,会造成信号幅度限幅或幅值过小。自动增益控制就是为了补偿声波信号的随机起伏。由于侧扫声呐回波是连续的海底反向散射信号并受到换能器指向性的影响,信号在一线之内及线与线之间的起伏就比较大。为了得到灰度均匀的声图,需要把回波幅度信号控制在一定的范围内。自动增益控制 AGC 包括线内和线与线之间的自动增益控制。

线内自动增益控制:根据包络信号的变化周期,选定一个小时间段积分,得到信号在这一时间段的能量,根据此值确定下一时刻的自动增益控制量。

线间自动增益控制:短时间海底变化不大,海底回波信号有一定的相关性,对相邻几线信号的均值进行平滑平均得到下一线信号的估值均值,根据这个估值均值确定下一时刻的自动增益控制量。

（3）手动增益控制（MGC）

MGC 指人工干预以获得输出声图的最佳显示效果。海底底质变化会引起回波幅度很大的变化,可以达到 40dB。为使输出保持一定的幅度,当海底底质变化大时,可以用手动增益控制。

增益控制在电路实现上主要是产生与时间呈指数关系的电压控制曲线,由其控制放大器的增益,控制方法有放大器由控压充放电曲线控制;放大器由微处理器产生控压充放电曲线控制;压控增益放大器,动态范围可达 80dB,宽带、线性连续。

经过增益控制,就可以得到远近端灰度均匀反映海底目标相对回波信号强度的记录声图。

**2. 超短基线定位**

侧扫声呐进行海底地貌测量时,要获得精度较高的测量数据,则需要精确地确定侧扫声呐的拖鱼在水下的位置。侧扫声呐的拖鱼定位通常采用超短基线定位系统进行,超短基线定位系统主要由发射基阵、应答器、接收基阵和数据处理单元组成。在侧扫声呐系统中一般将发射基阵、接收基阵制作成在同一探头内形成收发基阵,将至少 3 个收发基阵安装到船体不同位置,应答器安装到拖鱼本体。系统通过测定各接收基阵接收到的信号相位差来确定接收基阵到拖鱼的相对方位角;通过测定声波到接收基阵的时间,再利用声速剖面修正波速线,最终确定接收基阵到拖鱼的相对距离,从而确定拖鱼的相对位置。

下面以由 3 个收发基阵组成的最简单的超短基线系统为例介绍其工作原理,原理如图 6-23 所示。

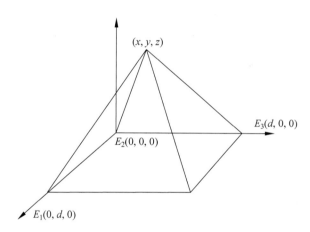

图 6-23　超短基线系统工作原理

采用直角三角形基阵,直角边的阵元间距为 $d$,$x$ 轴指向船首方向 3 个基阵的坐标如图 6-23 所示,分别为 $(0,d,0)$、$(0,0,0)$、$(d,0,0)$,拖鱼上的应答器坐标为 $(x,y,z)$,以位于坐标原点的基阵为基准点,可以得到和其他 2 个基阵的相位差计算公式:

$$\varphi_{12} = \frac{2\pi}{\lambda}\left[\sqrt{x^2+y^2+z^2} - \sqrt{x^2+(y-d)^2+z^2}\right] \tag{6-141}$$

$$\varphi_{23} = \frac{2\pi}{\lambda}\left[\sqrt{x^2+y^2+z^2} - \sqrt{(x-d)^2+y^2+z^2}\right] \tag{6-142}$$

其中,坐标原点与拖鱼上的目标斜距 $r$ 为

$$r = \sqrt{x^2+y^2+z^2} = v \times \Delta t \tag{6-143}$$

将斜距代入相位计算公式可以得到:

$$\varphi_{12} = \frac{2\pi}{\lambda}\left(r - \sqrt{r^2 + d^2 - 2dy}\right) \tag{6-144}$$

$$\varphi_{23} = \frac{2\pi}{\lambda}\left(r - \sqrt{r^2 + d^2 - 2dx}\right) \tag{6-145}$$

由于侧扫声呐在检测时斜距 $r$ 远大于阵元间距 $d$，因此可以得出如下近似计算公式：

$$\varphi_{12} = \frac{2\pi}{\lambda}\left[r - r\left(1 + \frac{d^2 - 2dy}{2r^2}\right)\right] \approx \frac{2\pi}{\lambda} \times \frac{y}{r} \tag{6-146}$$

$$\varphi_{23} = \frac{2\pi}{\lambda}\left[r - r\left(1 + \frac{d^2 - 2dx}{2r^2}\right)\right] \approx \frac{2\pi}{\lambda} \times \frac{x}{r} \tag{6-147}$$

由上述公式可以得出拖鱼坐标 $x, y$ 的近似计算公式：

$$x \approx \frac{\lambda r \varphi_{23}}{2\pi} \tag{6-148}$$

$$y \approx \frac{\lambda r \varphi_{12}}{2\pi} \tag{6-149}$$

其中，$\lambda$ 为接收到的声波波长；$v$ 为接收到的声波在水中的传播速度；$\Delta t$ 为拖鱼上的应答器发出声波后，声波被船舶上的接收基阵接收到的时间间隔。

由于相位差 $\varphi_{12}$ 和 $\varphi_{23}$ 可以使用仪器测量得到，声波的波速 $v$、时间间隔 $\Delta t$ 也可以测量得到，因此可以计算得到斜距 $r$。而声呐声波波长 $\lambda$ 为已知量，根据超短基线定位公式可以计算得到拖鱼的坐标值 $(x, y, z)$。

### 6.2.5 合成孔径声呐关键技术

合成孔径声呐(synthetic aperture sonar, SAS)是水下探测成像声呐中新发展起来的一个分支，是目前国际水声高技术研究的热点之一。合成孔径声呐的基本原理是利用小尺寸基阵沿空间匀速直线运动来虚拟大孔径基阵，在运动轨迹的位置顺序发射并接收回波信号，根据空间位置和相位关系对不同位置的回波信号进行相干叠加处理，从而形成等效的大孔径，获得沿运动方向(方位向)的高分辨率。合成孔径声呐是一种高分辨率声呐，主要表现在两个方面，即高的距离向分辨率和高的方位向分辨率。合成孔径声呐通过脉冲压缩技术提高距离向分辨率，通过合成孔径原理提高声呐的方位向分辨率。合成孔径声呐距离向的高分辨率特性是通过发射大的时宽带宽积的线性调频信号，在接收时采用脉冲压缩技术得到的；而方位向高分辨率是通过合成孔径原理获得的，声呐的方位向回波信号近似为一个线性调频的信号。

#### 1. 声呐合成孔径干涉测量

声呐合成孔径干涉测量(InSAS)在合成孔径声呐的基础上，在垂直航迹方向增加一副(或多副)接收阵列，通过比相测高的方法得到场景的高度信息，经过处理后得到场景的三维图像，其原理与合成孔径雷达干涉测量(InSAR)相似，其优点是横向分辨率与工作频率和距离无关，且比侧扫声呐横向分辨率高 1~2 个数量级。

InSAS 技术是根据声波复图像的相位来提取海床目标三维空间信息的，其基本思想是：在某平台上装载一个发声装置和垂直航迹方向的多个接收阵列，成像获取同一区域的雷达复图像对，由于接收阵列与海床目标之间的距离不等，使得在声呐复图像对同名像点之间产生相位差,形成干涉纹图,干涉纹图中的相位值即为两次成像的相位差测量值,根据成像相位差与海床目标三维空间位置之间存在的几何关系及平台的位置参数,可测定海床目标的三维坐标。

如图 6-24 所示,假设声呐接收阵列对海床某一区域 $P$ 成像,其中两阵列的空间位置为 $A_1$ 和 $A_2$,则其存在空间干涉基线向量 $\boldsymbol{B}$,其长度为 $B$,称为基线长度,基线向量 $\boldsymbol{B}$ 与水平方向的夹角为 $\alpha$,称为基线倾角;$\theta$ 为入射角;$A_1$ 和 $A_2$ 至地面点 $P$ 的斜距分别为 $r$ 和 $r+\Delta r$;$H$ 为 $A_1$ 到参考面的高度;$B_x$、$B_y$ 分别为基线的水平分量和垂直分量。

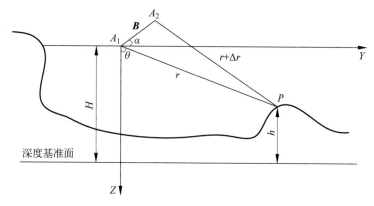

图 6-24　InSAS 技术的基本原理

从 $A_1$ 发射波长为 $\lambda$ 的声波信号经目标点 $P$ 反射再被 $A_1$ 接收,得到测量相位 $\varphi_1$,目标后向反射会引起相位偏移,设为 $\varphi_0$,则有

$$\varphi_1 = 4\pi \times r/\lambda + \varphi_0 \tag{6-150}$$

同理,对另一阵列 $S_2$,可得测量相位 $\varphi_2$:

$$\varphi_2 = 4\pi \times (r + \Delta r)/\lambda + \varphi_0 \tag{6-151}$$

由于 $r$ 远大于 $\Delta r$ 和 $B$,利用余弦定理,$\Delta r$ 可近似为

$$\Delta r = B_x \sin\theta - B_y \cos\theta \tag{6-152}$$

于是可得 $A_1$ 和 $A_2$ 关于目标 $P$ 点的相位差 $\varphi_{12}$:

$$\varphi_{12} = \varphi_2 - \varphi_1 = 4\pi \times \Delta r/\lambda = 4\pi \times (B_x \sin\theta - B_y \cos\theta)/\lambda \tag{6-153}$$

通常称 $\varphi_{12}$ 为干涉相位或绝对相位差,可通过 SAS 图像的干涉得到。

对 $A_1$ 和 $A_2$ 接收到的回波信号进行 SAS 图像处理,就可以得到两个单视复数图像信号 $C_1$ 和 $C_2$,把两者进行配准并作干涉处理,可形成干涉相位图,干涉处理是把 $C_1$ 和 $C_2$ 进行复数共轭相乘运算,形成亮暗条纹相间的干涉图像,从而解出 $\varphi_{12}$,从而计算出 $\Delta r$。

由图 6-24 几何关系可得到如下关系:

$$\sin(\alpha - \theta) = [(r + \Delta r)^2 - r^2 - B]/(2rB) \tag{6-154}$$

$$h = H - r \times \cos\theta \tag{6-155}$$

根据上述公式可求解未知高差 $h$,即海底地形点的高度。

**2. 成像算法**

(1) 距离多普勒算法

距离多普勒(range Doppler,RD)算法是 SAS 中最直观、最基本的经典方法。其思想来源于合成孔径雷达,但在声呐领域的应用需考虑水下通信的具体特点来进行参数的选取及实现。其基本思想是将二维处理分解为两个一维处理的级联形式,其特点是将距离压缩后的数据沿方位向作 FFT,变换到距离多普勒域。然后完成距离徙动校正和方位压缩。RD算法主要包括三个步骤:距离向压缩、距离徙动校正、方位向压缩,完成聚焦处理。

RD 算法的距离压缩是一个匹配滤波的过程,其响应函数为

$$f_r(t) = \exp\left[\mathrm{j}2\pi\left(f_c t - \frac{1}{2}\gamma t^2\right)\right], \quad -\frac{T_p}{2} < t < \frac{T_p}{2} \tag{6-156}$$

其中,$f_c$ 为载波频率,$\gamma$ 为调频率,$T_p$ 为脉冲宽度,距离压缩的结果为 sinc 函数。

距离徙动校正分为距离走动校正和距离弯曲校正。距离走动校正是在距离压缩后的时域进行的,距离走动量(设相位中心 $t_0 = 0$)和距离弯曲量的表达式如下:

$$R_{walk} = \frac{-\lambda f_{dc} t}{2} \tag{6-157}$$

$$R_{cur} = \frac{-\lambda f_{dr} t^2}{4} \tag{6-158}$$

其中,$f_{dc}$ 定义为多普勒中心频率;$f_{dr}$ 定义为多普勒斜率。在这里走动校正采用插值方法,而弯曲校正采用直线拟合方法。这样一方面是因为距离走动的影响较大,偏移的距离单元数多,需要得到较为精确的校正结果,相对而言距离弯曲的影响较小;另一方面,由于相对时域平移,频谱搬移更加容易实现。

距离徙动校正后信号沿方位向的轨迹由曲线变为直线,方位压缩变为一维处理。参考函数为

$$f_a(t) = \exp\left[\mathrm{j}2\pi\left(f_{dc} - \frac{1}{2}f_{dr} t^2\right)\right], \quad -\frac{T_s}{2} < t < \frac{T_s}{2} \tag{6-159}$$

其中,$T_s$ 为合成孔径时间。方位压缩后的输出信号幅度是一个二维的 sinc 函数,SAS 回波信号经过 RD 算法处理得到复图像域数据,根据数据的幅度就可以得到 SAS 图像。

(2) Chirp Scaling(CS)算法

RD 算法利用插值运算来校正距离徙动,这不仅降低了成像的计算效率,而且引起 SAS 图像的相位误差和振幅误差。CS 算法利用一个相位因子改变距离徙动的空间移变特性,使距离徙动校正避免了插值运算。这样不仅避免了复杂的计算,还很好地保持了图像的相位精确度,具有很好的成像效果。

设一个线性调频信号为 $f(t)$,调频斜率为 $K$,相位中心位于 $t_0$,则可表示为

$$f(t) = \exp[\mathrm{j}\pi K (t - t_0)^2] \tag{6-160}$$

将信号乘以一个调频率为 $KC_s$($C_s$ 为弯曲因子)、相位中心位于 $t_1$ 的线性调频信号,改变原信号的相位特性,相乘的结果为

$$f_n(t) = \exp[\mathrm{j}\pi K_{new} (t - t_{new})^2] \cdot \exp(\mathrm{j}\theta) \tag{6-161}$$

其中,$K_{new}$ 为新的调频率;$t_{new}$ 为新的相位中心;$\theta$ 为新产生的残余相位项。以上就是 CS 算法的基本思想,即利用一个相位因子改变 LFM 信号的相位特性,实现对点目标距离徙动曲线的尺度变换,从而使徙动校正处理得以简化。

### 3. 合成孔径声呐相位修正

通常合成孔径声呐(SAS)成像算法都是在 Stop-and-Hop 假设的基础上推导的,即接收

器在两个相邻脉冲之间处于静止状态,并且认为从一个脉冲发射/接收位置到下一个脉冲发射/接收位置是在瞬间完成。当合成孔径声呐系统作用距离较近时,认为这种假设是合理的。但当 SAS 成像系统作用距离较远时,由于声波在水中较低的传播速度,孔径合成时间比较长,在一个脉冲重复周期内,接收器有很长一段时间来运动,因此由 Stop and-Hop 假设引起的系统相位误差不容忽略。此外在发展 Vernier 阵技术时,认为每个接收器/发射器正中间存在一个等效的移位相位中心(displaced phase center,DPC),声呐在该相位中心发射和接收信号,这种近似也必然导致系统相位误差。因此为提高合成孔径声呐成像算法的精度,需要对其系统的相位误差进行修正。

1) Stop-and-Hop 假设引起的误差及修正

在直角坐标系 $(X, Y, Z)$ 中,点目标 $P(x, y, 0)$ 固定于 $(X, Y, 0)$ 平面内,反射系数为 $\sigma$。声呐在 $z=h$ 的平面内,以速度 $v$ 沿着平行于 $Y$ 轴的方向作匀速直线运动,并以脉冲重复周期 $T$ 向待成像的各向同性目标区域发射线性调频脉冲(LFM)$p(t)$。如图 6-25 所示,声呐发射器和接收器之间距离为 $\Delta_{ry}$(对于收/发合置情形,该间距约为零,即 $\Delta_{ry} \approx 0$),在 $A(0, u, h)$ 点发射脉冲,在 $C(0, u+\Delta_{ry}, h)$ 点开始接收相应的目标回波,变量 $u$ 表示其方位向(声呐运动方向)坐标。考虑 Strip-map SAS 成像系统,测绘带中心距离声呐平台路径为 $r_0$,点目标与 $A$ 点(脉冲发射位置)和 $C$ 点(声呐处于发射信号状态时接收器的位置)的距离分别为 $R_1$ 和 $R_2$,即

$$R_1 = \sqrt{x^2 + (y-u)^2 + h^2} \tag{6-162}$$

$$R_2 = \sqrt{x^2 + (y-u-\Delta_{ry})^2 + h^2} \tag{6-163}$$

在一个孔径合成时间内,声呐接收到的目标回波就是发射脉冲的延时[18-19],即

$$s(t, u) = \sigma \cdot p[t - (R_1 + R_2)/c] \tag{6-164}$$

收/发合置时,回波模型可以表述为

$$s(t, u) = \sigma \cdot p\left[t - \frac{2\sqrt{x^2 + (y-u)^2 + h^2}}{c}\right] \tag{6-165}$$

式(6-162)、式(6-163)就是未经相位修正的 SAS 系统数学模型[19](未考虑换能器影响)。在推导这个数学模型的过程中,曾做了所谓的 Stop-and-Hop 近似。而实际上,接收器接收对应于 $A$ 点脉冲的回波时,已经运动到了 $D$ 点,如图 6-25 所示,此时接收器与目标间距为

$$R_3 = \sqrt{x^2 + (y-u-\Delta_{ry}-vt')^2 + h^2} \tag{6-166}$$

接收回波时的位置相对于发射时位置有一个位移 $vt'$,$t'$ 为声呐脉冲传播的时间:

$$t' = (R_1 + R_3)/c \tag{6-167}$$

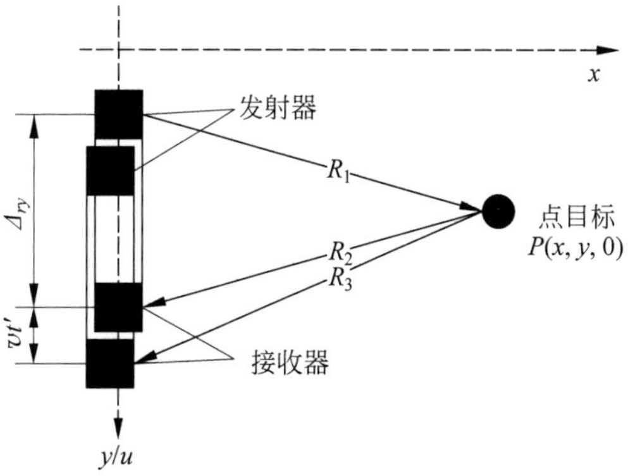

这个位移引起的运动误差为

$$\varepsilon R = R_3 - R_2 \tag{6-168}$$

图 6-25 Stop-and-Hop 情形几何关系

由此引起的相位误差为

$$\Delta\varphi = 2\pi f_c \cdot \varepsilon R/c = [2\pi f_c/(c^2-v^2)][v^2(R_1+R_2)/c + 2v(\Delta_{ry}+u-y)]$$

(6-169)

其中,$f_c$ 是 SAS 系统发射信号的中心频率,显然随着系统作用距离的增大(SAS 系统一般都工作在目标的近场区,目前绝大多数 SAS 成像系统的作用距离都在 100m 左右),由 Stop-and-Hop 近似引起的相位误差将越来越严重,必须加以修正。

在声呐运动过程中,一个脉冲波束覆盖的区域中一般不止一个目标,而每个目标与声呐的瞬时距离也会不一样,所以要精确估计所有目标回波的运动误差 $\varepsilon R$ 几乎不可能。不过,当系统作用距离较远时,可以认为脉冲在 $r_0$ 距离内引起的双程延时为

$$t' = 2r_0/c$$

(6-170)

由于 $\varepsilon R = R_3 - R_2$ 远远小于作用距离 $r_0$,并考虑到

$$\sqrt{1+x} \approx 1 + x/2 - x^2/8$$

(6-171)

所以,将双程延时代入公式,可估算出运动误差(忽略高阶量):

$$\varepsilon R = R_3 - R_2 \approx 2vr_0(y-u)/(cR_b)$$

(6-172)

其中,$R_b = \sqrt{x^2+h^2}$。于是,将回波信号式(6-164)乘以一个相位项,可以得到修正的回波模型为

$$s(t,u) = \sigma \cdot p[t-(R_1+R_2/c)]\exp(-j2\pi f_c \cdot \varepsilon R/c)$$

(6-173)

2) DPC 近似引起的误差及修正

在发展 Vernier 阵技术时,曾假设每个发射器/接收器之间存在一个等效的相位中心(DPC),声呐在该位置发射脉冲和接收回波,如图 6-26 所示。目标到 DPC 的距离为

$$R' = \sqrt{x^2+(y-u-\Delta_{ry}/2)^2+h^2}$$

(6-174)

实际上,声呐发射脉冲和接收回波时与目标相距分别为 $R_1$ 和 $R_2$,这种近似引起的运动误差为

$$\varepsilon R = (R_1+R_2) - 2R' \quad (6-175)$$

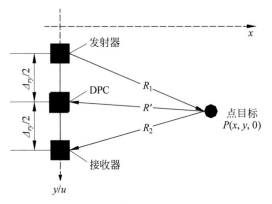

图 6-26 Vernier 阵相位修正几何关系

该运动误差引起的系统相位误差也必须得到修正。

针对 DPC 近似情形,利用计算公式可以将运动误差简化为

$$\varepsilon R \approx \frac{\Delta_{ry}^2}{4R_b} + \frac{1}{R_b^3}\left(\frac{3y\Delta_{ry}^2}{8} + \frac{3yu\Delta_{ry}^2}{4} - \frac{7\Delta_{ry}^{24}}{64} - \frac{3y\Delta_{ry}^2}{8} - \frac{3u^2\Delta_{ry}^2}{8} - \frac{3u\Delta_{ry}^2}{8}\right)$$

(6-176)

通常只用式(6-176)的第一项就可以满足相位修正要求,因此对应于每个点目标,在每个脉冲的回波信号上乘以一个固定相位项:

$$\exp(-j2\pi f_c \cdot \varepsilon R/c)$$

(6-177)

可以修正由 DPC 近似引起的相位误差。理论上,在 Vernier 阵方案中,相位修正包含由 Stop-and-Hop 近似和 DPC 近似引起的相位误差两部分。这两部分修正可以同时进行,也可以分别进行。

#### 4. 合成孔径声呐的运动补偿

合成孔径声呐成像是假设合成孔径期间声呐沿着理想的直线轨迹运动。但在实际中，拖体的运动轨迹总是与理想的直线轨迹有偏差，海浪、海风、拖曳系统都会导致拖体偏离预想的运动轨迹，由此造成的声呐位置偏差使得回波信号的延时发生变化。如果不补偿这些误差，成像质量会显著降低。

合成孔径声呐的运动补偿一般分为基于惯性测量系统的运动补偿和基于原始回波数据的运动补偿两种方法。由于合成孔径声呐系统一般将测量系统安装在拖体平台上，实时记录平台的位置和姿态，本章主要介绍基于惯性测量系统的运动补偿方法。

1）基于惯性测量系统的运动补偿方法

（1）运动误差的影响因素

合成孔径声呐的运动误差主要包括：①沿航迹方向加速度不为零；②垂直于航迹方向的水平和铅直方向速度不为零；③存在绕 3 个坐标轴的偏航、俯仰和横滚运动 3 种情况。所有这些偏差都会引入相位误差，造成回波多普勒信号畸变，影响成像质量。其中运动误差第 1 项造成发射脉冲沿航迹方向空间非等间隔分布，第 2 项和第 3 项造成视线方向的位置误差。

（2）拖体坐标系和惯性坐标系

惯性测量系统涉及两个坐标系问题，即惯性坐标系和拖体坐标系。惯性坐标系又称地理坐标系，采用由 $X$（北）、$Y$（东）和 $Z$（下）3 个正交分量定义的直角坐标系。拖体坐标系原点取在测量系统的惯导质心上，$x'$ 轴取拖体纵轴前向为正向，$y'$ 轴垂直于 $x'$ 轴并指向拖体的正右方（拖体在地面上正常放置时），$z'$ 轴由右手螺旋定则确定。一般拖体坐标系与惯性坐标系是不重合的。惯性坐标系是固定的，而拖体坐标系会随着拖体运动姿态的变化而改变。在运动补偿时需要考虑拖体坐标系到惯性坐标系的位置转换，得到各阵元相位中心在惯性坐标系中的实际位置。

（3）"杠杆臂"效应的消除

所谓"杠杆臂"效应是指由于惯导质心和阵元等效相位中心之间存在一定的间距，在拖体运动过程中，各阵元的速度和位移并不等同于惯导质心的速度和位移，两者之间存在某种意义上的"杠杆臂"联系，因此要得到各阵元相位中心的位置，必须消除"杠杆臂"效应的影响。通过预先测量每个阵元的相位中心在拖体坐标系中的位置来消除"杠杆臂"效应。

（4）参考航迹的确定和安装误差角的修正

理论上，可以选择任何一条直线作为参考的理想航迹，这里选取一条最接近实际航迹的直线作为参考的理想航迹。选择拖体航行方向（即偏航角 heading）的均值作为理想参考航迹方向，所有运动误差均是以此航迹方向为参考计算得到的。

在参考理想航迹确定之后，以 heading 和该航次 heading 的均值之差作为偏航角进行阵元相位中心的位置解算，从而将惯性坐标系的 $x'$ 方向由正北方向转换为参考理想航迹方向，$y'$ 方向为垂直于 $x'$ 方向的水平向右，$z'$ 方向为垂直于 $x'$ 方向的竖直向下。此外，由于惯性测量系统在安装时存在角度误差，使得测得的 3 个方向的速度数据与拖体坐标系的 $x,y$ 和 $z$ 方向并不完全正交，导致在 $y$ 和 $z$ 方向的速度有可能存在恒定的线性直流分量，由于在位置解算时需要对速度通过积分运算得到位移，因此，即使是很小的速度分量，经过积分后得到的位移可能差别很大。而通过拖体坐标系到惯性坐标系的坐标变换是无法去除这种线性分量的,如果忽略安装误差的影响直接利用速度积分得到位移将有可能使最终的相位中心位置明显偏离实际位置,从而影响运动补偿精度,因此有必要对安装误差角度进行估计并修正。

在参考航迹确定之后,$x$ 方向为拖体前进方向,而 $y$ 方向和 $z$ 方向的速度均值应为 0,由于安装时的角度误差,使得得到的 $y$ 和 $z$ 方向的速度与 $x$ 方向存在耦合,从而导致 $y$ 和 $z$ 方向速度均值不为零。因此可以根据测量系统测得速度数据在 $x,y,z$ 三个方向的均值大小,估计出安装误差角度,并对速度进行修正,采用修正后的速度进行位置的解算,以减小安装角度引起的误差。

2) 基于惯性测量系统的运动补偿算法

(1) 逐点延时相加成像算法

逐点延时相加成像算法的基本思想是根据目标到每个方位采样点的延时,将信号对齐,然后相干叠加,从而得到每个成像点的成像值。传统的逐点延时相加算法在做二维成像时,为了方便起见,往往忽略了深度方向,而是将最终图像通过距离投影映射到一个只有方位和斜距的两个方向的二维斜平面坐标系上(图 6-27),在斜平面坐标系中,$x$ 轴为理想航迹方向,$y$ 轴为垂直于航迹方向的斜距向。

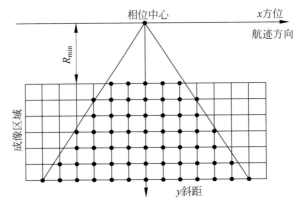

图 6-27　二维斜平面成像示意图

假设阵元沿着理想水平直线航迹方向运动,在成像时只考虑在方位和斜距两个坐标方向的位置。可以根据假设阵元相位中心的位置,计算成像区中每个像素到阵元中心的距离,继而得到采样延时,根据延时可以得到成像区域中每一点的图像亮度值。对下一个采样位置,采用同样方法计算成像区域每点的亮度值并叠加到图像上,最终将所有采样位置的图像叠加到一起,从而形成最终的合成孔径声呐成像图。

(2) 基于实际航迹的逐点补偿成像算法

在逐点延时相加成像算法中,延时计算采用的是相位中心理想位置与目标之间的延时。而在通过惯性测量系统得到相位中心的实际位置后,可以直接计算相位中心实际位置到目标之间的延时,从而实现对运动误差的补偿。这就是基于实际航迹的逐点补偿成像算法的基本思想。

基于实际航迹的逐点补偿成像模型可以实现由惯性测量系统得到的阵元相位中心实际位置代替理想航迹位置进行逐点成像。由阵元相位中心实际位置,计算成像区中每个像素到阵元中心的距离,继而得到采样延时,根据延时可以得到成像区域中每一点的图像亮度值。对下一个采样位置,采用同样方法计算成像区域每点的亮度值并叠加到图像上,最终将所有采样位置的图像叠加到一起从而形成合成孔径声呐成像图。因此只要姿态测量数据足够精确,这样的成像处理将可以很好地补偿运动误差的影响。

# 参考文献

[1] SATOUR A,MONTRESOR S,BENTAHAR M,et al. Acoustic emission signal denoising toimprove damage analysis in glass fibre-reinforced composites[J]. Nondestructive Testing and Evaluation,2013, 29(1):65-79.

[2] 杨慧顾,菊萍,华亮,等.基于小波的声发射信号去噪研究[J].现代电子技术,2017(13):78-80,84.

[3] HUANG N E,SHEN Z,LONG S R,et al. The empirical mode decomposition and the Hilbertspectrum for nonlinear and non-stationary time series analys[J]. Proceedings of the Royal Societyof London. Series A: Mathematical,Physical and Engineering Sciences,1998,454(1971):903-995.

[4] 于蕊,张寿明,毕贵红,等.基于EMD与SVM的泄漏声发射信号识别方法[J].计算机与应用化学, 2015(10):1259-1264.

[5] 徐锋,刘云飞,宋军.基于中值滤波_SVD和EMD的声发射信号特征提取[J].仪器仪表学报, 2011(12):2712-2719.

[6] 崔健驰.基于独立元分析的带噪声声发射信号特征提取研究[D].沈阳:沈阳航空航天大学,2016.

[7] JU L,ZHAO C,XIN Z,et al. An approach of speech enhancement by sparse code shrinkage[C]// International Conference on Neural Networks & Brain,2005.

[8] AKAIKE H. Markovian representation of stochastic processes and its application to the analysis of autoregressive moving average processes[J]. Annals of the Institute of Statistical Mathematics,1974, 26(1):363-387.

[9] KITAGAWA G,AKAIKE H. Aprocedure for the modeling of non-stationary time series[J]. Annals of the Institute of Statistical Mathematics,1978,30(1):351-363.

[10] MAEDA N. A method for reading and checking phase times in autoprocessing system of seismicdata[J]. 1985,38:365-380.

[11] OHTSU M. Acoustic emission (AE) and related non-destructive evaluation (NDE) techniques in the fracture mechanics of concrete:Fundamentals and applications[M]. Woodhead Publishing,2015.

[12] 阳能军,姚春江,袁晓静,等.基于声发射的材料损伤检测技术[M].北京:北京航空航天大学出版社,2016.

[13] 林华芳,徐明远.均匀直线阵的波束形成[J].信息技术,2003,27(5):22-24.

[14] 田坦,刘国枝,孙大军.声呐技术[M].哈尔滨:哈尔滨工程大学出版社,2000.

[15] GRANT H,ANDREW P. Simulation of beamforming techniques for the linear array of transducers [J]. IEEE,1995.

[16] 朱埜.主动声呐检测信息原理[M].北京:海洋出版社,1990.

[17] MURINO V,TRUCCO A. Three-dimensional image generation and processing in underwater acoustic vision[J]. Proceedings of the IEEE,2000,88(12):1903-1948.

[18] CARRARAW G,GOODMAN R S,MAJEWSKI R M. Spotlight synthetic aperture radar signal processing algorithms[M]. Boston. MA:Artech House,1995.

[19] GOUGH P T,HAWKINS D W. Unified framework for modern synthetic aperture imaging algorithms[J]. International Journal of Imagiog Systems and Technology,1997,(8):343-358.

# 第7章

# 声学技术在海洋工程检测中的应用

## 7.1　声发射技术的应用

海洋平台广泛应用在海洋油气资源的勘探和开发领域。由于长时间受到海风、海浪、海冰及潮汐等各种随机载荷的综合作用,加上海洋环境腐蚀、材料老化及材料缺陷和多种累积损伤的影响,降低了平台构件的整体抗力,严重影响了结构的安全性和耐久性。由于海洋平台工作环境恶劣且背景噪声多样,传统的无损检测方法对海洋平台结构监测效果并不理想[1]。声发射技术(acoustic emission,AE)因高灵敏性、可全天候 24 小时不停工检测等特点,在海洋平台应用前景广阔。

海洋平台服役期间,会受到海水及海洋生物、平台作业及生活、天气等多方面因素作用。在平台的 AE 监测中,各类损伤如裂纹、腐蚀,是监测的重点;而人员作业及海洋环境对平台产生的撞击、摩擦等,会对正常故障信号产生干扰,在监测过程中应弱化剔除。

声发射技术应用的关键是 AE 信号的处理与分析问题,而海洋平台 AE 声发射信号的微弱性和干扰噪声的多样性增加了声发射信号处理与分析的难度。近年来,声发射技术信号处理与分析方法,尤其是声发射信号特征提取与模式识别研究的成果,将进一步推动声发射技术在海洋平台检测与监测中的应用。

### 7.1.1　海洋平台管节点疲劳裂纹信号识别

管节点作为导管架海洋平台的重要连接方式,在复杂载荷作用下,交贯线焊缝焊趾处易产生裂纹及扩展等破坏现象,严重影响结构的稳定性。因此,探索动态裂纹的声发射信号特征,对于研究海洋结构件管节点在线健康监测及损伤评估具有重要意义。

声发射技术具有监测导管架海洋平台结构裂纹的能力,可在裂纹发展早期进行监测和定位,灵敏度高,特别适合在线、连续和远程监测。声发射监测采用传统的参数分析方法进行特征提取,不能全面、清晰、快速地表述声发射信号的特征,难以实现对海洋平台管节点疲劳损伤的在线监测及损伤程度评估。基于裂纹扩展理论,采用小波分配尺度谱和小波能量系数法提取海洋平台结构管节点疲劳裂纹的特征,通过建立小波能量系数与裂纹扩展的关系,可以实现管节点裂纹的在线监测。

### 1. 小波能量系数法

小波分析是声发射信号处理与分析中常用的分析方法,这种方法可以同时从时域和频域两个方面表征信号的局部特性。对声发射信号采用小波变化将信号进行多尺度的分解,若 $k$ 层小波分解后的结果是将原始信号分解为 $k+1$ 个频率范围的分量,则信号的总能量可以通过各层小波系数的能量来表示:

$$E_f = E_{ak} + \sum_{j=1}^{k} E_{dj}, \quad j = 1, 2, \cdots, k, k \in Z \tag{7-1}$$

其中,$E_f$ 为信号总能量;$E_{ak}$ 为是尺度分解时,近似小波系数的能量;$E_{dj}$ 为第 $j$ 层小波系数的能量。

为了更好地体现信号的变化规律,把量纲归一化后的系数称作小波能量系数,即

$$\gamma_a = \frac{E_{ak}}{E_f}, \quad \gamma_d = \frac{E_{dj}}{E_f}, \quad j = 1, 2, \cdots, k, k \in Z \tag{7-2}$$

小波能量系数表现了各频率区间内信号的能量分布情况,分布不同则声发射源的特征不同,损伤状况也就不同。因此,通过比较各层小波系数的变化,获取不同阶段裂纹扩展的时频特征,建立小波能量系数与裂纹扩展过程之间的对应关系,小波能量系数可以有效地表征管节点裂纹扩展过程中的声发射特征。

### 2. 疲劳裂纹实验

为建立小波能量系数与管节点的疲劳裂纹扩展之间的对应关系,刘贵杰等[2]针对海洋平台管节点的构造进行了模型实验研究。平台管节点采用典型海洋平台管节点形式,管节点的材料选用综合力学性能较好的高强度结构钢 D36,支管与主管的焊缝尺寸遵循美国焊接协会(AWS)几何特征参数:

$$\alpha = \frac{2L}{D}, \quad \beta = \frac{d}{D}, \quad \gamma = \frac{D}{2T}, \quad \tau = \frac{t}{T} \tag{7-3}$$

其中,$\alpha$ 为弦管长度系数;$\beta$ 为支弦管直径比;$\gamma$ 为弦管壁厚系数;$\tau$ 为支弦管壁厚比;$d$ 为支管直径;$D$ 为弦管直径;$L$ 为弦管长度;$t$ 为支管厚度;$T$ 为弦管厚度。

典型的 T 型管节点几何模型及其几何参数符号如图 7-1 所示。

对于管节点疲劳裂缝容易出现的位置可以采用结构有限元分析(如 ANSYS、Midas 等软件)进行分析确定。在 T 型管节点应力集中易出现裂缝的位置预制裂缝。在有限元分析时沿弦管方向施加 10kN 的载荷,确定最易破坏的位置在距离弦管轴线 30.5mm 处,与焊缝熔线相距 2.5mm。裂缝预制用 0.18mm 的钼丝沿支管的径向方向在该位置线切割预制深 1mm 的裂纹。采用疲劳实验机对构件进行疲劳实验,并在实验过程中对声发射信号进行采集。

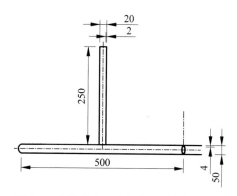

图 7-1　T 型管节点几何模型(单位:mm)

### 3. 实验采集参数设置

将谐振频率为 150kHz、灵敏度大于 65dB 的 PRX15 声发射传感器用耦合剂粘贴在 T 型管节点焊缝两侧,用以拾取管节点裂纹扩展 AE 信号。声发射采集仪的参数如下:采集卡的频率响应为 0.01~4MHz,增益为 ±0.2dB;前置放大器的频率带宽为 15kHz~2MHz,增益为 40dB;采集软件可实时全波形显示声发射信号及特征参数。

设定声发射检测仪采样频率为 1024kHz,单波形采样时间为 16ms,触发方式为上升沿软件触发。对裂纹扩展声发射信号采取全波形采集,并对采集到的信号进行滤波以去除实验环境噪声等背景噪声,以达到准确识别裂纹扩展信号的目的。使用压力机对试件进行加载,当实验加载至 2kN 时,压力机显示载荷下降,此时已经超过试件的极限载荷,裂纹开始扩展。当载荷下降至 0.75kN 时,试件发生断裂。全过程声发射信号的总采样时间为 160s。

### 4. 声发射信号的小波分析

由于采集到的声发射信号中含有环境噪声等背景噪声非常严重,导致无法准确识别裂纹扩展所激发的声发射信号,因此需要采用小波分析的方法对声发射信号进行分解、重构和滤除低频噪声。

裂纹扩展过程中产生的声发射信号数据量比较大,且属于非平稳信号,在选择小波基时应尽量减少或者避免数据失真,准确实现小波分解;进行离散小波变换以尽量减少小波变换时的计算量;各尺度的小波变换应能够较好地包含和反映缺陷信息;为了凸显声发射信号特征,要有一定阶次的消失矩;小波基在时域和频域上均应具有一定的局部分析能力,即在时域上具有紧支集,在频域的频带上具有快速衰减特性。

综合考虑以上各方面的要求,结合各小波函数的特点,选择 Daubechies 小波作为小波分析的小波基,消失矩阶数一般选择 4~7。实验中声发射活动频率分布范围在 10kHz 以上,采样频率设定为 1024kHz。小波分解尺度的确定可以根据采样频率及声发射信号的频率范围来确定,在确定分解尺度时应保证识别频率不大于最低的声发射信号频率。

根据小波分解基本理论,其分解尺度 $k$ 应满足的条件为

$$\frac{f}{2^{k+1}} \geqslant 10 \tag{7-4}$$

对式(7-4)两边同时取常用对数,可以得到声发射信号小波分析的分解尺度 $k$:

$$k \leqslant \log_2 \frac{f}{20} = \log_2 \frac{1024}{20} = 5.678 \tag{7-5}$$

根据式(7-5)确定的小波分析的分解尺度范围,在声发射信号分析时选择 5dB 小波分别对实验中采集的声发射信号进行 5 层和 6 层分解,根据实际的分解效果来确定具体的分解尺度。对采集的声发射信号采用 6 尺度分解时,六层低频系数主要在 0 附近做微小波动,对信号分析和能量提取意义甚微;而 5 尺度分解时,各层高频小波系数和低频近似系数都能有效地体现该频率段的信号特征。因此,选用 5 尺度小波分解,可以提高小波尺度图的聚集性,降低噪声干扰,清晰、快速地建立裂纹扩展信号与小波能量系数的关系。

**5. 裂纹扩展与小波能量系数的关系**

通过对管节点实验中声发射信号小波采用 5 尺度分解和重构,疲劳裂缝扩展分为三个阶段:塑性变形阶段、裂纹扩展阶段和失稳断裂阶段。

(1) 塑性变形阶段

加载前,由于预制裂纹造成的应力集中的影响,试件发生屈服所需的作用力较小,裂纹萌生的塑性变形阶段相对较短,此时的声发射活跃程度比较低。随着外力的不断作用,试件的形状发生变化,材料内部发生位错运动和滑移运动,预制裂纹尖端的应力集中得到卸载,声发射信号逐步加强,在达到屈服后,声发射信号会减弱。

图 7-2 为塑性变形阶段产生的声发射信号小波分解结果及小波能量系数分布。在塑性变形区内,声发射信号主要集中在高频部分的第二层、第三层和第四层,分别占总能量的 24.07%、18.07%、27.77%,而频率分布在 0~32kHz、32~64kHz 及 256~512 kHz 内的声发射信号比较弱,所占比例分别为 10.57%、11.50%和 8.02%。

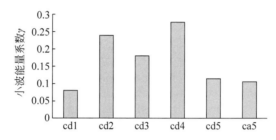

图 7-2　塑性变形阶段声发射信号小波能量系数分布图

(2) 裂纹扩展阶段

经过塑性变形区后,试件进入裂纹扩展阶段,此时微观裂纹已发展为宏观裂纹,在外力的作用下,裂纹进一步扩展,不断产生新的位错滑移,材料不断释放弹性波,声发射更加活跃,信号强度显著增加,而且由连续型信号发展为突发型信号,并呈现出一定的周期性。

在连续单向加载时,裂纹在扩展产生的声发射信号要经历"弱—强—弱"三个阶段,这是由于裂纹在扩展开始后,在载荷的作用下,会经历裂纹尖端钝化、扩展、再次钝化的过程。随着载荷的进一步增加,这三个过程重复发生。为了能够对裂纹的发展过程进行更加具体、全面的分析,将第二阶段再细分为三个过程,即裂纹扩展初期阶段、裂纹稳定扩展阶段及裂纹扩展后期阶段,这三个阶段的小波能量系数分布如图 7-3~图 7-5 所示,小波分解的各频率范围及能量系数见表 7-1。

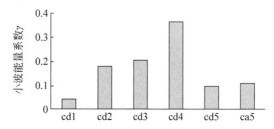

图 7-3　裂纹扩展初期声发射信号小波能量系数分布图

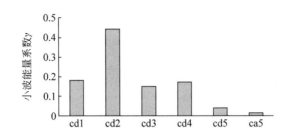

图 7-4　裂纹稳定扩展阶段声发射信号小波能量系数分布图

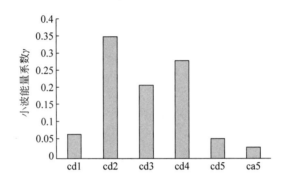

图 7-5　裂纹扩展后期声发射信号小波能量系数分布图

表 7-1　裂纹扩展时小波能量系数分布

| 小波系数 | 频率范围 /kHz | 小波能量系数 | | |
|---|---|---|---|---|
| | | 裂纹扩展初期 | 裂纹稳定扩展 | 裂纹扩展后期 |
| cd1 | 256～512 | 0.0424 | 0.1801 | 0.0703 |
| cd2 | 128～256 | 0.1791 | 0.4418 | 0.3473 |
| cd3 | 64～128 | 0.2054 | 0.1492 | 0.2122 |
| cd4 | 32～64 | 0.3688 | 0.1718 | 0.2791 |
| cd5 | 13～32 | 0.0952 | 0.0401 | 0.0576 |
| ca5 | 0～16 | 0.1091 | 0.0171 | 0.0335 |

　　结合裂纹扩展的小波分解结果及小波能量系数分布可知,三个阶段的高频小波系数发生显著变化。其中裂纹稳定扩展阶段与裂缝扩展初期相比:cd1 所占的能量比例较初期增加了近 14%,cd2 所占比例增加了 28%;但进入后期后,这两层小波系数的能量占比分别降低了近 11% 和 10%,因此,通过 cd1 和 cd2 可以有效地识别裂纹扩展时声发射信号特征。

　　(3) 失稳断裂阶段

　　当裂纹扩展至临界裂纹长度时发生失稳断裂,在断裂瞬间会产生强烈的突发型声发射信号。裂纹扩展后期,材料内部产生的声发射现象显著减弱,并进入短暂的间歇期,基本检测不到声发射信号,这是由裂纹扩展的间歇性决定的。另外,由于受到外载荷的作用,裂纹尺寸逐渐增大,进入失稳阶段后,裂纹扩展速率快速增加,并瞬间发生断裂,能量瞬间释放,在这个过程中产生剧烈的突发型声发射信号,并迅速衰减。图 7-6 为试件失稳断裂声发射信号的小波分解及能量系数分布。

　　失稳断裂瞬间声发射信号主要由三种频率区间的信号组成,占主要地位的是第三层小波系数 cd3。当 cd3 层能量系数占主要地位时,可确定为失稳断裂状态。

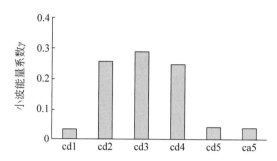

图 7-6　裂纹失稳断裂声发射信号小波能量系数分布图

综上所述,管节点裂纹发展过程中激发的声发射信号是多种高频信号叠加而成的,其信号特征也会随着裂纹状态的不同发生显著的变化,而小波能量系数可清晰地体现信号特征变化规律,因此,通过小波能量系数分析方法,可以有效地判断不同的裂纹发展阶段。小波能量系数清晰地体现了 AE 信号特征变化规律,可以有效地进行裂纹扩展状态识别,为海洋平台的健康监测及裂纹的智能识别提供了新的方法。

### 7.1.2　拉索腐蚀损伤信号聚类识别

钢绞线作为预应力混凝土构件的重要材料,其应力腐蚀会造成预应力严重损失甚至是结构的失效。而采用声发射技术对其信号进行分析时,由于应力腐蚀机理比较复杂,需要对其采用智能聚类分析的方法才能进行有效的识别。对于钢绞线的应力腐蚀,其发展不仅是一类腐蚀形态程度的简单加深过程,还是包含多种不同腐蚀形态的复杂演化。期间不同形态相互交错叠加,各有增减,很难被单纯地全程监测区分开来,因而仅依靠信号整体分析,并不能达到深入探讨应力腐蚀过程演化规律的目的。为充分应用声发射检测技术的优势,区分不同腐蚀形态具体所对应的声发射信号源类型,以给实际腐蚀检测及机理研究提供更翔实的参考,运用信号聚类及模式识别等技术,可以对腐蚀过程中采集到的声发射信号做更进一步的处理,判断腐蚀时信号的来源及特征。对于钢绞线应力腐蚀,可以运用主元分析的方法提取声发射信号中对应力腐蚀贡献大的主成分特征作为参数,利用粒子群改进算法的聚类分析方法对声发射信号进行模式识别。

#### 1. 主成分分析方法

在对由声发射检测系统采集的数据进行参数分析时,由于数据往往具有许多特征值,有些特征值具有一定相关性,有些则相对独立。在进行数据聚类分析前需要把数据从高维特征空间压缩到低维空间,一方面可以降低计算的复杂程度,另一方面可以选择贡献率较大的各个主成分特征。

主成分分析(principal component analysis,PCA)作为一种降维工具,能够将多维特征的数据投影到少数综合特征值空间上[3]。在处理高维数据时,应该注意避免出现信息重叠和冗余,使得处理的数据在不同特征之间的相关性尽可能少。主成分分析采取一种降维的方法,通过投影变换,找到几个综合因子来表征原始数据,得到的这些综合因子尽可能地反映原始数据且彼此又相对独立。

例如对于 $N$ 个二维数据,特征向量分别为 $\boldsymbol{x}_1$ 和 $\boldsymbol{x}_2$,将 $N$ 个二维数据表示在同一个平面,如图 7-7 所示,其平面分布近似一个椭圆形。从图 7-7 可知,$N$ 个点的坐标 $x_1$ 和 $x_2$ 具有一定的相关性。但是,当将原始坐标旋转一个角度 $\theta$ 之后,在椭圆长度方向取坐标轴 $y_1$,在短轴方向取坐标轴 $y_2$,如图 7-8 所示。旋转过后,$x$ 与 $y$ 之间的函数关系是

$$y_{1j} = x_{1j}\sin\theta + x_{2j}\sin\theta \tag{7-6}$$

$$y_{2j} = x_{1j}(-\sin\theta) + x_{2j}\cos\theta \tag{7-7}$$

其中,$j = 1, 2, \cdots, N$。如果写成矩阵形式,可以表示成

$$\boldsymbol{Y} = \begin{bmatrix} y_{11} & y_{12} & \cdots & y_{1N} \\ y_{21} & y_{22} & \cdots & y_{2N} \end{bmatrix} = \begin{bmatrix} \cos\theta & \sin\theta \\ -\sin\theta & \cos\theta \end{bmatrix} \begin{bmatrix} x_{11} & x_{12} & \cdots & x_{1N} \\ x_{21} & x_{22} & \cdots & x_{2N} \end{bmatrix} = \boldsymbol{UX} \tag{7-8}$$

其中,$\boldsymbol{U}$ 是投影矩阵且是一个正交矩阵,即 $\boldsymbol{U}^{\mathrm{T}} = \boldsymbol{U}^{-1}$,$\boldsymbol{UU}^{\mathrm{T}} = \boldsymbol{I}$。

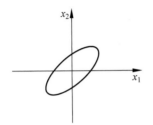

图 7-7    样品特征分布图

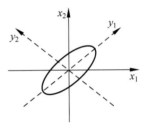

图 7-8    主成分示意图

新坐标下,观察图 7-8 可以发现,$N$ 个点的坐标 $y_1$ 和 $y_2$ 的相关性几乎为 0;$N$ 个点在新坐标下分布:$y_1$ 轴的方差大于 $y_2$ 轴的方差。

转换过后 $y_1$ 和 $y_2$ 是原始变数 $x_1$ 和 $x_2$ 的综合变量。相比较而言,$N$ 个点在 $y_1$ 轴上的方差较大,假设要求用一维变量来表征原始二维特征,那么就选择用 $y_1$ 轴上的一维综合变量来代替原始变量,在此称 $y_1$ 为第一主成分,$y_2$ 为第二主成分。

同理可以推广应用主成分分析将一组具有 $N$ 个样品且每个样品有 $n$ 个特征值($x_1$,$x_2, \cdots, x_n$)的数据转换得到 $n$ 个综合变量,即

$$\begin{cases} y_1 = c_{11}x_1 + c_{12}x_2 + \cdots + c_{1n}x_n \\ y_2 = c_{21}x_1 + c_{22}x_2 + \cdots + c_{2n}x_n \\ \quad\quad\quad\quad\vdots \\ y_n = c_{n1}x_1 + c_{n2}x_2 + \cdots + c_{nn}x_n \end{cases} \tag{7-9}$$

其中,系数 $c_{ij}$ 满足 $c_{k1}^2 + c_{k2}^2 + \cdots + c_{kn}^2 = 1(k = 1, 2, \cdots, n)$,其中系数 $c_{ij}$ 需满足条件:

(1) $y_i$ 和 $y_j (i \neq j; j = 1, 2, \cdots, n)$ 相互独立;

(2) 假设 $y_1, y_2, \cdots, y_n$ 是 $x_1, x_2, \cdots, x_n$ 在满足式(7-9)的所有线性组合,且 $y_1$,$y_2, \cdots, y_n$ 的方差依次递减,那么 $y_1, y_2, \cdots, y_n$ 分别被称为原始数据变量的第 1,第 2,$\cdots$,第 $n$ 主成分。

设 $\boldsymbol{X} = \begin{bmatrix} x_1 \\ x_2 \\ \vdots \\ x_n \end{bmatrix}$ 是一个 $n$ 维矢量,$\boldsymbol{Y} = \begin{bmatrix} y_1 \\ y_2 \\ \vdots \\ y_n \end{bmatrix}$ 是按照式(7-9)变换后的矢量。式(7-9)的矩阵

形式可表示为 $\boldsymbol{Y} = \boldsymbol{CX}$,$\boldsymbol{C}$ 为正交矩阵,并满足 $\boldsymbol{CC}^{\mathrm{T}} = \boldsymbol{I}$,$\boldsymbol{I}$ 为单位矩阵。

$\boldsymbol{Y}$ 是 $\boldsymbol{X}$ 经过变换之后的一个新的正交坐标系,且在 $\boldsymbol{Y}$ 中时表示 $N$ 个点在 $y_1$ 轴上的方

差最大,在 $y_2$ 轴上的方差仅次于 $y_1$ 轴,同理,在 $y_n$ 轴上最小。同时,$N$ 个点对不同的 $y_i$ 轴和 $y_j$ 轴($i \neq j$)之间求得的协方差为 0,即

$$YY^{\mathrm{T}} = (CX)(CX)^{\mathrm{T}} = CXX^{\mathrm{T}}X^{\mathrm{T}} = A \tag{7-10}$$

其中,$A = \begin{bmatrix} \lambda_1 & & & \\ & \lambda_2 & & \\ & & \ddots & \\ & & & \lambda_n \end{bmatrix}$。

假定 $X$ 经过归一化处理,则 $XX^{\mathrm{T}}$ 为求得的相关矩阵。令 $R = XX^{\mathrm{T}}$,则式(7-10)表示为 $CRC^{\mathrm{T}} = A$。由 $C^{\mathrm{T}}$ 左乘该式,有

$$RC^{\mathrm{T}} = C^{\mathrm{T}}A \tag{7-11}$$

写成代数形式为

$$\begin{bmatrix} r_{11} & r_{12} & \cdots & r_{1n} \\ r_{21} & r_{22} & \cdots & r_{2n} \\ \vdots & \vdots & & \vdots \\ r_{n1} & r_{n2} & \cdots & r_{nn} \end{bmatrix} \times \begin{bmatrix} c_{11} & c_{12} & \cdots & c_{1n} \\ c_{21} & c_{22} & \cdots & c_{2n} \\ \vdots & \vdots & & \vdots \\ c_{n1} & c_{n2} & \cdots & c_{nn} \end{bmatrix} = \begin{bmatrix} c_{11} & c_{12} & \cdots & c_{1n} \\ c_{21} & c_{22} & \cdots & c_{2n} \\ \vdots & \vdots & & \vdots \\ c_{n1} & c_{n2} & \cdots & c_{nn} \end{bmatrix} \times \begin{bmatrix} \lambda_1 & & & \\ & \lambda_2 & & \\ & & \ddots & \\ & & & \lambda_n \end{bmatrix}$$

$$\tag{7-12}$$

展开式(7-12)可得 $n^2$ 个方程,对展开第一列得到的 $n$ 个方程进行分析:

$$(r_{11} - \lambda_1)c_{11} + r_{12}c_{12} + \cdots + r_{1n}c_{1n} = 0$$
$$r_{21}c_{11} + (r_{22} - \lambda_1)c_{12} + \cdots + r_{2n}c_{1n} = 0$$
$$\vdots \tag{7-13}$$
$$r_{n1}c_{11} + r_{n2}c_{12} + \cdots + (r_{nn} - \lambda_1)c_{1n} = 0$$

求解上述方程组的系数矩阵的特征值:

$$\begin{vmatrix} r_{11} - \lambda_1 & r_{12} & \cdots & r_{1n} \\ r_{21} & r_{22} - \lambda_1 & \cdots & r_{2n} \\ \vdots & \vdots & & \vdots \\ r_{n1} & r_{n2} & \cdots & r_{nn} - \lambda_1 \end{vmatrix} \tag{7-14}$$

行列式表达为 $|R - \lambda I| = 0$。同理,对于 $\lambda_2, \lambda_3, \cdots, \lambda_n$ 来讲,$\lambda_j$ $(j = 1, 2, \cdots, n)$ 是 $|R - \lambda I| = 0$ 的那个根,$\lambda$ 是特征方程的根,对应的 $c_{ij}$ 是特征向量分量。

设 $R$ 的 $N$ 个特征值 $\lambda_1 > \lambda_2 > \cdots > \lambda_n \geqslant 0$,相对于 $\lambda_1$ 的特征向量为 $C_i$,令

$$C = \begin{bmatrix} c_{11} & c_{21} & \cdots & c_{n1} \\ c_{12} & c_{22} & \cdots & c_{n2} \\ \vdots & \vdots & & \vdots \\ c_{1n} & c_{2n} & \cdots & c_{nn} \end{bmatrix} = \begin{bmatrix} C_1 & C_2 & \cdots & C_n \end{bmatrix} \tag{7-15}$$

相对于 $y_1$ 的方程为

$$\mathrm{Var}(C_1 X) = C_1 XX^{\mathrm{T}}C_1^{\mathrm{T}} = C_1 RC_1^{\mathrm{T}} = \lambda_1$$

同样有 $\mathrm{Var}(C_i X) = \lambda_i$。即对于 $y_1$ 方差最大,$y_2$ 次之,并且有协方差

$$\mathrm{Cov}(C_i^{\mathrm{T}}, C_j X) = C_i^{\mathrm{T}}RC_j \tag{7-16}$$

由式(7-11)得 $\boldsymbol{R}=\sum\limits_{a=1}^{n}\lambda_a\boldsymbol{C}_a\boldsymbol{C}_a^{\mathrm{T}}$，所以式(7-16)变为

$$\operatorname{Cov}(\boldsymbol{C}_i^{\mathrm{T}}\boldsymbol{C}^{\mathrm{T}},\boldsymbol{C}_j\boldsymbol{X})=\boldsymbol{C}_i^{\mathrm{T}}\left(\sum_{a=1}^{n}\lambda_a\boldsymbol{C}_a\boldsymbol{C}_a^{\mathrm{T}}\right)\boldsymbol{C}_j=\sum_{a=1}^{n}\lambda_a\left(\boldsymbol{C}_i^{\mathrm{T}}\boldsymbol{C}_a\right)\left(\boldsymbol{C}_a^{\mathrm{T}}\boldsymbol{C}_j\right)=0 \tag{7-17}$$

$x_1,x_2,\cdots,x_n$ 经过投影后得到新的空间向量：

$$\begin{aligned}\boldsymbol{y}_1&=\boldsymbol{C}_1^{\mathrm{T}}\boldsymbol{X}\\\boldsymbol{y}_2&=\boldsymbol{C}_2^{\mathrm{T}}\boldsymbol{X}\\&\vdots\\\boldsymbol{y}_n&=\boldsymbol{C}_n^{\mathrm{T}}\boldsymbol{X}\end{aligned} \tag{7-18}$$

$\boldsymbol{y}_1,\boldsymbol{y}_2,\cdots,\boldsymbol{y}_n$ 之间两两正交，$y_i$ 的方差为 $\lambda_i$，故称 $y_1,y_2,\cdots,y_n$ 分别为第 1，第 2，$\cdots$，第 $n$ 个主成分。第 $i$ 个主成分的贡献率定义为 $\lambda_i\Big/\sum\limits_{k=1}^{n}\lambda_k(i=1,2,\cdots,n)$，前 $m$ 个主成分的累积贡献率定义为 $\sum\limits_{i=1}^{m}\lambda_i\Big/\sum\limits_{k=1}^{n}\lambda_k$，选取前 $m(m<n)$ 个主成分，使其累积贡献率达到工程要求(建议取 95%)，至此，便可以将原始数据由 $n$ 维降低到 $m$ 维。

主成分分析降维示意图如图7-9所示，采用主成分分析时其主要功能就是进行降噪和去冗余。采用主成分分析降噪就是去除贡献率比较小的主成分，通过使所求协方差矩阵中非对角线的元素设置为零来实现；去冗余是指去掉样本中的一些变化不明显的维度。主成分分析主要的计算过程包括：数据的归一化、计算样本的协方差矩阵、协方差矩阵的特征值分解和特征向量的计算、降维得到新的矩阵，其算法流程如图7-10所示。

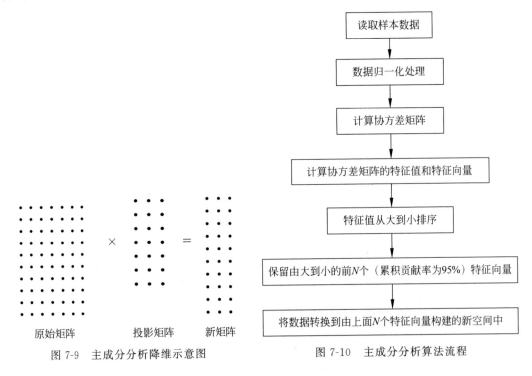

图7-9 主成分分析降维示意图

图7-10 主成分分析算法流程

### 2. 粒子群改进算法的聚类分析方法

粒子群算法(paricle swarm optimization,PSO)是一种有效的全局寻优算法[4],最早起源于美国的 Kenedy 和 Eberhart 对鸟群觅食过程的研究,后来将其应用于求解组合优化问题。粒子群算法是基于进化思想的一种全局优化算法,通过群体中粒子间的合作与竞争,最终产生群体智慧进行指导优化搜索。粒子群算法是一种基于全局搜索的策略,采用的是速度-位移模型,算法在进行运算时每代种群中的解具有"自我学习"能力和"向他人学习"的双重优点,所以算法通常进行较少的迭代次数就可以找到最优解。

粒子群算法是通过个体间的协作与竞争来实现复杂空间中最优解的搜索的,可将每一个优化问题的解看成搜索空间中的一个粒子。首先,生成初始粒子群,每个粒子都作为所研究优化问题的可行解,并根据目标函数来为每个粒子确定一个适应度。所有的粒子在解空间中进行搜索,并由速度来决定其运动方向和距离。算法在每次迭代运算中,粒子将根据两个"极值"来更新粒子,一个是粒子本身找到的最优解,另一个是种群目前的最优解。

假设一个 $n$ 维空间中,一共有 $m$ 个粒子 $Z=\{Z_1,Z_2,\cdots,Z_m\}$,每个粒子可看成一个组合优化问题的解,用粒子的位置坐标表示 $Z_i=\{Z_{i1},Z_{i2},\cdots,Z_{im}\}$。每个粒子都具有一个运动方向,记为 $V_i=\{V_{i1},V_{i2},\cdots,V_{im}\}$。整个粒子总群在解空间中运动,通过局部极值和全局极值不断调整自己的位置来搜索新解,在运动中,每个粒子都能够记录下自己搜索到的最优解,记为 $p_{id}$(局部最优极值),所有粒子搜索到的最好的解记为全局最优极值。当两个最优解都找到后,每个粒子的速度-位移更新公式如下:

$$v_{id}(t+1)=w \cdot v_{id}(t)+\eta_1 \cdot \text{rand}(\quad) \cdot (P_{id}-z_{id}(t))+\eta_2 \cdot \text{rand}(\quad) \cdot (P_{gd}-z_{id}(t))$$

$$(7-19)$$

$$z_{id}(t+1)=z_{id}(t)+v_{id}(t+1) \qquad (7-20)$$

其中,$v_{id}(t+1)$ 表示第 $i$ 个粒子在第 $(t+1)$ 次迭代过程中第 $d$ 维度上的速度。为了让粒子的速度不至于过大,可设置速度上限 $v_{\max}$,即当 $v_{id}(t+1)>v_{\max}$ 时,$v_{id}(t+1)=v_{\max}$;当 $v_{id}(t+1)<-v_{\max}$ 时,$v_{id}(t+1)=-v_{\max}$,由式(7-21)实现

$$w=w_{\max}-\text{iter} \times \frac{w_{\max}-w_{\min}}{\text{iter}_{\max}} \qquad (7-21)$$

其中,iter 是当前迭代次数;$\text{iter}_{\max}$ 是预设的最大迭代次数。$w$ 表示惯性权重,用来使粒子保持运动惯性,如果 $w=0$,则粒子速度没有记忆性,粒子群将会直接收缩到当前的全局最优位置,丧失了搜索更优解的能力。一般情况下 $w$ 取 0~1 的随机数。

$\eta_1$ 和 $\eta_2$ 表示加速度常数,为速度调节参数,表示粒子向极值点 $P_{id}$ 和 $P_{gd}$ 靠近的加速度权重,如果 $\eta_1=0$,表示粒子失去"自我认知"能力,只具有"社会性",虽然粒子会很快收敛,但容易陷入局部极值。同样,如果 $\eta_2=0$,那么粒子便失去社会性,只具有"认知"能力,便失去了粒子之间的协作与竞争机制,此时,该算法就等价于 $m$ 个粒子独立搜索,无法有效地寻找到全局最优解。一般情况 $\eta_1$ 和 $\eta_2$ 取值在 2 左右。rand()为 0~1 的随机数。

观察公式发现,粒子的速度更新主要由三部分组成,更新机制如图 7-11 所示。

（1）粒子自己原有的速度 $v_{id}(t)$；

（2）粒子与自己所经历最佳位置的方向 $P_{id}-z_{id}(t)$；

（3）粒子与所有群体所经历最佳位置的方向 $P_{gd}-z_{id}(t)$。

粒子群算法的具体步骤如下：

（1）初始化粒子群，随机指定粒子群的初始位置 $Z_i$ 和初始速度 $V_i$；

（2）根据速度和位置确定粒子新的位置；

（3）计算每一个粒子的适应度值 fit；

（4）对每一个粒子，对比现在的适应度值和它经历最优解位置时的适应度值，如果是现在的更好，那么便修正 $P_{id}$；

（5）对每一个粒子，对比现在的适应度值和所有粒子群体所经历最优位置时的适应度值，如果更好，则更新全局最优解 $P_{gd}$；

（6）找到 $P_{id}$ 和 $P_{gd}$ 后按式(7-19)和式(7-20)更新粒子的速度和位置；

（7）判断是否满足结束条件，满足则结束，否则，转到第 3 步进行迭代。

粒子群算法的流程如图 7-12 所示。

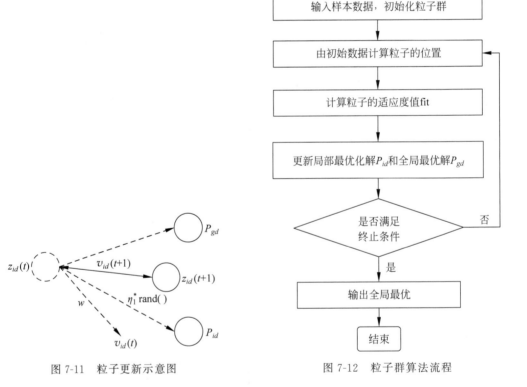

图 7-11　粒子更新示意图　　　　　　图 7-12　粒子群算法流程

## 3. 拉索应力腐蚀声发射信号聚类分析

常见的声发射聚类参数有计数、幅值、能量、上升时间、持续时间、平均频率等。在运用粒子群损伤算法之前，首先要确定聚类数量，常见的评价指标有 DBI 指标和距离代价函数。图 7-13 为采用 DBI 指标的拉索应力腐蚀损伤源聚类图，可以看出桥梁拉索应力腐蚀损伤源可分成 4 类，即塑性变形、裂纹形成、裂纹扩展及断裂。

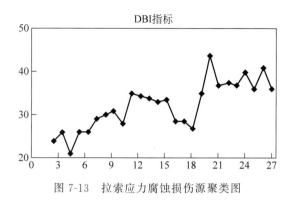

图 7-13　拉索应力腐蚀损伤源聚类图

桥梁拉索腐蚀损伤不同的声发射特征参数聚类分布如图 7-14 所示。根据图 7-13 可知,桥梁拉索腐蚀声发射信号可分成四类。聚类 1(粉色)表现为上升时间、计数、能量、持续时间、幅值都处于比较低的状态,而平均频率分布较分散,这主要是由于钢绞线的电化学溶解,表面产生氢气,气泡产生和破裂导致较多的声发射信号产生,这个阶段腐蚀较活跃,钢绞线表面形成点蚀和产生相应的腐蚀产物。聚类 2(绿色)较聚类 1 的特点是声发射特征参数

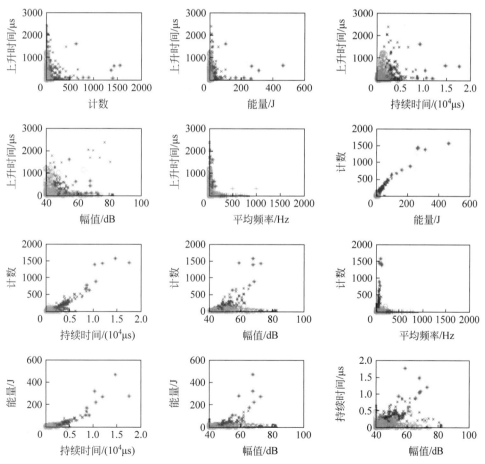

图 7-14　拉索应力腐蚀声发射特征参数分布相关图(见文前彩图)

分布规律比较类似,只是两者频率范围区分得比较开,这主要是由于腐蚀产物在钢绞线上交替附着和脱落最终形成相对稳定的附着堆积结构,腐蚀产物在堆积到一定程度时会形成局部的闭塞原电池,从而产生局部的酸性腐蚀并产生氢气;当腐蚀产物脱落时,氢气泡会释放同时局部闭塞原电池反应终止,这就形成了基本同步的氢气泡释放上浮过程和腐蚀产物脱落下沉过程,由点蚀转变为均匀腐蚀。所以聚类 1 和聚类 2 有较多相同的信息特征,但聚类 2 包含了一些高幅值的腐蚀物脱落信号和较低频的均匀腐蚀信号。聚类 3(蓝色)对应区域的上升时间、计数、能量、持续时间、幅值都高于前两种信号,频率比较低,对应时间发生在后期的比例要大于前者,主要对应于应力腐蚀裂纹快速发展阶段产生的信号。聚类 4(红色)与其他信号相比,各项参数明显大于其他类别,特点是各个特征参数都处于非常高的状态,除频率之外,对应时间主要产生于实验临近结束处,主要是由于钢绞线裂纹失稳发展,断裂时产生的信号。

### 4. 基于主成分分析的拉索声发射粒子群聚类算法

前面采用粒子群聚类算法很好地对桥梁拉索应力腐蚀声发射源进行了分类,但是声发射特征参数图还是存在很多重合的地方,这主要是因为声发射特征参数存在一些相关性。为提高聚类分析的效果,先对声发射特征参数进行主成分分析,然后根据主成分分析结果对贡献大的主成分采用粒子群聚类算法识别拉索应力腐蚀损伤源。通过主成分分析将多维特征的数据投影到少数综合特征空间上,使得处理的数据在不同特征之间的相关性尽可能少。一方面可以降低计算的复杂程度,另一方面可以选择出贡献率较大的各个主成分特征。通过投影变换,找到几个综合因子来表征原始数据,得到的这些综合因子能够尽可能地反映原始数据且彼此又相对独立。然后将主成分分析之后的数据进行粒子群聚类。

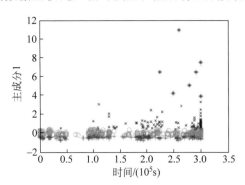

选取主成分贡献率达到 91% 的前三阶主成分进行分析,前三阶主成分贡献率分别为 51.7%、23.9%、16.4%。主成分 1 随时间变化关系如图 7-15 所示。

为进一步了解数据的分布结构,可以观察其在主成分空间上的分布情况,如图 7-16 所示。

从图 7-16 可以看出,采用主成分分析之后,再进行聚类分析,桥梁拉索应力腐蚀声发射源和损伤演化过程更清楚。应力腐蚀损伤

图 7-15　时间-主成分 1 分布(见文前彩图)

明显分为三个阶段,即桥梁拉索裂纹萌生、裂纹扩展、断裂。不同的损伤阶段具有典型的声发射特征。从主成分 1 随时间变化图可较明显看出钢绞线应力腐蚀损伤声发射特征参数的变化、钢绞线断丝发生的时刻。结合主成分分析结果进一步发现,通过主成分分析聚类后,四类损伤源完全分开,主成分 1 和主成分 2 相关图揭示了四种不同类型损伤源具有明显的空间分布,聚类 1 和聚类 2 具有相似的信号特征,在整个时间都出现,特征值比较低,数量多,进一步验证它们的特性,主要包括钢绞线钝化膜破裂、脱落,点蚀处裂缝成核、氢形成及其气泡破裂、释放。但聚类 1 在主成分 2 轴上具有更大的分量,这主要是由聚类 1 信号平均

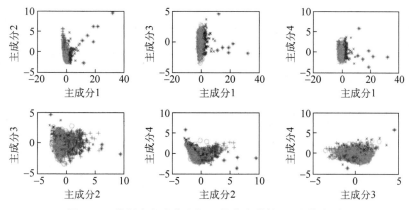

图 7-16 数据在主成分空间上的分布结构(见文前彩图)

频率分布更广造成的。随着腐蚀时间的增加,点蚀处裂纹在应力的作用下不断扩展,裂缝不断汇聚,声发射特征参数明显增加,聚类 3 信号占主导作用。腐蚀最后阶段,钢绞线断裂,产生大量的声发射信号(聚类 4)。

## 7.2 声呐技术的应用

### 7.2.1 水下结构工程的检测

水利工程水下构筑物常年处于水下,水流环境复杂,其缺陷具有发现难、处理难、突发性强,引起的后果严重的特点,对其的检测具有较大的难度。

水利工程水下结构主要包含正常蓄水位水面以下的迎水坡护面结构、进水塔结构及铺盖、底板、护坦、沉箱等结构。其常出现的隐患主要有建筑物整体沉降,混凝土结构表面的裂缝、分缝或止水破损,金属结构锈蚀等。当前,水利工程水下结构检测的主要方法包括目视检测、水下机器检测(ROV 检测)、激光扫描、扇扫声呐成像等。

#### 1. 水利枢纽的检测

某水利枢纽工程处于深厚的高压缩性的流塑淤泥基础上,因此枢纽水闸前后护坦采用了水下吊装空箱式预制件方案进行建造,先对水闸前后护坦进行水下疏浚并找平,空箱预制件在自浮运到预定的沉放地点后,定位充水下沉,平面示意图如图 7-17 所示。

根据水利工程的特点,采用水下机器人搭载声呐系统对水下结构进行检测,对结构状况进行评估。水下成像采用多波束声呐系统,系统主要由声呐装置、数据采集装置、设备安装支架及连接线组成。其中声呐装置的理想覆盖角度为 140°,波束数为 256,理想测量深度为100m,系统能满足水利工程大部分水下结构及河道测量需求。

多波束系统对其的探测结果表明,水闸内外江护坦结构均能比较完整、清晰地呈现出来,沉箱结构基本完整,轮廓清晰且无破损情况,但是大部分沉箱在长期水流作用下散乱沉陷,部分已被淤泥覆盖(图 7-18),淤泥深厚的河床中普遍出现了"沙跑石沉"的现象。

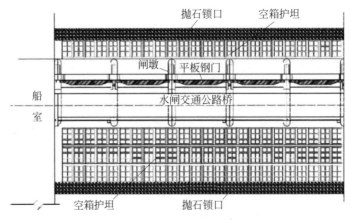

图 7-17  水利枢纽工程平面示意图

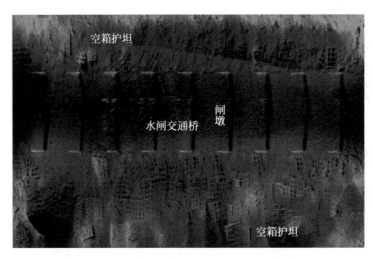

图 7-18  多波束成像系统检测结果（见文前彩图）

### 2. 大坝检测

水下机器人适用于水下大面积、大范围检测,结果直观可靠,但是只能探查水利工程的表面情况,在水体浑浊、水工结构和水流流态复杂的条件下无法进行细致检查,难以对缺陷实现精确定位。但水下机器人搭载声呐系统,通过声呐的成像技术可以生成水下结构物的三维图像,结合水下机器人的视频和定位系统实现对水下结构物的检测。

某水库大坝采用水下机器人搭载二维声呐成像系统进行检测。水下机器人系统的核心检测系统为视频摄像系统和搭载的二维声呐成像系统,其中有高分辨率摄像机(高清彩色变焦摄像头和黑白低照度摄像头)和高亮度照明灯。该水库大坝的实景照片如图 7-19 所示,大坝上游面板采用声呐成像后的结果如图 7-20 所示。根据检测结果:各面板表面无明显的贯穿性裂缝和大面积明显的混凝土缺失等隐患;各条橡胶止水基本完整,局部表面龟裂,部分固定螺母缺失;在 1.2m 水深处发现一条裂缝,经核实此条裂缝为混凝土浇筑时丝带、竹条或钢筋等条状物落入混凝土表面后,由施工人员清除后留下的痕迹,非贯穿性裂缝。

图 7-19　水库大坝实景照片

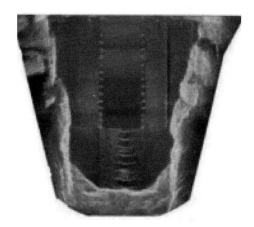

图 7-20　大坝上游面板声呐成像图

## 7.2.2　海洋平台检测中的应用

### 1. 声呐技术在石油管道检测中的应用

21 世纪以来,人类对石油的需求快速增加,由于已探明的海洋油气储量占全球总资源量的 34%,丰富的油气资源让全世界将目光瞄准了海洋这座资源宝库,世界上沿海国家已将开发海洋资源作为国家的发展战略。海底石油管道是连接海洋平台之间、海洋平台与陆地之间的生命线,是海洋平台中的重要设施。

管道的铺设过程中,为了保证海底管道处于掩埋状态,避免各种因素对海底管道造成的破坏,管道一般埋入海底以下一定深度的海床中。但是,由于管道附近的海底面长期受到海洋湍流水动力作用的影响,处于掩埋状态的管道逐渐变为裸露或悬空状态[5],极易在冲刷、船舶起锚或海流循环荷载共同作用下发生破坏,导致内部的油气泄漏,造成巨大的经济损失和环境污染,甚至威胁人类安全。因此对海底管道的埋深、悬空或裸露,甚至管道在竖向或横向变位等进行检测和评估,对确保管道安全运营具有重要的意义。

由于管道附近海底海洋湍流、冲蚀作用等可能会使管道处于掩埋、悬空或裸露等不同的状态,采用单一的声呐技术已对管道的检测取得较好的效果。为了更有效地对海洋平台之间的管道进行可靠的检测,需要将多波束声呐、侧扫声呐及浅地层剖面仪等技术综合起来进行检测。

通过多波束系统得到的海底管道检测数据可以通过多波束数据采集和后处理软件进行数据加工与提取,可以显示每 Ping 测量断面的波束情况,根据监测数据及成图比例尺进行点云数据的分析,可以得到海底管道附近海床水下地形图和管道横纵剖面的二维检测结果。对于裸露和悬空状态的海底管道,采用侧扫声呐相对多波束声呐具有横向分辨率高、检测效率高及检测成本低等优点。

由于多波束和侧扫声呐两种声学检测设备的频率都在数百千赫兹,声的波长过短,所以只能够检测处于裸露和悬空状态的海底管道,不能够穿透海底检测到处于埋藏状态的海底管道。浅地层剖面仪的声波发射频率可以控制在 1~5kHz，能够发射较长波长的声脉冲，进而可以穿透海底，探测埋藏状态的海底管道。

综上所述，在海底管道检测时可以利用多波束声呐、侧扫声呐及浅地层剖面仪三种技术的特点进行联合探测，提高管道检测数据精度和结果的可靠性。

1）海底管道的多波束检测

利用多波束声呐进行管道探测时，声波的接收区在海底相交后将会形成垂直于航迹方向的数百个波束脚印。结合声速剖面仪得到的声速剖面数据，对每个波束脚印内的声波信号进行相位和时间的估计即可得到该波束脚印的水深值，将所有波束脚印测得的水深值综合起来便可得到垂直于航迹方向的高密度水深值，继而可以形成航迹方向的海底地形图和管道横纵剖面的二维检测结果。

利用多波束声呐对海底管道进行检测时，海底管道横纵剖面图点云数据可以表示管道的赋存状态，根据所测得的管道顶部到平均海地面的距离来判断管道的原位状态。

图 7-21 和图 7-22 分别是利用多波束声呐对海底管道二维成像结果提取的管道处纵剖面和横剖面点云图。从图 7-21 可以看出测试段管道在海底处于悬空状态，管道的悬空最大高度为 0.54m，对图 7-22 中截取的管道横断面进行分析可以看出水下海床冲蚀随断面的分布情况和管道的悬空高度，该断面处横断面管道悬空高度为 0.14m。

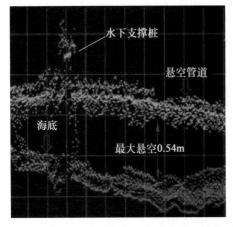
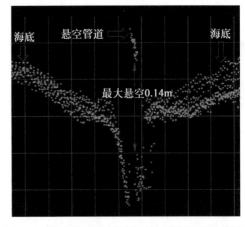

图 7-21　海底管道纵剖面点云数据图（见文前彩图）　　图 7-22　海底管道横剖面点云数据图（见文前彩图）

2）海底管道的侧扫声呐检测

（1）侧扫声呐检测悬空管道的方法

侧扫声呐系统对裸露和悬空的海底管道具有良好的检测效果。由于管道所处环境复杂，经受海底洋流等环境因素影响的程度不同，位于海底面的管道容易出现裸露和悬空状态。侧扫声呐系统对这两种情况的声图影像易于判读。

裸露在海底面上的侧扫声呐管道检测示意图如图 7-23 所示，当利用侧扫声呐系统对海底裸露管道进行检测时，会得到检测的声图记录，由于裸露管道的反向散射强度较强，在侧扫声呐影像中呈现黑色的条状物，而海底管道阻挡了传向管道后方的声波，导致管道的后方没有声波信号，在侧扫声呐声图影像上显示为白色的声影区。

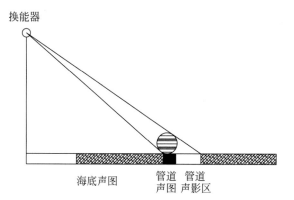

图 7-23　侧扫声呐对裸露管道的检测示意图

当利用侧扫声呐系统检测悬跨在海底面上的管道时,检测效果如图 7-24 所示。由于管道产生的散射较强,在声影图像上显示为黑色的条状目标物,海底底质的影像呈灰色,但白色的声影区并不是紧邻管道影像出现的,而是与管道影像间隔一段灰的海底底质。这是由于海底管道处于悬空状态,声波可以照射到悬空管道下方的海底面,同时又因为管道下方区域与声呐换能器的距离较管道与换能器的距离大,所以在管道影像和管道声影区之间间隔一段灰色的海底地质影像,这是通过侧扫声呐影像判断管道是否发生悬空的关键特征。因此可根据侧扫声呐的检测声影图像来判断确定海底管道的位置状态[6-7]。

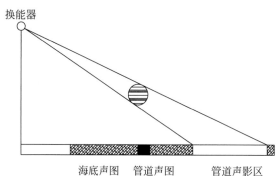

图 7-24　海底悬空管道侧扫声呐检测示意图

（2）海底管道悬空高度计算方法

当利用侧扫声呐的悬空管道检测记录计算管道的悬空高度时,如果管道直径较大,采用不考虑管径的计算公式计算得到的管道的悬空高度会产生较大的误差,因此,大管径的海底管道对于海底管道悬空高度计算的影响不可忽略,在考虑管径的条件下,海底管道悬空高度的计算简图如图 7-25 所示。

假设海底面为一平坦的平面,且忽略声波在海水中传播时产生的声线弯曲现象,根据图 7-25 中的几何关系,海底管道的悬空高度 $h$ 和声波掠射角 $\theta$ 的计算公式为[8]

$$h = \frac{HS}{R} - r\left(1 + \frac{\sqrt{R^2 - H^2}}{R}\right) \tag{7-22}$$

$$\theta = \arccos \frac{r}{\sqrt{(H-h-r)^2}} - \arccos \frac{H-h-r}{\sqrt{(H-h-r)^2}} \tag{7-23}$$

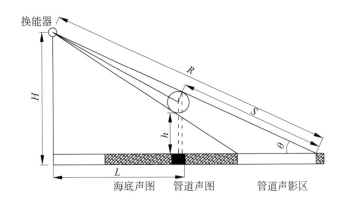

图 7-25　海底管道悬空高度计算简图

其中，$H$ 为拖鱼距海底面的高度；$S$ 为管道声图末端至管道声影区末端的距离；$R$ 为发射线距管道声影区末端的斜距；$r$ 为海底管道的半径（直径为 $D$）。若管道半径 $r$ 已知，拖鱼距海底面的高度 $H$ 可由侧扫声呐系统自动精确测得，$S$ 和 $R$ 则需要从侧扫声呐的声图影像中人工量取。因此，海底管道悬空高度 $h$ 的计算精度主要受检测声影图像中 $S$ 和 $R$ 量取误差的影响。从式(7-22)可以看出，管道悬空高度的计算与 $H$，$S$，$R$，$D$ 这四个物理量有关系，在该式的基础上，推导管道悬空高度的误差公式，根据误差传播公式[9]，可以得到：

$$\Delta h = \frac{\partial h}{\partial S}\Delta S + \frac{\partial h}{\partial R}\Delta R + \frac{\partial h}{\partial D}\Delta D + \frac{\partial h}{\partial H}\Delta H \tag{7-24}$$

式(7-24)中，由于管道半径和拖鱼高度可以精确测量，其对管道悬空高度误差的影响可以忽略不计。上述悬空高度的误差计算公式变为

$$\Delta h = \frac{\partial h}{\partial S}\Delta S + \frac{\partial h}{\partial R}\Delta R = \frac{H}{R}\left(1 - \frac{S}{R}\times\frac{\Delta R}{\Delta S} - \frac{DH}{2RL}\times\frac{\Delta R}{\Delta S}\Delta S\right) \tag{7-25}$$

其中，$\Delta R$ 和 $\Delta S$ 为 $R$ 和 $S$ 的系统误差。

（3）海底管道悬空高度的影响因素

根据海底管道悬空高度的计算公式可以看出其测量误差 $\Delta R$ 和 $\Delta S$ 的影响。根据悬空管道计算简图结合悬空管道的侧扫声呐声图影像，为了精确判读计算海底管道的悬空高度，声影图中海底影像区与白色管道声影区、管道影像区与海底影像区之间的分界必须清晰。因此海底管道悬空高度的测试除了要求海底底质的反向散射强度及其与海底管道的反向散射强度有明显的差别，同时要求侧扫声呐检测时的声波掠射角的取值应在合理的范围内。声波掠射角由两方面因素决定：一方面，声影图像中灰色的海底影像与白色的管道声影区的边界必须清晰，这就要求海底底质具有一定的反向散射强度。而海底底质的反向散射强度随声波掠射角 $\theta$ 的增大而增大，因此检测时掠射角 $\theta$ 大于确定的下限值时，才能使海底底质的声图影像较清晰。另一方面，声影图像中黑色的管道影像与灰色的海底影像的边界也必须清晰，这就要求管道的反向散射强度与海底底质的反向散射强度具有一定的差值。海底管道与海底底质二者的反向散射强度之差随声波掠射角 $\theta$ 的增大而增大，这就确定了掠射角 $\theta$ 小于确定的上限值时，才能保证检测结果的精度。综合两方面因素的分析，侧扫声呐的声波掠射角位于某个最优区间时，检测管道的侧扫声呐声图影像中海底管道、海底底质和管道声影区的边界最清晰，管道悬空高度的精算精度最高，将此区间定义为声波掠射角的最优区间。

综上所述,影响测试精度的主要因素是侧扫声呐检测时海底底质的反向散射强度及其与海底管道的反向散射强度之差。而反射强度之差除与声波掠射角的取值有关以外,还受到侧扫声呐的声波波长和波束开角、海底管道的半径、海底底质的类型等参数的影响。因此,为了获得边界清晰的高质量检测声影图像,对于不同型号的侧扫声呐系统和不同类型的海域环境及海底管道,声波掠射角的最佳取值范围可能会略有不同。

3）海底管道的浅地层剖面仪检测

由于多波束和侧扫声呐两种声学检测设备的频率都在数百千赫兹,声波的波长过短,所以这两种声呐检测方法只能够检测处于裸露和悬空状态的海底管道,而不能够穿透海底检测到处于埋藏状态的海底管道。

浅地层剖面仪的声波发射频率可以控制在 $1\sim5\text{kHz}$,能够发射较长波长的声脉冲,进而可以穿透海底探测埋藏状态的海底管道。如图 7-26 所示,浅地层探测海底管道的原理是将声波的传播介质视为层状模型,海水为第一层传播介质,其密度为 $\rho_1$,声波在此层内的传播速度为 $c_1$;海水以下的底层按照声波的传播速度分别视为第 2 层、第 3 层、…第 $n$ 层,声波在这些分层中的传播速度分别为 $c_2,c_3,\cdots,c_n$,密度分别为 $\rho_2,\rho_3,\cdots,\rho_n$。由于海底管道的材质一般为钢或者铁质,管道的密度和声波在管道中的传播速度要远远高于海底的层状沉积物。

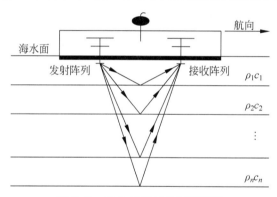

图 7-26　浅地层剖面仪探测原理

海底管道与海水及水下底层的组织结构不同,密度 $\rho$ 不同,声波在其内部的传播速度 $c$ 也不同,当声波从海水层向下传播时,会在层状物质的截面发生反射和折射现象,回波信号经过一定手段处理后,在显示单元就会显示出明显的分层,且海底管道的形状呈现明显的弧形,浅地层剖面仪探测海底管道就是依据这种原理对海底管道进行探测的。

声波在两层物质间发生反射和折射的强弱程度可以用反射系数 $\kappa$ 来表示,$\kappa$ 是波阻抗差的度量,其定义公式如下:

$$\kappa = \frac{\rho_2 c_2 - \rho_1 c_1}{\rho_2 c_2 + \rho_1 c_1} \tag{7-26}$$

其中,$\kappa$ 为反射系数,或者称为波阻抗差;$\rho_1$ 和 $\rho_2$ 分别为第一层传播介质和第二层传播介质的密度;$c_1$ 和 $c_2$ 分别为声波在第一层传播介质和第二层传播介质的速度;$p_c$ 称为波阻抗,表征声波在其内部的传播性质[10]。

显示单元上层状物质的界面线的清晰程度与这两层的波阻抗 $p_c$ 有密切关系。若两层物质的波阻抗差别很大,显示单元上两层物质的界面线就很清晰;若两层物质的波阻抗差别很小,显示单元上两层物质的界面线就很模糊。

4）海底管道探测实例

丁建棣[11]协助天津市陆海测绘有限公司完成了 ZH104 平台至原海一站两平台间海底管道的检测,采用多波束声呐、侧扫声呐及浅地层剖面仪对管道进行了综合检测,并进行了管道检测成果的专项分析。本节对 ZH104 平台至原海一站两平台间海底管道的检测采用三种声呐技术的检测成果分别介绍。

（1）多波束声呐检测

结合多波束所形成的海底地貌图,根据海底面粗糙度的不同,可以将海底地貌分为粗糙地形（冲沟）、蚀余台地、斑状海底和平滑海底。根据被检测区域的多波束水深数据所生成的水深地域图,可以直观地对管道路由周围区域地貌进行判读,同时可以根据不同测次所获得的水下点云数据建立海底 DEM 三维模型并根据海底的三维模型对海底管道周围海床地形进行冲淤分析。

（2）侧扫声呐检测

采用侧扫声呐对 ZH104 平台至原海一站两平台间的海底地貌及管道等进行检测。结合侧扫声呐和多波束测试结果,ZH104 平台至原海一站输油海底管道路由区域未发现海底障碍物,海底面状况较复杂,海底地貌在平台附近以侵蚀地貌和海底管道维护物形成的凸起地貌为主,在 ZH104 平台和原海一站附近各存在一处比较明显的冲刷区域；在路由水平段区域,海底地貌类型主要为粗糙海底地形和平滑海底地形。发育的海底地貌类型主要为粗糙地形（冲沟、海底管道维护物）和平滑海底地形。在 ZH104 平台周围由于平台的存在改变了其周围的水动力环境,在潮流和波浪的共同作用下,平台基座周围由于冲刷形成凹坑,凹坑周围地形起伏较大、海底较为粗糙。

（3）浅地层剖面仪检测结果

根据浅地层剖面仪检测所获得的浅地层剖面结果,结合历史资料对反射波的振幅、频率、相位、连续性和波阻抗组合关系等进行综合比对分析,本海底管道路由区的浅表地层自海底向下 18m 可依次划分出 4 个清晰的声学反射界面,并分别命名为 R0,R1,R2 和 R3,其中 R0 为海底面,依据这些声阻抗界面将海底地层自上而下划分为 A,B 和 C 共 3 层,如图 7-27 所示。

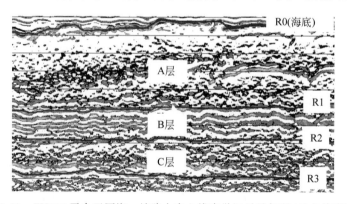

图 7-27　ZH104 平台至原海一站路由中心线声学记录及解释（见文前彩图）

从管道路由区的浅地层剖面记录可得,A 层位于反射界面 R0 和 R1 之间,层间反射结构以平行层理为主,局部杂乱,反射能量强,该层厚度在 6.8～9.7m,一般厚度约为 8.9m,A 层底界面 R1 清晰,反射能量强,可连续追踪,起伏较小。B 层位于反射界面 R1 和 R2 之间,层间反射结构以亚平行层理、波状层理为主,反射能量强,该层厚度在 3.3～4.4m,一般

厚度约为 4.1m，B 层底界面 R2 清晰，反射能量强，可连续追踪，起伏较小。R2 反射界面为
一侵蚀不整合面，C 层位于 R2 反射界面之下的地层，上部反射能量中等强，浅地层记录显
示，该层上部主要为波状层理。该层厚度在 3.4～4.2m，一般厚度约为 3.7m，C 层底界面
R3 清晰，反射能量强，可连续追踪，起伏较小。

（4）管道综合探测结果

根据多波束全覆盖扫测资料、侧扫声呐资料及浅地层检测数据，依据 1985 年国家高程
基准对管道检测结果进行分析。ZH104 平台至原海一站输油海底管道标高在路由中间区
域较为平缓，在靠近平台处，管顶标高逐渐变大，海底管道顶标高分布在 -6.36～3.58m。
同时，在 ZH104 平台至原海一站输油海底管道路由靠近平台和登陆点端海底管道段经过了
抛砂维护，通过浅地层剖面仪检测掩埋的海底管道时，海底管道形成的图像与抛砂维护物形
成的图像非常相似，基本判断不出海底管道图像，如图 7-28 所示。

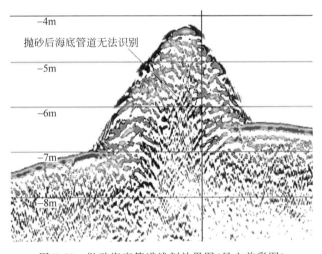

图 7-28　抛砂海底管道浅剖效果图（见文前彩图）

管道在海底的状态需要根据侧扫声呐和浅地层
剖面仪检测成果确定，管道各路由点的平面位置和
悬空高度通过浅地层剖面仪检测成果获得，裸露和
悬空的管道及管道的悬空长度可以通过侧扫声呐和
多波束检测成果综合获得。通过本次的海底管道路
由复测发现 ZH104 平台至原海一站输油海底管道目
前存在 26 处裸露悬空段，某段悬空管道附近的多波
束和侧扫声呐地貌水深图如图 7-29 所示。

**2. 三维成像声呐在海洋平台检测中的应用**

滩海处海洋平台在复杂的海洋环境中，受到
风、浪、流、海冰、风暴潮和地震等多种海洋环境因

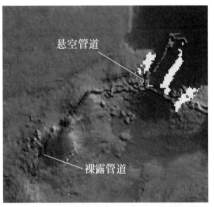

图 7-29　多波束和侧扫声呐测试裸露、
悬空管道图像（见文前彩图）

素的共同影响，损毁事件屡见不鲜，滩海海洋平台的安全检测与预警是其建设与运行的重要
保障。对水下海洋平台采用声呐技术检测的常用方法有多波速声呐、侧扫声呐及三维成像

声呐等。现有多波束测深系统在消力池和海堤等坝后过流面检测时,对于垂直面的混凝土缺陷的检测是有困难的,而侧扫声呐只能获得二维地貌声图,对冲刷缺陷,如淘蚀等的尺寸参数获取也有难度。三维成像声呐系统借助三维显示技术,可提供水下目标外形轮廓的更多细节描述,是目前水下细部结构检测比较先进的手段。

1) 海洋平台概况

某油田浅海平台采用人工岛海油陆采工程模式,相继建成 3 座人工岛,包括一号目标平台、海底管道(简称海管)登陆平台(人工岛海管登陆平台)、二号目标人工岛海底管道栈桥支撑平台。由于近海风、浪、流、冰等动力因素的影响,平台桩基周边可能存在冲刷现象,严重时可能给安全生产带来威胁。工程设计及相关标准都提出了定期检测要求,检测内容包括水深与海底地形测绘、平台桩基探测、桩基冲刷、废弃电缆及海底障碍物等。

由于各平台水深较浅(1~3m),平台由群桩组成,形状不规则,测量船舶难以抵近检测,多年来各平台桩基只能靠潜水员探摸作定性评估,无法进行定量检测。经过技术比选,本工程采用三维声呐扫测技术。三维声呐扫测设备可实时显示观看水下地形,也可采集点云数据,而后在后续处理中显示水下目标物的三维影像、水工建筑等影像资料。三维声呐有非常好的可视化效果,可 360° 呈现水下目标物的形状,距离相对分辨率达到 4cm,可输出扫测目标物的三维数据。三维声呐安装非常方便,可以安装在小艇、水下挖掘机、测量船、水下机器人等上面,操作安全,有较高的安全系数。

2) 三维声呐成像检测系统

检测设备采用 Echoscope 实时三维声呐系统及其辅助系统,主要包括声呐头、计算机终端、电源、测量船、船载中继站、惯导系统及测试分析软件,如图 7-30 所示。仪器设备在测试前应进行系统的校准,校准的项目主要包括:横摇(roll)校准、艏向(yaw)校准、纵摇(pitch)校准、$X$ 校准、$Y$ 校准。

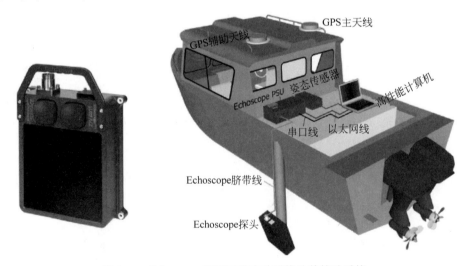

图 7-30　Echoscope 实时三维声呐系统及其辅助系统

3) 测量方法

三维成像声呐系统向目标区域发射声信号,利用声成像的方法对接收到的回波信号进行处理。Echoscope 声呐系统工作时,通过声呐探头发射一个频率为 375kHz 的声波信号,形成一个 50°×50°的扇形扫描区域,每次声波发射包含 128×128 个波束,以相同的间隔排列,每个声波间距为 0.39°;系统接收到回波信号后进行声成像处理,生成一个二维图像(帧);系统以 20Hz 的速度更新数据,再通过计算机合成技术将这一系列的帧合成为三维图像。为了保证测量精度,通过惯性导航系统进行姿态修正,以消除船在航行时纵、横摇摆的影响。

平面基准采用 1954 年北京坐标系,高斯-克吕格投影;投影参数为中央子午线 118°30′E,东向加常数 50×10⁴ m,北向加常数 0m。高程(深度)基准采用理论最低潮面。水位控制使用登陆点设计高程进行控制。

为满足平台周边水域测量要求,本项目建立了临时基准站。在各登陆点分别布设临时潮位验潮点,使用登陆点设计高程进行人工验潮,精确至 1cm,每 10 min 量取一次并记录。验潮在每天测量前 10min 开始,水深测量后 10min 结束。

4) 检测成果

Echoscope 三维成像系统的采集发射器发出的面状脉冲信号的回波信号,实时生成三维点云图像,密集的点云数据提高了对水下结构物的分辨率。该工程 3 号平台进行三维扫描时,扫描角度为 20°,水下桩基扫描高度约为 7m。3 号平台扫描后分析的三维成像结果如图 7-31 所示,结果显示西北侧基桩北侧有长 44m、宽约 14m 的沟槽,沟槽深度最深 2.6m。

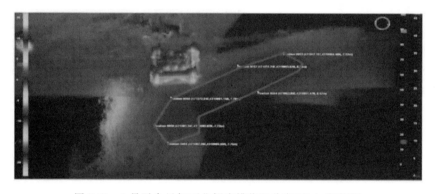

图 7-31　3 号平台目标西北侧沟槽位置分布(见文前彩图)

为进一步分析沟槽位置桩基附近海底平面的高程分布情况,利用软件生成 3 号目标沟槽位置处的等高线图,如图 7-32 所示。对图 7-32 中沟槽部位沿沟槽最深处进行剖断面的

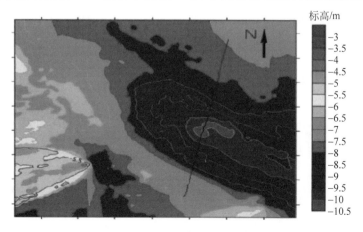

图 7-32　3 号平台目标沟槽部位等高线图(见文前彩图)

分析,提取海底高程沿断面的分布情况,如图 7-33 所示。

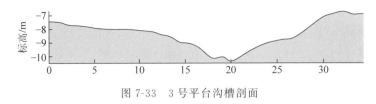

图 7-33  3 号平台沟槽剖面

根据 3 号平台目标采用 Echoscope 三维成像系统的结果,声呐三维成像系统生成的高分辨率的三维点云图能很清晰地描述显示水下结构的细节,通过软件可以从任意角度观察地貌及结构、切割剖面并拾取任意位置点的坐标,在海洋平台的检测中有广泛的应用前景。

### 7.2.3  桥梁水下结构检测

桥梁工程一致被认为是交通运输工程中的生命线工程,桥梁一旦出现垮塌会给交通和社会经济造成重大的损失。桥梁结构的检测包括桥梁结构外观、耐久性指标及承载能力的检测等,并根据检测的结果对桥梁技术状况、耐久性指标及承载能力等进行评估,为桥梁管理养护提供重要的决策依据。

此外一些大跨径甚至超大跨径的跨江、跨海及连岛工程桥梁,其主桥基础经常采用深水基础,基础深度有时超过 100m。深水基础多采用桩基础或深水沉井基础,施工过程中基础施工质量的控制至关重要,如桩基础桩底沉渣厚度、沉井下沉过程中和就位时井内土体和刃脚周围土体状况等。对于桥梁深水基础施工质量控制,采用传统的方法难以进行检测,声呐技术由于其在水下测量的优势是一种有应用前景的测量方法。

#### 1. 桥梁深水基础基底地形检测

1)工程概况

沪通长江大桥是新建沪通铁路的控制性工程,桥址位于江阴长江公路大桥下游 45km、苏通长江公路大桥上游 40km,全长 11.072km,为沪通铁路与通苏嘉城际铁路、锡通高速公路共通道建设,上层为 6 车道公路,下层为 4 线铁路[12]。沪通长江大桥主航道桥为双塔连续钢桁梁斜拉桥,跨径为(140+462+1092+462+140)m,其桥式布置如图 7-34 所示。该桥主梁采用三主桁结构,桥塔为钻石形,桥塔高 325m。26~31 号主墩均采用沉井基础,沉井上部为钢筋混凝土结构,下部为钢结构。其中,28 号和 29 号主墩采用倒圆角的矩形沉井

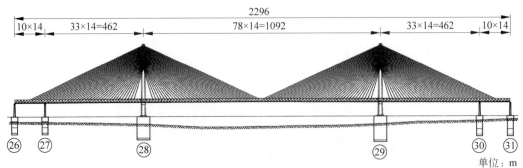

图 7-34  沪通长江大桥主航道桥桥式布置

基础,沉井顶平面尺寸为 86.9m×58.7m,倒圆半径为 7.45m,平面布置 24 个 12.8m× 12.8m 的井孔[13],28 号主墩沉井结构如图 7-35 所示。28 号和 29 号主墩沉井总高度分别为 105m 和 115m,底标高分别为−97m 和−107m。

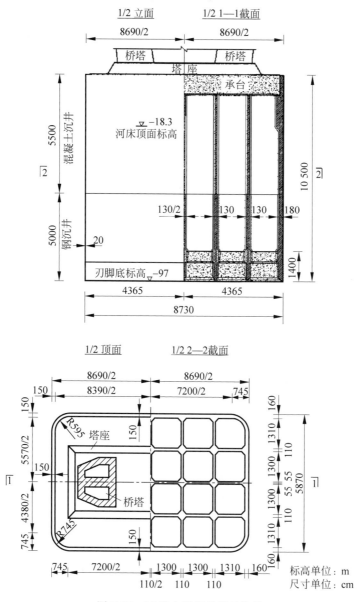

图 7-35　28 号主墩沉井基础结构

2) 沉井基础检测的方法

该桥主桥墩沉井基础具有如下特点:基础底面入水深度达 100～110m;沉井基础基地面积大,约为 5100m²;沉井内外壁高差大,约为 80m;沉井基础分为 24 个井孔,作业空间小。沉井的上述特点使其检测难度大,采用常规方法,如潜水员佩戴设备、大型机械设备及水上检测的方法都难以实施。

由于沪通长江大桥设计对沉井基底检测提出了更高的要求,传统的基底检测方法仅依靠定性分析检测结果,且隔墙及刃脚处的测量盲区处只能推算,不能满足检测精度需求,基底地形采用"测绳测量+单波束声呐检测校核"[14]。测量绳的测量方法是将测量锤的测绳从水上下放至沉井基础,凭测量人员经验判断测量锤开始进入基底泥土的时刻,测量测绳下放的长度,根据对应高程的关系确定基底泥土或沉渣的厚度。由于该项目基础深度在水下100多米,测绳测量方法误差相对较大,采用测绳与单波束声呐相结合的方法。

3)单波束声呐检测

测绳测试的结果表明:基底土层顶面刃脚低1~3m;单个井孔内高差0.7m,基底基本平整[14]。在测绳测试的基础上采用单波束声呐系统进行基底地形的测试。测试采用的单波束声呐为 SeaKing Hammerhead 型图像声呐测量系统,检测时声呐通过发射声波并接收水下物体的声波反射,根据声波的反射速度不同而形成声呐图像进行基底地形校核。

28号沉井共有24个井孔,在每个井孔内各布置1个声呐测点,共24个测点。在井孔中心位置将单波束声呐检测仪器下放至沉井底,逐孔测量,全面掌握沉井基底地形和刃脚埋深、隔墙脱空状况。

为直观反映基底地形,按上提0.5m、1.0m、1.5m量级上提声呐进行检测,下文以上提1m为例对检测结果进行分析。基底和基底上部1m处的单波束声呐检测图像如图7-36和图7-37所示。从图7-36可以看出:各井孔中部无土,外圈井壁刃脚埋在土中,隔墙投影面下有土,每个井孔基底均形成"小锅底"形态,外圈井壁刃脚底土体较隔墙下土体高。由图7-37可知:外圈井壁刃脚处土体明显减少,隔墙下、井孔内及整个沉井中部均无土。单波束声呐检测结果说明基底无较大隆起的土堆,地形平整;隔墙底未埋在土中[14]。

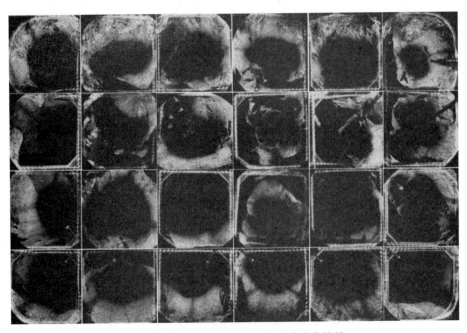

图 7-36    沉井基础基底单波束声呐成像结果

根据声呐检测结果结合测绳测量结果,28号沉井基础基底满足设计中关于基底地形"不应有深坑、陡坎,整个基底表面应缓和、平整"的要求。单波束成像图直观反映基底地形,结果也可为沉井外井圈刃脚埋深、沉井隔墙底是否脱空提供参考依据。

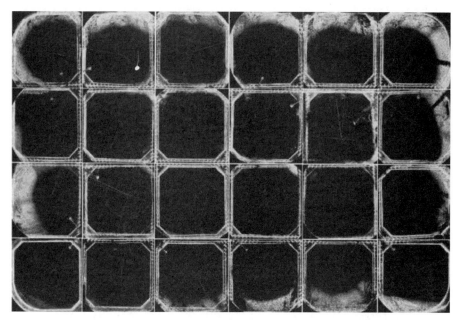

图 7-37　距沉井基础基底 1.0m 处单波束声呐成像结果

**2. 既有桥梁水下基础检测**

既有桥墩基础的冲刷毁坏一直被认为是桥梁失事的重要原因，也是我国水中桥梁检测的盲点。美国桥梁在 20 世纪 70 年代开始进行桥梁水下检测，并且在规范中对水下检测有明确的要求。而我国公路桥梁检测的现行相关规范没有规定水下检测的内容，国内水下桥梁检测目前处于探索阶段。有些检测单位采用潜水员或水下机器人携带视频系统对水下桥梁检测，由于受水质浑浊、结构物表面附着物等因素影响效果不甚理想。随着声呐技术的发展和应用，尤其是三维多波束实时声呐成像技术的发展，国内相关单位也在陆续开展桥梁水下桥墩、基础及河床冲刷的检测。

下面介绍某铁路桥采用三维多波束实时声呐成像技术在桥梁水下基础检测中的应用，检测采用最先进的 3D Echoscope 三维多波束声呐系统。

1）三维多波束声呐成像系统

3D Echoscope 系统由英国 CodaOctopus 公司研制，是目前国际最先进的一款三维多波束实时声呐观测系统。该系统主要硬件设备包括：Echoscope 多波束探头及控制盒，每秒更新 12 次的“面状”真三维模型数据；F180 系统，配有 GNSS 辅助定位及 Octans 惯性姿态传感器，实现精确的位置、舰向、垂荡和横摇测量；RTK-GPS 系统，实时提供厘米级定位精度的测量数据修正；采集计算机电源系统及安装设备等。

软件系统为 Underwater Survey Explorer，集数据采集、处理及显示一体化，采用最先进的软件开发技术和获专利的绘制算法，能够通过三维点云数据模式再现高清晰度水下场景。

3D Echoscope 系统的工作原理相对于传统的多波束探测声呐来说，是将狭窄的“条带状"跨轨探测信号及数据拼接模式，升级为一个特定体积的“面状"脉冲信号并进行数据拼接,单次声呐信号脉冲条带一般为 $50° \times 50°$ 的面状区域(图 7-38)。F180 系统能够对探测船只进行精确的位置、舰向、垂荡、纵摇和横摇测量,实时记录探测船只航迹和摇摆姿态信息,对每一条声呐信号探测得到的目标物深度及位置信息进行实时修正,同时基于 RTK-GPS 系统高精度的定位数据修正,让探测数据实现精准拼接并反映出测区的水底环境全貌。

因此,3D Echoscope 系统可以有效地避免在高水流作业环境下,由于突发性船只大幅度方向偏移、倾斜造成条带区域信号缺失或失真而形成的数据拼接盲区或错误。

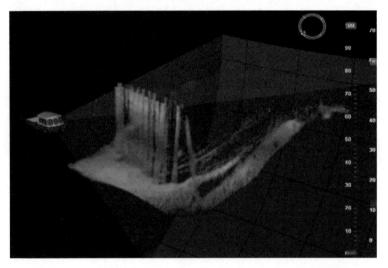

图 7-38　三维多波束实时声呐系统面状测试方式(见文前彩图)

3D Echoscope 系统采用单次高密集的水深探测数据借助高速的数据传输及处理方式,使每一频次探测到的被测物体回声能实时生成三维点云图像,随着声波数据传输的更新,三维图像每秒可更新 12 次。通过 3D 跟踪及成像为水下作业提供实时监测,能对水下环境进行大面积扫描,且各频次的图像的显示并不会出现覆盖,而是实现瞬时拼接,让整个场景实时地可视化显示出来。同时,在对水下目标进行探测时,可根据探测的需求将所有多波束点聚焦在目标上,系统会根据目标物的大小及距离探头的远近在保持波束数量不变的情况下自动选择最佳的声学频率和声波脉冲的视场角,提高对目标物的分辨及识别能力。

2)工程概况

某铁路桥长 351.74m,桥梁于 1959 年建成通车,桥址处江面狭窄。常水位时,河水面宽约 260m,水深约 10m,河床有 4~7.3m 厚的砂夹卵石覆盖层,下为灰色砂岩,高水位时流速达 4m/s,对河床冲刷严重。全桥共 10 个墩台,将原设计的 5 号墩、6 号墩、7 号墩的沉箱基础改为管柱基础,由左岸至右岸方向分布于主河道中,管柱基础为在卵石层中下沉管柱,直径为 1.55m,每个桥墩设有 9 根管柱,管柱长度为 3~9m,均嵌入砂岩岩层以下[15]。

3)桥梁基础检测结果

本桥采用 3D Echoscope 系统分别对 5 号墩、6 号墩、7 号墩基础及附近河床冲刷情况进行检测,利用专用分析软件进行数据的处理和分析,生成三维点云图像。检测 3 个墩台基础及河床冲刷的三维点云图像,各桥墩局部位置管柱外露情况如图 7-39~图 7-41 所示[15]。

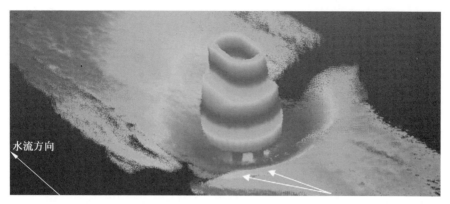

图 7-39　5 号墩基础上游侧三维声呐点云图（见文前彩图）

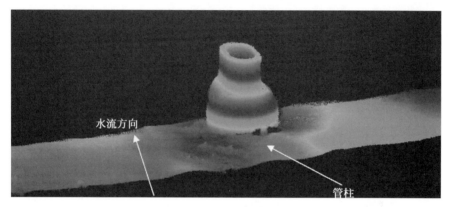

图 7-40　6 号墩基础左侧三维声呐点云图（见文前彩图）

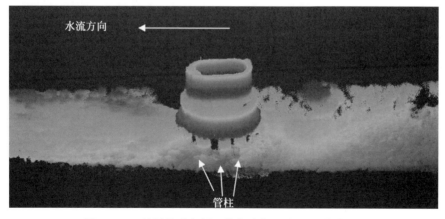

图 7-41　7 号墩基础左侧三维声呐点云图（见文前彩图）

（1）管柱外露情况分析

通过对各桥墩三维声呐图像分析发现，桥墩及围堰形态清晰可见，5 号墩、6 号墩、7 号墩基础四周河床均存在冲蚀现象，冲蚀深度在 3～5m，桥墩周围地形被冲蚀出现冲坑，整体均表现为顺河向椭圆形，上游侧冲坑相对较深。其中，5 号墩管柱外露河床有 4 根、6 号墩管柱外露河床有 2 根、7 号墩管柱外露河床有 5 根，且外露的管柱间被淘空形成空腔，各桥墩外管柱的分布如图 7-42 所示。

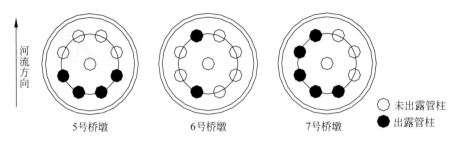

图 7-42　各桥墩出露管柱平面分布示意图

（2）河床冲刷情况分析

根据三维声呐成像结果，提取河床断面的高程绘制沿桥梁纵向的河床断面图，断面图沿5 号墩、6 号墩、7 号墩中心连线绘制，如图 7-43 所示。

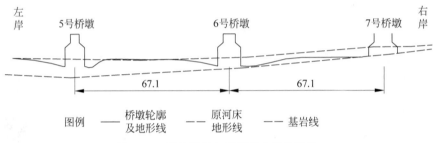

图 7-43　现地形线与原河床地形线对比

将声呐剖面的河床地形与原设计时的河床地形及基岩面进行对比发现，河床覆盖层主要以桥墩四周冲刷最为严重。其中，7 号墩周围覆盖层被冲蚀露出基岩面，6 号墩、7 号墩桥墩之间的河床覆盖层存在一定的冲刷情况，最大冲刷深度约为 1.7m；5 号墩、6 号墩间的河床靠近左岸一侧存在少量淤积，淤积厚度约为 0.4m。

# 参考文献

[1] 李华军,杨和振.海洋平台结构参数识别和损伤诊断技术的研究进展[J].工程力学,2004,21(增刊 1)：113-117.

[2] 刘贵杰,徐萌,李思乐,等.基于小波能量系数的海洋平台管节点疲劳裂纹扩展 AE 信号识别[J].无损检测,2013,35(2)：1-7.

[3] 李冬生,杨伟,喻言.土木工程结构损伤声发射监测及评定——理论、方法与应用[M].北京：科学出版社,2017.

[4] 杨淑莹,张桦.模式识别与智能计算——MATLAB 技术实现[M].3 版.北京：电子工业出版社,2015.

[5] 杨启明,杨娥.海底管跨涡激振动敏感性分析[J].油气储运,2013(1)：8-11.

[6] 魏荣灏,陈铁鑫,郭晨.侧扫声呐在海底管道悬空调查中的应用[J].海洋测绘,2014,34(2)：63-65.

[7] 王雷,徐兴平,张辛,等.悬跨海底管道的侧扫声呐检测方法[J].石油机械,2013,5(41)：50-52.

[8] 田磊.侧扫声呐声波掠射角对海底管道检测的影响研究[D].天津：天津大学,2015.

[9] 熊春宝,尹晓东.测量学[M].天津：天津大学出版社,2010.

［10］　李平,杜军.浅地层剖面探测综述[J].海洋通报,2011,30(3)：343-350.

［11］　丁建棣.海底石油管道的声学检测方法及其三维可视化系统研究[D].天津：天津大学,2016.

［12］　李军堂.沪通长江大桥主航道桥沉井施工关键技术[J].桥梁建设,2015,45(6)：9-17.

［13］　陈涛.沪通长江大桥 28 号墩钢沉井浮运阻力分析[J].世界桥梁,2015,43(6)：79-82.

［14］　张贵忠,马晓贵.沪通长江大桥巨型沉井超深基底水下检测技术[J].桥梁建设,2016,46(6)：7-12.

［15］　杨建明,冯寅,孙红亮,等.三维多波束声呐实时系统在桥基冲蚀探测中的应用[C]//第十五届全国工程物探与岩石工程测试学术大会论文集,2017：365-371.

第三篇

# 光 电 篇

# 第8章

# 光电技术概述

## 8.1　光电技术的发展历程

　　光电探测技术是根据被探测对象辐射或反射的光波的特征来探测和识别对象的一种技术,这种技术本身就赋予光电技术在军事应用中的四大优点,即看得更清、打得更准、反应更快和生存能力更强。

　　光电探测技术是现代战争中广泛使用的核心技术,具有光电侦察、夜视、导航、制导、寻的、搜索、跟踪和识别等功能。光电探测包括紫外光($0.2\sim0.4\mu m$)、可见光($0.4\sim0.7\mu m$)、红外光($1\sim3\mu m$,$3\sim5\mu m$,$8\sim12\mu m$)等多种波段的光信号的探测。

　　新一代光电探测技术及其智能化,将使相关武器获得更长的作用距离,更强的单目标/多目标探测和识别能力,从而实现更准确的打击和快速反应,在极小伤亡的情况下取得战争的主动权。同时使武器装备具有很强的自主决策能力,增强对抗、反对抗和自身的生存能力。实际上,先进的光电探测技术已成为一个国家的军事实力的重要标志。

　　现代高技术战争的显著特点首先是信息战,而信息战中首要的任务是如何获取信息。谁获取更多信息,谁最早获取信息,谁就掌握信息战的主动权。光电探测正是获取信息的重要手段。微波雷达和光电子成像设备常常一起使用,互相取长补短,相辅相成,可以获取更多信息,可以更早获取信息。前者作用距离远,能全天候工作;后者分辨率高,识别能力和抗干扰能力强。无论侦察卫星、预警卫星、预警飞机还是无人侦察机往往同时装备合成孔径雷达和 CCD 相机、红外热像仪或多光谱相机。为改进对弹道导弹的预警能力,美国正在研制的天基红外系统(SBIRS)拟用双传感器方案,即一台宽视场扫描短波红外捕获传感器和一台窄视场凝视多色(中波/长波红外、长波红外/可见光)跟踪传感器,能捕获和跟踪弹道导弹从发射到再入大气的全过程。美国已经装备并正在不断改进的 CR-135S 眼镜蛇球预警机,采用可见光和中波红外相机,能精确测定 420km 外的导弹发射,确定发动机熄火点,计算出它的弹道和碰撞点。最近在上面加了一台远程激光测距机,其作用距离可达 400km。美国海军也在为战区弹道导弹防御系统研制称为"门警"系统的可进行主/被动监视的机载光电传感器系统。它包括一台红外搜索跟踪器(IRST),采用双波段 $6\times960$ 元碲镉汞探测器阵列,探测距离可达800km,一台测距/跟踪器(LR/T),以128×128元锑化铟焦平面阵列精确跟踪(约5μrad)目标,并以激光对目标测距(100～1000km),从而获得远距离目标的实时三维信息,赢得足够的预警时间。

在光电技术其他应用中,诸如精确制导、导航、火控、对抗武器、通信、显示等方面都占有较重要的地位。

### 8.1.1　可见光探测

可见光CCD和CMOS成像器由于体积小、重量轻、功耗低、寿命长、可靠和耐冲击等诸多特点,现在已广泛用于军事遥感、侦察、飞机导航、导弹和炸弹的制导等现代军事装备中。民用也极其广泛,如安保、监控、可视门铃、视频电子邮件、可视电话、视频会议、数码相机及医学和生物科学实验记录等都在使用CCD和CMOS成像器。

现代可见光成像器已是数字化的,可以保存在软盘、硬盘和光盘中,再用计算机阅读、显示和打印出来。这种图像还可以修补、剪贴和远距离传输,是现代通信的主要内容之一。

先进的图像传感器的基本指标是清晰度(光敏元数)、灵敏度(量子效率)、动态范围(满阱电荷数)、信噪比(暗电流等噪声源)等,并与实用中常碰到的光学孔径、拖影、光晕、闪烁、图像滞后等图像性质有关,因此现代的先进技术都在为进一步提高这些基本指标和改善上述图像性质而努力。

### 8.1.2　红外探测

由于温度高于绝对零度的任何物体都会辐射红外线,利用适当的对红外线足够灵敏的探测器,即使在夜里没有光照的情况下也能探测到物体的存在,还可得到它的外形图像。一些典型物体的温度和辐射峰值波长见表8-1。

表 8-1　典型物体的温度和红外辐射波长

| 物 质 名 称 | 温度/K | 辐射峰值波长/μm |
| --- | --- | --- |
| 钨丝灯 | 2000 | 1.45 |
| 波音707飞机喷口 | 890 | 3.62 |
| M-46坦克尾部 | 473 | 6.13 |
| F-16战机蒙皮 | 333 | 8.70 |
| 人体 | 310 | 9.66 |
| 冰水(0℃) | 273 | 10.6 |

由此可见,在战争中碰到的对象所辐射的红外线大都在$1～12\mu m$。

但是,在这个波段区的信号不是都能在大气中传播很远的,实践表明,只有三个波段区的信号能在大气中传播较远,分别称为短波红外(SWIR,$1～3\mu m$)、中波红外(MWIR,$3～5\mu m$)和长波红外(LWIR,$8～12\mu m$)。通常说的军用红外技术,主要是针对这三个红外波段,而且重点还在中波和长波红外。

对于红外探测装备,其核心是红外探测器,从某种意义而言红外探测器的水平决定了红外光电探测装备的性能,国际上一般把单元和多元器件称为一代红外器件,把焦平面线列和阵列称为二代器件,把双(多)波段和智能化焦平面器件称为三代器件,相应就演变成红外光电探测装备的分代。

**1. PtSi 红外探测器**

这是早期的红外探测器,工作在中、短波,由于其制造工艺相对简单,原始均匀性做得较好,成本相对价廉,因而获得了早期的军事应用,例如早期的"响尾蛇"导弹采用的红外制导就是采用 PtSi 探测器,但由于其量子效率低、性能不高,影响了武器装备的性能发挥,被随后的 InSb、HgCdTe 探测器所替代。

**2. InSb 红外探测器**

InSb 工作波段在中波,目前使用最广泛,研究最成熟,军用中常取 $128 \times 128$ 元凝视型阵列,因为有较好的性价比,美国、英国、德国和以色列等国研制的新型空-空导弹都使用了这一规格。要求精密、高速图像或在高价值场合使用时常取 $256 \times 256$,$640 \times 480$ 或 $512 \times 512$ InSb 探测器,美国 Lockheed Martim 公司生产的"狙击手"吊舱、Raytheon 公司研制的 ATFLIR 吊舱、Northrop Grumman 公司与以色列拉发尔公司合作研制的 LITENING 吊舱及美国前视红外系统公司研制的 AN/AAQ-22SAFIRE 热像仪等世界最先进的前视、导航和瞄准设备都使用了 $640 \times 480$ 元或类似规模的 InSb 阵列。$2000 \times 2000$ InSb 与可见光组合成低帧频、双色相机,已有报导用于战场和环境监视。

**3. HgCdTe 红外探测器**

HgCdTe 红外探测器的发明,使低温目标(需要长波探测)的红外探测成为可能。从原理上可以取代前两类红外探测器,因而这类探测器是西方先进国家竞相发展、到目前仍然重点发展的一类探测器,而且集中在第二代和第三代红外探测器,这类探测器又分为 $4(6) \times N$ 线列焦平面和阵列焦平面,前者技术相对后者更成熟,采用并扫技术可做到同等元数阵列焦平面具有更高性能,且价格要比阵列焦平面低,因而西方国家亦在发展,典型的如 $4 \times 288$、$4(6) \times 576$、$6 \times 960$ 等;阵列焦平面典型品种有 $128 \times 128$,$256 \times 256$(或 $320 \times 256$),$512 \times 512$(或 $640 \times 480$),$1024 \times 1024$ 等。

**4. GaAs/AlGaAs 量子阱红外探测器(QWIP)**

量子阱红外焦平面探测器在 $384 \times 288$,$640 \times 512$ 规模以上的大面阵和双色焦平面方面有应用价值,目前主要应用在工业及医疗。在允许进行长时间积分的军事领域也有应用,如德国的坦克驾驶员观察用热像仪,使用的是 $640 \times 512$ 元长波量子阱红外焦平面探测器,光谱响应范围为 $8 \sim 9 \mu m$。量子阱红外焦平面探测器未来最有潜力的发展方向是空间军事应用,如多色(4 色)、超长波($14 \sim 16 \mu m$)大面阵。

**5. 非制冷红外焦平面探测器**

由于制冷红外焦平面探测器功耗大、成本高、操作不方便等,各国都在寻求制造非制冷红外焦平面的新技术,目前该技术发展迅速。非制冷红外焦平面探测器目前已发展到 $320 \times 240$,$640 \times 480$ 规模。非制冷红外探测器可分为两类,即铁电型和热电阻型。以 Vox 和 X-Si 热电阻型非制冷红外探测器发展较快,主要的技术着眼点是提高阵列的规模以达到

$640 \times 480$ 元的数量级,降低光敏元尺寸以达到中心距 $25\mu m$,并进一步改善噪声等效温差、动态范围等重要性能指标,进一步降低成本和方便使用等。主要用于工业、安全、单兵武器观瞄等领域,其价格相对低廉,也可用于性能要求不太高的短距离的导弹制导。

### 6. 第三代红外探测器

美国已开始研制第三代红外探测器,并提出了第三代红外热像仪的概念,主要是双色或三色高性能、高分辨率、制冷型热像仪和智能焦平面阵列探测器,美军夜视和电子传感器管理局认为开发第三代红外传感器是美国保持夜战优势的关键。因此红外探测技术较长远的发展趋势是开发第三代红外探测器,第三代红外焦平面探测器的主要参数见表 8-2。

表 8-2　第三代红外探测器要求的性能参数

| 焦平面阵列规模 | $1000 \times 1000, 1000 \times 2000, 2000 \times 2000$ |
|---|---|
| 光敏元面积 | $18 \times 18\mu m^2$ |
| 响应频带(波段) | 至少两个频带 |
| NETD | $<1mkf/z$(中波),$<5mkf/z$(长波) |
| 杜瓦 | 高真空 |
| 制冷器 | 机械或热电制冷型 $120 \sim 180K$ |
| 目标 | 远距离,强抗杂波能力 |
| 空间不均匀性 | $<0.5NETD$ |
| 电子容量 | 109 |
| 帧频 | 可加到 480Hz |
| 附加功能 | 片上含非均匀性修正和 A/P 电路等 |

由于国外红外探测器技术的不断完善,在探测器芯片上提升技术已相当困难。为进一步提高红外探测器的性能,研究者将注意力转到红外探测器的信号读出集成电路(ROIC)上。随着计算机技术和集成电路的发展,ROIC 已有很大的进展,中规模的红外焦平面阵列和相应的读出电路在 20 世纪 90 年代已形成生产规模,部分国家正在研制用于大规模焦平面阵列(三代器件)及具有多种功能的 ROIC 和智能化焦平面阵列。

智能化焦平面阵列也称片上系统,片上信号处理是在光敏元芯片上或是最接近光敏元的区域内模仿脊椎动物视网膜的功能,对光-电转换后的信号作前期的处理,然后再输出后续的数据处理。这个过程虽然不属于直接接收光信号的过程,但对光电探测器的综合性能有极大影响。

### 7. 紫外探测技术

紫外探测技术在国防、国民经济和科学研究领域有许多应用,如导弹威胁预警、星际通信、化学与生物战剂的探测和光谱测量、发动机与核反应堆监测、植物生长、辐射剂量测量、水提纯、污染监测(如臭氧)火焰探测、煤气(发生)炉监测和紫外天文。

近 20 年来,主要发展有三种类型紫外(UV)探测器,即光电倍增管、成像紫外传感器和 AlGaN/GaN 光电二极管成像阵列,被称作一代、二代、三代紫外成像传感器。

在上述许多应用中,希望只探测紫外光而不对可见光和红外辐射灵敏,尤其是阳光,以减少虚假探测和背景通量。所以近年来在短波紫外探测器领域的研究集中在实现"日盲"探测器上,即小于280nm的光子不灵敏探测器,亦即第三代紫外探测器。

紫外探测的军事应用主要有导弹制导、来袭导弹告警、生化战剂探测、军用气象和军用短程通信等。

### 8.1.3 微小型成像传感器

微小型成像传感器的主要特征是尺寸显著减小,保持较高的空间分辨率和低功耗。微小型成像传感器的主要应用领域有机器人、微型车辆、微型航空器、微型航天器、无人值守传感器和监视网络及警戒和执法等。其应用前景有:

- 支持网络中心战(NCW)的网络传感测点;
- 用于战场情报的便携式监视和无人值守的网络化监视;
- 无人机和地面无人车辆的视频控制;
- 用于设施警戒的自动化监视;
- 灵巧武器的目标识别;
- 装甲车和导弹的精确瞄准系统;
- 机器人视觉;
- 公安、边防巡逻、执法和交通监视。

视频会议今后几年在微型传感器方面的总目标是:

- 演示声、地震和红外成像微型传感的小规模集成网络;
- 验证超轻量、低成本、小体积的三维集成封装应用于紧凑设计;
- 发展自组网络以支持已处理的信息的保密通信,微传感的网络区与作战人员之间的战术通信距离达10km。

### 8.1.4 成像偏振探测

成像偏振探测技术目的是提高目标的对比度,抑制背景杂波,提供目标表面材料的信息,区分天然物体与人造物体。所以,成像偏振探测可以提高对目标的探测和识别能力,有可能探测等温物体中的伪装目标。

目前进行的有短波、中波、长波和多光谱、超光谱成像偏振探测实验,主要实验是探雷、测云及地球海洋表面的温度,发射率和海风矢的探测,应该说还处于早期研究阶段。

### 8.1.5 多光谱/超光谱成像技术

光学遥感无疑是采集目标和背景数据的一种有效方法。然而,由于光学空间分辨率有限,以辐射强度为基础的空间信息并非总能提供足够的目标信息,例如远距离的小目标或隐匿在更亮背景干扰下的目标,仅仅根据它们的辐射强度特性无法分辨出来。因此,遥感中采用光谱特性、偏振特性和时间特性等多维判别方法来识别目标和背景,并越来越重要。光谱成像就是在这种观念下研究发展起来的,光谱成像技术按波段数目和分辨率大致可分为三类:多光谱成像,其波段为 $10\sim50$ 个,光谱分辨率($\Delta\lambda/\lambda$)为 $0.1$;超光谱成像,其波段为 $50\sim1000$ 个,光谱分辨率为 $0.01$;极光谱成像,其波段为 $7\sim100$ 个,光谱分辨率为 $0.001$。目前,除极光谱成像技术未用于军事遥感外,多种多光谱或超光谱成像系统已装备遥感卫星,如"伊科诺斯2"(IKONOS)卫星和侦察飞机(如 u-2 高空侦察机)等,重点民事应用是环境监测和资源管理。

对多光谱/超光谱成像数据的分析表明,这种独特的数据的价值并不在于它是否能产生漂亮的图像,而在于多光谱/超光谱成像仪获得的独特的光谱特征所固有的信息,例如隐藏在树下的车辆和埋置的地雷等目标的信息。

多光谱成像仪使用最多的焦平面阵列是可见光 CCD 和红外 HgCdTe 焦平面阵列,今后其发展趋势仍然是 CCD 和多色红外焦平面阵列。其发展的技术特点是:尽可能提高光谱分辨率;充分利用能透过大气的各类电磁波谱;向红外、远红外和微波方面扩展;将光谱段划分得更细。例如美国陆地卫星主题测绘仪有 7 个光谱段;AVIRIS 机载可见光和红外多光谱成像仪在可见光和红外谱段内划分为 224 个波段;我国机载光谱成像仪有 72 个波段,其中可见光 32 个波段,短波红外 32 个波段,长波红外 8 个波段。

因此,今后遥感技术将向多光谱/超光谱成像仪与干涉雷达、被动雷达和合成孔径雷达等多传感器融合,可同时采集多维数据的传感器系统发展,通过先进的数据融合技术,可以获得需要的足够的目标信息,使遥感技术向多尺度、多波段、全天候、高精度、高效快速的目标发展。

### 8.1.6　激光雷达成像技术

对军事目标进行识别、分类、精密探测和精确瞄准是激光雷达追求的目标。激光雷达以其抗干扰和成像能力强等优势,已经成为重点发展的高灵敏度探测雷达。

在许多图像处理中,需要自动目标识别(ATR),从而促进了激光雷达的发展。例如在对地形背景中的静止目标的探测中,多普勒雷达及可见光或红外热成像系统都有其困难的一面,而激光雷达的优点是每个像元既具有高的角分辨率,又可获得准确的距离数据,具有稳定的目标和背景特征,因而能在 ATR 系统中准确地进行模型化处理。当然在某些应用中,激光雷达由于光束窄,扫描速度有限,需要与红外、可见光、毫米波雷达一起工作,进而通过数据融合,提高系统性能。激光成像技术目前主要有扫描成像、激光照明距离选通成像、激光照明单次成像和相干激光雷达。

激光雷达与无线电雷达从原理上是相同的,所不同的是采用光波段激光发射机和与之适应的激光接收器。早期采用 $CO_2$ 激光器作激光雷达发射机在技术上已相当成熟,并已研制出多种陆基和机载样机,但由于 $CO_2$ 激光器体积大,光学孔径较大,探测器需制冷等因素制约了其机动环境,尤其是机载战术应用的竞争力。随着激光二极管泵浦技术(DPSSL)和新的固体激光材料研究的进展,高效、全固体化且人眼安全的小型固体激光雷达正在得到发展,已经实验用于外差多普勒激光雷达、距离成像和障碍物回避等领域。半导体激光器由于体积小、重量轻、坚固可靠、效率高和成本低,以及近年来高功率小光束角激光二极管的快速发展,在激光雷达应用方面有很大潜力,典型应用有直升机障碍回避和地物探测,最大应用优势是机器人视觉系统和激光水下目标成像探测。

适合探测激光的焦平面阵列探测器研制已成为发展泛光照明单次成像的关键。

### 8.1.7　多传感器数据融合技术

现代探测技术均向多传感器融合的方向发展,以弥补单一探测技术的某些缺陷,使被探测目标信息尽量丰富、准确、迅速、实时,使战时掌握信息优先权、主动权,赢得宝贵的先发制人时间,从而赢得战争的胜利。多传感器融合必然采用数据融合技术,由于新型先进的传感器和先进处理技术的涌现及软硬件的改进,实时数据融合越来越有可能实现并得到极快发展。

单一平台装备的传感器可能包括雷达、激光测距机/目标指示器/跟踪器、前视红外系统、电视(含激光电视)、敌我识别器、雷达告警机、导弹逼近告警接收机、激光告警接收机等不同类传感器间的融合。

多平台装备不同类型传感器,借助日益发展成熟的数据链路技术,能够显著扩大传感器探测的空域、频域和时域。

# 8.2 国外机载光电设备发展现状

机载对地光电探测设备按照安装方式分为内埋式(光电雷达)、半埋式(光电转塔形式)和外挂式(吊舱)三种。相比较而言,内埋式体积小、重量轻,不影响飞行气动性能,缺点是外形结构影响了光电探测视场,搜索空域小,只能进行局部观察;外挂式易于挂装不同飞机,使用机动灵活,而且视场、搜索范围大,缺点是占用挂点;半埋式能够同时具备导航吊舱和瞄准吊舱等功能,视场、搜索范围大,缺点是气动阻力大,只能装备亚音速飞机、在亚音速条件下使用。近10年来,俄罗斯、美国和欧洲不断加大对机载对地光电探测设备的投入,目前已形成了系列化装备谱系。下面将具体介绍国外几种典型的机载光电探测设备。

## 8.2.1 Sniper 光电瞄准吊舱

Sniper 光电瞄准吊舱是美国空军目前唯一装备所有对地攻击战斗机和轰炸机的瞄准吊舱,如图 8-1 所示。对传感器和功能升级,已发展到美国空军定义的 ATP-SE 状态,该吊舱可在美军 6 种型号的战斗机和轰炸机平台(F-15,F-16 和 F/A-18 战斗机,A-10 攻击机,B-1 轰炸机和 B-52 轰炸机)上挂载使用。

图 8-1 Sniper 光电瞄准吊舱

Sniper 光电瞄准吊舱直径为 300mm,采用共孔径的光学系统设计,是国外先进瞄准吊舱代表中重量和体积最小的一款多功能型吊舱。头部采用楔形蓝宝石拼接光窗,内部配置 640×512 元锑化铟焦平面中波凝视探测器,采用微扫描,通过 4 倍连续电子变倍,形成 4°和 1°双视场,649×494 分辨率 CCD 电视,红外指示器可以与夜视镜兼容;激光采用 1.06μm 和 1.57μm 双波段,分别用于作战和训练使用,并安装有激光光斑跟踪器。Sniper 光电瞄准吊舱安装有惯性测量装置,实现自动校靶,并可引导 GPS 制导武器;具有图传数据链路,实现侦察和协同,并具备数字视频记录功能。

## 8.2.2 Litening 光电瞄准吊舱

Litening 光电瞄准吊舱的系列型号包括:LiteningⅡ,LiteningⅢ,LiteningER,LiteningAT 和

LiteningG4,挂装的飞机有 F-15,F-16,F/A-18 等型号。

最初的 LiteningII 光电瞄准吊舱是在 LANTIRN 基础上改进的,LANTIRN 是双吊舱系统,具有导航吊舱和目标指示器吊舱两个吊舱。LiteningII 用单个吊舱实现了这两项功能,且重量比 LANTIRN 减少了约 360lb,少产生 20% 的空气阻力,激光采用 1.06$\mu$m 和 1.57$\mu$m 双波段,分别用于作战和训练。现在 Litening 吊舱已经发展到第四代 LiteningG4,满足美国空军先进瞄准吊舱传感器增强(ATP-SE)项目标准,主要分系统有 1k×1k 三视场中波红外热像仪、1k×1k 昼间 CCD 传感器、激光指示器、激光光斑跟踪器、激光标识器、惯性测量装置和双向图传数据链,并在瞄准吊舱上首次引进使用激光目标成像技术。图 8-2 所示为 Litening 光电瞄准吊舱。

图 8-2　Litening 光电瞄准吊舱

### 8.2.3　ATFLIR 光电瞄准吊舱

ATFLIR 光电瞄准吊舱由雷神公司研制,是美国唯一获准用于航母作战的瞄准吊舱,已装备 F/A-18A、C、D 和 F/A-18F 超级"大黄蜂"战斗机。ATFLIR 吊舱的光路构型与 Sniper 吊舱类似,采用共孔径光学系统设计,包括中波红外、CCD 传感器和激光。红外视场有 6°(宽)、2.8°(中)、0.7°(窄)三种,采用 640×480 元锑化铟焦平面阵列,波段为 3.7～5$\mu$m,并具有 BAEsystem 公司提供的前视红外导航模块。据公开资料,ATFLIR 吊舱的识别距离能够达到 68km,在理想大气条件下能够达到 117km。图 8-3 所示为 ATFLIR 光电瞄准吊舱示意图。

图 8-3　ATFLIR 光电瞄准吊舱

### 8.2.4　Damocles 光电瞄准吊舱

Damocles 光电瞄准吊舱由法国 Thales 公司研制,已发展到 DamoclesXF 多功能型,主要挂载"幻影 2000"和"阵风"战斗机。Damocles 吊舱同样配置高分辨率红外和电视传感器,具有远距自动目标识别能力和毁伤评估能力。并安装有激光指示器、激光光斑跟踪器、惯性测量装置和图传数据链等模块。红外探测器有两个,一是前视红外探测器,采用中波 640×512 凝视焦平面,具有 24°×18°大视场;二是目标瞄准探测器,采用第三代中波红外热像仪,具有 4.0°×3.0°(宽)和 1.0°×0.75°(窄)两个视场。前视红外不仅用于辅助导航,还可对地面目标进行大范围搜索,实现对地面目标的引导指示,帮助瞄准吊舱快速发现目标,改变夜间只能打击已知目标的局限性。前视红外探测的地面图像及目标瞄准信息都在飞行员头盔显示器上显示,同时座舱多功能显示器也能同步显示。Damocles 光电瞄准吊舱可用于制导各类图像制导武器及激光制导炸弹,图 8-4 为 Damocles 光电瞄准吊舱示意图。

## 8.2.5 OLS-35 光电雷达

从航展资料获悉,俄罗斯精密系统研究院(NIIPP)研制的 OLS-35 光电雷达用于俄制 4++代战机 SU-35 上,也可为 SU-27/SU-30 战机进行升级。该光电雷达具有以下特点:在空-空模式下可在空域扫描;可对空、对地和对水面目标进行探测、锁定和跟踪;可对地表地形进行扫描;可实现目标识别;可通过激光照射器对地目标进行照射;可对编码激光照射的目标进行探测和跟踪;可提供目标角度坐标、距离及角速度和线速度;电视、红外和电视加红外视频信息输出给座舱多功能显示器;与机上瞄准和制导综合单元交联;具有自主功能和电台静默模式。该产品采用中波 640×512 元锑化铟红外焦平面探测器,可同时跟踪 4 个目标,方位扫描范围不小于±90°,垂直扫描范围不小于−15°～+60°,扫描时间不大于 4s,尺寸为 766mm×540mm×763mm,重 71kg。该系统对 SU-30 典型飞机目标追击探测距离为 90km,迎面探测距离为 30km;对空激光测距距离为 0.2～20km,对地激光测距距离为 30km,图 8-5 为 OLS-35 光电雷达示意图。

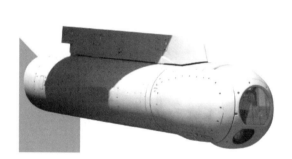

图 8-4　Damocles 光电瞄准吊舱　　　　　　　图 8-5　OLS-35 光电雷达

## 8.2.6 T-50 光电综合系统

俄罗斯乌拉尔光学机械厂为 T-50 型战斗机开发的 101KC 型光电综合系统如图 8-6 所示,包括对空目标的 101KC-B 型光学雷达站、对地目标的 101KC-H 型多通道搜索瞄准光电吊舱、101KC-y 型空中和地面情景信息保证子系统及 101KC-O 型机载保护站。由于 T-50 型战斗机目前属于俄罗斯第五代战机的实验机型,所以其具体性能指标公开甚少,只在 2011 年莫斯科航展对光电综合系统进行了展示。

101KC-B 型光学雷达站布置在 T-50 型战斗机飞行员座舱挡风玻璃偏右,主要用于探测、识别和跟踪空中目标并测量其坐标,工作波段为红外通道 3～5μm、可见光-近红外电视通道 0.4～0.9μm、激光通道 1.064μm(照射)、1.54μm(测距),搜索方位角为±90°,俯仰角不小于−15°～+55°,探测距离为 100km(追尾)、40km(迎头)(对 SU-30 型战斗机)。101KC-H 型多通道搜索瞄准光电吊舱吊挂在 T-50 型战斗机的机腹下,用于探测、识别、跟踪地面目标并测量其坐标,发射激光进行测试和目标指示。

101KC-y 型空中和地面情景信息保证系统装备全套紫外传感器,用于探测空空导弹和地空导弹的发射情景。101KC-O 型光电防护站用于对红外制导导弹进行干扰,布置在飞行员座舱的机身表面上,如图 8-6 所示。

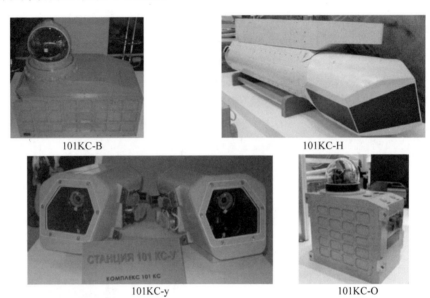

图 8-6　T-50 光电综合系统

### 8.2.7　F-35 光电瞄准系统

美国第四代战斗机 F-35 的综合光电探测系统由洛克希德·马丁公司和诺斯鲁普·格鲁门(Northrop Grumman)公司联合研制,具备空空/空面综合探测与瞄准能力。系统包括两个部分:第一部分是以洛克希德·马丁公司为首研制的光电瞄准系统(EOTS),如图 8-7 所示;第二部分是以诺斯鲁普·格鲁门公司为首研制的分布式孔径传感器系统(DAS)。

图 8-7　JSF 战斗机 EOTS 系统

EOTS 安装在飞机前段,它集成了前视红外(FLIR)、双模激光、CCDTV、激光跟踪和激光指示器。EOTS 具有空地高分辨率成像和自动目标跟踪、空空红外搜索和跟踪、激光指示测距和激光点跟踪功能。低阻力、隐蔽的 EOTS 通过一个坚固的蓝色窗口集成在 F-35 的前机身上,并且通过高速光纤接口与飞机的综合控制计算机相连。

DAS系统由6个相同的传感器组成,每个传感器的视场为 $90°×90°$,6个传感器分别覆盖飞机的前、后、左、右、上、下空域,传感器获得的图像数据经光纤传到综合处理机,综合处理机对6个传感器传来的图像数据进行处理,并对视场重叠的部分根据一定的算法处理,获得一个全球图像,使整个系统覆盖 $4π$ 立体角的全空域,没有重叠,也没有缝隙。DAS用于飞机周围态势感知、导弹告警和辅助导航。

# 8.3 国内机载光电探测设备发展趋势

## 8.3.1 机载对地光电探测设备形态发展趋势

### 1. 设备结构与器件

设备器件将采用更高分辨率的中波红外焦平面探测器、新型的CCD电视器件和半导体泵浦激光器,提高目标识别和辨认的作用距离,结构上采用先进的共孔径光学技术,使吊舱口径有效减小。

### 2. 设备构形和尺寸

隐身已成为现代作战飞机的主要性能指标,所以未来的机载对地光电探测设备将在保证视场的同时,在系统的构形和外形尺寸上不断模块化、小型化,采用机身内部或共形安装代替原来的吊舱形式,既有利于减少雷达反射截面,又可减少飞行阻力,满足未来飞机超音速飞行需求。

## 8.3.2 机载对地光电探测设备技术发展趋势

### 1. 多光谱探测能力

红外、电视与激光仍然是未来机载光电探测系统的重要组成部分,电视探测分辨率高,图像清晰、真实、直观,有利于飞行员迅速发现目标;红外图像能够在夜间和白天能见度稍差情况下探测目标;激光能够对空中/地面目标测距,照射引导激光制导武器瞄准攻击目标。随着光电探测技术的发展,未来机载光电探测系统将由红外、电视、激光单一光学波段向多光谱探测方向发展,同时满足火控探测、侦察探测、告警探测、光电对抗等作战任务需要。

### 2. 时敏目标快速定位能力

敌方战场纵深防区布满了大量坦克、装甲车、地空导弹阵地等时敏目标。这些时敏目标威胁大,出现的时间窗口短,若要实施快速精准打击需要我方缩短杀伤链,尤其是快速精准定位。未来对地光电探测系统能够对地面目标与背景进行高分辨率成像,迅速识别目标并精确定位,引导空面武器精确打击。

### 3. 空面多目标跟踪能力

空面单目标攻击技术已不能满足未来空中对地打击的作战需求,空面多目标攻击已成为空地打击的关键手段。空面多目标攻击是指飞行员操纵一架飞机,在一次进入过程中,机载武器火控系统给多枚武器分配多个不同的目标,同时精确攻击多个地面/海面目标。在空中对地支援作战中,需要对大量时敏目标(如坦克集群、装甲车队、导弹阵地等)进行精确打击,避开防空系统近中远程的梯次防御火力,需要飞机具备在单次任务中攻击多个目标的能力。对于大载弹量的轰炸机而言,更需要分配各类武器攻击多个目标。

### 4. 空空与空地一体化探测能力

目前,西方国家对空探测光电设备主要是光电雷达和红外搜索跟踪系统,对地探测光电设备主要是瞄准吊舱和光电转塔。美国 F-35 飞机光电瞄准系统(EOTS)主要以对地探测为主,兼顾对空探测功能。EOTS 具备高分辨率成像、自动红外搜索与跟踪、激光指示与测距、激光光斑跟踪。未来机载对地光电探测系统将与对空光电探测系统综合,具备对空中隐身目标、地面时敏目标的一体化探测能力。

### 5. 告警与探测综合能力

告警探测要求探测空域覆盖范围大、指向精度较高、虚警率低;对地光电探测要求图像清晰、瞄准精度高;对空探测要求距离远、角精度高、虚警率低。未来机载对地光电探测系统设计通过合理的空域、时域、频域管理措施,应能对来袭威胁目标实现告警与探测综合能力。

### 6. 多传感器融合探测能力

随着机载传感器数量和种类不断增加,光电探测系统与火控雷达、电子战、数据链系统等作战信息飞速增长,可利用多传感器进行融合探测,满足不同作战任务需求。在单机航电系统中,光电传感器可与射频类传感器根据隐身需要,分别进行主被动协同搜索、跟踪与识别,实现单机综合探测;多机可通过数据链将多个光电传感器组网,对目标进行融合跟踪与识别,实现多机网络化探测。

### 7. 面向应用的成本控制

切实根据作战任务需求,合理进行系统总体方案设计,既为未来升级留下软硬件余量,又合理控制有效载荷的配置,开发出军方能负担得起的有用产品。

机载对地光电探测设备是集光、机、电多项技术于一体的高度综合光电产品,随着光电元器件技术、计算机处理技术的不断发展与突破,其作战应用领域也将不断拓展,可以预见,机载对地光电探测设备将在未来空中作战中发挥越来越重要的作用。

# 参考文献

[1]　STROJNIK M. Distributed-aperture infrared sensor systems[C]//Proceedings of SPIE-The International Society for Optical Engineering,1999,3698:58-66.

[2]　O'NEIL W F. Processing requirements for the first electro-optic system of the twenty-first century [C]//Digital Avionics Systems Conference. IEEE,1997:5. 1-15-22.

［3］　陆剑鸣,蔡毅.苏联/俄罗斯红外技术的军事应用[M].北京:兵器工业出版社,2015.

［4］　刘兴运.机载红外搜索跟踪技术研究[J].激光与红外,2001,31(5)：273-276.

［5］　申洋,唐明文.机载红外搜索跟踪系统(IRST)综述[J].红外技术,2003,3(1)：13-18.

［6］　舒金龙,陈良瑜,朱振福.国外红外搜索跟踪系统的研制现状与发展趋势[J].现代防御技术,2003,31(4)：38-41.

［7］　陈苗海.机载光电导航瞄准系统的应用和发展概况[J].电光与控制,2003,10(4)：42-46.

# 第9章

# 光电技术原理

## 9.1 无人机电视摄像与跟踪定位原理

### 9.1.1 概述

电视摄像是应用电子技术对景物或人员等的活动情况进行转换、记录、传送和重现的技术，也是记录声音和活动图像的重要方式和手段。无人机电视摄像系统由电视图像摄取（也包括红外图像摄取）、记录、传送、接收重现及控制五部分组成，用以完成无人机对地面一定区域的连续侦察，以及对地面目标的快速定位等功能。

电视摄像机是无人机摄取图像的重要传感器之一，早在1925年英国人就成功实验了机械扫描电视，与此同时，美国人也发明了电子扫描系统和光电摄像管。1930年左右，英国、苏联等国开始了机械黑白电视的广播，之后在1951年美国试播了一种与黑白电视机不能兼容的彩色电视信号；而在1953年，美国采用了NTSC制式彩色电视系统，实现了与黑白电视系统的兼容。应该说从20世纪50年代起，伴随电视侦察技术开始逐步应用于军事情报获取领域，航空与航天侦察技术也得到了快速发展，其情报获取的准确性和时效性也得到了极大提高。

（1）信号摄取

电视信号主要由电视摄像机摄取，摄像机的任务是把自然景物的光图像分解并转换为由电压或电流代表的电信号。当景物的反射或散射光摄入摄像机的镜头时，首先在摄像器件上（如固体摄像器件CCD表面）形成与景物光图像相对应的二维电荷图像。这个电荷图像利用电荷耦合转移方式，形成随时间变化的一维函数的电信号。这个过程连续进行，就可以产生连续的图像信号，达到传送图像的目的。直接由感光元件上产生的电信号很微弱，并且带有很多杂波、失真等缺陷，所以在摄像机中还设置有各种各样的处理电路，用以对信号进行放大、去杂波、各种校正、补偿、变换等一系列过程，最后输出理想的和符合标准的模拟或全数字电视信号。

（2）编辑记录

无人机电视摄像系统获取的信号主要分为两路，一路通过无线链路直接传输至地面，一路直接传输至机载记录设备。因此,无人机的编辑记录主要有两种方式:一种是把电视图像记录在机载电子盘(或视频记录仪)上,以便在无线电受到干扰时能够获取完整的电视图像;一种是将通过无线链路传输至地面的图像直接记录在磁带等介质上,这种条件下,还可以将搭载电视摄像机的光电转台等参数信息以字符的形式叠加在电视图像上,以便后期编辑、观察分析使用。待无人机电视侦察任务结束后,再从记录设备上采集电视信号,并将重要地域或时节的侦察图像进行编辑加工,以便向需求单位通报或共享侦察情报信息。

根据无人机飞行时间的要求和电子盘记录空间的大小,为保证电子盘有足够的空间记录电视信号,在不影响电视图像观测分析的条件下,机载记录设备可对电视图像进行一定比例的压缩。

(3) 发送传输

无人机电视摄像系统的发送传输主要依靠无线通信链路,即利用微波技术将机载条件下的电视图像通过机载无线发射机发送至地面,地面数据显示(控制)终端对接收的电视信号进行解译,并在数据显示(控制)终端上实时显示或记录。对于小型无人机来说,由于其无线电链路仅完成对无人机的飞行控制功能,因此电视图像需要利用专门的无线图传设备进行传输。

(4) 接收重现

解决了传送问题之后,电视图像就以电信号的方式传至地面控制终端,并利用接收设备对信号进行接收还原。接收设备就是电视监视器或视频采集卡,电视监视器可以直接在屏幕上显示电视图像,而视频采集卡还需要利用视频播放软件进行显示。

(5) 控制与处理

电视摄像系统要实现实时侦察与跟踪定位任务,必须有相应的电视摄像控制系统和电视图像数据处理系统。光电转台(云台)及其控制机构、电视图像跟踪处理就是无人机电视摄像系统的重要组成部分。光电转台能够根据地面站(或遥控器)发送的方向、俯仰等角度参数自动调整电视摄像机的光轴指向,从而保证电视摄像机的光学中心始终指向要侦测的目标,进而实现对目标的跟踪与定位功能;机载控制处理设备能够根据地面发送的电视摄像机焦距大小、图像校正等指令,自动调整电视图像的视场大小、图像对比度、清晰度等。

## 9.1.2　CCD 结构与原理

1969 年,电荷耦合器件(charged coupled device,CCD)由贝尔研究所的 W. S. Boyle 与 G. E. Smith 发明,并于次年发表。由于 CCD 具有储存信号电荷并进行传输的功能,可广泛应用于内存、显示器、延迟元件等。关键应用的 CCD 图像传感器,利用称为帧转移(frame transfer)方式(FT-CCD)的简单构造,于 1971 年也由贝尔研究所发明。

随着 1985 年搭载于民用摄影机上的 25 万像素高分辨率 CCD 图像传感器的发明,正式宣告 CCD 图像传感器的实用化;之后,CCD 图像传感器的时代终于来临,正式实用化后,也开发出了许多基本技术,包括提高画质、拓展图像大小的功能。CCD 是集传感部和扫描部为一体的功能器件,用于取代电视摄像管将摄像机镜头摄取的光图像转换为电子信号,完成光/电转换、信息存储和扫描读取等任务。其中,扫描读取是利用了电荷转移方式实现的。

由于 CCD 技术的不断发展和应用,使得 1966 年和 1967 年分别发表的两种图像传感器逐渐被淘汰。随着 CCD 图像传感器在摄影机领域的深入应用,1993 年适用于静止图像的全像素读出方式的 CCD 研制成功,该技术在提高摄影机分辨率的同时,也极大地促进了数字照相机的发展。

另一种应用较为广泛的图像传感器是 CMOS 器件,这种图像传感器又可分为两类:一类像素不具有信号电荷放大功能,称为无源像素传感器(passive pixel sensor,PPS);另一类像素具有信号放大功能,称为有源像素传感器(active pixel sensor,APS)。CMOS 图像传感器多为 APS,因此 1966 年 APS 类型的图像传感器的产生也标志着 CMOS 的诞生。之后,1968 年和 1969 年分别发明了使用光电二极管与 MOS 晶体管的 APS。

**1. CCD 基本结构**

CCD 即电荷耦合器件,又可称为 CCD 图像传感器或图像控制器。它是一种半导体器件,CCD 上有许多排列整齐的光电二极管,能感应光线,并将光学信号转变成电信号,经外部采样放大及模数转换电路,进而实现由模拟影像到数字影像的转化。CCD 上植入的微小光敏物质称作像素(pixel),一块 CCD 上包含的像素数越多,其提供的画面分辨率也就越高。

CCD 的基本单元是 MOS 电容器,这种电容器能贮存电荷,其结构如图 9-1 所示。以 P 型硅为例,在 P 型硅衬底上通过氧化在表面形成 $SiO_2$ 层,然后在 $SiO_2$ 上沉积一层金属作为栅极,P 型硅里的多数载流子是带正电荷的空穴,少数载流子是带负电荷的电子,当金属电极上施加正电压时,其电场能够透过 $SiO_2$ 绝缘层对这些载流子进行排斥或吸引。于是带正电的空穴被排斥到远离电极处,剩下的带负电的少数载流子在紧靠 $SiO_2$ 层形成负电荷层(耗尽层),电子一旦进入,由于电场作用就不能复出,故又称为电子势阱。

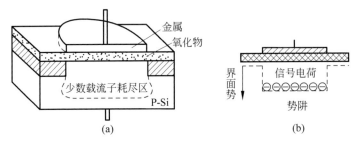

图 9-1　CCD 结构和工作原理图
(a) 用作少数载流子贮存单元的 MOS 电容器剖面图;(b) 有信号电荷的势阱,图上用阱底的液体代表

当器件受到光照时(光可从各电极的缝隙间经过 $SiO_2$ 层射入,或经衬底的薄 P 型硅射入),光子的能量被半导体吸收,产生电子-空穴对,这时出现的电子被吸引贮存在势阱中,这些电子是可以传导的。光越强,势阱中收集的电子越多,光越弱则反之,这样就把光的强弱变成电荷的数量,实现了光与电的转换,而势阱中收集的电子处于贮存状态,即使停止光照一定时间内也不会损失,这就实现了对光照的记忆。

总之,上述结构实质上就是个微小的 MOS 电容,由它构成像素,既可"感光",又可留下"潜影",感光作用是靠光强产生的电子电荷积累,潜影是由各个像素留在各个电容里的电荷不等而形成的,若能设法把各个电容里的电荷依次传送到输出端,再组成行和帧并经过"显影"就实现了图像的传递。

### 2. CCD 工作原理

CCD 图像传感器的工作过程主要包括四步：

（1）光电转换，即将光转换成信号电荷；

（2）电荷存储，储存信号电荷；

（3）电荷转移，转移信号电荷；

（4）电荷的注入与检测，将信号电荷转换为电信号。

1）光电转换

光电转换是根据照射到摄影面的光强弱产生电荷，也就是存在于物质的电子自光取得能量后改变状态，只要施加少许电场电子就呈现自由运动状态的现象。物理上而言，光电转换可以分为两种状态变化：一是外部光电效应，二是内部光电效应。

外部光电效应是指在固体表面的电子，接受光子（photon）的能量被释放到真空的现象。此时，需要价带与真空能级之间的能量差，这种能量差称为功函数（work function）。内部光电效应是指在固体内部，电子所处的几个能级中能量较低的电子因光子的能量，激发成较高能量电子的现象。

具体来说，在半导体之一的 Si 单晶体中，原子具有的电子轨道能量，随着结晶晶格的周期性形成带状的能量分布状态（band），电子的能级可分为价带与导带两种。当处于能级的状态，也就是在能带内价带的电子可接受光的能量，激发到导带的现象，称为内部光电效应。

由于激发至导带的电子，只要施加少许电压（电场）即可移动，故可根据光的强弱取出信号电荷。使用半导体的 CCD，留用内部光电效应取得光电转换产生的信号电荷。

半导体吸收光时，将光子的能量转换为电子的能量。在转换过程中，光子带有将电子从价带激发至导带的所需能量，进行光电转换时称为基础吸收。但对于光的吸收而言，光波长感光度带来重大的影响，是非常重要的条件。

2）电荷存储

电荷存储是搜集光电转换所得的信号电荷，直到输出前的存储动作。典型的 CCD 图像传感器中，光电二极管内光电转换产生的信号电荷存储于此。

大多数的 CCD 图像传感器利用的是带负电的电子可被高电势吸收的性质，将信号电荷集中存储。储存电荷的电势分布状态，称为电势阱。

如何在 Si 单晶中制造出高于周围电势的高电势阱来储存电荷，这里以表面型 MOS 电容器为例加以介绍。

如图 9-2 所示的 MOS 电容器，由 P 型 Si 形成基板。首先，将 MOS 电容器的基板背面（半导体端）接地，在表面电机（金属端）施加正电压。这样，在电极施加电压之前，整个基板大约处于接地电势。受到电极施加电压的影响，电势分布改变，位于电极下的 Si 基板表面的电势升高。在此状态下，由于最接近电极的 Si 基板表面的周围被接地电势包围成为基板中电势最高的部位，形成电势阱，因此可在此存储带负电的电子。

由于电极与 Si 基板之间有 Si 氧化的绝缘物（$SiO_2$），电子无法流向电极。信号电荷的电子一旦存储在该电势阱，随着电荷数量的变化表面电势降低。若要定性解释信号电荷存储的情况，可将图 9-2 所示表面电势分布图视为水桶，信号电荷的电子如水般存储在水桶中。

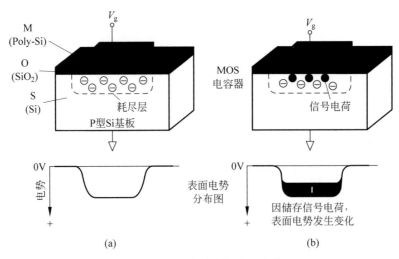

图 9-2　MOS 电容器与表面电势

(a) 无信号电荷；(b) 有信号电荷

3）电荷转移

图 9-3 所示 CCD 中表示了四个彼此靠得很近的电极之间的电荷转移过程。假定开始时有一些电荷存储在偏压为 10V 的第一个电极下面的深势阱里，其他电极上均加有大于阈值的较低电压（例如 2V）。设图 9-3(a)为零时刻（初始时刻）。经过 $n$ 时刻后，各电极上的电压变为图 9-3(b)和(c)。若此时电极上的电压变为图 9-3(d)，第一个电极电压由 10V 变为 2V，第二个电极电压仍为 10V，则共有的电荷转移到第二个电极下面的势阱中，如图 9-3(e)所示。由此可见，深势阱及电荷包向右移动了一个位置。

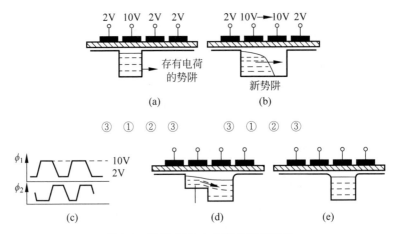

图 9-3　三相 CCD 中电荷的转移过程

　　通过将一定规则变化的电压加到 CCD 各电极上，电极下的电荷包就能沿半导体表面按一定方向移动。通常把 CCD 电极分为几组，每一组称为一相，并施加同样的时钟脉冲。CCD 的内部结构决定了使其正常工作所需的相数。图 9-3 所示的结构需要三相时钟脉冲，其波形如图 9-3(c)所示，这样的 CCD 称为三相 CCD。三相 CCD 的电荷耦合（传输）方式必须在三相交叠脉冲的作用下，才能以一定的方向逐单元地转移。另外必须强调指出，CCD

电极间隙必须很小,电荷才能不受阻碍地从一个电极下转移到相邻电极下。如果电极间隙比较大,两相邻电极间的势阱被势垒隔开,不能合并,电荷也不能从一个电极向另一个电极完全转移,CCD便不能在外部脉冲作用下正常工作。

能够产生完全耦合条件的最大间隙一般由具体电极结构、表面态密度等因素决定。理论计算和实验证实,为了不使电极间隙下方界面处出现阻碍电荷转移的势垒,间隙的长度应小于 $3\mu m$。这大致是同样条件下半导体表面深耗尽区宽度的尺寸。当然如果氧化层厚度、表面态密度不同,结果也会不同。但对绝大多数 CCD,$1\mu m$ 的间隙长度是足够小的。

以电子为信号电荷的 CCD 称为 N 型沟道 CCD,简称为 N 型 CCD。而以空穴为信号电荷的 CCD 称为 P 型沟道 CCD,简称为 P 型 CCD。由于电子的迁移率(单位场强下的运动速度)远大于空穴的迁移率,因此 N 型 CCD 比 P 型 CCD 的工作频率高很多。

4)电荷的注入与检测

(1)电荷的注入

在 CCD 中,电荷注入的方法有很多,归纳起来,可分为光注入和电注入两类。

光注入是指光照射到 CCD 硅片上时,在栅极附近的半导体体内产生电子-空穴对,其多数载流子被栅极电压排开,少数载流子则被收集在势阱中形成信号电荷。光注入方式又可分为正面照射式与背面照射式。图 9-4 所示为背面照射式光注入的示意图。

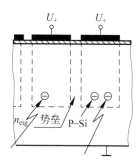

图 9-4 背面照射式光注入

电注入是指 CCD 通过输入结构对信号电压或电流进行采样,然后将信号电压或电流转换为信号电荷。电注入的方法很多,常用的主要有电流注入和电压注入两种。

(2)电荷的检测

在 CCD 中,有效地收集和检测电荷是一个重要问题。CCD 的重要特性之一是信号电荷在转移过程中与时钟脉冲没有任何电容耦合,而在输出端则不可避免。因此,选择适当的输出电路可以尽可能减小时钟脉冲容性地馈入输出电路的程度。目前 CCD 的输出方式主要有电流输出、浮置扩散放大器输出和浮置栅放大器输出。

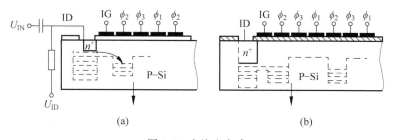

图 9-5 电注入方式
(a)电流注入;(b)电压注入

### 9.1.3 CCD 分类与特性

#### 1. CCD 的分类

电荷耦合摄像器件又简称为 ICCD,它的功能是把二维光学图像信号转变成一维视频信号输出。ICCD有线型和面型两大类。二者都需要用光学成像系统将景物图像成像在CCD的像敏面上。像敏面将照在每一像敏单元上的图像照度信号转变为少数载流子密度信号存储于像敏单元(MOS电容)中。然后,再转移到CCD的移位寄存器(转移电极下的势阱)中,在驱动脉冲的作用下顺序地移出器件,成为视频信号。

对于线型器件,它可以直接接收一维光信息,而不能直接将二维图像转变为视频信号输出。为了得到整个二维图像的视频信号,就必须用扫描的方法实现。

1) 线型CCD摄像器件的两种基本形式

(1) 单沟道线型CCD

图9-6所示为三相单沟道线型CCD的结构。由图可见,光敏阵列与转移——移位寄存器是分开的,移位寄存器被遮挡。在光积分周期里,这种器件光栅电极电压为高电平,光敏区在光的作用下产生电荷存于光敏MOS电容势阱。当转移脉冲到来时,线阵光敏阵列势阱中的信号电荷并行转移到CCD移位寄存器中,最后在时钟脉冲的作用下一位位地移出器件,形成视频脉冲信号。

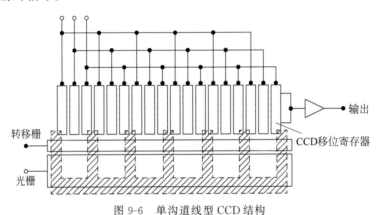

图 9-6   单沟道线型 CCD 结构

这种结构的CCD的转移次数多、效率低、调制传递函数MTF较差,只适用于像敏单元较少的摄像器件。

(2) 双沟道线型CCD

图9-7所示为双沟道线型CCD。它具有两列CCD移位寄存器A与B,分列在像敏阵列的两边。当转移栅A与B为高电位(对于N沟器件)时,光积分阵列的信号电荷包同时按箭头方向转移到对应的移位寄存器内,然后在驱动脉冲的作用下分别向右转移,最后以视频信号输出。显然,同样像敏单元的双沟道线型CCD要比单沟道线型CCD的转移次数少一半,它的总转移效率也大大提高,故一般高于256位的线型CCD都为双沟道的。

2) 面阵CCD

按一定的方式将一维线型CCD的光敏单元及移位寄存器排列成二维阵列,即可以构成二维面阵CCD。由于排列方式不同,面阵CCD常有帧转移、隔列转移、线转移和全帧转移等方式。

(1) FT帧转移方式CCD

如图9-8所示,帧转移方式CCD的结构由感光部(成像区)、存储部(暂存部)和水平位移(水平读出)寄存器三部分组成。成像区由并行排列的若干电荷耦合沟道组成(图中虚线方框),各沟道之间用沟阻隔开,水平电极横贯各沟道。假定有 $M$ 个转移沟道,每个沟道有

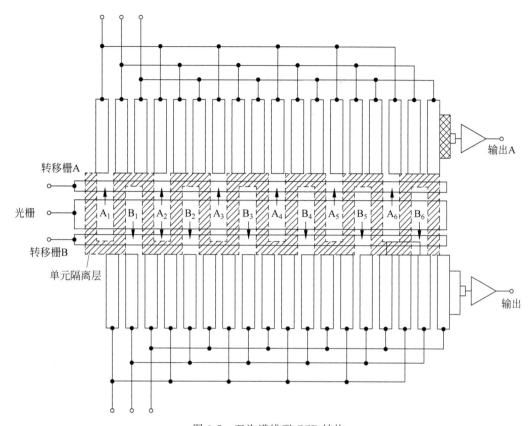

图 9-7 双沟道线型 CCD 结构

$N$ 个成像单元,整个成像区共有 $M \times N$ 个单元。暂存区的结构和单元数都和成像区相同。暂存区与水平读出寄存器均被遮蔽。

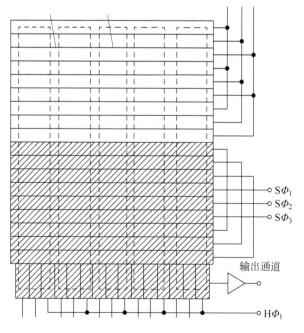

图 9-8 三相帧转移面阵 CCD 结构

在感光部经光/电转换积累的每帧信号电荷,在场消隐期间迅速地全部转移到存储部,感光部又重新进入电荷积累状态。被转移到存储部的一帧信号电荷,在每个行消隐期间,把相当于一扫描行的信号转移到水平位移寄存器。进入水平位移寄存器的信号电荷在行正程期间以标准行扫描速度转移到输出端,最后得到标准的电视信号。因为感光部产生的信号电荷要一次全部转移到存储部,所以存储部必须与感光部具有相同的像素数和面积,区别仅在于存储部表面为防止光照而加有金属遮光层。这种帧转移方式 CCD 的电极构造简单,分解力与灵敏度也较高。但是,这种方式由于感光成像区和电荷存储区面积相同,所以器件总面积较大。另外,在感光区由于电荷的积累与转移在区域上并未分开,在转移过程中仍然有电荷积累,因而产生垂直拖尾现象。又因为透明电极对光照有一定的吸收,尤其对蓝色光吸收较多,而造成彩色画面偏色。由于以上缺点,帧转移方式除在早期 CCD 摄像机中使用外,一直很少使用。目前,FT-CCD 已经有了很大的改进。

（2）行间转移方式 CCD

行间转移方式 CCD 的结构如图 9-9 所示,它把感光部和转移部做水平相间排列,成对紧靠在一起,其下方为水平位移寄存器。除感光部之外,其他部分覆盖有金属遮盖层,阻挡光线进入 CCD 内部,转移部也是电荷的暂存部分。感光部的每个单元（像素）与转移部的每个单元一一对应,左右耦合,二者之间由转移控制门控制。感光部（所有像素）由光/电变换产生的信号电荷,在场消隐期间由控制门控制,很快转移到暂存部分,只需要一次转移就可完成全部像素的转移,感光部又重新回到电荷积累状态。被转移到各暂存部分的信号电荷与帧转移方式 CCD 的存储部工作情况一样,在行消隐期间,每次移出一个扫描行,送到下方的水平位移寄存器,在行扫描正常期间,再依次转移到输出端,即可得到标准的电视信号。

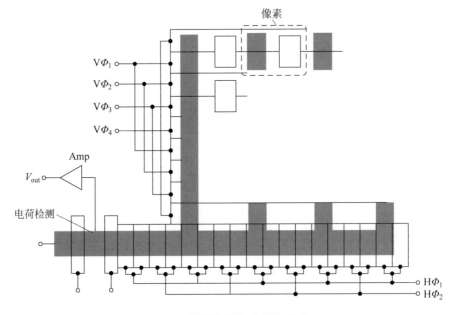

图 9-9　行间转移方式 CCD 结构

这种行间转移方式省去了存储部,固体 CCD 芯片面积较小,驱动电压脉冲波形也比较简单。由于感光部与转移部分开设置,垂直拖尾现象明显减轻。其缺点是,因为感光部与转移部相间排列,遮光层部分面积较大,光利用率降低,影响 CCD 灵敏度的提高。但是由于

CCD 技术的不断进步,特别是片上微透镜技术的开发成功使其灵敏度得到很大提高。行间转移方式(IT)CCD 在摄像机中使用较广泛。

（3）FIT 帧-行间转移方式 CCD

帧-行间转移方式 CCD 是帧转移方式和行转移方式的组合,其结构如图 9-10 所示。它包括感光部、转移部、存储部和水平位移寄存器等部分。可以看出,FIT 上半部分与行间转移方式相同,而下半部分与帧转移方式相同。帧一行间转移方式 CCD 的工作过程如下:场正程期间由感光部积累信号电荷,在场消隐期间通过控制门,同时一次性转移到转移部相应的势阱中,这一工作过程与行间转移方式相同。然后,暂存在转移部的信号电荷又很快转移到下面的存储部中。在场正程期间,在行频时钟脉冲的控制下,每一行消隐期间像素电荷逐行移入水平位移寄存器中。在行正程期间,水平位移寄存器把每个像素移动至输出端,产生视频信号。在存储部以后发射的过程与帧转移方式相同。这种帧-行转移方式,由于是帧转移和行间转移两种方式的结合,因而具有两者的优点,尤其是高亮度情况下的垂直拖尾得到明显改进。但是,这种转移方式的 CCD 由于附加有存储部,所以芯片面积较大,制造成本也高,适用于高档的电视摄像机。

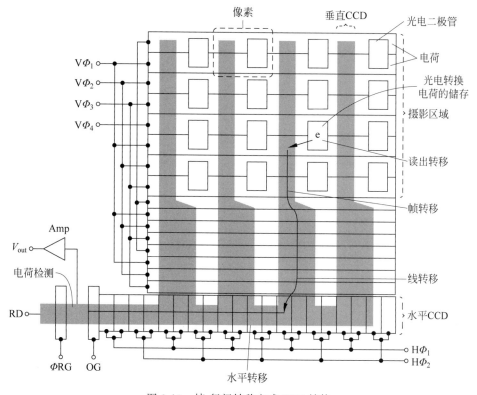

图 9-10 帧-行间转移方式 CCD 结构

## 2. CCD 的特性

CCD 性能的优劣是决定整个摄像机性能优劣的重要标准,从某种意义上讲,也是摄像机性能指标的重要体现。

（1）分解力

在 CCD 上的感光单元，即像素数量是一定的，如果这个数量太小，或者尺寸太大的话，将会影响画面解像的精密程度——当被摄对象有极其精细的细节的时候，CCD 不能分辨，则会产生混叠干扰。因此，CCD 上感光单元的数量、尺寸及密度等都将对成像质量有重要影响。

可以采用增加像素数、在光学通路中增加光学低通滤波器压减图像高频成分，以及采用空间偏置技术使基色信号间混叠干扰相位相反、相互抵消的方法，来提高信号分解力。

分解力常用调制传递函数来评价。图 9-11 给出了宽带光源与窄带光源照明下线阵 CCD 的 MTF 曲线。

线阵 CCD 固体摄像器件向更多位光敏单元发展，现在已有 256×1，1024×1，2048×1，5000×1，10550×3 等多种。像元位数越高的器件的分辨率越高，尤其是用于物体尺寸测量时，采用高位数光敏单元的线阵 CCD 器件可以得到更高的测量精度。另外，当采用机械扫描装置时，亦可以用线阵 CCD 摄像器件得到二维图像的视频信号。扫描所获得的第二维的分辨取决于扫描速度与 CCD 光敏单元的高度等因素。

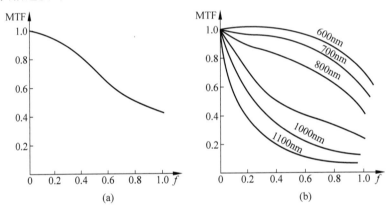

图 9-11　某线阵 CCD 的 MTF 曲线

(a) 2856K 白炽光源；(b) 单色光光源照明

二维面阵 CCD 的输出信号一般遵守电视系统的扫描方式。它在水平方向和垂直方向上的分辨率是不同的，水平分辨率要高于垂直分辨率。在评价面阵 CCD 的分辨率时，只评价它的水平分辨率，且利用电视系统对图像分辨率的评价方法——电视线数的评价方法。电视线评价方法表明，在一幅图像上，在水平方向能够分辨出的黑白条数为其分辨率。水平分辨率与水平方向上 CCD 的像元数量有关，像元数量越多，分辨率越高，现有的面阵 CCD 的像元数已发展到 512×500，795×596，1024×1024，2048×2048，5000×5000 等多种，分辨率越来越高。

（2）灵敏度

CCD 的灵敏度以光通量为 1 流明(lm)的 3200K 色温的光线投射到它上面所产生的电流强度的大小来定义。CCD 的灵敏度越高，说明 CCD 光电转换能力越强。

CCD 的光谱灵敏度取决于量子效率、波长、积分时间等参数。量子效率表征 CCD 芯片对不同波长光信号的光电转换本领。不同工艺制成的 CCD 芯片，其量子效率不同。灵敏度还与光照方式有关，背照 CCD 的量子效率高，光谱响应曲线无起伏，正照 CCD 由于反射和吸收损失，光谱响应曲线上存在若干个峰和谷。

（3）动态范围

动态范围是 CCD 能够重现的画面的亮暗部分之间的相对比值。这个范围越高越好，CCD 的动态范围决定了 CCD 转换的最大电荷量与受杂波干扰影响而限制在一定幅值的最小电荷量的差。前者的提高要依靠材料技术的改进、CCD 结构设计的合理性及电极上电压大小等因素，而后者也和电路结构等有关。

（4）暗电流

CCD 暗电流是内部热激励载流子造成的。在正常工作的情况下，CCD 在低帧频工作时，可以以几秒或几千秒的累积（曝光）时间来采集低亮度图像，MOS 电容处于未饱和的非平衡态。然而随着时间的推移，暗电流会在光电子形成之前将势阱填满热电子，因热激发而产生的少数载流子使系统趋向平衡。因此，即使在没有光照或其他方式对器件进行电荷注入的情况下，也会存在不希望有的暗电流。由于晶格点阵的缺陷，不同像素的暗电流可能差别很大。在曝光时间较长的图像上，会产生一个星空状的固定噪声图案。这种效应是因为少数像素具有反常的较大暗电流，一般可在记录后从图像中减去，除非暗电流已使势阱中的电子达到饱和。

另外，暗电流还与温度有关。温度越高，热激发产生的载流子越多，因而，暗电流就越大。据计算，温度每降低 10℃，暗电流可降低 1/2。

（5）噪声

在 CCD 中有以下几种噪声源：

① 由电荷注入器件引起的噪声；

② 电荷转移过程中，电荷量的变化引起的噪声；

③ 检测时产生的噪声。

CCD 的平均噪声值见表 9-1，与 CCD 传感器有关的噪声见表 9-2。

表 9-1　CCD 的平均噪声值

| 噪声的种类 | | 噪声电平（电子数） |
|---|---|---|
| 输出噪声 | | 400 |
| 转移噪声 | SCCD | 1000 |
| | BCCD | 100 |
| 输出噪声 | | 400 |
| 俘获噪声 | SCCD | 1150 |
| | BCCD | 570 |

表 9-2　与 CCD 传感器有关的噪声

| 噪　声　源 | 大　　小 | 代表值（均方根载流子） | |
|---|---|---|---|
| 光子噪声 | $N_s$ | $100, N_s = 10^{-4}$ | |
| | | $1000, N_s = 10^6$ | |
| 暗电流噪声 | $N_{DC}$ | $100, N_{DC} = 1\% N_{Smax}$ | |
| 光学胖零噪声 | $N_{FZ}$ | $300, N_{FZ} = 10\%$ | |
| 电子胖零噪声 | $400 C_{IN}$ | $100, C_{IN} = 0.1pF (N_{Smax} = 10^6)$ | |
| 俘获噪声 | 参见表 9-1 | $10^3, SCCD$ | 2000 次转移 |
| | | $10^2, BCCD$ | |
| 输出噪声 | 400 | $200, C_{out} = 0.25pF$ | |

注：$N_s$ 为电荷包的大小。

　　a）光子噪声

由于光子发射是随机过程，因而势阱中收集的光电荷也是随机的，这就成为噪声源。由于噪声源与 CCD 传感器无关，而取决于光子的性质，因而成为摄像器件的基本限制因素。这种噪声主要对低光强下的摄像有影响。

　　b）暗电流噪声

与光子发射一样，暗电流也是一个随机过程，因而也成为噪声源。而且若每个 CCD 单元的暗电流不一样，就会产生图形噪声。

　　c）胖零噪声

胖零噪声包括光学胖零噪声和电子胖零噪声，光学胖零噪声由使用时的偏置光的大小决定，电子胖零噪声由电子注入胖零机构决定。

　　d）俘获噪声

俘获噪声在 SCCD 中起源于界面缺陷，在 BCCD 中起源于体缺陷，但 BCCD 中俘获噪声小。

　　e）输出噪声

这种噪声起源于输出电路复位过程中产生的热噪声。该噪声若换算成均方根值就可以与 CCD 的噪声相比较。

此外，器件的单元尺寸不同或间隔不同也会成为噪声源，但这种噪声源可以通过改进光刻技术减少。

　　（6）色彩还原特性

色彩还原性取决于 CCD 对不同波长的光线灵敏度反应的均匀性。只有在它对各波长光线的光谱响应比较均匀一致的前提下，才能还原色彩正常的画面。在目前技术条件下，CCD 的色彩还原特性完全可以满足人眼的视觉要求。

　　（7）黑斑和拖尾

由于热激发效应，CCD 有时在没有入射光的时候也可能产生若干电荷，这样，当输入画面为黑时，输出画面却表现为有一定的暗轮廓显示，称作黑斑。通过对 CCD 材料精度的控制，改进 CCD 内部结构及在电路中增加黑斑校正电路等措施，可以将黑斑的影响减弱到不会被察觉的程度。

由于在高亮度下某些感光单元电荷的积累数量过多，产生溢漏至相邻某些位置的感光单元，导致画面产生垂直亮带的现象叫作拖尾。在 CCD 中采用溢出漏的设置可以消除拖尾，得到良好的高亮度特性。

　　（8）CCD 芯片像素缺陷

像素缺陷：对于在 50% 线性范围的照明，若像素响应与其相邻像素偏差超过 30%，则为像素缺陷。

簇缺陷：在 3×3 像素的范围内，缺陷数超过 5 个像素。

列缺陷：在 1×12 像素的范围内，列的缺陷超过 8 个像素。

行缺陷：在一组水平像素内，行的缺陷超过 8 个像素。

## 9.1.4　光电稳定平台原理与特性

### 1. 稳定平台原理与特性

无人机光电平台系统通常包括传感器、光学系统、承载平台和数据存储器等分系统。传感器按工作波段,可分为可见光、红外和激光传感器;光学系统按焦距,可分为定焦、多挡可切换定焦和连续变焦镜头;承载平台按稳定轴数,可分为二轴、三轴或多轴稳定平台;数据存储器按容量,可分为普通型和海量型。

从上述分类来看,光电平台种类较多,这还不包括正在研制中的激光探测与距离选通成像、固态 3D 激光雷达等新型光电载荷。但通观其技术及应用发展过程,光电平台经历了单载荷光电平台、双载荷光电平台和多载荷光电平台几个阶段,具体应用视需求而定。

从各国无人机光电平台的实际配备来看,单载荷平台因其轻便、易维修、更容易投入战场使用及技术进步的原因在一定范围内仍在使用,但其被双载荷和多载荷光电平台代替的趋势不可逆转,多载荷光电平台正逐渐发展成为主流配置。

从具体的光电载荷来看,光学相机正被电视摄像机所取代;红外行扫描器正被前视红外所代替;低照度摄像机已很少使用。

从技术和应用角度来看,无人机载光电平台正向着高分辨率、高灵敏度、高精度、多功能、体积小、重量轻、寿命长、可靠性高和耐冲击振动等方向发展。总体上,无人机光电平台在需求牵引和技术推动下正迎来新一轮的发展热潮。

无人机视频图像直接定位的基本思路是通过飞机的位置姿态参数、转台角度参数、摄像机参数等综合解算,实现目标的图像坐标到地面坐标的转换过程。在坐标转换过程中,涉及图像坐标系、摄像机坐标系、转台坐标系、飞机坐标系及大地坐标系五个坐标系。

机载光电稳定平台是安装在无人机等运动载体上的陀螺稳定平台。平台上安装对地探测装置,基于视轴稳定技术搜索或跟踪地面目标。近年来,光电稳定平台得到了快速发展,并广泛搭载于直升机、固定翼飞机、无人机、舰船和车辆等各种运载平台,可用于侦察、瞄准、导弹制导等军事领域,也可用于搜救、缉私、安全、环境监测、森林防火等非军事领域。

光电稳定平台是实现无人机视频图像跟踪与定位处理的关键设备之一。它采用陀螺仪作为反馈元件,隔离动基座对负载的角扰动,使负载稳定在固定的惯性空间的转台,利用陀螺仪的特性能够保持平台台体方位稳定;也用来测量运动载体姿态,并为测量载体线加速度建立参考坐标系,又简称陀螺平台、惯性平台。

光电稳定平台内部通常装有红外热像仪、可见光摄像系统和激光测距机等多种光学传感器。无人机执行任务时,光电稳定平台可以隔离载体的干扰运动,保持光学传感器的瞄准线在惯性空间角度的稳定,从而保证平台上的探测设备可以始终指向目标。

**2. 典型光电稳定平台**

光电稳定平台的发展是随着陀螺仪的演变而变化的。早在 1936 年,就出现了滚珠轴承式的动力陀螺稳定平台,在军舰上用作测距仪的稳定器。1950 年,美国研制成功三轴陀螺稳定平台 XN-U 之后,在导弹和运载火箭惯性制导系统中,相继出现了静压气浮陀螺平台、动压气浮自由转子陀螺平台、液浮陀螺平台等,由于陀螺平台采用了这些浮力支承,摩擦力矩减小的陀螺仪,其精度得到提高。美国分别应用在"潘兴 I"导弹、"土星"运载火箭、"民兵 I"、"民兵 $n$"导弹及"北极星"导弹上。20 世纪 60 年代末,美国研制出结构简单、精度高、成本低的挠性陀螺仪为敏感元件的挠性陀螺平台,它在"三叉戟 I"潜地导弹、"战斧"巡航导弹上得到应用。随着陀螺平台技术的研究和发展,1973 年美国研制出没有框架的浮球平台,即高级惯性参考球平台。为了进一步提高制导精度和可靠性,对浮球平台的支撑系统和温控系统进行了改进。陀螺稳定平台已由框架陀螺平台发展到浮球平台,陀螺平台的质量由几十千克发展到仅0.8kg,外廓尺寸由0.5m以上发展到仅为0.08m的小型陀螺平台。

StarSafire系列转塔由FLIR公司研制。其中StarSafireⅢ型被美国海岸警卫队选定为标准转塔,配备"鹰眼"无人机。它的直径为38.1cm,传感器包括红外相机、彩色变焦相机、高分辨彩色侦察相机(能穿透薄雾)、激光照射装置、激光测距仪。其中红外成像器件是640×480阵元的大型中波红外焦平面阵列,能产生相当清晰的红外图像。热成像仪有4种视场:视场范围25°的宽视场、5.4°的中视场、1.4°的窄视场等。彩色昼用相机也可以提供宽、中、窄三种视场。彩色侦察相机除了中视场和超窄视场外,还有用于超长距离侦察的0.29°极窄视场。需要指出的是,镜头视场的选择涉及画面范围和目标放大倍率的关系。视场越窄,目标的放大倍率越高;反之,视场越宽,涵盖的范围越广,但无法看清目标的细节。

BriteStar转塔体形稍大,直径为40.6cm,质量为54.43kg,目前主要装备美国海军"火力侦察兵"无人直升机。该转塔内除安装SafireⅢ型转塔配备的可见光/红外传感器、激光测距及照射系统外,还配备了为激光制导武器提供引导的激光目标指示系统。转塔内置有瞄准模块,可以使成像仪和光电相机自动瞄准激光指示器的照射点,保证两类传感器动作协调一致,便于控制人员在不同频谱图像间快速切换。

Safire系列的最新成员是StarSafireHD。它是第一种全数字高清稳像式机载传感器转塔,使用焦距1500mm的镜头,所有传感器生成的图像都是全数字式的,避免了模/数转换对分辨率造成的损失,高带宽的数字视频传输确保所有的场景细节能完整地从传感器传回平台,转塔内置7套成像传感器或激光传感器,只通过一根光纤就可实现控制。美国陆军已将SafireHD和StarSafireⅢ转塔系统用于"快速浮空器初始部署"(RAID)计划。该计划为小型系留式气球配备高性能传感器,在约100m高度实施监视、预警,为美军提供警戒保护。

MX系列转塔由美国WESCAM公司生产。它最初用于各种有人驾驶飞机,如用于美国海军P-3C海上巡逻机和海岸警卫队C-130侦察机的MX-20转塔;用于海岸警卫队HU-25"猎鹰"飞机、形体较小的MX-15转塔。经过进一步改进后,MX-15转塔配备了通用原子航空系统公司生产的"蚊式"改进型无人机。传感器系统包括彩色变焦相机、配备超长焦距镜头的彩色或单色侦察相机、红外变焦相机、激光测距仪、激光照射装置。其中红外摄像机有宽、中、窄、超窄4种视场,彩色变焦相机有宽、中、窄3种视场。而利用超长焦的侦察相机,可以观测目标的细节。

WESCAM还在MX-15基础上研制了MX-15D,将用于引导激光制导武器的激光目标指示系统整合进转塔。MX-15D型是直径15in(约38.1cm)级转塔中光电/红外识别距离最远的。还有形体更紧凑的MX-12型转塔,直径为30.5cm,质量为24kg,可根据需要在三级红外变焦相机、彩色变焦相机、高倍率侦察相机、激光测距仪、激光照射装置中任选4种。为了拍摄清晰的图像、对目标精确定位,就要避免传感器的抖动、消除无人机飞行对传感器成像的影响,否则再长焦距的镜头、再高分辨率的成像元件也只能得到模糊的影像。为此,MX系列所有型号转塔的万向节中都置有由固态光纤陀螺和加速度计组成的惯导系统(IMU),用以精确测定平台的姿态、形成控制信号,使转塔传感器始终稳定指向目标。

"多谱目标获取系统"(MTS)转塔由美国雷神公司研制,主要用于美国空军的"捕食者"及飞行性能更强的"捕食者B"无人机。MTS-A转塔用于配备"捕食者",直径为43.2cm,整合有光电/红外传感器和激光指示系统。用于配备"捕食者B"的MTS-B转塔比A型更重、传感器探测距离更远,直径为53.9cm、重量为103.5kg。共设置有7种视场,有2个超窄视场(0.08°×0.11°)、1个窄视场、3个中视场和1个宽视场(35°×45°)。在超窄视场(最高光学倍率)时,红外相机和光电相机分别有2倍、4倍的电子变焦比,以进一步放大图像。

MTS系列转塔与MX系列转塔一样,也安置有IMU单元。MTS系列转塔最突出的技术特点是把图像融合能力作为标准配置,雷神公司对此进行了10多年的研究。系统地把拍摄的30万像素(640×480)红外图像和可见光图像进行信噪比分析,然后选择两幅图像中最清晰的像素叠加生成一幅图像,处理过程完全自动化。雷神公司还将进一步改进MTS转塔,包括提高光电/红外系统的分辨率和清晰度、研制可包含更多细节的短波相机、采用体积更小的二极管泵浦激光器、开发压缩视频格式等,以提高转塔系统的性能,使信息传输更快、占用带宽更小。

**3. 光电稳定平台发展趋势**

1)高性能传感器与集成技术

光电传感器有前视红外、电视摄像机、激光测距机、激光照射器等,其中,电视摄像机有较高的分辨率和彩色图像,但仅适用于昼间;前视红外适于夜间侦察;激光测距机用于测量目标距离,激光照射器则用于为精确制导武器指示目标。

随着光电子技术和微电子技术的发展,光电传感器也在不断更新换代,并出现了一些新型机载光电传感器。采用大面阵/微光CCD的摄像机极大地改善了分辨率,提高了接收灵敏度;高清晰度电视视频技术,从隔行扫描发展到逐行扫描和图像处理,可消除图像斜纹,提高成像的速度和图像的清晰度,已成为美国国防部战术需求和无人机用视频的工业标准;数码相机的应用可以兼顾摄像机和照相机的不同需求。

传感器在不断提升性能的同时,也在向集成化方向发展,以适应不同的作战需求。一种是同一平台集成多种传感器,实现功能和性能匹配互补,如美军无人机装备的光电平台通常集成有4~7种传感器,以满足侦察打击一体化的需求。另一种是同一传感器集成多种功能,如量子阱红外探测器具有100万~400万像素的高集成度,能同时探测2~3个光谱波段;激光测距/目标指示器则是向融合方向发展,以便既能测量目标距离,也能同时为武器系统指示所要攻击的目标。

2)高精度稳定瞄准和跟踪技术

高精度稳定瞄准和跟踪目标是无人机光电平台的核心性能之一,它的精度决定传感器能否对目标进行精确探测和准确判断,影响无人机的作战效能。

(1)高精度复合稳瞄技术。当具备高清晰度动态视频源数据后,要获取有用的信息,图像的稳定性就显得尤为重要。稳定平台常用的形式有反射镜稳定和平台整体稳定。二级复合稳定在平台整体稳定实现粗稳的基础上,有机结合反射镜精稳技术。这一技术对平台控制技术提出了更高要求,同时也需要多光谱共光路技术的支撑。"捕食者"无人机装备的MTS-A型和MTS-B型光电平台已实现该技术的实战应用。

(2)多光谱共光路技术。可见光电视、红外热像仪、微光电视、CCD相机、激光测距/照射器、光斑跟踪器、激光照明器等是机载光电系统常用的传感器。可见光、红外、激光工作于不同的波段,需要相应的光学系统和窗口,这就造成光学系统体积、质量较大,光轴校准比较困难,稳瞄精度难以提高。多传感器采用共光路结构,进行集成化设计可以有效减轻系统质量,缩小体积,增大光学系统口径,提高分辨率、灵敏度和稳瞄精度。雷神公司在 MTS-A 型和 MTS-B 型光电平台上通过采用反射式光学系统使这一技术得到了应用。

(3) 空中自校轴技术。光电平台的多传感器集成使各传感器保持光轴平行成了一个非常关键的问题,对目标定位精度影响极大。传统做法是在地面进行周期校准,但由于地面、空中环境差别,如温度变化、外界振动、应力释放等因素,会造成已校准的光轴在空中重新发生偏离,因此有必要采取空中实时校轴的办法校准光轴平行差。这样做就免除了载体振动、冲击和温度与气压变化对光轴的影响,并可在需要时随时校准光轴,提高定位精度,较好地满足作战需求。

3) 新型成像技术

可见光、红外是传统的成像手段,新型成像技术的应用可以突破环境条件的限制和传感器本身的局限性,提供更加丰富、详细的目标信息,为指挥员的准确判断提供依据。

(1) 多光谱/超光谱成像技术。多光谱(数十谱段)和超光谱(数百谱段)成像是利用传感器对目标进行多个光谱成像的技术,可实现对目标信息的高识别率和超精细观察。超光谱成像技术具有较强的反伪装、反隐蔽和反欺骗能力,便于对战区目标信息的全面掌握。另外,通过气溶胶云层的被动超光谱成像可对非传统攻击进行预警,也可对生化战微粒进行探测和识别。目前,第一代机载超光谱传感器已成功应用于美国"捕食者"和"先驱"无人机,而商业卫星的多谱段数据信息产品已成为商业应用中的支柱,分辨率达到几米。

(2) 光探测与距离成像技术。光探测与距离成像技术,即主动照明和距离选通成像探测技术,是利用激光束高空间分辨率成像的特征,对低观测性目标进行探测和识别的一种手段。在中等云层、尘土飞扬和烟雾环境下,通过使用精确的短脉冲激光,捕获反射回来的光子实现成像;还可实现夜间低能见度的高分辨率成像,使图像更加清晰,作用距离更远,达到远距离字符识别能力。

4) 侦察信息综合处理技术

随着传感器技术的发展,通过光电平台侦察的信息将越来越丰富,这些海量的侦察信息需要进行综合处理才能为指挥员提供有效的决策支持。侦察信息处理技术以满足作战需求为直接目的,目前,主要呈现出以下几个发展趋势。

(1) 目标信息集成技术。现代武器系统信息化作战要求侦察系统能够提供更多的目标侦察信息,有必要在获取目标侦察视频的同时进一步发展目标地理定位、被动测距、运动状态估计、图像增强、拼接侦察、地理注册等技术,以提高目标搜索和捕获效率,达到先敌发现、先敌精确打击的目的。

(2) 图像智能处理技术。图像/信号处理技术和网络技术的发展使图像智能处理成为可能,这将极大地减轻人员负担,甚至让人远离战场。如通过主动目标提示器,传感器可以自动搜索符合目标库的特征目标,提示操作人员重点观察上次观察后的变化目标或者与环境有明显差异的目标。目前,雷神公司在 MTS-A 平台上采用了图像自动最优化技术,能够使图像显示信息最大化,增强情景认知和远程监控能力。

(3) 图像融合技术。不同类型的传感器对目标侦察的侧重点不同,各有优缺点,有必要对来源不同的图像进行融合,以最大程度利用所得图像信息。

### 9.1.5 电视图像系统跟踪与定位

**1. 无人机电视图像目标定位方法与过程**

目前,利用无人机电视侦察图像进行目标定位的方法主要有三种。

(1)基于图像匹配模式的非实时定位

这种方法主要是利用可获取的多源图像资源,在建立预先基准图像的条件下,将经过数字化处理和几何纠正的无人电视图像与预先基准图像进行高精度匹配,进而实现对所关心目标的精确定位。该方法具有目标定位精度高、可多点同时定位等突出优点,但非实时的工作方式制约了其应用的范围。

(2)基于无人机遥测数据的实时定位

这种方法直接将无人机对目标定位瞬间的位置信息、姿态信息,以及侦察转台的转角信息、测距信息等输入定位解算模型,从而可快速解算出目标坐标。该方法因具有实时性好的突出优点,故被所有现役无人机系统采用。然而,在利用电视(可见光/红外)侦察设备对地面目标进行跟踪和定位时,无人机的位置和姿态误差、侦察转台的转角和测距误差等,都不可避免地影响目标定位精度,因此,目标定位精度较第一种方法低。

(3)基于空间交会的目标定位

这种方法本质上是第二种方法的拓展。在无人机执行电视侦察过程中,发现感兴趣的目标后,进入跟踪状态,同时激光测距设备连续发射激光用以测量电视摄像机到目标的距离,采集跟踪后的飞行遥测数据和图像数据。这些遥测数据包括飞机三个姿态角、摄像机转台两个角度、摄像机焦距、飞机位置和激光距离;然后将遥测数据综合起来构建空间多个位置对地面同一个目标的交会模式,利用交会模型进行平差计算实现目标定位;多点空间交会解算过程中,对误差具有较好的剔除和抑制作用,从而能够达到较高的定位精度。

无人机电视图像目标定位过程由装在光电稳定平台上的电视摄像机侦察摄取的地物图像,显示在地面控制平台的显示终端,当感兴趣的目标出现在屏幕上时,用跟踪器产生的标志符套住目标,跟踪器即输出目标在屏幕上的坐标至定位解算终端;解算终端根据目标的位置及遥测送来的有关参数,计算出控制光电稳定平台转动的信号,此信号经过遥控系统发至机上,由机上飞控终端处理后送至光电稳定平台,光电稳定平台在此信号的作用下转动,使目标向屏幕中心移动,目标移动后控制信号也随之改变;当目标移至屏幕中心附近时,调整摄像机焦距(长焦),放大地面景物的图像,以便定位时能更准确地确定目标的中心位置,计算出目标的地理坐标。将摄像机焦距调整为短焦,可以增大电视摄像机的收容面积,当要重点侦察的目标出现在屏幕上时,迅速调整摄像机的焦距,放大目标区图像,然后用鼠标点击目标,即可给出目标的屏幕坐标,并将其传送给地面目标定位解算终端,从而给出目标的实际大地坐标。

为了有利于目标定位任务的完成,目标与飞机的位置、焦距、高度、飞机的姿态角等也实时传送至地面,并根据需要在屏幕上显示出来。

**2. 成像跟踪定义与组成**

所谓成像跟踪就是利用景物的图像特征来实现对目标的跟踪。跟踪装置通常由探测系统和伺服机构联合组成。探测系统提供测量信息,伺服机构完成对目标的跟踪。跟踪系统的总体性能主要指跟踪速度、跟踪的空间范围、跟踪频率范围等。这些总体跟踪性能很大程度上依赖于探测系统的灵敏度和精度这两个主要性能。

成像跟踪方式具有以下优点:

(1) 在自然干扰或人工干扰的情况下,成像跟踪可以根据其丰富的信息量抑制干扰的影响以提高探测跟踪精度;

(2) 能提供比点跟踪更丰富的信息量;

(3) 具有图像识别功能,可以用来从复杂背景中辨认出目标及其类型;

(4) 具有较高的跟踪精度。

对于成像系统来说,通常采用扫描方式对物空间进行分割按序采样,然后复合成像;近代的点探测系统也多采用扫描方式以提高探测系统的工作性能。

在采用扫描方式工作的探测系统对目标进行探测时,在目标距离较远的情况下,所探测到的只是目标的像点;当目标距离变小后,便逐渐呈现出目标像来。采用扫描方式工作的探测系统是一种广泛成像探测系统。

成像跟踪系统由摄像头、图像监视器、图像信号处理电路、伺服机构等部分组成。通常在成像跟踪系统中还含有图像识别部分,成像跟踪系统的结构如图 9-12 所示。各部分功能具体如下。

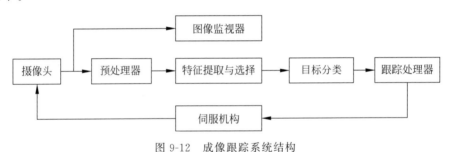

图 9-12　成像跟踪系统结构

(1) 摄像头

摄像头是对景物摄像的装置。根据辐射源的不同,分为毫米波摄像头、红外摄像头、可见光摄像头、激光摄像头等类型。摄像头的功能是向跟踪系统提供有关目标状态的信息,与观察系统要求不尽相同,成像跟踪系统对景物的纹理信息要求不高。

(2) 图像监视器

图像监视器用来显示景物图像以供观察,它采用模拟信号处理方式成像。提供跟踪和识别的信号均采用数字信号处理方式,因此需要通过 A/D 转换器将由摄像头摄取的时序模拟信号转换成数字信号后再加工处理,A/D 转换器的容量和速度由摄像机的每帧总像素数、总灰度数及帧速决定。

(3) 预处理器

预处理器的功能是对图像信号进行预处理来改善图像质量和减少运算量。图像预处理内容如下。

① 去噪处理:可以采用空间域的邻域平均、中值滤波、匹配滤波、卡尔曼滤波、梯度加权平均及频率域的低通滤波等。

② 图像校正：图像的几何校正、图像信号量化的归一化等。

③ 数据压缩：分层搜索、灰度压缩、图像投影、幅度排序、霍夫曼编码、变换编码等，邻域平均和滤波也是数据压缩的一种手段。

④ 图像增强及补偿：有图像整体增强、高频补偿、直方图均衡化、对数变换等。

对具体系统来说，采取哪些预处理步骤要视摄取的图像信号质量及系统工作要求而定。

（4）特征提取与特征选择

特征提取：从景物的原始灰度图像中提取图像的描绘特征是图像处理的重要步骤，描绘特征的提取称为特征提取。从特征描绘的方法考虑，分为线特征描绘和区域特征描绘两类。从这些描绘特征中可以得到目标的形状特征和目标的矩特征，形状特征主要有面积、周长、长宽比、圆度、密度等；矩特征有形心、高阶矩和不变矩。

上述特征可以在图像处理过程中同时得到，然后根据图像识别及跟踪的需要，按照特征选择的原则在上述特征中选择一些有用的特征进行进一步的运算，来达到压缩维数、简化运算的目的。

（5）目标分类

经过特征选择的目标特征，按照一定的分类准则对目标进行分类以识别目标。这些准则有最小距离法、最小平均损失法、树分类法等。

对于成像跟踪系统来说，通常是根据形状来判定目标，而不必了解有关景物图像中更多的细节。

（6）跟踪处理器

这是有关成像跟踪的关键部分。有关跟踪模式、跟踪状态估计及滤波预测等的运算都是跟踪处理器所包含的内容。跟踪处理器输出的信号量为跟踪系统相对于目标状态的误差信号量。

（7）伺服机构

由跟踪处理器送来的目标误差信号，先经伺服机构的控制处理器，以得出所要求的控制信号去控制、调节整个跟踪系统的工作状态，并驱动跟踪机构跟踪目标。

### 3．实时相关跟踪

实时相关跟踪是目前热成像系统和电视成像系统中对运动目标进行跟踪应用最为广泛的跟踪方法。它可以根据实时测量的目标位置，实施对运动目标的快速跟踪。

组成和原理：景物信号由摄像机转换为视频信号，A/D 转换器对视频信号进行量化处理，所得的数字图像存放在图像存储器中，D/A 转换器将图像存储器中存储的图像转换为对应模拟视频信号，供监视器显示。进行相关检测之前，跟踪系统中必须存在一幅被跟踪目标的基准图像。基准图像一般是系统在进行跟踪之前由人工干预实时获取的。为了适应跟踪系统与目标距离变化和时间推延引起的目标亮度、几何尺寸、相对位置关系等特征的变化，系统中必须设有基准图像更新项。预处理器的功能是对从图像存储器中获取的实时图像进行预处理，使之更加逼真，更适应相关检测器进行检测处理，如图 9-13 所示。

系统的跟踪过程：系统进入跟踪状态后，从图像存储器中获取实时图像；预处理器对实时图像进行预处理；相关检测器对基准图像和预处理后的实时图像进行相关处理，找出目标在实时图中的位置，并将此位置信息送至伺服机构；由伺服机构保证摄像机轴向目标

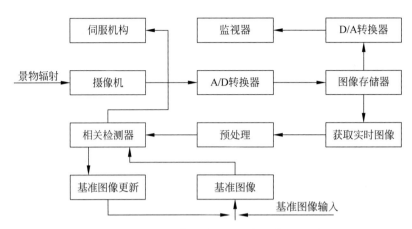

图 9-13　实时图像相关跟踪系统组成原理图

方向转动,即让目标处于监视器屏幕中心;同时,根据相关处理结果和基准图像更新准则决定下一次相关检测的基准图像;重复以上过程,就实现了对目标的实时跟踪。

### 4. 成像跟踪模式与图像匹配

成像跟踪技术有两个重要的研究方面:序列图像的运动分析和成像系统的结构设计。序列图像的运动分析是成像跟踪的基础,成像跟踪系统的结构设计涉及成像探测及跟踪两个方面。成像系统研究的基本点是跟踪精度、智能化及图像识别功能三个方面。

跟踪系统在工作时需要从目标的图像中提取目标的位置信息,进而形成跟踪误差信号去驱动伺服机构对目标进行跟踪。

目标图像的尺寸、形状、灰度及其分布,以及图像系统的分辨率等各因素随成像探测系统的结构、成像跟踪系统对目标所处的工作状态、环境条件等不同而有较大的差异,且具有时变性质。跟踪系统对目标所采取的跟踪模式应随上述图像参数做相应变化以得到最佳跟踪性能。

图像匹配:在两幅(或多幅)图像之间识别同名点,它是计算机视觉的核心问题。图像匹配可用于对单个活动目标的定位,也可以用于对较大景物区域的探测、分类和定位。从跟踪角度看,正确截获概率和定位精度是图像匹配的主要性能指标;从系统结构方面考虑,图像匹配系统的实时运算是关键,它取决于专用图像处理硬件的性能。

1) 正确截获概率和定位精度

在图像中存在噪声等其他误差的情况下,所求得的相关函数可能会出现若干个随机起伏的峰值或谷值。这些随机的峰或谷可能会影响图像的正确匹配。正确匹配的概率越大,则表明搜索截获过程的可靠性越高,正确截获率越大。

在噪声和其他误差作用下所求得的匹配点和真正匹配点之间也会存在误差,经常用匹配误差的方差来描述匹配定位系统的定位精度。

2) 各种误差对匹配性能的影响

实时摄取的景物图像与参考图像相比,往往由于图像摄取时几何条件及辐射条件的差异等方面的原因而存在各种误差。

(1) 几何失真。属于此类的误差有图像旋转、图像比例变化、透视方向变化等。这些误差均使两图像不匹配的重叠区域增大,从而使匹配概率减小,定位精度下降。

(2) 选择较小的实时图尺寸(或相关窗口)对减小此类误差的影响是必要的。

(3) 灰度畸变。引起灰度畸变的原因大致有摄取实时图时辐照条件及景物自身反射率或辐射率的变化、实时图和参考图的摄像机类型及灵敏度的差异、环境条件的变化。

实时图像相对参考图像的整幅灰度畸变对 Prod 算法没有影响,但是对 MAD 算法有较大的影响,降低了正确截获概率。

3) 匹配算法

匹配算法很多,需同时顾及匹配的速度和匹配定位精度,通常使用普通相关算法、特征匹配算法、混合算法,这里仅仅对其作简要介绍,具体请参考相关资料。

(1) 普通相关算法。这种算法是以整幅图像的总体特征为基础,而且预处理也是整体完成的。通过实时图和参考图之间相关函数的计算,由最佳匹配得到实时图像相对于参考图像的偏移量。

优点:在较小的图像信噪比情况下进行运算,具有抑制固有噪声的作用,在仅有局部误差的场合,这种算法效果较好。

缺点:当相关窗口内图像有大面积的、细节很少的均匀区域时,相关函数值可能较平缓,而难以探测到峰值。实时图与参考图之间的比例大小、几何畸变、图像旋转和辐射亮度的差异也会在配准时发生困难。

(2) 特征匹配法。该方法是先对参考图和实时图进行特征提取,在特征匹配算法中,这类特征通常为图形边缘、边界线段及其顶点,也有求取其符号及结构描述特征的;然后对两幅图像的特征进行匹配运算;匹配运算中的测度往往取各相应特征量之间的欧几里得距离,作为失配误差测度,然后建立特征量距离测度矩阵,将实时图相对参考图作移动以求取最佳匹配的测度矩阵值,最后按最佳匹配进行定位。

优点:当图像中仅有区域误差时,对特征的提取不会产生显著影响,因此采用特征匹配算法比较适合,将整幅图像分割成若干同质区然后进行特征匹配的算法可以使相关特征明显地变陡,因而可以提高定位精度。

缺点:由于图像分割和特征提取需要有一定的信噪比,因而特征匹配算法只有在较大信噪比的情况下才能使用。

(3) 混合算法。一种混合算法是只将参考图分割成若干同质区,然后按参考图的各同质区对每个图像偏移位置处的实时图进行分割,求取各同质区内的两图像的区域相关值,最后将各区域相关值相加得到总的相关值;另一种混合算法是针对所观察的景物的辐射量情况、摄像机特性及误差性质综合运用相关算法及特征匹配算法。

# 9.2 无人机红外成像原理

红外侦察技术的起源可以追溯到 1800 年,当时英国天文学家威廉·赫歇尔(W. Herschel)在寻找观察太阳时如何保护眼睛的方法的过程中发现了红外辐射,他将水银温度计放在被棱镜色散的太阳光谱的不同位置,观察太阳光谱各部分的热效应,发现产生热效应最大的位置是在可见光谱的红端以外,并把这种光称为"看不见的光线",后称为"红外线"。之后,法国物理学家白克兰把它称为"红外辐射"。

20 世纪 30 年代,主动式红外夜视仪开始出现,第二次世界大战中德国首先将其应用于战争;此后的 30 年中,主动式红外侦察仪一直是夜间军事侦察的主战装备。直至 20 世纪 70 年代,由于被动式红外侦察技术的迅速发展,主动式红外侦察技术的统治地位才被打破。

红外侦察技术就是利用目标反射或辐射红外特性的差异来探测目标、获取信息的技术。它是根据物体辐射红外线的强度和波长差异,利用侦察装置将这种肉眼看不见的红外线辐射差异转变为肉眼所能看见的图像或数据,从而提取有用信息的过程。红外成像侦察装置从技术角度可分为两类:直接红外成像装置和间接红外成像装置。

直接红外成像是把目标反射的红外线通过红外变像管和红外胶卷直接变为可见光图像,这种成像技术一般只对 $1\sim3\mu m$ 以下的近红外辐射产生响应。

间接红外成像则突破了这一限制,它利用光学扫描和对中、远红外辐射敏感的固体半导体材料,以及景物本身各部分辐射的差异,将目标和背景辐射的红外能量转变成电信号,把电信号处理放大后,再通过显示装置转变为可见光图像,它可以对波长为 $3\sim5\mu m$ 的中红外辐射和 $8\sim14\mu m$ 的远红外辐射信息产生响应。由于这些波长的红外辐射又被称为热辐射,所以间接红外成像又可称为热成像,即物体精细温度分布图的再现。这种成像技术既克服了主动红外夜视仪需要人工红外辐射源及由此带来容易自我暴露的缺点,又克服了被动微光夜视仪完全依赖于环境自然光的缺点。红外成像系统具有一定的穿透烟、雾、霾、雪等限制及识别伪装的能力,不受战场上强光、闪光干扰而致盲,可以实现远距离、全天候观察。

## 9.2.1　红外物理基础

物体因温度而辐射能量的现象叫热辐射。热辐射是自然界中普遍存在的现象,一切物体,只要其温度高于热力学温度零度($-273.15℃$)都将产生辐射。

通常,把以电磁波形式传播的能量称为辐射能。辐射能既可以表示在确定的时间内由辐射源发出的全部电磁能,也可以表示被阻挡物体表面所接收的能量。但由于所使用的探测器大多数不是积累型的,它们响应的不是传递的总能量,而是辐射能的传递速率,即辐射功率。因此,辐射功率及派生的几个辐射度学中的物理量属于基本辐射量。

## 9.2.2　红外成像技术

20 世纪 80 年代以来,红外成像器件及其系统技术得到快速发展,其涉及的装备主要包括红外观察仪、红外瞄准镜、潜望式红外热像仪、火控热像仪、红外跟踪系统、前视红外系统及红外摄像机等,主要应用在夜间侦察与监视,瞄准和射击,制导和防空,有人飞机和无人飞机的导航、搜索、跟踪、识别、捕获、观察和火控等领域。目前,美国、英国、法国、德国和俄罗斯等国在该技术领域的开发和应用处于世界领先地位。

红外热成像技术可分为制冷和非制冷两种类型。前者有第一代、第二代和第三代之分,后者可分为热释电摄像管和热电探测器阵列两种。

### 1. 第一代红外成像技术

第一代红外探测技术主要由红外探测器、光机扫描器、信号处理电路和视频显示器组成。红外探测器是系统的核心器件,决定了系统的主要性能。红外探测器有锑化铟(InSb)和碲镉汞(HgCdTe 或 CMT)等器件。当前广泛发展的是高性能多元 HgCdTe 探测器,器件元数已高达 60 元、120 元和 180 元。20 世纪 80 年代初,一种称为 SPRITE 探测器(或称扫积型探测器)的器件在英国问世,它由几条纵横比大于 10∶1 的窄条的光导型 HgCdTe 元件组成,在正偏压下工作。SPRITE 探测器除了具有信号检测功能外,还能在器件内部实现信号的延迟和积分,减少器件引线数和热负载。与多元探测器相比,杜瓦瓶结构简单,工艺难度下降,大大提高了可靠性。一个 8 条 SPRITE 探测器相当于 120 元 HgCdTe 探测器的性能,但只需 8 个信号通道。为便于组织大批量生产,降低热像仪成本,省去重复设计和研制的费用,便于维修、保养和有效地装备部队,美国、英国、法国等国都实行了热成像的通用组件化。美国热成像通用组件采用多元 HgCdTe 探测器和扫体制;英国则采用 SPRITE 探测器和串、并扫体制。这两种热成像系统温度分辨率都可小于 0.1℃,图像清晰度可与像增强技术的图像相媲美。

### 2. 第二代红外成像技术

第二代红外成像技术采用了红外焦平面探测器阵列(IRFPA),从而省去了光机扫描机构。这种焦平面阵列借助集成电路的方法,将探测器装在同一块芯片上并具有信号处理的功能,利用极少量引线把每个芯片上成千上万个探测器信号读出到信号处理器中。由于去掉了光机扫描,这种用大规模焦平面成像的传感器又被称为凝视传感器。它的体积小、质量轻、可靠性高。在俯仰方向可有数百元以上的探测器阵列,可得到更大张角的视场,还可采用特殊的扫描机构,利用比通用热像仪慢得多的扫描速度完成 360°全方位扫描以保持高灵敏度。这类器件主要包括 InSbIRFPA、HgCdTeIRFPA、SBDFPA、非制冷 IRFPA 和多量子阱 IRFPA 等。

### 3. 第三代红外成像技术

第三代红外成像技术采用的红外焦平面探测器单元数已达到 320×240 或更高,其性能提高了近 3 个数量级。目前,3～5fxm 焦平面探测器的单元灵敏度又比 8～14pm 探测器高 2～3 倍。因而,基于 320×240 元的中波与长波热像仪的总体性能指标相差不大,所以 3～5 焦平面探测器在第三代焦平面成像技术中格外重要。从长远看,高量子效率、高灵敏度、覆盖中波相长波的 HgCdTe 焦平面探测器仍是焦平面器件发展的首选。

### 4. 非制冷型红外成像技术

由于制冷型红外探测器材料昂贵,探测器的成品率很低,导致制冷型红外成像系统价格昂贵;同时,制冷型红外成像系统需要一套制冷设备,增加了系统成本,降低了系统的可靠性;此外,制冷型红外成像系统功耗大、体积大、笨重,难以实现小型化,这些都限制了制冷型红外成像系统的广泛应用。

非制冷红外焦平面探测器阵列具有室温工作、无须制冷、光谱响应与波长无关、制备工艺相对简单、成本低、体积小巧、易于使用、维护和可靠性好等优点,因此形成了一个新的富有生命力的发展方向,其目的是以更低的成本、更小的尺寸和更轻的质量来获得极好的红外成像性能。近年来,已研制成功三种不同类型的非制冷红外焦平面探测器阵列,这三种不同类型的非制冷红外焦平面探测器阵列工作的物理机理分别如下。

(1) 热电堆:根据塞贝克(Seebeck)效应检测热端和冷端之间的温度梯度,信号形式是电压。

(2) 测辐射热计：探测温度变化引起载流子浓度和迁移率的变化，信号形式是电阻。

(3) 热释电：探测温度变化引起介电常数和自发极化强度的变化，信号形式是电荷。

在这三种不同类型的非制冷红外焦平面探测器阵列器件中，测辐射热计阵列的发展最为迅速，并且取得了令人瞩目的成就。它采用类似于硅工艺的硅微机械加工技术进行制作，为了实现有效的热绝缘，一般采用桥式结构。探测器与硅读出电路之间通过两条支撑腿实现电互连。测辐射热计的灵敏度主要取决于它与周围介质的热绝缘，即热阻越大，可获得的灵敏度就越高。目前测辐射热计阵列的温度分辨率可达 0.1K。2000 年，法国 Sofradir 公司生产出了第一只非制冷焦平面红外探测器，探测器阵列规模为 $320 \times 240$ 元，像元中心距为 45pm，填充因子大于 80%，噪声等效温差（NETD）达到 0.1K（典型值），器件的性能指标达到了当今世界先进水平。

### 9.2.3　红外探测器

红外探测器是红外系统、热成像系统的核心组成部分，红外探测器的研究始终是红外物理和红外技术发展的核心。目前，利用固体受辐射照射而发生电学性质改变的光电效应制成的光子探测器的敏感范围已延伸到 $30 \mu m$ 波段以上，短、中、长波红外单元探测器的性能不少已达到或接近背景限的理论水平。第二代像敏元在数千像元乃至数万像元以下的线阵和面阵探测器的性能也已达到或接近背景极限，器件的均匀性和成品率也显著提高。特别是在采用 CCD 读出电路成功地解决了焦平面光子探测器阵列输出信号的积分、延迟和多路传输等问题后，第三代（10 万像元以上）焦平面阵列探测器已开始进入实用化阶段，信噪比和信息率得到大幅提高，从结构上带来了红外成像系统的根本变化。

#### 1. 红外探测器的分类

红外探测器的种类很多，分类方法也很多。如根据波长可分为近红外（短波）、中红外（中波）和远红外（长波）探测器；根据工作温度，又可以分为低温、中温和室温探测器；根据用途和结构，还可以分为单元、多元和凝视型阵列探测器等。红外探测器在光电成像系统中主要用来完成红外入射辐射到电信号的转换，所以它可以是成像型的，也可以是非成像型的。因此，从理论上一般按工作转换机理来进行分类。就其工作机理而言，一般可分为热探测器和光子探测器（或称光电探测器）两大类。

1）热探测器

热探测器吸收红外辐射后产生温升，伴随着温升而发生某些物理性质的变化。如产生温差电动势、电阻率变化、自发极化强度变化、气体体积和压强变化等。测量这些变化就可以测量出它们吸收的红外辐射的能量和功率。上述四种是常见的物理变化，利用其中的一种物理变化就可以制成一种类型的红外探测器。如利用温差电效应制成的热电偶；利用电阻率变化的热敏电阻或电阻测辐射热计；利用气体压强变化的气体探测器（高莱盒）等。这里主要介绍可用于热成像的热释电探测器和微测辐射热计等。

(1) 热释电探测器

热释电探测器的工作原理同热释电摄像管靶的工作原理一样，只是在面积大小和信号读出方式等方面有较大的差别。热释电探测器与 CCD 器件混合提供了不需制冷的工作前景。由于热释电的差动特性,在用于凝视阵列成像时需要进行入射辐射的调制,当然也可以用于扫描阵列。

热释电 CCD 混合的红外电荷耦合器件的结构是在 MOS 场效应晶体管的沟道和金属栅之间制作热释电薄膜,即与栅极串联组成红外电荷耦合器件,由热释电探测器产生的电压来调节 MOS 结构的势阱深度。这样,信号电荷由于势阱深度变化而进行传递。当电压是一个常数且足够大时,势阱深度可达几个 kT,电荷使势阱基本上充满,漏极在 N 势垒的上面并进入 CCD 沟道,调节电压到景物的调制不再被暗电流削弱为止。

影响探测率的两个因素:①热释电探测器的响应度。这意味着在直接耦合的情况下,将以 CCD 的噪声为主,因此,在探测器与 CCD 之间需要放大。②热释电探测器在硅片界面上要产生散热损失。TGS 层厚度为 20pm,在 20Hz 的调制频率下,信号大约下降到原来的 1/30。

典型的采用厚度为 $6.0 \times 10^{-8}$ 的氧化层、面积为 $1 \sim 5cm^2$ 的 TGS 制成的红外电荷耦合器件,以 20 帧/s 工作在 $8 \sim 12pm$ 窗口。这里应指出,为使实际器件达到预期的性能,需要更高的热绝缘,以避免衬底热负载及各像元间的串音干扰。

(2)微测辐射热计

微测辐射热计(microbolometer)是一种利用探测器材料吸收入射辐射使其自身温度变化,进而使探测器的其他物理性质(如电阻、电容等)发生变化的原理制成的热探测器阵列。常用的微测辐射热计有:①热敏电阻微测辐射热计,其以烧结的半导体薄膜作为光敏元件;②金属薄膜微测辐射热计,采用电阻温度系数大的金属为材料制作成薄膜,表面涂黑作为光敏元件;③介质微测辐射热计,是利用介质材料的参数随温度变化而变化的原理制成的器件。

微测辐射热计提供了不需制冷的工作前景。微测辐射热计是在 IC-CMOS 硅片上采用淀积技术,用 $Si_3N$ 支撑有高电阻温度系数和高电阻率的热敏电阻材料 VCh 或多晶硅做成微桥结构的器件(单片式 FPA),其接收热辐射引起温度变化而改变阻值,直流耦合无须斩波器,仅需一个半导体制冷器保持其稳定的工作温度。与热释电 UFPA 比较,微测辐射热计可以采用硅集成工艺,制造成本低廉、有好的线性响应和高的动态范围、像元间有好的绝缘和低的串音及图像模糊,具有低的噪声及高的帧速和潜在高灵敏度。但其偏置功率受耗散功率限制并具有大的噪声带宽,难以与热释电相比。

(3)微测辐射热电堆

微测辐射热电堆是将若干个测辐射热电偶串接起来构成的热探测器件,原理上采用的是温差电效应,即当两种不同材料的金属或半导体构成闭合回路形成热电偶时,如果两个联结结点中的一个受到入射辐射照射温度升高,而另一结点未受到入射辐射照射而温度保持不变,则由于两个结点处于不同的温度而使闭合电路中产生温差电动势,测量该温差电动势便可以得到待测的辐射能量或功率的大小。热电偶的串接累加每个结点上产生的温差电动势提高了响应率,此外,串接还使测辐射热电偶的电阻增大而易于与放大器配合,同时也降低了它的响应时间。

微测辐射热电堆通常采用薄膜技术做成薄膜状,其优点是响应率高、性能稳定、结构牢固、可以在较宽的波长范围内有均匀的响应,使用时无须制冷。微测辐射热电堆广泛应用于光谱仪校准等,近年来已成功地应用于热成像技术领域。

2）光子探测器（光电探测器）

某些固体受到红外辐射照射后，其中的电子直接吸收红外辐射而产生运动状态的改变，从而导致该固体的某种电学参量的改变，这种电学性质的改变统称为固体的光电效应（内光电效应）。根据光电效应的大小，可以测量被吸收的光子数。利用光电效应制成的红外探测器也称为光子探测器或光电探测器。这类探测器依赖内部电子直接吸收红外辐射，不需要经过加热物体的中间过程，因此反应快。此外，这类探测器的结构都比较牢靠，能在比较恶劣的条件下工作，因而光电探测器是当今发展最快、应用最为普遍的红外探测器。常用的光电探测器有如下几类。

（1）光电子发射探测器

当光照射到某些金属、氧化物或半导体表面上时，如果光子能量足够大，就能够使其表面发射电子，这种现象称为光电子发射（外光电效应）。利用光电子发射制成的可见光探测器和红外辐射探测器，统称为光电子发射探测器。如变像管、像增强器及摄像管中的一部分均属此类器件。此外，光电管、光电倍增管等也属此类器件。这类器件的时间常数很短，只有几个毫微秒。所以在激光通信中，常采用特制的光电倍增管。

大部分光电子发射探测器只对可见光起作用。能够用于近红外的光阴极只有银氧铯光阴极、多碱光阴极系列和负电子亲和势光阴极。所以，发展新的红外光阴极也是红外技术很迫切的任务之一。

（2）光电导探测器

当红外辐射入射到半导体器件时，会使体内一些电子和空穴从原来不导电的束缚状态转变到能导电的自由状态，从而使半导体的电导率增大，这种现象称为光电导效应。利用光电导效应制造的红外探测器称为光电导探测器（简称 PC 器件）。这类器件结构简单，种类最多，应用最广。

（3）光伏探测器

在半导体 P-N 结及其附近区域吸收能量足够大的光子后，在结区及结的附近释放出少数载流子（电子或空穴），它们在结区附近通过扩散进入结区，在结区内受内建场的作用，电子漂移到 N 区，空穴漂移到 P 区。如果 P-N 结开路，则两端就会产生电压，这种现象称为光生伏特效应。利用该效应制成的红外探测器称为光伏探测器（简称 PV 器件）。

光伏探测器响应速度一般较光电导探测器快，有利于进行高速探测，它既可用于直接探测，也可用于外差接收。光伏型器件结构有利于排成二维阵列，人们对它的兴趣在于将它和 CCD 器件耦合组成焦平面阵列的红外探测器。

（4）光磁电探测器

当红外光照射到半导体表面时，如果有外磁场存在，则在半导体表面附近产生的电子-空穴对在向半导体内部扩散的过程中，运动的电子和空穴在磁场作用下将各偏向一侧，因而在半导体两侧产生电位差，这种现象称为光磁电效应，利用该效应制成的红外探测器称为光磁电探测器（简称 PEM 器件）。早期曾出现过光磁电型 InSb 探测器商品，但随着半导体材料品质的提高，加上光磁电探测器需多带一块磁铁很不方便，这种器件已很少被人们使用。目前光磁电效应有时被用来与光电导结合测量载流子寿命，以避免麻烦的辐射量校测工作，也可以测到较低的载流子寿命。

除以上介绍的几类器件外，还有利用光子牵引效应的探测器件、红外转换器件和量子阱器件等。

### 2. 红外探测器的性能参数

红外探测器的性能可以用许多参数来描述,但最基本的是三个方面的参数:探测器对红外辐射的探测能力、波长响应范围和响应速度。其中探测能力又包含两个方面:单位辐射功率入射到探测器上所产生信号的大小和探测器识别微弱信号的能力。

1) 响应度

响应度是描述入射到探测器上的单位辐射功率所产生信号大小能力的性能参数。其定义为:红外辐射垂直入射到探测器光敏元上时,探测器输出信号电压的均方根值 $R$ 与入射辐射功率的均方根值之比。探测器的响应度与入射辐射的波长和调制频率有关。

2) 噪声等效功率

红外探测器的探测能力除取决于响应度外,还取决于探测器本身的噪声水平。响应度越高、噪声越低的探测器将能够探测到辐射功率更弱的信号。因此,任何探测器都有一个由其本身噪声水平确定的可探测辐射功率阈值。

3) 响应时间(或时间常数)

响应时间是指探测器将入射辐射转变为电输出的弛豫时间,是表示探测器工作速度的一个定量参数。由于红外探测器具有惰性,因而对红外辐射的响应不是瞬时的,而是因探测器材料而有快有慢。

有些红外探测器具有两个响应时间。这是因为对于一段辐射波长具有一个响应时间,而对另一段辐射波长则具有另一个响应时间。实际上,在工作频率范围内,响应度、探测率 $I_T$ 均与频率相关,除特殊需要应尽量避免使用具有两个响应时间的探测器。

除以上介绍的响应度、噪声等效功率、探测率和响应时间等参数外,在使用探测器时还应满足以下几个条件:

(1) 探测器响应度与辐射强度之间存在线性关系;

(2) 探测器接收面积上的响应度是均匀的;

(3) 探测器与光学系统匹配时,探测器的接收面积应与光学系统所成光学图像的大小相同;

(4) 探测器与前置放大器连用时,探测器内阻应与放大器的阻抗相匹配。

### 3. 红外焦平面阵列探测器

目前,大多数热成像系统还是采用单元或简单的多元探测器,利用垂直和水平两个方向的光学-机械扫描获得二维图像。用这种方法工作,不但要求系统有很大的带宽,而且由于光学-机械扫描系统的存在,使整个系统大而复杂,可靠性也不理想。尽管近年来使用的串扫、并扫和串并扫系统能够提高系统灵敏度及减小系统的带宽,但终究没能在结构上引起突破性的变化。因此,人们一直在追求能够具有相当多单元的二维的凝视探测器阵列。红外图像的空间采样是每一景物元对应于一个焦平面阵列元,整个系统无移动部分。二维焦平面凝视阵列由二维多路传输器进行扫描,此外还应当包括焦平面阵列的均匀校正及定标部分等。由于使用焦平面凝视阵列,可以使热成像系统克服光学-机械扫描系统的缺点,同时,因为凝视阵列几乎可以利用所有入射的红外光子,从而提高了系统的热灵敏性,理论上估算,最小温度分辨率可达几毫摄氏度。

电荷耦合器件应用到红外探测器后,成功地解决了焦平面上红外探测器阵列输出信号的延迟积分和多路传输问题,使得红外焦平面凝视阵列完全实用化,信息率和信噪比也大幅提高,使热成像系统的结构发生了根本的变革。由于这类器件可以采用集成电路式的制造工艺,原则上可以大批量生产,因此可能得到价格较低的红外焦平面阵列器件。尤其是对混成结构的焦平面阵列,探测元件和信息处理元件可分别测试,都合乎标准后才互连,可望有更高的成品率。由于预见到红外焦平面阵列在军事上应用的重要意义,一些发达国家政府和军事部门都给予巨额资助,所以发展速度极快,尤其是 20 世纪 80 年代后期,发展速度更是惊人。

由于红外光成像的特殊性,并不能把可见光 CCD 直接用于红外光成像。因为探测红外图像要受到种种限制。这主要是由于热目标周围的背景辐射太强,目标对背景间的对比太低。高背景低对比严重限制了器件的积累时间。积累时间过长,不仅使背景辐射超过 CCD 的负荷能力,而且器件的暗电流会压倒微弱的信号。除了在信号注入之前进行背景减除程序外,如果采用低效率,长期积累 CCD,也可以减少背景作用,但是要保证对 CCD 的温差有响应。

### 9.2.4  红外探测器制冷

为了降低红外探测器的噪声,获得高的信噪比,需要将探测器制冷,使其处于低温度状态工作。由于探测器在热成像系统中所占的空间很小,因此,由杜瓦瓶和制冷器组成的制冷器组件通常要求体积微型化。由于微型制冷器制造工艺复杂,故一直是热成像系统研制和生产的技术关键。

在红外探测器的制冷器组件中,杜瓦瓶是一种能防止辐射、对流和传导的隔热容器。根据所用材料,杜瓦瓶主要分为玻璃杜瓦瓶和金属杜瓦瓶两种。热成像系统中常用的小型玻璃杜瓦瓶由内外壁、引线、红外窗口等部分组成。在内壁的外表面和外壁的内表面镀上反射层,内外壁间抽成真空,构成绝热层。

获得低温的方法大致有物理和化学两种,在红外探测器制冷中常用物理方法。由于使用场合和要求制冷温度的不同,可利用不同的原理制成合适的制冷器。

#### 1. 液氮制冷器

相变制冷原理:物质相变是指其聚集状态的变化,物质发生相变时,需要吸收或放出热量,这种热量称为相变潜热。利用制冷工作物质相变吸热效应,如固态工作物质熔解吸热或升华吸热、液体气化吸热等而达到制冷。

在杜瓦瓶的冷液室中直接注入液氮制冷剂,构成液氮制冷器。探测器在杜瓦瓶真空层内,并用冷屏蔽来限制探测器接收来自周围的背景辐射。由于液氮的沸点是 77K,故可保持探测器要求的制冷温度。杜瓦瓶制冷器的优点是结构简单,制冷温度稳定、冷量充足。

#### 2. 气体节流式制冷器

焦耳-汤姆逊效应:当高压气体的温度低于本身的转换温度,并通过一个很小的节流孔时,由于气体膨胀而使温度下降。如果使节流后的低温气体返回来冷却进入的高压气体,使高压气体在越来越低的温度下节流,不断重复这种过程,就可获得所要求的低温,达到制冷的目的。

气体节流式制冷器就是基于焦耳-汤姆逊效应制成的,又称焦-汤制冷器。图 9-14 所示是焦耳-汤姆逊效应制冷的流程,制冷工作物质为高压氮气。高压氮气由入口进入热交换器,通过节流小孔节流膨胀并降温;降温的氮气通过回路返回热交换器,与高温高压氮气换热,使节流前的高压氮气温度降低,然后经排气口排出。于是,高压氮气在更低的温度下进行节流膨胀,温度进一步下降。此过程继续下去使高压氮气在越来越低的温度下节流膨胀,膨胀后的温度越来越低,最终可使一部分氮气在制冷腔中液化,获得接近 77K 的低温。

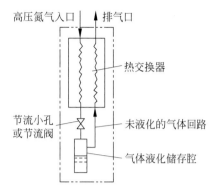

图 9-14　焦耳-汤姆逊效应制冷的流程

焦-汤制冷器是目前较为成熟的制冷器之一,具有制冷部件体积小、质量轻、无运动部件、机械噪声小、使用方便等特点;但气源可得性差,高压气瓶较重,对工作气体的纯度要求苛刻,一般杂质含量不得高于 0.01%,否则造成节流孔堵塞而停止工作。

焦-汤制冷器包括开式和闭合循环式两种。开式指制冷工质节流膨胀后排掉,不再回收利用,一般用在要求制冷时间短的装置中。闭式循环制冷器是指制冷高压气体由压缩机连续地供给,节流膨胀后回收,由压缩机再压缩成高压气体,再用于节流膨胀制冷,制冷工质循环使用,多用在要求长期连续运转的系统中。

为了获得更低的制冷温度,可用两个焦-汤制冷器耦合在一起,构成双级焦-汤制冷器。该制冷器用两种工质:一种用于获得预冷级温度;另一种用于获得最终温度。如氮-氖双级焦-汤制冷器,用氮为预冷级获得 77K 的低温,用氖获得 30K 的最终低温。一般采用闭环制冷系统,需要两个压缩机同时供应两种制冷工质,故制冷器成本高、体积大、质量大,适用于地面站的红外系统中。

### 3. 斯特林循环制冷器

由于气体等熵膨胀时,不但借膨胀机的活塞向外输出机械功,且膨胀后,气体的内位能也要增加,这要消耗气体本身的内能来补偿,所以气体等熵膨胀后温度将显著降低。

斯特林循环制冷器利用气体等熵膨胀原理而工作,它由压缩腔、冷却器、再生器和制冷膨胀腔等部分组成。在压缩腔里有个压缩活塞,在制冷膨胀腔里有个膨胀活塞。为了使结构紧凑,减少界限尺寸,把再生器装在膨胀活塞里,再生器填料是在低温下有较大热容量的不锈钢网或铅粒等。再生器把压缩腔和制冷膨胀腔连通起来,制冷工质(氮气或氢气)可自由流通,构成一个闭式循环系统。

在实际工作过程中,两个活塞通过各自的连杆装在同一个曲轴上,两连杆间有固定的相位角差,按正弦规律连续运动。曲轴转速很高,一般在 500r/min 以上,所以近似于连续地压缩和制冷膨胀,制冷效率较高。

斯特林循环制冷器(Stirling-cycle rotary coolers)是一种用途广、寿命长的制冷器,具有结构紧凑、体积小、质量轻、制冷温度范围宽(77~10K)、启动时间短、效率高、寿命长、操作简单、可长期连续工作等优点；但由于冷头处有高速运动的活塞，对加工工艺的要求高，否则可能产生较大的机械振动，引起器件噪声的增大，因此，价格较昂贵。

为此，人们研制了分置式斯特林循环制冷器。这种制冷器把压缩部分与膨胀部分分开，其间用一根气体管道相连，以往复马达取代原来的曲柄连杆机构旋转马达驱动。分置式斯特林制冷器既保持了整体斯特林制冷器高效率的优点，又使振动、磨损和工质污染、泄漏大大减少，寿命及可靠性大为提高；还允许把更大更重的压缩机安装在更合适的位置上，与光学系统的配合更加方便。

#### 4. 半导体制冷器

珀尔帖效应：如果把任何两种物体连结成电偶对，构成闭合回路，当有直流电通过时，在一个接头电子与空穴产生分离运动，吸收能量而变冷，另一接头处产生复合，放出能量而变热。一般物体的珀尔帖效应不明显，如果用两块 N 型和 P 型半导体作电偶对，就会产生非常明显的珀尔帖效应，冷端可用于探测器制冷，故又称温差电制冷器或半导体制冷器。

半导体制冷器的制冷能力取决于半导体材料和回路中电流。目前，较好的半导体材料为碲化铋及其固熔体合金。为达到更低制冷温度，可将多级热电偶对串接起来，即把一个热电偶对的热结与下一个热电偶对的冷结形成良好的热接触。图 9-15 所示为三级半导体制冷器，可达 190K 的低温。据报道，六级和八级的制冷器分别可获得 170K 和 145K，离通常要求的 77K 还相差甚远，级数再多，效果也不明显。所以只能用于要求制冷温度不太低的探测器制冷或非制冷焦平面探测器的恒温。

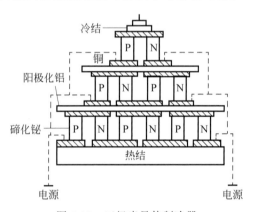

图 9-15　三级半导体制冷器

半导体制冷器的优点是结构简单、寿命长、可靠性高、体积小、质量轻及无机械振动和冲击噪声，维护方便，只消耗电能。

#### 5. 辐射制冷器

辐射传热：如果两物体温度不同，高温物体就要辐射能量，温度降低；低温物体则吸收辐射能，温度升高。由于宇宙空间处于高真空、深低温状态，处于这种特殊环境中时，物体可以和周围的深冷（约 3K）空间进行辐射热交换，从而使热物体不断降温，达到制冷的目的。

辐射制冷器由冷片、辐射器、帽檐、多层绝热层和外屏蔽等部分组成。为了获得不同的制冷温度，可由一个、两个或三个以上大小不同的辐射器串联构成单级、双级或三级制冷器，图 9-16 所示为欧洲 ESA 卫星上的辐射制冷器，它能把红外探测器制冷到 95K。

辐射制冷器的优点是使用寿命长，不需外加制冷功率，没有运动部件，因此不会产生振动、冲击噪声，可靠性高；缺点是要求卫星的运行轨道和姿态得到控制，保证辐射制冷器始终对准超低温的宇宙空间，不允许太阳光或地球等的红外辐射直射到制冷器中辐射器上。

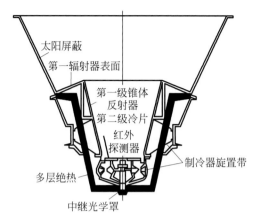

图 9-16 欧洲 ESA 卫星上的辐射制冷器

制冷器对保证红外探测器获得最佳工作性能至关重要,这就要求根据红外成像系统的工作条件和要求,合理选择适当的制冷器。表征制冷器性能的主要指标是制冷温度、冷下去的时间、功耗、可分解性、界限尺寸、使用寿命和可维修性等。

### 9.2.5 红外热成像系统

红外热成像系统可将物体自然发射的红外辐射转变为可见的热图像,从而使人眼视觉范围扩展到中波和长波红外波段。近年来,相关技术领域的进步使热成像技术得到了迅速发展和广泛应用。热图像的质量已经达到黑白模拟电视信号水平,静态图像可与高质量的黑白照片相媲美。

本节从热成像系统的成像原理出发,讨论热成像系统的组成部分及其功能、结构等。

#### 1. 热成像原理

自然界中的一切物体,只要它的温度高于绝对零度,总是在不断地发射辐射能。因此,从原理上讲,只要能收集并探测这些辐射能,就可通过探测器信号的采集和处理形成与景物辐射分布相对应的热图像。这种热图像再现了景物各部分的辐射起伏,能显示出景物的特征。

图 9-17 以最简单的单元探测器光机扫描说明了热成像系统如何将景物的温度和辐射发射率差异转换成可见热图像。红外光学系统将景物发出的红外辐射通量分布聚焦成像于光学系统焦平面的探测器光敏面上;位于聚焦光学系统和探测器之间的光机扫描器包括垂直和水平两个扫描镜组,当扫描器工作时,从景物到达探测器的光束随之移动,从而在物空间扫出像电视一样的光栅;当扫描器以电视光栅形式使探测器扫过景物时,探测器将逐点接收的景物辐射转换成相应的电信号序列,或者说,光机扫描器构成的景物图像依次扫过探测器,探测器依次把景物各部分的红外辐射转换成电信号,经过视频处理的信号,在同步扫描的显示器上显示出景物的热图像。

#### 2. 热成像系统的类型和组成

根据红外探测器的原理,热成像系统可以分为制冷型和非制冷型。按照成像方式,热成

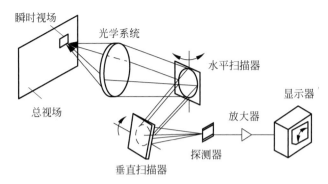

图 9-17　单元光机扫描热成像系统工作原理

像系统可分为光机扫描型和凝视型两种热成像系统。

图 9-18 所示为光机扫描型热成像系统的方框图,整个系统主要包括红外光学系统、红外探测器及制冷器、电子信号处理系统和显示系统四个部分。光机扫描器使单元或多元阵列探测器依次扫过景物视场,形成景物的二维图像。在光机扫描热成像系统中,探测器把接收的辐射信号转换成电信号,通过隔直流电路把背景辐射从场景电信号中消除,以获得对比度良好的热图像。光机扫描型热成像系统由于存在光机扫描器,系统结构复杂、体积较大、可靠性降低、成本也较高,但由于探测器性能的要求相对较低,技术难度相对较低,成为 20世纪 70 年代以后国际上主要的实用热成像类型,目前仍有一些重要的应用。

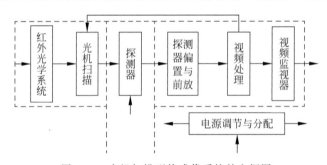

图 9-18　光机扫描型热成像系统的方框图

凝视型热成像系统利用焦平面探测器面阵,使探测器中的每个单元与景物中的一个微面元对应,图 9-19 所示为凝视焦平面热成像系统的方框图,与图 9-18 相比,凝视焦平面热成像系统取消了光机扫描系统,同时探测器前置放大电路与探测器合一,集成在位于光学系统焦平面的探测器阵列上,这也是所谓"焦平面"的含义所在。近年来,凝视焦平面热成像技术的发展非常迅速,PtSi 焦平面探测器、512×512、640×480 和 320×240、256×256 像元的制冷型 InSb、HgCdTe 探测器及非制冷焦平面探测器均取得重要突破,形成了系列化的产品。目前扫描型焦平面探测器的发展和应用也非常迅速,其与图 9-18 的差别主要在探测器前置放大与探测器的一体化集成。

热释电红外成像系统(也称热电视)也属于凝视型热成像系统,采用热释电材料作靶面,制成热释电摄像管,无须光机扫描,直接利用电子束扫描和相应的处理电路,组成电视摄像型热像仪。由于结构简化,不需要制冷,成本低,虽然性能不及光机扫描型热成像系统,但仍有一定的市场应用。

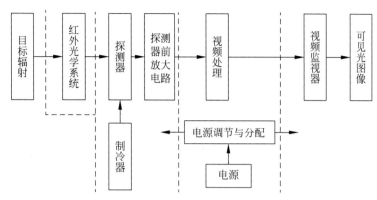

图 9-19    凝视焦平面热成像系统的方框图

目前,最普遍的热成像分代方法是将基于分离的单元或多元探测器阵列的光机扫描系统称为第一代热成像系统,将基于焦平面探测器的系统称为第二代热成像技术。1997 年,美国陆军提出了一种新的更细致的划分方法:

(1) 将由光机扫描器与单元或多元探测器所构成的热成像系统称为第一代热成像系统;

(2) 扫描型热像仪称为第二代热像仪,具有 1900 个探测元水平,特征尺寸约为 30pm;

(3) 凝视型热像仪称为第三代热像仪,具有 307000 个探测元水平,探测器尺寸减小到 20pm;

(4) 具有先进的信号处理功能,工作波段覆盖可见光、近红外、中红外和远红外区域的灵巧焦平面阵列称为第四代热成像系统。

## 9.3  激光扫描技术原理

三维激光扫描技术是近年来出现的新技术,在国内越来越引起研究领域的关注。它是利用激光测距的原理,通过记录被测物体表面大量的密集的点的三维坐标、反射率和纹理等信息,可快速复建出被测目标的三维模型及线、面、体等各种图件数据。由于三维激光扫描系统可以密集地大量获取目标对象的数据点,因此相对于传统的单点测量,三维激光扫描技术也被称为从单点测量进化到面测量的革命性技术突破。该技术在文物古迹保护、建筑、规划、土木工程、工厂改造、室内设计、建筑监测、交通事故处理、法律证据收集、灾害评估、船舶设计、数字城市、军事分析等领域也有了很多的尝试、应用和探索。

三维激光扫描测量技术相对于传统的地形测量技术,具有效率高、表现力强、测量细节精细,地形、地貌测量迅速、自动得到 DEM 数和影像模型且成果形式多样,满足不同人群对探测数据的需求等特点。水下三维激光扫描技术通常存在大比例尺地形图的数据采集过程中现场条件限制多的不足。因为水下地形复杂,并且水会引起折射,导致数据准确度不是很高;由于波浪对扫描结果有些影响,导致后期数据处理复杂,需要较长时间进行数据处理,耽误后续工作的进度及人员投入;三维激光归描仪的价格昂贵,在企业生产成本最低化、效益最大化的社会要求下,不是很适合。

由于三维激光扫描仪的测量原理是将激光照射被测目标的表而,使其表面形成光斑,被测物体对光进行反射后,由传感器对其形成的散射光进行分析,分析被测物体距离测量站的距离。因为光线从一种介质进入另一种介质时,光线发生折射,光路就变弯曲,使得普通的三维激光扫描仪在水下光斑的成像会出现偏移,造成测量误差。根据光学三角漫反射原理研究出的激光测距传感器,可直接放水上,光线在传播过程中先经过水后进入空气中,发生折射,通过透镜在检测器上成像,就可以更准确地测量出被扫描范围的距离,并克服水波动对数据的影响,得到更加准确的数据,建立更真实的三维虚拟实境。

三维激光扫描仪在水下时,通过现场观测站,实时记录海浪实况,测量并统计各时段的风速、水流速度、水流方向、浮标海浪有效波高及周期,在数据处理过程中,RTK 潮位采用波浪半周期的整数倍来减弱波浪对三维激光扫描结果的影响,提高后期数据处理的效率及其在水下地形测量中的精准度。

### 9.3.1 基本概念

三维激光扫描技术又被称为实景复制技术,作为 20 世纪 90 年代中期开始出现的一项高新技术,是测绘领域继 GPS 技术之后的又一次技术革命,通过高速激光扫描测量的方法,大面积、高分辨率地快速获取物体表面各个点的 $x$,$y$,$z$ 坐标、反射率、(RGB)颜色等信息,由这些大量、密集的点信息可快速复建出 1∶1 的真彩色三维点云模型,为后续的内业处理、数据分析等工作提供准确依据。具有快速性、效益高、不接触性、穿透性、动态、主动性,高密度、高精度、数字化、自动化、实时性强等特点,很好地解决了目前空间信息技术发展实时性与准确性的瓶颈。它突破了传统的单点测量方法,具有高效率、高精度的独特优势。三维激光扫描技术能够提供扫描物体表面的三维点云数据,因此可以用于获取高精度、高分辨率的数字地形模型,主要通过高速激光扫描测量的方法,大面积高分辨率地快速获取被测对象表面的三维坐标数据及大量的空间点位信息,是快速建立物体的三维影像模型的一种全新的技术手段。

三维激光扫描技术使工程大数据的应用在众多行业成为可能。如工业测量的逆向工程、对比检测;建筑工程中的竣工验收、改扩建设计;测量工程中的位移监测、地形测绘;考古项目中的数据存档与修复工程等。

三维激光扫描系统包含数据采集的硬件部分和数据处理的软件部分。按照载体的不同,三维激光扫描系统又可分为机载、车载、地面和手持型几类。应用扫描技术来测量工件的尺寸及形状等原理来工作,主要应用于逆向工程,负责曲面扫描及工件三维测量,针对现有三维实物(样品或模型),在没有技术文档的情况下,可快速测得物体的轮廓集合数据,并加以建构、编辑,修改生成通用输出格式的曲面数字化模型。

### 9.3.2 技术原理

三维激光扫描仪是在激光的相干性、方向性、单色性和高亮度等特性的基础上,同时注重操作简便和测量速度,从而保证了测量的综合精度,其测量的原理主要分为测距、扫描、测角、定向四个方面。

#### 1. 三维激光扫描仪的测距原理

由于激光测距是激光扫描技术十分重要的组成部分,对于激光扫描的定位及获取空间三维信息具有十分重要的作用。现阶段的测距方法主要有相位法、三角法、脉冲法。

测距方法都有其优缺点,主要集中在测程和精度的关系上,脉冲测量的距离最长,可是精度会随距离的增加而降低。相位法用于中程测量,具有比较高的测量精度,可它通过两个间接测量才能够得到距离值。三角测量测程最短,但是精度最高,适用于近距离、室内的测量。

**2. 三维激光扫描仪的测角原理**

区别于常规仪器的度盘测角方式,激光扫描仪是通过改变激光光路而获得扫描角度。把两个步进电动机与扫描棱镜安装在一起,进而分别实现水平和垂直方向扫描。步进电动机也是一种将电脉冲信号转换为角位移的控制微电动机,它能够实现对激光扫描仪的精确定位。

**3. 三维激光扫描仪的扫描原理**

三维激光扫描仪是透过内置的伺服驱动马达系统的精密控制的多面扫描棱镜的转动,决定激光束的出射方向,能够让脉冲激光束沿着横轴方向与纵轴方向进行快速的扫描。扫描的控制装置为摆动扫描镜和旋转正多面体扫描镜。摆动扫描镜是一个平面反射镜,由电动机的驱动来进行往返振荡,这种测距方式就是一种间接测距的方式,通过检测发射信号和接收信号之间的相位差,从而获得被测目标的距离。测距精度较高,主要应用在精密测量和医学研究,精度可达到毫米级。

**4. 三维激光扫描仪的定向原理**

三维激光扫描仪扫描的点云数据都在其自定义的扫描坐标系中,但是数据的后处理要求是大地坐标系下的数据,这就需要将扫描坐标系下的数据转换到大地坐标系下,这个过程就称为三维激光扫描仪的定向。

三维激光扫描仪利用激光测距的原理,通过高速测量记录被测物体表面大量的密集的点的三维坐标、反射率和纹理等信息,可快速复建出被测目标的三维模型及线、面、体等各种图件数据。由于三维激光扫描系统可以密集地大量获取目标对象的数据点,因此相对于传统的单点测量,三维激光扫描技术也被称为从单点测量进化到面测量的革命性技术突破。

这种技术采用非接触式高速激光测量方式来获取地形或复杂物体的几何图形数据和影像数据,最终通过后处理软件对采集的点云数据和影像数据进行处理分析,转换成绝对坐标系中的三维空间位置坐标或者建立结构复杂、不规则场景的三维可视化模型,既省时又省力,同时点云还可输出多种不同的数据格式,作为空间数据库的数据源和满足不同应用的需要。

整个系统通常由以下四部分组成:①三维激光扫描仪;②数码相机;③后处理软件;④电源及附属设备。如图 9-20 所示,三维激光扫描仪按照扫描平台可以分为机载(或星载)激光扫描系统、地面型激光扫描系统、便携式激光扫描系统。三维激光扫描仪作为现今时效性最强的三维数据获取工具,按照其有效扫描距离可进行如下分类:

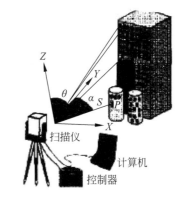

图 9-20 地面激光扫描仪系统组成与坐标系

（1）短距离激光扫描仪：最长扫描距离不超过 3m，一般最佳扫描距离为 0.6～1.2m，通常这类扫描仪适用于小型模具的测量，扫描速度快且精度较高，可以多达三十万个点，精度至 ±0.018mm。例如，美能达公司的 VIVID 910、手持式三维数据扫描仪 FastScan 等，属于此类。

（2）中距离激光扫描仪：最长扫描距离小于 30m，多用于大型模具或室内空间的测量。

（3）长距离激光扫描仪：扫描距离大于 30m，主要应用于建筑物、矿山、大坝、大型土木工程等的测量。例如，奥地利 RIEG 公司的 LMS Z420i 三维激光扫描仪和瑞士 Leica 公司的 C10 激光扫描仪等，属于此类。

（4）航空激光扫描仪：最长扫描距离通常大于 1km，且需要配备精确的导航定位系统，可用于大范围地形的扫描测量。

之所以这样分类，是因为激光测量的有效距离是三维激光扫描仪应用范围的重要条件，特别是针对大型地物或场景的观测，或是无法接近的地物等，都必须考虑到扫描仪的实际测量距离。此外，被测物距离越远，地物观测的精度越差。因此，要保证扫描数据的精度，就必须在相应类型扫描仪所规定的标准范围内使用。

无论扫描仪的类型如何，其构造原理基本是相似的。三维激光扫描仪的主要构造是一台高速精确的激光测距仪，配上一组可以引导激光并以均匀角速度扫描的反射棱镜。激光测距仪主动发射激光，同时接受由自然物表面反射的信号，从而进行测距，针对每一个扫描点可测得测站至扫描点的斜距，再配合扫描的水平和垂直方向角，可以得到每一扫描点与测站的空间相对坐标。如果测站的空间坐标是已知的，则可以求得每一个扫描点的三维坐标。

### 9.3.3 数据处理

#### 1. 典型数据处理流程

数据处理主要包括点云预处理、点云拼接、整体点云处理、图件制作等。

1）度要求及控制

一是三维整体点云模型度与原始点云度一致；二是在三维点云模型建立各步骤中，通过改进点云简化、三角网建立算法，确保整体三维点云模型精度符合要求。

2）点云数据预处理

点云数据预处理是三维激光扫描数据处理中必不可少的步骤，点云数据模型是后续内业处理工作的基础数据，点云数据结果直接影响后续模型建立的质量及利用点云模型进行分析、正射影像图及相关图件制作效果。预处理流程如图 9-21 所示。

（1）数据准备

准备三维点云原始数据。

（2）点云数据检核

扫描过程中，由于被扫描物体之间的相互遮挡，难免会引起数据的缺失。同时，扫描外界条件因素也可能

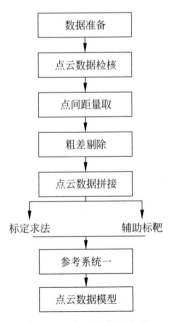

图 9-21　点云预处理流程

引起数据的分层。所以,点云数据检核是点云数据预处理中必不可少的一步。若分层严重,则视该数据为不合格数据;若分层较少或不存在分层现象,则视该数据合格,少量分层可通过后续点云粗差剔除及去噪操作处理。

(3)点间距量取

点间距量取是指使用三维软件手动抽样进行点云中相邻两点之间空间最短距离的量取。通过点间距量取操作,可检查所获取点云密度是否满足度要求,并为后续三维模型建立时数据简化步骤提供帮助。间距应满足精度要求。

(4)粗差剔除

由于测量过程中难免仪器出现一些异常振动及镜面反射等,在真实数据点中往往混有不合理的噪声点,包含大量的粗差、错误和无关信息,所以有必要对数据进行去噪和平滑滤波的处理。

(5)点云数据拼接

运用专业软件,自动将各站三维点云数据拼接,并检查测站与测站拼接精度,发现问题及时处理。提取目标点云,将多余点云删除,将点云数据分块导出。

(6)参考系统一

由于激光测量机或三坐标测量机自身结构的不足,以及数据处理过程的需要,在某些情况下需要对数据点云进行坐标变换,将所有测站数据统一归并到独立坐标系。根据外业所测得标靶点坐标,可实现点云数据模型转正,便于后续处理。

**2. 点云处理理论**

与传统的测量方式相比,三维激光扫描数据具有采集速度快、采样频率高等优势,导致点云数据具有高冗余、误差分布非线性、不完整等特点,给海量三维点云的智能化处理带来了极大的困难:①多视角、多平台、多源的点云数据难以有效整合,限制了数据间的优势互补,导致复杂场景描述不完整;②复杂对象模型结构和语义特征表达困难,模型可用性严重受限,极大地限制了复杂场景的准确感知与认知。近年来,国内外学者在点云处理理论及数据质量改善、自动化融合、点云分类和目标提取、按需多层次表达等方法方面进行了深入研究,取得了较多进展。

(1)广义点云模型理论方法

针对多源多平台点云数据的融合难、目标提取难和三维自适应表达难的严重缺陷,有文献提出了广义点云的科学概念与理论研究框架体系。广义点云是指汇集激光扫描、摄影测量、众源采集等多源多平台空间数据,通过清洗、配准与集成,实现从多角度、视相关到全方位、视无关,建立以点云为基础,基准统一,且数据、结构、功能为一体的复合模型。

点云数据质量改善包括几何改正和强度校正。一方面,由于测距系统、环境及定位定姿等因素的影响,点云的几何位置存在误差,且其分布存在不确定性。利用标定场、已知控制点进行点云几何位置改正,能够提高扫描点云的位置精度和可用性。另一方面,激光点云的反射强度一定程度上反映了地物的物理特性,对于地物的精细分类起到关键支撑作用,然而点云的反射强度不仅与地物表面的物理特性有关,还受到扫描距离、入射角度等因素的影响。因此,需要建立点云强度校正模型进行校正,以修正激光入射角度、地物距离激光扫描仪的距离等因素对点云反射强度的影响。

（2）多源、多平台三维点云融合

由于单一视角、单一平台的观测范围有限且空间基准不一致，为了获取目标区域全方位的空间信息，不仅需要进行站间/条带间的点云融合，还需要进行多平台（如机载、车载、地面站等）的点云融合，以弥补单一视角、单一平台带来的数据缺失，实现大范围场景完整、精细的数字现实描述。此外，由于激光点云及其强度信息对目标的刻画能力有限，需要将激光点云和影像数据进行融合，使得点云不仅有高精度的三维坐标信息，也具有更加丰富的光谱信息。

不同数据（如不同站点/条带的激光点云、不同平台激光点云、激光点云与影像）之间的融合，需要同名特征进行关联。针对传统人工配准法效率低、成本高的缺陷，国内外学者研究了基于几何或纹理特征相关性的统计分析方法，但是由于不同平台、不同传感器数据之间的成像机理、维数、尺度、精度、视角等各有不同，其普适性和稳健性还存在问题，还需要突破以下"瓶颈"：鲁棒、区分性强的同名特征提取，全局优化配准模型的建立及抗差求解。

（3）三维点云的精细分类与目标提取

三维点云的精细分类是从杂乱无序的点云中识别与提取人工与自然地物要素的过程，是数字地面模型生成、复杂场景三维重建等后续应用的基础。然而，不同平台激光点云分类关注的主题有所不同。机载激光点云分类主要关注大范围地面、建筑物顶面、植被、道路等目标，车载激光点云分类关注道路及两侧道路设施、植被、建筑物立面等目标，而地面站激光点云分类则侧重特定目标区域的精细化解译。其中，点云场景存在目标多样、形态结构复杂、目标遮挡和重叠及空间密度差别迥异等现象，是三维点云自动精细分类的共同难题。据此，国内外许多学者进行了深入研究并取得了一定的进展，在特征计算基础上，利用逐点分类方法或分割聚类分类方法对点云标识，并对目标进行提取。但是由于特征描述能力不足，分类和目标提取质量无法满足应用需求，极大地限制了三维点云的使用价值。目前，模拟人脑的深度学习方法突破了传统分类方法中过度依赖人工定义特征的困难，已在二维场景分类解译方面表现出极大潜力，但是在三维点云场景的精细分类方面，还面临许多难题：海量三维数据集样本库的建立，适用于三维结构特征学习的神经网络模型的构建及其在大场景三维数据解译中的应用。综上，顾及目标及其结构的语义理解、三维目标多尺度全局与局部特征的学习、先验知识或第三方辅助数据引导下的多目标分类与提取方法，是未来的重要研究方向。

（4）三维场景的按需多层次表达

在大范围点云场景分类和目标提取后，目标点云依然离散无序且高度冗余，不能显式地表达目标结构及结构之间的空间拓扑关系，难以有效满足三维场景的应用需求。因此，需要通过场景三维表达，将离散无序的点云转换成具有拓扑关系的几何基元组合模型，常用的有数据驱动和模型驱动两类方法，其中存在的主要问题和挑战包括：三维模型的自动修复，以克服局部数据缺失对模型不完整的影响；形状、结构复杂地物目标的自动化稳健重构；从可视化为主的三维重建发展到以可计算分析为核心的三维重建，以提高结果的可用性和好用性。此外，不同的应用主题对场景内不同类型目标的细节层次要求不同，场景三维表达需要加强各类三维目标自适应的多尺度三维重建方法，建立语义与结构正确映射的场景—目标—要素多级表达模型。

**3. 点云处理面临的挑战**

近年来，星、空、地扫描及便携式泛在传感器（如 RGB-D 深度相机）广泛应用，不但提高了点云获取的时效性、颗粒度和覆盖面,而且带来了点云的多时相、流形(streaming)和多样属性的新特性,从而产生了多维点云数据。多维点云本质上是对物理世界中地理对象/现象的三维几何、物理乃至生化特性的多维密集采样,其不但记录了地物的三维空间结构特征,同时也记录了地物目标的物理特性(如波形、反射强度等)。深入挖掘多维点云的内在特征对提升多维点云处理的智能化程度,揭示复杂动态三维场景的变化规律至关重要。尽管点云处理方面已经取得了较好的研究成果,但是多维点云的智能化处理仍然面临如下巨大挑战:

(1)多维点云几何与属性协同的尺度转换

探索不同平台获取点云的误差分布规律,建立比例尺依赖的特征点质量评估模型;研究融合点云物理特性的特征点簇聚合与分层方法;建立基于特征分层的多维点云多尺度整合方法,实现多维点云的时空基准自动统一。

(2)多维点云变化发现与分类

建立统一时空参考框架下多维点云的变化发现与提取方法,研究基于时间窗口的多维点云与地物三维模型的关联方法,提取地物空间要素的几何和属性变化,研究面向地物空间结构变化的可视化分析方法,为揭示空间要素的变化规律提供科学工具。

(3)复杂三维动态场景的精准理解

基于机器学习、人工智能等先进理论方法探索多维点云结构化建模与分析的理论与方法,研究复杂三维动态场景中多态目标的准确定位、分类及语义化模型的建立,建立面向多维点云的三维动态场景中各类要素的特征描述、分类与建模方法,架设多维点云与地理计算模型的桥梁。

上述关键挑战问题的突破将形成完备的广义点云"全三维"(覆盖全、要素全、关系全)建模的理论与方法体系,从而实现点云处理由"静态、可视、量算"到"动态、模拟、分析"的跨越。

**4. 三维激光扫描与点云处理发展趋势与展望**

近年来,传感器、通信和定位定姿技术的发展,人工智能、深度学习、虚拟/增强现实等领域先进技术的重要进展有力推动了数字现实(digital reality)时代的来临。激光扫描与点云智能化处理将顺应数字现实时代的需求朝以下几个方面发展。

(1)三维激光扫描装备将由现在的单波形、多波形走向单光子乃至量子雷达,在数据的采集方面由现在以几何数据为主走向几何、物理,乃至生化特性的集成化采集。

(2)三维激光扫描的搭载平台也将以单一平台为主转变为以多源化、众包式为主的空地柔性平台,从而对目标进行全方位数据获取,国家重点研发计划重点专项项目"国产空地全息三维遥感系统及产业化"已支持相关研究。

(3)点云的特征描述、语义理解、关系表达、目标语义模型、多维可视化等关键问题将在人工智能、深度学习等先进技术的驱动下朝着自动化、智能化的方向快速发展,点云将成为测绘地理信息中继传统矢量模型、栅格模型之后的一类新型模型,将有力提升地物目标认知与提取自动化程度和知识化服务的能力。

(4)虚拟/增强现实、互/物联网+的发展将促使三维激光扫描产品由专业化应用扩展到大众化、消费级应用,满足网络化多维动态地理信息服务的需求。

### 9.3.4　典型产品

三维激光扫描技术的应用面非常广。正向建模技术(如由人工操作的 CATIA、UG、CAD 等)的对称应用称为逆向建模技术(如从实体或实景中直接还原出模型)。逆向建模可以将设计、生产、实验、使用等过程中的变化内容重构出来,然后进行各种结构特性分析(如形变、应力、效能、过程、工艺、姿态、预测等)、检测、模拟、仿真、CIMS、CMMS、虚拟现实、柔性制造、虚拟制造、虚拟装配等,这对于有限元分析、工程力学分析、流体动力分析等软件来说是非常重要的,对于精度合适的工作还可以进行后处理测绘、计量等。

目前应用的逆向数据采集技术有多种,其中,法国 MENSI 三维激光扫描技术是三维重构技术进化链中的最新应用技术。它与传统的技术手段不同。此前已有的传统技术包括:

(1) 离散单点采集三维坐标,如三坐标测量仪、三坐标跟踪仪、三坐标测量机、经纬仪等。其不足之处是:对于需要海量点云采集的复杂结构面、体等,数据采集存在困难。

(2) 基于二维的光学照相原理,然后用三维软件推拟三维模型(即从二维到三维),如近景照相测量等。其不足之处是:存在光学固有变形误差、景深不够、实物表面预处理、基准点设置后三角平面错位、二维照相转换及间接数据的不确定性等困难。

MENSI 三维激光扫描技术可以真正做到直接从实物中进行快速的逆向三维数据采集及模型重构,即从三维到三维的全景三维实测数据重构。它无须做任何实物表面处理,并且景深很长,避免了光学变形因素带来的误差,其激光点云中的每个三维数据都是直接采集的目标真实数据,从而使后处理的数据真实可靠,所以人们将它作为快速获取空间数据的有效手段。它主要是针对大中型的目标实体或实景,并能直接反映客观事物实时的、变化的、真实的形态特性。由于 MENSI 三维激光扫描技术是由精密自动传感技术、CCD 技术、遥感跟踪技术支持的,所以获取实物或实景的三维点云数据质量很高,保证了数据的真实性、均匀性、实时性、操作性、完整性、广域性、可监测性、可维护性等。

总之,空间数据是一个复杂的、交错的、变化的属性,表面结构仅是这个属性之一,而逆向工程的任务也将随着环境量化、虚拟制造、柔性制造、工装工艺、工件组合、数字工厂、流程操作、可视化仿真、虚拟现实等的应用延伸而不断扩大,社会横向应用面也将进一步扩展。

# 参考文献

[1]　陈弘达,左超.甚短距离光传输技术[M].北京:科学出版社,2004.

[2]　任洪玉.三维激光扫描在水上水下一体化测量中的应用[J].科技风,2018(31):81.

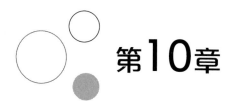

# 第10章

## 光电关键技术

## 10.1  三维激光扫描技术

三维激光扫描技术是近年来出现的新技术,在国内越来越引起研究者的关注。它利用激光测距的原理,通过记录被测物体表面大量的密集的点的三维坐标、反射率和纹理等信息,可快速复建出被测目标的三维模型及线、面、体等各种图件数据。由于三维激光扫描系统可以密集地大量获取目标对象的数据点,因此相较于传统的单点测量,三维激光扫描技术也被称为从单点测量进化到面测量的革命性技术突破。

机载激光三维雷达系统(light detection and ranging, LiDAR)是一种集激光扫描仪(scanner)、全球定位系统(GPS)和惯性导航系统(INS)及高分辨率数码相机等技术于一身的光机电一体化集成系统,用于获得激光点云数据并生成精确的数字高程模型(DEM)、数字表面模型(DSM),同时获取物体数字正射影像(DOM)信息,通过对激光点云数据的处理,可得到真实的三维场景图。

激光测距技术是三维激光扫描仪的主要技术之一。激光测距的原理主要有脉冲距法、相位测距法、激光三角法、脉冲-相位式测距法四种类型。目前,测绘领域所使用的三维激光扫描仪主要是基于脉冲测距法测距,近距离的三维激光扫描仪主要采用相位干涉法测距和激光三角法测距。激光测距技术的类型如下。

### 1. 脉冲测距法

脉冲测距法是一种高速激光测时测距技术。脉冲式扫描仪在扫描时激光器发射出单点的激光,记录激光的回波信号,通过计算激光的飞行时间(time of flight, TOF),利用光速来计算目标点与扫描仪之间的距离。这种原理的测距系统测距范围可以达到几百米到上千米的距离。激光测距系统主要由发射器、接收器、时间计数器、微电脑组成。

脉冲测距法也称为脉冲飞行时间差测距,由于采用的是脉冲式的激光源,适用于超长距离的测量,测量精度主要受到脉冲计数器工作频率与激光源脉冲宽度的限制,精度可以达到米级。

**2．相位测距法**

相位式扫描仪是发射出一束不间断的整数波长的激光,通过计算从物体反射回来的激光波的相位差来计算和记录目标物体的距离。相位测量原理主要用于中等距离的扫描测量系统中,扫描范围通常在 100m 内,它的精度可以达到毫米级。

相位式扫描仪由于采用的是连续光源,功率一般较低,所以测量范围也较小,测量精度主要受相位比较器的精度和调制信号的频率限制,增大调制信号的频率可以提高精度,但测量范围也随之变小,所以为了在不影响测量范围的前提下提高测量精度,一般都设置多个调频频率。

**3．激光三角法**

激光三角法是利用三角形几何关系求得距离。先由扫描仪发射激光到物体表面,利用在基线另一端的 CCD 相机接收物体反射信号,记录入射光与反射光的夹角,已知激光光源与 CCD 之间的基线长度,由三角形几何关系推导求出扫描仪与物体之间的距离。为了保证扫描信息的完整性,许多扫描仪扫描范围只有几米到数十米。这种类型的三维激光扫描系统主要应用于工业测量和逆向工程重建中。它可以达到亚毫米级的精度。

**4．脉冲-相位式测距法**

将脉冲式测距和相位式测距两种方法结合起来,就产生了一种新的测距方法——脉冲-相位式测距法,这种方法利用脉冲式测距实现对距离的粗测,利用相位式测距实现对距离的精测。

三维激光扫描仪主要由测距系统和测角系统及其他辅助功能系统构成,如内置相机及双轴补偿器等。工作原理是通过测距系统获取扫描仪到待测物体的距离。再通过测角系统获取扫描仪至待测物体的水平角和垂直角,进而计算出待测物体的三维坐标信息。在扫描的过程中再利用本身的垂直和水平马达等传动装置完成对物体的全方位扫描,这样连续地对空间以一定的取样密度进行扫描测量,就能得到被测目标物体密集的三维彩色散点数据,称为点云。

# 10.2　超高分辨光电成像技术

高分辨率一直是研制航空相机所追求的关键指标之一,但航空相机工作处于动态成像中,因而很多因素影响高分辨率成像,如前向运动、振动、环境变化(温度、压力和摄影距离)等都造成航空成像模糊,因此采取相应的补偿技术来保证高分辨率成像是其关键性问题。

**1．光学系统**

当成像器件 CCD 的大小确定后,光学系统就决定了航空相机的性能、体积和重量等。为了获得高分辨率图像就要求光学系统焦距很长,但由于受到口径的限制,相对孔径一般不允许很大,这主要是因为航空技术对体积和重量的特殊要求,其体积和重量的减少就意味着飞行速度、飞行时间的增加。根据焦距、相对孔径、视场及波段的要求,相机的光学系统可采用折射式、折反射式和反射式等多种形式。

　　折射系统校正二级光谱是一项重要的工作,一般采用有特殊色散的光学材料,如 $CaF_2$ 晶体、FK 玻璃等,但这种有特殊色散的光学材料的折射率温度系数为负值且很大,环境温度变化引起的像面位移很大,为减小环境温度和气压对像面位移的影响,如果用普通玻璃校正二级光谱,其相对色散很接近,为消除高级像差,光学系统的结构必然复杂,重量增加。另外,折射系统对气压变化也相当敏感。因此折射式系统比较适合孔径比较小、视场比较大、波段比较窄的系统。图 10-1 为某航空相机折射系统图。

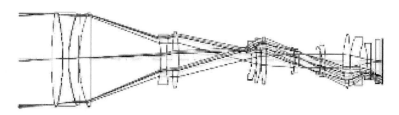

图 10-1　某航空相机折射系统图

　　折反射式系统的优点是光焦度几乎由反射面产生,而反射面不产生色差,因此二级光谱很小;而且反射面前后均为空气,因此气压变化对像面位移无影响,而折射元件的光焦度很小,所以折反射式系统对环境气压变化不敏感;折反射式系统的结构也比折射系统简单得多。缺点是有中心遮拦,会损失能量和降低调制传递函数(MTF)。常用的折反射式系统为卡塞格林系统,视场比较小,一般在 2°以内,像差有时得不到很好的校正,因此可将次镜和校正组中的某片透镜采用非球面来适当增大视场和校正高级像差。图 10-2 为卡塞格林系统结构。

　　全反射系统的优点是波段不受光学材料的限制,因此特别适合于紫外和红外工作;没有色差,结构简单。缺点是需采用非球面,光学检测难度大,装调困难;视场角小,特别适合于航天对地观测和天文望远镜,哈勃望远镜主、次镜均为双曲面,视场仅为 28'。图 10-3 为三反射系统,该系统有更大的空间校正像差,但装调较难保证。

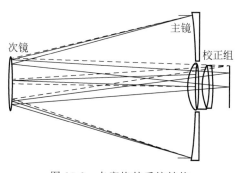

图 10-2　卡塞格林系统结构

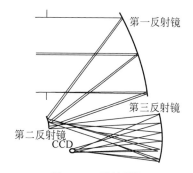

图 10-3　反射系统

　　因此,具体采用哪种结构形式要看实际的技术要求。对航空相机在长焦距,中、高空较多采用折反射式,视场一般比较小,又能满足一定的覆盖范围,提高侦察效率。

**2. 像移补偿技术**

　　飞机飞行过程中,在曝光时间内,被拍摄目标像与感光介质(胶片或 CCD 等)之间存在相对运动,即像移。像移的存在会导致成像模糊、对比度变差、清晰度下降,最终影响成像质量。像移补偿技术是保证高水平影像分辨率的重要技术手段。当相机硬件条件一定时,影响影像分辨率的主要因素是光时间和飞行速度。一般认为,像移量不超过 $1/3\sim1/2$ 像元,即可认为不会造成图像模糊,不需补偿装置。

**3. 振动控制技术**

在许多高分辨率的航空光电成像系统中,尽管使用了高质量的传感器,但获得的像质并不理想,限制高分辨率成像的主要因素往往不是由电子学或光学系统引起的,这种图像模糊退化主要是由航空振动引起的。当光电设备与载体相连的各个点的振幅和相位不一致时,导致光学视轴发生角位移,严重影响光学成像清晰度和分辨率。

振动控制技术主要有电子稳像、光学稳像、被动隔振和主动控制技术等。由于被动隔振具有可靠性高、无须能源、结构简单和经济实用等优点,航空光电设备常采用被动减振技术隔离高频振动。

根据相关文献与理论分析,角位移对像质的影响远大于线位移,因此在进行系统设计时要尽可能控制载体传来的角位移,并抑制平台座架基体线振动转化为角位移。根据无角位移原理又可分为三向等刚度和双平行四边形两种结构。

**4. 自动调焦技术**

通常设计的光学系统都只考虑在常温、常压下的材料特性,对成像的评估也基于此。而工作于 $30\mathrm{km}$ 的高空下的光学系统经受非常大的环境温度变化,典型的温度可达 $-50\,^{\circ}\!\mathrm{C}$,压强为 $0.1\mathrm{Pa}$。由于光学材料和结构材料的热不稳定性,当温度变化时必将引起系统离焦,成像质量恶化。在诸多环境变化影响光学系统成像的因素中,温度引起光学材料折射率的变化是最主要的因素,这种影响尤以红外系统更加明显,而现在高分辨率航空相机多以长焦距、高空斜视、远距离目标摄影为特点,焦距越长离焦越明显。为了满足航空相机高分辨率的要求必须通过特殊设计或一定的补偿技术,使焦面不变或变化很小。

补偿方法根据不同情况一般可分为 3 类:机械式无热技术、机电式无热技术、光学式无热技术。但航空侦察摄影高度的不确定性及环境变化的复杂性,很难用某种方法得到彻底的补偿。因此必须根据不同的环境采用自动调焦技术。航空相机自动调焦方法如下:首先确定无限远高度对应的像面位置作为调焦基准,对不同摄影高度进行调焦之前,首先要补偿由于大气压力和温度的变化引起的基准面的变化,即自准直调焦;其次是以此为基准计算出不同摄影高度引起的像点位置的变化,由此定出调焦镜的位置。以上关键技术是要消除由大气压力和温度的变化引起的基准的变化。

对于航空 CCD 相机,采用图像处理法确定调焦基准是比较理想的方法,该方法通过对已知目标的成像质量进行图像处理实现自动调焦。像质的图像处理是通过电路系统实现的,具有较高的精度。

# 10.3　海上高湿度、高盐雾、高温度防护技术

舰载光电设备工作环境恶劣,针对环境的三防设计在研制中必须引起重视。结合实际

出现的腐蚀问题,需从材料应用、结构形式优化及工艺防护等多方面进行研究。

舰载光电设备特别是舱外设备长期处于海洋性气候中,其高温、高湿及空气中的腐蚀性物质、盐雾和各种霉菌对设备具有极大的破坏性。并且这些气候因素和环境条件非常复杂,既能相互影响,又能相互作用,从而加速对设备的损害。设备外露表面若直接暴露在潮湿的大气中,通常会吸附一层水膜,含有盐分的水膜在金属表面形成电化学腐蚀所必需的电解质膜,这种电解质膜对裸露金属表面具有很强的腐蚀性。低纬度区域温度较高,而高温会增加电化学腐蚀的速度。湿热不仅对金属具有腐蚀性,对印制电路板的 PCBA 涂层破坏性也比较大,能引起电路板起泡、线路间短路等。

三防的检验可参照国标进行,如湿热(交变)和盐雾组合实验的方法如下:高温阶段温度是$(40\pm2)$℃,相对湿度是 $93\%\pm3\%$;常温阶段温度是$(25\pm2)$℃,相对湿度是 $95\%$(注:舱内设备为 $93\%\pm3\%$)。盐浓度要求为 $5\%$(注:舱内各设为 2min)。实验以 24h 为一个循环周期,每周期分为升温、高温高湿、降温和常温高湿 4 个阶段。实验周期数是 2 个、4 个、6个。实验前后要对实验品进行两次外观检查:电性能检查和机械性能检查。

# 10.4 高精度稳定平台技术

随着现代战争中光电对抗烈度、目标隐身技术、武器精度及射程的发展,要求光电载荷具有更远的作用距离、更宽的光谱感知范围、更高的瞄准与跟踪精度。要实现远距离、高精度目标探测与瞄准,稳定平台必须具有高精度稳像能力,高精度稳定平台是机载光电载荷履行作战使命的基础和保障。目前,国外先进机载光电载荷的稳定精度已达到亚像素级。

在高精度稳定平台设计中,通过系统轴系构架组成优化、结构布局优化、材料及控制组件选型等,提高系统结构刚度、降低轴系耦合及摩擦力矩、提高机载扰动力矩隔离能力,控制系统通过采用新技术新方法,提高控制回路带宽和增益,提高系统视轴稳定性。例如,SniperAT 稳定平台采用柔性光学基座设计技术,AN/AAQ-30 采用 5 轴稳定平台技术,BRITEStar Ⅱ 采用 6 轴稳像技术,MX-25 采用 5 轴主动稳像技术、6 轴被动减振技术等。

粗精组合稳定系统是提高系统稳定精度的有效技术途径。在通用稳定平台的基础上,增加高精度快反镜 FSM 组件,通过精密补偿消除粗级稳定的残余误差,从而提高瞄准线稳定精度,同时由于其转动惯量小,可以大幅度提高谐振频率,提高系统跟踪带宽和响应速度。粗精组合稳定系统中 FSM 是关键技术,采用这种稳定技术,可以使光电系统的稳定精度达到微弧级甚至纳弧级,实现亚像素级稳像。采用两自由度高精度 FSM 镜技术不仅可以补偿瞄准线稳定的残余,提高稳定精度,而且可以用于补偿图像运动模糊,实现广域搜索侦察应用中的"步进凝视",同时可以用于红外成像系统的"微扫",实现亚像素超分辨率红外成像。

# 10.5 高精度目标识别跟踪定位技术

为了实现"广域搜索、准确定位、快速摧毁、实时评估",以及网络化协同作战能力,采用卫星定位、惯性测量和陀螺稳定 GPS+IMU+STA 组合技术,实现高精度目标搜索定位、跟踪与瞄准,是目前先进机载光电载荷系统的一个重要发展方向。采用 GPS+IMU+STA 组合技术,使系统具有以下功能和特点：①减少安装误差和由系统减振器带来的动态误差,显著提高目标引导和定位精度；②实现武器系统高精度自动校轴和光电载荷自动校靶,解决由于材料、装配、环境变化等带来的光轴误差,提高系统的目标定位瞄准精度；③通过对目标位置、运动速度和运动方向等特征测量,结合视频跟踪,提升光电载荷自动目标跟踪的抗干扰、记忆跟踪和多目标跟踪能力；④提高光电传感器的自动聚焦能力；⑤系统通用性强,提升了机载平台适应性。

## 10.6 光电信息处理技术

伴随着光电载荷装备发展,提高其目标探测能力一直是研究的重要内容。为了提高系统的目标探测识别距离和远程侦察监视能力,除了探测器性能的提高和新探测概念体制的不断发展外,先进图像增强处理技术是光电载荷性能提升的有效途径,在国外光电载荷中已得到广泛应用,并显著改善系统的性能。例如,AN/AAQ-30 采用先进的基于局部图像增强的增程技术,使目标辨识距离提高 60%；MTS-A/B 采用基于自动图像细节优化的增强处理技术,有效增强场景感知和远程侦察监视能力。图像增强处理技术一直是研究的热点,也是机载光电载荷发展的一项关键技术。

红外图像增强处理算法按照处理域,可以分为空间域和频率域处理；按照算法实施的方法,可以分为灰度修正、图像平滑、图像锐化、图像增晰、彩色处理等。随着人工神经网络、遗传算法、小波变化、模糊理论和数学形态等多种数学工具的发展应用,新算法不断出现。近年来,随着红外焦平面探测器性能的提高,红外图像细节增强技术受到研究人员的广泛关注。针对红外成像的特点,研究提出了多种红外图像细节增强处理算法,通过增强红外场景中目标与背景的灰度对比度及目标自身结构特征对比度,解决高动态范围场景中辨识低对比度目标的问题。FLIR 公司提出的数字细节增强 DDE 技术是当前针对该问题的一个很好的解决方案。

可见光摄像传感器是光电载荷的重要成像传感器,但是在不良的气象条件下,如雾霾天气等,由于大气中的悬浮粒子对目标反射光的散射等作用,使色彩失真淡化、对比度减弱等,图像降质,严重影响图像视觉效果和目标探测辨识性能,采用计算机图像处理技术对可见光图像进行去雾处理,是改善雾霾天气下可见光成像质量和目标探测性能的有效技术途径。综合分析现有图像增强算法,在算法运算量、场景自适应性、大动态弱对比度小目标辨识、人眼感知匹配性等方面有待进一步提高。随着传感器技术、成像方式和成像体制的发展,图像增强处理技术发展将具有以下特点：

(1) 随着高光谱成像、三维成像、偏振成像等新型成像技术的发展应用,图像增强处理技术将向着基于多特征、多维度空间、深度、时间、光谱、偏振方向发展；

(2) 随着压缩感知理论、自适应编码孔径成像等计算混合成像技术的发展,图像增强由后处理向成像—处理一体化发展,综合利用光学系统、采样和图像重构处理技术实现大视场、高分辨率红外成像；

(3) 随着分布式孔径全向探测、多频谱传感器的同装载协同探测应用发展,图像增强技术将向多源、异型、多光谱图像融合增强处理方向发展；

(4) 图像增强处理算法研究更加关注人眼视觉特性,向着基于视觉感知的方向发展。

# 参考文献

［1］ MILLER D A B. OptandQuant. Elect. ,22,s61-s98(1990).

［2］ 程晓薇,车英,薛常.CCD 数字航空相机高分辨力成像关键技术与发展[J].电光与控制,2009,4.

［3］ 张卫国,王玉坤,王斌.舰载光电设备的防护技术及设计[J].红外技术,2008,30(4).

［4］ 乔健,曹立华,施龙.舰载光电设备的三防设计[J].应用光学.2012(2).

［5］ 孟冬,张栋,孟楷,等.舰载光电设备的三防设计研究[J].科技创新与应用,2018(19).

［6］ 吉书鹏.机载光电载荷装备发展与关键技术[J].航空兵器,2017(6).

# 第11章

# 光电技术在海洋工程中的应用

## 11.1　机载海洋激光雷达在海洋工程中的应用

机载海洋激光雷达是利用机载的蓝绿激光发射和接收设备,通过发射大功率窄脉冲激光,探测海洋水下目标的一种先进设备。主要解决海洋调查中的如下问题:水下形貌测量;河口、港口泥沙淤积变化;水下址质灾害;水下资源勘查;海岸带工程建设等。

与声呐技术相比,尽管机载海洋激光雷达的探测距离小,但是其搜索效率和探测电密度都远远高于声呐,此外,它还具有很强的机动性、运行成本低和易于操作等许多优点。因此,机载海洋激光雷达可以广泛用于海水水文勘测(包括浅海水深、海底址貌测绘、海水光学参数的遥测等)、水下潜艇探测、水雷探测、鱼群探测、海洋环境污染监测等众多领域。目前,声呐在深水探测方面仍然是唯一的主要设备,而在浅水探测方面,机载海洋激光雷达已经显示出比声呐更强的竞争力,是一种极具诱惑力的新设备。

### 11.1.1　赤潮与污染监测应用

近年来,赤潮发生规模呈现不断扩大的趋势。1998—2003 年,在渤海、东海都发生了面积达到几千平方公里的特大赤潮,这在国际上都非常罕见。由于赤潮形成机理复杂,目前尚无十分有效的方法防治赤潮的发生,只能通过监测和预报的手段来减少赤潮造成的损失。常用的方法是基于船载的水质监测和浮标站定连自动监测等方法。船载光学仪器测量方法需要定采样、化学分析和人工处理,存在测量速度慢、效率很低和成本高等问题,不能满足要求快速获得大面积水域水质参量的场合,同时也严重影响了对灾害预测的反应时间。近年来,监测赤潮的工作平台由传统的船载平台测量,转变为越来越多地利用航空、卫星来进行探测。采用卫星平台测量,需要的设备较复杂、花费较高,同时卫星可见光遥感也有其自身的不足,如不能全天候、全天时工作,阴雨天气和晚上就无法监测赤潮,此外,由于空间分辨率较低,对小尺度赤潮的监测十分困难。

目前,基于机载的航空海洋感探测等新技术在赤潮监测和预报领域的应用引起了越来越多国家的重视。我国从 1985 年起开展赤潮航空巡航监视、应急、跟踪监视工作,以中国海监飞机为航空工作平台,利用红外光谱区($0.7\sim0.9\mu m$)和紫外光谱区($0.3\sim0.4\mu m$),实时探测海水温度及其变化,并根据赤潮海区的温度要高于正常海水温度的特点,对赤潮进行监测和预报。采用机载海洋激光雷达,针对海洋赤潮的消长过程中所呈现出的光学物理现象,引入赤潮藻散射系数的概念,通过检测激光后向散射信号,监测赤潮藻在赤潮消长过程中密度的变化,实现对赤潮消长过程的预报和检测,该方法为基于机载的海洋赤潮监测增加了一种方法。

## 11.1.2　海洋测探应用

美国海军的研究表明,一架飞机一年飞 200 小时完成的测量任务,一艘常规测量船需用 13 年才能完成,而机载与测量船的费用之比是 1∶5(包括数据处理的费用)。国际海道测量协会要求 30m 以内水深测深误差不超过 0.3m,大于 30m 水深相对误差不超过 1%,机载激光测深方法可以满足这一要求。机载蓝绿激光海洋测深并不能取代传统的声学及多光谱成像方法,在深海区域仍要使用声呐技术;多光谱成像技术作为普查方法使用。但是机载蓝绿激光无疑是大陆架最有效的测深手段。

## 11.1.3　海岸带三维景观仿真模拟应用

海岸带是海洋系统与陆址系统相连接、复合和交叉的地弹单元,既是地表面最为活跃的自然区域,也是资源环境条件最为优越的人文活动区域,与人类生存和发展的关系最为密切。另外,海岸带又是对全球变化最为敏感的地带,受到强烈的海陆作用,成为海陆过渡的生态脆弱带和环境变化敏感区。近年来随着海洋经济的发展,对海岸带进行的各种各样的开发活动也越来越多,使得海岸带面临的压力越来越大,资源和环境发生了前所未有的变化,出现了许多有碍可持续发展的问题。对海岸带区进行综合管理和监测是实现海洋经济和海洋生态环境可持续发展非常关键的一环,已经引起了国家的高度重视和关注。

"数字海洋"中明确提出,在高性能计算机和先进的可视化设备支持下,利用科学视算、3S(遥感、地理信息系统、全球定位系统 3 种技术的统称)、三维可视化、虚拟现实、仿真、互操作等技术,基于"数字海洋"空间数据框架、功能强大的模型支持和三维可视化信息表达,实现全信息化的海底、水体、海面及海岸的数字再现和预测,建立包括自然景观、人文要素、自然环境、海上设施等的三维数字海面、海岸景观模型,建立反映海洋资源与环境要素变化过程的可视化表达模型,实现海洋动态变化的可视化。采用传统航空摄影技术进行海岸带三维可视化时,外业控制的测量和 DEM(digital elevation model)编辑加工耗时长、成本高、工期长;利用卫星遥感的立体像对获取 DEM 并结合影像也可生成三维景观,但又会受到光学传感器的诸多限制,精度也不高。利用激光雷达技术进行空中激光扫捕,可以快速获取目标高密度、高精度的三维坐标。在软件支持下对云数据进行模型构建、纹理映射和正射纠正,可以方便地建立大面积的三维模型。目前,改进激光点云的滤波方法,提高激光点云与影像、地物模型的融合效果是可视化领域研究的热点和难点。通过对海洋及海岸带激光雷达数据的处理,实现三维景观的重构,可以较好地展示海岸带各类事物的空间分布,为海洋及海岸带的综合管理及其开发活动的动态监测提供技术支持。

### 11.1.4　水下军事目标探测

#### 1. 探测潜艇

在第二次世界大战中,潜艇发挥了极其重要的作用,战后各国都比较重视潜艇的发展。潜艇的最大优点是隐蔽性和机动性好,核动力推进在潜艇上实用化后,潜艇的发展进入了一个崭新的阶段。核潜艇不仅隐蔽性和机动性更好,而且水下航速等性能大大优于常规潜艇。目前世界上有 43 个国家拥有潜艇,总数近 1000 艘,其中 37% 是核动力潜艇。

美国和俄罗斯等国海军的战略思想都把核潜艇作为海军装备的重点项目。美国现役弹道核潜艇 38 艘,攻击型核潜艇 95 艘,常规潜艇仅 4 艘。苏联海军在第二次世界大战结束时,仅仅是一支薄弱的"近海防御"兵力,可是后来发展成"远洋展开型"超级海上力量,现役潜艇 359 艘,其中核动力弹道导弹潜艇 64 艘,常规和巡航导弹潜艇 68 艘,核动力攻击型潜艇 67 艘。

潜艇在现代战争中占有重要地位,与此同时,反潜艇和探测潜艇也具有重要的军事意义。

机载激光雷达海洋探测系统(ALH)的概念,启蒙于 20 世纪 60 年代中期。当时,军事专家就想利用新的发明——激光寻找海下潜艇。因为蓝绿激光比其他波长的电磁辐射具有更强的海水穿透能力,所以,可以利用它来搜索潜艇。机载发射系统对海面进行激光扫描,由潜艇反射回来的激光被机载接收系统探测出来,或是由于潜艇表面吸收激光的能力强于周围的海水,潜艇在海水中形成一个"黑洞"而被探测出来。一台具有高精度扫描、定位,数据处理和成像的机载激光雷达海洋探测系统就可以完成探测潜艇的任务。激光探潜具有定位精度和几何分辨率高、搜潜连续性和机动性好等优点。传统的机载水声探潜手段,在当前仍占有主导地位,但它存在自身的缺陷,并且面临敌潜艇要用降噪声和声对抗等新技术的严重挑战:许多国家在发展声呐探潜的同时,早就开始了激光探潜的可行性研究,1963—1967 年,美国俄亥俄州大学为海军航空电子实验室进行了蓝绿激光探潜的可行性研究。1970 年,美国海军和国家大气与空间管理局用第一台机载激光雷达海洋探测系统,成功地进行了现场实验,特别对"线鳍鱼"潜艇进行了实际的探测实验。在此研究的基础上,美国国防高级研究计划局在 1988 年投入较多的经费,进行机载激光雷达探潜的专题研究和实验。例如,Lockheed Sander 公司通过美国海军 PMA-264 办公室给予的任务,探索采用较高频率电子光学系统——激光雷达技术和 SH-60 直升机平台,进行探测潜艇的研究和实验。苏联也较早地开展了激光雷达探潜。据 1986 年的报道,苏联已能从速度为 160km/h 的低空飞机上,利用激光雷达海洋探测技术探测水下目标。利用激光束穿过 130m 深的海水和淤泥,发现了沉入海底多年的船只,并显示其轮廓。瑞典已将激光雷达探测系统装在猎潜机上,用来探测领海内潜艇。

20 世纪 90 年代发展起来的潜艇水下激光成像系统,可装在潜水艇或水面舰船底部,也可装在无人潜航器中,可执行水下侦察或完成探潜和反潜任务。水下光成像系统普遍利用蓝绿激光器,遇到的很严重的激光后向散射问题目前主要采用同步扫描技术和距离选通技术来克服。

(1) 潜艇同步扫描水下成像技术

这项技术的基本特点是从水下障碍物反射回来的激光束,经接收转镜接收并反射到接收光学系统中,然后由透镜聚焦在探测器上,该接收镜与激光发射扫描转镜有一定的间隔,但要同步运行。由于接收激光的光路未采用发射激光的同一光路,因而避免了发射激光后向散射对成像的影响。由光电探测器产生的视频信号可以显示,这种成像方式的激光束很窄,光束亮度又较高,因而可在较远的水下距离得到质量较高的图像。

(2) 潜艇距离选通水下成像技术

这种成像系统采用高重复频率脉冲激光器对水下景物照明。如前所述,为了避免激光后向散射对成像的影响,采用了距离选通技术。这项技术的特点是照明激光被目标反射回到接收器以前,接收器一直处于"关闭"状态。只有当某一距离上的目标反射光到达接收器的瞬间,接收器才打开选通门,让反射光进入接收器。用这种技术可消除大部分后向散射光。

### 2. 探测水雷

布在海水中的水雷是战争中水陆两栖作战部队的最大障碍,同时对船舰航行构成很大的威胁。采用机载激光雷达探测水雷,特别对靠近海岸浅海和海浪条件下无移动的系留水雷非常有效,不仅弥补了声呐探测技术的不足,而且机动性、探测能力大大提高。

1987 年,美国海军从两种英国水雷探测装置上发现,在一些美国夜视光学元件中,一种黄铜板式 MagkLantern 放映机可提供给水雷探测,该系统第一次实验飞行是 1988 年在 KanrnnSH-2 海妖直升机上。按负责人 Mustin 所述,这次实验没有成功的原因很多,例如,飞机的振动冲击该系统的反射镜,使其偏离准直线就是一个突出的问题。早期 MagkLantern 系统的另一个不利之处是它的有限扫描宽度,自动目标识别不足,需要人在运行中观察电视,以提供实时探测和分类。虽然如此,系统还是很好地运行,提供了海水下游动鱼的成像。此后,公司工程师克服了振动问题,将激光器/照相机吊舱重新工程化,移动舱内关键光学元件离开谐振点。这样能获得更准确的、更稳定的成像。另一改善包含更强功率的激光器和大容量台式计算机。加固了吊舱,使其经得起飞行和海洋环境的考验,这些大大地改善了系统。在 1989 年实验中取得了很多较好的结果。

激光水雷探测系统的优点在于它能在声探测系统失效的区域运行很好。系泊水雷靠近海岸或在浅海里,由于海水移动,也许包含海浪,产生噪声可能掩盖了声呐探测器信号。电子光学探测系统在低于 20m 深度内,不受这种噪声的影响。

(1) MagicLantern 系统。由 Kaman 公司研制发展的 MagicLantern 系统安装在 SH-2F 直升机上,蓝绿激光器发射脉冲到海里,其倍频输出波长为 532nm,具有纳秒量级脉冲宽度。从 20W 激光器输出 100mJ 脉冲能量,重复频率 40Hz。增强电荷耦合器件(CCD)照相机捕获激光反射能量,利用摄像机快门定时清除水面的反射光。通过计算机处理显示疑似水雷物体的粗略形状和水中的相对位置。

(2) 探测。该系统在战争条件下的实验,产生了奇效。当时用传统水雷探测方法探测遗漏了的大量系泊水雷,而用 MagicLantern 系统探测到了。

MagicLantern 能够在 140~320m 的海上高度运行,低高度飞行可改善分辨率,提供较好的信噪比,但视场受到限制。飞行高度较高,可扩大视场,增加探测速度,因为在相同速度下,与低高度飞行相比有更大的区域被覆盖。然而,这减少了灵敏度和分辨率。直升机飞行高度变化对系统的探测深度影响不大。最新的装置还包含自动目标确认,改善了一组光学传感器,提供了较高的数据速率,从实时成像中识别目标。目标识别过程由三部分组成:探测、分类和定位。

发现了水雷信号,系统将按两种方式警告操作员:一是将产生的一系列目标信号很快进行收集卷入,包括成像和其他有关的数据,在显示屏上显示;二是以计算机产生战术绘图为特征,该图显示水雷物体位置相对于直升机的方位。这简化了在直升机上和在舰船上任何系统的联合探测。

(3)破坏。对 MagicLantern 系统配置了一个终端破坏装置——终端子,它是一种能控制的水下运动小弹头。操作者指令 MagicLantern 锁定某一个特定的水雷。在 MagicLantern 所在直升机移动到可能爆炸并与船的龙骨成直角以后,操作者通过直升机的声呐浮标发射系统控制终端子。MagicLantern 同时给水雷目标和终端子成像,而系统的计算机自动引导终端子的弹头到该目标。该信号是由探测系统所用的相同激光器发射的。然后,加入引爆的终端子转向 MagicLantern,进入另一个完整的调查、探测和破坏的运行中。

### 3．无人潜水器水下成像探测技术

水下激光成像系统可装在无人潜水器中,用于在两栖作战区域内识别埋地雷、锚雷和沉底雷。美国海军在 20 世纪 90 年代中期研制出一种可装在无人潜水器中的 LVIS 水雷目视激光识别系统。经多种方案比较,该系统最终选定了行扫描成像技术。

## 11.1.5　鱼群的探测

### 1．传统方法

海鸟常会聚在靠近海面鱼的附近,这给渔民观察鱼群提供了条件。通常捕鱼船队开到有鱼的区域,通过专门鱼观察向导进行观察探测。白天,可以直接看到靠近海面的鱼群。在夜间,可观察鱼游过发出的生物荧光。用视觉观察,能够识别某些鱼的外形,估算出一些鱼群的范围大小。在一些情况下,渔业管理者也使用观察方法。例如,在加利福尼亚海域,30年里收集到了鱼观察向导的报告,提供了大量有关鱼群,如鲭、沙丁鱼群来该海域的时间表,为以后每年估算鱼量作常备索引和参考。

此外,传统直接探测鱼群的方法还包括鱼类采样、拖网和声呐探测。由于船的速度限制,人为探测范围和探测速率受到限制,人为的估算也相当不准确。成群游动的鱼也会避开海船,使其不能探测。利用照相记录,可以评价观察者提供的信息。然而,这与水下照相和照明条件、海水状态及操作者技能等有很大的依赖关系。由于这些原因,经过许多的研究和实验,已经验证机载激光雷达海洋探测系统可成为海洋渔业中的重要工具。

### 2．机载激光雷达探测鱼群

1)鱼群探测激光雷达系统

用激光雷达代替视觉观察将大大增加航空观测效力,从而提高探测能力,另外,航空探测鱼群,能够解决黄翅金枪渔业中关键的捕获(ETP)问题。在 ETP 中,通过查找海豚群捕获金枪鱼。这种方式产生了许多不利结果,其中包括海豚必须死亡的命运。机载激光雷达能够探测和跟踪较大的金枪鱼群,不需要用海豚作辅助,从而提供了一种目前可供选择的探测方法。

目前,第一种是最简单的辐射计激光雷达,没有扫描系统,探测器是唯一的单元探测器。从飞机上发射出方向固定的激光脉冲,通常刚刚偏离天顶角。但每一激光脉冲提供一个海水深度回波信号轮廓。因为飞机一直向前飞行,所以系统提供的是鱼群的两维图像,一维是轴向的深度,另一维是在飞行中激光雷达切割幅度上集中目标的密度。第二种是成像雷达,产生在一个深度上由距离选通设置的水平成像。这些个别脉冲合并在一起,成为飞机移动产生的混合成像。第三种是体积小的激光雷达,利用了扫描系统和单一探测器;每一脉冲提供一个深度的轮廓,利用扫描系统从单独一些脉冲回波中产生一体化或三维成像。

如前所述,体积计激光雷达已用于海洋测深的应用,在海洋探测期间可以观测鱼群。有关专家已经评估用于鱼群探测的机载激光雷达系统。对于商业设备(如 Fishery),已由 KamanAerospace 提供几种上市类型的鱼探测激光雷达系统参数。

2) 机载激光雷达探测鱼群

1981 年,斯垒尔(Squire)和克卢姆波茨(Knimktz)首先使用激光雷达探测鱼群。他们使用的系统是安装在直升机上的海军辖射计激光雷达,从新泽西州(New Jersey)起飞进行航行。1982 年起,俄罗斯科学院大气光学研究所已经利用机载辐射激光雷达探测海洋中的鱼类。该激光雷达系统提供有关散射目标的附加信息:清澈水中回波;11m 深处鱼群的回波。清澈的水中回波强度随深度增加而减少,而去偏振比率随浓度增加而增加。通过接收强度增加而在 11m 深处去偏振比率反而减少的反常现象,可以识别鱼群。

1990 年,英国开始研究 Osprey 激光雷达。这个装置是用直升机载探测金枪鱼的辐射激光雷达。这个系统的实验是 1992 年 9 月 25 日至 10 月 20 日进行的,当时它被装在 CMS 直升机上,一边进行龟群探测,一边指导 Captain Vinecru Garm 号收缩电网船捕鱼。在太平洋东部海域,基本上每天运行 16h。

美国国家海洋与大气管理局(NOAA)实验型海洋探鱼激光雷达(FLOE)也是辐射计激光雷达,是专为航空探测带鱼群生物发光而研究的。虽然它装在小飞机上飞行,但实际运行是在探测船上进行的,船上还装备了声呐和声回波探测器。

1995 年,在加拿大宛科维尔(Vancouver)岛东海岸处,利用扫描激光雷达 LARSEN500 收集了青鱼的数据。激光雷达最初也是为用于鱼的探测而设计的成像系统。它成像大鱼、哺乳动物或鱼群的轮廓。分辨率取决于海水混浊度,典型的分辨率为几十厘米。这种分辨率能够帮助确认鱼的信息。但这对于成群鱼量的估算是不利的,因为计算鱼群数量需要鱼群的厚度。

激光雷达已成为若干种光合作用带鱼群探测和渔业管理的重要工具。最佳的探测应包括带有声呐探测和直接采样的船载工作进行补充或联合探测。小飞机(可乘 6 人)上可配备辐射激光雷达、小型红外辐射计和彩色电视,这些仪器可以详细地研究鱼群与海洋表面温度和海洋颜色之间的相互作用,以便能更精确地从卫星成像中确定所包围的鱼群范围。理想情况下,飞行员是专业的鱼观察员,他既能操作飞行又能视觉观测,提供关于鱼群和种类的可靠信息。

### 3. 研究鱼的年龄和来源

利用光学元件,产生含鱼数据的傅里叶变换,能够为渔业研究者提供鱼的年龄和来源。实验表明,傅里叶变换能够按照鱼的年龄和它们幼年生活的区域分拣出含鱼尺寸数据的图案。

### 11.1.6　探测暗礁和海难勘查

1998 年 9 月 6 日,一架瑞士航班飞机在 NovaScotca 外海域坠落,加拿大航空研究人员带着声呐的成像系统很快到达出事海域。声呐成像可以指明大范围集中破坏区域,但不能为潜水员提供足够分辨率的图像以寻找空难事件线索的碎片。

美国海军水雷战争实验室用激光探测方法进行水雷对抗研究和探测实验需要的装置有以下仪器:21 英寸成像器、低分辨率前向扫描声呐探测器;较高分辨率边扫描声呐探测器;高分辨率激光线扫描成像器。

所有部分装在一个鱼雷形状的"拖鱼"装置里,沉入海中,由水下船拖动。在水雷探测中,首先用声呐,当找到目标时,转向目标,然后用激光束扫描成像。

在瑞士航班空难后,加拿大人已做了声呐的扫描,后来采用英国海军海岸系统站的激光探测器进行了激光扫描成像,随着"拖鱼"装置在水中通过,成像器朝前移动建立二维成像,因而找到一些飞机碎片的成像,为空难提供了许多寻查原因线索的重要依据。

### 11.1.7　探测海洋水下资源

由英国 BP 勘测公司和澳大利亚世界地理科学公司联合开发的海洋石油层探测系统——机载激光荧光传感器(ALF)正在寻找远海油田,比目前一些方法更加简单和节省费用。

在世界上已探知的油田中,大约有 75% 埋藏很深,有很少的石油能直接溢出地球表面。因此,多数远海油田会渗出石油,探测到石油的渗出量就表明石油积聚物的出现。然而,在很多产地,渗出油形成薄膜,用肉眼和其他被动机载的或卫星装载的探测器很难探测到。

在高度为 100m 的 F-27 飞机上,ALF 系统用固体激光器发出 50Hz 的激光脉冲在海面上,激光束在任何新鲜油膜上会产生荧光,该荧光由系统接收望远镜截获,然后由波长运行范围为 20~700mm 的光谱仪分成各种成分。光谱仪的输出信号反馈到 500 通道二极管阵列探测器,其信息在 176 通道记录,并将航海、空气和环境等信息一起存储起来。电视摄影机同时在现场拍摄成像,这种成像可用于数据处理,帮助分辨探测中的异常现象。污染和其他物质也可引起荧光,必须要从探测数据中将这些信息排除,保留石油薄膜的信息,并从该信息中分出油膜含油种类:积聚物、正规石油或重油等。该系统是在一些已知有油田的海域进行飞行实验的,并证明了那里的确出现了人们所期望的油膜。

ALF 系统应用目标不仅仅在油田上,它还将为研究最严重海难奥秘提供机会。在第二次世界大战中,澳大利亚战舰 HMAS Sydney 号被敌人炮火击中而损失掉,虽然它们不可能重返澳大利亚西海岸,但微量油可能从它们的残骸中渗出,这成为寻找它们的最好工具。加拿大环境与矿藏部也研究了类似的机载激光荧光传感器 SLEAF 和 SLEAF2,并在海洋油田探测研究中应用。

### 11.1.8　探测海洋浮游生物

海洋中的植物性浮游生物担负着全球一半以上的光合成。对浮游生物数量的测定具有重要意义,据此能推测二氧化碳的固定量,分析厄尔尼诺现象等对海洋气象变动的影响,有助于地球环境问题的深入研究。对于浮游生物的观测,主要是对海水采样分析以获取浮游生物的种类等。即使借助人造卫星也只能观测海洋表层,无法测出深海的浮游生物及其分布,也不能实施遥控测定。

立陶宛海洋研究中心为了解决这个问题,研制出一种从海上船舶向海中发射激光,能测出 30~50m 深处生长的植物性浮游生物的观测装置。该装置以绿色激光作光源,通过测量受激光照射后发出的荧光和反射光而获知浮游生物的分布状况。对深达 50m 的浮游生物,通过测定细胞受激光照射产生的散射光,也能分析出浮游生物的分布状况。

# 11.2　红外探测在海洋工程中的应用

红外探测系统范围较广,凡是利用外界物体自身发出的热辐射作为辐射源进行探测的均可称为红外探测系统。该系统的特点是无须光照,在完全黑暗中进行探测。这种探测是被动式的,可以隐蔽地进行观察和监视,由于使用的波长比可见光长 10~20 倍,在烟雾中穿透能力要大得多,所以在雾天、有烟的环境中,可以观察相当远的距离,提高了维护海洋安全的战略能力,捍卫国家领海和海洋权益。红外探测系统可以满足在夜间和能见度恶劣的情况下远距离观察、搜索、监视、导航等的需求。

可在海上应用的红外探测系统有红外前视、红外搜索跟踪器、来袭导弹(飞机)红外报警器、红外制导导弹等。海面船为了对敌攻击,需要实时观察或监视空中或海面的态势、敌方舰船的类型和活动情况;海面舰船为了自身安全,需要实时防范敌方攻击。特别要防范诸如掠海导弹、掠海飞机等威胁最严重的攻击,同时也要防范来自高空的攻击。红外探测可以完成观察场景和搜索发现威胁的任务,还可和雷达搜索探测系统交联兼容工作。当雷达系统受到电磁干扰或压制时,红外系统仍可独立工作,使整个武器系统免于失效。

## 1. 红外前视

红外前视即热成像观察系统,输出以灰度形式显示的外界物体的热分布图像,可以全天候使用,甚至可在能见度不佳的情况下正常工作。热成像观察设备输出的是视频图像,通常和电视制式相同,能实时观察目标的活动情况,安装在舰船上,用途广泛。

(1) 夜和雾中导航

观察距离从几十米到上千米,观察目标包括附近的舰船、桥墩、航道中的障碍物、码头等,使用目的是保证航行的安全,防止碰撞。这类热像仪要求 15°~50° 的宽视场。由于视场较大,同时为了降低成本,一般无须稳定和回转。热像仪的体积较小,通常使用非制冷长波热敏探测器,使用方便,容易推广使用。

(2) 中距观察

观察距离在 5km 左右,用于夜间或雾中监视、跟踪、登陆、反恐、搜救等。观察目标主要是中小型舰艇、登陆岸滩、人员活动等。该热像仪可使用非制冷探测器,推荐焦距为 33.3~100mm 连续变焦的光学系统,配以规模为 $384 \times 288$ 元、元间间隔为 $35\mu m$ 的探测器,热像仪的视场将在 $22.8° \times 17.1°$ 到 $7.7° \times 5.8°$ 间连续可变,分辨率最小为 $0.35mm$。对 30m 长的小船识别距离超过 6km,对人的探测距离约为 1.9km。为了全方位搜索或观察目标,可把热像仪装在回转云台上,如果要求在船体摇晃情况下观察的图像稳定,则需将观察系统装在稳定平台上。

（3）远距观察

观察距离在 8km 以上，用于夜间远距离观察、监视、搜索、跟踪等，观察目标主要是大型舰艇和各种渔船，掌握夜间海上舰船活动态势。热像仪可选用制冷型长波或中波探测器。探测器的规模用 320×256 元、640×480 元更佳；光学系统的焦距在 150～600mm 均可使用；为了满足监视、搜索、跟踪和瞄准的不同要求，可设计成两档或三档变焦形式，具体的设计应满足观察任务的性质、要求目标图像的清晰度和热像仪尺寸等因素。

热像仪本身的组成较为简单，一般由光学系统、探测器组件、电源、图像形成电路和相应的结构件组成。如果要求对目标进行识别跟踪或报警等任务，则需增加目标识别跟踪电路。为了消除远洋舰船晃动对观察图像的影响，应把热成像设备装到具有稳定功能的平台或密封吊舱中。根据需求，热像仪还可和可见光相机、激光测距器等装成一体，形成球形转塔。

**2. 红外搜索跟踪器**

红外搜索跟踪器用于搜索、截获、跟踪、瞄准远距离的目标，如飞机、船、飞航式导弹、掠海导弹等，距离一般在 5km 以上。其特点是搜索视场大，往往要求 180°～360° 的空间范围。目标距离远，能发现和截获 20～30km 以外的飞机。如此远的距离，不可能要求看清目标的形状，甚至不到一个像素，这一点和热像观察系统不同，要获得的目标信息不是目标形状的细节，而是目标的总数量、空间方位和飞行方向等。目标角速度小，采集信息的频率不必很高，通常帧频为 0.1～2.0Hz。

红外搜索跟踪器通常用带稳定功能的回转台进行大范围搜索，用较高频的摆幅进行小范围扫描，边扫描边跟踪。

在舰船上安装红外搜索跟踪器的必要性在于能及时发现超低空入侵的飞机和掠海导弹，因为该区域是雷达工作的死区。红外搜索跟踪器可单独安装在舰船上，多数是和搜索雷达铰链安装，作为雷达系统的辅助探测装置。系统还可和高炮或对空导弹发射架铰链在一起，当搜索到目标转入跟踪时，武器发射系统对准并不断跟踪目标，必要时可立即进行攻击，因此，红外搜索跟踪器是火力控制系统的一个重要环节。

**3. 红外制导导弹**

船上配备红外制导导弹主要用于对付空中的威胁，如超低空飞机、掠海导弹、巡航导弹等，也可用于攻击海面上舰船类目标，其作用距离一般可达 10km。可用的制导方式有调制盘单元探测器导引头和多元制导导引头，为了提高抗干扰能力，目前已发展有热成像制导的导引头，使用红外制导导弹，设备简单，操作快，适用于对近距威胁的快速反应和攻击。

目前，红外制导导弹技术已相当成熟，已有多种国产对空和对舰红外制导导弹。红外制导系统多使用中波红外波段，主要探测目标的喷管、排气管、艇烟筒的辐射及热排气流辐射，最先进的制导系统可用制冷型凝视焦平面阵列探测器，实现热成像制导，捕获视场为 3°～5°。作用距离与目标的类型、状态有很大关系，通常近距格斗型多要求在 10km 左右能可靠地截获目标。稳定跟踪机构的结构形式很多，最好的已突破正交双框架形式，用极坐标三框架平台结构，实现 ±90° 大跟踪场。红外制导导弹用于海洋舰船上，可用作舰对空和舰对舰近型导弹,也可把红外制导用于导弹的末制导阶段,实现对舰船和其他固定目标的中远距离打击,这种末制导类型是待导弹到达距目标适当距离时,制导系统快速搜索并捕获目标,然后转入自动跟踪状态,直至摧毁目标。

### 4. 来袭导弹(飞机)红外报警器

来袭导弹的红外报警器主要用于探测导弹和飞机,及时给出报警,便于采取有效措施,或施放干扰,或对敌攻击,保证自己的安全。

来袭导弹(飞机)报警器也要求探测的空间范围很大,探测距离较远,这一点和搜索跟踪器类似,但由于有威胁的目标比较靠近,必须及时给出报警,无须像搜索跟踪器的结构那么复杂,也不需要稳定平台,更无须宽范围的搜索跟踪机构,只要求实时监视很宽的空间范围,一旦探测到来袭的导弹或飞机,能立即发出报警信号,操作人员可以作出对危险的进一步判断并采取必要的应对措施。导弹报警器的结构相对较为简单、小巧,能覆盖的视场通常达90°×65°,若要在方位方向搜索半球视场,则要安装两台,更大的视场则要安装多台设备。设计上要考虑对自身威胁最大的空间区域。探测距离通常应能达到 5km 以上,按照导弹接近的速度,探测到目标后应有足够的时间采取应对措施。

来袭导弹报警有雷达型、紫外型和红外型等。雷达型结构复杂,而且是主动式的,不利于隐蔽自己;紫外型只能探测导弹发动机工作时发出的辐射,一旦发动机工作结束,将探测不到目标,而一般小型导弹发动机的工作时间较短,不利于对来袭导弹的全程探测;红外型除能探测发动机工作时的辐射外,也能探测高速导弹气动加热形成的辐射,可以对来袭导弹进行全程探测,保证及时探测到有威胁的目标。

如果舰船上装有红外搜索跟踪器,并能对全方位空间进行监视,则可起到来袭导弹报警的功能,可不必配置专门的报警器。若有对空的监视死角或没有搜索跟踪器,则设置来袭导弹(含飞机)报警装置对保证本身的安全是非常必要的。

### 5. 漏油检测

船舶漏油是海事作业的一大难题。由于原油或柴油密度较低,发生泄漏后通常会漂浮在水体上方。虽然漏油会分布开来,形成界限清晰的薄膜,但是,油膜与水面之间并不存在非常鲜明的视觉对比度,肉眼观察依然存在一定的难度。

尤其是在较低的入射角方向,水体和油膜均会显示为暗黑色。然而,在波涛汹涌或波浪起伏的水域,由于水面对阳光或天空的反射作用在不断变化,水面时暗时亮,进一步加强了对低对比度油膜区的掩饰作用,漏油检测变得更为艰难。

在各种不同的海况和光照条件下,光谱的多波段范围为增加石化产品和水面之间的对比度带来了希望,红外热像仪可扫描不可见光波段,对漏油检测工作具有显著意义。

### 6. 应急救援

红外热像仪广泛应用于全球海事搜救行动中,遇到有人落水的情形,落水人员的头部往往是身体可见的一部分。在视频上显示为白色或红色的"头形"画面映衬在黑色或暗灰色的背景上,由于头部散发的热量比水要大得多,因而头部会清晰可见。白天和夜间均能获得此效果,从而真正实现 24 小时全天候响应。

热成像技术无须外部照明,即便伪装再好也难瞒天过海,能够看清人形大小的目标,其探测距离比具有竞争性的摄像机更远。使用热像仪的另一优势在于,通过海事热像仪所发现的人员、船只、游船码头、船坞、堆砌物和其他事物的热信号在夜晚通常比白天的对比度更高。只要目标物与其背景之间存在细微的温差,那么观测者就能轻而易举地发现。

### 7. 安全导航

在开阔水面上对游轮进行导航非常具有挑战性,而在冰层覆盖的水域上导航时更加艰难和危险。在温度 0℃ 以下的水域航行时,船运公司越来越关心冰级油轮的安全性。红外热像仪在远距离处能够检测到海域冰块,从而避免碰撞事故发生。

# 参考文献

[1]　李志忠.机载激光雷达系统及其在海洋调查中的应用前景[J].地学前缘,1998(2):77.

[2]　徐启阳,杨坤涛,王新兵,等.蓝绿激光雷达海洋探测[M].北京:国防工业出版社,2002.

[3]　路学荣,吕曰恒,程明阳.红外探测系统在军事海洋中的应用[J].海洋信息,2011(1):5-7.

# 第四篇

# 雷达篇

# 第12章

# 雷达技术概述

雷达是海洋无人平台常用的一种传感器装置,我们经常提到的海洋无人平台,如无人艇、无人机等,基本都会安装雷达作为主要的信息感知装置。在无人艇上,导航雷达一般作为必备装置,保证航行的安全性。在无人机平台中,也经常安装合成孔径雷达,作为探测手段。那雷达究竟是如何实现探测的?在海洋无人平台上又有哪些特性?本章对此做重点介绍。

雷达是英文 radar 的中文音译,是英文 radio detection and ranging 的缩写,即无线电探测和测距。雷达利用了物体会对电磁波进行反射这一基本的物理现象,基本工作原理是雷达向空间辐射电磁信号,通过对目标反射回的电磁波进行检测,实现对目标距离、方位、仰角等位置信息的测量。随着技术的不断进步,还可获取目标速度等其他相关信息。

雷达是目标信息获取领域的重要手段,详细阐述雷达工作机理的书籍很多,本书首先从三个哲学基本问题的角度,对雷达的基本概念做科普性描述(有兴趣了解更多专业知识的读者,推荐阅读丁璐飞老师的《雷达原理》、D. Barton 的 *Radar System Analysis and Modeling*、Bassem R. Mahafza 的 *Radar Systems Analysis and Design Using MATLAB* 等雷达专业著作),这三个问题为:雷达是什么?雷达从哪里来?雷达到哪里去?其中重点会结合一些海洋无人平台的特殊需求,对雷达设计相关问题提出一些技术难点和解决方案。

## 12.1 雷达是什么?

### 12.1.1 雷达的功能

雷达基本功能已经体现在缩写名字中,就是探测和距离测量,随着技术的进步,人类可以控制只向特定的方向发射电磁波或只接收特定方向反射回的电磁波,根据波束方向,可以确定雷达的空间方位,所以雷达具备了角度测量的能力。而伴随着数字技术的提升,利用电磁波与目标运动之间的多普勒效应,雷达又具备对径向速度进行测量的能力。除此之外,在特定的应用场景,还可以通过特殊的系统设计方法,对目标的微动特征、极化散射特征、表面粗糙度、介电特性等要素进行测量。

距离测量的基本原理：雷达向空间发射电测波，并开始计算时间，电磁波在空间遇到目标并被反射，雷达接收到反射回的电磁波并停止计时，这就得到了电磁波从雷达传播到目标又被反射回的时间间隔。先验知识已知电磁波传播速度近似于光速，以及电磁波传播速度和电磁波传输时间，就可以计算出雷达与目标之间的距离（图 12-1）。这种方法在技术上被称为脉冲延迟测距（pulse-delay ranging）。

设目标到雷达之间的单程距离为 $R$，单位为 m，电磁波往返于雷达和目标间的时间为 $t$，单位为 s，电磁波的传播速度为 $c$，一般取光速 $c = 3 \times 10^8$ m/s，则

$$R = \frac{ct}{2} \tag{12-1}$$

例如，如果计算出电磁波从雷达到目标之间的往返传输时间是 $10\mu s$，则对应的目标与雷达之间的距离为 1.5km。

**注**：如果严谨地计算，电磁在不同介质中的传输速度是有差异的，但是这个差异值与绝对值比起来相对占比非常小，所以一般情况下在计算雷达测距时，取光速作为电磁波传播速度。

角度测量的基本原理：角度测量即获取目标在三维空间中的方位角和俯仰角，雷达通过天线将发射（或接收）的电磁能量汇集到一个窄波束内，则只有当电磁波束对准目标时，雷达的回波最强，此时记录雷达天线将波束指向了哪个位置，即可获得目标的角度信息。但为了获得更窄的雷达波束，需要更大的雷达天线尺寸，这在工程上往往有很多限制，且雷达波束过窄，也会使得覆盖一个空域需要排布更多的波束，不利于工程使用。为了在一定的波段宽度下，得到更精确的角度测量信息，雷达还引入了改进的角度测量方法，典型情况下，测角精度可以达到雷达波束的 1/10。

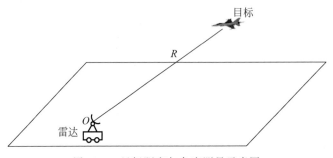

图 12-1　目标距离与角度测量示意图

速度测量的基本原理：雷达的速度测量通常有两个维度的考量。一个维度是通过多次测量目标在三维空间的位置，记录每个位置对应的时间点，就可以通过计算得到目标的速度。这种速度测量是在一次测量信息（距离、角度、时间）的基础上进行的二次演算，一次信息的测量误差会直接影响速度测量信息的准确性。另一个维度是利用多普勒频移现象，直接获得目标相对雷达的径向速度信息。多普勒频移现象也称为多普勒效应，是指当发射源和接收者之间有相对径向运动时，接收到的信号频率将发生变化。物理学家克里斯琴·约翰·多普勒于 1842 年在声学上发现了此现象，在 1930 年左右，这一规律被使用在电磁波领域。当目标与雷达之间存在相对径向运动时，电磁波在被目标反射后，其载频会发生变化，且这种变化与相对径向速度之间存在关系。检测出这个载频变化量，就可以得到目标与雷

达之间的径向相对速度。

设 $v$ 为目标与雷达之间的相对径向速度,单位为 m/s,$f_d$ 为多普勒频移,单位为 Hz,$\lambda$ 为电磁波载频的波长,单位为 m,则有

$$v = \frac{f_d \cdot \lambda}{2} \tag{12-2}$$

当雷达与目标之间的相对距离缩短时,回波载频会提高,当雷达与目标之间的相对距离扩大时,回波载频会降低。

这种直接利用一次物理信息进行速度测量的方法,精度比较高,但却会产生测量模糊现象(即一个频移的测量值会对应多个速度值),可以通过改变雷达发射脉冲频率、解模糊算法等,实现速度的准确测量。

多普勒频移现象还广泛应用于动目标检测和动目标显示等,特别是舰载雷达在对抗海杂波时,通过速度维信息区分杂波和目标是重要的技术路径之一。

目标外形测量的基本原理:目标外形尺寸的测量不是直接测量信息,而是一个计算信息。最基本的原理是:如果一个目标足够大,雷达波束足够窄,目标就可以形成多个回波点,各个回波点在空间的分布就可以形成目标的轮廓信息,从而实现目标外形测量。想要得到更精确的外形测量信息,就需要雷达有更好的距离维和方位维分辨率。距离维可以通过脉冲压缩等技术途径实现,方位维需要更大的天线孔径,以得到更窄的波形。但是无限制地增加实际孔径是不现实的,可以通过合成孔径来实现。这里就引入了在无人海洋应用领域常用到的合成孔径雷达(synthetic aperture radar,SAR)。

SAR 的概念起源于 20 世纪 50 年代初期,美国科学家提出设想,一个长条天线,每个单元同时发射相参波形,再同时接收,通过后端处理形成窄波束。如果在某些场景下,不需要同时发射和同时接收,而是使用一个天线单元,沿着天线平滑运动,分时发送、接收,并存储下回波信息,通过后端处理,形成类似于长条阵窄波束的探测效果,从而通过移动,形成虚拟的合成孔径,即合成孔径天线。采用这种合成孔径天线技术的雷达即称为合成孔径雷达(SAR)。SAR 由于可以对目标进行高分辨成像,广泛应用于海洋探测领域,本书后面章节有更详细的介绍。

## 12.1.2 雷达的工作频率及使用特性

雷达通过电磁波实现目标信息获取,则电磁波本身的特性将影响雷达的探测能力。雷达辐射电磁波的频率是影响雷达探测能力的重要参数之一,也称为雷达工作频率。常用的雷达工作频率一般为 220MHz～35GHz,但现代雷达已经逐渐突破了这种频率限制。例如,太赫兹雷达已经将用频提升到 200GHz 以上,而一些地波超视距雷达,用频在 2MHz 左右,以得到良好的地波传输,实现超视距探测。

目前,雷达常用的工作频段表示方法有两种,一种是雷达最开始应用的,在第二次世界大战期间,军方出于保密考虑,使用如 L、S、C、X 等字母表示雷达工作频率,后来被广泛使用,沿用至今。现在国内雷达行业使用的典型频率描述也大多使用这套机制。另外一种是国际上常用的更简单的字母体系:A、B、C、…表示雷达工作频率,也在部分参考文件中会出现。本书描述的雷达工作频段使用第一种表示方法,其对应的具体频率关系见表 12-1。

表 12-1　标准雷达字母与频率对应表[1]

| 频段名称 | 标准频率范围 | 国际电信联盟分配的雷达频率 |
|---|---|---|
| HF | 3～30MHz | |
| VHF | 30～300MHz | 138～144MHz、216～225MHz |
| UHF | 300～1000MHz | 420～450MHz、850～942MHz |
| L | 1～2GHz | 1215～1400MHz |
| S | 2～4GHz | 2300～2500MHz、2700～3700MHz |
| C | 4～8GHz | 5250～5925MHz |
| X | 8～12GHz | 8500～10680MHz |
| Ku | 12～18GHz | 13.4～14GHz、15.7～17.7GHz |
| K | 18～27GHz | 24.05～24.25GHz |
| Ka | 27～40GHz | 33.4～36GHz |
| v | 40～75GHz | 59～64GHz |
| w | 75～110GHz | 76～81GHz、92～100GHz |
| mm | 110～300GHz | 126～142GHz、144～149GHz、231～235GHz、238～248GHz |

　　从电磁波传播特性角度分析,雷达工作频率越低,其大气衰减越小,但其精确测量能力越差,尤其是测角精度越差。所以低频段雷达多用于远程、对探测精度要求不高的使用场景,如大多数远程预警雷达工作在 L 频段以下。

　　S 波段以上雷达已经可以获得较好的测量精度,同时大气衰减也在可接受范围内,所以大多数中远程预警雷达工作在 S 频段,比较著名的 S 波段雷达包括美国宙斯盾多功能相控阵雷达(SPY-1 系列、SPY-6 等),很多国家的大型预警机也工作在 S 波段。

　　C 波段可获得更好的测量精度,同时恶劣天气环境下,其衰减也并没有恶化到严重影响系统性能,在相同的作用范围内,其消耗的工程成本往往也可以接受。世界上比较著名的 C 波段雷达包括美国"爱国者"武器系统的制导雷达等,在舰载雷达领域,德国的 TRS 系列、日本的 FCS 系列都是较成功的舰载 C 波段雷达。

　　X 波段以上雷达,已经可以获得较高的测量精度,但是同时大气衰减相对较大,在精密跟踪、测量、成像等领域,使用率较高。在海洋工程领域,很多导航雷达工作在 X 频段。SAR 成像雷达大多也工作在 X 及更高频段。世界范围内,比较著名的 X 频段雷达包括美国 THAAD 武器系统中制导雷达,美国新研制的舰载防空反导探测系统 AMDR 中也有一部 X 波段雷达[2-4]。

### 12.1.3　雷达距离探测模型

　　掌握雷达基本原理的最直接工具是雷达方程。雷达方程不仅是数学模型,也可以直观地理解雷达工作的物理含义。雷达方程是表征雷达探测距离的数学工具,同时将雷达发射、天线、空间传播、目标特性、环境损耗、接收等因素在方程中联系起来,非常直观地展现了雷达工作过程。

　　下面就雷达在自由空间的雷达方程做简单推导。这个数学推导过程可以帮助大家更理性地了解雷达基本工作原理。

　　如果将雷达发射机作为一个点辐射源,其能量均匀地向空间各个方向辐射,可以将其理解为一个膨胀的球体。如果辐射源的发射功率记为 $P_t$,则在距离辐射源 $R$ 的球面上的任

一点的功率密度为总功率除以球面的面积 $4\pi R^2$，记为

$$S' = \frac{P_t}{4\pi R^2} \tag{12-3}$$

工程中，雷达通常通过天线将辐射能量约束到一个特定方向，这样就会形成能量增益，记为 $G$，则距离为 $R$ 的点上的功率密度为

$$S_1 = \frac{P_t G}{4\pi R^2} \tag{12-4}$$

**注**：一个我们日常生活中常见的小电器利于更形象地理解这个过程，这个小电器就是手电筒。手电筒的灯泡就类似于雷达辐射源，灯泡发出的光是照射到所有方向的。灯泡后面的一个亮亮的剖面就类似于天线，它将灯泡发出的光进行折射，让光只射向前方。

照射到目标上的电测波，被目标重新辐射到不同方向，目标尺寸、形状、材料等因素都会影响重新辐射电磁波的特性，这里统一将这些概念归结为一个参数 $\sigma$，用以表征目标重新向各个方向散射接收电磁波的能力。这里又可以将被辐射的目标作为一个新的辐射源，这个辐射源辐射的能量与前一步的计算过程类似，到达雷达处的功率密度可表示为

$$S_2 = S_1 \times \frac{\sigma}{4\pi R^2} = \frac{P_t G}{4\pi R^2} \times \frac{\sigma}{4\pi R^2} \tag{12-5}$$

雷达天线可以接收散射能量的一部分，天线的有效接收面积 $A_e$ 内，都可以接收到目标反射回的能量，则雷达接收到的目标反射功率为

$$P_r = A_e S_2 = A_e \times \frac{P_t G}{4\pi R^2} \times \frac{\sigma}{4\pi R^2} \tag{12-6}$$

当接收到的功率大于雷达最小可检测功率 $S_{min}$ 时，目标就可以被雷达检测到。雷达最小可检测功率 $S_{min}$ 是一个系统指标，通常与接收链路的设计和检测准则直接相关，与系统噪声（包括内部噪声和外部噪声）控制水平直接相关。

一个最简单的雷达工作原理如图 12-2 所示。

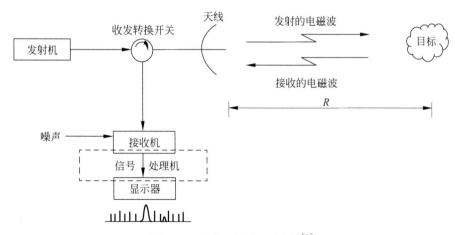

图 12-2 雷达工作原理示意图[1]

由公式可以思考很多问题：

如果想检测更远的目标，就需要得到更大的回波能量或者降低雷达最小可检测信号。

得到更大的回波能量的工程实现途径包括增大发射功率、增加发射增益、增大天线有效接收面积、选择一种工作频率让目标可以更多地反射电磁波能量等。降低最小可检测信号，涉及更复杂的雷达信号检测知识，这里不再详细展开，一种思想是在检测链路只对回波信号进行放大，而压制噪声信号，在数字信号处理引入雷达系统后，还有一些更复杂的检测算法，支撑系统在回波能量极小的前提下，也能检测出目标，如检测前跟踪技术（track-before-detect，TBD）等。

如果作为目标，不想被雷达"看见"，就要想办法减少自己的$\sigma$，也就是不向雷达方向反射电磁波。我们通常所说的隐身飞机（如美国的 F-22），就是利用了这个原理，使用一些工程手段或者新材料，使飞机将电磁波最大限度地不向被照射的方向反射，虽然自己的实际物理尺寸很大，但雷达对其作用距离很短，实现对雷达的"隐身"。

上文的雷达方程中并未体现电磁波传播的各类衰减，在实际工程应用中，还需要考虑衰减因素。例如雨、雪天气，都会对电磁波产生不同程度的衰减，而且衰减值与雷达工作的频段相关，一般情况下，频率越高，在雨雪天气下相同距离的衰减越严重。

而且这里隐含了一个条件，就是电磁波沿着直线在空间自由传播，当应用到海洋工程中时，由于地球曲率的影响，通常雷达的探测距离还要考虑视距的影响，特别是对海面舰船目标进行探测时，雷达的架高往往也是重要考量因素。此外，一些特殊的大气条件会使电磁波并不沿着直线进行传输，而发生折射现象，这时使用雷达方程就要考虑更多因素，而且不能再用距离延迟法对目标进行准确的距离测量[5]。

# 12.2　雷达技术的发展历程

## 12.2.1　雷达技术的萌芽期

雷达这个名称最早起源于 20 世纪 20 年代美国军方的秘密计划，但雷达技术本身的发展历史要悠远得多。雷达是无线电技术的一种应用，因此了解雷达的起源要先了解无线电的发展历程。

无线电的基本原理起源于欧洲。早期的技术贡献者有迈克尔·法拉第（1791—1867）、詹姆斯·克拉克·麦克斯韦（1831—1879）和海因里希·鲁道夫·赫兹（1857—1894）三位科学家。英国人法拉第完全自学，而且几乎没有数学运算能力，他通过实验发现了电磁感应，并假设电磁场可延伸到导体周围的真空中，这个理念是无线电的理论雏形。麦克斯韦是苏格兰人，曾就读于爱丁堡大学和剑桥大学，一个物理学领域"神一般存在"的天才。1864 年，他提出了电磁波的数学模型，用几个方程即可完全表达电磁辐射，这就是物理学上大名鼎鼎的麦克斯韦方程组。

奠定雷达工作基本原理的是德国科学家海因里希·鲁道夫·赫兹（Hernrich Rudolf Hertz，1857—1894），用于描述频率的单位赫兹（Hz）就是以他的名字命名。1888 年左右，在柏林卡尔斯鲁厄理工大学物理教室的一角，海因里希·鲁道夫·赫兹利用一个包含火花隙的电路产生电磁波，并在不远处的一个类似电路中探测到了这些电磁波。在这个过程中，他不仅证明了这些电磁波的存在，而且还证明了电磁波像光波一样，能被金属表面反射。因此，他的电磁波能"检测到"金属的存在。这一看似简单的实验，奠定了雷达工作的物理基础，验证了电磁波发射、被目标散射、被接收，这些雷达工作的最本质过程。不过遗憾的是，海因里希·鲁道夫·赫兹认为这一发现没有工程应用价值。

1904年,德国科学家Christian Hulsmeyer受朋友在撞船事故中去世的冲击,成立公司并发明了一种使用赫兹的电磁波探测原理,用于船只防撞的装置,使用50cm波长火花隙发射机和相干探测器,辐射信号由漏斗形反射器和可以瞄准的管子发出,接收机是一种带有半圆柱形可移动反射屏的独立垂直天线。这个防撞装置取得了德国专利。这可以认为是最早的雷达工程应用雏形,也是世界上第一个雷达领域专利。但不幸的是,这项技术当时还相当超前,并没有得到社会的广泛认可和使用。

现今,雷达广泛应用于各个领域,在日常民生和军事应用中大放异彩,其最早的工程应用还是在海洋工程中。海洋和雷达早早就结下了扯不断的牵绊。

虽然德国最早验证了雷达的基本原理,并实现了早期工程应用。但是当时无线电技术主要应用于通信领域,并被少数势力严格管控了相关技术的发展和应用。接下来的几十年间,德国雷达技术发展基本停滞[6-8]。

## 12.2.2 雷达技术的成熟期

从19世纪末20世纪初到第一次世界大战结束,美国军方是无线电技术发展的主要贡献者。20世纪20年代,无线电产业几乎完全进入消费性电子产品阶段。市场的牵引促进了大量基础技术的快速更新迭代,进而为雷达的快速发展提供了良好的基础。

随着1929年经济大萧条时期的到来,美国陆军和海军也受到了财政上的影响,倾向于抓住稀缺资金,维持当时仍然脆弱的发展力。由于工业产业可以随时进行产品创新,因此,政府军事组织的重点自然转向开发对他们自己特别有利的项目。

其中一项活动称为无线电回波探测(radio-echo detection)——利用无线电信号探测目标的存在。这一活动很快就扩大到目标的距离或范围探测,有时也被称为无线电测向(radio direction-finding)。这与第一次世界大战之前就开始并仍在发展的海底声学技术有着密切的关系。政府意识到这类活动申请与军事存在着重大关系,应予以保密,因此这些项目更加受到了严密的控制。最终,政府采用了无线电探测和测距这一名称并用缩写"RADAR(中文音译:雷达)"作为掩饰,雷达这一名称得以普及开来,并沿用至今。

在美国无线电向雷达发展的过程中,有两家研究实验室发挥了核心作用:海军研究实验室(Naval Research Laboratory,NRL)和陆军通讯兵团实验室(Signal Corps Laboratories,SCL)。这两个组织都完全致力于推动军事技术的发展并开展了广泛的活动。时至今日,有"美国海军研究实验室"工作经验,也依然是雷达学术界一张受人敬仰的"名片"。

1930年6月24日,海军研究实验室正在确定飞机接收天线的特性。当时的情况是美国海军研究实验室有一个9.14m的发射机,一架装有接收天线的飞机位于2mile外的柏林菲尔德。天线是一根15ft长的电线,串在驾驶舱和机尾之间,飞机通过旋转以获得接收模式。当一架飞机从上空飞过时,传送到接收机的信号强度会发生波动——产生一种拍频效应。这一现象的发现拉开了美国海军雷达研制的序幕,也是现在雷达工程形态正式研制序列的开始。

从20世纪30年代到第二次世界大战爆发,美国海军研究实验室和陆军通讯兵团实验室均分别研发了类似现代雷达工程雏形的探测装备,并在美国的舰船和陆地上进行了工程实验。1939年1月,美国海军"纽约号"战舰上安装了早期雷达系统(XAF)并开始进行海上实验,这也成为美国舰队中首个可操作的无线电探测和测距装置。在 3 个月的时间里,该装置经常能够探测到 10mile 内的船只和 48mile 范围内的飞机。两名美国海军军官——S. M. 塔克中校和 F. R. 菲尔特上尉提出了 RADAR 这一无线电探测和测距(radio detection and ranging)首字母的组合词。1940 年 11 月,海军作战部长指示使用"非机密"RADAR 来指代当时的秘密项目。这个缩写词很快就转变为"雷达"的代名词。可见,雷达这一词的产生和海洋密不可分。

与此同时,陆军通讯兵团实验室和美国工业公司研制的早期预警雷达也开始陆续应用。1941 年 12 月 7 日上午,列兵约瑟夫 · 洛卡德和乔治 · 艾略特正在操作其中一台雷达,7:02 时,一串光点出现在屏幕上正北方向 136mile。他们观察了 18min,首先认为雷达出了问题,然后把观测结果提交到刚刚在沙夫特堡(Fort Shafter)由陆军和海军建立的飞机预警系统。值勤员认为这"没什么特别的",只是一架从大陆地区飞离的美国轰炸机。警报并未得到应有的关注。洛卡德和艾略特一直跟踪到 7:39,当时飞机离他们只有 20mile。16min后,日本人袭击了珍珠港,第二次世界大战进入全面爆发期。历史总喜欢和我们开这样的玩笑,那一串光点没有挽救珍珠港,但却使雷达研制和工程应用进度大大加快。偷袭珍珠港事件之后,为了保护巴拿马运河区不受类似袭击,美国启动了一项紧急计划——开发雷达系统。在军事迫切需求的牵引下,雷达技术进入高速发展期。

同一历史时期的地球另一端,第一次世界大战结束后的英国时刻提防着和德国的再次冲突,甚至希望通过侦察德国轰炸机的噪声来实现早期预警,在海岸线建造了噪声放大装置,并寻找听力超长者作为预警人员。但显然这种预警方式并不让人放心。在迫切的需求牵引下,英国也走向了无线电探测技术路线。经过不断的技术尝试和实验,1935 年 6 月 17日,首次实现了基于无线电的探测和测距的演示,并将 RDF 作为这项工作的缩写。在整个第二次世界大战期间,英国和德国的空袭博弈大大促进了雷达技术的发展,还将干扰与反干扰战术引入了信息争夺领域,时至今日,雷达探测的干扰与干扰对抗依然是无休止的永恒话题。

第二次世界大战前,德国也同样开发了出色的雷达探测系统,但是希特勒认为这是一项防御技术,并不能左右战争的胜负,而将资源用在了进攻技术的研发。这个决策也在一定程度上影响了第二次世界大战的走向。至于如果当年希特勒重视了雷达技术的开发,是否会改变战争的进程,也许这是历史为我们留下的一个技术迷局。

在整个第二次世界大战期间,雷达在空中、陆地和海上作战中都发挥着重要作用。美国曼哈顿的原子弹研发项目每年花费大约 20 亿美元(按当年标准),但雷达的研发和部署是一项更大的工程,耗资约 30 亿美元。人们常说,雷达赢得了战争,原子弹带来了和平。大量的资金投入也促进了雷达技术的长足进步。经过第二次世界大战的洗礼,现代雷达的工程形态也基本形成[6-8]。

### 12.2.3　雷达技术的发展期

第二次世界大战结束后,雷达作为重要的信息获取设备,开始全面应用到各个领域。随着整个工业技术基础的进步,特别是功率放大器件、数字技术的突飞猛进,为雷达的工程实践开创了新的技术途径,雷达探测的一些新理念也伴随着工程实现手段的丰富不断推陈出新。

雷达发射系统从最初的无源天线加集中式发射机的形态,逐渐向无源相控阵、有源相控阵、数字相控阵演变。对雷达系统而言,带来了更灵活的空间波束控制能力。特别是有源相控阵技术的蓬勃发展,将原来功率的集中发射变为分布式发射,多个小功率的发射组件共同产生能量增益,即使一定数量的发射组件失效,依然不影响雷达完成探测任务,大大提高了系统可靠性指标,使雷达可以长时间保持使用状态。

随着低噪声器件、功率放大器件、滤波器件、模数转换(analog to digital,AD)采样器件的技术进步和工程应用,使雷达接收系统可以针对性地只放大某些特定信号,而压制其他无用信号,提高了雷达可检测的最小信号能量,提高了雷达探测距离。特别是数字信号处理技术的大量使用和计算能力的不断提升,根本性地改变了雷达的工程形态,构建了信号处理领域各类算法成果在雷达上实现应用的工程桥梁。好比手机从按键时代跨入智能时代,众多算法(application,App)开始在雷达上大放异彩。

硬件技术的进步只是为雷达探测能力提升提供了基础,雷达性能最终是由大量新的算法理念推动前进。例如脉冲压缩技术的引入,解决了雷达探测威力和距离分辨率的矛盾;动目标检测(moving target detection,MTD)和动目标显示(moving target indication,MTI)的引入,解决了目标和雷达存在相对运动时,如何在复杂的环境背景下探测目标的问题;大量的跟踪滤波算法提高了雷达检测和跟踪目标的自动化程度……当前,世界上有数以百万计的雷达行业工作者,不断针对某些特定使用场景,优化或提出新的算法模型,用以解决实际问题。

不论是高速测速雷达、汽车防撞雷达还是引导机场飞机起落的空管雷达、探测气象要素的气象雷达,雷达已经遍布在我们生活的各个角落。而在雷达最初兴起的海洋工程领域,雷达技术也在蓬勃发展[6-9]。

## 12.3 国内外海洋领域雷达技术发展现状与趋势

经过100多年的发展,雷达已经广泛应用于当前各行各业,发展了众多专业分支,宽泛地讲,雷达的技术现状和发展趋势将十分杂乱和庞大。所以这里只介绍雷达在海洋工程中的技术现状和发展趋势,描述的几个角度相对宏观地介绍了行业态势,仅代表笔者个人的观点。

### 12.3.1 雷达硬件平台的数字化

为了更好地描述雷达的数字化,这里用我们日常生活中更多接触的通信设备做个类比描述。最初的通信设备,就是通过一个感知振动的装置将声音转化为电流,通过传输装置,将电流传输到接收端,再通过一个振动产生装置,将电流转化为振动,从而实现发声。这个过程传输的一直是模拟信号,虽然系统比较简单,但是模拟信号传输过程中容易受外界影响,对其轻微的干扰,最终都会体现到传输的后端,且不易进行信号的处理和变化。对应的现代通信装置中,依旧是通过感知振动的装置将声音转化为电信号,但不直接将这个模拟电信号传输走,而是通过一个数字采样装置对电流进行采样,后续的处理和传输都是数字量,数字量的传输相对不容易受外界影响,而且有一套完整的信号处理理论支撑其实现各种处理,灵活度更高。在接收端,通过数模转化装置再将数字量转化为模拟量,最终实现到声音的变化。

有了这个过程,就更容易理解雷达的数字化。初期的雷达就是对模拟信号的处理和检测,相对局限性较高,灵活度有限。现代雷达中,由于计算硬件水平的不断提高,数字化在雷达工程实现中扮演越来越重要的角色。在发射链路,传统的雷达是一个波形产生装置,产生发射的波形,传输到功率放大装置,最终由天线辐射,这个过程中,传输链路会带来系统损耗和干扰信号的引入,整个波形控制也不够灵活。数字化雷达中,天线由无数个分布式发射单元组成,雷达控制系统通过将发射波形对应的数字化编码送到分布式发射单元,在每个单元通过数模转换装置最终完成发射。由于每个发射单元可以分别控制,大大提高了雷达整阵的控制灵活度,一个大的阵面可以分别由不同部分发射不同的波形,或者在空间灵活控制发射波形。就像现代智能手机,可以通过不同的 App 实现定制化需求一样。

在接收链路,现代雷达正在将数字采样的节点不断前移,越早进行数字采样,越可以增加系统的处理灵活度。举个简单例子:如果一个模拟量的输入信号想要分为两路分别进行处理,模拟功分器件就是将其能量分别输出,这样其每一路的能量都只是原来的 1/2,从而可以分别使用不同的处理方法对其进行处理,实现不同的目的。但是在数字域,相同的过程只要对其进行一次数字复制粘贴就可以实现,没有任何能量损失。这仅仅是数字化处理链路带来好处的简单举例。因为数字化的引入,可以开展很多模拟域很难完成的处理。现代雷达信号处理的大量功能基础算法都是以数字化为前提。也正是因为雷达的数字化,可以充分利用当今算力的不断提升,引入深度学习、大数据等思想,提升雷达的自身能力。

**注 1:** 此处并不是一味地强调数字化前移,雷达的模拟量信息也有其固有的好处,具体在工程设计中如何综合利用各自的优势以达到系统最优,这就是雷达工程师的价值所在。

**注 2:** 在中国雷达数字化进程中,以我国雷达技术领域著名科学家、教育家、中国科学院院士、原西安电子科技大学校长保铮为代表的老一辈雷达工作者做了大量奠基性工作,推动了中国雷达工程的不断进步。在本书编写期间,保院士于 2020 年 10 月因病逝世,在此仅代表个人,表达对保先生的深切缅怀。

国际上,先进的雷达产品数字化程度已经逼近极限。在整个链路中,能实现数字化的环节都已经有工程实现基础,在低频段雷达产品中,其数字化程度主要局限于当前工程实现成本和产品本身市场价格的平衡。高频段雷达还受制于数模转换器件当前的技术水平,相信不远的将来,这些瓶颈也将逐渐突破。

硬件平台数字化带来的直接影响就是其最终的能力要通过软件算法实现,这也是雷达数字化带来灵活的重要体现。

## 12.3.2　雷达能力实现的软件化

早期雷达处理由硬件电路实现,一个雷达一旦制作完成,其功能也就基本定型。类似于我们早期购置的非智能手机,手机购买后,其能实现的功能就是手机中已经设置的功能,打电话、收短信、手机闹铃。但智能手机时代,手机购置时只是个硬件平台,其能实现的功能可以通过软件进行自定义。下载不同的 App 就可以实现不同的功能。雷达在数字化后,可以实现的能力也逐渐软件化。在不改变雷达硬件的前提下,可以通过软件的升级和更新,不断重新定义雷达和提升雷达性能。

这样抽象的描述很难理解雷达软件化的内涵。举个具体点的例子:同样一部雷达硬件平台,在海洋工程中,可能需要其完成空中目标的探测、海面目标的探测、大气波导(相关理论在后续章节中介绍)的反演,不同的功能对于雷达硬件平台来说,都是发射电磁波,接收电磁波,再进行采样,变换为数字量,并进行信号处理、数据处理,最终产生结果。回波信号最终是用于探测空中目标还是用于大气波导反演,是通过不同的软件实现的。这就是雷达能力实现的软件化。

雷达功能最终都是通过软件实现的,那就可以不仅仅局限于实现目标探测,如果软件处理思路足够丰富,其功能边界也将逐渐多样。

雷达能力的软件化还可以从另一个层面展开理解,既然雷达功能最终使用软件实现,在硬件水平相当的前提下,软件算法和其处理理念在很大程度上决定了雷达性能。现代雷达性能的高低很大程度上取决于研制厂商的算法积累和软件实现能力,针对不同应用场景的处理细节,往往是显现于最终产品性能的展现。但国内雷达行业对于雷达算法的重视还有待提高,对软件处理算法的深入研究还有待加强。我们使用的很多处理理念依旧来源于国外雷达行业学者的研究。例如,在海洋工程中最常用的导航雷达,国内产品的硬件水平与世界先进水平基本相当,但软件算法对外依存度还较高,海杂波抑制、复杂场景下的目标检测等需要长期研究积累的关键技术,国内的核心研发能力依旧有很大的进步空间。

### 12.3.3 雷达功能边界的模糊化

早期的雷达继承了大量的通信技术基础,随着其行业的独立发展和需求牵引的深入,追求性能极致的工程精神,开辟了雷达行业独有的生态环境和技术状态,形成了独有的工程实现形态。但本质上,雷达依旧是利用电磁波的物理特性进行目标探测和测量的一种工具。原理上,只要是利用电磁波实现相关的功能的产品都是雷达"近亲"。

当一个方向走向极致时,必然会再走向融合。雷达从通信技术基础上不断开辟自身的特色道路,现在已经又逐渐走向功能融合。特别是在海洋工程领域,一个相对狭小的工程载体中,要集成很多功能的电子产品,在其空间有限、能量有限的前提下,多功能化逐渐成为发展趋势。

海洋工程中最典型的舰载雷达,已经出现了功能边界的模糊化,雷达不单是雷达,而变成了一个射频载体,这是因为硬件数字化和功能软件化的支撑。这个射频载体既可以是雷达,也可以是通信设备(射频载体向特定方向发射约定好的特殊波形,另一个射频载体进行接收,并解析相关信息,就可以实现通信),还可以是一个侦听设备(射频载体不发射,只进行无差别的接收,接收信号进行数字采样后进行分析,最终感知环境中的电磁波信号特征),同样可以在电磁领域发射噪声或者欺骗信号作为一个干扰设备。在相同的物理平台下,多个功能可以通过软件实现,只要不是微观意义上的同时工作,通过时间切片的不断轮换,就可以在宏观上实现多个功能的一体化集成,大大拓宽了雷达的使用边界。

现阶段,雷达的多功能化主要还是在军事领域应用,由于军事舰艇功能的高度集成和空间限制,以及多种功能同时工作时产生的电磁兼容管控问题,在同一个射频平台下,通过软件实现不同功能的需求十分迫切,美国等海洋军事强国早已开展了相关技术研究,并且开始逐渐走向工程应用。

未来无人海洋装备的发展对这种高度集成的射频综合体产品将有更迫切的需求。

### 12.3.4 雷达信息获取域的多样化

早期的雷达由于工程实现的精细化程度有限,主要通过时域获取目标的距离信息。更通俗地讲就是,仅仅能够通过发射脉冲和接收脉冲之间的时间间隔来实现目标的测量和距离感知。后续随着工程实现能力的提升,雷达正在扩展自身信息获取的感知域。

雷达是通过电磁波来探测目标的,因此电磁波的固有特性都可以作为雷达获取信息的感知域。电磁波有工作频率,所以雷达就可以获取频域信息,通过频域的滤波来滤除天线接收到的杂波,提高目标检测能力,一定频域的信息获取还可以得到目标的精细轮廓信息,结合运动特性,实现对目标的成像;相控阵天线技术的引入还提高了雷达空域信息感知能力,通过数字波束形成等技术,提高目标空间分辨率在特定方向形成天线的探测增益控制,抑制空间上指定方向的干扰;通过引入电磁波的极化信息,感知不同极化散射特性的目标,获取极化域的目标信息,如在海洋工程领域,极化信息可以作为一种海杂波抑制的技术路径,通过区分目标和海杂波的不同极化散射特性,达到杂波抑制的目的,更好地实现杂波背景下的目标检测。

这里对极化信息做一点展开,相较于在雷达工程中已经成熟应用的时域、频域、空域信息,极化域信息现在并没有在雷达中大量地应用。但是作为一种电磁波的固有属性,随着雷达工程研究的不断深入,极化维度的信息挖掘一定会成为未来一个重要的发展方向。

电磁波的极化概念和光学中的偏振概念类似,其英文单词都用"polarization",中学物理对光的偏振概念做过科普性描述,光作为一种矢量波,其运动特性除了向传播方向运动外,在垂直于传播方向的平面上,也会有运动分量。假如我们和光在传播方向上用同样的速度前进,这样在传播方向维度光对于我们是静止的,这时我们看到的光还在垂直地面上下摆动,就是垂直偏振光,如果在水平地面左右摆动,就是水平偏振光。相同的概念在雷达的电磁波上是一致的。只是描述上变成了水平极化电磁波、垂直极化电磁波或圆极化电磁波等。

**注**:光的偏振概念离我们生活并不遥远,我们在电影院看 3D 电影时,利用光的偏振原理实现左眼和右眼接收的画面不一致,从而形成 3D 效果,就是一种常用的技术途径。这些概念并不是本书的重点,感兴趣的读者可以查阅相关资料详细了解。

电磁波的这个固有属性,在传播或者反射时,会根据目标的不同,展现不同的特质。例如,水平极化和垂直极化的电磁波以相同的角度照射到同一目标时,其反射的雷达回波在极化域可能是不同的,如果测量出这种差异,就能更精细地感知目标特性。这就是将极化域引入雷达探测的最根本出发点。在工程利用中,就可以有很多根据实际情况的变化,比如上文所说的,海杂波作为一种不规则的运动介质反射的电磁波,其在极化域就和舰船这种比较稳定的金属体有差异,利用好这种特性,就可以提高海杂波背景下的舰船检测概率。

获取信息的维度越多,可供雷达处理的信息选择余地越大,雷达越能准确地感知目标。随着工程实现成本的不断降低和信息处理能力的不断加强。未来雷达将更广泛地应用于海洋工程。如果说预测一个一定会实现的雷达发展趋势,那就是雷达一定会不断发展[10-12]。

# 参考文献

[1] 丁璐飞,耿富禄,陈建春.雷达原理[M].4 版.北京:电子工业出版社,2013.

[2] 张光义.相控阵雷达系统[M].北京:国防工业出版社,1994.

[3] 丁璐飞,耿富禄.雷达原理[M].3 版.西安:西安电子科技大学出版社,2002.

[4] 鲁加国.合成孔径雷达设计技术[M].北京:国防工业出版社,2017.

［5］ 张光义,赵玉洁.相控阵雷达技术［M］.北京：电子工业出版社,2010.

［6］ 杨健,殷君君.极化雷达理论与遥感应用［M］.北京：科学出版社,2020.

［7］ 王世远.船用导航雷达［M］.大连：大连海事大学出版社,2014.

［8］ 丁璐飞,耿富禄,陈建春.雷达原理［M］.5 版.北京：电子工业出版社,2014.

［9］ 戴幻尧,王雪松,谢虹,等.雷达天线的空域极化特性及其应用［M］.北京：国防工业出版社,2015.

［10］ STIMSON G W.机载雷达导论［M］.吴汉平,等译.北京：电子工业出版社,2005.

［11］ MAHAFZA B R.雷达系统分析与设计(MATLAB 版)［M］.3 版.周万幸,胡明春,吴鸣亚,孙俊,等译.北京：电子工业出版社,2016.

［12］ BARTON D K.雷达系统分析与建模［M］.南京电子技术研究所,译.北京：电子工业出版社,2012.

# 第13章

# 雷达技术原理

第 12 章对雷达的基本概念做了科普性概述。时至今日,雷达形态已经发生了翻天覆地的变化,本章从其探测原理角度,对其技术原理进行简单的介绍,并结合典型的雷达组成,开展更贴切、形象的原理性描述。

雷达进行探测的一些基本要素包括:电磁能的能量产生、辐射、接收、处理,在接收的能量中辨识出哪些是目标反射回的,并记录时间间隔,完成目标探测。下面从电磁波的视角,对雷达工作技术原理做一个抽象性的工程描述,这样更便于读者理解后面章节的相关内容。这个工程案例并未展现系统设计的全部细节,也并不是所有雷达统一形态的准确建模,但是贯彻了一般雷达工程实现的基本要素,可以将其理解为一个样板间。

首先是信号的产生,一般雷达系统通过频率综合器(下文简称"频综系统")产生雷达信号,图 13-1 是一个典型的相参雷达频综系统。首先是要产生发射信号波形,如线性调频信号或者相位编码信号等,通过变频调整到雷达工作频率,输出至天馈系统进行放大发射[1-3]。

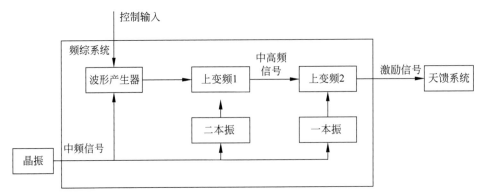

图 13-1　频综系统工程实践举例

激励信号从频综系统进入天线后,经过功率放大,通过天线阵面向空间辐射。为了便于理解雷达中常用的和差测角原理,我们将天线阵面抽象成四个发射单元(这是概念上的抽象,工程中并不是这样实现的)。经过空间传输和目标反射,雷达天线又接收到了电磁波,并通过天线的能量控制形成给接收机的各类信号。关于和差波束测角的相关内容,并不在本书中展开,有感兴趣的读者可以查阅上文提到的专业书籍。但图13-2描述的基本模型可以实现对和差测角的基本理解[1-3]。

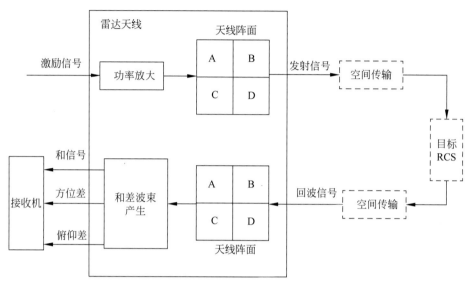

和信号=(A+B) + (C+D);
方位误差=(A+C) – (B+D);
俯仰误差=(A+B) – (C+D)

图 13-2 雷达天线的工程实践举例

天线接收到的目标回波信号传输到接收机,对其进行滤波,把有用的信号功率放大,无用的噪声尽量滤除,并经过变频后完成数字采样,后续信号处理系统才能通过数字信号处理方法实现目标的检测(图13-3)。

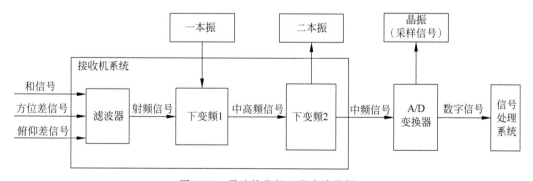

图 13-3 雷达接收机工程实践举例

信号处理系统最终完成目标的检测并提取目标距离、速度、角度等信息(图13-4)。笔者认为,雷达信号处理系统是雷达的核心,是其最终形成能力的关键分系统,也是雷达工程实践中真正拉开工程实施单位技术水平的关键。信号处理系统中涉及的脉冲压缩、MTI等概念,很难简单描述,下文会有详细展开[1]。

至此,目标已经被雷达发现并提取了相关探测信息。有了这个相对简单且高度抽象的模型,可以帮助读者更全面地理解后续相关内容。

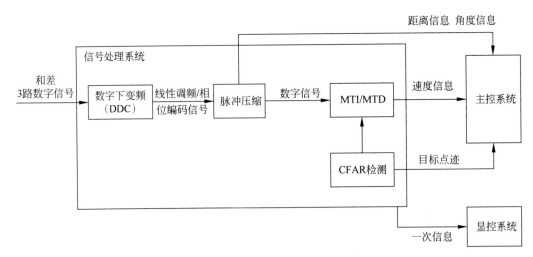

图 13-4　信号处理工程实践举例

# 13.1　雷达发射机的基本原理

　　雷达发射机并没有作为一个分系统出现在上文的模型中,读者可以将其理解为上文模型中的天线功率放大模块。雷达发射机的主要任务是产生大功率的电磁辐射信号。雷达的本质是用电磁波进行探测,电磁波从何处来? 发射机解决的就是这个问题。讲清楚发射机,就要先从电磁波开始说起。

　　麦克斯韦最早在数学中构建电磁波模型时,电磁波并未被人类发现(这就是麦克斯韦的伟大之处)。13 年后,赫兹最早在实验室中证实了电磁波的存在,也揭示了雷达探测的最基本原理。变化的电场可以产生磁场,变化的磁场又可以产生电场,从而产生电磁波。也就是说,只要产生一个变化的电场或者磁场,并向外辐射能量,电磁波就产生了,而雷达发射机的基本出发点就是有规律地产生大量变化的电场或者磁场。

　　那如何产生变化的电场或磁场呢? 经典雷达中,使用的基本原理也非常简单,就是带电粒子的加速运动。例如,一个电子的运动方向或者运动速度发生变化,就会带来变化的电场,而变化的电场又会在稍远处形成变化的磁场,变化的磁场又在稍远处形成变化的电场,于是电磁波产生了。

　　在日常生活中,处于常温状态下的电子,时刻都在做热运动。由于电子热运动就是方向和速度的无规律变化运动,电磁波辐射无时无刻不在发生,只不过大多数电磁波辐射以热辐射形态展现(辐射的波长较长),还有少数以无线电波形态或者光波形态展现。也就是说,热辐射、光辐射、无线电辐射,其本质都是电磁波辐射,区别只在于辐射的波长不同。

　　发射机的使命就是通过某种手段,约束电磁辐射现象,使其辐射的电磁波波长相同,并且辐射强度远大于自然辐射的能量。其中一个常用的工程解决思路就是用强电流激励调谐电路。虽然原理并不复杂,但是从电磁波发现到其在雷达中工程应用,还是经过了漫长的工程优化过程。

　　在工程实现的大分类上,雷达发射机可以分为两大类:连续波发射机和脉冲调制发射机。连续波发射机只在连续波雷达上使用,其应用面相对脉冲式雷达要窄,也有其使用局限性,最大的工程优点是没有测距盲区,一个比较成功的应用是我们的汽车防撞雷达,很多是连续波雷达。更多的雷达都是使用脉冲式发射机,也就是其需要发射脉冲波形。

脉冲式发射机又分为单级振荡式发射机和主振放大式发射机。单级振荡通俗易懂的描述就是用一把"刀"去切一个发射波形,来实现脉冲发射,每次切到哪里并不做控制,所以每个脉冲发射的初始相位也并不一定。其工程实现比较简单,但是发射的多个脉冲之间并不相参,频率稳定度也相对不好,在一些简单、对使用性能要求不高的应用场景还在使用。主振放大式发射机用一个频率源控制整个发射链路,可以实现每个周期发射的波形初始相位一致,这样便于雷达进行相参积累(雷达信号处理的基本概念,此处不详细展开)。其工程实现相对复杂,但性能比较优越。特别是一些精密跟踪雷达中,一般采用这种发射机。

从发射机材料角度,早期的雷达中,主要使用微波三极管和微波器四级管振荡式发射机,这项技术最早是在彩色电视中应用的,其工作频率局限于 VHF 至 UHF。后来,随着雷达在军事、民用领域需求的不断增加,工业体系中越来越多针对雷达的工作需要开展发射系统的研究,速调管、磁控管、行波管等发射器件技术不断成熟。特别是磁控管,由于其组成简单、成本较低,虽然性能和频率稳定度较差,但是时至今日还大量应用于海洋领域的导航雷达。

20 世纪 60 年代后,固态发射机技术开始逐渐成熟。伴随着相控阵雷达的不断普及,分布式的固态发射解决方案带来了系统可靠性方面的质的飞跃。近年来,砷化镓(GaAs)场效应晶体管技术已经十分成熟,大量应用于相控阵雷达。氮化镓(GaN)器件也取得技术突破,雷达发射系统可以提供更高的工作可靠性、更大的辐射能量、更好的能量转化效率、更大的工作占空比……解决了能量辐射基本问题的雷达行业,也迎来更快的发展契机[1]。

# 13.2 雷达天线的基本原理

在最简单的雷达模型中,雷达天线就是一个抛物面,用于将电磁波发射方向约束到想要的探测方向,也就是一个能量集中的装置。随着雷达技术的发展,雷达天线的形态和界定也逐渐模糊,特别是相控阵雷达中,雷达天线已经模糊地界定为波形产生、功率放大、波束控制、回波接收、信号采样等综合工程实体,成为雷达核心硬件和主要成本。本节通过三个雷达天线的物理形态,概述其工作原理和物理本质,详细的技术细节涵盖非常广的技术范畴,不是本书的介绍重点。这三种天线分别是抛物面天线、裂缝波导天线、相控阵天线。

抛物面天线是一种最容易理解雷达工作过程的天线形态。雷达欲发射的电磁波通过发射机产生后,传导到天线馈源,抛物面天线的作用就是通过抛物面的反射,使电磁波的能量尽量向着一个方向传播,这个过程在物理原理上就是把馈源发射的球面波校正为平面波。这个物理过程大家可以更形象地联想到上文提到的手电筒。其工作示意图如图 13-5 所示。

裂缝波导天线是船用导航雷达经常用到的

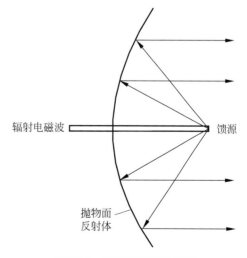

辐射电磁波　　　　馈源

抛物面反射体

图 13-5　抛物面天线示意图

一种天线形式,其基本设计思路是在波导上开孔,这样沿着波导传输的电磁波就从孔中向外泄漏,根据开孔的间距和倾斜方向,可控制电磁波对外辐射的方向,形成类似于抛物面天线的波束控制功能。其成本相对较低,制作简单,但对制作工艺有一定的要求。

相控阵天线基本物理学原理涉及较多知识,核心思想就是雷达通过不同的辐射小单元辐射能量,如果到达目标的电磁波相位一致,则可以实现能量的最大限度叠加,可以简单地将其类比为多个人向一个方向用力,才能形成最大合力。工程实现上,天线通过计算机控制各个小辐射单元的初始发射相位,使辐射的电磁波到达目标时,刚好各个辐射单元辐射的电磁波相位一致,可以进行最大叠加。从而这个方向认定为雷达的波束指向,而其他方向由于相位不一致,不能进行最大叠加。通过改变初始的相位控制量,就可以实现相控阵天线指向不同方向。从原理上可以发现,相控阵天线不用机械调转天线的物理结构,就可以实现雷达波束的快速控制,大大提高了工程使用的便捷性。但同时其复杂程度也相应提高,工程实现和成本较高,在一些对成本不敏感但使用要求较高的应用领域可以大规模应用。

以上内容描述的是电磁波发射的过程,在电磁波接收过程中天线承担的角色类似,接收特定方向的电磁波,并送到接收机,供雷达检测目标。

不同的雷达天线已经赋予了接收链路的更多内涵,比如用和差辅助角度测量、辅助天线辅助干扰侦察等。但天线在雷达接收中最本质的任务还是在特定方向接收电磁波能量[3-6]。

# 13.3　雷达接收机的基本原理

雷达天线接收到的目标回波信号往往是非常微弱的,接收机的基本功能就是对这些微弱的回波信号进行放大,同时抑制我们不想要的其他信号,最终帮助信号处理系统实现目标的检测。

雷达接收机一般采用超外差体制。其基本思想是使用一个本地产生的某频率信号与输入信号进行混频,将输入信号变频到某个预先设定的频率,便于放大、滤波、增益控制、采样等后续处理。超外差的原理最早在1918年提出,是为了应对远程通信微弱信号接收的问题。最初远程信号直接被混频到音频,然后再进行相关处理,其使用效果并不好,而超外差一般是变频到一个比音频高的频率,经过滤波、放大后再进行检波,其性能优于对高频直接放大和外差接收机,所以在早期的通信系统中大量使用,初期的雷达接收机使用了很多通信技术,所以也沿用了超外差接收机的工作机理,并在工程应用中取得了较好的效果。

技术发展至今,雷达接收机已经不是严格的超外差接收机概念,很多复杂系统还采用二次变频的技术,来保证接收机工作带宽,但超外差接收机的名称一直沿用至今。

不同的雷达接收机组成相差甚远,现代雷达中,接收机的工程实现水平基本决定了一个雷达性能的下限(雷达性能的上限往往由信号处理和数据处理软件决定)。但各种接收机实现方案中,最核心的环节往往有三个:滤波、混频、增益控制。

滤波很好理解,雷达只关心自己发射的电磁波带回的信息,但是天线会无差别地接收各种电磁波,而且天线本身也会产生热噪声(其实天线的接收波束控制,就是一种空间滤波技术)。这些除雷达感兴趣的信号之外的其他信号,就需要在接收链路中剔除,这个过程就叫滤波。滤波的概念可以用现在综艺节目中的一个游戏来形象地理解,这个游戏叫"墙来了",

一个移动的墙面挖出特定形状的孔,嘉宾需要摆出和这个孔一样的动作,才可以穿过墙,否则就会被墙推进身后的泳池。滤波一般就是在频率域"开了个孔",只有特定的信号可以通过,其他信号能量被抑制了,这样可以保证最大限度地保留想检测的信号。

混频就是将接收的信号频率变换到特定的频率上,便于雷达进行处理。混频对于雷达的意义类似于语言对于人类的意义。语言将人类的思维变换到了一个可以交流、理解、加工的维度,便于更形象地展示人类的思维。变频将雷达接收的电磁波变换到一个更利于加工、处理、检测和显示的频率,以增加雷达探测信息的可读性。通过一个典型的例子更容易理解这个过程,如果雷达工作在 X 频段(如 9GHz),雷达在接收机中通过混频,将其信号载频变换到中频(如 60MHz),这样雷达可以设计一个相对固定的、复杂的中频信号处理电路,对中频信号进行处理。雷达在工作中一般会在一定范围内变化工作频率,混频过程可以保证不管雷达实际工作频率是多少,中频都固定变换到 60MHz,这样的工程设计提高了系统的可实现性。现代雷达也通常采用数字信号处理变换到更低的频率,便于雷达对信号进行数字采样。

增益控制就是对信号能量进行放大或者衰减,以便雷达更好地进行检测。可以简单地理解为:雷达的检测系统只能更好地检测出一定能量范围内的信号,增益控制就是将大信号衰减,小信号放大,以保证能量水平控制在检测范围内。现代雷达引入数字采样后,数字采样 AD 芯片往往只能对特定能量范围内的信号进行采样。增益控制更重要的意义在于将雷达接收链路的信号能量最终控制到数字采样芯片的工作范围内。

在雷达接收机的工程实践中,往往交叉使用以上不同针对性的环节,最终追求系统性的最优接收链路。在实际中还会考虑很多更确切的问题,但其基本思想不外乎"排除异己,正本溯源"。

雷达在海洋工程中应用时,往往还会涉及接收机中一些特殊的处理过程。这里简单介绍一下灵敏度时间控制(sensitivity time control,STC)和自动增益控制(automatic gain control,AGC)。STC 核心思想是随着距离控制接收链路的放大增益。雷达在发射脉冲后就开始接收,但是距离雷达较近的物体反射回的回波一般能量较强,如果使用一个不随时间变换的链路增益,这些近距离的反射回波可能会造成能量范围超出后端可以处理的能量(如超出了后端 AD 采样的工作范围、放大器的线性工作区间等),从而造成检测困难。STC 通过一些工程手段,将链路的增益控制与距离联合起来,简单地说就是距离越近,放大增益越小,随着距离的增加,再逐渐变成一个固定的增益。这样就可以控制整个接收链路器件都工作在较好的区间,但是牺牲了近距离小目标的检测灵敏度。在海洋工程中,雷达会面临海杂波问题(后续章节会展开介绍),STC 控制方法可以有效控制近距离海杂波造成的接收链路饱和,所以一般海面搜索雷达会使用此技术。

AGC 控制技术是一种闭环增益控制技术。其核心思想是用接收链路放大的结果来控制增益的大小,从而让链路的输出始终保持在一个相对稳定的区间,这个区间在现代雷达中往往是 AD 采用工作状态最好的区间。AGC 控制技术看似原理很简单,但在工程实现中有很多需要长期积累的技术点,由于其作用在数字采样前的模拟信号域,AGC 控制不当会导致整个雷达信号处理工作异常。在海洋工程中,由于其工作场景的复杂性,海杂波、大气波导等现象的存在,给 AGC 的设计带来了更多的不确定性,更严重的会影响系统性能[7-8]。

## 13.4　雷达信号处理的基本原理

雷达信号处理不像发射机、接收机、天线这样有明确的物理模型和相对清晰的工程架构。通常信号处理的概念很宽泛,很多介绍雷达工作原理的专业书籍中,我们能明显地感觉到发射机、接收机、天线、显示都有专门的章节,但是没有一个章节叫雷达信号处理机。但笔者认为,信号处理在雷达最终效能体现上是最重要的一个环节。

雷达信号处理概念宽泛,涉及的内涵和学科也很丰富,如果用一句话来描述什么是雷达信号处理,笔者认为就是:从回波中找到目标。

雷达一系列硬件组成最终都是为雷达信号处理服务。从回波中找到目标是雷达最根本的灵魂。特别是进入数字信号处理后,数字采样技术的引入极大丰富了雷达信号处理的内涵。通过数字信号处理技术,实现脉冲压缩、恒虚警检测等处理算法,一般通过门限检测的手段,实现目标的最终确认。这其中还会包含抗干扰处理、杂波抑制、通道修正等。

这里概括性地介绍一些雷达信号处理的常规算法,对于一部雷达来讲,信号处理是最核心和关键的内容,属于各个雷达厂商的核心商业秘密,所以此处不详细地介绍信号处理流程,只介绍一些雷达信号处理常用的核心算法。

### 13.4.1　脉冲压缩技术

脉冲压缩技术是现代雷达中普遍使用的一种信号处理技术,其解决的核心问题是化解雷达探测距离和雷达距离分辨率的矛盾。

根据上文所述雷达方程,可以等效地理解为:雷达发射的平均功率越大,其探测距离越远,特别是对于一些多功能雷达和监视雷达,往往需要雷达发射大脉宽。同时,根据雷达测距的基本原理,距离分辨率与雷达脉冲宽度成反比,也就是雷达脉冲宽度越窄,距离分辨率越高。因此既要获得较远的探测距离,又要获得较高的距离分辨率,就产生了矛盾。解决这个矛盾就需要高峰值功率的窄脉冲,这在工程上实现难度较大,技术瓶颈很难突破。脉冲压缩技术就是通过另一个思路解决了这个矛盾。

脉冲压缩的基本理念是:雷达发射较宽的脉冲,保证雷达在一定的峰值功率下可以获得足够的平均功率。在信号处理阶段,又将其处理成窄脉冲,保证雷达有足够高的距离分辨率(图 13-6)。

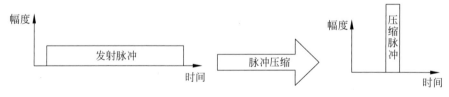

图 13-6　脉冲压缩技术示意图

这里先不做繁琐的公式推导,不利于形象地理解脉冲压缩。先从脉冲压缩的由来介绍这一现代雷达最重要的信号处理技术。

脉冲压缩技术最早在线性调频(linear frequency modulation,LFM)信号上发明。所谓线性调频,就是信号在脉冲内的频率,以固定的速率递增或者递减。这种调试方式与鸟声相似,所以被发明者称为 Chirp,由于脉冲压缩技术最早发明于线性调频信号,所以业内还将 Chirp 作为脉冲压缩的同义词来使用。熟悉雷达行业的学者,如果读过仿真程序,经常会见到这种命名方式。线性调频信号脉冲压缩技术的物理模型其实非常简单,由于雷达发射波形的频率是线性变化的,则反射的回波频率也是线性变化的。如果我们找到一种滤波器,不同频率的信号经过这个滤波器的时间不一样,比如现在需要对一个脉冲内频率线性增加的信号做脉冲压缩,只要找到一个滤波器,信号的频率越低,经过滤波器需要的时间越长,而且刚好经过滤波器的延时,所有频率的信号在相同的时间内从滤波器输出。在时间域,脉冲被压缩到一个相对窄的时间内,于是实现了脉冲压缩。如果这种描述还太抽象的话,我们再简化一下这个模型。

假设雷达发射一个由不同频率片段组成的时域信号,如图 13-7 所示。

图 13-7 发射信号示意图

不同的时间片经过滤波器所用的时间不同,时间片 1 先进入,但是其经过滤波器用的时间最长,时间片 2 次之,时间片 6 最后进入,但是用的时间最短,而且 6 个时间片经过不同的延时,恰好同时输出滤波器,如图 13-8 所示。

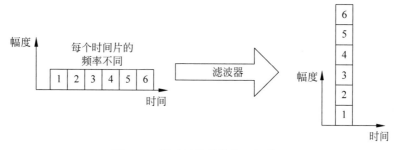

图 13-8 脉冲压缩的简化理解模型

这种滤波器可以通过模拟器件来实现,这也是雷达脉冲压缩技术最初的发现状态。例如一种延迟线,就可以实现线性调频信号的脉冲压缩。

在数学模型上,脉冲压缩有一整套完整的理论基础。现代雷达信号处理已经进入数字时代。从数学模型考虑,脉冲压缩就是一种匹配滤波。以雷达发射信号 $s(t)$ 为例,匹配滤波器的脉冲响应为 $h(t)=s^*(T-t)$。对于雷达回波 $x(t)$,其脉压结果为

$$y(t)=\int_{-\infty}^{+\infty} x(t-\tau)s^*(T-\tau)\mathrm{d}\tau \tag{13-1}$$

数字信号经过采样之后,变成数字量,其脉冲压缩可以表示为:若匹配滤波器脉冲响应为 $h(k)$,雷达回波采样数据为 $x(k)$,$k=0,1,\cdots,N-1$,则其脉冲压缩的输出为

$$y(n)=\sum_{k=0}^{N-1} x(n-k)h(k) \tag{13-2}$$

其中,$h(k)$ 为 $h(t)$ 的采样输出。

工程实现中,经常使用频域脉冲压缩方法。采用正反快速傅氏变换算法来实现离散傅氏变换和反变换运算,速度快,处理效率高。雷达发射信号 $s(t)$ 的频谱为 $S(\omega)$,那么,匹配

滤波器的传递函数为 $H(\omega)=S^*(\omega)$，则脉冲压缩的输出为

$$y(n)=\text{IFFT}\{\text{FFT}[x(k)]\cdot H(\omega)\} \tag{13-3}$$

脉冲压缩技术还会经常接触的一个概念是距离副瓣，也叫距离旁瓣。其本质是脉冲信号的频谱并不是理想情况下的干净频谱，从频域角度来看，脉冲信号会引入全频带内的其他频谱分量，经过滤波器后会形成小的输出峰值，也就是脉冲压缩的副瓣。一个幅度较大的回波信号，其副瓣可能比一些较小的信号的脉冲压缩主瓣还高，这就对目标检测造成了影响。在雷达信号处理中，还经常使用各种加窗来抑制副瓣。所谓加窗，其实可以理解为一种失配，通过牺牲部分主瓣宽度来换取副瓣幅度的抑制。我们经常用到的加权方法包括多尔夫-切比雪夫、海明加权、余弦平方等，现代雷达信号处理中经常使用海明加权方法，可以有效抑制副瓣，同时主瓣也展宽得相对不剧烈[9-12]。

### 13.4.2　动目标显示技术

动目标显示技术(moving target indication，MTI)解决的核心矛盾是在固定或慢杂波中如何检测出运动目标的问题。其实现的基本思想是利用运动目标回波与固定、慢杂波在多普勒频率维具有不同的能量分布特性来抑制杂波，从而使杂波中的目标得以分离出来。其物理模型可以简化地理解为一个滤波器，运动目标的回波可以通过这个滤波器，但是静止或者慢速运动目标的回波将无法通过，或者大部分能量无法通过这个滤波器，这样只有运动目标才能够被检测出来。

其早期的工程实现模型更容易理解动目标显示技术的思想。在数字信号处理出现之前，工程上使用延迟线来实现动目标显示，最简单的一种模型通常被称为单延迟线对消器，其原理框图如图 13-9 所示。

图 13-9　单延迟线对消器工程实现示意图

朴素的理解为：用本周期的信号减去前一周期的信号，如果是固定杂波产生的回波，那两个周期信号一样，就可以减掉，无法从滤波器输出；如果是运动目标产生的回波，那两个周期产生的回波信号有差别，就可从滤波器输出，于是实现了动目标显示。

从数学角度理解，典型的 MTI 滤波器采用非递归结构实现，如下式所示，其中 $a(k)$ 是滤波器的系数，$N$ 为滤波器的阶数。

$$H(z)=\sum_{k}^{N}a(k)z^{-k} \tag{13-4}$$

例如，上文提到的单延迟线对消器在 $Z$ 域的响应为

$$H(z)=1-z^{-1} \tag{13-5}$$

可见，其是一种典型 MTI 滤波器的简单形式。

在现代雷达工程中，MTI 在设计中要复杂得多，特别是进入数字信号处理时代后，可以通过数字信号处理实现一些理论更复杂的模型，以实现性能更优异的 MTI。比如在对慢速

运动杂波进行抑制时,往往需要对抑制频率进行搬移,或者可以根据杂波的特性自适应地形成抑制频点,这种 MTI 滤波器往往被称为自适应 MTI,即 AMTI。这些技术在现代雷达工程中已经是成熟技术。

MTI 处理可以很好地消除由地物等固定目标产生的多普勒频率为零的杂波干扰,对弱气象等强度不大且运动速度也不快的动杂波干扰也有一定的抑制作用。在海洋工程,海杂波就是一种慢速运动杂波,在探测海面目标过程中,就需要使用一些更高级的动目标显示技术[12]。

### 13.4.3　动目标检测

动目标检测(moving target detection,MTD)解决的核心矛盾还是复杂背景下如何更好地检测运动目标。

13.4.2 节提到的 MTI 技术通常只能给系统带来 20dB 的改善因子,在一些杂波强度更高的使用场景,其使用局限性凸显出来。动目标检测系统就是一种性能更好的改进系统。

很多雷达行业内的专业人士都对 MTD 的概念有误解,经常把 MTD 和多普勒滤波器组的概念混淆。其实 MTD 并不是一项单一的技术,而是一种检测系统。由于是一种系统,所以业内对 MTD 的定义也并不完全统一,这里引用丁璐飞老师的《雷达原理》中的观点,对 MTD 系统做一个描述。通常认为在 MTI 技术基础上,对系统做以下改进,以提高动目标检测性能,具体包括:

(1) 增大信号处理的线性动态范围;

(2) 增加多普勒滤波器,使之更接近于最佳滤波器,提高改善因子;

(3) 能抑制地杂波(其平均多普勒频移通常为零)且能同时抑制运动杂波(如气象、鸟群等);

(4) 增加一个或多个杂波图,可以起到帮助检测切向飞行大目标的作用。

有些观点还认为,MTD 系统中还需要包括恒虚警检测(constant false alarm rate,CFAR)。总之,经过这些技术手段共同处理组成的动目标检测系统被称为动目标检测系统。MTD 系统相对比较核心的部分就是多普勒滤波器组,所以很多雷达行业内人士经常混用这两个概念,严格来说,这种提法是不准确的。

为更好地理解 MTD 系统的概念,同样用一个早期的工程实现模型来阐述其基本原理。这是 20 世纪 70 年代美国麻省理工学院林肯实验室(MIT Lincoln Laboratory)设计的一套MTD 系统,其简单框图如图 13-10 所示。

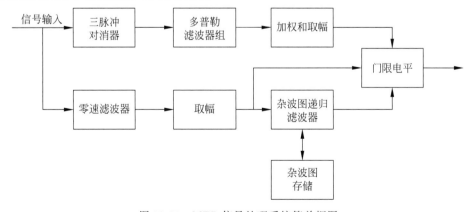

图 13-10　MTD 信号处理系统简单框图

这套系统使用几种技术来提高杂波背景下的动目标检测,首先采用了三脉冲对消器,用来滤除最强的地杂波,以减轻后面处理链路的动态范围要求,然后接一个多普勒滤波器组(其基本原理和作用后续介绍),通过窄带滤波器组实现了杂波背景下的信号滤波,同时引入了杂波图检测支路,实现切向飞行大目标的检测(切向飞行时,目标的多普勒频率为0,通常会被对消器抑制,并在多普勒滤波器组中被当作地杂波抑制,很难被检测到)。

在系统的介绍中,我们需要着重展开一下 MTD 的核心概念——多普勒滤波器组。其实这个技术的观点很朴素,上文我们提到 MTI 技术的核心思想是设计一个滤波器,让特定频点的信号(如零频)无法通过,其他信号可以通过,从而实现对杂波信号的抑制。但是当杂波也同样在运动,而且运动速度还有不同样式时,这种只能抑制特定频点的滤波器性能就受到了局限。多普勒滤波器组这时就可以发挥作用了,为了便于理解,其理想的物理模型可以抽象地简述为:有很多个滤波器,每个滤波器只允许一定频率的信号通过,其他频率一概抑

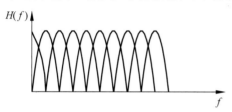

图 13-11　多普勒滤波器组示意图

制,这些滤波器通频带依次叠加,形成了一个类似梳子的滤波频带。对于一个一定速度的目标来说,理想情况下,它只会从这些滤波器组中的一个通过,而与它自身速度不一样的各类杂波都无法通过这个滤波器,所以就实现了性能更好的杂波抑制。图 13-11 可以帮助更好地理解什么是滤波器组。

在工程实现上,可以通过 $N$ 个输出的横向滤波器经过不同脉冲的加权并求和实现。滤波器组覆盖的频率范围为 $0\sim f_r$,其中 $f_r$ 为雷达工作的脉冲重复频率,这里为什么会引入 $f_r$ 这个频率,我们可以带着这个疑问来了解后面的内容。典型的多普勒滤波器组实现框图如图 13-12 所示。

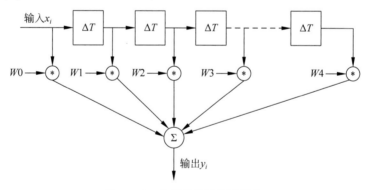

图 13-12　典型多普勒滤波器组

图中的延迟时间 $\Delta T$ 通常就是雷达的脉冲重复周期,而这个脉冲重复周期的倒数,也就是雷达工作频率 $f_r$,我们不做严格的公式推导,就可以理解滤波器组的频率覆盖范围是如何与雷达工作频率联系起来的。这个结构下,$0\sim f_r$ 被几个窄带滤波器覆盖了呢?这个数字取决于横向滤波器的输出个数。这个概念就非常清晰了。

在真正的工程应用中,多普勒滤波器组还有很多技术细节。通常这些技术细节的把控决定了一部雷达的最终使用效果。在海洋工程中,特别需要说明一点,多普勒滤波器组并不是理想的滤波形状,还存在主瓣之外的副瓣。未加权的滤波器副瓣往往还是比较高的(可能

达到−13dB左右），多普勒滤波器组的副瓣意味着其他速度的信号也可以通过滤波器，一些较强的动杂波就可能对目标检测造成影响，比如海杂波就是一种强动杂波。这种情况下，一般有两种思路来解决这个问题：一种是在窄带滤波器组前加对消器，将杂波大部分能量抑制掉，这样从副瓣进入的杂波就会减少，提高改善因子，但这需要增加系统复杂度，而且对杂波运动特性有先验知识；另一种是用加权法降低滤波器副瓣，特别是针对在杂波主要频率附近的副瓣，精细化设计副瓣抑制，但这会造成主瓣展宽[12]。

### 13.4.4 脉冲检测

在经过一系列处理后，最终总要面对一个问题，即什么样的信号从系统中输出，作为一个目标？这里就涉及了脉冲检测问题。雷达中常用的脉冲检测方法是门限检测，也就是脉冲在时域或者频域的能量超过一个门限时，就认定为是一个目标，从系统中输出。现代雷达中也有一些更复杂的检测算法，比如检测前跟踪（track-before-detect，TBD）等，用来解决一些复杂场景、弱小目标检测等特定问题，这里不做详细展开。

常规的脉冲检测技术中，由于采用了门限判定这种思路，门限的设定就非常重要。这里就引出本节重点介绍的内容：恒虚警检测。CFAR技术解决的核心矛盾是如何选定一个检测门限，使系统输出的检测结果中，虚警的概率可控。

这个概念还稍显抽象，在本书的论述逻辑中，有几个要素，这里展开进行简单描述。在雷达回波中，真实目标产生的回波和各类干扰产生的回波是永远伴随在一起的，通过门限进行信号检测的方法，就会有一些并非目标产生的回波被检测出来，这种假目标的检测就称为虚警。这些虚警在所有被检测出来的目标中出现的概率，称为虚警率，而恒虚警检测就是用一种方法产生检测门限，保持虚警概率恒定。

恒虚警检测的数学模型用到了大量的统计学知识，通过严密的数学推理，可以得到一些相对清晰的数学模型概念。但这个过程并不能帮助我们理解恒虚警检测的基本理念。这里依旧通过一个相对简单的恒虚警工程实现方法来更直观地体会这种门限检测方法。这里介绍的方法称为单元平均恒虚警检测（cell averaging CFAR，CA-CFAR），是一种工程上比较简单的恒虚警检测方法。

单元平均恒虚警检测的基本思想是在被检测单位前后各选择一定数量的回波信号，对其取平均值，用这个平均值作为检测门限，在工程中，为了避免目标回波附近有能量泄露，通常还在被测单元左右再选择几个保护单元，不做平均统计。这种朴素的门限确定方法就是比较简单的恒虚警检测模型。通过图13-13更容易理解这个过程。

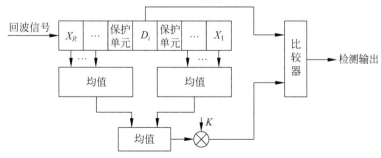

图13-13 单元平均恒虚警检测工程实现示意图

　　这个实现模型中,最终求出的均值还经过了系数加权作为最终的门限,这是为了对系统进行灵活的控制,通过系数的调节,便于系统应用于不同的检测场景。

　　在海洋工程中,还有一些情况需要考虑,所以会根据使用场景,引入一些单元平均CFAR的变种算法。比如,当海用雷达扫过海岸杂波时,杂波强度会突然变大,如果这时依然选用单元平均CFAR,设想在雷达波形刚刚扫到海岸杂波时,一半的门限采样值还比较低,这样就会产生一个较低的检测门限,从而产生一连串的假目标。只有当整个干扰电平充满全部参考单元时,这种杂波才能被一定程度地抑制。这种情况下会使用一种变种CFAR,通常称为单元平均选大CFAR(cell averaging greatest of CFAR,CAGO-CFAR),其工程实现流程如图13-14所示。

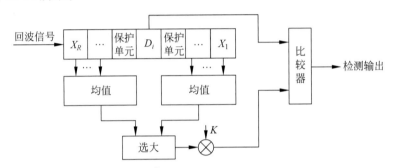

图 13-14　单元平均选大 CFAR 工程实现流程

　　这个模型的主要改变是在检测单元左右参考单元的均值中选择较大的一边作为门限值,这种方法可以一定程度上改变干扰电平突然增加的问题。

　　还有一种情况,比如海洋工程中雷达需要对编队进行探测,这样参考单元中可能存在一些较大的信号,从而抬高了门限阈值,造成了目标无法被检测。所以有些CFAR也会剔除参考单元中的最大信号,然后在均值中选大。

　　以上这两种算法及一些类似的变种,都统称为快门限CFAR,主要是应对一些杂波场景的目标检测。海洋工程的海面目标检测就需要在强海杂波背景下实现目标检测,会使用这种CFAR思路。在一些没有杂波的环境,针对噪声环境下的目标检测,还有一种慢门限CFAR,也称为噪声统计门限处理或噪声恒虚警。慢门限CFAR处理是在雷达休止区对噪声样本进行取样,通过大样本统计方法估计噪声均值,对均值按高斯噪声的标准偏差归一化后得到门限值,该阀值作为判决门限,检测的准则是当被检单元的幅度值大于该值时,判为"有目标",否则判为"无目标"。

　　当然,脉冲检测并不只是恒虚警检测这一种检测方法,为了避免造成脉冲检测就是CFAR这种错误观点,这里再介绍一种其他类型的检测器,如CLEAN检测器。CLEAN检测器首先对参考样本进行初检测,剔除大值后,处理后的数据做CFAR的检测背景进行滑窗统计与检测。这样做的目的是剔除大信号对检测背景的影响,一种典型的实现框图如图13-15所示。

　　这种检测器的检测率和虚警率就不能简单地用统计学实现模型构建,需要用一些更复杂的方法,如蒙特卡罗仿真等。

　　雷达信号处理的这些基础理论在20世纪基本确定后,并没有发生革命性的变化,但是在具体工程实践过程中,对不同场景的理解,针对性地选用不同的处理方法和处理细节,是

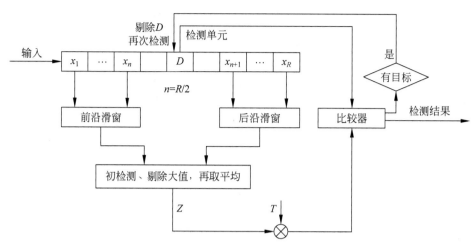

图 13-15　一种 CLEAN 检测器实现框图

决定雷达最终性能的关键,也是一部雷达工程实现差距的主要体现[10-12]。

### 13.4.5　合成孔径雷达的基本原理

合成孔径雷达并非是雷达的一个分系统技术,而是使用合成孔径技术的一种雷达。因为在海洋工程中大量应用,而且其技术特点与传统雷达有一定区别,是雷达工程的一个重要技术分支,这里做一个简单的原理描述。

合成孔径雷达(synthetic aperture radar,SAR)理念的提出主要是为了解决雷达探测方位分辨率的问题。雷达技术大量工程应用以来,科研人员一直在致力于不断提高雷达的分辨率。分辨率又可以分为距离分辨率和方位分辨率。上文已经提到,现代雷达中,工程师通过大时宽带宽积信号的脉冲压缩技术来提高雷达距离分辨率。提高方位分辨率的直观办法是减少雷达的波束宽度,这就需要增加雷达天线的物理长度。但是很明显,在工程上无法无限制地增加雷达天线的物理尺寸。

20 世纪 50 年代初期,美国密西根大学的科学家提出,常规雷达产生一个窄波束,是通过增加天线的物理尺寸实现的。例如一个长的线阵,每个单元同时发射相参信号,接收时再做相参合成处理,从而形成窄波束。但是如果并不是用多个单元同时发射和接收,而是用一个单元依次沿着一条线分时发射和接收,接收后并不马上处理,而是存储下来,进行补偿后统一处理,让这个单元分时接收下来的信号也能够相参。这种方法可以获得一个类似较长线阵的分辨率。这就是合成孔径天线的基本思想。使用这种理论的雷达称为合成孔径雷达。某种程度上讲,合成孔径技术是用时间换方位分辨率[4,12]。

## 参考文献

[1]　丁璐飞,耿富禄,陈建春.雷达原理[M].4 版.北京:电子工业出版社,2013.

[2]　张光义.相控阵雷达系统[M].北京:国防工业出版社,1994.

[3]　丁璐飞,耿富禄.雷达原理[M].3 版.西安:西安电子科技大学出版社,2002.

[4]　鲁加国.合成孔径雷达设计技术[M].北京:国防工业出版社,2017.

［5］　张光义,赵玉洁.相控阵雷达技术［M］.北京：电子工业出版社,2010.

［6］　杨健,殷君君.极化雷达理论与遥感应用［M］.北京：科学出版社,2020.

［7］　王世远.船用导航雷达［M］.大连：大连海事大学出版社,2014.

［8］　丁璐飞,耿富禄,陈建春.雷达原理［M］.5 版.北京：电子工业出版社,2014.

［9］　戴幻尧,王雪松,谢虹,等.雷达天线的空域极化特性及其应用［M］.北京：国防工业出版社,2015.

［10］　STIMSON G W.机载雷达导论［M］.吴汉平,等译.北京：电子工业出版社,2005.

［11］　MAHAFZA B R.雷达系统分析与设计（MATLAB 版）［M］.周万幸,胡明春,吴鸣亚,孙俊,等译.北京：电子工业出版社,2016.

［12］　BARTON D K.雷达系统分析与建模［M］.南京电子技术研究所,译.北京：电子工业出版社,2012.

# 第14章

# 雷达关键技术

　　雷达本身的关键技术很多,每个分系统和处理环节都有技术点需要攻破。全面介绍雷达关键技术不是本书的重点,本章重点就雷达在海洋工程中的应用,介绍一些共性关键技术。

## 14.1　海杂波处理技术

　　雷达是通过目标反射的电磁波进行探测的,但自然界中还有很多并不是我们想探测的目标,却反射了很多电磁波并被雷达接收,如地面、树木、建筑物、云雨(杂波的概念是相对的,如气象雷达用于测云层时,云雨就不再是杂波,而是被探测目标)等。这些杂波为目标的探测带来很多困扰,有时其能量甚至比目标本身的回波能量还高,雷达想要探测到目标,就需要把这些杂波滤除掉。而在海洋工程中,海杂波是一种比较特殊的很难处理的杂波。特别是雷达用于检测海面目标时,如何处理好海杂波的干扰,成为最重要的关键技术之一。

　　海杂波是雷达波束照射到海面,由海面的后向散射形成的杂波。由雷达方程的定义出发,讨论海杂波模型:

$$P_r = \frac{P_t G^2 \lambda^2 \sigma}{(4\pi)^3 r^4 L_a} \tag{14-1}$$

其中,$P_r$ 为雷达接收到的海杂波反射功率;$P_t$ 为发射功率;$G$ 为收发增益;$\lambda$ 是雷达波长;$\sigma$ 是雷达截面积;$r$ 是雷达到照射海面中心区域的斜距;$L_a$ 是大气损耗。

　　从式(14-1)中很明显地观察到,估算海杂波的模型时,关键是估算雷达截面积。通常引入后向散射系数 $\sigma^0$ 的概念,用于方便地描述海杂波估算时的雷达截面积。

　　后向散射系数 $\sigma^0$ 是指散射体表面后向散射强度按空间范围的归一化或平均。由于 $\sigma^0$ 是用来描述整个海面的后向散射系数,所以其雷达截面积应该是平均意义上的,而不是准确的描述数值。故通俗地讲,$\sigma^0$ 是单位面积的平均雷达截面积。

　　若假设雷达的照射面积为雷达的反射面积,雷达照射面积作为一个整体,其面积设为 $A_c$,则用后向散射系数描述雷达截面积 $\sigma$ 为

$$\sigma = A_c \times \sigma^0 \tag{14-2}$$

将式(14-2)代入海杂波估算模型得到海杂波接收功率计算公式为

$$P_r = \frac{P_t G^2 \lambda^2 \sigma^0 A_c}{(4\pi)^3 r^4 L_a} \tag{14-3}$$

通常雷达照射面积估算比较简单,由此计算海杂波模型的关键在于估算海面的后向散射系数 $\sigma^0$。本书使用恒定 $\gamma$ 模型估算后向散射系数。

恒定 $\gamma$ 模型是用于估算面杂波的简单模型,后向散射系数 $\sigma^0$ 的估算公式为

$$\sigma^0 = \gamma \times \sin\psi \tag{14-4}$$

其中,$\gamma$ 是描述散射特性的一个参数;$\psi$ 是相对于面的掠射角,单位为 rad。该模型应用于海杂波估算时,$\gamma$ 的取值和海态 SS(或蒲福风级 $K_B$)及雷达波长有关。具体关系为

$$10\lg\gamma = 6SS - 10\lg\lambda - 58 = 6K_B - 10\lg\lambda - 64 \tag{14-5}$$

其中,参数 SS 或 $K_B$ 是用来描述海面海情的;$\lambda$ 是雷达工作波长,单位是 m。海面态势参数和风级等相关关系可通过表 14-1 的对应关系得到。

表 14-1  海 面 参 数[1]

| 海态势 SS | 蒲福风级 $K_B$ | 风速 $V_w$/(m/s) | 均方根高度偏差 $\sigma_h$/m | 斜率 $\beta_0$/rad |
|---|---|---|---|---|
| 0 | 1 | 1.5 | 0.01 | 0.055 |
| 1 | 2 | 2.6 | 0.03 | 0.063 |
| 2 | 3 | 4.6 | 0.10 | 0.073 |
| 3 | 4 | 6.7 | 0.24 | 0.08 |
| 4 | 5 | 8.2 | 0.38 | 0.085 |
| 5 | 6 | 10.8 | 0.57 | 0.091 |
| 6 | 7 | 13.9 | 0.91 | 0.097 |
| 7 | 8 | 19.0 | 1.65 | 0.104 |
| 8 | 9 | 28.8 | 2.5 | 0.116 |

以某型号雷达为例,雷达工作环境的典型海情见表 14-2。

表 14-2  某型号雷达工作海情

| 海况等级 | 四 | 五 | 六 | 九 |
|---|---|---|---|---|
| 三一浪高/m | 1.25~2.5 | 2.5~4.0 | 4.0~6.0 | >11 |
| 风级 | 5~7 | 7~8 | 8~9 | 12 |
| 平均风速/(m/s) | 8.0~17.1 | 13.9~20.7 | 17.2~24.4 | >32.7 |

对照风速一项得到,雷达工作环境的海态势典型取值为 4~8,选取 5300MHz、5500MHz、5850MHz 三个典型频率进行仿真,得到 $\gamma$ 值见表 14-3。

表 14-3  典型海态和频率点上的 $\gamma$ 值

| 海态势 SS | $\gamma$ | | |
|---|---|---|---|
| | 5300MHz | 5500MHz | 5850MHz |
| 4 | $7.033 \times 10^{-3}$ | $7.299 \times 10^{-3}$ | $7.763 \times 10^{-3}$ |
| 5 | 0.028 | 0.029 | 0.031 |
| 6 | 0.111 | 0.116 | 0.123 |
| 7 | 0.444 | 0.461 | 0.49 |
| 8 | 1.767 | 1.833 | 1.95 |

图 14-1 给出了 $\gamma$ 随海态和频率的连续变化趋势。

由以上表格和趋势图明显可以看出,在 C 波段内,频率变化对 $\gamma$ 的影响远远小于海态变化对 $\gamma$ 的影响。

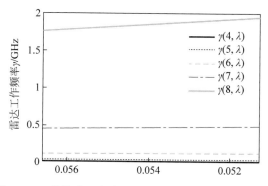

图 14-1　$\gamma$ 随海态和频率的连续变化趋势(见文前彩图)

$\gamma$ 值的变化直接决定了相同掠射角情况下后向散射系数的变化,进而决定了海杂波强度的变化,由此可见,C 波段内频率的变化不会对海杂波的强度带来明显的改变,而海态势的变化起决定性作用。表 14-4 中给出了掠射角定为 1 度情况下,海态势为 4~8 时三个 C 波段内的典型频率的后向散射系数(转化为 dB)。

表 14-4　典型海态势和频率点上的后向散射系数 $\sigma^0$

| 海态势 SS | $\sigma^0$/dB | | |
|---|---|---|---|
| | 5300MHz | 5500MHz | 5850MHz |
| 4 | −39.224 | −39.063 | −38.795 |
| 5 | −33.224 | −33.063 | −32.795 |
| 6 | −27.224 | −27.063 | −26.795 |
| 7 | −21.224 | −21.063 | −20.795 |
| 8 | −15.224 | −15.063 | −14.795 |

由表 14-4 可以明显观察到,C 波段内,频率对后向散射系数的影响并不明显,故只仿真中间频率 5500MHz 上的后向散射系数,可以较有代表性地说明 C 波段上各影响因素对 $\sigma^0$ 的影响。

使用恒定 $\gamma$ 模型对后向散射系数进行估算时,当掠射角很低和掠射角接近垂直入射时,需要进行补偿。补偿分为两种情况:一种是掠射角小于临界掠射角 $\psi_c$ 时,方向图-传播因子 $F_c$ 不再约等于 1,需要对 $F_c$ 重新估算造成的反射率变化;另一种是当接近垂直入射时,小表面特征的反射率被表面上随机倾斜面的类似镜子的反射率 $\sigma_f^0$ 补充。下面分别讨论两种补偿。

**1. 低掠射角补偿方法**

恒定 $\gamma$ 模型对后向散射系数进行估算时,推导模型的默认状态是方向图-传播因子 $F_c$ 约等于 1,但是当掠射角小于临界掠射角 $\psi_c$ 时,方向图-传播因子 $F_c$ 不再约等于 1,需要对 $F_c$ 重新估算。临界掠射角 $\psi_c$ 的定义为

$$\psi_c = \frac{\lambda}{4\pi\sigma_h} \tag{14-6}$$

其中，$\lambda$ 为工作波长，单位为 m；$\sigma_h$ 是用于描述海表面情况的参数——均方根高度偏差，与海态势的对应关系见表 14-1。例如在海态势 4，工作波长为 0.055m 时，临界掠射角 $\psi_c$ 为 0.63°。

当掠射角小于临界掠射角 $\psi_c$ 时，$F_c$ 的估算公式为

$$F_c \approx \frac{\psi}{\psi_c} = \psi \frac{4\pi\sigma_h}{\lambda} \tag{14-7}$$

### 2. 接近垂直入射补偿方法

接近垂直入射时，加入补偿因子 $\sigma_f^0$，用于补偿由于表面上随机倾斜面类似镜子的反射率。$\sigma_f^0$ 的定义为

$$\sigma_f^0 = \left(\frac{\rho}{\beta_0}\right)\exp\left(-\frac{\beta^2}{\beta_0^2}\right) \tag{14-8}$$

其中，$\rho$ 是表面反射系数，由工作波长决定；$\beta$ 是偏离垂直方向的角，定义为 $\beta = \frac{\pi}{2} - \psi$；$\beta_0 \approx 0.05\text{rad}$，是表面倾斜斜率的均方根的 $\sqrt{2}$ 倍。$\sigma_f^0$ 的值在掠射角小于 80°时，可忽略不计，其在入射波长为 0.055m 时的仿真图如图 14-2 所示。

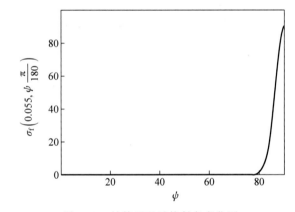

图 14-2　补偿因子随掠射角变化图

考虑低掠角入射和接近垂直入射补偿因子后的后向散射率的计算公式为

$$\sigma^0 F_c^4 + \sigma_f^0 \tag{14-9}$$

在工作频率为 5500MHz(波长为 0.055m)时，对不同海态势、不同掠射角的反射率仿真结果如图 14-3 所示。

以上模型的仿真结果的作用距离为视距，视距 $R_h = \sqrt{2k_a h_r} = 4130\sqrt{h_r}$，其中 $h_r$ 为天线架高，$k_a$ 是地球有效半径($8.5 \times 10^6$m)。

海杂波截面积的定义为 $\sigma_c = A_c \times \sigma_0$，其中后向散射系数的计算已讨论，反射面积 $A_c$ 由波束宽度、天线架高、掠射角、距离门采样周期等估算，如图 14-4 所示。

在照射范围内，根据距离门采样周期，可将反射面积划分为不同的距离单元，因不同距离单元的回波能量将在后续处理过程中分散到不同的距离门内，所以在计算回波能量时，不

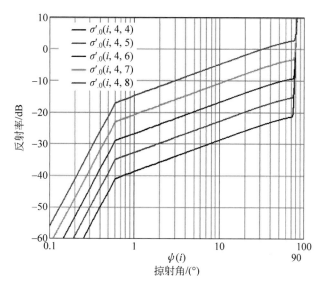

图 14-3 不同海态势、不同掠射角的反射率仿真结果（见文前彩图）

是将整个照射面积当作反射面积 $A_c$ 使用，而是将一个距离单元作为一个反射面积 $A_c$，$A_c$ 的计算示意图如图 14-5 所示。

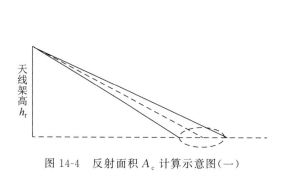

图 14-4 反射面积 $A_c$ 计算示意图（一）

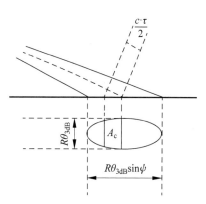

图 14-5 反射面积 $A_c$ 计算示意图（二）

根据图 14-5，将反射面积 $A_c$ 近似看作矩形，$A_c$ 面积的计算方法如下。

（1）矩形长的计算

矩形长定义为天线照射方向切向上的长度，因其并未在海面上产生延展，计算公式为 $R\theta_{3dB}$，其中 $R$ 为雷达到照射海面的斜距，$\theta_{3dB}$ 为雷达 3dB 波束宽度。其物理意义是：雷达照射波束在斜距 $R$ 处的 3dB 波束宽度。将 3dB 波束宽度损失折合成固定损耗因子 $L_p$（$L_p = 1.33$），则矩形长的计算公式还可以表示成 $\dfrac{R\theta_e}{L_p}$（$\theta_e$ 为波束宽度）。

（2）矩形宽的计算

矩形宽定义为天线照射法线方向上的长度。设雷达距离门采样周期为 $\tau_n$，则在距离门内，雷达波束传播距离为 $\dfrac{\tau_n c}{2}$（$c$ 为光速），在雷达波束掠射角为 $\psi$ 的情况下，波束在照射法向上的海面投影长度为$\frac{\tau_n c}{2}\sin\psi$,将此数值定义为矩形宽。

因此,反射面积$A_c$计算公式为

$$A_c = \frac{\tau_n c}{2}\sin\psi \times \frac{R\theta_e}{L_p} \tag{14-10}$$

则雷达截面积$\sigma_c$的计算公式为

$$\sigma_c = A_c \times \sigma_0 = \frac{\tau_n c}{2}\sin\psi \times \frac{R\theta_e}{L_p} \times \gamma\sin\psi \tag{14-11}$$

由于斜距$R$、掠射角$\psi$和天线架高$h_r$之间存在关系:

$$R = \frac{h_r}{\sin\psi} \tag{14-12}$$

将此关系式代入雷达截面积$\sigma_c$的计算公式,可以得到不含斜距$R$的雷达截面积$\sigma_c$表达式:

$$\sigma_c = A_c \times \sigma_0 = \frac{\tau_n c}{2}\sin\psi \times \frac{h_r\theta_e}{L_p} \times \gamma \tag{14-13}$$

根据讨论的海杂波模型,从雷达方程出发,海杂波接收功率可表示为

$$P_r = \frac{P_t G^2 \lambda^2 \sigma_c}{(4\pi)^3 R^4 L_s} \tag{14-14}$$

将$\sigma_c$表达式代入式(14-14),可得海杂波接收功率为

$$P_r = \frac{P_t G^2 \lambda^2}{(4\pi)^3 R^4 L_s} \times \frac{\tau_n c}{2}\sin\psi \times \frac{h_r\theta_c}{L_p} \times \gamma \tag{14-15}$$

按照某型号雷达相关参数仿真,取发射功率峰值$P_t = 12\text{kW}$,天线增益$G = 30\text{dB}$,波长$\lambda = 0.055\text{m}$,距离门采样周期$\tau_n = 0.43\mu\text{s}$,横条阵发射波束宽度在切向方向的宽度为$1.2°(0.02\text{rad})$,天线架高$h_r = 20\text{m}$,$L_p = 1.33$,系统损耗$L_s = 9.4\text{dB}$,海态势4条件下计算$\gamma = 7.299 \times 10^{-3}$,海杂波接收功率随掠射角变化的仿真结果如图14-6所示。

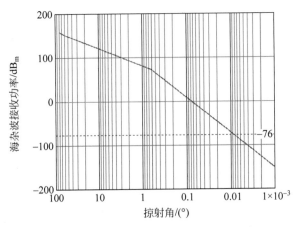

图14-6 海杂波接收功率随掠射角变化仿真图

根据斜距$R$、掠射角$\psi$和天线架高$h_r$之间的关系,可得到海态势8条件下,海杂波接收功率随距离变化的仿真图,如图14-7所示。

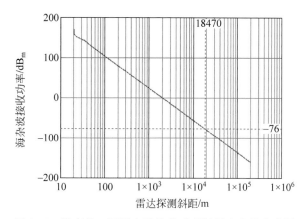

图 14-7　海态势 8 下海杂波接收功率随距离变化仿真图

此模型只对视距以内的海杂波有效,根据视距计算公式 $R_h = 4130\sqrt{h_r}$,在天线架高为 20m 条件下,雷达视距为 18470m,由于天线高度较低,在视距以内,近似认为海面为平面。视距之外的仿真结果无意义。

本书只从工作频率、掠射角等几个要素做简单分析,海杂波抑制正是需要利用这些本质要素,在系统中设计精细化的滤除模型,从而更好地检测目标。抑制算法本身和技术途径是一项系统工程,业内有较多的专业著作和文章[1-12],感兴趣的读者可以深入了解,此处不再详述。

## 14.2　动平台波束控制技术

这里的动平台波束控制主要是针对舰载雷达而言,对于海洋工程中使用的机载雷达、岸基雷达等,不是本节讨论的重点。

首先思考一个简单的应用场景,以便更容易理解什么是动平台波束控制技术。现在需要一部工作在船上的雷达,一直盯着一个目标,探测它的运动轨迹和当前的空间位置。这样就需要雷达一直将发射波束和接收波束对准这个目标。最简单的场景,雷达和目标都静止不动,那雷达天线只需要解算出一个波束指向,一直放在那里就可以了。现在情况变了,目标依然不动,但是船在运动,天线波束还是需要时刻指向目标,就要调整自身的波束指向,如图 14-8 所示。

这个简单的例子只是为了更好地理解动平台波束控制,真实的情况要更复杂。目标本身在运动,雷达也同时在运动,要实现对目标的实时精密跟踪,就需要在控制链路中同时对消掉两个运动的影响。这里可以简单地把天线指向理解为一个手电筒,光只能笔直地射向一个方向,要想在一辆运动的汽车上一直用手电筒照一只同样在奔跑的鹿,就需要你不断调整你的手腕,这里大脑自动完成了这个调整的控制闭环,而在雷达中,这就要困难得多。

对于目标的运动,雷达可以根据探测数据做目标轨迹预测,只要时间间隔相对目标的运动速度合适,现代数学滤波模型可以相对准确地预测出一定时间点上的目标空间位置,为波束动态控制做基础。

对于雷达本身运动,除了雷达的自身控制之外,还需要平台的姿态感知设备,相对精确地得到平台的空间运动特性。例如,如果平台是船,就需要得到船的横摇、纵摇、俯仰、运动

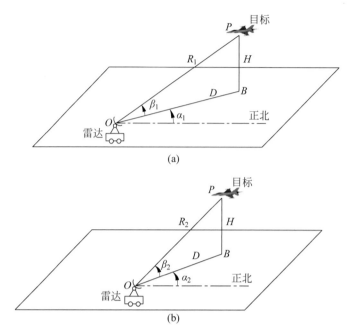

图 14-8　不同时刻的雷达需要不同天线指向

速度等信息,就可以解算出将雷达天线波束指向控制到空间的一个点,需要如何控制天线本身波束。

这一系列的解算过程需要准实时地完成,并在时间、空间上完成完美的配准,才可能实现在动平台下对目标的精确跟踪[2-4]。

## 14.3　海环境适应性

雷达设备面对的高温、高湿、高盐雾问题与光电篇中描述的基本类似。同为电子设备,雷达的三防设计是海洋工程应用中的重要课题。

除了与光学设备类似的问题外,部分海洋工程的雷达设备体积重量较大,工作环境中的振动、冲击也会对雷达性能产生较大的影响。大型雷达装备设计过程中,要着重考虑这些物理量对雷达性能的影响,特别是长期使用寿命的影响。

在海洋工程中,作为一种电子设备,雷达在海洋环境下的抗腐蚀设计成为一项重要的设计指标。这是海洋工程中雷达比其他环境使用雷达比较特殊的一点。雷达设计制造过程中大量使用金属材料,而金属材料在海洋的高温、高湿、高盐雾环境中易发生腐蚀现象,特别是一些焊接、凹槽等部位,由于"三防"措施很难处理,往往是易发生腐蚀的薄弱环节。金属腐蚀会造成雷达各方面性能的下降,如主要结构器件的腐蚀将影响雷达的整体结构强度,进而影响探测精度,电路板关键部位的腐蚀可能造成电气性能的下降,严重的甚至造成短路,引发器件的损坏甚至整机严重损坏等。橡胶、塑料、合成材料等非金属材料也会由于环境的影响,发生加速"老化",进而造成强度降低、变脆易碎等,如强电电缆的外层通常是橡胶材料,橡胶老化可能造成漏电等安全性问题,对雷达操作员造成生命安全问题。所以雷达在海洋工程中的"三防"设计,往往和装备指标、功能的设计一样重要。

海洋环境容易造成雷达装备质量问题主要体现在以下几个方面：

（1）高温、高湿的环境导致电子部件的基本参数发生变化，特别是一些对工作温度比较敏感的核心部件，比如电子芯片、固态阵的功率放大器件等，一些高分子材料黏性降低、密封性减弱、绝缘性减弱等，在高温高湿环境下，放大了物理膨胀系数，导致芯片脱落、焊点脱开、活动部件结构失谐等，造成不可逆的功能性损伤。

（2）高湿环境与高盐雾环境共同作用，在表面凝露形成电解液，加速金属材料的电化学腐蚀，绝缘材料在电解液的附着下，绝缘性能下降，甚至造成短路。

（3）盐雾与空气作用，可能形成对金属保护膜有破坏作用的离子（如氯离子），这些离子可以加速金属的腐蚀，定向破坏电镀件。

（4）高温、高湿环境也为霉菌生长提供了良好生长环境，霉菌同样能够加速金属腐蚀，降低绝缘性能，造成电子器件可靠性的大幅降低。

雷达的海环境适应性是在海洋工程中应用的根本，特别是对雷达可靠性有大幅影响，对使用寿命和功能性能有较强的关联。所以本章对海环境的适应性稍作展开，梳理雷达海环境适应性设计需要考虑的因素。本书内容引导性地概括了海环境适应性的设计要点，每个方向还需要更详细的资料查阅，以完成设计[13-16]。

## 14.3.1 材料腐蚀的基本概念

腐蚀是材料在环境介质的化学、电化学作用及与物理因素协同作用下发生破坏的现象。材料发生腐蚀应具备以下条件：①材料和环境构成同一体系；②材料与环境相互作用；③材料发生了化学或电化学破坏。

在金属材料中，腐蚀指金属与周围环境之间发生化学或者电化学作用而引起的破坏或变质。在海洋环境中，高温、高湿、高盐雾加速了电化学作用，从而使金属腐蚀变快。

除了金属外，其他材料也存在腐蚀现象。比如雷达中电缆外层的橡胶材料，也会发生腐蚀，不过这种腐蚀人们更习惯用另一个词描述——"老化"。橡胶在高盐雾和强光照条件下，也会加速其老化。

在金属腐蚀的分类中，有一种比较特殊的腐蚀现象，可以细分为电偶腐蚀，也叫异金属腐蚀，是指两种不同电化学特性的材料在与周围环境介质构成回路时，电位较正的金属腐蚀速率减慢，电位较负的金属腐蚀速度加快。这种特殊的现象合理应用，会形成一种减少腐蚀影响的保护措施，下文中会介绍到，这里读者也可留意此种现象。

## 14.3.2 海洋工程中雷达设计的金属材料选择

雷达的抗腐蚀措施是一项系统工程，需要从系统设计源头就考虑多项因素，包括材料选择、加工工艺、"三防"处理等。

在材料选择中，金属材料的选择尤为重要，雷达设计过程中，会大量使用金属，选用金属本身的耐腐蚀性就成为了雷达抗腐蚀性能的下限。常用的雷达设计过程的金属材料包括不锈钢、钛合金、铝合金、铜及铜合金等。在腐蚀轻微、环境因素较好的情况下，铝合金由于其重量相对较轻、成本适中，在强度能满足要求又对重量和成本有一定约束的条件下，其实是被雷达广泛使用的，但是在海洋工程中，铝合金相对更容易被腐蚀，不建议再选用。

谈到耐腐蚀，普通人首先想到的就是不锈钢。不锈钢也确实在海洋工程中被雷达大量使用。从种类上分,不锈钢又分为马氏体不锈钢、铁素体不锈钢、奥氏体不锈钢、双相不锈钢等。我们日常生活中经常听到的 304 不锈钢,就是奥氏体不锈钢的一种,其稳定的特性经常会用作食品级使用,如保温杯、热水壶等。表 14-5 给出了一些典型的不锈钢和牌号及对应的特性。

表 14-5　常见不锈钢特性及牌号[14-16]

| 组　别 | 牌　号 | 特　　性 |
| --- | --- | --- |
| 奥氏体不锈钢 | 304 | 具有良好的耐蚀性,用途广泛,冲压、弯曲等热加工性好,无热处理硬化现象 |
| | 301 | 与 304 相比,Cr、Ni 含量较少,冷加工使抗拉强度和硬度增高,无磁性,但冷加工后有磁性 |
| | 316 | 添加 Mo,故其耐蚀性和高温强度特别好,可在苛刻的条件下使用 |
| | 316L | 作为 316 钢种的低碳系列,除与 316 钢有相同特性外,其抗晶间腐蚀性能较好 |
| 铁素体不锈钢 | 410L | 加工性、抗焊接变形、耐高温氧化性能较好 |
| 马氏体不锈钢 | 410 | 马氏体不锈钢的代表,强度高,但不适于苛刻腐蚀环境下使用 |
| 双相不锈钢 | 2205 | 具有较好的力学性能和耐蚀性 |

不锈钢抗腐蚀的基本原理是在大气中会形成一层表面氧化膜,从而抑制腐蚀的发生。但是海洋的高温、高湿、高盐雾会破坏不锈钢表面的氧化膜,从而诱发腐蚀。不同的不锈钢在环境中的抗腐蚀特性表现不一。材料学专著有相关的详细实验数据,此部分内容不作为本书的重点,一般情况下,奥氏体不锈钢被经常选用,其中 316 系列的抗腐蚀特性优于 304 系列。但使用时往往还需要再做耐腐蚀涂层的特殊处理。在成本可接受的条件下,一些高级的双相不锈钢也是一种选择,在进行钝化处理后其耐腐蚀性能较好。但工程本身就是成本和技术的折中艺术,很多场景下不能一味地追求一方面的极致。

除不锈钢外,雷达还大量使用其他金属,如结构钢、钛合金、铜合金、铝合金等。在海洋工程中,这些金属材料都必须要经过表面处理或者涂层保护后,才可以在雷达中使用。其中,在成本不敏感的工程应用中,钛合金是一种海洋环境中的优选材料,其在湿热环境中相对比较稳定,但同时也要注意具体使用温度限制。

### 14.3.3　海洋工程中雷达设计的高分子材料选择

雷达设计离不开高分子材料,海洋工程中雷达设计更需要着重考虑高分子材料的选用。高分子材料的概念比较广泛,一般以高分子化合物作为基体,再通过其他添加剂共同构成的材料统称为高分子材料。雷达中常用的塑料、橡胶、涂料、黏结剂等都属于高分子材料。

不同于金属材料的电化学腐蚀,高分子材料的"腐蚀"一般表现为老化。高分子材料的组成决定了其电化学惰性,在高盐雾的环境下,诱发金属腐蚀的电化学反应对高分子材料基本没有影响,所以高分子材料常用作金属的表面处理和涂层保护。但是高分子材料对太阳辐射、温度、氧化、特殊液体、气体等,却反而相对敏感,容易造成裂纹、变脆、发硬,甚至使其失去强度,这些现象一般称为老化。高分子材料由于其适应性质,一旦老化容易造成雷达可靠性的大幅降低。特别是可能引起一些安全问题(如电缆漏电),需要特别引起注意。在选用材料时要充分考虑其老化特性,同时也要注意日常养护,合理延长其使用寿命,当需要提前维护时,及时更换备件等。

在雷达设计中,塑料可能用于一些辅助器件的壳体(如温湿度传感器、随机仪器仪表)、一些结构件的外包(防止摩擦)、电缆的捆扎线等,塑料一般不会在高端雷达中大面积使用,但是如果有需要,也应尽量选用海环境适应性好的种类。特别是有些塑料制品可能与金属发生接触式腐蚀,在选用时需要特别注意。

雷达还会在设计中使用高分子复合材料,最常见的是雷达天线罩。特别是在海洋工程中,天线罩可以起到防风、防雨、改善雷达工作环境等作用。球形天线罩可以利用外形优势,减少风阻,使雷达明显提高强风下的工作能力。一些天线罩还有频率选择功效,能整体提高雷达的电磁频谱管控能力。例如,玻璃纤维增强塑料(玻璃钢)质轻而硬,不导电,机械强度高,耐腐蚀,一般被选择为雷达罩的材料。为了提高玻璃钢耐老化使用寿命,可以在其表面再涂覆一层涂料或者覆盖一层耐老化的聚酯薄膜,由于耐老化薄膜是在玻璃钢成型模具中附上的,薄膜与玻璃钢树脂结合极佳,形成一个整体,该类雷达罩组装方便、耐候性高,在海洋工程中被雷达大量使用。

雷达中还会用到橡胶、黏合剂、密封胶等高分子材料,基本的选用原则就是能适应高温、高湿、高盐雾的环境,尽量避免与金属材料发生作用。如果是户外使用,需要多考虑强辐射和湿度较大等因素。高分子材料相对来说稳定性更好,是海洋工程中大量使用的辅助材料。其老化特性除了与材料本身的特性有关外,还与使用保养有较大关系,在设计阶段,这些因素都需要尽量考虑在内[12-14]。

### 14.3.4　海洋工程中雷达设计的一些注意事项

除了材料选择外,在海洋工程中雷达设计还有其他一些注意事项。此处并不能作为体系化的设计依据,只是列出了笔者认为应该考虑的一些方面。

首先,海洋环境的系统热设计应该特殊考虑,因为所处环境的特殊性,应该尽量使用简单可靠的冷却技术,因为冷却系统本身就可能是雷达的薄弱环节。系统尽量设计空气过滤装置,进入冷却系统的空气经过干燥处理可大大提高系统可靠性。系统热设计还应充分考虑冷凝水问题,在整体结构设计中,需要充分考虑各结构环节的排水问题,避免在局部形成积水薄弱点。

海洋工程中雷达设计的元器件选用要更多考虑降额设计,对于一些故障后可能造成系统整体性能大幅下降或致命故障的关键元器件,尽量选用最高等级的降额设计原则。一定程度上,这种降额设计会造成系统成本的增加,但是海洋工程中很多性能类似的雷达装备,其价格远远高于陆地装备,这是很重要的一方面原因。

最重要的一个环节是,雷达在设计过程中要做好"三防"设计。所谓"三防",就是防潮、防盐雾、防霉菌的简称。高性能的雷达都会做"三防"设计,但是海洋工程中的雷达"三防"设计需要更加精细化。海洋工程的"三防"设计首要原则是不能留有"三防"死角。在对雷达系统各级进行"三防"处理过程中,会有一些处理盲点,比如一些很难触碰的结构夹缝、后安装结构造成的内部死角等,这些"三防"盲点在普通雷达中可能不会造成致命影响,但是在海洋工程雷达中,往往就会成为腐蚀的切点,最终造成整体性能的大幅下降。在防潮设计过程中,要尽量减少功能性材料本身的直接暴露,避免不同金属的直接接触;防盐雾的基本设计原则是密封,常用的手段是在元器件表面涂覆有机涂层;防霉菌的主要措施是选择不易长霉的材料,一些特别敏感的外部暴露部位,可以选择涂覆防霉漆。"三防"过程中,最常用的就是使用"三防"漆,但是海洋工程中也要特别根据具体的使用环境选择不同的品种,重点考虑使用场合的光照和温度等因素,这些是"三防"漆老化的主要外部诱因。这里结论性地给出丙烯酸类、聚氨酯类和聚对二甲苯类"三防"漆性能相对稳定性。

聚氨酯类"三防"漆的长期介电性好,有优越的防潮性能和耐溶剂性能,且低温环境下性能稳定。聚对二甲苯类"三防"漆是目前所知高频元件、高密度组件、高绝缘组件最有效的防护涂层材料,电绝缘性和防护性好。

雷达工程中还有两个特殊的环节,可能是抗腐蚀的薄弱环节,就是雷达电气或者结构的焊接点和电气串联连接处。对于这些后处理的环节,应该更加关注其"三防"处理,如果焊接的是不同金属,更要通过"三防"工艺防止其电偶腐蚀。一些强电的连接点因为连接后不好进行"三防"处理,更容易引起环境暴露,要特别在这些地方着重考虑密封处理,避免其成为薄弱环节[12-15]。

# 14.4  电磁兼容管控技术

雷达应用中的电磁兼容性有两个层面问题:一是雷达本身的电磁兼容性设计问题。二是雷达作为电子信息设备,与紧凑空间内的其他电子设备相互干扰的问题。

## 14.4.1  海洋工程中雷达电磁兼容性设计的意义

雷达作为一种通过电磁波进行探测的设备,其最终是检测电磁回波产生的微弱的感应电流,进而得到目标的各类信息。海洋工程中雷达的电磁兼容性设计非常重要,可以从两个层面理解:一是目标的电磁回波或者其形成的感应电流不能被污染,否则就会对检测形成干扰,例如,如果系统将一些噪声信号混进模拟电路,就会造成信号本身的检测困难。二是一些电磁干扰会影响雷达本身元器件的性能,例如,一些强电磁脉冲会对数字芯片的性能造成影响,导致系统死机、无法正常运行程序等,如果电路设计考虑不够全面,甚至可能造成芯片的永久性损坏。所以雷达系统的电磁兼容性设计有很高的要求,随着雷达技术的数字化发展,雷达本身既会包含模拟电路,又会包含数字电路,两类电路之间的串扰控制,也需要专门的技术手段。例如,要通过科学的接地系统设计,尽量避免对其他设备的电源稳定性造成影响,也同样避免其他设备产生的电压变化对雷达自己造成影响。特别是海洋工程中的舰载雷达,设备安装紧凑,都在一个共有平台上,无法通过拉开物理空间避免相互的电磁兼容影响。故舰载雷达有严格的电磁兼容性要求和设计规范,以保证全船电磁环境的稳定。相应的行业标准有详细描述,国内还有专门从事电磁兼容性测试、验证的机构。

同时,雷达作为一种电磁波辐射装备,其辐射的电磁波也可能对其他设备产生影响。一般海洋工程中,舰船是探测装备的基本载体,一条船上往往不止有一种利用电磁波工作的装备,比如雷达和通信都会使用电磁波,这就需要不同的设备之间控制不要相互影响。电磁兼容管控的基本思想就是交错。通过空间遮蔽、时域上的分时工作、频率域上的间隔工作等,达到电磁兼容管控的目的,保证一个较紧凑的载体内各类设备可以同时或者功能上不相互影响地同时工作。

## 14.4.2　海洋工程中雷达电磁兼容性设计

海洋工程中雷达的电磁兼容性设计主要是舰载雷达的电磁兼容性设计。从设计的角度,舰载雷达的电磁兼容性设计主要是对系统之间或者系统内部的电磁兼容性进行分析、预测、控制和评估,将电气、电子装置、设备或系统的电磁骚扰的发射电平限制在允许的电平范围内,以达到保护电磁环境的目的,同时在有电磁骚扰的环境下电气、电子装置、设备或系统具有不降低运行性能的能力,实现电磁兼容和最佳效费比。

电磁兼容性设计本身是一门专业,而且与系统电气设计紧密相连,雷达本身系统内的电磁兼容设计,主要关心的是自身干扰所引起的性能恶化,同时还要考虑本系统产生的传导、辐射发射对邻近系统的有害影响和外部产生的传导、辐射发射对系统所引起的有害影响。电磁兼容性设计是一项系统工程,不能通过割裂的一些技术手段实现,本书简单介绍一些常用的设计方法,但这些方法需要综合使用,而且要与系统电路设计紧密耦合。这里对三种比较重要的电磁兼容设计方法进行简单介绍:滤波、接地、屏蔽。

滤波通过采用滤波技术,在频域上处理电磁噪声,为电磁骚扰源提供一条低阻抗的旁路通道,以达到抑制电磁骚扰的目的。在海洋工程中,比较重要的三种滤波方向为电源滤波、接收滤波和发射滤波。

(1) 电源滤波

对于海洋工程中的舰载雷达,一般情况下全船使用统一的电源供电,各种系统对电源品质的要求是不同的,其中雷达是一种对电源品质要求相对较高的电子设备。这就需要对电源进行滤波,即减少电源系统的不稳定性对自身造成的影响,也减少雷达系统自身产生的干扰串扰到电源系统中,对其他电子设备产生影响。业内对舰载雷达设备的电源滤波设计有明确的标准规范,行业内也有成熟的滤波器产品可供选择。但是还需根据实际情况,适当调整滤波器参数,以达到滤除特定干扰的目的。

(2) 接收滤波

雷达设计中,整个接收链路和数字信号处理其实就是一个滤波加检测的过程,这里从电磁兼容的角度描述,只是雷达系统设计的一个侧面。这里的滤波是从剔除系统内和系统间电磁串扰的角度出发。一般的雷达系统在这方面的需求并不十分强烈,如果不是空间紧耦合,完全可以通过物理空间的间隔来实现电磁干扰的相互控制,但是在海洋工程中,物理空间的间隔往往很难实现,就需要通过滤波器来滤除其他电磁辐射信号的干扰。比如同一个舰船上的两部雷达,工作频段相近,其中一部雷达发射的电磁波的杂散信号就可能通过接收链路进入另一部雷达,由于空间距离很近,这种杂散信号可能远远大于目标回波信号,造成接收链路的前段饱和,这种情况下,就需要系统针对性地选择滤波器,对特定频率的信号进行功率压制,而系统工作频带的信号又能顺利通过。这种电磁兼容设计是舰载雷达这种空间紧耦合电子系统比较特殊的一方面。

(3) 发射滤波

接着上一部分的逻辑,很好理解发射滤波。在相对紧凑的平台下,如果每个人都只想着自己,不顾"他人"感受,那最终的结果就是大家都不好过。为了整体的利益着想,应最大限度地控制自己发射的电磁波,避免自己工作频带以外的能量辐射。现代雷达工程体制中,雷达的谐波、杂散抑制是发射滤波的主要考虑对象。特别是雷达主工作频率的谐波,其能量一般较大,需要在信号产生链路的各个环节(如时钟基准、本振、DDS信号产生输出)设计滤波器,系统性地对最终发射信号的纯度进行控制,最大限度保证系统不对其他电子设备产生影响。

接地设计是为系统内各类信号(包括但不限于各类有用信号、噪声信号等)提供公共的通路,包括保护接地、信号接地等。接地体的设计、地线的布置、接地线在各种不同频率下的阻抗等都是电磁兼容设计的关键,也是体现一个系统工程师设计功底的基本量尺。特别是对于雷达这种复杂的电子信息系统,其系统级的接地设计能力很大程度上会影响雷达的整机工作可靠性。

在海洋工程中,雷达的接地设计难点还是在舰载雷达的接地设计。整个舰艇紧耦合、各类电子设备必须严格执行统一的设计规范,任何一个设备不按照要求执行接地,都可能导致整个舰艇的电子设备接地设计出现紊乱。一般情况下,海洋工程中雷达设备的接地分为三种类型:信号地、安全地、噪声地。信号地是低电平敏感电路的地,通常是信号电路和直流电源的参考基准,必要时又分为数字地和模拟地。数字地和模拟地之间也要避免相互串扰,一般情况下,数字地用于数字电路的接地,其大量的0、1电平的切换会在地线中形成比较复杂的信号成分,相比来说其可能对模拟电路产生影响。安全地,顾名思义,是指为保证人员安全,使设备壳体与地之间形成低阻抗连接,用于防止设备感应带电和绝缘损坏时起保护作用,通常为整机及机箱壳体,家用电器其外壳连接的就是安全地。噪声地又称干扰地,为非敏感电路、电源变压器的静电屏蔽层及产生冲击电流和大电源元件的地。整体的设计要求中,这三种地相互独立,最终在全船的一个点完成单点接地,是海洋工程中的雷达与其他雷达不同的设计理念之一。

屏蔽设计是运用各种导电和电磁材料,制造成各种壳体并与大地连接,以切断通过空间的静电耦合、感应耦合或交叉电磁场耦合形成的电磁噪声传播途径。在海洋工程中,为保证各设备的工作环境,一般会对雷达设备的屏蔽性能有统一要求,根据要求等级的不同,需要开展不同层级的屏蔽设计。总体来说,屏蔽是一种控制自身非主动辐射单位产生的电磁噪声的技术手段,感性的解释可以通过一个例子来说明,比如雷达的一个有电子设备的组合,在不做屏蔽的情况下,其电子设备在工作时会产生各类不同频段的电磁噪声(从最根本的物理现象来理解这个现象,任何感应电流会形成感应电磁波,并向空间辐射),屏蔽的目的就是让这些电磁噪声最大限度地不要辐射到自由空间中,以免对其他敏感的电磁感应设备产生影响。一般情况下,大功率或者高电压的器件需要做屏蔽处理;一些敏感电路,如频率源、时钟源等,需要做屏蔽处理。屏蔽材料可选择高导电率、高导磁率的金属材料,在设计中增加屏蔽壳体。

详细地介绍电磁兼容性设计规范,并不是本书的重点,这里更倾向于抛砖引玉,点出电磁兼容性设计在雷达工程中的重要作用。在类似这种细节上的把控能力,往往是当前雷达技术水平的关键点,是雷达从"有"到"精"必须要跨越的重要环节[1,14-16]。

# 14.5 大气波导处理技术

在海洋工程中使用雷达技术,会面对一个爱恨交加的物理现象:大气波导。通俗地讲,就是电磁波在大气中传播并不是严格的直线传播,而是会发生吸收、折射、反射、散射等现象。大气波导就是电磁波在传输过程中被"特殊折射"的一种现象。

在一定的气象条件下,在大气边界层尤其是在近海面大气层中传播的电磁波,其传播轨迹向下弯曲。当轨迹曲率超过地球表面曲率时,部分电磁波会陷获在一定厚度的大气薄层内,就像在金属波导管中传播一样,形成波导传播的大气薄层称为大气波导。我们把射线曲率比临界折射还小的折射称为陷获折射,在这样的大气中传播的电磁波通常都有可能进行波导传播。

当电磁波在近海面大气中传播时,大气波导对其产生的影响主要表现在两个方面:一是增加传播的距离;二是增加电场强度。电磁波在波导层内来回不断反射,其能量的衰减大幅减缓,因此电磁波在波导层内可以进行长距离传播,通常在大气波导中的传播距离可数倍于其正常值。雷达所探测到的目标物是水平方向很远以外的目标。但当存在大气波导且雷达波呈波导传播时,所探测到的目标物的视在距离与实际距离相差甚远,有时可达数千米至一两百千米。考虑到地球曲率的影响,此时目标物的实际仰角应是一个负值。

可见,一方面,雷达可以利用大气波导进行超视距探测,突破地球曲率造成的视距限制,探测更远距离的目标。很多国家都有装备微波超视距雷达,对海面目标的探测距离达到120km 以上,远远超出了地球曲率造成的雷达视距,就是利用了大气波导的相关原理。另一方面,大气波导的存在也严重影响了常规雷达的探测性能,在一定探测角度,电磁波会陷入大气波导,导致雷达探测盲区(图 14-9),且由于大气波导的存在,给雷达本身的测距、测角都带来了干扰,需要专门的数据处理算法,规避大气波导的影响。

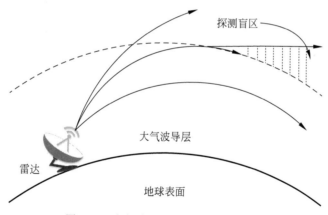

图 14-9　大气波导造成探测盲区示意图

通过对大气波导定义的描述可以发现,大气波导并不是一种物理介质的描述,而是一种物理现象的描述。可以形成这种物理现象的原因和本质有几种分类,业界比较公认的一种分类方法是将其分为贴地大气波导和悬空大气波导。

贴地大气波导具体有三种细分:第一种称为表面波导,这种波导层紧贴地面;第二种称为基于表面的大气波导,其特点是在波导层下面有一个基础层。也有将以上两种大气波导统称为表面波导的。这两种波导一般发生在 300m 高度以下的边界层大气中,其显著特点是波导层顶的大气修正折射率小于地面的大气修正折射率。当近海面存在强逆温层或者温暖而干燥的空气运动到湿冷海面时容易出现此类波导。第三种称为蒸发波导,蒸发波导一般出现在高度 40m 以下的近海面大气中,它由一个较薄的陷获层组成。其形成原因是海面水汽蒸发使得在海面上很小高度范围内的大气湿度随高度锐减。蒸发波导高度随地理纬度、季节、一日内的时间等变化，通常在低纬度海域的夏季、白天，蒸发波导的高度较高。蒸发波导在海洋大气环境中经常出现，而且可能出现在任意海域。

　　悬空大气波导一般出现在高度 3000 m 以下的对流层底层大气中，也称为抬升波导。这种波导底抬升到地球表面以上，通常由一个悬空陷获层叠加到一个悬空基础层之上而构成。其特点是波导层顶的大气修正折射率大于地面的大气修正折射率。悬空波导的下边界高度一般距离地面数十米或数百米，在此高度之上一般出现一个逆温层。图 14-10 通过波导强度和高度的关系，对几种大气波导做感性的示意。

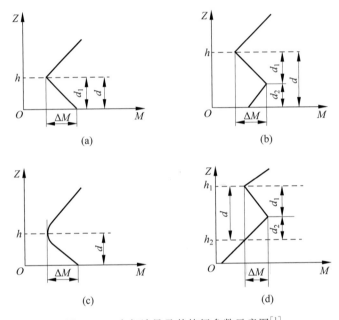

图 14-10　大气波导及其特征参数示意图[1]
(a) 表面波导；(b) 含基础层的表面波导；(c) 蒸发波导；(d) 悬空波导

　　图 14-10 中，$h$ 为波导顶高度，$h_1$ 为陷获层顶高度，$h_2$ 为基础层底高度，$d$ 为波导厚度，$d_1$ 为陷获层厚度，$d_2$ 为基础层厚度，$\Delta M$ 为波导强度。

　　如果从数学角度定量地分析，*Radar System Analysis and modeling*（David K. Barton）一书中给出了定量的描述。基准大气层在地面的折射率梯度为 $\mathrm{d}N/\mathrm{d}h = -0.045N$ 个单位每米。当这个梯度降至低于 $-0.157N$ 个单位每米时，离开天线的电磁波可能被捕获在一个波导中，并以较低的损耗传播很远的距离。可以被捕获的电磁波的最大仰角为

$$\theta_\mathrm{d} = \sqrt{2(N_\mathrm{s} - N_\mathrm{d} - 0.157h_\mathrm{d})} \tag{14-16}$$

其中，$N_\mathrm{d}$ 是波导顶部高度 $h_\mathrm{d}$（m）处的折射率；$N_\mathrm{s}$ 是指数型基准大气折射率；$\theta_\mathrm{d}$ 单位为 mrad。可捕获的最大波长为

$$\lambda_\mathrm{max} = 0.0025h_\mathrm{d}\sqrt{N_\mathrm{s} - N_\mathrm{d} - 0.157h_\mathrm{d}} \tag{14-17}$$

其中，$\lambda_\mathrm{max}$ 单位为 m；$N$ 是折射率，可表示为

$$N = \frac{77.6}{P}\left(P + \frac{4810p}{T}\right) \tag{14-18}$$

其中，$T$ 是温度，单位为 K；$P$ 是压强，单位为 mPa；$p$ 是水汽成分的压力。例如，一个大气波导顶部的高度为 100m，$N_s - N_d = 25N$ 个单位可被捕获，那么离开天线的电磁波仰角小于 4.3mrad、电磁波波长小于 0.76m，就可能被捕获，陷在大气波导中。从这个公式中还可以定性地分析得出，一般情况下，大气波导的高度越高，其可捕获的电磁波最大仰角越大，也就是说，贴地大气波导对于一些高空探测雷达影响是有限的，反而对于一些工作仰角比较低甚至需要探测海平面的对海搜索雷达，其影响较严重。同样可知道，大气波导的高度越低，其可捕获的电磁波最大波长越小。例如上个例子中，如果大气波导的高度为 10m，其他参数认为不变（通常这种情况下，$N_d$ 也会减小，这里极端地认为其不变），则计算出此时的最大波长为 0.1m（实际情况下这个数值应该更大），舰载雷达工作频率越高，其波长越小。例如，X 波段雷达如果工作在 12GHz，其波长为 2.5mm，很难脱离大气波导的捕获范围。这里可以定性地给出，一些工作频段较高的低空搜索雷达更容易被大气波导捕获。从反面来讲，这些雷达需要更多地考虑大气波导造成的测量误差；从正面来讲，很多舰载微波超视距雷达工作在较高的频段，如 X 频段的微波超视距雷达产品较多。

电磁波除了频率以外，还有一个重要的传播特性——极化。此处只是结论性地给出极化形式对电磁波的影响。在相同的其他条件下，水平极化的电磁波最大自由空间陷获波长是垂直极化最大陷获波长的 1/3。也就是说，在相同的波长下，垂直极化更容易被大气波导陷获，从而对探测产生影响。同样地，垂直极化从利用大气波导的角度出发，更适合被选择用于舰载微波超视距雷达[1,17-18]。

# 参考文献

[1] 丁鹭飞,耿富禄,陈建春.雷达原理[M].4 版.北京:电子工业出版社,2013.
[2] 张光义.相控阵雷达系统[M].北京:国防工业出版社,1994,1996,2000,2001.
[3] 丁鹭飞,耿富禄.雷达原理[M].3 版.西安:西安电子科技大学出版社,2002.
[4] 鲁加国.合成孔径雷达设计技术[M].北京:国防工业出版社,2017.
[5] 张光义,赵玉洁.相控阵雷达技术[M].北京:电子工业出版社,2010.
[6] 杨健,殷君君.极化雷达理论与遥感应用[M].北京:科学出版社,2020.
[7] 王世远.船用导航雷达[M].大连:大连海事大学出版社,2014.
[8] 丁鹭飞,耿富禄,陈建春.雷达原理[M].5 版.北京:电子工业出版社,2014.
[9] 戴幻尧,王雪松,谢虹,等.雷达天线的空域极化特性及其应用[M].北京:国防工业出版社,2015.
[10] GEORGE W S.机载雷达导论[M].吴汉平,等译.北京:电子工业出版社,2005.
[11] BASSEM R M.雷达系统分析与设计(MATLAB 版)[M].3 版.周万幸,胡明春,吴鸣亚,孙俊,等译. 北京:电子工业出版社,2016.
[12] DAVID K B.雷达系统分析与建模[M].南京电子技术研究所,译.北京:电子工业出版社,2012.
[13] MERRILL I S.雷达手册[M].2 版.北京:电子工业出版社,2003.
[14] 张润泽.船舶导航雷达:第一册[M].北京:人民交通出版社,1987.
[15] 张润泽.船舶导航雷达:第二册[M].北京:人民交通出版社,1987.
[16] 张润泽.船舶导航雷达:第三册[M].北京:人民交通出版社,1990.
[17] 李丽娜.航海自动化[M].北京:人民交通出版社,2000.
[18] 章杏谷.航海雷达[M].大连:大连海事大学出版社,2010.

# 第15章

# 雷达技术在海洋工程中的应用

雷达作为一种信息获取传感器,由于其全天时、全天候都可工作的物理属性,在海洋工程中被广泛应用。而且从最开始的目标探测,衍生了更多应用领域,如环境感知、水文气象条件观测等。正是因为雷达的发明,大大丰富了人类探索海洋秘密的手段,为海洋资源的开发利用提供了助益。

## 15.1 雷达在海洋工程中的军事应用

第二次世界大战结束后的相当长的一段时间内,世界处于相对和平状态。但是牵引雷达技术水平不断在海洋工程中发展的,还是雷达在军事上的应用。

雷达作为一种信息获取装备,是现代舰艇防空作战的重要组成部分,雷达性能往往是一艘现代作战舰艇的关键作战指标,承担着舰艇自身防护和编队防护的重要作战使命。此部分内容主要参考了《简氏防务》和《世界海用雷达手册》,具体详细的内容还可参见其他资料。

### 15.1.1 美国 AN/SPY-1 系列舰载雷达

提起现代作战舰艇的防空雷达,一定不能绕开大名鼎鼎的美国 AN/SPY-1 系列舰载雷达,它配合形成的武器系统,有一个更引人瞩目的名字——宙斯盾(Aegis)。AN/SPY-1 系列舰载雷达最初装备于"提康德罗加"导弹巡洋舰,之后陆续装备了航空母舰、导弹驱逐舰等,现今保有量最大的是列装于"阿利·伯克"级导弹驱逐舰的主战舰载雷达。美国海军不但持续对 AN/SPY-1 系列进行升级改造,同时也在研制更先进的 AN/SPY-6 雷达,形成了当前美国舰载防空雷达的主要装备图谱。

牵引 AN/SPY-1 雷达研制的是美国海军对于新型水面导弹系统的需求。这种导弹系统需要对防空区域进行搜索,并对重点目标(如飞机、导弹)进行跟踪,引导武器系统对其完成打击。面对这种需求,传统的海军单面阵旋转雷达明显不能满足,而相控阵雷达灵活的波束控制能力很好地满足了武器系统的作战需求,催生了 AN/SPY-1 雷达的研制。

AN/SPY-1 系列雷达具备以下功能:全空域搜索、自动目标探测、多目标跟踪;为指挥决策系统提供探测到的目标数据;为武器控制系统提供目标和拦截导弹的跟踪数据,在武器控制系统控制下为导弹提供中段制导指令,并给末级照射雷达输送指向数据等。AN/SPY-1 系列雷达有 AN/SPY-1A、AN/SPY-1B、AN/SPY-1C、AN/SPY-1D 和 AN/SPY-1E 五种系列化产品。其中 AN/SPY-1 为实验装备,并未列装战舰,后续系列化产品在基本产品框架下不断升级,并列装于各类舰艇。

AN/SPY-1 系列雷达是一种固定式 S 波段电扫描相控阵雷达,是一种当时非常先进的无源相控阵体制雷达(现在看其技术体制已经相对落后,最新研制的 AN/SPY-6 已经是有源相控阵体制,可靠性大大提高)。

在装备部队初期,AN/SPY-1 系列雷达在世界范围内享誉盛名。AN/SPY-1A 及其改进型雷达是至今装备数量最多的舰载无源相控阵雷达,多年来,通过不断改进,在降低成本、减轻重量、缩小体积、提高可靠性和可用性及抗干扰性能等方面都取得了显著成效,从而大大提高了雷达系统的技术性能和战术性能。

## 15.1.2　荷兰 SMART 新型三坐标雷达

SMART 雷达也在世界范围内享有盛名。SMART(signal multi-beam acquisition radar for targeting)是荷兰电信设备公司的多波束目标捕获雷达的缩写。该雷达是一部全天候舰载三坐标雷达,它是信息处理和武器控制系统的主要探测器,用来装备小型护卫舰以上的各级舰艇。

SMART 雷达有三种型号:SMART-S(基本型),用于对空区域防御;SMART-X(辅助型),用于点防御系统;SMART-L(远程型),用于远程搜索。

1981 年,SMART-S 雷达系统的研制计划开始实施。1983 年,荷兰电信设备公司和以英国为基地的 MEL 公司正式达成了协议,共同投标以达到皇家海军 23 型护卫舰装备新的搜索和目标指示雷达系统的要求。至 1985 年,SMART-S 雷达一直处于发展之中。1990 年 4—6 月,该雷达装在 S 级护卫舰上进行海上实验,其中包括一项完整的功能实验和一项在海洋环境中对系统抗多种目标的有效性测试,同年,SMART 雷达的派生型 MW.08C 波段中近程多波束三坐标雷达在葡萄牙投入服役。1991 年,荷兰电信设备公司开发了一种 SMART 雷达的远程型 SMART-L 远程警戒雷达系统。1991 年 7 月 24 日,荷兰电信设备公司签订了研制 SMART-L 雷达的合同,合同金额为 2500 万美元。合同要求 8 部 SMART-L 雷达中的第一部在 1995 年中期交货,装备荷兰皇家海军实验船。电信设备公司计划在 1995—2005 年间,平均每年生产两部 SMART-L 雷达。1991 年 11 月,电信设备公司与 FEL-TNO(物理和电子实验室)为 ARTIST(改进型监视和跟踪的先进雷达技术)研究计划签订了一项价值 580 万美元的研制合同。从 ARTIST 计划产生的防空系统将与 SMART-L 和 SMART-S 雷达、"毒刺"(STING)火控雷达、红外传感器和防空导弹相结合。1992 年,SMART-S 雷达投入服役。1995 年 2 月,将试制完成的 SMART-L 雷达的天线阵列和各种电子设备及软件组装到雷达视频处理机柜中。从 1995 年第二季度至年末,对 SMART-L 雷达进行远场天线测量实验和室外系统性能实验。

据 1994 年的报道,SMART-S 雷达的单机成本约 1000 万美元;SMART-L 雷达的成本大概在 1200 万美元。

荷兰海军从 1985 年开始先后为"赫姆斯科克"改型护卫舰订购了 2 部 SMABT-S 雷达,为"科顿艾尔"级护卫舰订购了 6 部 SMART-S 雷达,以及为"卡雷尔多尔曼"级护卫舰订购了 8 部 SMART-S 雷达,还订购了 8 部 SMART-L 雷达;西班牙为 F-100 护卫舰订购了 4 部 SMART-L 雷达和 4 部 SMART-S 雷达;1989 年,德国为其 F-123 护卫舰订购了 4 部 SMART-S 雷达,1998 年,又为其 F-124 护卫舰订购了 3 部 SMART-L 雷达;荷兰海军订购了 4 部 SMART-L 雷达装备其护卫舰。该雷达成为德国、荷兰和西班牙三国护卫舰合作(TFC)计划的防空作战系统中远程雷达的组成部分。

这里再展开介绍一下 SMART-S 雷达,以便读者更感性地理解本书前面的相关内容。SMART-S 雷达天线装在桅顶上,采用液压稳定系统,稳定范围为横摇±30°、纵摇±10°。由一个单阵元自由倾斜宽带发射阵列和一个多阵元(16 根)带状线接收阵列组成。超低副瓣电平单平面相控阵使该系统能进行精确的三坐标搜索和跟踪。

首先在该雷达天线阵元内自动完成接收信号的预处理,以确保高灵敏度,然后把接收机的输出馈入数字波束形成器,以产生 12 个独立的仰角波束,进行多普勒 FFT(快速傅里叶变换)处理和自动跟踪。这 12 个堆积波束覆盖 0°～90°的仰角范围。

发射机采用脉冲压缩体制的大功率脉间相参行波管放大器(TWT),输出峰值功率为 145kW。它有三种发射方式:固定频率、扫描过程中频率捷变和脉间频率跳变。

雷达接收机采用动目标显示(MTI)、多普勒 FFT 和线性视频输出。噪声系数为 3.0dB,带宽为 2.2MHz,压缩脉冲宽度为 0.6μs。另外,装备两部微处理机,一部用作目标录取,另一部用作终端计算机。为了降低处理负荷,动目标显示通过 FFT 仅在有气象杂波影响的区域内使用。万一出现干扰,SMART-S 雷达就自动改变脉冲重复频率(PRF)。

SMART-S 雷达是一部在工程设计上相当成功的舰载雷达,其很多设计细节都是海洋工程雷达学习的典范。从硬件的三防性能到算法模型的精细化程度,都有非常多的可取之处。

### 15.1.3　德国 TRS 系列雷达

在海洋工程中,哪些波段更适合使用,曾经也有过争论。前面介绍的美国的发展路线是选择了 S 波段。在兼顾了威力的同时,又保证了一定的测量精度。但是欧洲和日本等一些国家,在舰载雷达上选择了更高的 C 波段。TRS 系列雷达就是 C 波段雷达中的佼佼者。

TRS-3D 系列已经装备多国海军,包括多功能战舰、巡洋舰、护卫舰等,其主要功能包括对海对空搜索、掠海检测、海面火控等。其最新的 TRS-4D 有源相控阵对海对空监视雷达,已经随最新的 F125 护卫舰交付德国海军。

TRS-4D 雷达有旋转和四面阵两种工作模式,其中安装在德国海军 F125 护卫舰上的是四面阵状态(图 15-1)。该雷达采用了氮化镓(GaN)半导体技术的 T/R 组件,最大探测距离达到 250km,能够探测 $\sigma < 0.01\text{m}^2$ 的目标,且具备对 1000 多个空、海目标的三维跟踪能力,在装备测试中,TRS-4D 展示了极高的测试精度,特别是对无人机、导弹和潜望镜等小型目标。

该雷达具有以下性能特点:

(1)优秀的反应时间和生存力:快速跟踪起始和确认。对低信号特征的空中和海面目标有很强的检测能力,以及基于特有分类策略的威胁评估。

(2)先进的目标定位能力:精确跟踪小型快速移动目标、对抗不对称威胁。对高优先级区域加强威胁监视。

图 15-1　装配 TRS-4D 雷达的 F125 护卫舰

（3）组网能力：提供更新的协同作战能力，如无先例的指示搜索和跟踪。

（4）扩大的态势感知能力：高跟踪更新率，保证有效的自我防御和地区防御。

（5）高作战可靠性：采用高可靠性技术，性能缓慢下降。

（6）设计满足当前和未来的需要：通过灵活的软件定义雷达管理，可满足各种各样的任务需求。

如果需要在一部雷达上实现较强的预警观测能力，又具备一定的探测精度，C 波段是较好的选择。特别是一些只有一部主雷达的中型舰艇，C 波段作为主探测装备的工作频点，有较好的体制优势。

当前世界范围内的舰载雷达型谱非常丰富，全面地介绍其内容并不是本书的重点。这里分别从研制历史、装备过程、主要性能等角度，有侧重点地介绍三种比较有名的装备，以便读者对雷达在海洋工程中的军事应用有一个基本认知，以更感性的角度去理解这个重要的雷达应用分支。现代雷达的很多重要技术突破都是在舰载雷达的需求牵引下实现的，其重要的技术地位值得浓墨重彩地重点介绍，但限于其内容的敏感性，不便在本书过多展开。

## 15.2　导航雷达

导航雷达是雷达在海洋工程中应用最广泛的分支。导航雷达主要用于船舶航行过程及出入港口、狭水道等区域的导航和避碰，尤其在能见度较差的恶劣天气，是保证船舶的航行安全的必备电子设备，其性能的好坏与船舶的安全航行息息相关。在船舶操作层面，利用导航雷达的探测结果，常用的避险方法有两种：距离避险线（雷达安全距离线）和方位避险线（安全方位线）。由于水上交通的不断发展，导航雷达使用范围逐渐扩大，在港口、海岸、河流监控和管理等场合得到应用，导航雷达功能不断增强。

1904 年，德国人 Chrisian Hulsmeyer 最早申请了单站脉冲雷达专利，其推销的用于海上舰船防撞的雷达雏形，其实就是一种广义上的导航雷达。一个多世纪以来，船用导航雷达不断取得进步（表 15-1）。

表 15-1　导航雷达发展关键历史节点

| 年份 | 事　　件 |
| --- | --- |
| 1946 年 | 出现了最早的商业海用雷达 |
| 1960 年 | 海洋生命安全国际会议建议使用雷达防止船舶碰撞事故 |
| 1972 年 | 《1972 年国际海上避碰规则》规定了正确使用雷达和进行标绘的要求 |
| 1974 年 | 规定商船必须装备雷达 |
| 1977 年 | 美国海岸警卫队颁布规定，要求所有进入美国水域的船只装备并使用避碰系统 |
| 1981 年 | 《1974 年国际海上人命安全公约》1981 年修正案规定了不同吨位船舶安装雷达和自动雷达标绘仪的台数和日期 |

到了 20 世纪 80 年代，随着军用雷达技术的快速发展，民用导航雷达新技术得到了一定应用，如波导缝隙阵列天线、固态调制器、数字终端显示、数字信号处理、固态功放、连续波体制等，相较于军用大型相控阵雷达的快速发展，导航雷达在功能上的定位决定了其不会追求性能的大幅提高。基本的功能具备后，没有大规模迭代更新其技术的必要性，导致了导航雷达在技术上并没有跟随大型水面舰艇主雷达，不断尝试更新新技术。虽然也引入了一些小修小改，比如组合导航（接入船舶自动识别设备、运行电子海图）、波束锐化、双量程显示等，但都不涉及大的技术创新。反而民用导航雷达领域的激烈竞争促进了导航雷达的成本不断降低，市场价格不断下降，一定程度上讲，这也是技术创新的另一个维度。尽管如此，导航雷达在技术上还是显现了一些特有的技术进步，并且与使用需求紧密结合。主要体现在以下几个方面：

（1）探测体制向相参雷达发展

磁控管非相参体制雷达由于其成本优势，相当长一段时间内还将占据导航雷达一定的市场份额。但是其性能上已经出现了瓶颈。随着电子器件成本的不断下降，相参体制导航雷达逐渐开始展现其竞争优势。

在技术层面，磁控管非相参体制雷达工作电压高、发射脉宽精度受限、磁控管维护受限，带来了工作稳定度、可靠性、维修性等一系列问题。虽然大规模使用使其技术成熟度很高，但是这些器件固有的特性已难以通过线性的技术改良带来变革性的变化。相比较而言，固态器件能够采用全相参体制，为雷达的信号处理和数据处理带来更多的选择，可有效提升设备整体探测性能。DSP 和 FPGA 等高集成电子器件在雷达领域的大规模应用为固态导航雷达的高集成、高性能、高可靠、低成本提供了技术解决途径。

在一些更高端的导航雷达中，还集成了连续波工作模式。连续波体制导航雷达发射功率低，对于需要与操作人员共同暴露的工作环境，可避免对人员造成身体伤害（虽然现在业内并没有公认的雷达电磁波对人体伤害的科学分析）。同时，连续波体制的最大好处在于其探测盲区小，对狭小水道的蔽障航行有独有的体制优势。特别是在能见度较低的使用场景，可以为船只安全航行提供有力保障。

（2）导航雷达多功能化与多传感器数据融合

随着电子技术的进步，导航雷达已不单单是最初的蔽障功能，而演变成一个射频收发平台。依靠射频收发完成的功能不断由分离的装置走向多功能集成。例如,现代导航雷达大多具有自动标绘(ARPA)功能,完成舰船导航避碰,在有舰载直升机的大型舰艇,还能够完成直升机引导功能;显控界面可以与预置海图叠加显示;探测结果可以与船舶自动识别系统(automatic identification system,AIS)目标融合;大型舰艇多雷达可以组网探测,并实现数据融合处理,以实现无死角的航行态势感知;雷达探测与光电设备探测结果融合可实现高可信度、高价值信息的结果显示……导航雷达也在通过功能边界的不断拓展,挖掘自身的商业价值,谋求在舰船电子设备中的体系贡献度。

(3)频段差异化竞争

为谋求不同的细分市场,导航雷达也衍生了较多的工作频段。总体来说,大多数导航雷达工作在厘米波,工作频率主要为 S,C,X,在一些特殊应用场合,也出现了 Ka 频段导航雷达。从原理上分析,S 频段以下的工作频率将带来分辨率的困扰,而超过 Ka 频段的工作频率将带来更大的大气衰减,特别是需要导航发挥作用的能见度较低的雨、雾天气,往往高频段电磁波衰减也较严重,所以没有必要更进一步向高频段扩展工作频率。

在具体使用中,中型以上船一般同时装有两部导航雷达,很多时候为了相互弥补频段缺点,一般选用双频段,比如 S 波段和 X 波段搭配。X 频段雷达具有天线尺寸小、方位分辨力强、海杂波下目标检测性能较好的优势,成为应用最为广泛的船载雷达频段。S 频段和 C 频段在雨雾中衰减少,海面反射小,适宜在恶劣气候和海情下探测目标。毫米波(Ka 频段)雷达天线尺寸小巧,分辨率高,但存在大气、雨雪时衰减大的缺点,更适宜江河、湖泊,或者近海岸等航道狭小、船舶密集的水道导航。

## 15.2.1　导航雷达的应用形式

导航雷达在海洋工程中的最基本应用是雷达定位和雷达导航。

雷达定位即利用雷达探测的方位和距离信息,结合物标与海图作业,求得舰船船位的过程。要准确得到雷达定位,还需要具备一定的基础操作能力,首先,需要选定用作定位的物标,这个工作本身就具有一定的技术难度,要结合舰船的实际位置和物标本身的回波反射特性,保证对回波辨认无误;其次,对雷达探测距离和方位数据的使用要正确、快速、准确,因为船只本身在运动过程中,其空间位置就是在不断变化的;最后,还需要正确的海图作业。其实在全球定位系统全面应用的今天,通过导航雷达进行雷达定位,已经是一种比较传统的手段,其使用便捷性无法与北斗定位、GPS 定位等比拟,但是越古老的手段,往往越可靠,作为一种舰船定位的最后手段,往往其使用价值在最极端的情况下,又会凸显出来。

雷达导航是在船舶进出港口、狭窄水道及沿岸航行时,为了避开航路附近的危险点,利用雷达的探测信息,合理规划航行路线的一种方式。在使用雷达导航时,根据环境的不同,有相对成熟的避险操作方案(如上文简述的距离避险线和方位避险线),但在实际操作中,还是需要配以航行经验,以实现安全航行。导航雷达的探测回波显示往往比较复杂,在相对危险的航道,还需要谨慎研究海图,掌握水文气象环境,利用好主要物标,正确辨识浮标和虚假目标等。

除了常见的船舶导航功能,随着技术的革新,导航雷达还广泛应用于港口交通管理、生态环境保护及安全监控扫描等领域。

(1)船舶导航和港口交通管理

从船舶个体来看,当前应用最广的雷达功能就是船舶导航。借助导航雷达探测出船舶附近海域的水文情况、天气情况,规划出船舶的最佳行驶线路,从而提高船舶的航行效率,避免船舶触礁、搁浅或遭遇风暴。

港口交通管理是导航雷达最传统的功能应用。国外通过调高导航雷达的发射功率,强化目标跟踪功能,使用大口径天线,增设信息输入和输出的接口等,有效实现了对港口的交通管理。目前,国外较为常见的应用是相控阵及多极化体制雷达,并广泛应用于大型港口的船舶导航避险、入港指引、航向规划及定向跟踪等领域。此外,部分水文不稳定的港口,仍将导航雷达用于水文观测及防汛报警。

(2) 生态环境保护

由于各种机场、滨海和陆上的风电场、垃圾填埋场、油气田、各种矿山的尾矿池是许多动物(特别是飞禽)的生命禁区,尤其是风能发电场,绿色风能饱受诟病的社会生态学缺点就是导致大量的飞鸟死亡。据估计,仅陆地上每个风轮机每年就可能导致多达 60 只飞鸟死亡。

鉴于此,从生态环保、可持续发展的理念出发,利用导航雷达硬件平台,结合后端灵活的信号处理和数据处理模型,使导航雷达具备检测、跟踪上述禁区附近的各种生物能力,并收集、研究飞禽的活动信息,保护候鸟、留鸟、猛禽和蝙蝠,大大降低了飞禽的死亡率。此外,通过将雷达与各种声学、光学等威慑设备、机场或风电场的系统控制设备集成,及时发出警告,驱离接近危险的飞鸟,从而达到保护飞禽的目的。如在风能发电厂的风轮机区域,实现导航雷达信号的覆盖,当有飞鸟接近时,通过释放噪声吓走飞鸟,或者通过传感器,停止风轮机扇页的转动。此外,还可以借助大数据技术,通过导航雷达的长期监测,分析生物的运动规律,有针对性地制定出保护对策,实现生态环境与经济效益的双赢。

(3) 安全监控扫描

在船舶安全监控扫描领域,使用较多的是宽带线性调频连续波雷达。这种雷达的优势在于分辨率极高,而且单个雷达的体积不大,重量较轻。通过多个雷达的组网监控,能够实现对大型船舶的 360°无死角监控,有效地防范恐怖分子或海盗等的袭击。

在新兴的水面无人艇装备中,往往导航雷达是必备射频探测设备,其全天时、全天候的目标探测能力,是保证无人艇安全航行的重要辅助手段,国内外典型无人艇大多配备了各种规格的导航雷达。作为一种射频探测平台,无人艇导航雷达也向着多功能方向发展,在可预见的未来,水面无人艇的导航雷达将向着综合射频电子设备的方向发展,除具备基本的航行导航功能外,还将逐渐拓展水文气象数据探测收集能力、通信能力、电磁环境感知及定向干扰能力等,并不断提升人工智能水平,引领自主航行规划技术在船用领域的不断发展。

## 15.2.2　国内外导航雷达研制力量

截至 2020 年,全球远洋导航雷达市场每年约 25000 套;其他商船、渔船与游艇,仅仅美国与远东地区 S 频段(3GHz)雷达市场约 3 万套,X 频段(9GHz)雷达市场约 80 万套。国外市场上高端航海雷达产品往往配置成 X 和 S 双频段,如美国诺斯罗普·格鲁曼公司的 Bridge-Master E340 雷达系统、凯文·休斯公司的 SharpEye 系列雷达系统、丹麦的 Scanter 雷达、日本无线公司的 JMA-9100 和 JMA-9900 系列、德国 Atlas 9500-9800 ARPA 系列,均大量装配大型游船及货轮。这些厂家在市场份额上牢牢把控,同时在技术发展上一直走在世界前列。导航雷达虽然不是一个绝对的高技术电子设备平台,但其对高可靠性、强环境适应性、低成本等方面的要求,还是存在一定技术门槛。特别是海杂波背景下的小目标检测、高海情情况下的探测适应能力等,需要大量的数据积累和优秀的软件处理模型,这些方面的前沿技术,基本被这些顶尖的国外研制厂商把控。

相比国外,国内导航雷达研制起步较晚。20 世纪 50 年代之前,我国导航雷达主要依靠进口。后续陆续有产品研制出来,但主要以外资、合资建厂为主。行业内也有少数坚持技术引进与自主研发相结合的研制单位,包括上海广电凯歌通信雷达设备厂、广州海华、上海智森航海电子科技有限公司等,通过长期的坚持掌握了一定的核心技术。近些年,还涌现出如北京海兰信数据科技股份有限公司、北京无线电测量研究所等导航雷达新兴力量,这些相对技术实力更加雄厚的研制厂商的加入,相信可以促进导航雷达产业和技术在国内更好地发展。

## 15.3　合成孔径雷达

合成孔径雷达(SAR)在海洋工程中也被大量应用。某种意义上说,开启人类研究和使用 SAR 的标志性事件就源于海洋,1987 年,美国国家航空航天局喷气推进实验室(JPL)发射了世界上第一颗载有 SAR 的海洋卫星(Seasat-1),SAR 就此和海洋结下了不解之缘,并在之后取得了长足的进步和技术突破。

在海洋工程领域,根据 SAR 装载平台的不同,又可以分为星载 SAR 和机载 SAR,其中机载 SAR 还可以细分为有人机载 SAR 和无人机载 SAR。

星载 SAR 轨道纵深高,可以从几百千米到几万千米,高轨道带来了宽广的视野,可以一次获取大范围的观测图像,相较于光学设备,SAR 的穿透力更好,可以在云层相对较厚的场景得到一定观测能力,而且电磁波的一些特有属性也可以支撑某些特殊场景的研究。同时,由于卫星不受领空主权的限制,可以破除国界限制,对敏感地区形成观测能力,获取战略纵深海洋领域的观测数据,这是从使用角度来讲星载 SAR 的优势。从技术方面讲,卫星平台运行轨道相对稳定,更利于 SAR 的应用,平稳的运行轨迹可以大大简化后端处理的运算量,简化了卫星的承载负担,而且也更利于获取高质量的观测图像。

机载 SAR 的平台机动能力更强,可以用于某些特定区域的高分辨成像。由于机载平台相对星载平台对载荷的约束并没有那么苛刻,可以研制相对更加复杂的探测系统。机载 SAR 平台延伸了 SAR 成像、SAR/MTI、干涉 SAR、极化 SAR 等新的技术分支和应用模式。且由于机载 SAR 飞行高度可控,电磁波的大气衰减因素可根据使用场景综合考虑,机载 SAR 的工作频段可向毫米波延展,国内已经有成熟的 Ka 频段 SAR 产品,频段的向上扩展带来了更高的分辨率和对目标精细化特征的提取,也为应用场景的扩展提供了可能性。其中无人机载 SAR 由于平台经济性好,可以长时间续航和在高机动下执行任务,是机载 SAR 未来重要的发展方向,同时由于无人操作,对 SAR 载荷本身的可靠性、自动化能力提出了新的要求,无人机本身对载荷的体积、重量约束等也为无人机载 SAR 的高集成提出了技术发展方向。

从应用场景考虑,SAR 在海洋工程中扮演着重要的角色。从军事应用角度,SAR 由于其全天时、全天候的工作特性,是重要的空天基平台侦察手段。特别是由于星载 SAR 可以突破国界限制,是军事目标信息获取的重要手段和不可替代的传感器。SAR 图像对海面结构变化也十分敏感,可以结合对应的背景知识,对作战环境的海洋气象水文信息进行感知。

SAR 还可以利用电磁波对海浪几何结构、海面粗糙度等的敏感性,对海洋特性进行定性检测,结合气象水文的背景知识,开展大尺度海洋特征识别。某些高精度 SAR 图像,甚至可以利用水下运动目标对海面特性的扰动,进而导致 SAR 图像的变化,来实现水下目标的探测。在民事应用领域,SAR 已经广泛应用于海洋监测,包括海面溢油检测、海冰态势评估、海藻分布态势掌控等。例如,海面溢油就是利用了油膜覆盖会导致海面对电磁波的后向散射特性改变,而达到探测的效果。除了这种特定情况的检测,SAR 也大规模应用于海洋数据的长时间积累、海冰变化的连续监测、海洋运输情况的大范围监视、海洋气候的常态化监视等,甚至很多重大气候变化的预测也大量使用 SAR 图像掌控的信息。

# 参考文献

[1]　丁璐飞,耿富禄,陈建春.雷达原理[M].4 版.北京:电子工业出版社,2013.
[2]　张光义.相控阵雷达系统[M].北京:国防工业出版社,2001.
[3]　丁璐飞,耿富禄.雷达原理[M].3 版.西安:西安电子科技大学出版社,2002.
[4]　鲁加国.合成孔径雷达设计技术[M].北京:国防工业出版社,2017.
[5]　张光义,赵玉洁.相控阵雷达技术[M].北京:电子工业出版社,2010.
[6]　杨健,殷君君.极化雷达理论与遥感应用[M].北京:科学出版社,2020.
[7]　王世远.船用导航雷达[M].大连:大连海事大学出版社,2014.
[8]　丁璐飞,耿富禄,陈建春.雷达原理[M].5 版.北京:电子工业出版社,2014.
[9]　戴幻尧,王雪松,谢虹,等.雷达天线的空域极化特性及其应用[M].北京:国防工业出版社,2015.
[10]　GEORGE W S. 机载雷达导论[M].吴汉平,等译.北京:电子工业出版社,2005.
[11]　BASSEM R M. 雷达系统分析与设计(MATLAB 版)[M].3 版.周万幸,胡明春,吴鸣亚,孙俊,等译.北京:电子工业出版社,2016.
[12]　DAVID K B. 雷达系统分析与建模[M].南京电子技术研究所,译.北京:电子工业出版社,2012.
[13]　MERRILL I S. 雷达手册[M].2 版.北京:电子工业出版社,2003.
[14]　张润泽.船舶导航雷达:第一册[M].北京:人民交通出版社,1987.
[15]　张润泽.船舶导航雷达:第二册[M].北京:人民交通出版社,1987.
[16]　张润泽.船舶导航雷达:第三册[M].北京:人民交通出版社,1990.
[17]　杰里·L. 伊伏斯,等.现代雷达原理[M].卓荣邦,等译.北京:电子工业出版社,1991.
[18]　M I Skolnik. Introduction to Radar Systems[M]. 3rd Edition. New York:McGraw-Hill,2001.
[19]　张光义,王德纯,华海根,等.空间探测相控阵雷达[M].北京:科学出版社,2001.
[20]　向敬成,张明友.毫米波雷达及其应用[M].北京:国防工业出版社,2005.
[21]　张直中.机载和星载合成孔径雷达导论[M].北京:电子工业出版社,2004.
[22]　张明友,吕明.信号检测与估计[M].2 版.北京:电子工业出版社,2004.
[23]　世界地面雷达手册[M].北京:国防工业出版社,2005.
[24]　机载雷达手册[M].北京:国防工业出版社,2004.
[25]　章明友,汪学刚.雷达系统[M].2 版.北京:电子工业出版社,2006.
[26]　何友,修建娟,张晶炜,等.雷达数据处理机应用[M].北京:电子工业出版社,2006.
[27]　何友.多传感器信息融合及应用[M].北京:电子工业出版社,2010.
[28]　李丽娜.航海自动化[M].北京:人民交通出版社,2000.
[29]　章杏谷.航海雷达[M].大连:大连海事大学出版社,2010.
[30]　杨小牛,等.软件无线电原理及其应用[M].北京:电子工业出版社,2001.

# 第五篇

## 通 信 篇

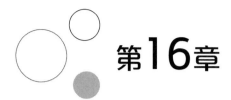

# 第16章

# 通信技术概述

## 16.1 海上通信技术的发展历程

通信技术是指将信息从一个地点传输到另一个地点所采取的方法和措施。通信技术是电子技术极其重要的组成部分。按照历史发展的顺序,通信技术先后由人体传递信息通信发展到简易信号通信,再发展到有线通信和无线通信[1]。

海上通信作为通信技术的重要组成部分,如果按其使用的通信手段来区分,大致可以分为以下三个阶段。

(1) 古代海战中的通信

直到 19 世纪,海军舰船通信先后使用过手信号(后来发展为手旗信号)、狼烟、五色旗、旗旒及烟火和火箭。除此之外,还使用一些音响工具传递各种作战命令和协同信息。

(2) 无线电时代的舰船通信

在日俄战争期间的日本海大海战中,无线电发明 10 年后无线电波首次用于舰队通信。

(3) 计算机和卫星通信时代的海军通信

为改变海军舰队通信被动和困难的处境,20 世纪 50 年代末期,美国海军率先采用海军战术数据系统(NTDS)进行舰载计算机间的数据通信。数据链因通信距离要求很远,主要采用短波波段。但是,由于短波电路的固有弱点,在许多新的短波通信技术尚未开发出来之前和卫星通信手段出现之后,一段相当长的时期内,数据链逐渐转向使用 UHF 卫星信道。

军事通信只依靠单一的通信方式和手段是难以保证快速、准确、保密和不间断的。经过长期研究开发及战争中的运用,现代海军通信已包含几乎所有的通信手段,对电磁波的利用已覆盖从长波到光波的全部电磁频谱[2]。

## 16.2 国外海上通信技术发展现状

海上通信按照技术体制可分为模拟通信和数字通信;按照传输媒质不同可分为无线电通信和有线电通信;按照传输技术不同可分为光纤通信、卫星通信、移动通信;按照工作频率不同可分为长波通信、短波通信、超短波通信、微波通信等[2]。

### 16.2.1　国外海上短波/超短波通信现状

短波通信在远距离通信方面一直占据重要地位,被认为是有效而经济的远程军用通信手段,广泛地应用于军事战略和战术通信中。

目前广泛研究和应用的短波数字传输系统及设备一般采用信道带宽在 300～3000Hz 的"窄带"系统。由于带宽的限制和短波时变衰落信道的影响,即使采用多种自适应技术改善短波数据传输的性能,实用的数据传输速率一般也只能达到 2400b/s,最高 4800b/s,而且抵抗人为干扰的能力极差。

为提高系统的抗干扰能力,通常采用扩频(跳频或直接序列扩频)技术。但窄带跳频难以逃避敌方频率跟踪干扰机的干扰。且在跳频工作条件下(特别是跳速较高时),实现高速数据传输更加困难,因为跳频电台转换频率及同步要占用相当一部分时间,从而减少了传输数据的时间;而且众多的跳频信道中总有一部分条件较差,甚至干扰严重不能使用,从而难以保证必要的传输可靠性。

可见,目前的短波数据传输系统尚难以适应未来战场电子对抗的要求。因此,希望寻求一种既能提高数据传输速率和传输可靠性,又能增强抗干扰能力的新的技术途径[2]。研究表明,采用宽带快速跳频数据传输技术可以达到上述目的。

近年来,国外发展了一种新型扩频通信系统,其跳频带宽在 1.5MHz 以上,跳频速率高达 2560 跳/s,甚至 5000 跳/s。该类系统的数据传输方式及信号波形独具特点,与快速跳频频率有机地匹配,获得了高数据率。在受到衰落和多径效应影响的天波信道上,可提供可靠的通信能力。

20 世纪 80 年代以来,国外还研制出一系列机载短波自适应跳频电台,跳频速率多为 5～50 跳/s,跳频带宽一般为 50～200kHz。美国 ARC-171(V)、ARC-182(V)等都是目前新型的具有频率自适应和跳频抗干扰功能的机载短波电台。

由此可见,宽带快速跳频数据传输技术可以提高传输速率、传输可靠性,而且具有很强的抗干扰能力,可用于军用短波数据传输,可较好地支持数据语音、传真、静态图像和计算机数据保密通信业务,使短波通信上一个新的台阶。

### 16.2.2　国外数字微波通信的现状

微波通信通常有地面微波中继通信、一点对多点微波通信、卫星通信、微波散射通信和流星余迹通信等。

图 16-1 是一条微波中继通信线路示意图,其干线可以长达几百千米甚至几千千米,支线可以有多条。除了在线路末端设置微波终端站外,还在线路中间每隔一定距离设置若干微波中继站和微波分路站。微波通信主要特点如下:频带宽,通信容量大;传输质量高,通信稳定可靠;天线增益高,保密性好;地面远距离通信可以采用"中继"方式;方便灵活,成本较低,便于组成综合业务数字网。

此外,SDH 微波通信是新一代的数字微波传输体制,兼具 SDH 数字通信和微波通信的优点,与传统 PDH 微波通信相比具有显著优点,采用多种关键技术,提高了系统的抗干扰和抗衰落性能,能满足新的通信业务需求,系统管理能力强,是传输网络的新发展方向。

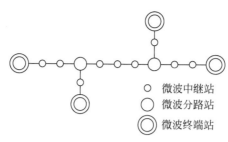

图 16-1 微波中继通信线路示意图

目前,数字微波在通信系统主要用于干线光纤传输系统在遇到自然灾害时的紧急修复,以及由于种种原因不适合使用光纤的地段和场合。城市内的短距离支线连接,如移动通信基站之间、基站控制器与基站之间的互联、局域网之间的无线联网等,既可使用中小容量点对点微波,也可使用无须申请频率的微波数字扩频系统、未来的宽带业务接入(如 LMDS)、无线微波接入技术。

### 16.2.3 国外长波通信现状

短波电路的固有弱点有:电离层是时变色散信道,其传输特性随不同的季节和昼夜随机地变化,衰落严重;通频带比微波和超短波窄得多,不能传输电视或高速数据;易受电离层骚扰及高空核爆炸的影响;由于传输方向性弱而易被敌方窃听和截获等[3]。因此,在许多新的短波通信技术尚未开发出来之前和卫星通信手段出现之后,在相当长时期内数据链逐渐转向使用 UHF 卫星通信。

## 16.3 国内海上通信技术发展现状

20 世纪以来,从电缆到光纤、模拟到数字,内陆城市通信发生着日新月异的变革。然而由于水面环境的复杂性与多样性、水面上建设基站困难等原因,船舶通信的发展要明显滞后于内陆城市通信。相较于内陆城市通信,船舶通信主要有以下特点:船舶是一个长期高速运动的载体,同时由于水面高温、潮湿、盐雾等恶劣条件,无法和内陆城市一样大规模地铺设通信电缆。因此,船舶往往只能通过无线通信的方式与岸基保持联系;水面上的环境相对于内陆城市来说更为复杂,所以对通信的可靠性和抗干扰性要求更高[3]。

目前我国船舶无线通信的方式主要是海事卫星、"天通一号"卫星、4G/5G 通信系统、北斗卫星导航系统等[4]。

#### 1. 海事卫星

海事卫星是用于海上和陆地间无线电联络的通信卫星,是集全球海上常规通信、遇险与安全通信、特殊与战备通信于一体的实用性高科技产物。海事卫星可以根据用户的通信需求定制不同的业务标准,是目前世界上最先进的应急通信系统。对于大型民用远洋船舶来说,海事卫星是首选的通信方式。海事卫星的优点如下:海事卫星没有通信盲区,其通信网络覆盖范围几乎包含地球上除两极以外的所有区域;通信稳定可靠,由于海事卫星的通信介质大多数是地球大气之上的宇宙真空,因此不会受到地面复杂环境的干扰。

但是海事卫星的关键技术掌握在英国、美国、法国等国家的手中,而且海事卫星的带宽比较小,无法满足无人艇这种数据量大、与岸基信息交互实时性高的智能机器人,同时由于无人艇的体积和载重能力及供电能力的限制,通常难以安装这种大型载体式卫星通信终端。

**2. "天通一号"卫星**

"天通一号"卫星通信系统属于地球同步静止轨道卫星通信系统,由空间段、地面段和用户段组成,空间段计划由多颗地球同步轨道移动通信卫星组成,有望成为继海事系统之后的第二大全球卫星通信系统。它的主要特点如下:安全可靠,"天通一号"卫星通信系统采用中国自主研发的卫星网络、系统平台、芯片模块和通信终端,具有军用级保密防护能力;功能丰富,除了基本的语音短信、网络接入功能以外,它还具备终端位置跟踪及数据回传等附加功能;终端类型丰富,除了常规的手持式和便携式终端以外,还有专门针对船舶的载体式终端;打破了国外先进技术垄断,更加丰富了船舶的通信手段。

但是"天通一号"卫星的带宽最高只有384kBps,同时数据资费高达16元/MB。对于水面小型无人艇来说,无论是从数据的实时性还是通信成本的角度考虑,"天通一号"卫星都不适宜作为无人艇与岸基的通信方式。

**3. 4G/5G 通信系统**

相较于远距离航行而言,在近海岸线和内河航行的船舶通常在三大运营商的基站信号覆盖中,高质量的公共移动通信网络可以满足近岸船舶的通信要求。4G/5G 通信作为当前公共移动通信网络的主流代表,相较于之前的 2G 和 3G,提供了更快的传输速率、更低的费用。在船舶近岸的航行过程中使用 4G/5G 通信,具有建设成本低、覆盖区域广泛和通信速率高的优点。对于相同数据长度的信息交互,4G/5G 通信所需要花费的传输时间短、功耗低、可靠性高,岸基可以更好地与无人艇进行信息交互。由此可见,在无人艇近岸航行时使用 4G/5G 通信,不仅保障了数据质量,又提高了通信效率,大大降低了通信所花费的成本。但是水面上并没有和内陆城市一样大面积地覆盖运营商的服务基站。

4G/5G 通信系统在水面上的传输距离有限,通常无人艇的航行区域广,仅靠 4G/5G 通信系统无法满足无人艇远岸航行时的需求。

**4. 北斗卫星导航系统**

北斗短报文是北斗卫星导航系统特有的功能,在船舶通信领域中,主要用于船舶监测数据的传输。北斗短报文通信的优点如下:响应速度快,通信延迟低,抗干扰能力强;保密性高,覆盖区域大,目前已建成的北斗卫星导航系统已经覆盖整个亚太地区,只要是北斗卫星能覆盖到的范围,都可以通过北斗短报文进行数据通信。北斗短报文通信技术可以有效地解决无人艇在远岸航行时的通信问题,实现无人艇与岸基的远程信息交互,确保无人艇自主航行的安全。而且随着北斗卫星导航系统的不断改进和完善,其通信范围和报文传输速率也将更好地满足无人艇的通信需求。但就目前来说,北斗短报文通信在无人艇的应用领域中也有其局限的地方:单次通信容量有限,一般的民用北斗的通信容量仅有 70 字节左右;通信频率受限,民用北斗的通信频度在 1min 左右;无法传输图片和视频;短报文存在一定的丢包率;没有通信回执,可靠通信需要采取相关辅助措施。

# 参考文献

［1］ 濮小金,司志刚.电子商务概述［M］.北京：机械工业出版社,2003.

［2］ 吴斌,吴亮.国外海上无线通信的现状与发展［J］.舰船电子工程,2018,4.

［3］ 王玲,张彬祥.船舶通信导航技术及发展趋势［J］.舰船电子工程,2016,36(3)：17-21.

［4］ 钱帆.水面小型无人艇通信导航系统［D］.海南：海南大学,2020.

# 第17章

# 通信技术原理

## 17.1 空中平台通信

空中平台(或升空平台)通信是指利用装载无线电通信设备或系统的各种近地空间航空器实现的地面台(站)间或网络间的无线电通信。它是超视距、大区域通信和应急通信的一种手段,实际上是利用升高天线的方式把超视距通信转化为视距通信,一般工作在 VHF、UHF 和微波频段。虽然空中通信平台的建设和维护比较复杂,但是与卫星通信系统相比,投资小、成本低、灵活性较强。

空中平台通信可以运用在战术、战役和战略层面,组成空地一体的立体通信网络,如图 17-1 所示。战术通信层的空中平台通信系统主要装载小容量通信中继设备,编配到旅以下、营以上作战队,通信覆盖半径为 50～200km;战役通信层装载多用途的通信中继设备或

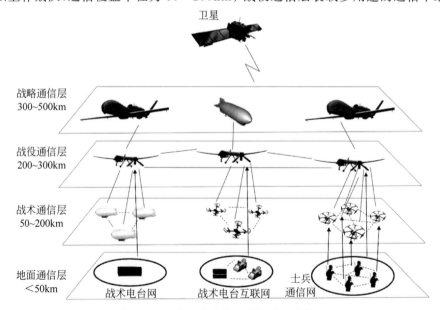

图 17-1 空中平台通信系统综合网络构成

机载通信节点,覆盖半径为 200~300km,主要编配在军以下师、旅作战部队;战略通信层装配机载通信节点、自适应联合 C4ISR 节点,覆盖半径为 300~500km,主要编配在军及军以上梯队。

### 17.1.1　空中平台通信的基本原理

空中平台通信以升空载体作平台,将无线电通信设备置于载体内作中继转发或交换无线电信号,在多个地面台(站)之间进行通信。空中平台升得越高,则意味着电波传播受地形地貌的影响越小、通信覆盖面积越大,能利用空中平台进行转信的两站距离也越远。平台高度与通信距离之间的关系近似为

$$R = 3.57\sqrt{h} \tag{17-1}$$

其中,$R$ 为覆盖区半径,单位为 km;$h$ 为架高天线的高度,单位为 m。例如,利用空中平台将中继转发站的天线从 15m 升高到 1000m,则转信覆盖半径就从 13.8km 扩展到 113.8km。

### 17.1.2　空中平台通信的主要特点

(1) 广周的通信覆盖范围。空中平台大大增加了天线的有效高度,减少了地球曲率对电波视距传播的影响,使得传输路径开阔,接近自由空间的传播条件。增大通信距离,既可满足大覆盖范围的通信要求,又方便组网,机动灵活;调整中继转发平台的升空高度,通信距离可以达到几十千米至数百千米。在山岳丛林、分散岛屿、沙漠地带、大片水域等特殊环境下空中平台通信更能发挥其特殊作用。

(2) 模块化的系统架构。空中平台通信系统是一个具有信道化、模块化结构的开放式平台,能根据不同用途改变相应模块,在航空器上装载不同功能的通信模块,则可以组成不同用途的空中平台通信系统,以实现空中与地面通信系统联合协调的工作。

(3) 灵活的网络配置方式。空中平台通信能适应各种不同制式的中继转发,既可作点对点的中继站,又可作通信网的基站,还可作为广播式的中心转发站。只要空中平台的通信设备或系统与地面通信设备或系统制式相同,都可以进行中继转发,并且允许几个不同的系统同时独立工作。

(4) 复杂的电磁环境。因空中平台的空间有限、天线较多且相隔距离近,发射功率较大,接收灵敏度高,工作频段宽,电磁信号密集,平台内部不但有各种电子、电气设备产生高低频干扰,而且还易受外部雷电等自然干扰和来自敌方的截获与干扰。

(5) 无人值守的工作模式。不管航空器是无人驾驶还是有人驾驶,都要求平台上通信设备的控制与管理无须人的干预,通过地面指令对平台设备进行遥控操作,由地面系统统一网管。

(6) 恶劣的工作环境。与地面设备相比,搭载在平台上的通信设备要求有更高的可靠性,要防振、抗冲击、耐湿、耐高低温、防雷电;通信设备要坚固耐用、可靠性高、体积小、重量轻、功耗低、互换性好、维修方便。

### 17.1.3　空中平台载体

空中平台载体有两类近地空间航空器:一是固定翼飞机、直升机等,称为"重于空气的飞行器";二是飞艇、气球等,称为"轻于空气的飞行器"。下面分别介绍系留气球、有人机、

无人机和飞艇,它们已成为现代空中平台中继通信的重要载体。

**1. 系留气球平台**

系留气球是利用缆索将气球系在地面装置上的一种没有动力驱动的航空器,其组成包括球体、系留缆索、系留和锚泊设施、供气设施、数据遥测遥控系统、供应保障等,应用领域甚多,是一种非常重要的空中通信平台载体。

(1)球体。主要包括气球外壳、气室、防风罩、气球辅助装置、气球控制装置。气球外壳用高分子多层复合材料制成,具有较好的强度/质量比、抗紫外线辐射、耐候性、耐磨性、耐高低温、耐腐蚀、不易老化、密封性好等优异性能。外形设计成流线型,尾部有十字形、Y字形或倒Y形尾翼,以减少风阻。上部气囊充惰性气体,以提供升力;下部副气囊充空气,调节空气进入或排出,保持球体内的压力大于周围空气压力,以保证刮风时球体不变形。有效负荷置于气球下部,外有一个挡风罩,保护携带的电子设备。

(2)系留缆索。缆索的抗拉断强度大、质量轻、外表导电性好。缆索中有供电电缆、传输信息的光纤、引导泄漏雷电的金属网,外层有护套。系留缆索上可附加VHF/UHF通信系统天线。

(3)系留和锚泊设施。包括系留塔、用于气球收放的主绞车、三四部小型接绳绞车旋转基座、水平桁架及操作控制台。

(4)供气设施。向气球提供浮升气体(一般为氦气)的车载装置。

(5)数据遥测遥控系统。将气球的工作状态、环境参数,如高度、风速、温度、压力、阀门和鼓风机的工作状态及气球的俯仰角、横滚度和方向等数据传至地面控制终端,并且将控制信息传至气球。

(6)供应保障。包括电力供应、气体供应、气象预测、系统维修及生活供给等。

系留气球具有全天候工作能力,不易被雷达和红外探测仪发现,也不易被目视发现。即使气球被子弹穿透,由于气球的内外压差小,氦气逸出很慢,破口不会撕裂扩展,还可维持升空几小时。若采用特殊胶黏剂,很快即可修复。气球在空中可持续工作15~30天,寿命在10年以上。小型系留气球系统大多为车载式,通常装在两辆平板拖车上,能在较短时间内移到几百千米外的地方,还可用推土机或直升机拖带移动。一般来讲,气球收放操作只需5人,在6h之内可使系统投入工作,收放速度为6~240m/min,充气准备约2h。

系留气球系统的主要性能指标(典型值)为:总长为19.74m;总宽为8.236m;总高为9.658m;气球体积为450m³;工作高度为800m;有效载荷为100kg;工作时间为14天。

**2. 无人机平台**

近年来,军用无人机的研制、运用势头日趋强劲。通过携带不同的设备,无人机可执行通信中继、侦察监视、对地攻击、电子干扰、目标定位、攻击损伤、有效评估等任务。无人机可分为两大类:战术无人机和具有续航能力的无人机。无人机本身有一套机上地面系统来保证按要求在空中以最小的半径持续飞行。

1)无人机系统

(1)无人机系统组成

一般分为空中单元和地面单元两部分。

空中单元主要指无人机机体及自动导航系统,较为先进的无人机还装有自动稳定系统,使无人机能自主地高稳定飞行,典型框图如图 17-2 所示(以 AW-4 型为例)。

地面站单元由导航设备、微波接收机、无线 MODEM、遥控发射机、导航计算机等构成,典型功能框图如图 17-3 所示(以 AW-4 型为例)。

搭载的中继通信装备作为通信载荷,将在下文介绍。

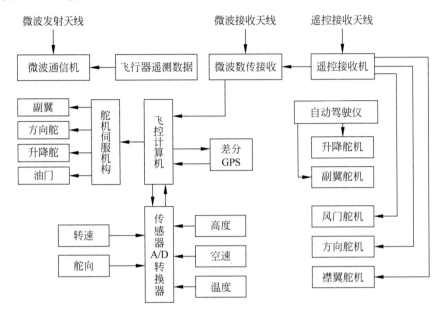

图 17-2 无人机机载设备原理框图

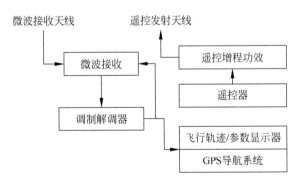

图 17-3 无人机地面分系统功能框图

(2) 无人机的使用方式

无人机可以采用弹射发射方式,也可以采用滑跑方式。弹射发射方式即在飞机发射车的发射架上利用固体火箭助推器起飞,用降落伞回收,不需要专用起降跑道,适合野外条件下使用。无人机可以多次使用。

2) 无人机的优越性

(1) 投资少,建站时间短,维护少。

(2) 成本低、效益好。机上无驾驶员,省去了为空勤人员设置的空调、氧气、弹射椅等设施。安全系数比有人机高,可选用玻璃纤维、塑料等轻质材料,飞行阻力小、油耗低。

（3）生存力强。电磁反应面积小，红外辐射、声响、目视等特征不明显。

（4）机动灵活。可在卡车或军舰上起飞，用降落伞或回收网进行回收。

（5）战术潜力大。飞行地域广，可延伸战域的纵横距离。

3）典型性能指标

实用升限：4000m；任务载荷：12kg；最大续航时间：4h；发射方式：滑跑、弹射；最大遥控距离：150km；回收方式：滑降、伞降；最大起飞质量：30kg。

### 3. 有人机平台

有人机平台主要是直升机。直升机分水上、陆上和水陆两用三种类型。直升机上装有通信、导航，雷达、气象等航空电子和仪表设备，对机场要求不高，机动性好。

典型的直升机性能参数如下：实用升限为4000～6000m；最大续航时间为4h；载荷质量为几百千克。直升机升空高度可达6000m，设备质量可达几百千克，供电问题容易解决。其局限性在于较多的机电设备，包括罗盘、机载电台、高度表、机载雷达等，升空载荷与机上设备较易产生互调干扰、镜频干扰等电磁兼容问题。此外，机上天线间耦合产生的干扰，以及直升机机体（铝合金材料）屏蔽等问题均需全面考虑，统一设计。

### 4. 飞艇平台

飞艇是能够垂直升降的航空器，它装有动力装置能水平飞行和转向。根据飞艇上有无完整的承力构架，可将飞艇分为硬式和软式两种。硬式飞艇的构架由纵向龙骨、桁条、横向框及斜向张线组成，构架外张有承受气动力的蒙皮。这种飞艇尺寸大，发动机和客货舱均设在艇内。软式飞艇的气囊由充有一定压力的气体保持外形，吊舱和发动机吊在气囊下面。

能产生浮力的气体有氢气、氮气、氨气、热空气。氢气易爆燃，不安全；氮气安全，但价格较高；氨气对结构材料有腐蚀作用，对人体也有害；空气加热后密度减小能产生浮力，但产生同等浮力的热空气飞艇比氮气飞艇体积大一倍。飞艇上安装的动力装置一般用于产生水平拉力和转向，也可在起飞中产生垂直拉力。

飞行时间长和节省燃料是飞艇最大的优势，而且不需要建机场，修跑道。与直升机不同的是，飞艇起飞或盘旋时不需要任何燃料，因此能够长期停在高空。飞艇的气囊外壳由成千上万个小袋子构成。实验表明，即使40颗子弹同时击中一艘飞艇，也只有极少量的氮气泄漏。

由于飞艇既有浮升气体升空，又有动力驱动，因而能源消耗少，载重能力强，安全性、经济性比直升机好，是一种较好的空中平台通信载体。

## 17.2　水面平台通信

水面通信以船舶、浮标等为海上平台，在海上突发事件或自然灾害发生时，迅速建立通信保障，展开救援任务。

### 17.2.1　无人艇在海上通信中的应用

无人艇是一种能够自主航行的水面运动平台。针对不同应用场景，我国不断推出具有专业优势的"天行1号""Seafly01""蓝鲸号"等无人艇。无人艇的岸基监控子系统可设置在其他水面舰艇之上,实现母舰集中控制的艇群巡航模式。无人艇的通信方式有 UHF/VHF 频率数传电台、4G 无线网络、Ad-Hoc 自组网和卫星通信。无人艇与岸基控制中心之间的通信在视距范围内采用数传电台,若超出视距,在 50km 范围内可在近岸水域布置 4G 无线网络,4G 无线网络通信速率高、建设成本低,是无人艇近岸通信的首选方式。在海上搜救任务中,无人艇离岸较远,可选用 Inmarsat 、北斗、"天通一号"等卫星通信方式进行远海通信。同时,无人艇组网灵活、可迅速搭建通信网络,适用于高移动性的无人艇间通信。无人艇的搜救范围有限,实际应用中可以通过与无人机协同作业扩展搜救范围。

## 17.2.2　浮标在海上通信中的应用

应急浮标是一种漂浮式通信平台,通信方式主要是卫星通信,还有 CDMA、GPRS、4G 移动通信网络、数传电台、Wi-Fi 等。它主要包括应急救生浮标、通信中继浮标和应急监测浮标,见表 17-1。

表 17-1　应急浮标的应用场景及功能

| 应急浮标 | 应用场景 | 功能 |
|---|---|---|
| 应急救生浮标 | 潜艇水下遇险 | 报警、定位 |
| 通信中继浮标 | 潜艇通信中转站 | 信息转发 |
| 应急监测浮标 | 海上油田船舶溢油 | 实时跟踪溢油轨迹 |

应急救生浮标在潜艇水下遇险时使用,无缆形式可配合导航雷达系统应答雷达扫描信号,使救援舰船或飞机快速定位遇险潜艇。有缆形式通常装备超短波救生电台和有线电话,实现对外报警及通信的功能。通信中继浮标一般为拖曳浮标,作为潜艇通信的中转站,可以使潜艇在水下航行时与岸舰进行通信。溢油跟踪监测浮标采用北斗卫星定位平台实现对不同海况、不同油膜的实时跟踪、监测功能,以减少海上油船溢油事故导致的经济损失和环境危害。

## 17.2.3　Mesh/Ad-Hoc 网络在海上通信中的应用

Mesh/Ad-Hoc 网络的每个节点都具备数据传输和路由中继功能,能快速搭建高质量的网络,在船舶、无人艇、无人机组网中都有广泛的应用。在近岸情况下,船舶可采用 Mesh 网络通信,它由 Mesh routers 构成骨干网络,通过有线 Internet 网为 Mesh clients 提供多跳的网络连接。船舶在无线电接入站(RAS)的覆盖范围内可以直接与 RAS 通信,若超出 RAS 的覆盖范围,Mesh 网络可以与其他船舶/浮标共建网络。Ad-Hoc 网络与 Mesh 网络最大的区别在于 Ad-Hoc 网络中不存在基站。在远离海岸无法安装基站的情况下,Ad-Hoc 网络相较于 Mesh 网络的弱移动性结构更适用于随意移动的通信终端。基于 Ad-Hoc 网络的海上移动通信系统通常选用 AODV(Ad-Hoc on-demand distance vector routing)协议,该协议通过广播形式发送路由数据包(RREQ),中间节点在接收到 RREQ 包时,会更新自己的路由缓存信息,当判断从未见过 RREQ 包时,则继续转发该包,并向数据源船舶发送一个路由应答(RREP)包。AODV 协议复杂度低,可避免大量路由信息拥堵,因此,能够较好地适应拓扑不断变化的海上移动组网。

# 参考文献

［1］　周正,周惠林,等.通信工程新技术实用手册:移动通信技术分册［M］.北京:北京邮电大学出版社,2002.

［2］　霍尔 MPM.对流传播与无线电通信［M］.梁卓英,张忠志,译.北京:国防工业出版社,1984.

［3］　吕保维,王贞松.无线电波传播理论及其应用［M］.北京:科学出版社,2003.

［4］　巴勇,张中兆,张乃通.平流层通信系统在军事应用中的可行性探讨［J］.系统工程与电子技术 1999,10.

［5］　何晨,诸鸿文.宽带无线中继新技术——平流层通信［J］.计算机与网络,1999,12.

［6］　吴佑寿.发展中的平流层通信系统［J］.工科物理,2000(10):4,1-8.

［7］　空军装备研究院与北京航空航天学会.浮空器发展与应用学术交流会论文集［D］.北京:空军装备研究院与北京航空航天学会,2005.

［8］　张冬辰,周吉.军事通信［M］.2 版.北京:国防工业出版社,2015.

［9］　林斌,张治强,等."空天海地"一体化的海上应急通信网络技术综述［J］.移动通信,2020.

# 第18章

# 通信关键技术

## 18.1　信道接收机实现技术

在信息论中,符号是主要的研究对象。首先,源符号被映射成信道符号序列 $X = (x_1, x_2, \cdots, x_n, \cdots)$,然后,由这些序列生成相应的信道输出序列 $Y = (y_1, y_2, \cdots, y_n, \cdots)$。在数字通信系统中,发射端所发送的不是符号序列 $X$ 本身,而是与其相对应的连续时间波形 $s(t, x)$。由于符号序列到信道波形的分配是通过调制器来完成的,因此,输出序列的分布除取决于输入序列 $X$ 外,还取决于参数集 $\theta = \{\theta_{\mathrm{T}}, \theta_{\mathrm{C}}\}$,其中,子集 $\theta_{\mathrm{T}}$ 为发射机参数,子集 $\theta_{\mathrm{C}}$ 为信道参数,主要包括相位 $\theta$ 或时延 $\varepsilon$。这些参数对接收机而言是未知的,因此接收端的本质作用就是根据输出序列来准确恢复发送的符号消息[1]。

如图 18-1 所示,数字接收机的物理通信模型分为内接收机和外接收机两部分。为恢复发送符号序列,首先,内接收机须从接收到的信号中准确估计出所需的未知参数,然后,将这些估计结果作为真实值使用,并送往外接收机,使外接收机的性能尽可能接近理想信道条件,接下来,外接收机进一步完成发送序列的最佳解码。

本节首先针对单载波和多载波系统分别着重介绍内接收机中信道同步及信道估计和均衡两部分,然后以 DVB-T 系统和我国的地面数字电视广播系统为例进行说明。

### 18.1.1　概述

地面数字电视广播频道主要位于 VHF 和 UHF 频段,是一种目前使用较多且质量非常差的时间色散无线信道。电视传输信号的频带宽达几兆赫兹,由于存在加性噪声、同频干扰和多径传输等线性失真的影响,造成了静态和动态多径干扰及多普勒效应,进而使得在系统接收端接收到的数据存在符号间串扰。因此,要在这样恶劣的传输信道中获得较好的接收性能,就必须使用准确的信道同步、信道估计和均衡来进行信道特性还原。

信道同步在数字传输系统的内接收机中占据着非常重要的地位。一般而言,同步包括定时恢复(又称符号同步)和载波同步。获取符号定时的过程称为定时恢复,包括帧同步和

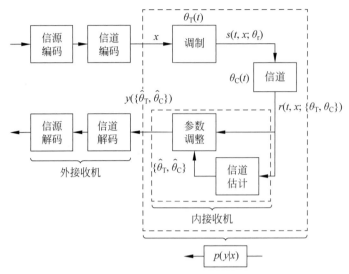

图 18-1　数字接收机通信模型

采样时钟同步。首先,在数字传输系统中,数字信号序列通常以一定的帧结构进行传输,接收端只有准确地识别了其帧结构才可以正确恢复出发送数据,这就要求接收端须产生与发送数据帧结构一致的定时;然后,为了正确检测出一连串依次出现的串行符号,接收端须知道每个符号出现的起始时刻,这就要求采样时钟与所接收的符号序列的频率和相位一致。获取本地载波信号的过程称为载波同步。在数字载波信号解调时,根据是否需要已知本地载波信息,分为相干解调和非相干解调。其中,与非相干解调相比,相干解调的抗噪声性能更优越,与此同时,相干解调要求接收端须提供与接收的载波信号同频同相的本地载波信号。

同步的分类准则很多。根据同步算法是否需要数据信息,可分为判决指向(decision directed,DD)/数据辅助(data aided,DA)和无数据辅助(non-data aided,NDA)两种。已知数据序列称为 DA 同步,而 NDA 算法是在不知数据序列的情况下对各种可能序列进行平均。根据从接收信号中提取同步误差信号的位置,同步算法可分为前向(feedforward,FF)和反馈(feedback,FB)两种。FF 估计是指在同步恢复单元前提取误差信号,而 FB 估计是从同步恢复单元之后提取误差信号,然后将校正过的信号反馈给前端的单元。由于反馈结构本身带有自动追踪参数缓慢变化的能力,因此 FB 估计器又被称为误差反馈同步器。根据估计同步参数是否需要其他同步参数信息,同步算法可分为与其他参数的相关估计和无关估计两种。顾名思义,无关估计不需要其他参数的同步信息,该类算法使得各个参数的同步之间独立,不存在先后顺序。根据同步数字信号的种类,同步算法可分为连续信号估计和突发信号估计两种。连续信号要求算法要有跟踪能力,在较长时间内可以跟踪定时变化,而突发信号要求算法捕捉时间短,即在较短时间内须完成同步。

信道估计是继信道同步之后的数字内接收机的另一个关键组成。所谓信道估计,又称信道补偿,即信道特性的均衡,是指在接收端均衡产生与经历信道相反的特性,进而抵消信道的时变和多径特性引起的码间干扰,即通过信道估计可以消除信道的频率时间双重选择性。此外,由于信道是时变的,信道估计还需要能够自动适应信道的变化而使得信道得到均衡补偿,故又称为自适应均衡。除信道补偿外,均衡还包括数据均衡,即利用信道估计结果对源数据进行恢复。

目前应用于无线广播系统中的信道估计方法很多。按照信道补偿域划分,信道估计主要分为时域均衡、频域均衡及两者的结合。一方面,在单载波系统中,时域均衡是最常使用的方式。所谓时域均衡,就是从时域的冲激响应考虑,使包括时域均衡器在内的整个系统的冲激响应满足无符号间干扰的条件。时域均衡利用它所产生的响应去补偿已畸变的信号波形,最终能有效地消除抽样判决时刻上的符号间干扰,因而在数字通信的许多领域,如调制解调器、移动通信、ADSL 等,得到了广泛的应用,是一项较为成熟的技术。另一方面,在 OFDM 系统中,则较多采用频域均衡的方法,目的是使得总的传输函数满足无失真传输条件,即校正幅度特性和群时延特性。信道估计的分类准则各不相同。按照信道补偿算法划分,信道估计主要分为最小二乘(least square,LS,又称迫零)和最小均方误差(minimum mean square error,MMSE)准则,频域 MMSE 有着最优理论性能,但由于需要已知信道的统计特性,故因实现复杂度高而很难在实际系统中广泛应用。为了简化起见,一种方法是利用最佳低阶理论来简化 MMSE 算法,称为低阶 LMMSE(low rank linear MMSE);第二种方法是通过奇异值分解(singular value decomposition,SVD)来实现;第三种方法则是通过变换域,如傅里叶变换域和小波变换域来实现。按照信道估计结果是否用于反馈控制,实现信道估计的均衡器进一步分为线性均衡器和非线性均衡器。如果输出未被用于反馈控制的,则均衡器是线性的;反之,如果输出用于反馈系统并改变了信道补偿的后续输出,则均衡器是非线性的,如判决反馈均衡器(decision feedback equalizer,DFE)和最大似然序列均衡器(maximum likelihood sequence equalizer,MLSE)等。美国 ATSC/8-VSB 标准单载波系统就是利用判决反馈均衡器进行信道补偿:使用 ATSC 数据帧中每场的第 1 个数据段所携带的训练序列进行训练,且相邻两个训练序列相隔 24.2ms,而对于快速变化的多径,则只能使用自适应盲均衡的方法进行。为了消除多径干扰,并且达到良好的效果,一般来说,DFE 需要的均衡滤波器抽头数量巨大,这就大大增加了通信系统的复杂度和成本。此外,在强多径环境下,由于 DFE 是无限冲激响应的结构(IIR),DFE 天然有着易自激和不稳定的缺点,所以,目前 ATSC 均衡器研究的焦点仍是如何提升系统稳定性和降低复杂度。欧洲 DVB-T/COFDM 是典型的 OFDM 调制的多载波系统,根据 OFDM 子载波的频率,DVB-T 将频率选择性衰落信道分成了若干个平坦衰落的子信道,从而克服了由多径效应带来的 ISI 的影响,目前 DVB-T 系统多采用频域信道估计的方法,主要包括判决反馈频域估计和导频频域估计。中国的 DTMB/TDS-OFDM 系统则采用时域训练序列来完成 OFDM 系统的信道估计,用训练序列代替导频进行信道估计,进一步提高了信道的频谱利用率。按照信道补偿实现方法划分,信道估计主要分为数据辅助方式、判决指向方式和盲估计方式。DA 方法一般借助于一定的导频或训练序列来进行信道估计。在时变信道的情况下,导频或训练序列应当按照一定的规律不断地重复发送。多径衰落信道可以看成是在时间和频率上的一个二维信号,因此,导频或训练序列在时域和频域上的间隔主要取决于信道的相关时间和相关带宽。当进行信道估计时,使用导频或训练序列对信道在时频二维空间的不同点上进行采样,只要采样频率在时域和频域满足奈奎斯特抽样准则,利用采样插值即可获得整个信道的频率响应值。与 DA 方式不同的是,DD 方法是使用判决后的估计数据作为已知数据来进行信道估计。盲估计方法则是在对发送信号完全未知的情况下完成信道估计,这样发射机不必发送特殊的导频或训练序列,与 DA 和 DD 相比,大大提高了系统的频谱效率,但盲估计需要在接收到足够多的数据情况下才能得到一个可靠的估计结果,加上广播信道是时变的,且对于时变衰落信道,信道估计还必须能够跟踪时变信道的变化,这就需要导频或训练序列以某种连续的方式插入发送序列中,从而限制了盲估计方法的使用范围。

### 18.1.2　数学基础

#### 1. 信道同步[1]

从 20 世纪 60 年代开始至今,针对不同类型的信道同步,信道同步算法已被广泛研究并被相继提出。原理上,信道同步中这些参数估计的标准均是最大似然(maximum likelihood,ML)同步算法。特别是,当输入数据满足等概率分布时,最大后验概率(maximum aposteriori probability,MAP)准则与 ML 准则是完全一致的。虽然同步参数 $(\theta,\varepsilon)$ 是时时变化的,但与数据符号间隔相比要慢得多,因此,可以认为同步参数在很长的数据段内是一个常数。因此,接下来推导同步算法时,通常假定待估计的同步参数在一个信号帧内保持不变。

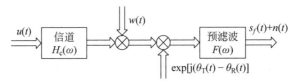

图 18-2　载波调制数字通信系统基带线性模型

图 18-2 所示为载波调制数字传输系统的典型基带线性模型。假设 $u(t)$ 为基带内传输的任何类型的线性调制信号:

$$u(t) = \sum_n a_n g_T(t - nT - \varepsilon_0 T) \tag{18-1}$$

其中,信道符号 $\{a_n\}$ 为选自复平面上的任意信号集,$g_T(t)$ 是脉冲成形滤波器的冲激响应,$T$ 是符号周期,线性信道的频率响应为 $H_c(\omega)$,加性高斯白噪声为 $w(t)$。发射端与接收端的相位差表示为 $\theta_0 = \theta_T(t) - \theta_R(t)$,则接收端的等效基带信号为

$$r_f(t) = s_f(t) + n(t) = \sum_n a_n g(t - nT - \varepsilon_0 T) e^{j\theta_0(t)} + n(t) \tag{18-2}$$

其中,$g(t)$ 是接收机端看到的脉冲波形,可表示为

$$g(t) = g_T(t) \otimes h_C(t) \otimes f(t) \tag{18-3}$$

接下来,产生的 $r_f(t)$ 基带信号进入接收机同步电路部分对载波频偏、定时时钟等同步参数进行估计。考虑一个有 $N$ 个符号的序列 $a$ 的检测,由式(18-3)进一步得到接收信号:

$$r_f(t) = \sum_{n=0}^{N-1} a_n g(t - nT - \varepsilon_0 T) e^{j\theta_0(t)} + n(t) \tag{18-4}$$

假设 $r_f(t)$ 的采样 $\{r_f(kT_s)\}$ 是充分统计量。可以证明当预滤波器 $|F(\omega)|^2$ 关于 $T_s/2$ 对称时,噪声过程可看成是复白高斯过程,其功率谱密度 $N_0$ 在前置模拟滤波器 $F(\omega)$ 的通带内是平坦的。同时接收端匹配滤波器 $g_{MF}(nT + \varepsilon T - kT_s)$ 满足奈奎斯特采样定理,即

$$h_{m,n} = \sum_k g(kT_s - mT) g_{MF}(nT - kT_s) = \begin{cases} h_{0,0}, & m = n \\ 0, & \text{其他} \end{cases} \tag{18-5}$$

似然函数可简化为

$$L(r_f \mid a,\varepsilon,\theta) \propto \exp\left\{-\frac{1}{\sigma_n^2}\left[2\mathrm{Re}\left(\sum_{n=0}^{N-1} \mid h_{0,0} \mid^2 \mid a_n \mid^2 - 2a_n^* z_n(\varepsilon)\mathrm{e}^{-\mathrm{j}\theta}\right)\right]\right\} \quad (18\text{-}6)$$

其中,缩写符号 $z_n(\varepsilon)=z(nT+\varepsilon T)$ 为匹配滤波器的输出,表示为

$$z_n(\varepsilon) = \sum_{k=-\infty}^{\infty} r_f(kT)g_{\mathrm{MF}}(nT+\varepsilon T-kT_s) \quad (18\text{-}7)$$

一般而言,ML 同步算法可以通过近似来去掉 ML 函数中的多余参数得到。首先,假定 $N$ 足够大,根据大数定律和 $\sum_n \mid a_n \mid^2 \rightarrow \sum E\left[\mid a_n \mid^2\right]$,将式(18-6)进一步近似为

$$L(r_f \mid a,\varepsilon,\theta) = \exp\left[-\frac{2}{\sigma_n^2}\mathrm{Re}\left(\sum_{n=0}^{N-1} a_n^* z_n(\varepsilon)\mathrm{e}^{-\mathrm{j}\theta}\right)\right] \quad (18\text{-}8)$$

得到系统 ML 函数后,通过求导 ML 的最大值得到相应同步参数的估值。现有多种用于目标函数最大搜索的算法,主要根据比特率和现有技术来决定选择何种算法。

1) 迭代最大搜索方法

迭代最大搜索方法是由初始值通过迭代直接求解出使目标函数最大的参数 $(\hat{\theta},\hat{\varepsilon})$。假设可以得到数据序列的估值 $\hat{a}$ 或已知数据序列 $a=a_0$,目标函数最大值的必要但非充分条件是

$$\begin{cases} \dfrac{\partial}{\partial\theta}L(r_f \mid a,\theta,\varepsilon)\Big|_{\hat{\theta},\hat{\varepsilon}}=0 \\ \dfrac{\partial}{\partial\varepsilon}L(r_f \mid a,\theta,\varepsilon)\Big|_{\hat{\theta},\hat{\varepsilon}}=0 \end{cases} \quad (18\text{-}9)$$

由于目标函数是参数 $(\theta,\varepsilon)$ 的凹函数,如果初始化估值在收敛区域内,可以采用梯度法或最大上升法来迭代得到式(18-9)的零值。迭代搜索对于训练阶段获得已知的符号很有用。

2) 误差反馈方法

误差反馈系统利用误差信号调整同步参数。通过对目标函数求导,然后代入最近的 $\hat{\theta}_n$、$\hat{\varepsilon}_n$ 估值得到误差信号:

$$\begin{cases} \dfrac{\partial}{\partial\varepsilon}L(\hat{a},\theta=\hat{\theta}_n,\varepsilon=\hat{\varepsilon}_n) \\ \dfrac{\partial}{\partial\theta}L(\hat{a},\theta=\hat{\theta}_n,\varepsilon=\hat{\varepsilon}_n) \end{cases} \quad (18\text{-}10)$$

从因果关系来看,误差信号可能只取决于先前已经假设获得的符号 $\alpha_n$。进一步,误差信号可用于预测新的估值,即

$$\begin{cases} \hat{\varepsilon}_{n+1}=\hat{\varepsilon}_n+a_\varepsilon\dfrac{\partial}{\partial\varepsilon}L(a_n,\hat{\theta}_n,\hat{\varepsilon}_n) \\ \hat{\theta}_{n+1}=\hat{\theta}_n+a_\theta\dfrac{\partial}{\partial\theta}L(a_n,\hat{\theta}_n,\hat{\varepsilon}_n) \end{cases} \quad (18\text{-}11)$$

式(18-11)给出了一阶离散误差反馈系统,其中 $a_\varepsilon$、$a_\theta$ 决定环路的带宽,更高阶的跟踪系统可以通过使用适当的环路滤波器实现。当误差足够小时,我们称进入误差反馈系统的跟踪模式操作。将系统从初始状态变为跟踪模式的过程称为锁定,锁定一般是一个非线性过程。

可以看出,最大搜索与误差反馈系统有很多相似之处,均通过导出目标函数来得到误差信号。但两者有本质区别,即最大搜索算法通过不断迭代将整个信号收敛到最后的估计值,而反馈控制系统仅实时处理已接收到的信号。目前,由于视频广播数据是作为连续的数据流传送的,仅在开始时需要一个时间要求不太严格的搜索过程。用于跟踪目的时,误差反馈结构可以在合理的复杂度下实现,所以数字电视系统中的同步模块一般采用误差反馈结构。

**2. 信道估计**

1) 最小二乘准则[2]

最小二乘准则又称为迫零准则,是最基本和最简单的信道估计算法,以下将从时域角度进行推导求解。

假设离散时间线性信道模型具有冲激响应$\{h_k\}$,假设具有无穷抽头的冲激响应为$\{c_k\}$的信道均衡器与之级联,则可采用以下等效滤波器进行表示,即该滤波器的冲激响应为$\{c_k\}$和$\{h_k\}$的卷积:

$$q_n = \sum_{j=-\infty}^{\infty} c_j h_{n-j} \tag{18-12}$$

为方便起见,将$q_0$归一化,则由式(18-12)可得到,在采样时刻$k$时均衡器的输出为

$$\hat{I}_k = I_k + \sum_{n \neq k} I_n q_{k-n} + \sum_{j=-\infty}^{\infty} c_j n_{k-j} \tag{18-13}$$

其中,等式右边第一项为期望得到的符号,第二项为码间干扰项,第三项为噪声项。进一步地,均衡器抽头的加权函数为

$$D = \sum_{\substack{k \neq -\infty \\ k \neq 0}}^{\infty} |q_k| = \sum_{\substack{k \neq -\infty \\ k \neq 0}}^{\infty} \left| \sum_{j=-\infty}^{\infty} c_j h_{k-j} \right| \tag{18-14}$$

若完全消除码间干扰,则需要选择抽头系数$D=0$,即除$n=0$以外的所有$q_n$均为0,则

$$q_n = \sum_{j=-\infty}^{\infty} c_j h_{n-j} = \begin{cases} 1, & n=0 \\ 0, & n \neq 0 \end{cases} \tag{18-15}$$

可以看出,由于需要迫使各干扰值为零,因此该准则又称为迫零准则。对式(18-15)做$Z$变换将其变换到频域,可得:

$$Q(z) = C(z)H(z) = 1 \tag{18-16}$$

或

$$C(z) = \frac{1}{H(z)} \tag{18-17}$$

这表明,若完全消除码间干扰就要求使用一个信道逆滤波器,即具有传递函数$C(z)$的信道均衡器是信道模型$H(z)$的逆滤波器。

2) 最小均方误差准则[2]

遵循最小均方误差准则的滤波器即为二维Wiener滤波器,可以使用正交性原理来求解。以下以导频/训练序列为例,主要说明频域MMSE准则,时域MMSE准则则不再赘述。

假设离散时间线性信道模型具有频域响应$\{H_k\}$,发送数据为$\{X_k\}$,则接收端数据为

$$Y_k = X_k \cdot H_k + W_k, \quad 0 \leqslant k < N \tag{18-18}$$

其中，$W_k$ 为加性高斯噪声。采用 MMSE 准则，信道估计误差为

$$J(N) = E|\varepsilon_k|^2 = E|H_k - \hat{H}_k|^2 \tag{18-19}$$

即

$$J(N) = E|\varepsilon_k|^2 = \sum_{k=0}^{N-1} \frac{E(|W_k|^2)}{|X_k|^2} = \sigma_n^2 \sum_{k=0}^{N-1} \frac{1}{|X_k|^2} \tag{18-20}$$

其中，$\sigma_n^2$ 为噪声方差。在导频/训练序列功率受限的条件下，信道估计误差最小化等效为

$$\min \sum_{k=0}^{N-1} \frac{1}{|X_k|^2}$$

$$\text{s. t.} \sum_{k=0}^{N-1} |X_k|^2 = \text{Const} \tag{18-21}$$

则误差最小化条件为

$$|X_0| = |X_1| = \cdots = |X_{N-1}| \tag{18-22}$$

即导频/训练序列频域恒模。综上所述，可得出以下结论：

（1）LS 估计算法简单，但估计精度受高斯噪声和子载波间干扰（ICI）的影响很大。与之相反，MMSE 估计算法则对 ICI 和高斯噪声有很好的抑制作用，其算法的效果优于 LS 算法。在相同的 MSE 误差要求下，MMSE 估计的信噪比比 LS 会有高达 $10\sim15\text{dB}$ 的增益。

（2）MMSE 估计算法是均方最优，所以估计时需要使用信道的时延功率谱（子载波频率相关性）和多普勒功率谱（符号时间相关性）。实际应用中，接收机是很难知道此类统计信息的，这就又加大了复杂度，导致 MMSE 估计的主要缺点是算法复杂度高，随着运算点数的增加，其算法复杂度呈指数倍增长。加之估计误差的存在，最终的 MMSE 估计器性能有些许恶化。

根据采样定理，若采样频率满足奈奎斯特频率的要求，则该信号可由采样值得到精确恢复。如这时噪声是加性的，使用 Wiener 滤波器则可在最小均方误差的意义上近似恢复原始信号。考虑到二维信号处理方法的复杂度很大，实际实现时，一般的处理方法是将一个二维信号分解成两个一维信号来处理，但即便如此，Wiener 滤波器复杂度还是很高。因此，在很多应用中人们提出了多种简化方法，虽然性能比 MMSE 估计要差一些，但计算复杂度大大降低，下面将举例详细介绍。

3）简化的多维线性内插[2]

以二维内插为例，二维线性内插在时间和频率两个方向上进行线性插值，与二维 Wiener 滤波器分解成两个一维 Wiener 滤波器相似。二维线性内插可以分解为两个独立的内插过程：首先在时间方向内插滤波，然后利用时间方向内插的结果在频率方向上进行内插滤波，其实现过程如图 18-3 所示。

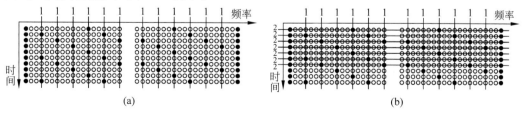

图 18-3  二维线性内插

(a) 时间方向内插；(b) 频率方向内插

以 DVB-T 系统为例,其分散导频在时间轴上的间隔是 4,即每隔 3 个 OFDM 符号,导频在同一个子载波位置周期重复出现 1 次,如图 18-3(a)所示,则时间方向的估计为

$$\hat{H}^t_{i,n+m} = \left(1 - \frac{m}{4}\right)\hat{H}^p_{i,n} + \frac{m}{4}\hat{H}^p_{i+4,n}, \quad 1 \leqslant m \leqslant 3 \tag{18-23}$$

式中,$\hat{H}^t_{i,n+m}$ 表示完成时间方向内插后得到的信道估计。此时频率方向上的导频间距变成了 3,即 $N_t/N_f = 12/4 = 3$,则频率方向估计为

$$\hat{H}_{i,n+l} = \left(1 - \frac{l}{3}\right)\hat{H}^t_{i,n} + \frac{l}{3}\hat{H}^t_{i,n+3}, \quad 1 \leqslant l \leqslant 2 \tag{18-24}$$

完成了时间、频率方向内插滤波以后,所有点的信道估计即可得到,如图 18-3(b)所示。

综上可知,从原理上,对于在频率方向上变化较快的信道,二维线性内插可以及时正确地对信道响应进行跟踪,但对多普勒频移较大的时变信道比较敏感,同时需要多个 OFDM 符号,要求接收系统具有更好的同步性能,即每个符号之间的频偏、公共相位误差要非常小。从硬件实现上,二维线性内插需要大量的存储器。理论上,使用更高阶多项式内插可以更准确估计信道响应,但与此同时,其计算复杂度随着多项式阶数的增加而大大增加。

4）基于 SVD 的信道估计[3]

简单内插算法对子载波 ICI 和高斯噪声的抑制能力较差,且带来了插值误差。因此,可以利用另一种方法,即基于 SVD 的信道估计。

信道传递函数自相关矩阵的奇异值分解可表示为

$$\boldsymbol{R}_{HH} = \boldsymbol{U}\boldsymbol{\Lambda}\boldsymbol{U}^H \tag{18-25}$$

其中,$\boldsymbol{U}$ 为包含奇异向量的酉矩阵,$\boldsymbol{\Lambda}$ 为包含奇异值 $\lambda_1 \geqslant \lambda_2 \geqslant \cdots \geqslant \lambda_N$ 的对角矩阵。最佳 $p$ 阶估计器为

$$\boldsymbol{H}_p = \boldsymbol{U}\begin{bmatrix} \boldsymbol{\Delta}_p & \boldsymbol{0} \\ \boldsymbol{0} & \boldsymbol{0} \end{bmatrix}\boldsymbol{U}^H \boldsymbol{H}_{LS} \tag{18-26}$$

其中,$\boldsymbol{\Delta}_p$ 为 $\boldsymbol{\Delta}$ 的 $p \times p$ 阶左上角矩阵,且

$$\boldsymbol{\Delta} = \boldsymbol{\Lambda}\left(\boldsymbol{\Lambda} + \frac{\beta}{\text{SNR}}\boldsymbol{I}\right)^{-1} = \text{diag}\left(\frac{\lambda_1}{\lambda_1 + \dfrac{\beta}{\text{SNR}}}, \cdots, \frac{\lambda_N}{\lambda_N + \dfrac{\beta}{\text{SNR}}}\right) \tag{18-27}$$

综上可知,可将 $\boldsymbol{U}^H$ 看作一个转换矩阵,则矩阵 $\boldsymbol{R}_{HH}$ 的奇异值 $\lambda_k$ 可以看作信道功率在第 $k$ 个转换系数上的对应分量。且由于 $\boldsymbol{U}$ 为酉阵,所以 $\boldsymbol{U}^H$ 可以看作 $\boldsymbol{H}_{LS}$ 的旋转,进而 $\boldsymbol{U}^H$ 的各个分量之间是不相关的。

图 18-4 所示为阶数为 $p$ 的低阶估计器框图。首先,接收端 Y 乘以 $X^{-1}$ 得到 LS 估计值 $\boldsymbol{H}_{LS}$,然后,通过旋转 $\boldsymbol{H}_{LS}$ 得到 $\boldsymbol{U}^H$。接下来,式(18-26)得到最终的信道估计值。通过低阶估计器可以看作 LS 估计器映射到阶数为 $p$ 的子空间。如果子空间维数很小,而且能够很好地描述信道特性,则可以得到复杂度很低且性能很好的估计器。在非整数点采样的信道中性能很好,但是由于只是在信道的子空间进行估计,因此也引入了估计误差的地板效应。为了在给定的 SNR 时消除此误差地板,就要求估计器的阶数足够大,然而阶数提高就意味着运算复杂度的提高。特别地,在进行 OFDM 多载波系统设计时,循环前缀的长度要大于信道最大时延扩展,所以一般在阶数 $p$ 等于循环前缀长度时可以得到很好的估计性

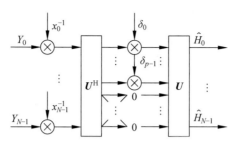

图 18-4　基于 SVD 的 $p$ 阶信道估计框图

能，同时 OFDM 符号总子载波长度要远远大于循环前缀长度，运算复杂度就可以大大降低。

5）基于 DFT 的信道估计[4]

为了减小 MMSE 算法复杂度，还可以利用 IDFT/DFT 的快速算法完成信道估计。

图 18-5 所示为基于 DFT 的信道估计算法示意图。首先，进行 LS 算法的信道估计，再经过 IDFT 进入时域，在时域进行线性变换，利用信道时域冲激响应能量集中在较少抽样点上的特点进行滤波，最后经过 DFT 进入频域。

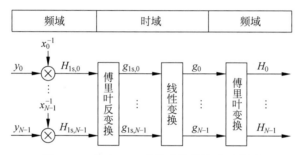

图 18-5　基于 DFT 的信道估计算法示意图

一个 OFDM 符号内的 LS 估计可表示成

$$\boldsymbol{H}_{\text{LS}} = \boldsymbol{X}^{-1}\boldsymbol{Y} = \left[\frac{Y(0)}{X(0)}\ \frac{Y(1)}{X(1)}\cdots\ \frac{Y(N-1)}{X(N-1)}\right]^{\text{T}} \tag{18-28}$$

其中，$N$ 为子载波个数，$\boldsymbol{X}$ 和 $\boldsymbol{Y}$ 分别表示由发送符号序列 $\{X(n)\}$ 和接收符号序列 $\{Y(n)\}$ 构成的矢量。值得注意的是，这里忽略了时间方向的标注，仅使用 $n$ 表示频域子载波的序号。进行 LS 估计时的 $X$ 可以由每个 OFDM 符号插入的导频或训练序列组成，也可以是判决后的数据。

由式(18-28)进一步可得到线性最小均方误差(LMMSE)估计，即

$$\begin{cases} \boldsymbol{H}_{\text{LMMSE}} = \boldsymbol{R}_{HH}\big[\boldsymbol{R}_{HH} + \sigma_n^2(\boldsymbol{X}\boldsymbol{X}^{\text{H}})^{-1}\big]^{-1}\boldsymbol{H}_{\text{LS}} \\ \boldsymbol{R}_{HH} = \text{E}\{\boldsymbol{H}\boldsymbol{H}^{\text{H}}\} \end{cases} \tag{18-29}$$

其中，$\boldsymbol{R}_{HH}$ 为信道频域传递函数的自相关矩阵，$\sigma_n^2$ 为加性高斯噪声的方差。为进一步降低 MMSE 算法的复杂度，可使用 $(\boldsymbol{X}\boldsymbol{X}^{\text{H}})^{-1}$ 的期望值 $\text{E}\{(\boldsymbol{X}\boldsymbol{X}^{\text{H}})^{-1}\}$ 代替 $(\boldsymbol{X}\boldsymbol{X}^{\text{H}})^{-1}$。已有相关的仿真结果表明，该近似带来的性能恶化可忽略不计。在发送符号等概率调制情况下：

$$\text{E}\{(\boldsymbol{X}\boldsymbol{X}^{\text{H}})^{-1}\} = \text{E}\{\mid 1/x_k \mid^2\}\boldsymbol{I} \tag{18-30}$$

其中，$\boldsymbol{I}$ 为单位矩阵。定义信噪比 SNR 为 $\text{E}\{\mid x_k \mid^2\}/\sigma_n^2$，进一步简化可得：

$$
\begin{cases}
\boldsymbol{H}_{\mathrm{LMMSE}} = \boldsymbol{W}\boldsymbol{H}_{\mathrm{LS}} \\
\boldsymbol{W} = \boldsymbol{R}_{HH}\left(\boldsymbol{R}_{HH} + \dfrac{\beta}{\mathrm{SNR}}\boldsymbol{I}\right)^{-1} \\
\beta = \mathrm{E}\{\,|\,x_k\,|^2\,\}/\mathrm{E}\{\,|\,1/x_k\,|^2\,\}
\end{cases}
\tag{18-31}
$$

其中,$\beta$ 是由调制所采用的星座图决定的一个常数,如 16QAM 调制星座的 $\beta$ 为 17/9。若自相关矩阵和信噪比 SNR 预先可知,则 $\boldsymbol{W}$ 只需计算一次,但实际中 $\boldsymbol{W}$ 是需要经常计算的,所以为了简化起见,需要接着使用 DFT 信道估计方法。接下来,将 LS 算法得到的信道传递函数 $\boldsymbol{H}$ 进行傅里叶反变换(IDFT)可得:

$$
\boldsymbol{g}_{\mathrm{LS}} = \mathrm{IDFT}(\boldsymbol{H}_{\mathrm{LS}})
\tag{18-32}
$$

进一步,考虑到辅助数据或判决数据通常对信道频率响应进行过采样,故在接收端处得到的等效信道冲激响应向量 $\boldsymbol{g}_{\mathrm{LS}}$ 中,信道能量主要集中在一个较小的范围内,而噪声能量分布在整个向量范围内。最直接的方法就是忽略 $\boldsymbol{g}_{\mathrm{LS}}$ 中 SNR 较小的参数,只让能量比较大的参数经过 DFT 进入频域。利用这种时域能量集中的特性进行时域滤波,复杂度将大大降低。得到 $\boldsymbol{g}_{\mathrm{LS}}$ 后,进行线性变换得到 $\boldsymbol{g} = \boldsymbol{Q}\boldsymbol{g}_{\mathrm{LS}}$,再进行离散傅里叶变换(DFT),得到 $\boldsymbol{H} = \mathrm{DFT}(\boldsymbol{g})$。

需要说明的是,基于 DFT 和 SVD 的方法均须预先知道信道的频域统计特性 $\boldsymbol{R}_{HH}$ 和信道 SNR,这在实际应用中一般未知。尽管 DFT 算法是一种简单且高效的内插算法,但当用 DFT 对一个由均匀采样而得到的 $N$ 点负值序列进行内插时,完全精确的内插不仅需要采样训练所代表的原始模拟信号是一个带宽小于奈奎斯特极限的带限信号,且要求原始信号的频谱须离散,这意味着信道中各路径时延必须按 OFDM 采样间隔来分布。实际中,虽然信道冲激响应为有限长度且小于在频域采样的奈奎斯特极限,但信道的多径时延一般不是按 OFDM 采样间隔分布的,甚至信道的功率时延分布不是离散而是连续的,如图 18-6 所示,所以在进行基于 DFT 的内插时能量泄漏会引起混叠现象,在简化算法时舍去一部分值会带来不可避免的误差,从而导致信道估计的错误平底。

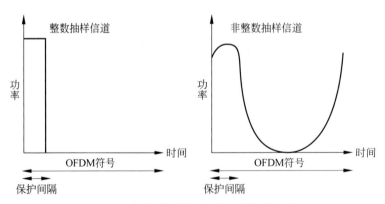

图 18-6 整数抽样信道和非整数抽样信道

以上两种方法都是基于频域相关性进行叙述的。当然,还可以利用时域相关性进行信道估计器的设计,原理类似,使用时域相关矩阵而不是 $\boldsymbol{R}_{HH}$,这里不再赘述。

### 18.1.3　单载波系统

**1. 定时同步[5-6]**

定时误差的问题包括帧同步误差和采样时钟误差两方面。帧同步误差是帧控制器对每个数据帧进行截取时，截取位置相对于理想位置会存在偏移量 $\varepsilon T$。采样时钟误差是指收端的采样时钟 $T_s$ 不能与发端时钟 $T$ 完全对齐。

1) NDA 定时估计典型算法

如前所示，已给出用于同步参数 $(\theta, \varepsilon)$ 的目标函数。接下来先推导不依赖数据和相位的定时估值，即去除多余的参数 $a$ 和 $\theta$ 后得到 $\varepsilon$ 的估计值。为了去掉数据的相关性，将式(18-8)乘以符号的概率 $P(^i a)$，其中，$^i a$ 表示 $M$ 个符号中的第 $i$ 个，然后，将所有 $M$ 的可能情况累加。假设符号独立且等概率，可得似然函数：

$$L(\theta, \varepsilon) = \prod_{n=0}^{N-1} \sum_{i=1}^{M} \exp\left[-\frac{2}{\sigma_n^2} \mathrm{Re}(^i a_n^* z_n(\varepsilon) e^{-j\theta}) P(^i a)\right] \tag{18-33}$$

对式(18-33)求解的方法很多，一种典型的方法就是首先认为相位 $\theta$ 均匀分布，从而进一步得到与数据相关的算法，即

$$L_2(a, \varepsilon) \approx \prod_{n=0}^{N-1} \int_{-\pi}^{\pi} \exp\left\{-\frac{2}{\sigma_n^2} |z_n(\varepsilon)| a_n^* \mathrm{Re}\left[e^{j(-\arg a_n - \theta + \arg z_n(\varepsilon))}\right]\right\} d\theta$$

$$= \prod_{n=0}^{N-1} I_0\left(\frac{|z_n(\varepsilon) a_n^*|}{\sigma_n^2/2}\right) \tag{18-34}$$

因为 $|a_n| =$ 常数，所以式(18-34)对所有的相位调制(M-PSK)是一样的。至于 M-QAM，为得到适用于 M-QAM 信号的 NDA 同步算法，需要对符号进行平均。这可以通过将贝塞尔函数展开进一步简化目标函数。由于 $I_0(x) \approx 1 + \frac{x^2}{2}$，$|x| \ll 1$，因此有

$$\begin{cases} \mathrm{NDA}: \hat{\varepsilon} = \arg\max_{\varepsilon} L_1(\varepsilon) \approx \arg\max_{\varepsilon} \sum_{n=0}^{N-1} |z_n(\varepsilon)|^2 \\ \mathrm{DA}: \hat{\varepsilon} = \arg\max_{\varepsilon} L_2(a, \varepsilon) \approx \arg\max_{\varepsilon} \sum_{n=0}^{N-1} |z_n(\varepsilon)|^2 |a_n|^2 \end{cases} \tag{18-35}$$

可以看出，对于 M-PSK，这两种算法是完全等价的。接下来，将对数型无数据辅助目标函数关于参数 $\varepsilon$ 求导，可以得到误差反馈型算法：

$$\begin{cases} \dfrac{\partial L(\varepsilon)}{\partial \varepsilon} = \dfrac{\partial}{\partial \varepsilon} \sum_{n=0}^{N-1} |z(nT + \varepsilon T)|^2 = \sum_{n=0}^{N-1} 2\mathrm{Re}[z(nT + \varepsilon T)\dot{z}^*(nT + \varepsilon T)] \\ \dot{z}(nT + \varepsilon T) = \dfrac{\partial z(nT + \varepsilon T)}{\partial \varepsilon} \end{cases} \tag{18-36}$$

由于求和是在环路滤波器中进行，故可令 $\varepsilon = \hat{\varepsilon}$，得到误差信号：

$$x(nT) = \mathrm{Re}[z(nT + \hat{\varepsilon}T)\dot{z}^*(nT + \hat{\varepsilon}T)] \tag{18-37}$$

最后，得到近似的微分结果：

$$x(nT) = \mathrm{Re}\left\{z(nT + \hat{\varepsilon}T)\left[z^*\left(nT + \frac{T}{2} + \hat{\varepsilon}T\right) - z^*\left(nT - \frac{T}{2} + \hat{\varepsilon}T\right)\right]\right\} \tag{18-38}$$

详细的推导过程可以参见相关文献。此外，根据 Gardner 算法[7]，需要每个数据符号有 2 个采样值，一个在符号判决点附近，另一个在两个符号判决点中间附近，并且与载波相位偏差无关，因此定时调整可先于载波恢复完成，定时恢复环和载波恢复环之间相互独立，这给解调器的设计和调试带来了方便，是 DVB-S 和 DVB-C 系统使用的定时误差提取方法。但这个算法存在一个主要问题，自噪声较大，一般还需要采用环路滤波器来抑制。

另一种常用的 NDA 定时估计算法是使用谱估计来进行。将 $|z_n(\varepsilon)|^2$ 看成 $1/T$ 的周期信号，可以不使用最大搜索就找到 $\hat{\varepsilon}$。使用 $|z_n(\varepsilon)|^2$ 傅里叶级数展开式的第 1 个系数 $c_1$ 可以得到一个无偏差的估值：

$$\hat{\varepsilon} = -\frac{1}{2\pi}\arg c_1 \tag{18-39}$$

由于 NDA 算法提供了一种 $\varepsilon$ 的独特估计方法，且较为简单，在实际应用中也较多。

2）DD/DA 定时估计典型算法

进行 DD/DA 定时估计时，参数 $a$ 的估计值已经得到或为已知值。将 $a$ 估计值代入目标函数式(18-8)可得到：

$$L(\hat{a},\theta,\varepsilon) = \exp\left[-\frac{2}{\sigma_n^2}\mathrm{Re}\left(\sum_{n=0}^{N-1}\hat{a}_n^* z_n(\varepsilon)\mathrm{e}^{-\mathrm{j}\theta}\right)\right] \tag{18-40}$$

由于相位信息 $\theta$ 可能未知，考虑 $(\theta,\varepsilon)$ 的联合估计值。

定义 $\mu(\varepsilon) = \sum_{n=0}^{N-1}\hat{a}_n^* z(\varepsilon)$，进一步，可将对 $(\theta,\varepsilon)$ 的二维搜索减为一维搜索，即

$$\max_{\varepsilon,\theta}\mathrm{Re}(\mu(\varepsilon)\mathrm{e}^{-\mathrm{j}\theta}) = \max_{\varepsilon,\theta}|\mu(\varepsilon)|\mathrm{Re}\left[\mathrm{e}^{-\mathrm{j}(\theta-\arg\mu(\varepsilon))}\right] \tag{18-41}$$

首先通过最大化 $\mu(\varepsilon)$ 的绝对值，可以得到定时估计值：

$$\hat{\varepsilon} = \arg\max_{\varepsilon}|\mu(\varepsilon)| \tag{18-42}$$

其中，式(18-42)的第 2 个因子 $\mathrm{Re}\left[\mathrm{e}^{-\mathrm{j}(\theta-\arg\mu(\varepsilon))}\right]$ 在 $\theta=\arg\mu(\varepsilon)$ 时达到最大，即

$$\hat{\theta} = \arg\mu(\hat{\varepsilon}) \tag{18-43}$$

可以使用定时误差反馈系统来进行定时恢复。对似然函数关于参数 $\varepsilon$ 求导：

$$\frac{\partial}{\partial\varepsilon}L(\hat{a},\theta,\varepsilon) \propto -\frac{2}{\sigma_n^2}\mathrm{Re}\left[\sum_{n=0}^{N-1}\hat{a}_n^* \frac{\partial}{\partial\varepsilon}z_n(nT+\varepsilon T)\mathrm{e}^{-\mathrm{j}\hat{\theta}}\right] \tag{18-44}$$

误差信号为

$$x(nT) = \mathrm{Re}\left[\sum_{n=0}^{N-1}\hat{a}_n^* \frac{\partial}{\partial\varepsilon}z_n(nT+\varepsilon T)\bigg|_{\varepsilon=\varepsilon'}\mathrm{e}^{-\mathrm{j}\hat{\theta}}\right] \tag{18-45}$$

将需要求导的序列 $\dot{z}(nT+\varepsilon T)$ 经过由 $h_d(kT_s)$ 组成的数字滤波器即可完成序列求导，滤波器输出的结果即为产生的误差信号，并反馈给前端进行定时调整。

值得说明的是，在全数字接收机中，信号在最佳采样点的值并不是直接采样得到的，而是利用采样到的信号的样本值序列进行插值运算获得的。因此内插滤波器是基于信号的定时调整，而不是基于本地振荡时钟或定时波形。接收机收到一个时间连续的信号 $r_f(t)$，其中的数据以发送符号周期 $T$ 为间隔。由于 $r_f(t)$ 是限带的，可以用固定的时钟速率 $1/T_s$ 对输入信号进行抽样，得到的抽样值为 $r_f(mT_s)$。因为发送符号周期 $T$ 与本地抽样时钟是相互独立的信号源，并且各自运行的时钟频率之间总存在微小的差别，所以实际系统中

$T/T_s$ 一般都是无理数。内插滤波器 $h_I(t)$ 的作用是对等间隔采样得到的数字序列 $r_f(mT_s)$ 进行插值滤波,在 $nh_I+\varepsilon T_I$ 时刻得到新样点,即插值点。这里,$T_I=T/M$ 是插值的间隔;$M$ 为整数,表示过采样率;$\varepsilon$ 是相对于 $T_I$ 的时延。在数字电视广播中,定时环路均使用误差反馈结构,因此这里仅对误差反馈系统的插值控制进行介绍。在实际环路工作时,$T/T_s$ 是未知的,因此要利用环路来产生抽取系数 $m_k$ 和插值系数 $\mu_k$。从采样点序列 $\{r_f(kT_s)\}$ 计算得到序列 $\{r_f(kT_s+\hat{\mu}_n T_s)\}$ 的值,该操作称为插值,接着插值得到的数据只有在时间间隙 $m_n T_s$ 才需要作进一步的处理,该操作称为抽取。抽取在数字电路中很容易实现,只需丢弃不需要的插值点。插值可以通过多种滤波器形式实现,包括 FIR 滤波器、多项式 FIR 滤波器、拉格朗日插值等。

### 2. 载波同步[8-9]

1)载波相位估计

(1)DD 方式载波相位估计

假定定时同步已经完成,即 $\varepsilon$ 已知。使用 DD 方式时,用数据判决值 $\hat{a}_n$ 代替 $a_n$,得到目标函数

$$L(\hat{a},\hat{\varepsilon},\theta)=\mathrm{Re}\left[\sum_{n=0}^{N-1}\hat{a}_n^* z_n(\hat{\varepsilon})\mathrm{e}^{-\mathrm{j}\theta}\right] \tag{18-46}$$

这样当匹配滤波器的输出 $z_n(\hat{\varepsilon})$ 和判决数据 $\hat{a}_n$ 满足相位因子时,目标函数得到最大值,即

$$\mathrm{e}^{\mathrm{j}\hat{\theta}}=\mathrm{e}^{\mathrm{j}\left(\arg\sum_n \hat{a}_n^* z_n(\hat{\varepsilon})\right)} \tag{18-47}$$

采用反馈系统时,对 $\theta$ 进行微分,容易得到相位误差信号。下面以一阶数字锁相环(PLL)为例说明相位误差反馈系统。设无噪声产生,定时准确且符号判决正确,即 $a_n=\hat{a}_n$(此时 DD 方式是与 DA 方式一致的)。在这种情况下,匹配滤波器输出为

$$z_n=a_n \mathrm{e}^{\mathrm{j}\theta_0} \tag{18-48}$$

可得误差信号 $x_n$ 为

$$x_n=\mathrm{Im}\left[|a_n|^2\mathrm{e}^{\mathrm{j}(\theta_0-\hat{\theta}_n)}\right]=|a_n|^2\sin\psi_n \tag{18-49}$$

其中,$\psi_n=\theta_0-\hat{\theta}_n$ 是相位误差。误差信号将在环路滤波器中进一步处理,接下来在积分器中按下式进行相位估值的更新,即

$$\hat{\theta}_{n+1}=\hat{\theta}_n+k_1 e_n \tag{18-50}$$

代入可得:

$$\hat{\theta}_{n+1}=\hat{\theta}_n+k_1\sin\psi_n \tag{18-51}$$

其中,$k_1$ 为环路常量。整个反馈系统如图 18-7 所示。

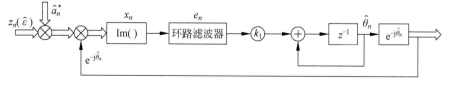

图 18-7 相位误差反馈系统

（2）NDA 载波相位估值

使用 NDA 方法会使同步单元的性能下降，故对常用于高信噪比的 QAM 信号来说，一般使用 DD 进行相位恢复，而对于 M-PSK 信号则不同。当不存在可靠的数据估值时，如在低信噪比的情况下，可使用 NDA 算法。对于模拟实现，几乎只使用 NDA 方法，这样可以减小复杂度，但不适用于数字电路实现。NDA 算法可归纳为

$$F\left(\left|z_n(\hat{\varepsilon})\right|\right)\mathrm{e}^{\mathrm{j}(\arg z_n(\hat{\varepsilon})M)} \tag{18-52}$$

其中，$F(|x|)$ 是一个任意的函数。如图 18-8 所示，这个算法称为维特比算法。

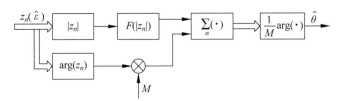

图 18-8　维特比提出的 NDA 相位恢复算法

2）载波频率估计

当存在频率偏移 $\Omega$ 时，上文中介绍的线性模型须做修改。在处理频率偏移 $\Omega$ 时，将传输相位 $\theta_T$ 定义为 $\theta_T = \Omega t + \theta$，其中，$\theta$ 为固定相偏。因此，输入信号 $u(t)$ 可写为 $u(t)\mathrm{e}^{\mathrm{j}(\Omega t+\theta)}$。我们要求信道的频率响应 $C(\omega)$ 和前置滤波器的频率响应 $F(\omega)$ 在频率范围 $|\omega| \leqslant 2\pi B + |\Omega_{\max}|$ 内是平坦的。其中，$B$ 是信号 $u(t)$ 的单边带带宽；$\Omega_{\max}$ 是最大频率误差。在这种条件下，信号 $S_f(t,\Omega)$ 可写为

$$S_f(t,\Omega) = \sum_{n=0}^{N-1} a_n g(t-nT-\varepsilon T)\mathrm{e}^{\mathrm{j}(\Omega t+\theta)} \tag{18-53}$$

此时匹配滤波器的输出 $z_n(\varepsilon,\Omega)$ 为

$$z_n(\varepsilon,\Omega) = \sum_{k=-\infty}^{\infty} r_f(kT_s)\mathrm{e}^{-\mathrm{j}\Omega kT_s}g_{\mathrm{MF}}(nT+\varepsilon T-kT_s) \tag{18-54}$$

根据是否使用定时信息，可将频率估计算法分为定时辅助算法 $D\varepsilon$ 和无定时辅助算法 $ND\varepsilon$。$D\varepsilon$ 频率估测是在定时恢复之前，即进行频率估计时，没有定时和数据的信息，推导的频率估计算法必须不依赖于其他参数而独立工作。在无定时信息时，信噪比比有定时信息时匹配滤波器输出的信噪比要低，相应 $ND\varepsilon$ 算法就容易受到白噪声的影响。解决该问题可采用长的平均间隔，也可以采用两阶段逼近法，即频率捕捉阶段和频率锁定阶段。采用两阶段逼近时，每一个阶段都有一种算法完成特殊的目的。频率捕捉阶段的目的是迅速获取一个大致的频率估计。因而在捕获过程中，需要适用于大范围和短时间的算法，但并不考虑跟踪性能。在频率锁定阶段，由于不再需要大的捕获范围，因而目的是优化跟踪性能。频率锁定阶段的算法将在下面介绍，该阶段算法的共同点是都需要正确的定时，所以要求定时电路即使在尚余一定频率偏移的情况下也能正常工作。同样，通过对似然函数求关于 $\Omega$ 的微分就能得到相应的频率反馈算法。

（1）$ND\varepsilon$ 频率估计

该类算法多在频率捕捉阶段使用，此时无定时信息，即要先估测出频率偏移 $\Omega$，通过补偿 $\Omega$，进而估测出其他的同步参数。

可以通过频谱分析来获得 NDε 算法,将时域波形 $|z(lT+\varepsilon T)|^2$ 作傅里叶展开:

$$\sum_{l=-L}^{L}|z(lT+\varepsilon T),\Omega|^2 = c_0 + 2\mathrm{Re}(c_1 \mathrm{e}^{j2\pi\varepsilon}) + \sum_{|n|\geqslant 2} c_n \mathrm{e}^{j2\pi n\varepsilon} \qquad (18\text{-}55)$$

由于是限带信号,只有 $c_{-1}$、$c_0$、$c_1$ 三项傅里叶系数有非零均值,因此,只需考虑这 3 项系数,而其余项 $\sum_{|n|\geqslant 2} c_n \mathrm{e}^{j2\pi n\varepsilon}$ 只起扰动的作用。分析可知,$c_0$ 的值与 $\Omega$ 有关,而与 $\varepsilon$ 无关。当 $\Omega$ 取到真值 $\Omega_0$ 时,$c_0$ 均值取得最大值。因此,通过对系数 $c_0(\Omega)$ 最大化可以得到 $\Omega$ 的无偏估计 $\hat{\Omega}$,即

$$\hat{\Omega} = \arg \max_{\Omega} c_0(\Omega) \qquad (18\text{-}56)$$

其中,抽样速率要满足 $1/T_s > 2(1+\alpha)/T$,且数据 $\{a_n\}$ 要独立同分布。

$\hat{\Omega}$ 也可由估计递增相位 $\Omega T_s$ 得到,如图 18-9 所示。与之前的估测法相比,主要不同是通过讨论旋转相位矢量 $\mathrm{e}^{j\Omega t}$ 直接估计参数 $\Omega$。相位 $\theta(kT_s)=\theta+\Omega k T_s$ 在两个抽样间隔间递增的相位 $\Delta\theta(kT_s)=\Omega T$,此时,可用负相位 $r_f(kT_s)r_f^*[(k-1)T_s]$ 的数学期望值 $\mathrm{E}\{r_f(kT_s)r_f^*[(k-1)T_s]\}$ 来取代 $\hat{\Omega}T$ 的平均值,而其幅值与 $\Omega_0 T$ 相等,由此产生 $\Omega$ 的无偏估计,即

$$\hat{\Omega}T_s = \arg\left\{\sum_{L_s} r_f(kT_s)r_f^*[(k-1)T_s]\right\} \qquad (18\text{-}57)$$

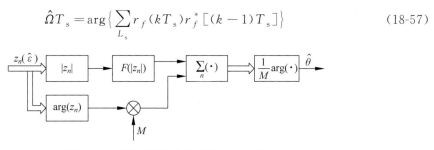

图 18-9 采用递增相位得到频率估计值

(2) Dε 频率估计

在本节中,假设在频率同步之前定时同步已经建立。因允许的频率偏移范围不仅由频率估计算法本身的捕捉范围决定,还取决于定时算法存在频率偏移时恢复定时的能力,故此时频率偏移一定不能太大。本节算法一般在频率偏移大约满足 $|\Omega T/(2\pi)|\leqslant 0.15$ 时适用。这个限制并不严格,因为这些算法一般处于频率锁定阶段。如果频率偏移不能满足要求,那么首先需要经过频率捕捉阶段将频率偏移进行粗略估计,将频偏拉入要求的范围内。

首先讨论有辅助数据的情况。辅助数据表示我们已经知道了符号,用 $\{a_{0,n}\}$ 来表示。ML 算法需要 $\{\Omega,\theta\}$ 的联合估计:

$$\{\hat{\Omega},\hat{\theta}\} = \arg \max_{\Omega,\theta} \sum_{n=-(N-1)/2}^{(N-1)/2} a_{0,n}^* \mathrm{e}^{-j\theta} \mathrm{e}^{-jnT\Omega} z_n \qquad (18\text{-}58)$$

式(18-58)关于 $\{\Omega,\theta\}$ 的二维最大化问题可以简化为一维的问题:

$$\arg \max_{\Omega,\theta} \mathrm{Re}\left[\sum_{n=-(N-1)/2}^{(N-1)/2} a_{0,n}^* \mathrm{e}^{-j\theta} \mathrm{e}^{-jnT\Omega} z_n\right]$$
$$= \arg \max_{\Omega,\theta} |Y(\Omega)| \mathrm{Re}\{\mathrm{e}^{-j[\theta-\arg(Y(\Omega))]} z_n\} \qquad (18\text{-}59)$$

其中，$Y(\Omega) = \sum_{n=-(N-1)/2}^{(N-1)/2} a_{0,n}^* e^{-j\theta} e^{-jnT\Omega} z_n$。

要求得联合估计的最大值，首先要得到与 $\theta$ 无关的 $Y(\Omega)$ 的绝对值的最大值。式(18-59)第 2 个因子 $\mathrm{Re}\{e^{-j[\theta-\arg(Y(\Omega))]}\}$ 的最大值只要满足 $\hat{\theta}=\arg[Y(\hat{\Omega})]$ 即可。这样对于频率估计只需取 $|Y(\Omega)|$ 的最大值，即

$$\hat{\Omega} = \arg \max_{\Omega} |Y(\Omega)| \tag{18-60}$$

$|Y(\Omega)|$ 的最大值同 $Y(\Omega)Y^*(\Omega)$ 的最大值相等。因此，获得最大值的充分条件是 $|Y(\Omega)|$ 对于 $\Omega$ 的导数等于零，并经过一定近似得到：

$$\hat{\Omega}T = \arg\left[\sum_{n=-(N-1)/2}^{(N-1)/2} b_n \frac{a_{0,n+1}^*}{a_{0,n}^*}(z_{n+1}z_n^*)\right] \tag{18-61}$$

其中，$b_n = \frac{1}{2}\left[\frac{N^2-1}{4}-n(n+1)\right]$。该算法基于对两个连续抽样的相位增量 $\arg(z_{n+1}z_n^*)$ 取加权平均，而由频率偏移引起的最大相位增量是 $\pi$，因为更大一些的正相位增量同 $2\pi-\hat{\Omega}T$ 所得的负值区分不开，因此捕获范围是 $\Omega T/(2\pi)<1/2$。

### 3. ATSC/8VSB 系统举例[10]

ATSC 系统是采用的 VSB 的典型单载波系统，是一种传统的普通电视传输方式，其技术已经比较成熟。VSB 的接收机主要包括解调、梳状滤波、均衡、相位跟踪和信道解码。打开接收机或切换到另一频道时，接收机进行复位，各部分按下列顺序建立同步工作状态：①频道选择提取所需频道的信号，并滤除带外信号；②非相干 AGC 将未锁定信号限制在 A/D 变换所需范围内；③载波提取；④数据段同步和时钟提取；⑤信号的相干 AGC；⑥数据场同步提取；⑦NTSC 干扰消除滤波器启用判决；⑧均衡器完成抽头系数的调节；⑨TCM 和 RS 解码开始。下面将详细介绍和同步相关的几个相互独立的环路，分别用于载波恢复，符号时钟及数据段、场同步的提取。

1) 频道滤波和 VSB 载波的恢复

为了在恶劣的环境下可靠地恢复载波，ATSC 插入了导频信号。插入的导频仅使信号功率增加 0.3dB，基本上不对系统误码性能产生影响。VSB 调制器滤去信号频谱的下边带，并进行适当的频谱整形使符号间干扰最小。发送信号的 3dB 带宽为 5.38MHz，滚降系数为 11.5%，即导频落于距频道下边缘 0.31MHz 处。此处正是模拟 NTSC 信号频谱的高衰落处，因而对 NTSC 信号产生的干扰较小。

ATSC 的载波恢复是采用频率锁相环路(FPLL)电路对小的导频信号作用完成，如图 18-10 所示。FPLL 综合频率环路和锁相环路为一个电路，频率环路提供一个宽带频率锁定范围($\pm100$kHz)，而锁相环路只有很窄的带宽(低于 2kHz)，图中的两个和频抑制低通滤波器是为了滤除 2 倍中频信号。在锁频过程中，频率环路既使用了同相(I)导频信号又使用了正交(Q)导频信号。接收机中所有其他数据电路只采用 I 通道信号(VSB 信号使用 I 通道信号，其符号频率为有效带宽的 2 倍，即 5.38MHz×2=10.76MHz)。在相位锁定之前，VCO 信号和输入信号之间的差频信号及高频信号、噪声进入自动频率控制(AFC)低通滤波器。AFC 滤波器决定了 FPLL 的捕捉带，能自动地跟踪捕捉带范围内的频率，FPLL

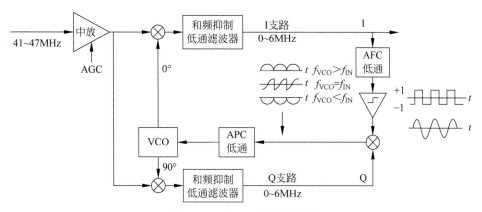

图 18-10 ATSC 载波的恢复

的鉴相曲线由此滤波器决定。其中,高频数据及噪声和干扰都被 AFC 滤波器滤除,只有包含导频信号的差频信号通过。将这个导频的差频信号放大、限幅为固定幅度(±1)的方波,并将它与正交信号相乘,可得到双极性 S 曲线的 AFC 特性曲线。曲线的极性取决于 VCO 的频率是高于还是低于输入的中频信号。

经过自动相位控制(APC)低通滤波器的滤波和积分以后,生成的直流信号用来调整 VCO 的频率以缩小频偏。APC 低通滤波器决定了 FPLL 的锁相特性,能自动地控制输入信号和 VCO 输出信号频率相同时的相位差。当频差接近零时,APC 环路把输入的中频信号锁定到 VCO 信号上。这是一个常规的锁相环路(PLL),其特性是双相稳定,即 0° 和 180° 都是它的稳定点。但是,通过强迫导频信号的极性等于已知的发送正极性,可以确定正确的锁相极性。一旦锁定,检测到的导频信号为固定的,反馈给第 2 乘法器的限幅器输出为常数。此时,锁相环路照常工作,频率环路自动停止工作。APC 低通滤波器的通带足够宽,以可靠地保证 ±100kHz 频率的锁定范围,但足以抵挡强的白噪声(包括数据)及 PAL 同频道干扰信号。PLL 的带宽很窄,可阻挡大部分由数据产生的幅度调制信号和相位调制信号,又可跟踪在信号上(因此也在导频信号上)的相位噪声,其范围可达 2kHz。

2) 分段同步和符号时钟的恢复

上文已得到一种数据辅助的定时同步结构。而在 ATSC 的定时同步中,可用周期性出现的段同步作为辅助数据。ATSC 的数据段具有如图 18-11 所示的数据格式:每一个数据段长度为 832 个符号,包括段同步(4 个二进制符号)和数据符号(828 个符号 = 187Byte Packt + FEC 开销),其中数据符号用 3bit 表示(8 电平),包含 828 × 3 = 2484bit。ATSC 进行定时同步时使用这 4 个符号段同步已知信号作为辅助数据。

将需要求导的 I 路数字信号经过由 $h(kT_s)$ 组成的数字滤波器即可完成序列求导。其中 $h(kT_s)$ 是 4 个抽头的数字滤波器,经过该滤波器后,得到鉴相 S 曲线,如图 18-11 所示。段同步电路给出段同步时刻,并把该时刻的鉴相输出采样作为环路定时误差信号,经过 APC 低通滤波后驱动一个 VCXO(中心频率为 10.762MHz)进行采样,完成整个闭环。可以看出图 18-11 中的定时环路采用的是混合定时恢复,它从接收机的采样中得到定时信息(而不是从连续时间信号),并且控制 VCXO 进行采样。采样后信号无须使用插值滤波器完成定时误差的恢复。段同步检测器使用一个 4 符号同步相关器,寻找重复插入的段同步信

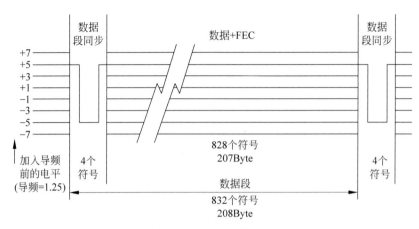

图 18-11　ATSC 段结构

号。在达到某种预先定义的置信度(采用一个置信度计数器)时,确认已找到分段同步,后继的接收机环路才工作。由于使用了特定的段同步信号,段同步检测和时钟的恢复在信噪比为 0dB 或更低时都能可靠地工作。

3) 非相干和相干的 AGC

在载波和时钟同步之前,无论何时进入模数转换器的信号(锁定的或非锁定的信号,或噪声/干扰),都要进行非相干的自动增益控制(AGC)。AGC 对中频和射频的增益进行相应调整,使得进入 A/D 的信号幅度满足 A/D 的动态范围。当数据分段同步已检测到时,通过测量到的分段同步的幅度,进行相干的 AGC。双极性同步的幅度(相对随机数据的离散电平)是在发射机中确定的。在接收机中一旦检测到同步信号,它们将与一个参考值作比较,并对其差值(误差)作积分。积分器的输出接着控制中频及"时延的"射频增益,迫使它们提供某种正确同步幅度的数值。

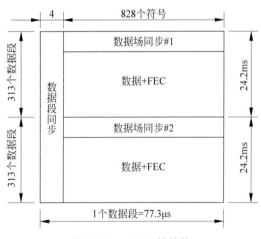

图 18-12　ATSC 帧结构

4) 数据场同步

ATSC 场同步的插入方式如图 18-12 所示。ATSC 帧结构分为 3 层,即数据段、数据场和数据帧,其中最小单元为数据段。313 个数据段构成一个数据场,每个数据场的第 1 个数据段为数据场同步信号,所以每隔 24.2ms 发送一个数据场同步。两个连续的数据场♯1 和♯2 构成 1 个数据帧。

数据场同步信号的具体结构如图 18-13 所示。图中 3 个交替的 63bit PN 序列的极性决定检测到的是场♯1 还是场♯2。

数据场同步的检测是通过将每个接收的来自 A/D 转换器(经过干扰抑制滤波以缩小同频道干扰之后)的数据段与接收机中理想的场♯1 和场♯2 参考信号比较来实现的,不需要对场同步过取样,这是因为经时钟恢复电路,已精确可靠地建立数据段和同步时钟。因此,场同步恢复电路准确地知道在每个数据段内何处将出现一个有效的场同步。只需逐

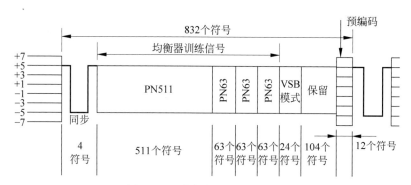

图 18-13 数据场同步信号结构

个符号做差值运算,当到达某个预定的置信度时(采用一个置信度计数器),给定数据段上的场同步信号被检测到,数据场同步信号就可为后续电路所使用。3 个相互交替的 63bit PN序列的极性确定所检测到的是场同步数据帧中的场♯1 还是场♯2。这样的场同步检测非常有效,即使信噪比为 0dB 或更低时或出现严重干扰情况下,场同步恢复也能可靠地实现。

5) 相位跟踪环路

为了去除相位噪声,引入了相位跟踪环。相位跟踪环路是一个附加的判决反馈环路,它能进一步去除载波恢复过程剩余的相位噪声。这样,相位噪声不是由一个环路,而是由两个级联的环路来去除。由于系统已由中频 PLL 锁定于导频频率(与数据无关),相位跟踪环路的带宽可以采用一阶环路,对相位跟踪已取最大值。对执行相位跟踪来说,高阶环路(频率跟踪中是需要的)不如一阶环路,因此未被 VSB 系统采用。

VSB 调制的一个重要特点是不像 QAM 具有等同的 $I/Q$ 值,所以在抵抗相位噪声方面具有优势。相位跟踪环路原理框图如图 18-14 所示。假设存在相位噪声,实际均衡器输出的 $I$ 路信息序列为 $I(n)$,先经过一个乘法器作增益控制,然后输入一个希尔伯特滤波器来近似生成 $Q$ 信号。通过前面的讨论可知,因为采用 VSB 传输方法,其 $I$ 分量和 $Q$ 分量用一个几乎是希尔伯特变换的滤波函数相互联系。这种滤波器并不复杂,因为它是一类有限脉冲响应(FIR)滤波器,具有若干固定的反对称系数,而所有其他系数都为零。此外,许多滤波器系数都是 2 的幂次方,这样就简化了硬件设计。

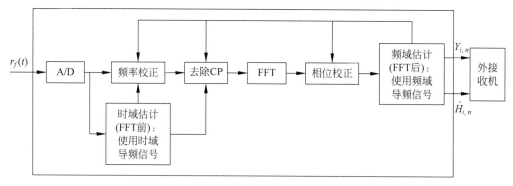

图 18-14 数据判决反馈的相位跟踪环路

在接收端接收的 $I$ 路序列 $I(n)$ 为了纠正相位误差 $\theta$,需要对 $I(n)$ 和 $Q(n)$ 进行相位旋转处理。通过本地产生的相位误差 $\theta$ 估值 $\hat{\theta}$,将输入信号再反向旋转 $\theta$,从而恢复出原信号。

设经过解旋的 $I$ 路信号为 $I'(n)$，$Q$ 路信号为 $Q'(n)$，经过解旋后，把 $I'(n)$ 送去判决，产生判决值 $\hat{I}(n)$ 和相位误差估值 $\hat{\theta}$。可以看出，相位跟踪电路的关键在于如何产生相位误差的估值 $\hat{\theta}$。基本思想是：让 $I'(n)$ 尽量逼近最佳采样 VSB 波形。这里应该注意的是判决器的实现。最简单的实现方法就是采用硬判决。因为发送的 $I$ 路信息序列取 8 电平值，故判决的准则是把 $I'(n)$ 判成与其绝对误差最小的 8 电平值之一，然后根据取得的数据判决反馈来估计 $\hat{\theta}$。

因为相位跟踪器工作于 10.76MS/s（兆符号/秒）的数据，相位跟踪器的带宽相当宽，约为 50kHz。增益乘法器也由判决反馈来控制，与相位环路的区别在于它提取 $I'(n)$ 的幅度信息得到幅度误差信号。因环路是基于数据判决（DD）的环路，为了使该环路工作正常，要求数据眼图已经打开，即数据判决错误较少。在接收机刚启动时，相位跟踪电路只能先捕获和跟踪已知的二进制序列的相位噪声，因为数据的眼图此时是关闭的，只能先通过载波恢复 FPLL 电路完成频率调整。一旦相位跟踪正确同步上了训练序列，便开始进行对随机数据的判决，从而跟踪环路也开始对数据相位进行跟踪。

### 4. 信道估计和均衡

一般来说，单载波系统中，时域信道估计和均衡较多使用。按照时域均衡器的输出是否用于反馈控制，自适应均衡器可分为线性均衡器和非线性均衡器。如果输出未被用于反馈控制，则均衡器是线性的，反之，均衡器是非线性的。

1）线性均衡器[1]

时域均衡器最常使用的结构是横向滤波器的有限冲激响应滤波器（FIR）。设信道有 $L$ 条多径，则均衡器的输入 $y_k$ 可表示为

$$y_k = \sum_{j=0}^{L} h_j I_{k-j} + n_k \tag{18-62}$$

其中，$\{n_k\}$ 为高斯白噪声序列；$\{h_j\}$ 为信道冲激响应抽头系数；$\{I_k\}$ 为发送的数据序列。

如图 18-15 所示，设均衡器的主径前后抽头数目均为 $N$，可知均衡器输出的第 $k$ 个符号的估计值为

$$\hat{I}_k = \sum_{j=-N}^{N} c_j y_{k-j} \tag{18-63}$$

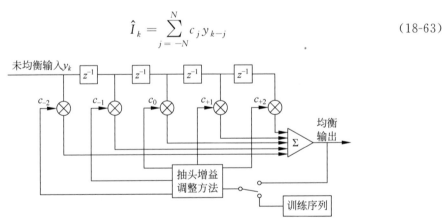

图 18-15　横向滤波结构的线性均衡器

如果均衡器的输出 $\hat{I}_k$ 与发送数据 $I_k$ 不同,则判决发生一次差错。事实上,是否判断错误,很大程度上取决于滤波器抽头系数 $\{c_k\}$ 的选择。已有大量文献研究滤波器系数的最优化方法,最常用的优化均衡器系数的准则就是上述最小二乘准则和最小均方误差准则。

2) 判决反馈均衡器[1]

线性 FIR 滤波器以牺牲信噪比为消除码间干扰的代价,它对深衰落特别是存在谱零点的信道的补偿能力非常有限。因此,如何研究具有低计算复杂度的非线性均衡器成为目前讨论的热点,判决反馈(DFE)均衡器被证明是对该问题的一个有效的解决方案。

DFE 均衡器是一种典型的非线性均衡器。图 18-16 为 DFE 均衡器的工作原理框图,由两个抽头间隔均是符号间隔 $T$ 的滤波器组成,即一个前馈滤波器(FIR)和一个反馈(IIR)滤波器。前馈部分可以抵消在时间上超前的码间干扰(由基准抽头的位置决定),将超前码间干扰转化成滞后码间干扰;反馈滤波器将判决器的输出作为它的输入,可以抵消在时间上滞后的码间干扰。与线性均衡器相比,DFE 均衡器的工作原理为:如果已经估计出一个发送符号,则可以通过反馈滤波器计算出它对后面的接收符号的干扰(ISI),从而在下一个符号时刻补偿判决器输入信号。线性均衡器只有零点,理论上应用来均衡只包含极点的信道;而判决反馈均衡器可以利用它的反馈特征,很好地消除 ISI,尤其在信道零点靠近单位圆时,这一点更加突出。DFE 的性能依赖于判决的准确度,由于信噪比的降低会产生更多的不可靠估计,因此 DFE 在低信噪比环境中性能显著下降。

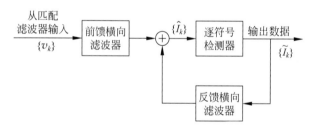

图 18-16  DFE 均衡器结构

与线性滤波器的均衡输出

$$\hat{I}_k = \sum_{j=-N}^{M} c_j y_{k-j} = \sum_{j=-N}^{0} c_j y_{k-j} + \sum_{j=1}^{M} c_j y_{k-j} \tag{18-64}$$

不同,判决反馈均衡器的输出表示为

$$\hat{I}_k = \sum_{j=-N}^{0} c_j y_{k-j} + \sum_{j=1}^{M} b_j \hat{I}_{k-j} \tag{18-65}$$

其反馈部分的 IIR 滤波器对 $M$ 个已判决值 $\hat{I}_k$ 进行运算,在无误判条件下,即 $\hat{I}_k = I_k$,后向 ISI 干扰可以完全被消除,就不引入噪声。且均衡器的噪声只来自于前馈部分(FIR),因而判决反馈均衡器的噪声性能与线性均衡器相比得到了很大改善。此外,反馈部分的 IIR 滤波器抵消多径时不产生衍生多径,IIR 部分的长度可以根据希望消除的后向 ISI 延时长度来决定。特别是在强信道衰落的条件下,性能改善更为明显。IIR 在理论上可以完全消除后向干扰,但必须要求反馈量判决正确,若发生误判,就会反馈回 IIR 中进入下一次计算,影响以后的均衡值,从而可能引发新的误判,直至错判值离开 IIR,这就存在差错传播的问题。同线性均衡一样,判决反馈均衡同样依据 LS 准则和 MMSE 准则来计算抽头系数。

3）自适应信道估值器[1]

自适应信道估值器的原理是基于最大似然准则,从发生符号干扰的接收信号中估计正确的符号序列的最佳接收机,因此又被称为最大似然序列估值器。以维特比算法来实现的 MLSE 估值器原理如图 18-17 所示。它由信道估值器和维特比算法构成,信道估值器的结构与线性横向均衡器相同。信道引起的参数变化由信道估值器给出,算法使实际接收序列与信道估值器输出之间误差最小。启动自适应信道估值器来均衡时,先用已知短序列来进行抽头系数的初始调整;在跟踪信道变化时,直接利用信号本身的判决来形成误差信号。

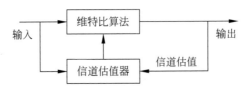

图 18-17　基于维特比算法的最大似然序列估值器

从错误概率的观点来看,MLSE 估值器是最佳的。但是,存在 ISI 信道的 MLSE 的计算复杂度随着信道长度呈指数增长。例如,如果符号数为 $M$ 且造成 ISI 的干扰符号数是 $L$,那么维特比算法对每个新接收符号要计算 $M(L+1)$ 个度量。对于大多数实际信道,这样大的计算复杂度实现起来过于昂贵。与之对应的,如前所述,线性滤波器的计算复杂度是信道长度 $L$ 的线性函数,计算量较小,但当信道中有深度频谱衰落时,线性均衡器会对出现深度衰落的那段频谱及邻近的频谱产生很大的增益,从而增加了噪声,此时采用非线性处理会更好。目前大多数数字系统采用 DFE 来进行均衡估计。

4）自适应均衡器[1]

在前面介绍的均衡方法中,都假定接收端已知信道的特性。然而一般情况下,信道特性是先验未知的,且信道响应是时变的。在这种情况下,均衡器常常需要可以跟随信道变化进行自动调节,称为自适应均衡。

按照调节阶段的不同,自适应均衡器分为两种工作状态:训练方式工作状态和跟踪方式工作状态。在训练方式工作状态,发送已知的训练序列启动均衡器,并使之迅速收敛从而完成抽头系数加权的初始化;在跟踪方式工作状态,均衡器直接利用通信中传输的数字信号的判决形成误差信号,并依据自适应算法跟踪调节抽头系数,通过自适应信道的随机变化保持在最佳均衡准则下的信道均衡。在实际系统中,为了便于均衡器收敛和跟踪,常在传输的数字信号中设置专门的训练序列。基于前面提到的迫零、线性最小均方误差等准则,得到的自适应算法主要有迫零(zero forcing,ZF)算法、线性最小均方误差(lowest mean square,LMS)算法、递归最小二乘法(recursive least square,RLS)和快速卡尔曼(fast Kalman)等,其中,LMS 算法是一种最常用的自适应均衡算法。在比较这些算法时,主要考虑算法的快速收敛特性、跟踪快速时变信道特性和运算复杂度,具体可参见有关参考文献。

**5. ATSC/8VSB 系统举例[11]**

ATSC 系统的信道估计和均衡主要依赖于其特有的自适应时域均衡器。自适应均衡算法有 3 种方式:采用场同步中的训练序列(DA)方式;眼图打开时,采用数据符号(DD)方式;眼图未打开时,采用"盲"均衡(NDA)方式。

一个典型的 VSB 接收机均衡器结构如图 18-18 所示。在 ATSC 中使用最广泛的是
LMS 自适应算法。当均衡器启动时,为了使均衡器系数尽快收敛,必须先使用场同步中的
训练序列。根据已知的训练信号,用均衡器输出减去本地产生的训练序列就能得到误差信
号。开始采用训练信号时,眼图处于闭合状态,采用训练序列的目的就是使眼图打开。经训
练信号自适应均衡后,眼图打开,此时判决数据的正确率很高,均衡器就切换到判决工作模
式,使用判决器输出的符号来产生误差信号。因为均衡器训练序列之间相隔只有 24.2ms,
接收机不可能以更快的速率来实现均衡更新,期间多径的快速变化无法被跟踪。此时,不需
要训练信号的盲均衡技术就至关重要。一般来说,现有的盲均衡算法主要有常模算法
(CMA)和缩减星座图(RCA)方法,但这两种方法都应用于二维星座图的 QAM 信号,而
VSB 信号是一维信号,故无法在 VSB 系统中直接应用,这就提出了改进的缩减星座算法
(MRCA),通过寻找一种一维的 RCA 算法,确定 VSB 判决器判决区域,使自适应均衡器在
不使用训练序列时收敛完成盲估计。MRCA 算法的基本思想是:将整个 VSB 星座聚集成
簇来决定判决区域的边界,这些簇可再进一步分成更小的簇,直到每簇中只包含一个符号,
每次分簇的作用都使更多的判决正确,使眼图进一步开启。

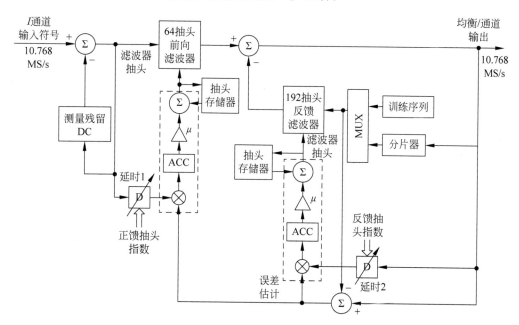

图 18-18　VSB 接收机均衡器结构

在数字电视地面广播信道中,后向多径延时可能长达 $20\mu s$,在单频网应用时延甚至达
到 $30\mu s$ 以上,前向多径延时一般也要求达到 $5\mu s$ 以上。以 ATSC 符号率为 10.768MS/s 来
计算,均衡器的抽头数目一般选为前向 FIR 为 64 级,后向 IIR 为 192 级。此时将遇到两大
难点:过长的均衡器级数造成复杂的结构和庞大的规模,从而造成实现困难且误码扩散严
重。因此,目前对 DFE 的研究工作也主要集中在以下两点。

(1) 减少误码扩散

由于存在均衡器级数大和 DFE 固有的误差传播现象,这些都会导致均衡器的信噪比门
限上升。为了进行补偿,在 ATSC 系统中采用了 TCM 编码,将均衡器同后级的维特比译码

结合起来以减少误码传播带来的影响,用维特比译码输出反馈回均衡器作为 DFE 中部分 IIR 中的判决数据。由于维特比译码需要耗费时间,因此 IIR 中的部分判决数据仍可由本地硬判决机制提供。

(2)降低复杂度

对含有几十级 FIR 和上百级 IIR 的均衡器的结构进行必要的简化非常重要。理想情况下,IIR 中的抽头系数在有多径的位置非零,其他位置均应等于零。实际应用中,由于多径分布很稀疏,信道能量大的抽头很少,绝大多数的抽头都为零,或因为基于系统的噪声及计算误差等的影响,非常接近零。因此,从降噪和减少计算量的方面考虑,这些非多径位置的抽头系数可以强迫为零。这些零系数抽头完全可以用一个节拍延时器代替,此时对应的乘加结构也被省略,达到节省硬件资源的目的。例如,根据信道特性的指数衰减特性,使抽头系数前后产生关联,以此将抽头数进行压缩;使用动态抽头的 DFE 均衡器,通过选取适当的抽头系数门限来决定抽头数,以降低 FIR 和 IIR 的规模。而从硬件实现角度上考虑,可采用重复利用乘法器的方式来减少占硬件资源重头的乘法器的数量。特别需要说明的是,采用该方式时要求硬件提供的运算时钟要高于信号的符号时钟,那么可以通过提高时钟来进一步充分利用硬件资源。

尽管 ATSC 均衡器已经得到进一步改进,但目前实用的 ATSC 均衡系统还存在一些问题:在近的强多径变化时,导频信号会受到严重影响,载波恢复出现困难,该均衡器的性能在载波没有精确恢复时会急剧下降;系统虽然使用了训练序列,但两个训练序列之间相隔大,期间多径的快速变化无法被跟踪。虽然 ATSC 系统同时使用数据判决反馈,利用数据本身产生的误差信号进行调节,以跟踪变化快的多径,但 DFE 需要信道被均衡到一定程度(错误判决少于 10%)才能正常工作,在强多径下是不稳定的。因此,ATSC 单载波系统的原有设计思想、训练序列插入、数据结构等,都使得该系统不能有效应对强多径和快速变化的动态多径,从而造成某些固定接收不稳定且不支持移动接收。

### 18.1.4 多载波系统

#### 1. 定时同步[5-6]

多载波系统的定时同步问题与单载波类似,这里不再赘述,仅以使用时域训练序列的 TDS-OFDM 系统为例进行举例说明。TDS-OFDM 系统虽然采用 PN 序列作为保护间隔降低了系统开销,但与此同时对定时偏差也提出了更高的要求。存在的定时偏差产生的 ISI 将破坏各子载波之间的正交性,造成载波间干扰(inter-carrier interference,ICI)。例如,当 $\varepsilon > 0$ 时,内接收机的输出可表示为

$$Y_{i,n} = e^{j2\pi\frac{n}{N}\varepsilon} \frac{N-\varepsilon}{N} X_{i,n} \cdot H_{i,n} + n_{i,n} + n_{\varepsilon}(i,n) \tag{18-66}$$

其中,由 ISI 引起的 ICI 可以归结为一个附加的噪声量 $n_{\varepsilon}(i,n)$,当且仅当码元的定时同步非常精确时,$n_{\varepsilon}(i,n)$ 才比高斯噪声 $n_{i,n}$ 小很多。

#### 2. 载波同步

就载波频率同步而言,由于 OFDM 子载波带宽较小,对载波频率偏差很敏感,因此需要

非常精确的载波同步。OFDM 中的频率偏差一般可以相对于子载波间隔分解成两部分：整数部分和小数部分。整数部分是等于子载波间隔整数倍的那一部分频率偏差，小数部分是小于子载波间隔的那一部分频率偏差。整数部分仅使子载波位置发生循环移位，并不破坏各子载波间的正交性。小数部分产生 ICI，导致信号信噪比下降。OFDM 载波同步一般先在时域使用循环训练序列进行细同步，估计载波偏差的小数部分；然后在频域使用导频进行粗同步，估计整数倍的频率偏差。这种先细同步再粗同步的顺序，可先消除载波偏移小数部分引起的 ICI，使随后的载波粗同步不受 ICI 影响，接着可以使用导频进行细同步。

1) 使用导频的载波同步[12]

先介绍跟踪阶段。在跟踪阶段假设剩余的频率偏差要远远小于子载波间隔的一半 $(0.5/T_{\text{sym}})$。如果此时只针对 1 个子信道进行考虑，则频率同步问题类似于单载波系统中的载波同步问题，因此可以利用 ML 等方法进行频率估计。该频率估计算法就是把频率估计问题变为估计连续两个子载波中的样值（$Y_{i,n}$ 和 $Y_{i+1,n}$）之间的频率偏移的问题。

当存在载波频偏 $\Delta f$ 时，FFT 的输出表示为

$$Y_{i,n} = e^{-j\pi i \Delta f T_{\text{sym}}} \operatorname{sinc}(\pi \Delta f T_u) X_{i,n} H_{i,n} + n_{i,n} + n_{\Delta f}(i,n) \tag{18-67}$$

当发送符号中包括已知的训练符号时，可以利用与发送训练符号的复共轭来消除调制对符号相位的影响，即

$$\hat{f}\pi T_{\text{sym}} = \arg\left[\sum_{n=0}^{N} (Y_{i,n}(\hat{f}_{\text{acq}}) Y_{i+1,n}^*(\hat{f}_{\text{acq}}))(X_{i+1,n}^* X_{i,n})\right] \tag{18-68}$$

其中，$\hat{f}_{\text{acq}}$ 表示捕获阶段得到的频率估计；$X_{i,n}$ 表示从训练序列中提取的已知符号。在多数情况下，特别是在频率选择衰落信道时没有必要占用整个子信道来传输训练序列，而是可以把均匀分布在整个频域内的若干个，如 $N_p$ 个子载波作为导频，而且可以在时域每隔 $D$ 个 OFDM 符号发送一次导频，如图 18-19 所示，其中 $N_G$ 表示保护子载波数目。

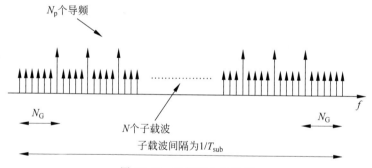

图 18-19 导频插入示意图

这样就可以得到如下的估计：

$$\hat{f}\pi T_{\text{sym}} = \frac{1}{D}\arg\left[\sum_{n=0}^{N_p} (Y_{i,p(n)}(\hat{f}_{\text{acq}}) Y_{i+D,p(n)}^*(\hat{f}_{\text{acq}}))(X_{i+D,p(n)}^* X_{i,p(n)})\right] \tag{18-69}$$

其中，$p(n)$ 表示第 $n$ 个导频的位置。需要注意的是，$X_{i+D,p(n)}^*$、$X_{i,p(n)}$ 在相同子载波位置传输，但是分别属于第 $i+D$ 个 OFDM 符号和第 $i$ 个符号，这和前面单载波系统中的相隔 $D$ 符号的频率估计有些类似。但这里有一个假设条件：$Y_{i+D,p(n)}^*$ 和 $Y_{i,p(n)}$ 处的信道频率响应应该保持一致，这就要求信道变化不能太快。跟踪阶段的准确性要取决于捕获阶段得

到的 $\hat{f}_{acq}$，只有剩余频率偏差 $\delta f = \Delta f - \hat{f}_{acq}$ 满足 $|\delta f T_{sym}| < 0.5$ 时，跟踪的性能才是可靠的。

接下来是捕获阶段。为了避免使用额外的捕获导频，使用上述相同的导频序列来实现捕获过程，完成捕获阶段后应有 $|\delta f T_{sym}| < 0.5$。当剩余频率偏差为零时，$Y_{Ii,n}$ 的幅度达到最大值。因此可以在查找 $\sin c^2(\pi \Delta f T_u)$ 最大幅值的基础上，搜索初始频率估计值，即当 $\hat{f}_{acq}$ 与 $\Delta f$ 一致时能达到最大值。因此可以得到：

$$\hat{f}\pi T_{sym} = \max_{f_{trial}} \left[ \left| \sum_{n=0}^{N_p} (Y_{i,p(n)}(f_{trial})Y^*_{i+D,p(n)}(f_{trial}))(X^*_{i+D,p(n)}X_{i,p(n)}) \right| \right]$$

(18-70)

其中，$f_{trial}$ 是捕获阶段使用的测试频率，且 $Y_{I,p(n)}(f_{trial})$ 是经过了 $f_{trial}$ 频率纠正后的 FFT 单元的输出。为避免最大值出现在 $f_{trial} - \Delta f = [p(j) - p(j-1)]/T_{sym}$（$j = 1,2,\cdots,N_p$），一般都选择 PN 序列作为导频，该序列不仅自相关性较好，而且便于系统实现，只要通过移位寄存器即可实现。可以看出，该捕获时间直接正比于搜索时所使用的频率变化步长，当频率偏差比较大时，如为 ±10 个子载波间隔时，捕获时间会较长。但在连续传输的实际应用中，只需要在传输开始时执行一次捕获过程，故也不存在太大问题。

2）使用时域训练

从上述算法推导过程可以看出，其使用的方法和单载波方法很类似，只不过单载波同步是在时域进行，而 OFDM 系统将处理放在了频域。使用导频的方法可以提供较好的估计结果，但由于插入导频降低了信息速率，一般插入的导频数目要少于数据。另外，OFDM 受频偏影响会引起 ICI，会破坏频率估计的性能。同时该算法一般在获得正确定时的信息后才能使用，因而其同步时间较长。为了克服以上缺点，在 OFDM 信号间插入具有重复结构的时域特殊训练数据在时域完成载波同步，如采用与图 18-20 类似的结构。这时可以完全采用和单载波系统相同的算法，基于本信号帧或相邻信号帧来完成同步估计，这里就不再详细介绍。该方法可以更快完成同步任务，所以在 IEEE 802.11a 等需要快速同步系统中经常使用类似结构。

图 18-20　一种使用时域训练序列的 OFDM 帧结构

3）使用循环前缀的 ML[13]

几乎所有的多载波系统都采用插入循环前缀的方法来消除符号间串扰，因此可以利用时延循环前缀的重复特性来实现同步，以此来克服使用导频带来的系统带宽浪费。

考虑 $N$ 个子载波和循环前缀长度为 $L$ 的 OFDM 系统，每个 OFDM 符号的长度为 $N + L$ 个样值，如图 18-21 所示。假设信道是非弥散的，发送信号只受加性高斯白噪声（AWGN）的影响。

假设 OFDM 符号起始位置为 $\theta$，载波偏差为 $\Delta f$，因此接收信号为

$$r(k) = s(k - \theta)e^{j2\pi \Delta f k/N} + n(k)$$

(18-71)

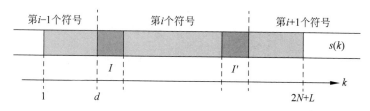

图 18-21　带有循环前缀的 OFDM 符号的结构图

定义两个集合

$$I = \{\theta, \cdots, \theta+L-1\}, \quad I' = \{\theta+N, \cdots, \theta+N+L-1\} \qquad (18\text{-}72)$$

其中,集合 $I$ 是第 $i$ 个符号的循环前缀,这样与相距为 $N$ 的样值(集合 $I'$)之间存在很强的相关性,即

$$\forall k \in I, \quad \mathrm{E}\big[r(k)r^*(k+m)\big] = \begin{cases} \sigma_s^2 + \sigma_n^2, & m=0 \\ \sigma_s^2 \mathrm{e}^{-\mathrm{j}2\pi\Delta f}, & m=M \\ 0, & \text{其他} \end{cases} \qquad (18\text{-}73)$$

其中,$\sigma_s^2 = \mathrm{E}\big[|s(k)|^2\big]$ 为有用信号平均能量;$\sigma_n^2 = \mathrm{E}\big[|n(k)|^2\big]$ 为 AWGN 的平均能量。

对数似然函数 $\Lambda(|\theta, \Delta f)$ 定义为概率密度函数 $f(r|\theta, \Delta f)$ 的对数:

$$\Lambda(\theta, \Delta f) = \lg f(r|\theta, \Delta f) \qquad (18\text{-}74)$$

在 $2N+L$ 个抽样点中,只有集合 $I$ 和 $I'$ 中的对应元素存在相关性,其他 $2N$ 个抽样点之间可以看成是互相独立的。这样可以得到:

$$\Lambda(\theta, \varepsilon) = |\gamma(\theta)| \cos(2\pi\Delta f + \angle\gamma(\theta)) - \rho\Phi(\theta) \qquad (18\text{-}75)$$

式中,

$$\gamma(m) = \sum_{k=m}^{m+L-1} r(k)r^*(k+N) \qquad (18\text{-}76)$$

$$\Phi(m) = \frac{1}{2}\sum_{k=m}^{m+L-1} |r(k)|^2 + |r(k+N)|^2 \qquad (18\text{-}77)$$

$$\rho = \left| \frac{\mathrm{E}\big[r(k)r^*(k+N)\big]}{\sqrt{\mathrm{E}\big[|r(k)|^2\big]\mathrm{E}\big[|r(k+N)|^2\big]}} \right| = \frac{\sigma_s^2}{\sigma_s^2+\sigma_n^2} = \frac{\mathrm{SNR}}{\mathrm{SNR}+1} \qquad (18\text{-}78)$$

其中,$\rho$ 表示 $r(k)$ 和 $r(k+N)$ 之间的相关系数,$\angle\gamma(\theta)$ 表示 $\gamma(\theta)$ 的相位。该似然算法可以同时估计出定时同步位置和载波频率偏差。对该似然函数的最大化分成两步来完成,即

$$\max_{(\theta, \Delta f)} \Lambda(\theta, \Delta f) = \max_{\theta} \max_{\Delta f} \Lambda(\theta, \Delta f) = \max_{\theta} \Lambda(\theta, \Delta \hat{f}_{\mathrm{ML}}(\theta)) \qquad (18\text{-}79)$$

对 $\Delta f$ 而言,要实现最大化,应使式中余弦项为 1,即

$$\Delta \hat{f}_{\mathrm{ML}}(\theta) = -\frac{1}{2\pi}\angle\gamma(\theta) + n \qquad (18\text{-}80)$$

考虑到一般情况,载波频偏应该在一个较小的范围内,可取 $n=0$。经过粗同步后,可以认为残留频率偏差满足 $|\Delta f| \leqslant 0.5$。令余弦项为 1,有

$$\Lambda(\theta, \Delta f) = |\gamma(\theta)| - \rho\Phi(\theta) \qquad (18\text{-}81)$$

式(18-81)只与 $\theta$ 有关,通过最大化可以得到 $\theta$ 的最大似然估计值:

$$\hat{\theta}_{\mathrm{ML}} = \arg\max_{\theta}\big[|\gamma(\theta)| - \rho\Phi(\theta)\big] \qquad (18\text{-}82)$$

$$\Delta \hat{f}_{\mathrm{ML}} = -\frac{1}{2\pi} \angle \gamma(\hat{\theta}_{\mathrm{ML}}) \tag{18-83}$$

值得注意的是,上述只是描述了一种最大似然估计的开环结构,还可以采用闭环结构,即把最大似然估计信号 $\hat{\theta}_{\mathrm{ML}}$ 和 $\Delta \hat{f}_{\mathrm{ML}}$ 反馈送到锁相环(PLL)中。如果可以假设在某段特定时间段内,估计参数保持固定不变,则 PLL 内的累加可以显著地提高最大似然估计的性能。利用蒙特卡罗(Monte Carlo)方法分析上述 ML 估计方法的性能。若考虑包含 256 个子载波的 OFDM 系统,每一次仿真过程中使用 125000 个符号,并且利用估计器的均方误差来衡量估计器的性能。综上所述,利用循环前缀的最大似然算法实现简单,而且不需要导频开销,但是该算法频率估计和帧同步性能较差,尤其在多径环境下恶化较大。所以在实际OFDM 系统中,一般都配合使用频域插入的导频或时域训练序列共同完成载波同步。

### 3. DVB-T/COFDM 系统举例

DVB-T 采用的 COFDM 是标准的循环前缀的 OFDM 系统,循环前缀的长度可以是 $1/4$、$1/8$、$1/16$ 和 $1/32$。有用子载波数在 2K 模式下为 1705,在 8K 模式下为 6817。子载波的标号记为 $k \in [K_{\min}; K_{\max}]$。在 2K 模式下,$K_{\min} = 0$,$K_{\max} = 1704$;在 8K 模式下,$K_{\max} = 6816$。为了得到稳定的帧同步、频率同步、时间同步、信道估计及发送模式识别,并且进行相位噪声跟踪,这 1705/6817 个子载波并不全是用来进行数据传输的,其中一部分作为导频使用,从功能上这些导频分为 3 种:分散导频、连续导频和 TPS 导频。

(1) 连续导频是在所有 OFDM 符号的固定位置插入的。在 8K 模式下为 177 个子载波,在 2K 模式下为 45 个子载波。比如,在 2K 模式下连续导频载波位置(指子载波序号数)为 10,48,54,87,141,156,192,201,255,279,282,333,432,450,483,525,531,618,636,714,759,765,780,804,873,888,918,939,942,969,984,1050,1101,1107,1110,1137,1140,1146,1206,1269,1323,1377,1491,1683,1704。

(2) 分散导频对每个 DVB-T 帧中的第 $I$ 个符号($0 \leqslant I \leqslant 67$),对于子集

$$\{k = K_{\min} + 3 \times I \bmod 4 + 12p \mid p \text{ 为整数}, p \geqslant 0, k \in [K_{\min}, K_{\max}]\} \tag{18-84}$$

位置的子载波为分散导频。在每个 OFDM 符号中,每隔 12 个子载波有一个分散导频,每隔 4 个 OFDM 符号分散导频的位置重复一次,如图 18-22 所示。

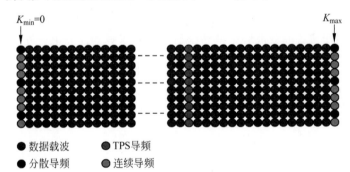

● 数据载波　　● TPS导频
● 分散导频　　● 连续导频

图 18-22　DVB-T 的导频(见文前彩图)

分散导频和连续导频的数值通过伪随机二进制序列(PRBS)产生。PRBS 初始化后产生输出,其输出的第 1 个比特 $w_k$ 与第 1 个有用子载波对应,不管是否为导频,PRBS 都为每

个子载波产生新值。使用的 PRBS 生成器的多项式为 $x^{11}+x^2+1$。接着对每一个导频比特进行调制,调制输出 $C_{i,k}$ 为

$$\begin{cases} \mathrm{Re}\{C_{i,k}\} = \dfrac{4}{3} \times 2\left(\dfrac{1}{2}-w_k\right) \\ \mathrm{Im}\{C_{i,k}\} = 0 \end{cases} \tag{18-85}$$

所有数据单元的调制功率经过了归一化,即 $\mathrm{E}[C_{i,k}C_{i,k}^*]=1$。根据式(18-85),所有的连续导频和分散导频采用高电频发送,满足 $\mathrm{E}[C_{i,k}C_{i,k}^*]=16/9$,这样可以获得更好的估计性能。

(3) TPS 导频用于传输采用的信号参数,如信道编码和调制方式。TPS 导频与连续导频一样在每个 OFDM 符号的固定位置插入,2K 模式中有 17 个子载波,8K 模式中有 68 个子载波,这些信息比特经过差分编码调制。比如,在 2K 模式下 TPS 导频载波位置为 34,50,209,346,413,569,595,688,790,901,1073,1219,1262,1286,1469,1594,1687。

已知导频信号插入的位置,各导频数值由伪随机二进制序列调制计算得出,且导频以高于数据大约 3dB 的功率发送,故自相关性很好。在进行 COFDM 同步时,可以利用导频信号的自相关性来做同步估计。考虑到分散导频在不同符号中插入位置不同,如果用分散导频,那就必须先确知当前 OFDM 符号的导频位置,这无疑增加了实现的难度。另外分散导频的各导频点间距相同,这使得其自相关峰值很多,同时增加判断的难度。由于 TPS 数目少,且实现起来比较困难,因此在进行同步时主要使用的导频是连续导频。上文提到的基于导频的 OFDM 同步方法都可以使用,这些估计器在频偏较大和多径衰落信道中可以得到很好的效果。要取出导频就必须先使用 FFT 窗取出 OFDM 数据块进行 FFT,这就要求有一个大致准确的帧同步,一般使用基于循环前缀的方法来完成。

整个 DVB-T 同步过程首先进行的是帧同步,使用的算法一般是将 OFDM 块中的数据与它的保护间隔进行相关。因为保护间隔是和每个 OFDM 块最后部分相同的,所以保护间隔和 OFDM 块最后部分的相关将出现一个很强的峰值。经过信号滤波后,产生的信号由粗定时同步过程来控制 FFT 窗口的位置。

完成帧同步后,通过 FFT 窗口可以取出每个 OFDM 符号的 $N$ 点数据进行 FFT。在前面的讨论中,对各种同步偏差是分别进行考虑的,但在实际应用中这些偏差总是同时存在、互相影响的,无法像上述分析那样将它们分离出来分别实现同步,所以一般要将这些偏差同时进行考虑,进行联合同步。此时 FFT 的输出可以表示为

$$Y_{i,n} = I_{i,n}X_{i,n}H_{i,n} + n_{i,n} + n_{\mathrm{ICI}}(i,n) \tag{18-86}$$

其中,$I_{i,n} = \mathrm{e}^{\mathrm{j}\pi(in\beta\frac{T_{\mathrm{sym}}}{T_{\mathrm{u}}}-n\Delta fT_{\mathrm{sym}})+\mathrm{j}(2\pi\frac{n}{N}\varepsilon-\Delta\varphi)}\,\mathrm{sinc}(n\beta-\Delta fT_{\mathrm{u}})$。

相位因子中第 1 项是有用部分,即同步估计时要使用的部分,其幅度只与频率偏差 $\beta$ 和 $\Delta f$ 有关,而与相位偏差 $\varepsilon$ 和 $\Delta\varphi$ 无关。频率偏差会引起幅度的衰减,导致信噪比损失。相位偏差仅引起星座图的旋转,不影响 OFDM 的正交性,即使存在残留的相位偏差,也可以很容易通过信道均衡在 FFT 后(频域)进行消除。频率偏差则必须在 FFT 前进行消除。

接下来看 $I_{i,n}$ 的相位 $\varphi(I_{i,n}) = \pi\left(i\beta\dfrac{T_{\mathrm{sym}}}{T_{\mathrm{u}}}-n\Delta fT_{\mathrm{sym}}\right) + \left(2\pi\dfrac{n}{N}\varepsilon-\Delta\varphi\right)$。

如只考虑频率偏差引起的相位旋转

$$\varphi_{\mathrm{f}}(I_{i,n}) = \pi\left(in\beta\frac{T_{\mathrm{sym}}}{T_{\mathrm{u}}} - n\Delta f T_{\mathrm{sym}}\right) \tag{18-87}$$

而相位偏差引起的相位旋转为

$$\varphi_{\mathrm{p}}(I_{i,n}) = 2\pi\frac{n}{N}\varepsilon - \Delta\varphi \tag{18-88}$$

因此，

$$\begin{aligned}
\varphi(I_{i,n}) &= \pi\left(in\beta\frac{T_{\mathrm{sym}}}{T_{\mathrm{u}}} - n\Delta f - T_{\mathrm{sym}}\right) + \left(2\pi\frac{n}{N}\varepsilon - \Delta\varphi\right)\\
&= 2\pi\left(in\beta\frac{T_{\mathrm{sym}}}{T_{\mathrm{u}}} - n\frac{n}{N}\varepsilon\right) + 2\pi\left(\frac{n\Delta f T_{\mathrm{sym}}}{2} - \frac{\Delta\varphi}{2\pi}\right)\\
&= 2\pi(n\beta' + \Delta f')
\end{aligned} \tag{18-89}$$

其中，$\beta' = i\beta\dfrac{T_{\mathrm{sym}}}{2T_{\mathrm{u}}} - \dfrac{\varepsilon}{N}$ 和 $\Delta f' = \dfrac{n\Delta f T_{\mathrm{sym}}}{2} - \dfrac{\Delta\varphi}{2\pi}$ 分别看作广义的载波偏差和定时偏差。在 DVB-T 中的连续导频是固定插入的，即调制了已知数据的子载波集合。通过连续导频相位误差偏差可以很容易计算 $\beta'$、$\Delta f'$。精度更高的定时恢复和载波同步可以使用插入 OFDM 块中的分散导频。

此时，一般将估计的 $\beta'$、$\Delta f'$ 分解成整数部分和小数部分。载波偏差 $\beta'$ 的整数部分输出给子载波位置控制器（FFT 后），用来调整子载波的偏移，而小数部分用来进行载波频率调整。按照实现的先后顺序，载波调整过程可分为 3 个步骤：在接收机初始时完成一个范围较大的粗估计，使频率偏移降低到子载波间隔的 1/3 以内；接着使用更高精度的估计使频率误差降低到 1Hz 以下；然后使用一个载波环路进行相位跟踪，因为不准确的载波同步会产生一个随着时间线性增长的 CPE。

定时偏差 $\beta'$ 的整数部分输出给 FFT 窗控制器（FFT 前），用来调整 FFT 窗位置，小数部分则用来进行采样时钟调整。因为 FFT 窗口漂移的速度非常慢，所以并不需要对每帧都调整 FFT 窗位置。例如，当采样频率误差为 $10^{-6}$，保护间隔为 1/4 时，在 2K 模式下 FFT 窗口每过 100 帧才偏移一个采样点。小数部分调整可以使用前面介绍的单载波方法利用反馈环路在时域完成，也可以在频域通过相位旋转的方法完成。

最后进行传输参数信号（TPS）提取。恢复信号帧中传送的 TPS 信息是使用 OFDM 块中特定的 TPS 比特完成的。由于这些 TPS 导频使用重复编码来传送相同的信息，所以对每个 TPS 子载波进行差分解调，接着对解调结果取平均得到一个软判决。

需要说明的是，DVB-T 的应用环境一般存在比较严重的多径干扰，此时一般要结合信道估计结果来获得更精确的定时同步，使 FFT 窗口位置定得更优。通过观察信道估计，使 FFT 窗口内包含尽量多的信道能量。一个简单的方法是大致在一半保护间隔处产生信道冲激响应的主径，时域冲激响应可以通过分散导频来获得：将接收到的分散导频除以它们发送的值，得到欠采样的信道频率响应，使用 IFFT 得到时域信道响应。

**4. 信道估计及多载波系统举例**

1）导频频域信道估计[14]

OFDM 系统的频域信道估计算法大都是基于导频的估计算法。地面无线信道是一个时变的频率选择性衰落信道,传输的数据往往与一定的帧结构联系在一起,由于广播信道的变化相对较慢,通常假定在一帧中信道是恒定的。使用 OFDM 技术时,要将整个 IDFT 块看成一个线性时不变系统,只有线性时不变系统才能进行 DFT 变换,可以大大简化信道估计器的复杂度。为了得到快速准确的信道估计,要以某种特定的方式将导频信息插入发送序列中。

(1)导频插入样式

导频插入样式选择的最重要的两个参数是最大多普勒频率 $F_d$ 和最大多径时延 $\tau_{\max}$。导频符号在时频栅格的特定位置上传输,可以看作信道传递函数 $H(f,t)$ 的二维采样,采样必须靠得足够近才能满足采样定理,避免失真。因此,导频符号的密度最低限由奈奎斯特采样定理决定。设时间方向上间隔 $N_t$ 个 OFDM 符号,频率方向为 $N_f$ 个子载波间隔,则

$$N_t = \frac{1}{2F_d T_{\text{sym}}}, \quad N_f = \frac{1}{\tau_{\max}\Delta F_c} \tag{18-90}$$

其中,$T_{\text{sym}}$ 为 OFDM 符号周期($T_{\text{sym}} = T_u + T_g$);$\Delta F_c$ 为子载波间隔($\Delta F_c = 1/T_u$);$F_d$ 是最大的多普勒频率;$\tau_{\max}$ 为最大的信道延时。

为使信道估计有很强的坚韧性,要考虑多普勒频率和信道最大时延最坏的情况。同时为了获得可靠的信道估计,需要对衰落信道进行更多的采样。为了能够及时跟踪传输函数的时频变化,导频符号要放置得足够近;另外,导频符号又不能太多,以免使数据率太低。所以,在实际设计中要做到数据率和信道估计性能的折中,也就是说,根据应用环境和传输业务来选择,实际系统中应在估计准确度和传输有效性之间进行折中,一般建议在时频方向用采样定理 2 倍的导频符号数。

常见的导频插入形式如图 18-23 所示。图 18-23(a)是梳状的导频形式,导频信号在每个 OFDM 符号里均匀分布,这种形式对频率选择性是敏感的;图 18-23(b)中是周期性的发送导频,某一个 OFDM 符号全是导频数据,这种形式适合于慢衰落信道,因其所有的载波都是导频,较梳状导频形式对频率选择性不敏感;图 18-23(c)中是在时间和频率方向内插,比前两种方法用更少数目的导频。图中待估计数据子载波位置的频率响应可由其周围的导频位置经过插值得到。如图 18-23(b)所示,发送了一个导频符号后,在随后的一些符号中不插入导频,这就要求信道在相当长的时间内变化很小,甚至不变,即信道为准静止信道、慢衰落信道。该方法适用于恒参信道,也可以在 WLAN 网络中应用。WLAN 数据以突发方式传输,在一个突发脉冲中包含若干个 OFDM 符号,前几个符号为导频符号,在接下来的OFDM 符号发送数据,由于认为信道是慢衰落,所以可使用前几个符号得到的信道估计来做数据 OFDM 符号的信道估计。图 18-23(c)中,时频二维导频有效性高于前两种,处理复杂度高一些,在 DVB,DAB 等广播业务中应用。

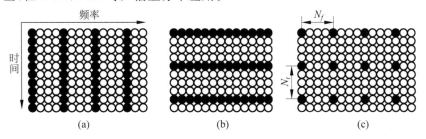

图 18-23 三种常见的导频插入形式

图中黑圆点为导频子载波,白圆点为数据子载波

（2）基于导频的估计方法

下面以 DVB-T/COFDM 系统采用的分散导频为例进行说明。该分散导频在图 18-23(c) 基础上进行了移位，以获得更好的信道估计性能。为了提高信道估计的性能，导频信号功率高于数据载波的平均功率约 3dB。

根据 OFDM 频域模型，假设保护间隔长度大于信道的最大时延，DVB-T 一帧内的第 $i$ 个符号的第 $n$ 个子载波上接收到的频域符号为

$$Y_{i,n} = X_{i,n}H_{i,n} + n_{i,n} \tag{18-91}$$

其中，$X_{i,n}$ 为发送符号；$n_{i,n}$ 为高斯噪声。基于二维导频的细致估计算法一般包括下面两步：

第 1 步，使用 LS 估计算法得到插入导频位置的频率响应。从 $Y_{i,n}$ 中抽取导频点的值 $Y_{i,n}^p$，发送的导频值 $X_{i,n}^p$ 是已知的，因此可得到导频位置的信道估计值为

$$\hat{H}_{i,n}^p = \frac{Y_{i,n}^p}{X_{i,n}^p} = H_{i,n}^p + \frac{n_{i,n}}{X_{i,n}^p} \tag{18-92}$$

第 2 步，基于 LS 估计值进行二维内插滤波。$\hat{H}_{i,n}^p$ 仅得到导频位置的信道估计，为得到全信道估计 $\hat{H}_{i,n}$，可以对 $\hat{H}_{i,n}^p$ 进行时频二维插值滤波，常用的是 Wiener 滤波，即

$$\hat{H}_{i,n} = \sum w_{i',n',i,n}\hat{H}_{i',n'}^p \tag{18-93}$$

其中，$w_{i',n',i,n}$ 为内插滤波器加权系数。经过时频方向上的内插滤波，最终可以获得所有载波点上的信道响应。

2）训练序列频域信道估计[15]

在前面 OFDM 同步部分已经提到，除去频域导频，利用 OFDM 信号间的特殊训练数据也可以完成同步，如 DTMB/TDS-OFDM 系统。DTMB 标准中采用的 TDS-OFDM 属多载波技术，但与欧洲的 COFDM 不同，在 TDS-OFDM 系统中没有插入频域导频信号，而是插入时域 PN 序列。因此，可以使用所插入的特殊序列进行信道估计，一般得到信道的时域冲激响应，再利用 DFT 得到信道估计的频域响应。

对应训练序列 $\{c(k)\}$ $(k=1,2,\cdots,K)$，接收到的时域信号为

$$r(k) = c(k)*h + n(k) = \sum_{l=0}^{L-1}c(k-l)h(l) + n(k), \quad k=1,2,\cdots,K \tag{18-94}$$

其中，$K$ 为训练序列长度；$L$ 为信道冲激响应长度；$n(k)$ 为高斯白噪声；$*$ 表示卷积运算。写成矩阵的形式为 $\boldsymbol{r} = \boldsymbol{Ch} + \boldsymbol{n}$，其中，$\boldsymbol{r} = [r(1),r(2),\cdots,r(K)]^{\mathrm{T}}$ 表示接收到的训练符号列向量，$\boldsymbol{h} = [h(1),h(2),\cdots,h(L)]^{\mathrm{T}}$ 表示信道冲激响应列向量，$\boldsymbol{n} = [n(1),n(2),\cdots,n(K)]^{\mathrm{T}}$ 为加性噪声列向量，

$$\boldsymbol{C} = \begin{bmatrix} c(1) & c(K) & c(K-1) & \cdots & c(K-L+2) \\ c(2) & c(1) & c(K-2) & \cdots & c(K-L+3) \\ \vdots & \vdots & \vdots & & \vdots \\ c(K-1) & c(K-2) & c(K-2) & \cdots & c(K-L) \\ c(K) & c(K-1) & c(K-1) & \cdots & c(K-L+1) \end{bmatrix} \tag{18-95}$$

是由训练序列 $C = \{c(k)\}$ 得到的卷积矩阵。为了简便起见，$c(k)$ 一般选用具有良好相关特性的 PN 序列，其归一化相关函数 $\rho(n)$ 可表示为

$$\rho(n) = \frac{1}{K}\sum_{k=0}^{K-1} c(n-k)^* c(k) \approx \begin{cases} 1, & n=k \\ 0, & \text{其他} \end{cases} \tag{18-96}$$

这里，$\boldsymbol{C}^{\mathrm{H}}\boldsymbol{C} \approx K\boldsymbol{I}$，$\boldsymbol{I}$ 为单位阵。

综上所述，由于接收端已知训练序列 $C$，一般可以分成下面三个步骤：

第 1 步，时域信道冲激响应的估计为

$$\hat{h} = \frac{1}{K}\boldsymbol{C}^{\mathrm{H}}\boldsymbol{r} = \frac{1}{K}\boldsymbol{C}^{\mathrm{H}}\boldsymbol{C}h + \frac{1}{K}\boldsymbol{C}^{\mathrm{H}}n \approx h + \frac{1}{K}\boldsymbol{C}^{\mathrm{H}}n \tag{18-97}$$

第 2 步，将得到的粗估计 $\hat{h}$ 中的小电平值丢弃，因为存在白噪声和多径时延，这些小电平已不可靠。门限的选择可视应用所要求的不同的抗噪声和分辨多径的灵敏性来决定，比如门限设为最高相关峰幅度的 $5\%$（$-26\mathrm{dB}$）。

第 3 步，得到时域信道冲激响应后进行 DFT 可以得到最后的信道频域响应：

$$\hat{H} = \mathrm{DFT}(\hat{h}) \tag{18-98}$$

## 18.1.5 欧洲 DVB-T 标准内接收机简介

DVB-T 接收机是一个典型的 OFDM 接收机，如图 18-24 所示为 DVB-T 全数字接收机系统结构。除了模拟前端，其他部分都可由数字器件实现，故可实现全数字解调。

图 18-24 包括一个射频高频头/模拟前端，接着是一个模数转换器，然后是 DVB-T 信道解调和解码，最后一个是 MPEG-2 信源解码单元。DVB-T 接收机工作过程为：中频模拟信号输入，首先经过 ADC 采样成数字信号，模数转换之前完成粗 AGC 控制；然后，基带变换完成从中频信号到基带信号的转换；接下来，基带信号在时间同步和载波同步模块控制下进行时间和载波的恢复；进一步，从已经稳定同步的信号中去除循环保护间隔后作 FFT 变换；FFT 之后完成精 AGC 控制、参考符号（导频）提取和 TPS 解码，再利用提取的导频数据完成信道的估计及校正，以及时间精同步和载波同步，进而信道均衡校正后的数据被送入信道解码器；信道解码器中先后进行解映射、频域解交织（内交织）、维特比（内码）解码、字节解交织（外交织）、RS 外码解码及解扰；最后，通过 MPEG-2 TS 接口将解调出的数据输出给信源解码器。

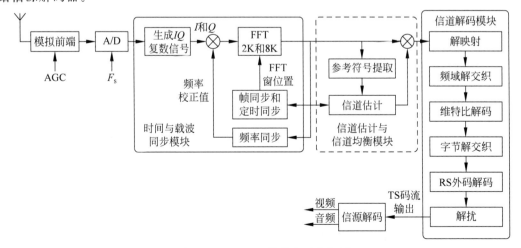

图 18-24 DVB-T 接收机功能框图

DVB-T 信道解调和解码单元从功能上分为 3 个主要模块：时间与载波同步模块、信道估计与信道均衡模块及信道解码模块。前两个模块为内接收机设计的主要问题，在接收端有效地实现 OFDM 码元、采样时钟及载波频率的同步，并完成信道的估计，使 OFDM 外接收机的性能接近于理想，而信道解码模块属于外接收机设计范畴。下面将着重按顺序对内接收机各个模块进行介绍。

### 1. 定时同步和载波同步[16-17]

定时同步和载波同步是 DVB-T 接收机中最关键的部分。定时同步调整采样频率和 FFT 窗口的位置（帧同步），而载波同步算法能克服由本振带来的偏移。这些算法使用插入 OFDM 频谱中的特定的连续导频，即调制了固定数据的子载波集合。精度更高的定时同步和载波同步使用插入 OFDM 块中的分散导频。

定时同步包括帧同步和采样时钟调整，通过下面三个步骤完成：

（1）帧头检测

帧头检测算法是将 OFDM 块中的数据与它的保护间隔进行相关，因为保护间隔与每个 OFDM 块的最后部分是相同的，所以保护间隔和 OFDM 块最后部分的相关将出现一个很高的峰值。经过一些信号整形处理后，产生的信号由粗定时同步过程来控制 FFT 窗口的位置。为了防止模拟电视信号在相同频率产生的很强的同信道干扰破坏定时同步，系统加入了一个实值的 11 个插头的低通滤波器来滤除模拟电视的载波。

（2）更精确的定时同步

这在粗定时同步、载波同步和导频恢复之后。该算法在对信道的冲激响应分析后，通过对分散的导频进行计算来获得。将接收到的分散导频除以它们发送的值，得到欠采样的信道频率响应，时域信道响应可使用 IFFT 来计算。最优的 FFT 窗口定时是通过延迟观察窗口获得的，使得在提前一半保护间隔处产生信道冲激响应的主径。如果延迟很大，可以对 FFT 窗口直接偏移。当延迟只是一个采样点时，可以通过增加或减小采样频率来校正 FFT 窗口的位置。因为 FFT 窗口漂移的速度非常慢，所以并不需要对每帧都计算 IFFT。例如，当采样频率误差为 $10^{-6}$，保护间隔为 1/4 时，在 2K 模式下 FFT 窗口每过 100 帧才偏移一个采样点。

（3）采样时钟调整

采样时钟调整是利用分散导频子载波相位的变化来完成的。采样频率错误导致一个与子载波频率有关的递增相位误差。从相位误差的增长可以计算采样误差信号，于是采样时钟频率可以由该误差信号利用反馈环路来控制。

接收机本振的频率不可能很稳定，而且时变信道中会引入多普勒频率扩展，所以接收机需要很准确的载波同步。频率错误会导致每个 QAM 信号有一个固定速率的相位旋转，并导致每个 QAM 信号子载波间的干扰。该同步过程可分为 3 个步骤。接收机加电时有一个范围较大的初始估计，该算法使频率偏移降低到子载波间隔的 1/3。更高精度的估计使频率误差降低到 1Hz 以下。好的载波同步可以跟踪相位噪声，而不准确的载波同步会产生一个随着时间线性增长的 CPE。

同步部分还需要完成传输参数信号（TPS）提取。TPS 提取是使用 OFDM 块中特定的 TPS 比特来完成的，这些比特在 2K 模式下为 17 个导频，在 8K 模式下为 68 个，所有导频使用重复编码来传送相同的信息。为了恢复帧中传送的 TPS 信息,对每个 TPS 子载波使用差分解调,接着对结果求平均得到一个软判决。

### 2. 信道估计和均衡[16-17]

内接收机部分的主要任务之一是为每一个 OFDM 块提供信道响应的估计,以便校正每一个接收到的数据采样(相干检测),并且为软判决维特比解码器提供了置信度信息。

在下面的描述中,每个描述符的下标 $n$、$k$ 表示对应第 $n$ 个 OFDM 块中第 $k$ 个子载波。$R_{n,k}$ 表示接收单元 $(n,k)$ 的观察值(经过 FFT),而 $C_{n,k}$ 为相应的频域数据。忽略相位噪声,可表示为

$$R_{n,k} = H_{n,k} C_{n,k} + N_{n,k} \tag{18-99}$$

其中,$H_{n,k}$ 为信道的复频率响应;$N_{n,k}$ 为两维的高斯噪声,其功率 $s_{n,k}^2$ 可随着子载波 $k$ 变化。

为了得到 $C_{n,k}$ 的估计,需要先得到信道 $H_{n,k}$ 的估计值 $E_{n,k}$(信道估计),并将 $R_{n,k}$ 除以 $E_{n,k}$(信道校正)。$D_{n,k}$ 为得到的关于 $C_{n,k}$ 的估计:

$$D_{n,k} = H_{n,k}/E_{n,k} C_{n,k} + N_{n,k}/E_{n,k} = C_{n,k} + N_{n,k}/E_{n,k} \tag{18-100}$$

$D_{n,k}$ 的信噪比为 $|E_{n,k}|^2/s_{n,k}^2$。该值要和 $s_{n,k}$ 的估计值一起送给信道解码器作为信赖度的估计。

为此,先要得到信道估计 $E_{n,k}$。DVB-T 接收机一般通过分散导频单元得到该估计,即 $(k-k_{\min}) \bmod 12 = 3 \times (n \bmod 4)$ 的单元 $(n,k)$,在一个超帧的开头将 $n$ 设为零,也就是每个导频子载波 $[(k-k_{\min}) \bmod 3 = 0]$ 在连续 4 个 OFDM 块内估计 $H_{n,k}$ 一次。这些估计是通过将接收到的采样除以已知导频得到的。接着 $H_{n,k} [(k-k_{\min}) \bmod 3 = 0]$ 对每一个 $n$ 的估计值通过时域插值或简单地每 4 帧进行更新得到。插值可以得到更好的性能,但是会导致估计值有 3 个 OFDM 块的延迟,因此需要将 4 帧的数据和相应的导频进行存储。插值还要考虑"共同相位误差"(CPE)的估计。CPE 是一个对所有子载波都相同的随机相位误差,是由本振的相位噪声引起的。CPE 是在其他部分进行估计给出的,使用在 DVB-T 中插入的连续导频进行估计。最后,为了得到 $H_{n,k}$ 对每个 $k$ 的估计,接收机采用频率插值(比例为 1∶3),该插值可以使用一个 FIR 数字滤波器完成。

## 18.1.6 中国 DTMB 标准内接收机简介

自 ATSC、DVB-T 和 ISDB 三个国际 DTTB 标准颁布以来,许多国家和地区都相继制定了各自具有自主知识产权的 DTTB 标准。2006 年 8 月 30 日,中国国家标准化管理委员会发布了《数字电视地面广播传输系统帧结构、信道编码和调制标准》(Digital Terrestrial Multimedia Broadcasting,DTMB)。DTMB/TDS-OFDM 系统的发射机和接收机如图 18-25 所示。在发射端,电视节目码流首先依次经过扰码、前向纠错编码(forward error correction,FEC)和星座映射,得到基本帧,再进行时域交织形成交织帧,接下来,交织帧与 TPS 复接后经过帧体数据处理,与相应的 PN 序列复接为信号帧,然后,经过基带后处理转换为基带输出信号,最后,该信号经正交上变频转换为射频信号(UHF 和 very high frequency,VHF 频段范围内)进行发射。接收端则进行反处理。

图 18-26 所示为 DTMB 接收机总体结构,主要包括内接收机和外接收机。其中,DTMB 内接收机主要包括帧同步、定时恢复、载波同步、信道估计和均衡四个部分。由于

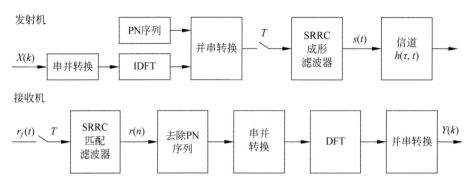

图 18-25　DTMB 系统发射机和接收机框图

DTMB 利用 PN 序列在时域进行帧同步、频率同步、定时同步、信道传输特性估计和相位噪声跟踪等,使得 DTMB 具有同步速度快、信道估计准确的优越性能,从而使得系统既具有 COFDM 的优点,又回避了其缺点,具有频谱利用率高、抗多径衰落、同步快速和信道估计准确等优点,改善了系统的性能。而外接收机主要包括时域解交织、QAM 解映射、LDPC 和 BCH 解码、数据解扰。

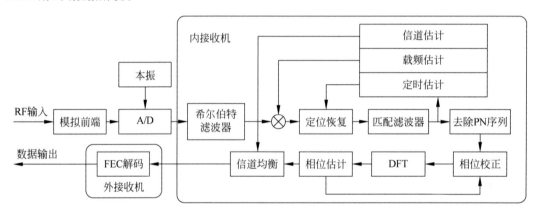

图 18-26　DTMB 接收机的总体结构图

下面将着重按顺序对内接收机各个模块进行介绍。

### 1. 帧同步[18-20]

一般定时恢复过程分为两个阶段:先进行粗码元同步,完成后进入细码元同步。由于地面电视广播是连续的数据流,所以其细码元同步算法通常采用反馈结构的算法,以获得较好的跟踪性能。这里给出的 DTMB 系统粗码元同步是为本地 PN 序列寻找一个相位,使本地 PN 序列与发送 PN 序列相位对齐。在跟踪阶段要进一步使两个序列的相位误差更小,并且在各种外来因素的干扰下能自动地保持这种高精度的相位对齐状态,该阶段是采用闭路跟踪技术的符号定时恢复(STR)的。外来干扰因素主要是采样时钟漂移,这将导致 OFDM 系统的 ICI 和定时误差的漂移,进一步恶化帧同步。图 18-27 所示为帧同步的实现框图,可见帧同步主要分为以下几个步骤:

(1) 滑动相关寻找相关峰。TDS-OFDM 信号帧使用 PN 序列作为同步码。PN 序列的自相关函数在相移为零时为序列周期 $K$,当相移不等于零时,相关函数值为 $-1$。据此,只要检测发送 PN 序列与本地序列的相关值,便可判断两者相位是否对齐。为了减少捕捉的相关器数量,可采用滑动搜索的捕捉方法,只需要一个长度为 $K$ 的相关器即可。使用滑动相关技术,可大大地缩短捕捉时间,而且仅使用一个相关器。在 $KT$ 时间内,PN 序列所有可能的相位都被搜索了一遍,具有很高的相位搜索速度。具体可参见相关文献。

(2) 相位匹配。在 TDS-OFDM 系统中,每个帧群信号帧的 PN 序列都是事先确定好的,以保证相邻信号帧的相位偏移唯一。这样由得到的 ΔPhase,就完全可以确定当前接收信号帧在帧群中的序号,从而获得以后各信号帧的 PN 序列的相位。

实际上由于噪声干扰,相关峰检测器可能做出错误的判决,即存在虚警概率和漏警概率,特别地,当漏警发生时,本地序列相位停止搜索,错误的同步信号将使系统处于失步状态,无法正常工作。为了避免这种情况发生,需要使用相位匹配电路来进行验证。在获得第 2 个信号帧相关峰时,并不认为已经进入同步状态,需要再把第 3 个信号帧的相关峰与设定的门限值比较,看其是否大于门限值,来验证信号是否真正进入同步。如果证实电路判决为同步,表明序列已真正同步,可以启动 STR 跟踪电路了。进入同步后,接收以后信号帧时只需更新本地 PN 序列相位就可以继续保持同步锁定,并提供连续的帧同步信号,STR 环路定时误差提取时将使用该帧同步信号,以便对大于 $\pm T_s$ 的定时误差信号进行估计。为了在同步状态下防止虚警的影响,设定连续 3 个信号帧均捕捉不到相关峰时才认为系统处于失步状态。如果证实电路判决为非同步,则重新启动电路。

特别需要说明的是,STR 环路主要包括两个功能:一是使用定时误差提取得到定时误差的估计值;二是对得到的估计值进行滤波推动数控振荡器在时域完成对采样时钟的调整,再通过线性插值滤波器将采样接收数据恢复成与发送符号率同步的数据。为了保证定时提取精度和线性插值精度,STR 算法使用 4 倍采样。该环路通过滑动相关提高了符号定时估计的准确性,并具有一定的抗多径能力,在多径下继续保持较高精度,如图 18-27 所示。具体可参见相关文献,这里不再具体展开。

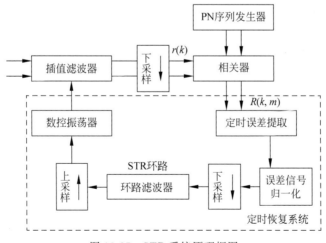

图 18-27 STR 系统原理框图

## 2. 载波同步[18-20]

DTMB 提出利用插入 OFDM 信号中的 PN 序列的循环扩展的同步头在时域完成载波

同步。这样,根据插入的同步头,提出一种低复杂度的时域频率估计算法。地面数字电视接收机在开机初始状态时与发射机很可能存在较大频率偏差,这是为了保证频率估计有足够大捕获范围的同时获得较高估计精度。

在 DTMB 中,载波频率估计分为三个阶段完成:在开机初始状态时,接收机与发射机很可能存在较大频率偏差 $\Delta f$,这时接收机通常无法进行准确的定时同步,所以定时同步算法一般要求 $\Delta f$ 不能大于某一个门限。如果开始定时同步时 $\Delta f$ 大于该门限,则必须先进行粗频率估计(coarse frequency estimation,CFE),将频偏捕捉到该门限以内后再进行定时同步。由于 CFE 是在定时同步之前进行的,此时没有定时信息,所以 CFE 算法只能是无数据辅助方式的算法。由于使用 BPSK 调制 PN 序列,$P=2$。CFE 算法由于采用了无数据辅助方法,因此缺点是捕捉范围变为原来的 $1/P$,而且由于引入了 $P$ 次方,估计方差变大。在完成 CFE 阶段后,并不直接进行相干 AFC(auto frequency control)阶段,而是先进入非相干 AFC。非相干 AFC 与相干 AFC 的不同在于,相干 AFC 要使用定时信息,而非相干 AFC 不使用定时信息。先进行非相干 AFC 的原因如下:完成 CFE 后,定时同步环路和细频率估计环路同时开启,此时定时环路还需要几帧的时间才能准确同步,即提供准确定时恢复。在这几帧内的定时不够准确,因此要使用不需时间信息的非相干 AFC 进行同步。分析和仿真结果表明,该方法在较高 SNR 区域接近于 CRB 界,且计算复杂度低,频率捕获时间快,适合应用于全数字国标接收机。

### 3. 信道估计和均衡[18-20]

这里给出的信道估计和均衡方法均是利用时域同步 PN 序列相关算法得到信道冲激响应,并在频域完成信道均衡。该方法得到的信道估计受高斯噪声和时变信道的影响小,而且实现简单。

目前在 DTMB 中,信道估计方法可以分为时域相关法、迭代信道估计/PN 序列去除法和频域判决反馈法三种方法。把接收到的 TDS-OFDM 信号帧分解为 PN 帧头和 DFT 数据帧体两部分,根据传输信道特性选择下列方法之一进行信道估计:当传输信道具有短时多径干扰时,选择 PN 码时域相关法;当传输信道具有长时多径干扰时,选择迭代信道估计/PN 序列去除法;当传输信道具有时不变稳定特性时,选择频域判决反馈法。接下来,得到传输信道的频率响应估计 $\hat{H}(n,k)$ 后,对 DFT 数据部分进行离散傅里叶变换(DFT),得到频域数据 $Y(n,k)$,把信号帧的频域数据 $Y(n,k)$ 和得到的频域响应估计 $\hat{H}(n,k)$ 相除,得到信道均衡后的数据信号 $Z(n,k)=Y(n,k)/\hat{H}(n,k)$。

由于广播信道多为时变信道,这里重点介绍 PN 码时域相关法和迭代信道估计/PN 序列去除法。

1) PN 码时域相关法

不考虑数据对同步头的干扰,接收到的 PN 码帧头 $r(k)$ 可表示为

$$r(k)=\sum_{l=0}^{L-1}c(k-l)\cdot h_{\mathrm{c}}(l)+n(k) \tag{18-101}$$

其中,$h_{\mathrm{c}}(l)$ 为信道时域冲激响应;$n(k)$ 为高斯白噪声;$c(k)$ 为使用的 PN 序列。$c(k)$ 具有良好的相关特性,其归一化相关函数 $\rho(n)$ 可表示为

$$\rho(n) = \frac{1}{K}\sum_{k=0}^{K-1}c(n-k)^* c(k) \approx \begin{cases} 1, & n=k \\ 0, & \text{其他} \end{cases} \tag{18-102}$$

其中，$n$、$k$ 表示序号；$K$ 为 PN 序列的长度。经过时域相关即可得到信道的时域冲激响应的粗估计：

$$\begin{aligned}\hat{h}_{tc}(n) &= \frac{1}{K}\sum_{k=0}^{K-1}c(n-k)^* \cdot r(k) \\ &= h(n) + \frac{1}{K}\sum_{k=0}^{K-1}c(k)^* \cdot n(k) \\ &= h_c(n) + n_c(n), \quad n \in [0, K-1]\end{aligned} \tag{18-103}$$

其中，$h_c(n)$ 为理想的信道时域冲激响应；$n_c(n)$ 为高斯白噪声。

得到的粗估计 $\hat{h}_{tc}(n)$ 中的小电平值被丢弃，门限的选择可视应用所要求的抗噪声和分辨多径的灵敏性来决定。以信道的第 1 条路径来定位，而主径前的旁径造成相对于主径信号的前向扩散，主径后的旁径造成相对于主径信号的后向扩散。前同步缓冲和后同步缓冲定义为 PN 序列的循环扩展，它们作为 PN 序列的保护段，只要信道的前径长度和后径长度分别小于前同步缓冲和后同步缓冲，则可以得到比较准确的信道时域冲激响应。因此在应用中，可以使用前同步缓冲段获得前径信道估计，后同步缓冲段获得后径信道估计。例如，设计时整个 PN 信号总长 $N_g$ 为 420，$K$ 取 255，前同步缓冲和后同步缓冲总长度稍小于 $K$，此时就要合理分配前同步缓冲和后同步缓冲的长度，使它们分别大于信道的前径和后径长度。在国标系统中 PN 序列是基于一组平移的 8 阶 $m$ 序列，这样在获得接收信号帧 PN 序列的相位之后，总可以通过移位处理改变本地 PN 序列的相位，从而改变前同步缓冲长度 $L_{pre}$ 和后同步缓冲长度 $L_{post}$，使选取的相关输出段 $[k'-L_{pre}+1, k'+L_{post}]$ 集中了信道的主要能量，其中 $k'$ 对应相关峰位置，即锁定的主径位置。

接下来，以主径位置 $k'$ 作为基准点，选取相关输出段 $[k'-L_{pre}+1, k'-1]$ 的数据作为信道前径部分 $\hat{h}_{tc,pre}$，而选取相关输出段 $[k'+1, k'+L_{post}]$ 的数据作为信道后径部分 $\hat{h}_{tc,post}$，把 $\hat{h}_{tc,post}$ 和 $\hat{h}_{tc,pre}$ 进行移位处理，然后在预定位置填零，把它们拼接到一起，得到长度为 $N$ 的序列 $\hat{h}_{tc,N}(n)$，即

$$\hat{h}_{tc,N}(n) = \begin{cases} \hat{h}_{tc,post}, & 0 < n \leqslant L_{post} \\ 0, & L_{post} < n < N - L_{pre} \\ \hat{h}_{tc,pre}, & N - L_{pre} \leqslant n < N \end{cases} \tag{18-104}$$

其中，$\hat{h}_{tc,post}$ 对应相关输出中的后径部分，而 $\hat{h}_{tc,pre}$ 对应相关输出中的前径部分。这样得到的 $\hat{h}_{tc,N}(n)$ 满足 DFT 的循环特性，最终经过 $N$ 点 DFT 处理便可得到各个 OFDM 子载波频率响应的估计 $\hat{H}(n, k)$。

2) 迭代信道估计/PN 序列去除法

在 TDS-OFDM 中，PN 码既作为 OFDM 信号的保护间隔，又作为 TDS-OFDM 信号帧的同步训练序列，具有双重功能。当存在多径时，数据和 PN 之间会产生相互干扰，当多径时延大于 PN 码的循环长度（循环前缀和循环后缀长度之和）时，时域相关信道估计就会引

入数据干扰带来的误差,严重影响性能。此时,需要采用迭代信道估计和 PN 序列去除方法来进行信道估计。

在发送端传输信号帧可以分为不相互混叠的两部分,即 PN 序列 $\{c_{i,k}\}_{k=0}^{M-1}, i \geqslant 0$ 和数据序列 $\{s_{i,k}\}_{k=0}^{N-1}, i \geqslant 0$,如图 18-28 所示。由于存在多径扩展,接收信号 $\{r_{i,k}\}_{k=0}^{M+N-1}$ 可以分为混叠的两部分: $\{y_{i,k}\}_{k=0}^{M+L-1}$ 表示 PN 序列和信道冲激响应的线性卷积结果,而 $\{x_{i,k}\}_{k=0}^{N+L-1}$ 表示数据序列 $\{s_{i,k}\}_{k=0}^{N-1}$ 和信道冲激响应的线性卷积结果。

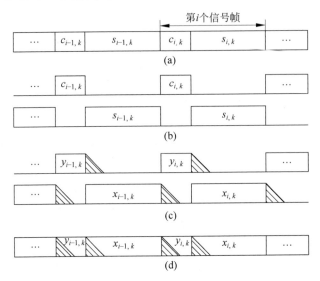

图 18-28　多径下的信号分解图

(a) 发送信号帧;(b) 发送信号帧的时域分解;(c) 接收信号帧的时域分解;(d) 接收信号帧

采用迭代消除方法实现 $x$ 信号和 $y$ 信号的分离,包括以下步骤:

(1) 基于已知的第 $i-2$、$i-1$ 信号帧的信道冲激响应 $\{\hat{h}_{i-2,l}\}_{l=0}^{L-1}$ 和 $\{\hat{h}_{i-1,l}\}_{l=0}^{L-1}$,通过线性插值得到第 $i$ 帧的信道冲激响应 $\{\hat{h}_{i,l}^{\text{iter}=0}\}_{l=0}^{L-1}$,将迭代序号 $I$ 设置为 0。

(2) 进行第 $I$ 次迭代,第 $i+1$ 信号帧的信道冲激响应 $\{\hat{h}_{i+1,l}^{\text{iter}=I}\}_{l=0}^{L-1}$ 通过对 $\{\hat{h}_{i-1,l}\}_{l=0}^{L-1}$ 和 $\{\hat{h}_{i,l}^{\text{iter}=I}\}_{l=0}^{L-1}$ 线性插值得到。

(3) 在接收机同步后,得到第 $i$、$i+1$ 信号帧中的伪随机(PN)序列 $\{c_{i,k}\}_{k=0}^{M}$ 和 $\{c_{i+1,k}\}_{k=0}^{M}$,从而可以计算得到 $\{c_{i,k}\}_{k=0}^{M}$、$\{c_{i+1,k}\}_{k=0}^{M}$ 和信道冲激响应的线性卷积结果 $\{\hat{y}_{i,k}^{\text{iter}=I}\}_{k=0}^{M+L-1}$ 和 $\{\hat{y}_{i+1,k}^{\text{iter}=I}\}_{k=0}^{M+L-1}$。

(4) 从第 $i$ 帧接收信号 $\{r_{i,k}\}_{k=0}^{M+N-1}$ 中去除 $\{\hat{y}_{i,k}^{\text{iter}=I}\}_{k=0}^{M+L-1}$ 和 $\{\hat{y}_{i+1,k}\}_{k=0}^{M+L-1}$,从而得到第 $i$ 信号帧数据和信道冲激响应的线性卷积结果 $\{\hat{x}_{i,k}^{\text{iter}=I}\}_{k=0}^{M+N-1}$ 的估计:

$$\hat{x}_{i,k}^{\text{iter}=I} = \begin{cases} r_{i,k+M} - \hat{y}_{i,k+M}^{\text{iter}=I}, & 0 \leqslant k < L-1 \\ r_{i,k+M}, & L-1 \leqslant k < N \\ r_{i,k+M} - \hat{y}_{i+1,k-N}^{\text{iter}=I}, & N \leqslant k < M+N \end{cases} \tag{18-105}$$

(5) 得到的 $\{\hat{x}_{i,k}^{\text{iter}=I}\}_{k=0}^{M+N-1}$ 可以等效成零填充 OFDM(ZP-OFDM)系统的情况,可以采用 ZP-OFDM 的均衡算法进行均衡。

（6）如果达到了预先设定的迭代次数 $J$，则停止迭代，$\{\hat{x}_{i,k}^{\text{iter}=J}\}_{k=0}^{M+N-1}$ 和 $\{\hat{h}_{i,l}^{\text{iter}=J}\}_{l=0}^{L-1}$ 分别是对 $\{x_{i,k}\}_{k=0}^{N+L-1}$ 和 $\{h_{i,k}\}_{k=0}^{L-1}$ 的最终估计。对 $\{\hat{x}_{i,k}\}_{k=0}^{N+L-1}$ 进行判决后，再接着用同样的方法处理第 $i+1$ 帧信号。

（7）如果没有达到预先设定的迭代次数 $J$，则使用时域滤波和判决反馈的方法对 $\{\hat{x}_{i,k}^{\text{iter}=I}\}_{k=0}^{M+N-1}$ 进行滤波，去除残余码间干扰和噪声项，得到 $\{z_{i,k}^{\text{iter}=I}\}_{k=0}^{M+N-1}$。

（8）重构 $\{\hat{y}_{i,k}^{\text{iter}=I+1}\}_{k=0}^{M+L-1}$：

$$\hat{y}_{i,k}^{\text{iter}=I+1}=\begin{cases} r_{i,k}-\hat{x}_{i-1,k+N}^{\text{iter}=J}, & 0\leqslant k<L-1 \\ r_{i,k}, & L-1\leqslant k<M \\ r_{i,k}-z_{i,k-M}^{\text{iter}=I}, & M\leqslant k<M+L-1 \end{cases} \tag{18-106}$$

（9）从 $\{\hat{y}_{i,k}^{\text{iter}=I+1}\}_{k=0}^{M+L-1}$ 得到更精确的信道估计 $\{\hat{h}_{i,l}^{\text{iter}=I+1}\}_{l=0}^{L-1}$。将迭代序号 $I$ 加1，返回第 2 步重新进行迭代计算。

所采用的信道估计每帧均进行更新，信道估计可以在时域、频域中联合进行：

（1）初始信道估计值采用时域估计算法，通过将接收端本地产生的 PN 序列与收到的 PN 序列进行互相关得到。

（2）在迭代计算过程中采用频域估计算法。在上述迭代过程的第 9 步中，将 $\{\hat{y}_{i,k}^{\text{iter}=I+1}\}_{k=0}^{M+L-1}$ 和 $\{c_{i,k}\}_{k=0}^{M-1}$ 做 $N_1$ 点 DFT（不够 $N_1$ 时，则补零至 $N_1$ 点），信道估计 $\{\hat{h}_{i,k}^{\text{iter}=I+1}\}_{k=0}^{N_1-1}$ 由下式得到：

$$\hat{h}_{i,k}^{\text{iter}=I+1}=\text{IDFT}\left\{\frac{Y_{i,k}^{\text{iter}=I+1}}{C_{i,k}}\right\}, \quad 0\leqslant k<N_1-1 \tag{18-107}$$

然后将 $\{\hat{h}_{i,k}^{\text{iter}=I+1}\}_{k=0}^{N_1-1}$ 中的 $k\geqslant L$ 项设置为零，得到的 $\{\hat{h}_{i,k}^{\text{iter}=I+1}\}_{k=0}^{L-1}$ 用于迭代的下一步。

在上述迭代过程的第 7 步中，去除掉相邻的 PN 序列对数据的影响后，$\{\hat{x}_{i,k}^{\text{iter}=I}\}_{k=0}^{M+N-1}$ 仍然受噪声和残余码间干扰的影响，可以按照下述步骤作进一步滤波处理：

（1）计算第 $i$ 帧 $\{\hat{x}_{i,k}^{\text{iter}=I}\}_{k=0}^{M+N-1}$ 的信道估计 $\{\tilde{h}_{i,k}^{\text{iter}=I}\}_{k=0}^{L-1}$，对于简单处理，可以采用 $\{\hat{h}_{i,l}^{\text{iter}=I}\}_{l=0}^{L-1}$ 和 $\{\hat{h}_{i+1,l}^{\text{iter}=I}\}_{l=0}^{L-1}$ 的平均值，即

$$\tilde{h}_{i,k}^{\text{iter}=I}=(\hat{h}_{i,k}^{\text{iter}=I}+\hat{h}_{i+1,k}^{\text{iter}=I})/2 \tag{18-108}$$

（2）经过频域均衡，得到：

$$\hat{s}_{i,k}^{\text{iter}=I}=\text{IDFT}\left\{\frac{\text{DFT}(\hat{x}_{i,k}^{\text{iter}=I})}{\text{DFT}(\tilde{h}_{i,k}^{\text{iter}=I})}\right\}, \quad 0\leqslant k<N_2 \tag{18-109}$$

其中，$N_2\geqslant N$。

（3）将 $\{\hat{s}_{i,k}^{\text{iter}=I}\}_{k=0}^{N_2-1}$ 中的 $k\geqslant N$ 项设置为零，得到 $\{\hat{s}_{i,k}^{\text{iter}=I}\}_{k=0}^{N-1}$。

（4）为了进一步消除噪声，可以将 $\{\hat{s}_{i,k}^{\text{iter}=I}\}_{k=0}^{N-1}$ 通过 $N$ 点 DFT 变换到频域，判决得到 $\{\hat{S}_{i,k}^{\text{iter}=I}\}_{k=0}^{N-1}$，然后再变换到时域，得到 $\{\tilde{s}_{i,k}^{\text{iter}=I}\}_{k=0}^{N-1}$。

（5）最终的滤波输出 $\{z_{i,k}^{\text{iter}=I}\}_{k=0}^{M+N-1}$ 是 $\{\tilde{s}_{i,k}^{\text{iter}=I}\}_{k=0}^{N-1}$ 和 $\{\tilde{h}_{i,l}^{\text{iter}=I}\}_{l=0}^{L-1}$ 的卷积结果，这可以通过 $N_2$ 点的 DFT 计算得到。

## 18.2　调制与编码技术

### 18.2.1　概述

与模拟电视相比,数字电视的一个重要特征是采用数字调制技术。随着大规模集成电路设计能力的提升,芯片对数字信号的处理能力大大提高,数字信号可以更方便地使用复杂信号处理算法进行处理。这些复杂信号处理算法包括信道估计、均衡、差错控制编码等。地面数字电视广播所经历的无线信道是带通型信道,传输的基带数字信号需要通过数字调制以便在指定的频道内传输,同时地面数字电视传输系统的特点为传输带宽大、数据率高、频谱效率高,这就需要满足以上特点的数字调制技术相匹配。

从本质上说,调制是一个函数变换过程,它将待传输的二进制序列(通常已完成信道编码并组成信号帧)映射为具有某种属性的载波波形。根据使用载波的数目,可以大致将数字调制分为单载波(single-carrier modulation)调制和多载波调制(multi-carrier modulation)两种。顾名思义,单载波调制使用基带信号去调制一个载波,并且在一个信道中只有一个载波信号,即一个已调信号占据了信道的所有带宽。在单载波调制技术中,对载波来说,可以改变的属性包括幅度、频率和相位,因此,基本的数字调制方式也包括 3 种,即幅移键控(ASK)、频移键控(FSK)和相移键控(PSK)。现有的数字调制方式都可以看作以上 3 种基本形式的变形和组合。键控这个术语来自电报系统,在电报系统中,通过键控可以传输标记和空格,或改变传输的参数,此处键控的含义为使用数字信号来控制载波波形。现流行的大多数单载波通信系统载波信号的 I 路和 Q 路都携带数据信息,采用 ASK 和 PSK 的混和体进行数字调制,也就是允许载波信号的幅度和相位有多种取值,这种调制方式被称为多进制数字调制,常用的多进制调制方式包括正交幅度调制(QAM)、残留边带调制(VSB)。多载波调制是指将要传输的高速数据流分解成若干个低速比特流,并且用这些比特流去并行调制若干个子载波。最常用的多载波调制称为正交频分复用(orthogonal frequency division multiplexing,OFDM)调制。OFDM 调制在频域内将给定信道分成许多正交子信道,在每个子信道上使用一个子载波进行调制,而且各子载波并行传输,这样就可以把宽带变成窄带,解决频率选择性衰落问题。

在数字通信中,不同的调制方式都有自己的特点,都有其适合应用的地方。对于某个特定的通信系统,使用何种调制方式,需要在多种性能指标之间进行折中。

在对一个数字调制方案进行设计或评估时,通常需要考虑以下几个基本要素。

(1) 传输速率

传输速率是衡量系统传输能力的重要指标[2],常见的有比特率和波特率两种。比特率 $R_b$ 是指单位时间内传输的二元比特数,单位是 bit/s;波特率 $R_s$ 是指单位时间内传输的调制符号数,单位是 baud/s。对 $M$ 进制调制,有

$$R_b = R_s \log_2 M \tag{18-110}$$

事实上,比特率和波特率的定义代表了在不同的传输阶段中信号表现出的不同形式。例如,在收发端的信源和信道编译码阶段,信息通常表示为二进制形式,此时采用比特率为单位;而在调制器映射之后到解调器解映射之前,信息以多元符号形式存在,这时采用波特率更方便。另外,对传输系统的评估中通常还定义了净荷速率,它是指在传输的符号中扣除

由于信道编码和同步字段等一切额外开销后的"纯"信息速率,单位通常是 bit/s。

对于多元调制信号,由于接收机的判决是基于符号的,所以更常采用误符号率或误字率,即接收端发生符号错误的比例。线性调制系统的误符号率与其星座图中星座点间的欧几里得距离有确切的函数关系。一般来说,星座点越密集,接收端符号判决错误的概率越大。为更准确地评估应用于突发信道的传输系统,还定义了中断概率,它指在一次测量中误码数目超过一个特定值的概率,每一个中断事件代表一次失败的传输。

(2) 频谱效率

频谱效率 $\eta_W$ 又称频带利用率,常用来衡量系统的有效性,其定义为单位带宽传输信道上的信息传输速率,单位是 $\text{bit}/(\text{s} \cdot \text{Hz})$。如果传输信道的带宽为 $W$,则有

$$\eta_W = \frac{R_b}{W} \tag{18-111}$$

$\eta_W > 1$ 的调制方案一般称为带宽有效性调制,反之,则称为功率有效性调制。根据香农信道容量公式,可以得到频谱效率的理论上限:

$$\eta_{W\max} = \frac{C}{W} = \log_2\left(1 + \frac{S}{N}\right) \tag{18-112}$$

其中,$C$ 是信道容量; $S/N$ 是信噪比。

(3) 信噪比、载噪比与 $E_b/N_0$

信噪比($S/N$)是指传输信号的平均功率与加性噪声的平均功率之比,而载噪比($C/N$)是指经过调制的信号的平均功率与加性噪声的平均功率之比。它们通常都以对数形式来表示,单位为 dB。信噪比与载噪比的区别在于载波功率的计算。载噪比中已调信号的功率包括传输信号的功率和调制载波的功率,而信噪比中仅包括传输信号的功率。对抑制载波的调制方式来说,两者数值相等。信噪比和载噪比可以在接收端通过测量直接得到。

$E_b/N_0$ 是比特信噪比,其中 $E_b$ 表示每传输 1 比特信息所需要的能量,$N_0$ 代表高斯白噪声信道的单边功率谱密度。因为 $\dfrac{S}{N} = \dfrac{E_b R_b}{N_0 W} = \dfrac{E_b}{N_0} \eta_W$,所以

$$\frac{E_b}{N_0} = \frac{S/N}{\eta_W} \tag{18-113}$$

由此可见,$E_b/N_0$ 可以通过在信噪比($S/N$)中去除频谱效率因素得到,能够更加客观地反映系统工作状况,所以在讨论系统性能的文献中通常采用 $E_b/N_0$,如 $E_b/N_0$ 与 BER 的关系曲线等。但是,$E_b/N_0$ 值不是可以直接测得的参数,需要通过计算得到。

传输系统达到特定的误比特率(如 $10^{-5}$)所需的最小 $E_b/N_0$ 值称为功率效率 $\eta_P$,这也是衡量系统综合性能的重要指标。

除以上要素外,还要考虑实现复杂度、硬件成本等。我们希望一个完美的调制方案能在低信噪比的条件下高速可靠地传输数据,还要尽量占用最小的带宽。但遗憾的是,没有一个方案能同时满足所有条件。因此,数字调制方案的选择实际上就是根据系统的实际情况,在以上约束条件下进行折中取舍的过程,尤其是功率效率和频谱效率之间的折中。例如,对信息进行纠错编码降低了频谱效率,但同时给定的误码率所必需的接收功率降低了,于是带宽效率换来了功率效率;另外,高进制调制可以增加频谱效率,但为保证可靠接收必须增加功率,于是要用功率效率去换取频谱效率。

### 18.2.2 单载波调制技术

单载波调制技术的应用非常广泛,在 OFDM 系统成熟之前,大部分系统,如微波多点分布式系统,有线通信、地面通信和卫星通信系统都在使用单载波调制技术。如今尽管多载波调制技术得到较大发展,但与多载波调制技术相比,单载波调制技术的优点在于同等发射功率下其信号的峰均比(PAPR)较低,对放大器的性能要求低,因此在功率受限的传输系统中得到了广泛的应用,如在卫星通信、有线电视网络、视距微波系统(如 MMDS)等系统都采用单载波调制技术。残余边带调制(VSB)也是一种典型的单载波调制技术,它通过将双边带信号过滤为单边带信号,节省了信号能量,其信号传输效率较高,美国数字电视标准 ATSC 采用的就是基于 VSB 技术的数字电视传输标准[21]。4G-LTE 通信系统上行信道也选用了单载波频分多址接入技术。

单载波调制和多载波调制的一个最大不同在于,多载波一般使用频域均衡(frequency domain equalization,FDE)方式来对抗多径衰落,而经典的单载波系统主要通过时域自适应均衡器进行信道均衡,由于多载波频域均衡简单,而且频域处理更能提高频率选择性衰落信道下的纠错性能,所以在多径衰落比较严重的环境使用多载波比单载波更具有优势。最近很多学者将单载波调制和多载波 FDE 进行结合,提出了一种单载波频域均衡调制方式,一般称为 SC-FDE,其特点是数据为块传输(block-transmission),块与块之间和多载波调制一样采用循环前缀来构造保护间隔,以在接收机采用和多载波一样的频域均衡处理,从而使系统具有传统单载波和多载波的优点。

单载波调制主要包括 I 路和 Q 路基带信号映射、限带成形滤波及正交上变频等电路,而常用的单载波调制器限带成形滤波和上变频等电路都是完全一致的,其区别主要是 I 路和 Q 路基带信号的映射方法不同,即如何将待发送的数据比特映射成 I 路和 Q 路信号。本节先介绍限带成形滤波器,然后依次介绍不同调制的映射方法。

#### 1. 限带信号和成形滤波器

数字信息是由一系列二进制逻辑值 0,1 构成的。在物理上通过数字脉冲序列来表示,每个 0 和 1 都占有有限的持续时间 $T_s$。通过傅里叶分析可以知道,在时域具有有限持续时间 $T_s$ 的理想数字脉冲信号在频域上具有无限的频谱。图 18-29(a)中输入的持续时间为 $T_s$ 的脉冲,其频谱如图 18-29(b)所示。实际物理信道是有限带宽的,而频域具有有限频谱的脉冲信号在时域具有无限的持续时间,这样连续的具有有限频谱的脉冲信号在时域上会产生交迭,从而导致码间串扰。这意味着连续的脉冲信号无法直接在实际限带信道中应用,工程上一般将信号通过特定的滤波器进行滤波。

奈奎斯特滤波器是以奈奎斯特命名,即满足奈奎斯特准则的滤波器,用来限制脉冲序列的带宽,而滤波输出信号在采样点无失真。根据奈奎斯特脉冲成形准则,滤波后脉冲信号占有的带宽(BW)为

$$BW = (R_s/2)(1+\alpha) \tag{18-114}$$

其中,$R_s$ 为符号速率(或脉冲速率);$\alpha$ 为滤波器滚降系数,$0<\alpha<1$。当 $\alpha=0$ 时滤波器具有矩形的频率响应和零群延时,此时滤波器带宽恰好是符号速率 $R_s$ 的一半,如图 18-29(c)所示。经过滤波后输出的信号波形如图 18-29(d)所示。可以看出,滤波后波形在时域的持

续时间超过了原始脉冲信号,并以间隔 $T_s$ 取幅值为 0。如果接收机在 $T_s$、$2T_s$、$3T_s$ 等时刻对接收信号进行采样,就可以实现信号的无失真恢复。值得注意的是,$\alpha=0$ 奈奎斯特滤波器是理想的滤波器,在实际中是无法实现的。

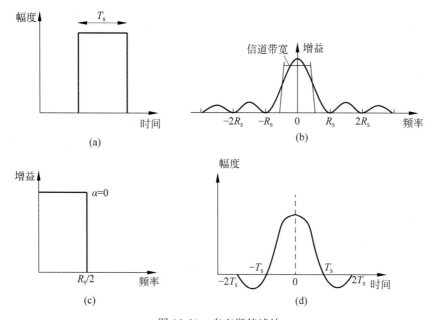

图 18-29　奈奎斯特滤波

(a) 输入脉冲,脉宽 $T_s$;(b) 输入脉冲对应的频谱;(c) $\alpha=0$ 时的奈奎斯特滤波器的频率响应;

(d) 滤波输出信号脉冲形状

通常使用的奈奎斯特滤波器是升余弦滤波器,升余弦滚降滤波器的频域传递函数为[2]

$$
H_{\mathrm{RC}}(f)=\begin{cases}1, & 0\leqslant|f|\leqslant(1-\alpha)/(2T_s)\\[2mm]\dfrac{1}{2}\left\{1+\cos\left[\dfrac{\pi(2T_s|f|)-1+\alpha}{2\alpha}\right]\right\}, & (1-\alpha)/(2T_s)<|f|\leqslant(1+\alpha)/(2T_s)\\[2mm]0, & |f|>(1+\alpha)/(2T_s)\end{cases}
$$

$$(18\text{-}115)$$

其时域冲激响应为

$$
h_{\mathrm{RC}}(t)=\frac{\sin(\pi t/T_s)}{\pi t}\ \frac{\cos(\pi\alpha t/T_s)}{1-\left[4\alpha t/(2T)\right]^2} \tag{18-116}
$$

其中,$\alpha$ 为滚降系数。$\alpha$ 值越小,成形滤波器实现越复杂;$\alpha$ 值越大,系统对线性失真和定时抖动产生的符号间干扰(ISI)越不敏感,但频谱效率越低。经过成形滤波后,信号带宽变成原矩形带通频谱的 $1+\alpha$ 倍,频谱效率 $\eta_W$ 降为原来的 $1/(1+\alpha)$。在工程应用中,$\alpha$ 的范围一般定在 0.05~0.5。图 18-30 显示了滚降系数对带宽的影响。

在实际传输系统中,由于接收端滤波器必须和接收波形匹配,所以发送端和接收端滤波器的频谱应该都是升余弦滤波器频谱的平方根,这样发射端成形滤波器和接收端匹配滤波器级联构成升余弦脉冲。这种滤波器就被称为平方根升余弦滤波器。基本所有的单载波系统在实际调制中都使用平方根升余弦滤波器进行成形滤波。

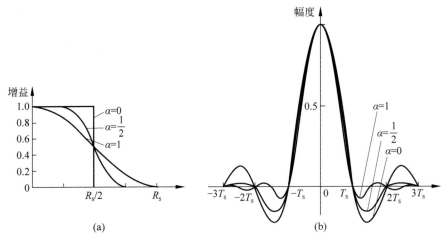

图 18-30　升余弦滚降滤波器

（a）频率响应；（b）时域响应

### 2. QPSK 数字调制

　　QPSK 调制中,载波相位值取决于传输数据的取值,它可以有四种取值,每种取值相差 90°,每个符号可以携带 2bit 的信息,因此可以传输的数字信息为 00,01,10,11。

　　QPSK 正交调制器如图 18-31 所示。一个速率为 $2/T_s$ 的串行二进制码流经过串并变换,分成两路速率为 $1/T_s$ 的数据流(I 路和 Q 路),输入数据交替地被分配到 I 路和 Q 路。然后这两路数据流通过低通滤波器(平方根升余弦滤波器)进行成形滤波,来限制信号的带宽,再通过本振(LO)用双边带抑制载波调制将这两路数据调制到载波上去。两路数据流使用的本振是相同的,唯一的区别是其中一路的本振相对于另一路的本振有 90°的相移,这就是术语上 I 路和 Q 路的得名。90°的相移保证了调制后的两路信号彼此正交,并且使用同样的带宽,在接收机中可以很容易被分开。

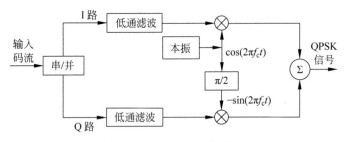

图 18-31　QPSK 正负调制器

　　图 18-32 为 QPSK 相干解调器框图。所谓"相干"解调,是指解调器需要获得与接收信号同频同相的载波,以完成频谱搬移并恢复原始信息。图 18-32 中,载波恢复模块从接收信号中获得同相和正交载波,通过相乘器完成频谱搬移;然后经积分相关器(或匹配滤波器)滤除正交分量和噪声的影响,在完成取样判决和并串变换后最终恢复出原始信息流。

　　相干解调的主要不足之处在于:要从调制信号中将数据信息正确地解调出来,必须确

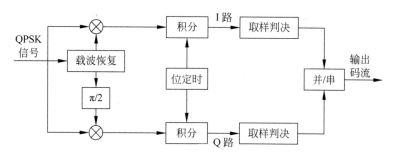

图 18-32　QPSK 相干解调器

定载波相位的绝对值,所以一般需要使用训练序列才能正确判断载波相位的绝对值,当然也可以使用差分编码的 QPSK(DQPSK)来解决相位模糊问题,但是 DQPSK 解调和相干解调相比性能有损失。

利用星座图可以有效地观察 QPSK 的时域形式,用示波器的星座图 XY 功能观察信号的 I 路和 Q 路,可以很容易地得到信号星座图,在 QPSK/QAM 信号的星座图中,携带数据的符号用点来表示,它显示了传输数据的峰值幅度和相位。QPSK 调制的符号有 4 种可能的相位/幅度值,因此每个符号可以携带 2 比特的信息,如图 18-33 所示。

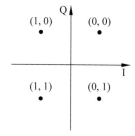

图 18-33　QPSK 星座图

### 3. $2^m$-QAM 系统

在带宽有效的传输系统中,大容量信息必须通过高进制调制来传输。由信号星座图可以直观地看出,此时如果单独使用幅度或相位携带信息,则信号星座点仅分布在一条直线或一个圆上,不能充分利用信号平面。基于这种考虑诞生了幅度和相位相结合的调制方式——正交幅度调制 QAM,它可以在保证最小欧氏距离的前提下尽可能多地增加星座点数目。目前多进制 QAM 调制方案广泛应用于数字视频广播,可以在有限带宽内传输更高码率。

正如前面提到的,星座图可以很容易地图形化表示 QPSK 和 QAM 系统,通过星座图可以直观地识别和区分不同的 $2^m$-QAM 系统。实际系统根据不同的应用需求(主要是带宽要求)和应用环境(能提供的信噪比)而采用不同的调制方案。不同的调制方案的数据传输能力截然不同,式(18-115)给出了调制方式和在该调制方式下每个符号所能携带的信息量:

$$2^m = q \tag{18-117}$$

其中,$q$ 为 QAM 调制的进制数。例如,64-QAM 中 $q$ 为 64,QPSK 中 $q$ 为 4,等等。$M$ 为每个符号所能携带的信息量。图 18-34 是各阶 QAM 的星座图。

从欧氏距离的角度来看,图 18-34 所示的矩形星座并不一定是最好的 $M$ 元星座点分布,也有传输系统选择了不同的信号映射方式,但矩形星座具有容易产生的独特优点,也很利于使用正交相干方式解调,所以矩形星座的 QAM 信号在实际应用中占了绝大部分。

对于 16-QAM 调制,其信号有 16 种不同的相位和幅度的组合,调制信号的产生方式与 QPSK 调制类似,都是采用正交的调制器。16-QAM 调制系统的星座图有 16 个星座点,每一个符号都被映射到星座图中的某个星座点,其携带的信息量为 4 比特。在调制过程中,数

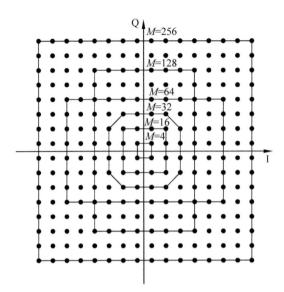

图 18-34　各阶 QAM 的星座图

据流信号中每 4 个比特一组,每个符号的 I 路和 Q 路分别使用 2 比特,从而对应 4 个不同幅度值。每路载波(I 路和 Q 路)都有两种不同的幅度和两种相位值,因此每个符号有 16 种不同的取值。32-QAM 的星座图有些不同,从 16-QAM 进一步进行扩展,当幅度可以取 3 种不同值时,对于每一路载波就有 6 种不同的取值,这样星座图中就有 36 个星座点,32-QAM 系统中仅使用其中的 32 个星座点,36 个星座点中最远处 4 个边角处的星座点被去除,这样 5 比特的组合正好对应这 32 个星座点。之所以要去除最远处的 4 个星座点,是因为这 4 个星座点时具有最大的幅度值,这也意味着发射机产生该符号时所需的能量最大,因此调制中不使用星座图中最边角的 4 个点,这样发射机发送的每个符号同样可以携带 5 比特的信息,同时也能减少功率消耗[22]。32-QAM 的星座点不再是矩形,不易进行星座点处理,所以目前 32-QAM 调制在广播系统中并不常用。

高进制的调制方式,如 64-QAM 调制下,单符号携带的信息量更大。在有线通信和 DVB-T COFDM 系统中是最常用的调制方式。它同前面介绍的调制方式类似,通过正交幅度调制技术将数据信息加载到相位正交的载波上去,每个符号携带 6 比特的信息。然而高进制的调制方式对噪声的影响更敏感,256-QAM 是目前应用中最高进制的 QAM 调制方式,有时在点到点数字连接微波系统中与网格编码联合使用。它有 8 bits/符号的信息携带能力,但对信道质量非常敏感,且容易被多径延迟影响。

### 4. $2^m$-QAM 调制器的实现

图 18-35 为 QAM 调制器框图。与图 18-31 所示的 QPSK 正交调制器相比,QAM 调制器仅增加了 2-L 电平转换模块,它的作用是将 2 电平序列转换成 L 电平序列。对于 $2^m$-进制的正方形星座图,有 $L=2^{m/2}$。如果串行输入码流的速率为 $R_b$,则电平转换后的序列速率为 $R_b/m$,随后两路基带信号分别与正交载波相乘并合成 QAM 信号。

从这个调制过程可以看出,QAM 信号可以看作两路正交的多进制调幅信号之和。另外,由于四进制的 QAM 信号与 QPSK 信号完全等同,因此 QAM 信号也可以看成是多层

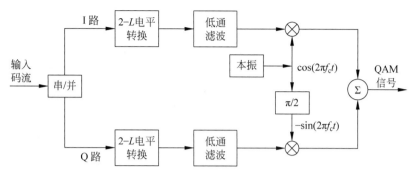

图 18-35 QAM 调制器

QPSK 信号的线性组合。例如，一个 16QAM 星座图可以看成由 2 层 QPSK 调制组成。第 1 层调制确定了星座点处于哪个象限,第 2 层调制再映射为该象限的 4 个星座点之一。这种 QAM 信号的构成方法就是分层调制。这一特点在 DVB-T 系统中得到了应用,可以提供分级的传输服务。图 18-36 为一个典型的分级 16QAM 非均匀调制星座图。该调制信号被分为 2 层(或称为 2 个优先级),即第 1 层(高优先级 HP)的 QPSK 信号和第 2 层(低优先级 LP)的 QPSK 信号。发射机先完成 QPSK 映射,然后在 QPSK 星座点的基础上再进行一次 QPSK 映射。两层映射通常来自不同的信息源,并可以采用不同的信道编码以提供不同等级的误码保护。接收机则可根据自身需求和客观接收条件,选择全部

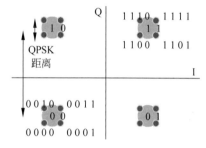

图 18-36 分级 16QAM 非均匀调制星座图

接收或只接收高优先级码流[23]。我们在后面章节中会有更详细的描述。

图 18-37 所示的 QAM 解调器也同样类似于图 18-32 中的 QPSK 相干解调器,差别仅在于 QAM 解调器的判决器有 $L-1$ 个门限电平。QAM 解调也存在 $\pi/2$ 相角的相位模糊问题,解决方法同 QPSK 一样,在此不再赘述。需要强调的是,当接收端恢复的载波与发射载波存在相位误差,或传输信道存在线性、非线性畸变时,QAM 解调器的 I 路和 Q 路信号中会出现"正交串扰",也就是同相与正交两个支路的码元间产生干扰。一般地,QAM 信号的进制越高,受这种干扰的影响越明显。所以,在数字视频广播中,高进制 QAM 信号对信道和接收机的条件都有更高的要求。

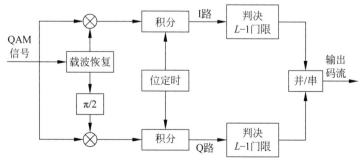

图 18-37 QAM 解调器

### 5.基于 DVB 的 QAM 系统

以上介绍的 QAM 系统具有普遍意义,在实际系统中实现时,通常会在一定程度上联合使用一些调制方式,从而得到所需的特性。目前所用的大多数标准区别不大,主要是内部使用的编码技术和滚降因子的选择不同。然而,单载波 QAM/QPSK 调制器的主要特性是相同的,如以上几节所述。作为通常所用调制器的实现特性的例子,下面将给出 DVB-C 的简要介绍,详细的介绍,读者可以参考 DVB-C 的标准[23]。

DVB-C 采用差分 $2^m$ 电平 QAM 调制,$m$ 可取 4、5、6、7 和 8。经过信道编码后的数据先进行比特到符号的变换,如图 18-38 所示。为避免接收端相位模糊问题,在 QAM 调制之前对映射后的符号高两位进行差分编码,即图中 $A_k$ 和 $B_k$,其中 $A_k$ 为符号最高位(MSB)。编码后数据根据星座图映射关系生成 I 和 Q 基带信号。以 64 QAM 为例,$m=6$,对应 $q=4$,这样输入的比特流以 6 个比特为一组进行星座映射,表示为 $(b5,b4,b3,b2,b1,b0)$。这样 $A_k$ 对应其最高比特 $A_k=b5$,$B_k=b4$,而 $q$ 比特对应 $(b3,b2,b1,b0)$。I 和 Q 基带信号进一步使用基带成形滤波器(滚降系数为 0.15 的平方根的升余弦滚降滤波器)进行滤波成形。

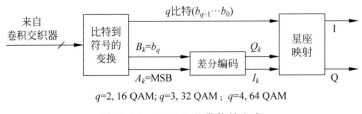

$q=2$, 16 QAM; $q=3$, 32 QAM; $q=4$, 64 QAM

图 18-38 DVB-C 基带信号生成

表 18-1 从一个网络操作的角度给出了 DVB-C 下 QAM 系统的重要特性参数,包括频谱效率(bit/(s·Hz))、有用信息速率(Mbps),以及标准的 8MHz 信道所需的载噪比($C/N$)。从表中可以看出,64-QAM 系统的数据传输能力最强,但是保证无误码所需的载噪比也最高。

表 18-1 DVB-C 的特性参数

| 调制类型 | 13-QAM | 32-QAM | 64-QAM |
|---|---|---|---|
| 频谱效率/[bit/(s·Hz)] | 4 | 5 | 6 |
| 有用信息比特率/Mbps | 25.2 | 31.9 | 38.1 |
| 8MHz 信道中的载噪比/dB | 19.7 | 23.3 | 25.7 |
| 信道编码 | RS(204,188) | RS(204,188) | RS(204,188) |

### 6.残留边带调制

所谓残留边带调制(VSB)是双边带调制和单边带调制的一种折中形式[24]。它是在双边带调制信号基础上设计适当的输出滤波器,使得除了传送一个边带外,还保留了另外一个边带的一部分。VSB 调制信号在频域和时域的解析形式如下:

$$S_{\text{VSB}}(\omega) = 1/2H_{\text{VSB}}(\omega)[F(\omega-\omega_c)+F(\omega+\omega_c)] \tag{18-118}$$

$$S_{\text{VSB}}(t) = 1/2f(t)\cos(\omega_c t) \pm 1/2\tilde{f}(t)\sin(\omega_c t) \tag{18-119}$$

其中，$H_{\text{VSB}}(\omega)$为残留边带滤波器；$\omega_c$为载波角频率；$h_s(t)$为正交滤波器$H_s(w)$的时域响应；$\tilde{f}(t) = f(t)*h_s(t)$。

根据以上 VSB 调制信号的频域和时域的解析式，很容易使用两种方式来生成 VSB 信号，即滤波法和移相法。残余边带调制是美国 ATSC 地面数字电视传输标准使用的调制方式[22]。为与模拟 NTSC 制式的频道兼容，ATSC 标准的传输带宽为 6MHz，其采用滤波法的调制原理如图 18-39 所示，首先将二进制码流每 3bit 分为一组，经过 2-8 电平转换形成八电平幅度调制基带信号，然后再进行上变频。由于幅度调制信号为实信号，其单边功率谱关于载频呈共轭偶对称。工程上一般将高于载频的部分称为上边带，低于载频的部分称为下边带，两者携带信息完全相同。采用滤波法生成 VSB 信号时，需要使用模拟滤波器从调制信号中滤除一个边带，一般采用带有一定滚降的残留边带滤波器 $H_{\text{VSB}}(f)$ 来完成。如图 18-40 所示的残留部分上边带滤波器，在 $f_c-f_v \leqslant f \leqslant f_c+f_v$ 内其传递函数为滚降对称。在 ATSC 标准中 VSB 调制器发射的符号速率为 10.76M 符号/s，根据奈奎斯特采样定律，所需的带为 5.38MHz，这样对于传输所用的 6MHz 的信道带宽，就有 0.62MHz 的带宽余量。这样滤波时 $f_v = 0.31\text{MHz}$，相当于滚降系数 $\alpha = 0.115$ 的信号。

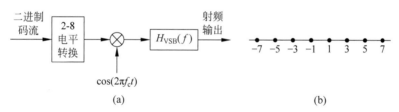

图 18-39　ATSC 采用滤波法的 8-VSB 调制

（a）调制框图；（b）调制星座图

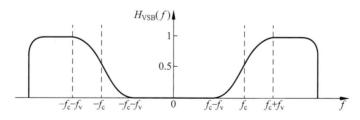

图 18-40　残留部分上边带滤波器

采用以上滤波法时所需滤波器 $H_{\text{VSB}}(f)$ 是一个中频带通滤波器，其带宽约为 $2f_c$，而滚降带 $f_v$ 仅为 0.31MHz，实现这样的带通滤波器是极其困难的。而如果使用移相法来实现 8-VSB 调制，就需要一个高性能的宽频带移相网络，并且其相频特性有阶跃跳动，实现这种接近理想的滤波器也是非常困难的。可以证明，VSB 信号的频谱特性和 64OQAM 信号有一定等效性[24]。如图 18-41 所示，8-VSB 开始时由一个实数值的 8-PAM 幅度调制信号表示，利用希尔伯特变换去除其负频谱，即得到 8-VSB 信号频谱。再将 8-VSB 信号频移

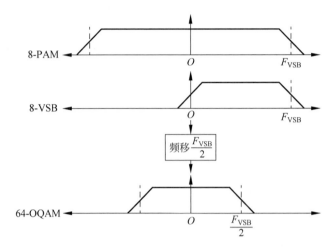

图 18-41  64OQAM 与 8VSB 的频谱

$F_{VSB}/2$($F_{VSB}$ 为 8-VSB 的基带速率)即得到和 64OQAM 信号等效的频谱。

8-VSB 的时域基带信号可表示为

$$S_{VSB}(t) = \sum_k a_k e^{jk\pi/2} g(t - kT_{VSB}) \tag{18-120}$$

其中,$a_k$ 为要传送的信息序列;$g(t)$ 为基带成形波形;$T_{VSB}$ 为 8-VSB 的符号周期。相应的 64OQAM 信号包含 I 同相和 Q 正交两个分量,每个分量携带一半要传送的信息,其基带速率为 $F_{QAM} = F_{VSB}/2$,时域基带信号可表示为

$$S_{QAM}(t) = \sum_k a_{2k} g(t - kT_{QAM}) + j \sum_k a_{2k+1} g(t - kT_{QAM} - T_{Offset})$$

$$= \sum_k \hat{a}_k e^{jk\pi/2} g(t - kT_{VSB}) \tag{18-121}$$

其中,$\hat{a}_{2k} = a_{2k}(-1)^m$;$\hat{a}_{2k+1} = a_{2k+1}(-1)^m$;$T_{QAM}$ 为 64OQAM 的符号周期,等于 $T_{VSB}/2$;$T_{Offset}$ 为 Q 路信号相对 I 路的延迟,等于 $T_{QAM}/2$。

比较式(18-120)和式(18-121)可知,信息序列的 64OQAM 调制信号和经过中心偏移的 VSB 信号是等价的,不同之处仅在于发送的信息序列要经过 $(-1)^m$ 变换。有了这样的等效性,8-VSB 可以采用和 64OQAM 完全一致的调制方式进行调制,具体方法参见 QAM 调制器部分。此时仅需要设计一个滚降系数 $\alpha = 0.115$ 的平方根升余弦低通滤波器就可以了,从而降低了 8-VSB 采用滤波法和移相法对滤波器的要求。

### 18.2.3  多载波调制

如何高效复用频谱,是从无线通信研究开始以来学者们一直探究的话题。在过去的单载波时代,一种频分利用带宽的方式是使用多个不同的载波频率和相对较宽的带宽,对不同的数据流进行传输。为了方便在接收端将信号区分出来,各个载波频率之间间隔足够远,以使信号频谱不相互交叠。另一种方式是使用不同频率的载波来传送单个高速率信息流的不同比特,而不是使用它们分别传输不同的信息流。这种情况下,信号源应该采用并行输出,或者串行的信号源输出通过一个串并变换器之后成为并行输出。这些方案都要求采用低通滤波器来处理每个载波的信号,使其既不产生载波间干扰,又能够达到一定的频谱效率。但

这些算法都比较复杂,而且由于使用滤波器处理信号,需要考虑滤波器的隔离效果,类似的方案可以用如图 18-42 的方法来实现。

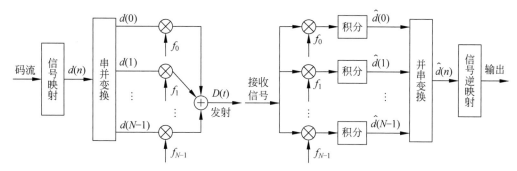

图 18-42 FDM 多载波调制的实施方案

以上频分复用 FDM 传输系统可以看成是一种早期的多载波系统,但由于实现复杂,同时各个频带没有重叠,频谱利用率低,所以从提出后没有受到重视和广泛应用。随着数字芯片处理能力的提高,采用 FFT/IFFT 运算来生成正交载波的方式变得非常流行,使用 FFT/IFFT 方式产生子载波不用加滤波器,发射机结构简单,而且通过 FFT 得到的各个子载波是相互正交的,子载波间有部分重叠,所以它比传统的 FDM 提高了频带利用率。正是由于子载波的正交性,这种 FDM 调制方式又称为正交频分复用调制,即 OFDM。在使用纠错码对OFDM 的各个子载波进行编码后,很容易通过纠错将受信道衰落影响的子载波恢复出来,从而降低传输信道频率选择性衰落对信号的影响。这种经过信道编码的 OFDM 被称为COFDM(coded orthogonal frequency division multiplexing)。

由于 OFDM 在多径传输时具有较强的鲁棒性,也可以抵抗信道的线性失真,且信号频谱利用率高,它被广泛用于各种宽带无线传输标准中。在过去的几十年中,OFDM 作为高速数据通信的调制方法,在数字音频广播(DAB)、地面数字视频广播(DVB-T)、无线局域网802.11 和 802.16、非对称数字用户环 ADSL、甚高速数字用户环 VDSL 及 4G 方案(如LTE)等标准中得到广泛应用。对于数字广播系统,欧洲数字音频广播 DAB、欧洲的地面数字电视标准 DVB-T、日本 ISDB-T 数字电视传输标准及我国的数字电视地面传输标准DTMB 都使用了 OFDM 调制方式。本节针对 OFDM 传输系统中几个重要的问题展开分析,介绍 OFDM 调制方式的算法和原理。

### 1. 子载波的正交

在 OFDM 系统中,系统的子载波边带彼此交叠但不产生载波间干扰,这就必须要求子载波间的正交性。正交性意味着每个子载波必须满足在其中心频率点上,所有的其他子载波具有零频率响应。为了保证载波间的正交性,载波的频率间隔为 OFDM 有效符号周期的倒数,如图 18-43 所示。这样在有效符号周期内,子载波间是彼此正交的,将任意载波 $n$ 与另一个载波 $m(m \neq n)$ 的乘积在有效符号周期内进行积分,结果都为零,这意味着子载波不会产生彼此间的串扰[25]。正交性是保证占用相同频段的信号能在接收机端被分离的常用方法,数学上的正交性定义为:$x$ 和 $y$ 是正交的,当它们的互相关函数 $R_{xy}(0)$ 在时间间隔 $T$ 内的积分为零。

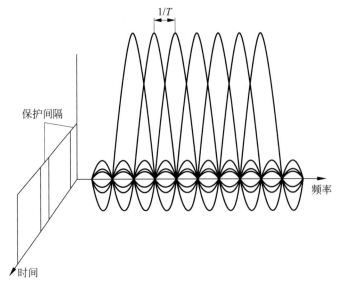

图 18-43　OFDM 系统时频域信号分布及频域正交示意图

$$R_{xy}(0) = \int_0^T x(t)y(t)\mathrm{d}t \tag{18-122}$$

对 OFDM 系统,各个子载波满足上面正交的要求。

对 FFT 并行信道,假设每一路并行信号的符号周期为 $T_s$,那么令子载波间隔 $\Delta f = 1/T_s$。不失一般性,可以把子载波表示为复数形式:

$$\psi_k(t) = \mathrm{e}^{\mathrm{j}2\pi f_k t}, \quad k = 0, 1, 2, \cdots, N-1 \tag{18-123}$$

其中,$f_k = f_0 + k\Delta f = f_0 + k/T_s$。而发射机的输出信号为

$$D(t) = \mathrm{Re}\left[\sum_{k=0}^{N-1} d(k)\psi_k(t)\right] = \mathrm{Re}\left[\sum_{k=0}^{N-1} d(k)\mathrm{e}^{\mathrm{j}2\pi(f_0 + k/T_s)t}\right] \tag{18-124}$$

容易证明,子载波在符号周期 $T_s$ 内互相正交,即

$$\int_\tau^{\tau+T_s} \psi_k(t)\psi_l^*(t)\mathrm{d}t = \begin{cases} \dfrac{T_s\left[1 - \mathrm{e}^{-\mathrm{j}2\pi(l-k)}\right]}{\mathrm{j}2\pi(l-k)}, & k \neq l \\ T_s, & k = l \end{cases} \tag{18-125}$$

显然当 $k \neq l$ 时,式(18-125)中的分子不为 0,也就是当子载波不同时可以达到正交。利用上述正交性,在理想信道和理想同步下,可得:

$$\hat{d}(k) = \frac{1}{T_s}\int_0^{T_s}\left(\sum_{k=0}^{N-1} d(k)\psi_k(t)\right)\psi_l^*(t)\mathrm{d}t = d(k) \tag{18-126}$$

因此,接收端利用正交性可以正确地恢复出每个子载波的发送信号,不会受到其他载波发送信号的影响。

OFDM 的正交性可以从时域上来理解,图 18-44 给出了一个 OFDM 符号内包括 4 个子载波的实例,其中假设所有的子载波都具有相同的幅值和相位。从图 18-44 可以看出,每个子载波在一个 OFDM 符号周期内都包含整数个周期,而且各个相邻子载波之间相差 1 个周期,所以各个子载波信号之间满足正交性。

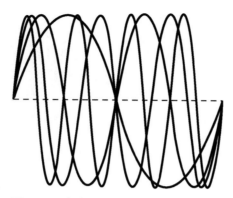

图 18-44　包含 4 个子载波的 OFDM 符号

### 2. OFDM 的 FFT 实现

对 OFDM 调制的系统,如果对每一路子载波都要配备一套完整的调制解调器,当子载波数量 $N$ 较大时,系统的复杂度将无法接受。1971 年,Weinstein 等将离散傅里叶变换(FFT)应用于 OFDM,圆满地解决了这个问题。该方法如图 18-45 所示。

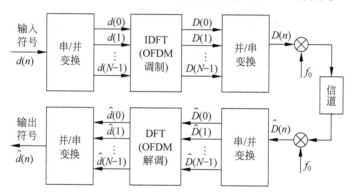

图 18-45　OFDM 系统的 FFT 实现

对于式(18-124),如果把 $f_0$ 看作调制信号的唯一载波,那么 $D(t)$ 的复包络(等效低通形式)可以表示为

$$D_{\mathrm{L}}(t) = \sum_{k=0}^{N-1} d(k) \mathrm{e}^{\mathrm{j}2\pi\frac{k}{T_s}t} \qquad (18\text{-}127)$$

其奈奎斯特抽样点的样值为

$$D(n) = D_{\mathrm{L}}(t)\big|_{t=nT_s/N} = \sum_{k=0}^{N-1} d(k)\mathrm{e}^{\mathrm{j}2\pi kn/N}, \quad n=1,2,\cdots,N \qquad (18\text{-}128)$$

式(18-128)恰恰是发射码流$\{d(k), k=0,1,\cdots,N-1\}$的逆离散傅里叶变换。在接收端,为了恢复出原始的数据符号 $d(k)$,可以对 $D(n)$ 进行 FFT 运算,得到:

$$d(k) = \frac{1}{N} \sum_{n=0}^{N-1} D(n)\mathrm{e}^{-\mathrm{j}2\pi nk/N}, \quad k=1,2,\cdots,N \qquad (18\text{-}129)$$

OFDM 的核心思想是将通常在载频实现的频分复用过程转化为一个基带的数字预处理过程。通过 $N$ 点 IFFT 运算,把频域数据符号 $d(k)$ 变换为时域数据符号 $D(n)$,经过多载波

调制后,发送到信道。在接收端,将接收信号进行相干解调,然后将基带信号进行 $N$ 点 FFT 运算,即可获得发送的数据符号 $d(k)$。

在实用中,FFT 的实现一般可运用快速傅里叶变换算法,而且经过这种转化,OFDM 系统在射频部分仍可采用传统的单载波模式,避免了子载波间的交调干扰和多路载波同步等复杂问题,在保持多载波优点的同时使系统结构大大简化。同时,在接收端便于利用数字信号处理算法完成数据恢复,这是当前数字宽带通信接收机发展的必然趋势。

### 3. 保护间隔与循环前缀

采用 OFDM 技术的主要原因之一是它可以有效地对抗多径时延扩展,通过把输入的数据流并行分配到 $N$ 个并行的子信道上,使得每个 OFDM 的符号周期可以扩大为原始数据符号周期的 $N$ 倍,因此时延扩展与符号周期的比值也同样降低为原来的 $\frac{1}{N}$ 倍。在 OFDM 系统中要最大限度地消除符号间干扰和子载波干扰,才能保证数据的正确解调。所谓子载波间干扰,是指由于各个子载波之间频偏、定时误差、采样频率偏差等影响,导致子载波之间出现干扰的情形。符号间干扰则指相邻 OFDM 符号由于多径时延扩展带来的相互干扰。

为了解决符号间干扰的问题,需要在两个 OFDM 数据块之间插入循环前缀。所谓循环前缀,就是在保护间隔内插入持续时间为 $T_g$、信号与 OFDM 符号尾部宽度 $T_g$ 部分相同的序列,如图 18-46 所示。

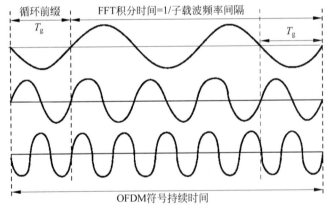

图 18-46　具有循环前缀的 OFDM 符号

OFDM 系统使用高效的正交线性变换 FFT,将信号在频域进行处理,获得了在时域抗 ISI 的鲁棒性。根据 FFT 的性质,两个信号圆周卷积的 FFT 等于它们分别 FFT 后的乘积,即有

$$\mathrm{DFT}\{d(n) \otimes h(n)\} = \mathrm{DFT}\{d(n)\} * \mathrm{DFT}\{h(n)\} \tag{18-130}$$

其中,$h(n)$ 表示信道冲击响应;$*$ 和 $\otimes$ 分别表示线性卷积和圆周卷积。

传输信号和信道冲击响应之间的关系是线性卷积关系,只有在 OFDM 符号扩展了前缀后,线性卷积才等同于圆周卷积。我们假设信道冲击响应 $h(n)$ 持续 $M$ 个取样周期,OFDM 数据符号 $d(n)$ 含有 $N$ 个取样,则经过信道后接收到的信号 $y(n)$ 可表示为

$$y(n) = \sum_{m=0}^{N-1} d(m) h(n-m) \times R_N(n), \quad n = 0, 1, \cdots, N+M-2 \tag{18-131}$$

其中，$R_N(n)$ 是长度为 $N$ 的矩形窗函数。

我们知道，经过信号与信道冲击响应的线性卷积之后，接收到的序列长度为 $N+M-1$。序列经截短为 $N$ 个样值后得到 $y(n)$，变换到频域，这里等同于卷积和截短。因此，只有在循环前缀扩展的情况下，只要信道冲击响应的长度小于保护间隔的长度，线性卷积就等同于圆周卷积。原序列经过截短后，能通过 FFT 产生长度为 $N$ 的序列，这是因为两个序列圆周卷积所得的序列长度为 $N$。

直观上看序列的 $N$ 点 FFT 相当于序列的傅里叶级数以周期 $N$ 进行周期延拓。因此在不使用循环扩展的情况下，有

$$\sum_{i=-\infty}^{\infty} \sum_{m=0}^{N-1} d(m)h(n+iN-m) \tag{18-132}$$

这相当于将长度为 $N+M-1$ 的序列以周期 $N$ 进行延拓。这将导致相邻 OFDM 符号之间的符号间干扰或交迭。换言之，每个 OFDM 符号边界处的取样值将受到严重的相邻符号的干扰，若信道的延时再长一些，更多的取样值将受到影响。使用循环扩展，卷积成为圆周卷积。两个长度为 $N$ 的序列的圆周卷积的序列长度仍然是 $N$，因此 OFDM 符号间的干扰就可以避免。

这里还需要指出的一点是，式(18-132)使用的窗函数是矩形窗，也可以使用其他窗函数，使用适当的窗函数成型可以减轻频率偏移对系统的影响，并且对控制传输信号的频谱也是非常重要的。此外，使用循环前缀的 OFDM 称为 CP-OFDM，目前使用的 OFDM 系统绝大多数都是 CP-OFDM。但是，也可以不使用循环扩展，比如可以简单地使用补零的保护间隔，在接收机 FFT 之前，将 OFDM 符号本身的前部或者后部拷贝作为其前后缀。这与循环扩展的效果是相同的，并且可以降低传输功率，也达到减少 ISI 的效果。使用补零保护间隔的 OFDM 被称为 ZP-OFDM，即零填充 OFDM。

加入保护间隔会改变整个 OFDM 符号周期（因为整个符号周期为有效符号周期和保护间隔之和），这样会改变调制器的有效信息速率，因为当整个符号周期增加时，有效信息速率就降低。这样在实际应用中保护间隔应根据所需的信息传输速率而定，在多径延时存在的情况下循环扩展的相对长度取决于信道延时与 OFDM 符号周期的比率。基于传输效率和传输性能之间的权衡，保护间隔一般不设成可能的最大值，以保证多径信道下较好的性能和高的信道传输能力。当 OFDM 子载波数比较大时（如子载波数为 8k），即使保护间隔占整个符号周期比例很小，保护间隔的绝对值也可以设得很大，在以后章节中还会介绍单频网中保护间隔决定了发射机之间距离可能的最大值。

### 4. OFDM 系统的传输效率

正如前面提到的一样，OFDM 子载波的频率间隔等于有效符号间隔（$T_u$）的倒数。脉冲调制有一个特性就是，已调载波的零相位频点数与调制的脉冲间隔成反比，而不是与整个脉冲的重复周期成反比。这意味着如果改变保护间隔而不改变有效符号周期，那么载波的零相位频点数就不会变化。在实际系统中，OFDM 的子载波数 $N$ 通常很大。而发射信号作为 $N$ 个独立的子载波信号的线性叠加，根据大数定理，其时域统计特性应接近于高斯分布。从频域来看，由 $N$ 个功率谱包络为抽样函数的子载波叠加构成的 OFDM 信号功率谱近似为规则矩形，在不经过滤波器的情况下其边沿已非常陡峭，类似于限带高斯白噪声的频

谱。如果在每个子载波上采用 $M$ 进制调制，则理想 OFDM 信号总的频谱效率约为 $\log_2 M$ bit/(s·Hz)，达到了"理论最高频谱效率"。而单载波系统由于受滤波器实现的限制，实际最高频谱效率仅为理论值的 $80\%\sim90\%$。

时间效率方面，有效符号周期 $T_u$ 和保护间隔 $T_g$ 之和为总的符号周期 $T_s$。注意使用保护间隔会增大整个符号周期，由于在保护间隔内传送的是相同的信息，所以系统的数据传输能力由于保护间隔的存在而减小。

$$T_s = T_g + T_u \tag{18-133}$$

与冗余码元一样，保护间隔的引入必然会降低实际系统的频谱效率。对于一个确定延时的多径信道，系统的实际频谱效率为

$$\eta_{W实际} = \eta_{W理想} \frac{T_u}{T_u + T_g} \tag{18-134}$$

这里我们可以发现单载波和 OFDM 的一个重要区别：单载波系统不需要时域保护间隔，但其频谱由于成形滤波器的要求，需要较大的频率保护带；而多载波系统由于频谱陡峭，不需要很宽的频率保护带，但是为了克服码间干扰，需要在时域插入很长的时域保护间隔，可以说，OFDM 系统牺牲时间效率换取了更高的频谱效率，从传输效率上看和单载波系统是相当的。

### 5. 信号的峰均比

OFDM 信号在时域上的信号峰均比较大（高达 12dB），这样在传输中就容易受到影响，因为当信号达到峰值时，就有可能使放大器达到饱和状态[24]。此时，发射机就会产生一些谐波分量，导致对其他信道的干扰。为了不产生这样的干扰，发射机端的放大器必须满足即使是对峰值的信号进行放大时也不能处于饱和状态。这意味着需要调制发射机的输出功率保留（OBO）以满足最小误比特率和最小邻信道干扰的要求，而保留发射机的功率使发射机工作效率降低，额定功率的动态范围变大。

如前面所说的，数字传输需要高质量的线性放大器，对于固态发射机来说，AB 级别的发射机是比较典型的。COFDM 发射的输出功率比模拟发射机输出功率低 10dB 时，可以得到相同的覆盖范围，而大多数发射机生产厂商建议用数字发射机取代模拟发射机时，用输出功率比模拟发射机输出功率低 6~7dB 的发射机。我们可以通过一个简单的例子来进行比较：均方值为 2 千瓦（2kW）的 COFDM 发射机和峰值为 10kW 的模拟发射机具有大致相同的功率放大器，这是为了达到所需的线性度所必须的。较高的信号峰均比是 OFDM 信号相对于单载波信号的一个重大缺点。我们还可以看到，在很多地面数字发射机中还采用了输出信道滤波器来减少功放非线性对邻信道的干扰。

### 6. OFDM 基本参数的选择

在 OFDM 系统设计中，系统带宽 $B$、采样时间 $T_s$、有效符号时间 $T_u$、保护间隔 $T_g$、子载波间隔 $\Delta f$ 都有内在关系。下面介绍如何选取这些参数来设计系统。

如果 OFDM 系统带宽为 $B$，则采样间隔 $T_s \leqslant 1/B$。由于采用 FFT 算法进行调制，OFDM 符号长度一般不小于系统子载波数。如果系统子载波数为 $N$，则有效符号时间 $T_u = T_s N$。如前所述，在特定系统中，保护间隔的长度 $T_g$ 要大于信道的最大时延扩展。所以，其时域的有效数据传输效率 $\eta = T_u/(T_u + T_g) = T_s N/(T_s N + T_g)$。显然，子载波

数目越大,其传输效率越高。一般要求 $T_u$ 远大于最大信道时延扩展 $\tau_{max}$。

因此,为了在保持信息速率的前提下提高系统的频谱效率,就必须增加 $T_u$,也就是增加子载波的数量 $N$。但是,子载波数量也不是越多越好。除 FFT 计算复杂度和硬件消耗会随 $N$ 值增加而迅速上升外,由于限带系统的子载波间隔与 $N$ 值成反比($\Delta f = 1/T_u$),如果子载波数目过多,会导致子载波间隔变小。对时间选择性衰落和多普勒效应造成的频谱扩展及载波相位噪声越敏感,越容易失去正交性。实际应用中对于移动的接收机,信道由于多普勒效应的不同而发生变化,如果在一个 OFDM 符号周期内信号有较大变化,会产生严重的子载波间干扰而使 OFDM 性能急剧下降。除动态多径衰落外,还有许多因素同样会造成正交性的丢失,从而引起子载波间干扰,这包括接收机本地载波或取样时钟的同步误差,以及本地振荡器的相位噪声等。一般来说,OFDM 调制对系统中的非线性因素比单载波调制更敏感。因此在工程应用中,一定要保证足够大的子载波间隔,一般保证多普勒频移不超过子载波间隔的 5%。因此设计 OFDM 系统时,一定要对频谱利用率和子载波间隔这一对矛盾折中考虑。此外,一般还要将 $N$ 值设计成能够分解成多个小基数的乘积,最好是 2 的整数次幂,以便采用 FFT 蝶形算法。

下面以 DVB-T 系统为例介绍子载波数 $N$ 的选取[23]。

在 DVB-T 标准中,COFDM 可以有两种不同的模式:2k 系统和 8k 系统。这两种方案采用的载波数和 FFT 点数不同,其 FFT 的点数设计为 2 的 $n$ 次方,在 2k 系统中,$n$ 为 11,所以使用 2048 点 FFT;而对于 8k 系统,$n$ 为 13,从而使用 8192 点 FFT。表 18-2 给出了两种模式所使用的有用子载波数 $K$,有用子载波处理包括数据子载波,包括用于同步和信道估计的导频子载波及传输信道参数的 TPS 子载波,提供给接收机的 TPS 信息包括编码速率、分层编码选择、保护间隔、调制方式和传输模式等参数,而导频子载波可以帮助接收机完成信道状态、相位噪声跟踪和同步。

表 18-2　8k 模式和 2k 模式的 COFDM 参数

| 参数 | 8k 模式 | 2k 模式 |
|---|---|---|
| 有用子载波数 $K$ | 6817 | 1705 |
| 载波数最小值 $K_{min}$ | 0 | 0 |
| 载波数最大值 $K_{max}$ | 6816 | 1704 |
| 持续时间 $T_u$ | $896\mu s$ | $224\mu s$ |
| 载波间隔 $1/T_u$ | 1116Hz | 4464Hz |
| 载波频率差 | 7.16MHz | 7.16MHz |

有用子载波数 $K$ 必须小于 FFT 的点数 $N$,其他子载波作为虚拟子载波可以简化 OFDM 系统实现的数字滤波。在 2k 模式中使用的有用子载波数为 1705 个,而在 8k 系统中使用了 6817 个。去除导频子载波和 TPS 子载波,在 2k 系统中用于携带数据的子载波数为 1512,在 8k 系统中为 6048。

表 18-3 和表 18-4 分别列出了相对保护间隔为 1/4 和 1/32 时 DVB-T 的频谱效率。可以看出,通过选择短的保护间隔可以提高信道的传输效率,当保护间隔为 1/32 时,OFDM 系统的数据承载能力更高,因此广播时更希望采用低保护间隔的模式,然而这是以牺牲抗多径性能来获得数据承载能力的提高。

**表 18-3  GI＝1/4 时 DVB-T 各种模式的频谱效率**　　　单位：bit/(s·Hz)

| 编码速率 | QPSK | 13-QAM | 64-QAM |
|---|---|---|---|
| 1/2 | 0.62 | 1.24 | 1.87 |
| 2/3 | 0.83 | 1.66 | 2.49 |
| 3/4 | 0.93 | 1.87 | 2.80 |
| 5/6 | 1.04 | 2.07 | 3.11 |
| 7/8 | 1.09 | 2.18 | 3.27 |

**表 18-4  GI＝1/32 时 DVB-T 各种模式的频谱效率**　　　单位：bit/(s·Hz)

| 编码速率 | QPSK | 13-QAM | 64-QAM |
|---|---|---|---|
| 1/2 | 0.75 | 1.50 | 2.26 |
| 2/3 | 1.01 | 2.01 | 3.01 |
| 3/4 | 1.13 | 2.26 | 3.39 |
| 5/6 | 1.25 | 2.51 | 3.77 |
| 7/8 | 1.32 | 2.63 | 3.95 |

2k 系统与 8k 系统的主要区别是抗多径性能和在单频网中的发射机间隔度，这主要是由于它们具有不同的保护间隔。8k 系统的保护间隔为 2k 系统的 4 倍，这样在 8k 系统中可以承受的延时为 2k 系统可以承受的延时的 4 倍。8k 系统可以在将保护间隔从 1/4 减小到 1/32 的同时，保持足够的地面抗多径性能。这样 8k 系统既可以获得较高的数据承载能力，也能保证较好的抗多径性能。同时在单频网应用中，8k 系统发射机的间隔度为 2k 系统发射机间隔度的 4 倍，所以在相同的频谱效率下，可以组建更大范围的单频网。

当然，2k 系统和 8k 系统相比也有其优势，比如 2k 系统 FFT 比 8k 系统容易实现并且便宜，所以历史上很多发射系统都采用 2k 系统；此外在移动接收时，由于 2k 系统的子载波间隔大致是 8k 系统的 4 倍，从而可以获得更好的移动性能，所以 2k 系统在支持移动业务的广播中得到了广泛的应用。

### 18.2.4  SC-FDE

OFDM 是宽带传输中非常重要的调制方式。与其他调制方式一样，它也有自己的缺点。

首先，OFDM 对频率偏移和相位噪声敏感。这是一个接收机的实现问题，对于 OFDM 调制技术，需要相噪性能更好的调谐器，相位噪声的影响可以模型化为两部分：一是公共的旋转部分，它引起所有 OFDM 子载波的相位旋转，容易通过参考信号来跟踪。二是分散的部分，或者载波间干扰部分，它导致类似噪声的载波星座点的散焦，补偿困难，将稍微降低 OFDM 系统的噪声门限。同时，为了降低频率偏移带来的子载波间干扰，OFDM 需要更好的定时和频率恢复算法，第 4 章中有更详细的描述。

其次，OFDM 有较高的峰均功率比 PAPR。OFDM 信号的 PAPR 比单载波高 2.5dB 左右，这意味着需要更大的发射机动态范围或者功率回退，以避免进入发射机的非线性区；还需要更好的滤波，以减少邻频道干扰。降低 PAPR 是研究热点之一，近年来已提出了一些行之有效的技术。在数字广播应用时，OFDM 的高 PAPR 的缺点只影响数量少的发送端,不影响数量巨大的接收用户;而且当采用单频网时,由于发射机功率低,PAPR将不是主要问题。

最后,OFDM系统中FFT信号处理通常是在长度为4～10倍信道时延扩展的块中进行的。导频数据也被插入OFDM符号用来做信道跟踪和估计,在突发应用时,有可能需要一个或者多个OFDM符号作为导频使用,这样使用大块数据的OFDM处理会比单载波系统带来更大的延时。

近年来,在宽带无线传输中结合频域均衡的单载波调制技术也得到一定应用,简称为SC-FDE[24](单载波频域均衡)。该单载波调制技术的峰均比要远远小于OFDM技术,且不需要自适应调制就能够达到较高的性能。其最大的特点是与传统单载波不同,采用FFT算法,在频域进行均衡的均衡结构。这种结构将原来用于OFDM的频域均衡应用于单载波调制,使单载波调制技术在频率选择性衰落较强信道下的性能接近多载波调制。而且单载波系统频域均衡的数据块并不固定,可以根据业务的实时性进行调整。该方案结合了单载波和多载波的优点,在802.16等系统中已经应用,最近也应用到了新一代的移动通信长期演进(LTE)标准中。

### 1. 单载波调制的频域自适应均衡

单载波调制信号的频域均衡(SC-FDE)早在20世纪70年代就有学者开始研究。结合FFT运算和循环前缀(使线性卷积变成循环卷积)的单载波频域均衡系统具有和OFDM系统一样的低复杂度,处理单载波调制数据的频域接收端和OFDM接收端具有很多共同的信号处理方式。SC-FDE收发系统的典型结构如图18-47所示。

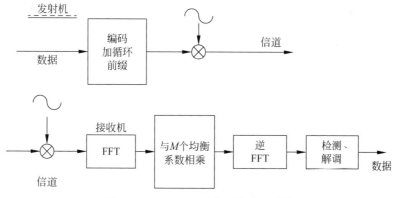

图18-47 SC-FDE收发系统典型结构

发射端的主要特征基于数据块进行调制,在多径丰富的室外环境下,块长为64～2048,每个数据块通过插入循环保护间隔(CP)或者其他填充序列来构造循环卷积。接收端的特征是其SC-FDE的均衡方法,该均衡通过将信号通过FFT变换到频域进行均衡,然后通过IFFT返回均衡后的信号,紧接着做数据的检测和解调。在传输带宽较宽的情况下,其运算复杂度与OFDM系统的运算复杂度相似,远远低于传统单载波调制的时域线性均衡。

从图18-47可以看出,单载波系统的频域线性均衡可以看作传统的时域线性均衡器的频域实现。对于存在严重时延扩展的信道,频域均衡基于数据块使用高效的FFT运算和简单除法进行信道逆运算,从而在计算上比对应的时域均衡更加简单,频域均衡也正是

OFDM 系统的均衡比传统单载波系统更容易的原因。

### 2. SC-FDE 的数学表示

在本节数学表示的推导过程基于以下两点假设：一是接收机有理想的同步,所有的频率偏移和定时误差都能够被准确地估计；二是信道的衰落足够慢,使得一个数据块内的信道可以视为是恒定不变的[26]。

图 18-48　SC-FDE：构造块传输

假设数据块 $\{\alpha_k\}$ 的长度为 $M$,传输速率为 $1/T$,每个数据块都带有循环前缀,如图 18-48 所示。接收信号为有 $M$ 个取样的 $\{r_m\}$,滤波器的频域系数为 $\{W_l\}$,于是接收的复数信号 $\{r_m\}$ 可以表示为

$$r_m = \sum_{k=0}^{M-1} \alpha_k h(mT-kT) + n(mT), \quad m=0,1,2,\cdots,M-1 \tag{18-135}$$

其中,$h(\cdot)$ 为信道冲击响应；$n(\cdot)$ 为加性噪声。假设加性噪声是不相关的,而且均值为 0,方差为 $\delta^2$。

由于存在循环前缀,在离散频域,式(18-135)可以表示为

$$R_l = H_l A_l + V_l, \quad l=0,1,2,\cdots,M-1 \tag{18-136}$$

其中,$H_l = \sum_{m=0}^{M-1} h(mT)\exp\left(-j2\pi\frac{ml}{M}\right)$,$A_l = \sum_{m=0}^{M-1} a_m\exp\left(-j2\pi\frac{ml}{M}\right)$,$V_l = \sum_{m=0}^{M-1} n(mT) \cdot \exp\left(-j2\pi\frac{ml}{M}\right)$。

经过频域均衡之后,时间域的输出信号为

$$z_m = \frac{1}{M}\sum_{l=0}^{M-1} W_l R_l\exp\left(j2\pi\frac{ml}{M}\right), \quad m=0,1,2,\cdots,M-1 \tag{18-137}$$

其中,$R_l = \sum_{m=0}^{M-1} r_m\exp\left(-j2\pi\frac{ml}{M}\right)$,$m=0,1,2,\cdots,M-1$,即 $R_l$ 是接收的 $M$ 个信号 $\{r_m\}$ 的 FFT 变换。

若采用迫零算法,则滤波器的系数可以由下式得到：

$$W_l = \frac{1}{H_l}, \quad l=0,1,2,\cdots,M-1 \tag{18-138}$$

在实际应用时,可以用估计值 $\hat{H}_l$ 代替 $H_l$。

若采用最小均方误差准则(MMSE),则滤波器的系数可以用下式来得到：

$$W_l = \frac{H_l^*}{|H_l|^2 + 1/\text{SNR}}, \quad l=1,2,\cdots,M-1 \tag{18-139}$$

这个过程就是所说的 SC-FDE 算法的基本数学原理。图 18-49 对 SC-FDE 系统和 OFDM 系统进行了对比,不难发现,SC-FDE 系统与 OFDM 系统具有类似的传输块结构,并利用 CP 避免前一传输块对本传输块的干扰而使传输块保证循环特性。

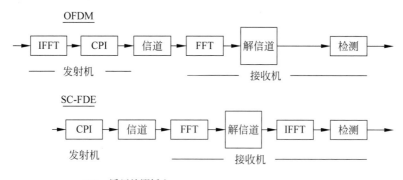

CPI:循环前缀插入
FFT:快速傅里叶变换
IFFT:逆FFT

图 18-49 SC-FDE 系统和 OFDM 系统对比

SC-FDE 和 OFDM 的最大不同在于其发射端不使用 IFFT,而是在接收端使用 IFFT,和 OFDM 系统正好相反,也正是这点不同,SC-FDE 发射端输出信号是单载波信号而不是 OFDM 信号,因此 SC-FDE 发射信号特性和单载波信号完全一样,比多载波系统的 PAPR 更低且对信道编码要求较低。但同时也具有了和单载波相似的缺点,其信道容量没有 OFDM 系统的信道容量高,在信噪比较高、信道情况较好的条件下,SC-FDE 能够取得与 OFDM 相似的性能,但对于频率选择性比较强的信道,由于 OFDM 更能发挥信道编码的纠错能力,因而性能上比 SC-FDE 有一定优势。为此,在传统 SC-FDE 算法基础上还有一些改进,比如基于判决反馈的频域均衡算法(SC-DFE-FDE)等,可以获得更好一些的性能,不过其复杂度也有一定增加。还应看到,SC-FDE 系统与单载波系统相比,其抗频率选择性衰落的能力要大大增强,且均衡器复杂度降低,所以在对 PAPR 要求较高的应用中,比如功率受限的信号发射端(如电池供电的手机),SC-FDE 系统也有较广泛的应用。

## 18.2.5 信道编码技术

无论采用单载波还是多载波调制,数字电视信号在信道传输过程中将受到加性噪声、多径衰落、大功率非线性发射造成的邻频和同频等干扰因素的影响,其中地面广播信道在数字电视三种传输方式中面临的干扰最多,也最严重,尤其是多径时延和幅度的变化速度远比卫星和有线电缆信道复杂,因而失真与误码也最为严重。另外,数字电视对误码提出了很严格的要求,一般的通信系统误码率达到 $10^{-3} \sim 10^{-6}$ 就可以了,而数字电视一般要求达到准无误码传输,传输误码至少要达到 $3 \times 10^{-6}$ 以下,高清晰度电视甚至要求误码率在 $10^{-11}$ 以下。为了使数字电视信号在信道中可靠传输,尽量降低误码率,必须进行纠错编码。只要信号传输过程中出现的失真与误码在纠错码的纠错范围内,接收端就能正确解调出来,从而保证了信息传送的正确性。正如第 1 章所介绍的,信道编码是数字电视传输区别于模拟电视的显著标志之一,模拟电视由于没有采用信道编码,传输信号一旦受到干扰影响无法恢复,将直接影响接收到的图像质量[27]。

　　尤其对于基于 OFDM 的数字电视系统,由于各子载波带宽很窄,在频率选择性信道下,可能有些子载波处于深衰落,这时如果不采用信道编码技术,可能这些子载波无法正常接收。很多文献已经指出,在单载波系统中,只要总体的信道情况较好,那么它的性能就可以很好地表现;但是对于多载波系统,即使总体的信道情况较好,个别子载波信道的恶化也会引起单个符号的错误,从而使误符号率一直维持在比较高的水平,因此对于无信道编码(uncoded)系统,单载波比 OFDM 有优势。而采用信道编码(coded)时,频率选择性信道中恶化严重的子载波数量一般比较少,而对于 OFDM 系统,信道编码是针对频域的各子载波进行的,这样接收端很容易利用恶化不严重的子载波通过信道纠错恢复出严重恶化的子载波,从而使 OFDM 系统的性能明显改善。此外,在 OFDM 信号接收的过程中,均衡器会产生各子载波的信道信息(CSI),通过适当的计算可以转化成信道解码的软信息,从而取得更好的纠错性能。由于以上原因,应用的 OFDM 系统都要采用信道编码,此时的 OFDM 正如前面所讲,被称为编码的 OFDM(COFDM)。当信道频率选择性衰落比较严重时,COFDM 一般可以获得比相同编码的单载波更好的性能。

　　香农(Shannon)定理为信道编码奠定了理论基础。1948 年,香农指出,通过对信息进行适当的编码,信息可以在噪声信道中进行无损传输。同时,香农推导了限带信道在加性高斯白噪声下的信道容量,即著名的香农公式:

$$C = W\log_2\left(1 + \frac{P_{\mathrm{av}}}{WN_0}\right) \tag{18-140}$$

其中,$C$ 为信道容量,单位为 bit/s(比特/秒);$W$ 为信道带宽(Hz);$P_{\mathrm{av}}$ 为信号平均功率(W/Hz);$N_0$ 为白噪声的单边带功率谱密度(W/Hz)。接收机接收到的功率为

$$P_{\mathrm{av}} = CE_{\mathrm{b}} \tag{18-141}$$

于是式(18-140)可以变形为

$$\frac{C}{W} = \log_2\left(1 + \frac{C}{W}\frac{E_{\mathrm{b}}}{N_0}\right) \tag{18-142}$$

　　由式(18-142)得到归一化比特信噪比:

$$\frac{E_{\mathrm{b}}}{N_0} = \frac{2^{C/W} - 1}{C/W} \tag{18-143}$$

　　式(18-143)表示带宽为 $W$ 时,达到信道容量 $C$ 所需的最低比特信噪比,即信道编码理论中著名的 Shannon 限,评价一个编码性能好坏就是验证该编码性能曲线和 Shannon 限的距离(图 18-50)。

　　香农定理给出了限带信道在给定信噪比下的信道容量,即传输系统的可行性和有效性问题,从理论上为信道编码的发展指出了方向:高效而可靠的通信途径可以通过编码来实现,但是定理本身并没有给出具体的差错编码方法和纠错码的结构,即未解决传输系统的构造性问题。从香农理论上说,在信道带宽 $W\to\infty$ 时,会有码长 $n\to\infty$,同时编码方式是以随机方式进行的,这时系统的传输能力才有可能接近 Shannon 限,但是接收端译码算法的复杂度随着编码长度呈指数增长,而且一般的编码并不是随机构成的,而是通过数学方法构造得到的,这样的码字才能具有便于译码的结构,因此真正实用的信道编码的性能距 Shannon 限也有了一定的差距,其编码规则是在复杂性、可靠性和有效性之间的一个折中(有时还要考虑延时),其中,复杂性是指提供信息传输所付出的代价,包括频率、时间、空间、功率等,一

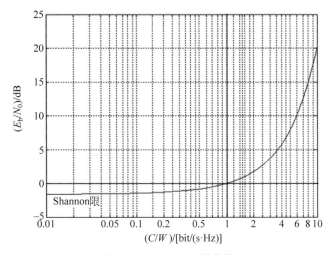

图 18-50 Shannon 限曲线

个好的编码就是要充分利用这些资源,传递尽可能多的信息。

本节主要介绍数字电视传输系统中常用的几种信道编码方式,重点讨论的信道编码有卷积码、RS 码,以及串行级联码(一般是卷积码＋RS 码,也有 RS＋RS 码的方案)和并行卷积码(如 TURBO 码)。此外,LDPC 码作为一种新近兴起的编码方式,以其优秀的性能和较低的复杂度也得到了较多的应用。由于对信道编码技术的详细探讨需要引入大量有限域代数和统计学知识,已超出本书范围,因此本书仅介绍信道编码的概念和结论,有兴趣的读者可以参考相关专著[28-29]。

### 1. RS 码

1960 年,麻省理工学院林肯实验室的 Reed 和 Solomon 两位研究者发表了 *Polynomial Codes over Certain Finite Fields* 一文,构造出一类纠错能力很强的多进制 BCH 码,这就是 RS(Reed-Solomon)码,它是广泛应用在数字电视传输系统中的一种纠错编码技术。

与二进制循环码 BCH 码相比,RS 码不仅是生成多项式的根取自 $GF(2^m)$ 域,其码元符号也取自 $GF(2^m)$ 域。也就是说,在一个 $(n,k)$ RS 码中,输入信号中每 $km$ 个比特分成一组,每组包括 $k$ 个符号,每个符号由 $m$ 个比特组成。这样,RS 码的生成多项式可以直接由下面的多项式构成:

$$g(x) = (x-\alpha)(x-\alpha^2)\cdots(x-\alpha^{n-k}) \tag{18-144}$$

一个 $(n,k)$ RS 码的最小距离和码重分布完全由 $k$ 和 $n$ 两个参数决定,这非常便于根据指标设计和选择 RS 码,一个纠 $t$ 个符号错误的 RS 码有如下参数:

码长:$n=(2^m-1)$ 符号,即 $m(2^m-1)$ bit。

信息段:$k$ 符号,即 $mk$ bit。

监督段:$n-k=2t$ 符号,即 $m(n-k)$ bit。

最小码距:$d_{min}=2t+1$ 符号,即 $m(2t+1)$ bit。

由于分组码的 Singleton 限为 $d_{min} \leqslant n-k+1$,因此从这个意义上说,RS 码是一个极大最小距离码。也就是说,对于给定的 $(n,k)$ 分组码,没有其他码能比 RS 码的最小距离更大。

RS 码是 Singleton 限下的最佳码。这充分说明 RS 码的纠错能力很强。除了有很强的纠正随机错误的能力外,RS 码还非常适合于纠正突发错误。与其他以单个比特为处理单元的线性分组码不同,RS 码以符号为单位进行处理,即使符号中只有一个比特出错,也认为是整个符号出错。它可以纠正的错误图样有:

总长度为 $b_1=(t-1)m+1$ bit 的单个突发;

总长度为 $b_2=(t-3)m+3$ bit 的两个突发;

$\vdots$

总长度为 $b_i=(t-2i-1)m+2i-1$ bit 的 $i$ 个突发。

RS 码的超强纠错能力使其在众多通信系统及光盘、磁记录等系统中得到了广泛的应用。在 DVB 系统中,信道编码采用 $(204,188,t=8)$ 的 RS 码, $n=204$ 字节, $k=188$ 字节,即每 188 个信息符号要用 16 个监督符号,总码元数为 204 个符号, $m=8$ bit(1 字节),监督码元长度为 $2t=16$ 字节,纠错能力为一段码长为 204 字节内的 8 个字节,此 RS 码其实是 RS $(255,239)$ 的截短码,长度在原理上应为 $n=2m-1=255$ 字节(图 18-51)。进行上述 RS 编码时,先在 188 字节(恰好对应复用 TS 传输流数据包长度)前加上 51 个全 0 字节,组成 239字节的信息段,然后根据 RS 编码电路在信息段后面生成 16 个监督字节,即得到所需的 RS $(204,188)$ 码。RS 码一个很好的特性是任何一种 RS 码通过截短得到的 RS 码仍是一个最大码,即其纠错能力保持不变,从而 RS 码 $(204,188)$ 具有和 RS 码 $(255,239)$ 相同的纠错能力。

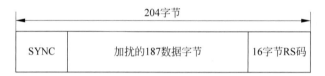

图 18-51　DVB 的 RS 码 $(204,188,t=8)$ 组成

对应 RS 码 $(204,188)$ 的生成多项式可以表示为

$$g(x)=(x-\alpha)(x-\alpha 2)\cdots(x-\alpha 16) \tag{18-145}$$

RS 码属于循环码,有严格的代数结构,其编译方法简单,图 18-52 是其编码器结构,图中输入和输出数据都是以字节为单位的。

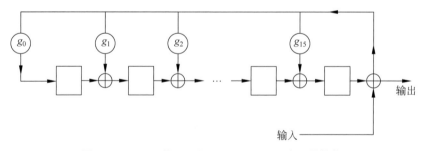

图 18-52　DVB 的 RS 码 $(204,188,t=8)$ 编码器结构

编码后的码字多项式在信道中传输时会受到干扰,设干扰噪声为 $e(x)$,即错误图样。它会叠加到 $c(x)$ 上共同传输给接收端,设接收端收到的码字多项式为 $r(x)=c(x)-e(x)$。 $c(x)$, $e(x)$ 和 $r(x)$ 的表达式如下:

$$c(x) = c_0 + c_1 x + \cdots + c_{n-1} x^{n-1} \tag{18-146}$$

$$e(x) = e_0 + e_1 x + \cdots + e_{n-1} x^{n-1} \tag{18-147}$$

$$r(x) = r_0 + r_1 x + \cdots + r_{n-1} x^{n-1} \tag{18-148}$$

RS 码译码方法可以分为时域和频域两种,译码的基本原理是:根据收到的码字多项式 $r(x)$ 求出错误图样 $e(x)$,再根据式 $r(x) = c(x) - e(x)$ 求出 $c(x)$,即 $c(x) = r(x) - e(x)$。时域译码根据接收到的码字来求错误位置,无须进行转换计算,实现较容易,频域译码则通过错误位置的傅里叶变换来求错误位置,此处仅介绍时域译码方法,步骤如下:

(1) 根据收到的码字多项式 $r(x)$ 求出伴随式 $s(x)$ 及关键方程表达式;

(2) 根据伴随式 $s(x)$ 求出错误位置多项式 $e(x)$ 和错误估值多项式 $r(x)$;

(3) 利用钱(Chien)搜索法求出错误位置 $x$;

(4) 根据错误位置多项式 $e(x)$ 和错误位置 $x$,计算错误值多项式 $y$;

(5) 根据接收码字多项式 $r(x)$ 和错误值多项式 $y$,求出信息、码字,完成译码。

以上介绍的 RS 译码算法是基于硬判决的代数译码算法,目前算法已经非常成熟,而且有相应的数学理论支持。但是 RS 码一个很大的问题是其软判决译码算法还处于发展之中且复杂度较高,由于硬译码和软译码相比有 $2\sim3$dB 损失,所以 RS 码在最新确立的标准中逐步被能够进行软译码的编码所取代,如 LDPC 编码等。

**2. 卷积码**

分组码是把 $k$ 个信息元编成 $n$ 个码元的码字[30],每个码字的 $n-k$ 个校验位仅与本码字的 $k$ 个信息元有关,而与其他码字无关。为了达到一定的纠错能力和编码效率,分组码的码长一般都比较大。编译码时必须把整个信息码组存储起来,由此产生的译码时延随码长的增加而增加。

1955 年,Elias 发明了卷积码。它也是将 $k$ 个信息元编成 $n$ 个码元,但 $k$ 和 $n$ 通常很小,特别适合以串行形式进行传输,时延小。与分组码不同,卷积码编码后的 $n$ 个码元不仅与当前段的 $k$ 个信息元有关,还与前面的 $N-1$ 段信息有关,各码字间不再是相互独立的,码字中互相关联的码元个数为 $n \cdot N$。同样,在译码过程中不仅从此时刻收到的码元中提取译码信息,而且还利用以后若干时刻收到的码字提供有关信息。

卷积码的纠错性能随 $k$ 的增加而增大,而差错率随 $N$ 的增加呈指数下降。由于卷积码的编码过程充分利用了码字间的相关性,因此在码率和复杂性相同的条件下,卷积码的性能优于分组码。但卷积码没有分组码那样严密的数学结构和数学分析手段,目前大多是通过计算机进行好码的搜索。

二进制卷积码编码器的形式如图 18-53 所示,它包括一个由 $N$ 个段组成的输入移位寄存器,每段有 $k$ 个寄存器,一组 $n$ 个模 2 相加器和一个 $n$ 级输出移位寄存器。对应于每段 $k$ 比特的输入序列,输出 $n$ 比特。由图 18-53 可以看出,$n$ 个输出比特不仅与当前的 $k$ 个输入信息有关,还与前 $(N-1)k$ 个输入信息有关。整个编码过程可以看作输入信息序列与由移位寄存器和模 2 相加器的连接方式决定的另一个序列的卷积,因此称为"卷积码"。我们通常将 $N$ 称为卷积码的约束长度,并把卷积码记为 $(n, k, N)$,其码率也为 $R_c = k/n$。非二进制卷积码的形式很容易以此类推。图 18-53 就是一个 $(2, 1, 3)$ 卷积码的编码器。

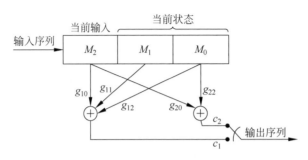

图 18-53　(2,1,3)卷积码编码器

卷积码的译码方法主要有代数译码和概率译码两种[31]。代数译码根据卷积码自身的代数结构进行译码,计算简单;概率译码则在计算时考虑信道的统计特性,计算较复杂,但纠错效果好得多,典型的算法如维特比译码、序列译码和大数逻辑译码等。随着硬件技术的发展,概率译码已占统治地位。本书仅介绍目前广泛采用的维特比译码算法。该算法基于最大似然准则,由维特比(Andrew James Viterbi)于 1967 年提出。

维特比(Viterbi)算法是 MLSE(最大似然序列估计)最常用的算法。算法的目的是在接收序列为 $r$ 的情况下找到最有可能发送的序列 $\hat{s}$:

$$\hat{s} = \max_s \prod_i \mathrm{Pr}(r_i \mid s_i) \tag{18-149}$$

即在所有可能的发送序列 $s$ 范围内求最大值。而求其对数的最大值也可以找到最佳序列,因为对数运算是严格的单调函数:

$$\hat{s} = \min_s \sum_i \mid r_i - s_i \mid^2 \tag{18-150}$$

该式假设信道对所有的接收符号衰减相同,且信道衰减在接收机已经得到补偿,否则需要按照下式求最小值:

$$\min_s \sum_i \mid r_i - \alpha_i s_i \mid^2 \tag{18-151}$$

其中,$\alpha_i$ 为第 $i$ 个符号的衰减。

MLSE 通过求多个有可能路径的总量度 $\sum_i \mid r_i - \alpha_i s_i \mid^2$,选择具有最小量度的路径。

Viterbi 是最常用的 MLSE 算法,硬判决最大似然译码如图 18-54 所示,步骤如下:

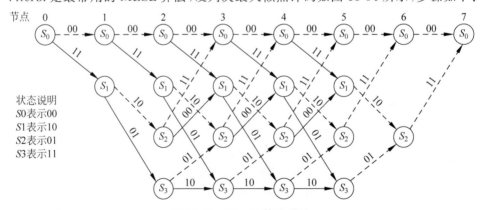

图 18-54　Viterbi 算法图示

（1）从某一级节点 $j=m$ 开始,计算进入每一状态的单个路径与接收序列 $R_j=(r_0,r_1,\cdots,r_{j-1})$ 的汉明距离 $d_j$,称为路径度量;由于有限状态机的马尔可夫性,节点 $j=m$ 起的后续编码仅与 $j$ 时刻的当前状态有关,而与之前任何到达该状态无关。因此,在进入每一状态的 $2^k$ 个路径中,我们仅需保留路径度量最小的一个,称为幸存路径。储存每一状态的幸存路径及其路径度量。

（2）$j$ 增加 1,把此时刻进入每一状态的所有分支与接收序列相应码元的汉明距离(称为分支度量)和同这些分支相连的 $j$ 时刻的幸存路径的度量相加,得到新一组路径度量值 $d_{j+1}$,比较并保留幸存路径及其度量。这样译码过程延伸了一个分支。

（3）继续进行,直到译码结束,路径度量最小的幸存路径就是译码序列。

整个维特比译码算法可以简单概括为"相加—比较—保留"。译码器运行是前向的、无反馈的,实现过程并不复杂。

我们来分析维特比算法的复杂度。$(n,k,N)$ 卷积码的状态数为 $2^{k(N-1)}$,对每一时刻要做 $2^{k(N-1)}$ 次"相加—比较—保留"操作。每一操作包括 $2^k$ 次加法和 $2^{k-1}$ 次比较。同时要保留 $2^{k(N-1)}$ 条幸存路径,在"滑动窗维特比算法"时需要 $2^{k(N-1)}L$ 个存储单元。由此可见,维特比算法的复杂度与信道质量无关,其计算量随码序列的长度线性增长;但其计算量和存储量都随约束长度 $N$ 和信息元分组 $k$ 呈指数增长,因此在约束长度和信息元分组较大时并不适用。此时常用缩减状态的维特比译码,即在每一时刻,只处理部分状态,在此不详述。

为了充分利用信道信息,提高译码可靠性,可以采用软判决维特比译码算法。此时解调器不进行判决而是直接输出模拟量,或是将解调器输出符号进行多电平量化,然后送往译码器,即译码器输入是没有经过判决的"软信息"。

与硬判决算法相比,软判决译码算法的路径度量采用"软距离"而不是汉明距离。最常采用的是欧几里得距离,也就是接收波形与可能的发送波形之间的几何距离。在采用软距离的情况下,路径度量的值是模拟量,需要经过一些处理以便于相加和比较,因此使计算复杂度有所提高。除了路径度量以外,软判决算法与硬判决算法在结构和过程上完全相同。

一般而言,由于硬判决译码的判决过程损失了信道信息,软判决译码比硬判决译码性能上要好约 2.5dB。由于软判决译码性能明显优于硬判决,目前使用卷积码的系统一般都会选择使用软译码。需要指出的是,不管采用软判决还是硬判决,由于维特比算法是基于序列的译码,其译码错误往往具有突发性。

### 3. 串行级联码

1966 年,Forney 在其博士论文中提出了级联编码的思想。他的思路是:如果把编码器、信道和译码器整体看作一个广义的信道,这个信道也会有误码,因此还可以对它作进一步的编码。由此,它将两个码长较短的子码串联构成一个长码,用复杂度的有限增加就可换取纠错能力的极大提高。这种级联码结构最早在 20 世纪 80 年代被美国国家航空航天局(NASA)加入深空遥测信号的传输协议,目前在地面数字电视广播传输系统中也广为应用。

如图 18-55 所示,信息序列分别经过外码和内码两重编码,形成级联码输出序列。在接收端需要经过两重译码或迭代译码来恢复信息。如果外码为 $(n1,k1)$ 码,最小距离为 $d1$,内码为 $(n2,k2)$ 码,最小距离为 $d2$,那么可以认为级联码是一个 $(n1n2,k1k2)$ 码,最小距离

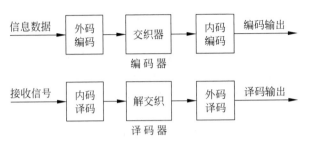

图 18-55　串行级联码的编译码结构

为 $d1d2$。当信道有少量随机错误时，通过内码就可以纠正；如信道的突发错误超出内码的译码能力，则由外码来纠正。由此可见，级联码适用于组合信道。由于内码译码器的错误往往是连续出现的，一般在内外编码器之间需要一个交织器，接收端也相应地增加解交织器。

这里要简单说明一下交织模块，交织技术是一种时间/频率扩展技术，它把信道错误的相关度减小，在交织度足够大时，就把突发错误离散成随机错误，为正确译码创造了更好的条件。从严格意义上说，交织不是编码，因为交织技术本身不产生冗余码元；但是如果把编码器和交织器看作一个整体，则新构成的"交织码"具有了更好的纠错性能。

分组交织又称矩阵交织或块交织，是最简单的交织方式，如图 18-56 所示，编码后的码字序列被按行填入一个大小为 $m \times n$ 的矩阵，矩阵填满以后，再按列发出。同样，接收端的解交织器将接收到的信号按列填入 $m \times n$ 的矩阵，填满后再按行读出，然后送往解码器进行正常解码。这样，信道中的连续突发错误被解交织器以 $m$ 个比特为周期进行分隔再送往解码器，如果这 $m$ 个错误比特处于信道编码的纠错能力范围内，则达到了消除错误突发的目的。

另一种常用的交织方式是卷积交织器，如图 18-57 所示。

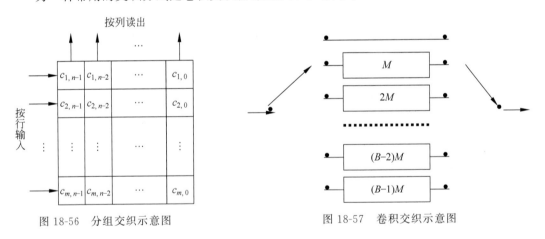

图 18-56　分组交织示意图　　　　图 18-57　卷积交织示意图

如图 18-57 所示，编码序列在切换开关的作用下依次进入 $B$ 个支路，周而复始。每个支路的延迟缓存器数依次以 $M$ 的倍数增加。输出端采用同步的切换开关从 $B$ 个支路轮流取出符号。变量 $B$ 称为交织宽度（支路），代表交织后相邻的符号在交织前的最小距离。变量 $M \cdot B$ 表示交织深度（延迟缓存器），是交织前相邻的符号在交织后的最小距离。将图中上下倒置，就可以得到接收端卷积解交织器。交织/解交织的最大时延为 $M \times (B-1) \times B$。

级联码的组合方式很多，如外码采用 RS 码，内码用二进制分组码或卷积码；或内外码都采用卷积码(当内码译码输出软信息时)。欧洲 DVB-T 就采用了外码为 RS 码、内码为卷积码的串行级联编码方案,其中卷积码可以进行最优的软判决维特比译码,而外码 RS 码具有较好的纠突发错误能力。当卷积码出现无法纠正的误码时,这种误码常常呈现连续分布形式,这些连续误码落在一组外层 RS 码中,就可能超出 RS 编码的纠错能力而造成信息失真。为此,在两层纠错编码之间增加了外码交织器(外交织),它通过改变信号传输顺序,使得连续误码分散到多组 RS 码中,只要落在每组 RS 码中的误码数量不超过 RS 码的纠错范围,就能将其纠正过来。DVB-T 所采用的外交织是 $B=12,M=17$ 的卷积交织器,交织深度 $I \times M = 204$。交织的数据字节应由纠错包构成,内码使用删余卷积码,这些删余码基于一个 64 状态、1/2 码率的母码,通过删余得到 2/3、3/4、5/6 和 7/8 等码率以适应不同的应用,图 18-58 为 2/3 的删余卷积码。另外,传输信道中的一些强烈的突发干扰也会超出卷积编码纠错能力而产生连续误码,为此还需要加入内码交织器(内交织)。DVB-T 采用的内交织包含比特交织和随后的符号交织,它们都是基于块交织方式进行处理的。

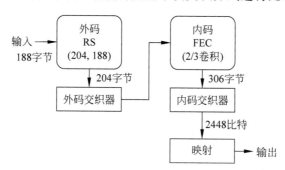

图 18-58 DVB-T 的 RS 码+卷积码串行级联码

需要指出的是,串行级联虽然大大地提高了纠错能力,但这个能力提高的大部分原因来源于编码效率的降低。一个好处是显然的,即在信道质量稍好时(信噪比较大时),误码可以做到非常低,渐近性能很好。但如果从 $E_b/N_0$ 的角度来看,串行级联的好处并不太大,其性能曲线距 Shannon 限还有一定距离。

**4. Turbo 码**

1993 年,两位法国教授 Berrou、Glavieux 和他们的缅甸籍博士生 Thitimajshima 在 ICC 会议上发表的 *Near Shannon limit error-correcting coding and decoding : Turbo codes*,提出了一种全新的编码方式——Turbo 码[30]。它巧妙地将两个简单分量码通过伪随机交织器并行级联来构造具有伪随机特性的长码,并通过在两个软输入软输出(SISO)译码器之间进行多次迭代实现了伪随机译码。仿真结果表明,在 AWGN 信道下,码率为 1/2 的 Turbo 码在达到误比特率(BER)$\leqslant 10^{-5}$ 时,$E_b/N_0$ 仅为约 0.7dB(这种情况下达到信道容量的理想 $E_b/N_0$ 值为 0dB),远远超过了其他编码方式,在信息和编码理论界引起了轰动。从此以后,Turbo 码得到了广泛的关注和发展,并对当今的编码理论和研究方法产生了深远的影响,信道编码学也随之进入了一个新的阶段。Turbo 码不仅在信噪比较低的高噪声环境下性能优越,而且具有很强的抗衰落、抗干扰能力,这使得 Turbo 码在信道条件较差的移动通信环境中有很大的应用潜力,Turbo 码因此被确定为第三代移动通信系统 IMT-2000 的核心技术之一。

如图 18-59 所示,基本的 Turbo 编码器由两个递归系统卷积码编码器(RSC,称为分量编码器)并行构成。第 2 个编码器与交织器相连。信息序列 $u_k$ 直接传送到分量编码器 RSC1,生成编码序列 $x_k^{1p}$;同时,信息序列通过交织器,形成一个比特位置重新排列的序列并传送到分量编码器 RSC2,生成另一个编码序列 $x_k^{2p}$。两路编码序列经过开关单元删除组合产生不同的码率,然后与未编码序列 $u_k$ 复接为最终的 Turbo 码输出序列。

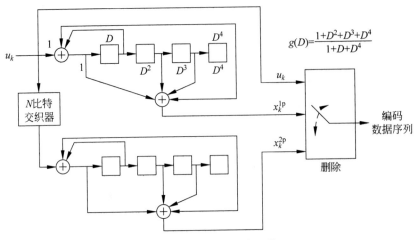

图 18-59　Turbo 码编码器

Turbo 码获得优异性能的重要因素是应用了基于最大后验概率准则(MAP)的迭代译码算法。Turbo 译码器如图 18-60 所示,它包括两个软输入软输出(SISO)译码器,还包括交织器。SISO 译码器不仅输出对应不同信息位的似然值,同时还有相应的置信信息,即外信息。其译码过程如下:

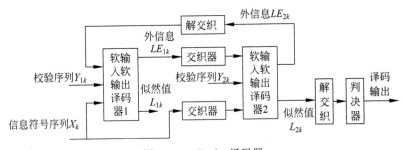

图 18-60　Turbo 译码器

(1) 针对编码器 RSC1 的译码器 1 先开始工作,此时我们对发送序列没有先验知识,即 $L(i)=0$,经译码计算 $L(\hat{i})$ 后,译码器 1 算出的外信息为 $LE_{1k}$。

(2) 信息符号序列 $X_k$ 和 $LE_{1k}$ 经过一个和发端一样的交织器调整为针对编码器 RSC2 的顺序,送往译码器 2。

(3) 译码器 2 将译码器 1 给出的外信息 $LE_{1k}$ 当作自己对发送序列的先验知识 $L(i)$,完成译码,输出 $L(\hat{i})$ 和外信息 $LE_{2k}$,完成一次迭代。

(4) $LE_{2k}$ 再经过反交织后送往译码器 1,同样被作为先验知识 $L(i)$,开始新一轮迭代。

经过若干次迭代或在输出稳定后,给出判决结果。整个迭代过程类似涡轮机的工作方式,Turbo 码因此得名。

Turbo 码的分量编码器一般采用递归的系统卷积码编码器,这种编码器在高码率下性能均比等效的非系统卷积码编码器好。为构造译码器方便,通常两个分量码是相同的,但近来的研究表明,适当选用不同的分量码编码器(所谓的非对称结构)会有更好的性能。Turbo 码的交织器通常选择伪随机矩阵交织器,它在 Turbo 码构成中起着非常重要的作用。决定 Turbo 码译码性能的一个重要因素是交织器的长度,有时也称为交织增益。当交织器充分大时,交织前后的码序列间相关性很小,使 Turbo 码具有近似于随机长码的特性,避免了在迭代译码时由于相关性强而形成正反馈。同时,交织器完成了一个对编码性能十分重要的工作——改变码字的重量分布,使编码输出序列中码字重量的分布尽可能均匀,尽量减少重量很轻或很重的码字。

Turbo 码的迭代译码性能与迭代的次数和交织长度有关。如图 18-61 所示,一般来讲,迭代次数越多,Turbo 码的性能越好。当交织长度较大时,误码率会有较大的增益,但 Turbo 码也不是完美无缺的。如图 18-61(b)所示,当信道的信噪比逐渐增大时,系统的误码率曲线会有一段比较快速的下降,这段下降并不会持续到误码率为 0 的状态。恰恰相反,在一定的误码率水平上,信噪比的改善并不能有效改善误码率表现,也就是说,Turbo 码译码会出现误码平台。

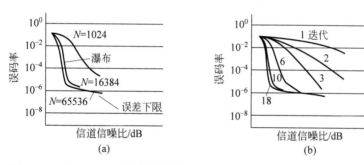

图 18-61 (a) Turbo 迭代译码器框图;(b) Turbo 码迭代译码及其性能

### 5. LDPC

低密度校验(low density parity check,LDPC)码是麻省理工学院罗伯特·哥拉格(Robert Gallager)[31]于 1962 年提出的一种好码,但随后在很长一段时间内一直没有受到人们的重视。1993 年提出 Turbo 迭代译码后,人们研究发现 Turbo 码其实就是一种 LDPC码,重新引起了 LDPC 研究的热潮。人们研究发现,LDPC 码在采用软判决解码的情况下能够提供逼近 Shannon 极限的纠错性能,同时还具有错误平台低、解码器结构简单及适合全并行的 OFDM 系统高速解码等优点。LDPC 码的优异性能及其在信息可靠传输中的良好应用前景(如光通信、卫星通信、深空通信、第 4 代移动通信系统、高速与甚高速率数字用户线、光和磁记录系统等),目前欧洲 DVB 系统标准的第 2 代卫星数字电视广播(DVB-S2)和第 2 代地面数字电视广播(DVB-T2)已经采用了性能优异的 LDPC 编码,预计第 2 代有线数字电视广播也会采用 LDPC 编码。

LDPC 码是一种线性分组码,它同样是用一个生成矩阵 $G$ 将待传输的信息元转换为码字,与生成矩阵 $G$ 相对应的是校验矩阵 $H$。所谓低密度校验的含义是：LDPC 的校验矩阵 $H$ 是一个几乎全部由 0 组成的矩阵,其校验矩阵 $H$ 中每一行和每一列中 1 的数目是固定的(也就是规则 LPDC 的定义),其中每一列 1 的个数 $p \geqslant 3$,每一行中 1 的个数是 $q$,每一列之间 1 的重叠数目不大于 1。例如,标准的(20,3,4)LDPC 码的校验矩阵如式(18-152)所示。

$$H = \begin{bmatrix} 1 & 1 & 1 & 1 & 0 & 0 & 0 & 0 & 0 & 0 & 0 & 0 & 0 & 0 & 0 & 0 & 0 & 0 & 0 & 0 \\ 0 & 0 & 0 & 0 & 1 & 1 & 1 & 1 & 0 & 0 & 0 & 0 & 0 & 0 & 0 & 0 & 0 & 0 & 0 & 0 \\ 0 & 0 & 0 & 0 & 0 & 0 & 0 & 0 & 1 & 1 & 1 & 1 & 0 & 0 & 0 & 0 & 0 & 0 & 0 & 0 \\ 0 & 0 & 0 & 0 & 0 & 0 & 0 & 0 & 0 & 0 & 0 & 0 & 1 & 1 & 1 & 1 & 0 & 0 & 0 & 0 \\ 0 & 0 & 0 & 0 & 0 & 0 & 0 & 0 & 0 & 0 & 0 & 0 & 0 & 0 & 0 & 0 & 1 & 1 & 1 & 1 \\ 1 & 0 & 0 & 0 & 1 & 0 & 0 & 0 & 1 & 0 & 0 & 0 & 1 & 0 & 0 & 0 & 1 & 0 & 0 & 0 \\ 0 & 1 & 0 & 0 & 0 & 1 & 0 & 0 & 0 & 1 & 0 & 0 & 0 & 0 & 0 & 0 & 0 & 1 & 0 & 0 \\ 0 & 0 & 1 & 0 & 0 & 0 & 1 & 0 & 0 & 0 & 0 & 0 & 1 & 0 & 0 & 0 & 0 & 1 & 0 & 0 \\ 0 & 0 & 0 & 1 & 0 & 0 & 0 & 0 & 0 & 0 & 1 & 0 & 0 & 0 & 0 & 1 & 0 & 0 & 0 & 1 & 0 \\ 0 & 0 & 0 & 0 & 0 & 1 & 0 & 0 & 0 & 0 & 0 & 1 & 0 & 0 & 0 & 0 & 1 & 0 & 0 & 0 \\ 1 & 0 & 0 & 0 & 0 & 1 & 0 & 0 & 0 & 0 & 0 & 1 & 0 & 0 & 0 & 0 & 0 & 1 & 0 & 0 \\ 0 & 1 & 0 & 0 & 0 & 0 & 0 & 1 & 0 & 0 & 0 & 1 & 0 & 0 & 0 & 0 & 0 & 0 & 1 & 0 & 0 \\ 0 & 0 & 1 & 0 & 0 & 0 & 0 & 1 & 0 & 0 & 0 & 0 & 1 & 0 & 0 & 0 & 0 & 0 & 1 & 0 \\ 0 & 0 & 0 & 1 & 0 & 0 & 0 & 0 & 1 & 0 & 0 & 0 & 0 & 1 & 0 & 0 & 0 & 1 & 0 & 0 \\ 0 & 0 & 0 & 0 & 1 & 0 & 0 & 0 & 0 & 1 & 0 & 0 & 0 & 0 & 1 & 0 & 0 & 0 & 0 & 1 \end{bmatrix} \quad (18\text{-}152)$$

LDPC 校验矩阵可以很方便地用 Tanner 双向图来表示。在 Tanner 图中,所有的点分成两组,所有的边有且仅有两个点组成,并且这两个点分别在两个组中。与校验矩阵对应的 Tanner 图中,下面一组点(信息点,代表码字)一一对应校验矩阵里的每一列,上面一组点(校验点)一一对应矩阵里的每一行,对于信息点 $n$ 和校验点 $m$,边存在与否取决于 $H_{mn}$ 是否为 0。图 18-62 就是 LDPC(20,3,4)码的 Tanner 图表示。

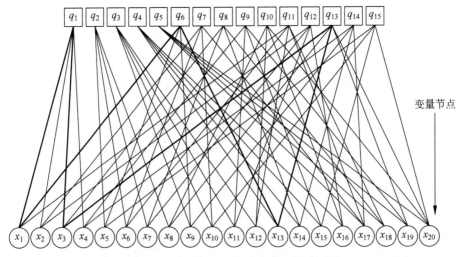

图 18-62　LDPC(20,3,4)码的 Tanner 图

LDPC 存在多种译码算法,基于置信概率传播的迭代译码算法(和积算法,SPA)在高码率下性能最好,其他简化的迭代算法一般也都是以 SPA 为基础发展而来的。和积算法是一个软判决的迭代算法。设 LDPC 码码长为 $N$,信息位为 $K$,码率 $R=K/N$,校验位为 $M=N-K$,在 $GF(q)$ 上,生成矩阵 $\boldsymbol{G}$ 把要发送的信息 $S=\{s_1,s_2,\cdots,s_K\}$ 编码为发送码字 $X=\{x_1,x_2,\cdots,x_N\}$。校验矩阵 $\boldsymbol{H}$ 是一个 $M\times N$ 阶的矩阵,在 $GF(q)$ 域上满足

$$\boldsymbol{H}\boldsymbol{X}^{\mathrm{T}}=0 \tag{18-153}$$

发送码字 $X$ 经过广义信道后,解码器收到的解调器软输出为

$$Y=\{y_1,y_2,\cdots,y_N\}=\{x_1+n_1,\ x_2+n_2,\cdots,\ x_N+n_N\}=X+N \tag{18-154}$$

其中,$N=\{n_1,n_2,\cdots,n_N\}$ 是高斯信道引入的噪声矢量,均值为 0,方差为 $\sigma^2$。在 $GF(2)$ 上,进入高斯信道的 $X$ 符号 1 和 0 分别用双极性输入 $\pm b$ 发送,这样发送符号具有能量 $b^2$,信噪比为 $E_b/N_0=b^2/(2R\sigma^2)$。解调输出 $Y$ 如式(18-154)所示,译码的过程就是找到最可能的矢量 $X$ 使得式(18-155)成立。矢量 $\boldsymbol{X}$ 的似然度 Likelihood($\boldsymbol{X}$)是 $\boldsymbol{X}$ 中各个分量的似然度的积,可表示为

$$\mathrm{Likelihood}(\boldsymbol{X})=\prod_n f_n^{x_n} \tag{18-155}$$

其中,$f_n^{x_n}$ 为信道输出的似然度,在 $GF(2)$ 域上 $x_n$ 可以取 0 和 1,即 $f_n^1$ 表示译码为 1 的概率,$f_n^0$ 表示译码为零的概率。这样在 AWGN 信道上有

$$f_n^1=1/[1+\exp(-2by_n/\sigma^2)],\quad f_n^0=1-f_n^1 \tag{18-156}$$

LDPC 码长为 $N$,这样在 $GF(2)$ 域上 Likelihood($\boldsymbol{X}$)共有 $2^N$ 种取值。定义两个集合,一个是信息点的集合:

$$N(m)=\{n:H_{mn}=1\} \tag{18-157}$$

$N(m)$ 指参与校验点 $m$ 的所有信息点的集合。以图 18-63 为例,$N(8)=\{3,7,14,18\}$。

另一个集合是校验点的集合:

$$M(n)=\{m:H_{mn}=1\} \tag{18-158}$$

$M(n)$ 指信息点 $n$ 参与的校验点的集合。以图 18-63 为例,$M(5)=\{2,6,15\}$。

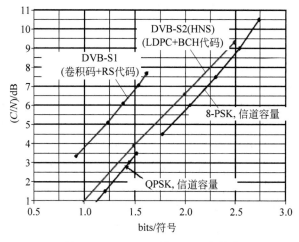

图 18-63　DVB-S2 的 LDPC 码性能

$N(m)\backslash n$ 表示信息点集合中剔除了 $n$。算法包括两个交错的迭代步骤，与 $\boldsymbol{H}$ 中非零元素相联系的变量 $q_{mn}$ 和 $r_{mn}$ 分别在这两个步骤交错更新。

$q_{mn}^x$：给定校验点 $m$ 以外的所有校验点的信息，信息点 $n$ 为 $x(x$ 取 0 或 1) 的概率。

$r_{mn}^x$：如果信息点 $n$ 固定为 $x(x$ 取 0 或 1)，并且其他信息点具有可分离的分布，形式如 $\{q_{mn'}:n'\in N(m)\backslash n\}$，在此前提下，校验点 $m$ 成立的概率。

算法步骤如下：

（1）初始化：$q_{mn}^0$ 和 $q_{mn}^1$ 各自设定为 $f_n^0$ 和 $f_n^1$。

（2）水平步骤：

$$\delta q_{mn} = q_{mn}^0 - q_{mn}^1 \tag{18-159}$$

$$\delta r_{mn} = \prod_{n'\in N(m)\backslash n} \delta q_{mn'} \tag{18-160}$$

$$r_{mn}^0 = 1/2(1+\delta r_{mn}) \tag{18-161}$$

$$r_{mn}^1 = 1/2(1-\delta r_{mn}) \tag{18-162}$$

（3）垂直步骤：对所有的 $m$、$n$、$x$（取 1 或 0），更新 $q_{mn}^x$：

$$q_{mn}^x = a_{mn} f_n^x \prod_{m'\in M(n)/m} r_{m'n}^x \tag{18-163}$$

$a_{mn}$ 的选择应满足

$$q_{mn}^0 + q_{mn}^1 = 1 \tag{18-164}$$

更新伪后验概率 $q_n^0$ 和 $q_n^1$：

$$q_n^x = a_n f_n^x \prod_{m\in M(n)} r_{mn}^x \tag{18-165}$$

（4）根据 $q_{mn}^x$ 产生本次迭代译码结果 $\hat{X}$，如果满足式 (18-164)，译码结束；否则返回第 2 步水平步骤。如果超过一定迭代次数（如 30）仍然没有得到译码结果，可以认为译码失败。

采用了迭代软译码的 LDPC 已经达到非常接近香农限的性能，文献[33]采用 1/2 非规则码，长度为 $10^7$、平均迭代次数 1000 的 LDPC，其离香农限仅有 0.0045dB。当然，和香农限如此接近的 LDPC 还无法应用到实际系统，因为码长过长，而且迭代次数太多。DVB-S2 采用 64k 和 16k 码长的 LDPC，目前已经应用到实际系统，其 LDPC＋BCH 级联编码的性能相对 DVB-S1 有了显著的提高，如图 18-63 所示。LDPC 与香农限的距离都保持在 1dB 以内，比原有的卷积码＋RS 码有 2dB 以上的编码增益。

最后作为信道编码部分的总结，给出图 18-64 所示的 FEC 纠错码发展历程，包括 1948—2003 年 FEC 编码理论的关键节点。

需要指出的是，理论上真正的"最佳"编码应该是根据一个特定的信道特性和参数来设计的，然而信道模型千变万化，即便是同一信道在不同时间也有可能发生较大变化。因此，很难针对每一种信道来定制相应的信道编码，通常研究都是基于高斯白噪声信道来展开的。在实际接收机中，可以利用信道估计和补偿技术先把实际信道"转变"成近似高斯白噪声信道的特性，再对译码算法进行一些修正，此外接收机同步（包括载波同步和时钟同步等）恢复的好坏也对译码性能有非常大的影响。Meyer[32]将接收机划分为内接收机和外接收机，内接收机完成同步和信道补偿等参数估计工作，外接收机负责正确译码，两者独立工作，在译码的时候就认为信道估计和同步都是理想的。当然，也有大量文献致力于研究两者的联合算法，但普遍需要付出更多代价。

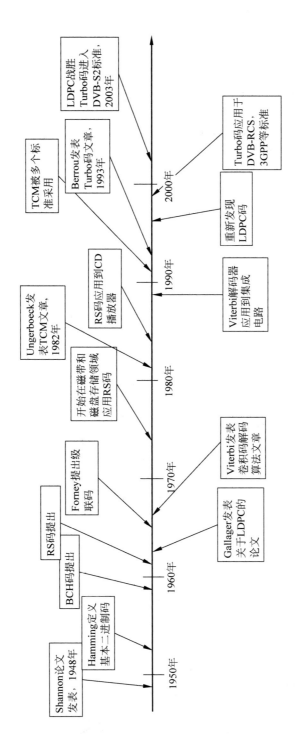

图 18-64 FEC 纠错码发展历程

## 18.3　宽带传输技术的信道特性

### 18.3.1　概述

图 18-65 给出了无线广播系统中信道所处的位置[33]。无线广播信号需要利用无线电波进行传输,与有线传输媒介相比,无线电的传播特性比较差,电波不但会随着传播距离的增加而发生弥散损耗,还会受到地形、建筑物的遮蔽而发生"阴影效应";信号经过多点反射,会从多条路径到达接收点,这种多径信号的幅度、相位和到达时间均不一样,它们相叠加会产生电平快衰落和时延扩展;此外,无线广播常常在快速移动中进行,这将引起多普勒频移和随机调频。因此,无线广播系统远比有线通信系统复杂。

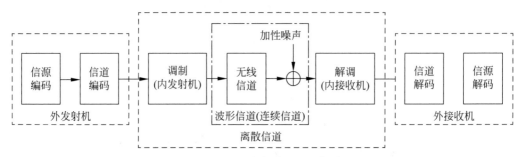

图 18-65　无线广播系统的信道

不同频段的无线电波,其传播方式和特点各不相同。地面数字电视系统使用 VHF/UHF(very high frequency/ultra high frequency)频段,经历的传输环境比有线信道复杂得多:发射信号以无线电波的形式(可能包含直射、反射、衍射和散射等多种方式)传播,受发射机与接收机之间地形起伏、建筑物障碍、移动物体等因素影响,接收信号会产生许多损耗,而且很多因素具有时变性和随机性特点[34]。

对于无线信道对接收信号造成的影响,可以根据距离的不同,把无线信道的随机时变性按照大尺度效应(large-scale effects)和小尺度效应(small-scale effects)从统计特性上来加以分别讨论。当接收机处于空间某一位置时,它在该位置附近接收到的信号功率的本地平均值(local mean)将受到大尺度效应的影响,这些影响包括视距(line of sight,LOS)路径损耗(path loss)、阴影(shadowing)衰落等效应。图 18-66 显示了接收信号功率受路径损耗及衰落的影响。

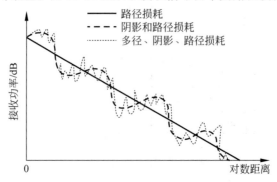

图 18-66　无线广播信道的大尺度效应和小尺度效应

　　路径损耗是指当发射机和接收机之间的距离在较大尺度上（数百米或数千米）变化时，接收信号的平均功率值与信号传播距离的 $n$ 次方成反比，其中 $n$ 为路径损耗指数。

　　阴影衰落是指电磁波在空间传播时受到地形起伏、高大建筑物的阻挡，在这些障碍物后面会产生电磁场的阴影，造成场强中值的变化，从而引起的信号衰减。阴影衰落是以较大空间尺度来衡量的，其统计特性通常符合对数正态分布。

　　路径损失和阴影衰落共同反映了无线信道在大尺度上对传输信号的影响。大尺度衰落反映了中等范围内（数百个波长）的信号电平均值变化趋势。

　　所谓小尺度效应是描述在短时间（秒量级）或短距离（几个波长）内接收信号强度的剧烈变化。这种剧烈变化主要是由发射信号经由不同路径到达接收机引起的。在小尺度范围内，我们主要关心无线信道的两种特性。首先是接收机与发射机之间的相对移动所引入的多普勒频移，即无线信道是时变的；其次是由于多径信道中各路径有不同延迟，多径信道将使接收信号产生时延扩展。这两种特性如图 18-67 所示，这对研究传输技术的选择和接收机的设计尤为重要。因此，本书主要考虑小尺度效应。

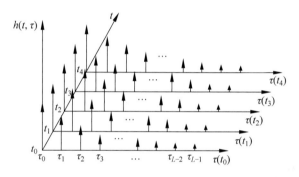

图 18-67　信道冲激响应 $h(t,\tau)$ 的多径效应和时变性

## 18.3.2　无线信道的数学模型

　　假设发射信号为 $x(t)$，经过信道传输后接收信号为 $y(t)$，不考虑加性高斯白噪声影响，信道的输入输出关系可表示为

$$y(t) = \int_{-\infty}^{+\infty} h(t,\tau)x(t-\tau)\mathrm{d}\tau + w(t) \tag{18-166}$$

其中，$h(t,\tau)$ 表示信道冲激响应；$w(t)$ 表示加性噪声。

　　由于无线通信中，无线电信号从发射端到达接收端的传播方式较为复杂，如反射、折射和衍射等，并且和系统的工作环境密切相关，所以，信道特性随着空间和时间不同都在发生相应的变化。因此，准确地说，无线通信信道 $h(t,\tau)$ 从总体上来说是一个以空间和时间为变量的二维随机过程，所以应当以描述随机过程的方法进行描述，也就是信道的统计描述。

　　但是，在某一个较小的时间和空间范围内，无线通信系统所对应的信道可以看作二维随机过程的一个实现，此时，信道又可以认为是确定的。所以，在研究工作中通常可以将信道看作一个确定的线性时不变系统，同时也需要采用具有确定性参数的数学模型对随机过程进行建模，且使用的参数具有明确的物理意义，如多径时延、多普勒频移等，能够用确定函数描述信道,这就是信道的确定描述。统计模型和确定性模型都可以描述信道特性,前者更适合描述信道的全局特性,而后者在工程应用中更加适合,下面对这两种模型进行简单介绍。

**1. 多径信道冲激响应的统计模型**

应用二维随机过程建模,通常需要知道任意一组随机变量的联合概率密度函数,但确定联合概率密度函数非常困难,因此一般采用冲激响应的相关函数来表示信道统计特性。时变信道响应 $h(t,\tau)$ 可以表示为

$$h(t,\tau) = \sum_{l=0}^{L} h(t,l\Delta\tau)\delta(\tau - l\Delta\tau) \tag{18-167}$$

其中,$L$ 为抽头的个数,其取值与信道的时延扩展宽度有关。输出信号 $y(t)$ 可表示为

$$y(t) = x(t) \otimes h(t,\tau) = \sum_{l=0}^{L} h(t,l\Delta\tau)x(t - l\Delta\tau) \tag{18-168}$$

因为信道是随机的,可以使用自相关函数来描述信道响应,即

$$R_h(t,t';\tau,\tau') = \mathrm{E}\{h^*(t,\tau)h(t',\tau')\} \tag{18-169}$$

但自相关函数在实际的描述中还是太复杂,因为它包含 4 个变量。因此,可以采用经典的广义平稳非相关散射(wide sense stationary uncorrelated scatter,WSSUS)模型来简化问题[35]。

从数学上讲,如果自相关函数与时间 $t$ 和 $t'$ 无关,而只和它们的差 $\Delta t = t' - t$ 有关,则该信道就是广义平稳(wide sense stationary,WSS)。这样,

$$R_h(t,t';\tau,\tau') = R_h(\Delta t;\tau,\tau') \tag{18-170}$$

在物理意义上,可以将 WSS 理解成信道的二阶统计量不随时间的变化而变化。严格意义上的平稳要求更高阶的统计量也不随时间变化,这里只要求二阶统计量。从数学上讲,平稳性应该在无限长的时间上都满足,而实际中,通常认为几十倍的信道相干时间(多普勒频率倒数)上满足即可。值得注意的是,WSS 并不意味着信道的冲激响应不随时间变化,譬如一个平衰落 WSS 信道,信号幅度是瑞利衰落的,其方差不随时间变化,但瞬时包络是随时间变化的。

非相干散射(uncorrelated scatter,US)假设是指不同延时的散射体的分布是不相关的,这意味着

$$R_h(t,t';\tau,\tau') = R_h(t,t',\tau)\delta(\tau - \tau') \tag{18-171}$$

从物理上解释,US 即不同时延的多径之间不相关。

把 WSS 和 US 结合在一起即为 WSSUS。将式(18-170)和式(18-171)结合,可以得到:

$$R_h(t,t';\tau,\tau') = R_h(\Delta t,\tau)\delta(\tau - \tau') \tag{18-172}$$

一般的频率选择性衰落信道都是基于离散的 WSSUS 模型建立的,此时接收信号可以表示为输入信号的延时分量和独立零均值复高斯时间变化过程的乘积之和。对于不同的 $\tau$,$h(t,\tau)$ 彼此不相关;对于某一个特定的 $\tau$,$h(t,\tau)$ 是具有平衰落特性的复高斯时变过程。由 $L$ 个多径组成的时变冲激响应可表示成

$$h(t,\tau) = \sum_{l=0}^{L-1} \sqrt{P_l}\, g_l(t)\delta(\tau - \tau_l) \tag{18-173}$$

其中,$\tau_l$ 表示第 $l$ 个可分辨路径的时延;$P_l$ 表示第 $l$ 个时延的功率;$g_l$ 表示第 $l$ 个时延的复高斯时间变化过程,其功率谱就是第 $l$ 个可分辨路径的多普勒频谱,控制第 $l$ 个路径的衰落特性。而时延功率 $P_l$ 和时延 $\tau_l$ 决定了频率选择性衰落信道的多径特性。研究表明,

WSSUS 模型能够很好地描述实际无线信道特性,应用非常广泛。

### 2. 信道冲激响应的确定性参数模型

在 WSSUS 信道模型中,接收信号可以看作输入信号的延时分量与独立零均值复高斯时变过程乘积的和,即对于某一特定的 $\tau$,$h(t,\tau)$ 为具有平坦衰落特性的冲激响应 $h(t)$,是一个零均值复高斯时变过程;对于不同的 $\tau$,$h(t,\tau)$ 之间互不相关,因此多径时变信道冲激响应可以表示为

$$h(t,\tau)=\sum_{l=0}^{L-1}\rho_l \mathrm{e}^{\mathrm{j}2\pi f_\mathrm{d}t}\delta(\tau-\tau_l)=\sum_{l=0}^{L-1}h_l(t)\delta(\tau-\tau_l) \tag{18-174}$$

其中,$\rho_l$、$\tau_l$、$f_\mathrm{d}$ 分别表示第 $l$ 条路径的复衰减因子、时延和多普勒频率,$h_l(t)$ 表示第 $l$ 条路径的时变复衰落。不失一般性,在下面的分析中,我们假设已对信道能量进行了归一化,即满足

$$\sum_{l=0}^{L-1}\mathrm{E}\{\rho_l\rho_l\}=1 \tag{18-175}$$

设 $H(t,f)$ 为 $h(t,\tau)$ 对应的信道传输函数,也称作信道频率响应,用公式表示为

$$H(t,f)=\mathrm{FFT}\{h(t,\tau)\}=\sum_{l=0}^{L-1}\rho_l \mathrm{e}^{\mathrm{j}2\pi f_\mathrm{d}t}\mathrm{e}^{-\mathrm{j}2\pi f\tau_l}=\sum_{l=0}^{L-1}h_l(t)\mathrm{e}^{-\mathrm{j}2\pi f\tau_l} \tag{18-176}$$

由于信道为 WSSUS,则可得频率响应的相关函数为

$$R(\Delta t,\Delta f)=\mathrm{E}\{H^*(t,f)\}H(t+\Delta t,f+\Delta f)=\mathrm{E}\{\mathrm{e}^{\mathrm{j}2\pi f_\mathrm{d}\Delta t}\mathrm{e}^{-\mathrm{j}2\pi\Delta f\tau_l}\}=R(\Delta t)R(\Delta f) \tag{18-177}$$

其中,$R(\Delta t)=\mathrm{E}\{\mathrm{e}^{\mathrm{j}2\pi f_\mathrm{d}\Delta t}\}$ 为时域相关函数,其傅里叶变换 $S_{f_\mathrm{d}}(f_\mathrm{d})$ 为多普勒功率谱密度,也可以由散射函数 $S(\tau,f_\mathrm{d})$ 对 $\tau$ 积分得到;$R(\Delta f)=\mathrm{E}\{\mathrm{e}^{\mathrm{j}2\pi\Delta f\tau_l}\}$ 为频域相关函数,其傅里叶逆变换 $S_\tau(\tau)$ 为时延功率谱密度,也可以由散射函数 $S(\tau,f_\mathrm{d})$ 对 $f_\mathrm{d}$ 积分得到。因此,WSSUS 信道的相关函数与散射函数之间具有图 18-68 所示关系。

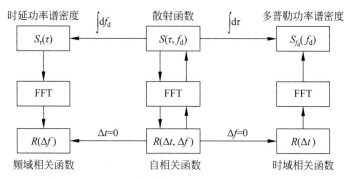

图 18-68　WSSUS 信道中自相关函数与散射函数关系

在数字电视系统中,数字信号经过调制转换成模拟信号,再经上变频由发射天线送入自由空间传输;接收端经过下变频和采样转化为离散基带信号;在调制之后和解调之前有时需进行波形成形和匹配滤波,并在接收前端进行自动增益控制,补偿信号功率变化。因此,信道响应 $h(t,\tau)$ 是波形成形、实际信道(包括变频及发送/接收天线)、自动增益控制和匹配滤波的级联,如果等效成一个基带数字滤波器,同时考虑信道白噪声的影响,则其输入输出

关系可表示为

$$y(n) = \sum_{l=0}^{L-1} h(n;n_l)x(n-n_l) + z(n) \tag{18-178}$$

其中，$z(n)$ 为噪声；$h(n;n_l)$ 为等效基带离散信道，可认为是一个有限冲激响应（FIR）滤波器；$n_l = \tau_l/T_s$，$T_s$ 为采样周期。需要注意的是，式（18-178）中 $n_l$ 为整数，即 $h(n;n_l)$ 为整数倍采样信道；如果 $\tau_l$ 不是 $T$ 的整数倍，则 $h(n;n_l)$ 为非整数倍采样信道，其冲激响应仍可表示为式（18-178）的形式，但各符号含义有所变化。这是因为，对于实际多径信道，如果某多径分量的延时 $\tau_l$ 不在整数个采样周期 $T_s$ 上，那么该分量在接收端滤波和采样的作用下相当于经过了一个数字内插滤波器，滤波器系数中心对应最靠近多径时延处的整数倍 $T_s$ 采样点。经过内插滤波后，该多径分量由一个径转化成很多个径，这些径分量都以 $T_s$ 为间隔排列，其中远离中心的幅度过小的径可以忽略，这样，实际的多径模型将等效为式（18-178）所示的抽头时延模型，该模型的多径分量具有相等的抽头间隔 $T_s$ [36]。如果没有特别说明，均假设系统工作在整数倍采样信道下。

在地面数字电视系统的固定接收和便携接收模式下，信道特性变化较慢，为处理方便，往往假设在处理的时间间隔（如一个 OFDM 符号时间，详见后续章节）内是时不变的，则式（18-178）可省略 $h(n;n_l)$ 中的变量 $n$，得到：

$$y(n) = \sum_{l=0}^{L-1} h(n_l)x(n-n_l) + z(n) \tag{18-179}$$

式（18-179）相当于一个非时变线性 FIR 滤波器模型。信道冲激响应可写成

$$h(n) = \sum_{l=0}^{L-1} h(n_l)\delta(n-n_l) \tag{18-180}$$

### 18.3.3　无线衰落信道的参数特性

前面详细介绍了无线信道的数学模型，本节将在此基础上介绍无线衰落信道的参数特性。

由于移动通信信道的多径、移动台的运动和移动台周围不同的散射环境，使得移动信道在时间和频率上造成了色散。因此信号经过信道后分别形成了频率选择性衰落和时间选择性衰落，也分别产生了时延扩展和多普勒扩展。这两种扩展分别对应两组相关参数：相关带宽和相关时间。这两组扩展特性和相关特性同时存在，且互不排斥，共同影响接收信号。下面将按不同的产生原因分别予以讨论。

#### 1. 多径时延扩展和频率选择性衰落

时延扩展和相干带宽是用于描述本地信道时间色散特性的两个参数。如图 18-69 所示，多径信号由多条反射及散射传播信号构成，从式（18-75）中可以看出，不同路径信号到达的时延是不同的，因此接收信号存在时延扩展现象。每路电波经过的距离各不相同，因而到达接收机的时间、相位也都不相同。不同相位的信号互相叠加，使接收信号的幅度发生急剧变化，产生衰落。这种衰落是由多径传播引起的，一般称为多径衰落。

发射机发送一个脉冲信号 $x(t) = a_0\delta(t)$，由于存在多条不同传播时延的传播路径，每个时延的传输特性又各自随机变化，因此接收机收到的信号 $y(t)$ 就变成了一个脉冲串，该信号可用下式表达：

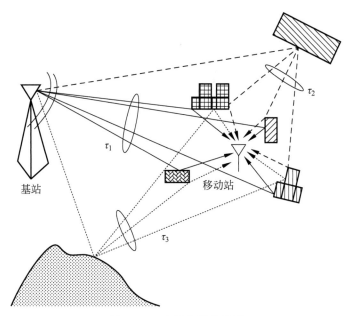

图 18-69　多径传播示意图

$$y(t) = \sum_{l=0}^{L-1} a_0 h_l(t) \delta(\tau - \tau_l) \tag{18-181}$$

需要指出的是,多径信道是可以随时间变化的,即 $h_l(t)$ 和 $\tau_l$ 都是时间的函数。这种由多径效应引起的接收信号中脉冲宽度扩展的现象称为时延扩展。扩展的时间可以用第1个到达的信号至最后一个到达的信号之间的时间差 $\tau_{\max}$ 来表示,如图 18-70 所示。

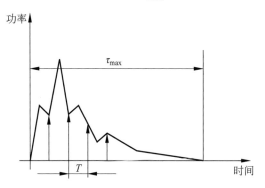

图 18-70　多径时延扩展示意图

　　一般从设计的角度来看,模拟接收机主要考虑多径效应引起的接收信号幅度的变化,而数字接收机中主要考虑多径效应引起的脉冲信号的时延扩展。这是因为从时域上观察,由于时延扩展,接收信号中一个符号的波形会扩展到其他符号中,造成符号间干扰(ISI),严重影响数字信号的传输质量。为此,系统设计要求符号宽度远大于 $\tau_{\max}$,即要求符号速率远小于 $1/\tau_{\max}$。

　　设 $P(\tau)$ 为归一化的功率时延分布,如图 18-71 所示,则多径平均时延 $\bar{\tau}$ 为 $P(\tau)$ 的一阶矩,多径时延扩展(spread of multi-path delay)$\Delta$ 定义为 $P(\tau)$ 的均方根,即

$$\bar{\tau} = \int_0^\infty \tau P(\tau) d\tau \tag{18-182}$$

$$\Delta = \sqrt{\int_0^\infty \tau^2 P(\tau) dt - \bar{\tau}^2} \tag{18-183}$$

$\Delta$ 表示了多径扩展的程度，$\Delta$ 越大，时延扩展越严重；$\Delta$ 越小，时延扩展越轻微。

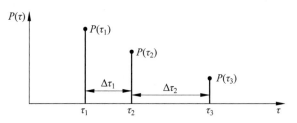

图 18-71　多径信道的功率时延分布

而在频域上分析，不同时延的多路信号叠加表现为频率选择性衰落（frequency selective fading），即针对不同的频率成分，无线信道呈现出不同的随机响应。由于信号中不同频率分量的衰落不一致，则经过信道传输以后，原信号波形将发生畸变。

与时域参数多径时延扩展 $\Delta$ 相对应，相干带宽 $B_c$ 是频域上与时延扩展相关的重要参数。相干带宽的意义为，在相干带宽之内，信道是一个非频率选择性信道，信号经过信道后并没有明显的失真。但如果信号带宽超过相干带宽，则面临的是一个频率选择性信道。此时信道频域响应在整个系统带宽中剧烈变化，并且可能出现频域响应的零点，在该频率处的信号将严重衰减，从而导致信号产生比较大的失真。对于数字信号，如果其频谱超过了信道的相干带宽，则将导致严重的符号间干扰。在实际工程应用中，相干带宽 $B_c$ 与时延扩展 $\Delta$ 的对应关系为[37]

$$B_c = \frac{1}{2\pi\Delta} \tag{18-184}$$

当信号速率较高，其带宽超过 $B_c$ 时，如图 18-72 所示，通过信道后各频率分量的变化不一致，引起波形失真，即发生频率选择性衰落；反之，当信号速率较低，其带宽远小于 $B_c$ 时，可近似认为通过信道后各频率分量所受衰落相同，即只发生了平坦衰落，其波形并不失真。

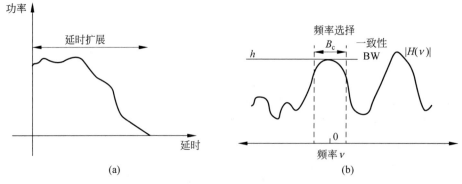

图 18-72　多径信道的频率选择性衰落

(a) 时域上的时延功率分布；(b) 信道频域响应

因此 $B_c$ 是频域上表征信道频率选择性的重要概念。通常将时延扩展 $\Delta$ 和信道相干带宽 $B_c$ 称作信道时间色散参数,其与传输信号速率一起决定传输信号所经历的是频率选择性衰落还是平坦衰落。

时延扩展 $\Delta$ 和信道相干带宽 $B_c$ 分别从时域和频域的角度给出了窄带系统和宽带系统的一个数学上的描述:如果一个系统使用的带宽 $B_s$ 比相干带宽 $B_c$ 小得多,则此系统就是一个窄带系统。而当系统使用带宽比相干带宽 $B_c$ 大得多时,该系统就是一个宽带系统。因此,不能简单地从系统使用的带宽来定义窄带系统和宽带系统。例如,卫星信道虽然有可能使用几十兆甚至上百兆带宽,但是绝大多数情况下,卫星信道的多径扩展很短,带宽的倒数比 $\Delta$ 要大得多,所以它仍然是一个窄带系统。

**2. 多普勒频移与时间选择性衰落**

上面介绍的时间扩散参数没有提供信道时变特性的信息。时变特性是指信道特性随时间变化,即不同时刻发送相同信号,接收信号却不相同,如图 18-73 所示。

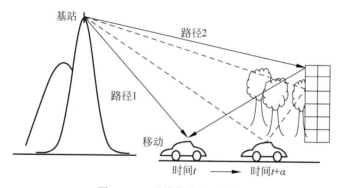

图 18-73　无线信道的时变性

图 18-74 给出了时变信道中,接收信号功率随时间变化的示意图。这种时变特性或是由接收机与发射机之间的相对运动引起的,或是由传输路径中物体运动引起的[36]。接收机与发射机之间的相对运动(位移)会导致接收信号的频率发生变化,产生附加频移,即单一频率信号经过时变衰落信道以后,成为具有一定带宽和频率包络的信号,从而引起接收信号的频谱展宽,由相对运动产生的附加频移又叫作多普勒频移。

如图 18-75 所示,发射机固定不动,接收机以速度 $v$ 移动,并且其运动方向和入射波的夹角为 $\theta$,此时的多普勒频移为

$$f_d = \frac{v}{\lambda_c}\cos\theta = f_m\cos\theta \tag{18-185}$$

其中,$\lambda_c$ 为载波的波长;$f_m$ 为最大多普勒频移值。

由此可知,多普勒频移与信号载波频率、运动速度及信号入射角有关,且单一频率为 $f_0$ 的发送信号经过信道传输以后,其频谱不再是位于频率轴 $f_0$ 处的单频点函数,而是分布在 $(\pm f_0 - f_m, \pm f_0 + f_m)$ 范围内具有一定宽度的频谱,如图 18-76 所示。多普勒频移的最大值 $f_m$ 和接收机的运动速度及载波频率成正比。例如,接收机以 100km/h 的速度运动,载波频率设为数字电视 UHF 频段的 770MHz,则 $f_m = 71.3$Hz。而接收机以步行速度 6km/h 运动时,$f_m = 4.3$Hz。

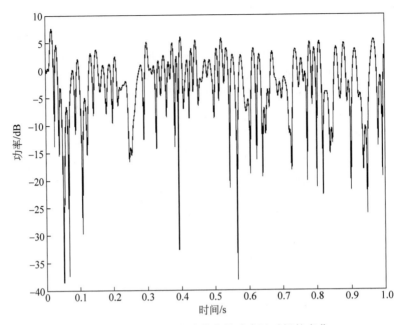

图 18-74　时变信道中接收信号功率随时间的变化

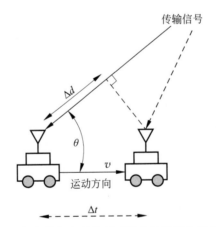

图 18-75　接收机与发射机之间的相对运动导致接收信号的多普勒频移

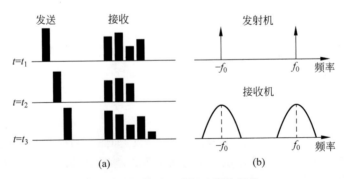

图 18-76　信道的时间选择性衰落

（a）信道时变对接收信号的影响；（b）多普勒频移对接收信号的影响

在实际信道中，信号可以以任何角度入射到接收机。如果假定接收机使用全向天线，并认为信号到接收机天线的入射角是一个均匀分布在 $[0, 2\pi]$ 的随机变量，则当发射机发射一个单频信号时，接收信号的功率谱密度函数为

$$P_s(f) = \frac{2E_s}{\omega_m \sqrt{1 - \left(\dfrac{f}{f_m}\right)^2}} \tag{18-186}$$

其中，$E_s$ 为接收到的平均功率；$\omega_m = 2\pi f_d$。该功率谱密度函数就是经常使用的 Jakes 模型[38]。Jakes 谱能够反映实测的频率色散信道的功率谱密度的分布，是一种广为接受的信道多普勒功率谱。对 $P_s(f)$ 做傅里叶反变换，即可得到信道的时域相关函数。

接收机与发射机之间的相对运动、周围无线环境的变化等都会导致无线信道的时变，即这种信道具有时间选择性衰落。时间选择性衰落也会造成信号失真，因为在信号的传输过程中，无线信道已经发生了变化。如果数据符号持续的时间比较短，在该持续时间内，信道特性还没有比较显著的变化，此时时间选择性衰落并不明显，则称该信道是一个慢衰落信道。反之，如果在数据符号的持续时间内信道已经发生了比较明显的变化，此时时间选择性衰落就比较明显，则称该信道是一个快衰落信道。

与多径时延扩展类似，多普勒扩展 $B_d$ 定义为多普勒功率谱密度 $P_s(f)$ 的标准差，即

$$B_d = \sqrt{\frac{\int (f - \bar{B})^2 P_s(f) \mathrm{d}f}{\int P_s(f) \mathrm{d}f}} \tag{18-187}$$

其中，$\bar{B}$ 是功率谱密度 $P_s(f)$ 的均值。

多普勒扩展 $B_d$ 是无线信道时间特性的一种度量。当信号带宽 $B_s$ 远远大于多普勒扩展，即 $B_s \gg B_d$ 时，多普勒频移导致的时间选择性衰落对信号的影响可以忽略。

多普勒扩展 $B_d$ 是频域上表征信道时变特性的重要参数，而从时域角度分析，与多普勒频移相关的是信道相干时间 $T_c$。相干时间是多普勒频移在时域的表示，用于描述信道频率色散的时变特性，与多普勒频移成反比。相干时间是信道冲激响应维持不变的时间间隔的统计平均值。换句话说，相干时间就是指一段时间间隔内，多个到达信号的幅度相关性。如基带信号的符号持续时间（或者信道带宽的倒数）大于信道相干时间，那么传输中基带信号可能就会发生改变，导致接收机信号失真。

相干时间是信道冲激响应维持不变的时间间隔的统计平均，在此间隔内到达的两个信号之间具有很强的幅度相关性。通常在工程应用中，相干时间 $T_c$ 与最大多普勒频移 $f_m$ 的关系为[38]

$$T_c \approx \frac{6}{16\pi f_d} \tag{18-188}$$

多普勒扩展 $B_d$ 和相干时间 $T_c$ 是表征时间选择性衰落的两个重要参数，一般被称为信道频率色散参数，其与信号速率共同决定传输信号所经历的是快衰落还是慢衰落，如图 18-77 所示。

**3. 无线信道的时间-频率选择性衰落**

概括而言，由于衰落信道的影响，信号在时域发生多径时延扩展（时间色散），在频域产

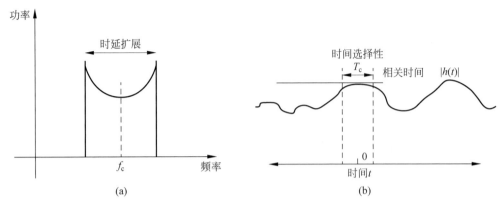

图 18-77　无线信道的时间选择性衰落

（a）多普勒扩展；（b）相干时间

生多普勒频移（频率色散）。信道参数和信号参数共同决定信号可能经历四种不同类型的衰落[39]，如图 18-78 所示。根据时间色散的强弱，信道可分为平衰落或频率选择性衰落信道。根据多普勒频移引起频率色散的强弱（也称为时间选择性衰落），信道可分为快衰落信道和慢衰落信道。在快衰落信道中，信道的相干时间比发送信号的信号周期要短。

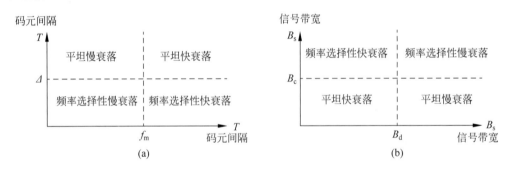

图 18-78　信号参数与信道衰落类型之间的关系

（a）衰落与码元间隔的关系；（b）衰落与信号带宽的关系

### 18.3.4　常用的衰落信道统计模型

#### 1. 瑞利（Rayleigh）衰落模型

瑞利分布常常用来对无线信道上传输信号的统计特性建模。瑞利分布是常见的用于描述平坦衰落信号或独立多径分量接收包络统计时变特性的一种分布类型。

平衰落信道是指无线信道的最大多径时延比信号符号周期小很多时的信道。此时，这些多径信号在接收机端是不可分离的，从而可以"合并"成一条单径信号 $S(t)$，此时接收机收到的信号 $S(t)$ 为各个不同传播路径的信号之和。

设发射信号为

$$x(t) = \exp[j(\omega_0 t + \varphi_0)] \tag{18-189}$$

其中，$\omega_0$ 为载波角频率；$\varphi_0$ 为载波初相位。设第 $l$ 条路径到达接收机的第 $l$ 个信号为

$y_l(t)$，其幅度为 $a_l$，相位为 $\varphi_l$，入射角为 $\theta_l$，则 $y_l(t)$ 可表示为

$$y_l(t) = a_l \exp[j(f_m\cos\theta_l + \varphi_l)]\exp[j(\omega_0 t + \varphi_0)] \tag{18-190}$$

假设从各路径到达的信号幅值和天线方位角是随机的，且统计独立，则接收信号为

$$y(t) = \sum_{l=0}^{L} y_l(t) = (x + jy)\exp[j(\omega_0 t + \varphi_0)] \tag{18-191}$$

式中，

$$\begin{cases} x = \sum_{l=0}^{L} a_l\cos(f_m\cos\theta_l + \varphi_l) \\ y = \sum_{l=0}^{L} a_l\sin(f_m\cos\theta_l + \varphi_l) \end{cases} \tag{18-192}$$

根据概率的中心极限定理，当 $N$ 趋于无穷大时，随机变量 $x$、$y$ 的分布趋于高斯正态分布，其概率密度函数可分别表示为

$$\begin{cases} p(x) = \dfrac{1}{\sigma\sqrt{2\pi}}e^{\frac{-(x-m)^2}{2\sigma_x^2}} \\ p(y) = \dfrac{1}{\sigma\sqrt{2\pi}}e^{\frac{-(y-n)^2}{2\sigma_y^2}} \end{cases} \tag{18-193}$$

其中，$\sigma_x^2$ 和 $\sigma_y^2$ 分别为 $x$ 和 $y$ 的标准偏差；$m$ 和 $n$ 分别为 $x$ 和 $y$ 的均值。

接收信号的包络为 $v = (x^2 + y^2)^{1/2}$。设 $\sigma_x^2 = \sigma_y^2 = \sigma^2$，且 $m = n = 0$，由概率论的知识可得，两个正交的噪声信号之和的包络 $v$ 服从瑞利分布：

$$p(v) = \frac{v}{\sigma^2}e^{-\frac{v^2}{2\sigma^2}} \quad (v \geqslant 0) \tag{18-194}$$

其中，$\sigma$ 是包络检波之前所接收到信号的均方根值；$\sigma^2$ 是包络检波之前的接收信号包络的时间平均功率，即多径衰落信号的包络服从瑞利分布。图 18-79 给出了瑞利衰落信道的空间分布和频率响应特性。

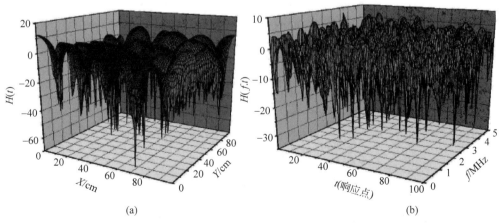

(a)　　　　　　　　　　　(b)

图 18-79　瑞利衰落信道的特性（见文前彩图）
(a) 空间分布；(b) 信道频率响应特性

由式(18-194)可以得到瑞利衰落信号的一些特征：

(1) 均值

$$\bar{\nu} = \int_0^\infty \nu p(\nu) \mathrm{d}\nu = \sqrt{\frac{\pi\sigma}{2}} \approx 1.253\sigma \tag{18-195}$$

(2) 均方值

$$\overline{\nu^2} = \int_0^\infty \nu^2 p(\nu) \mathrm{d}\nu = 2\sigma^2 \tag{18-196}$$

### 2. 莱斯(Ricean)衰落模型

当存在一个主要的静态(非衰落)信号分量时,如视距传播,小尺度衰落的包络分布服从莱斯分布。这种情况下,从不同角度随机到达的多径分量叠加在静态的主要信号上。当主要分量减弱后,莱斯分布就转化为瑞利分布。莱斯分布的概率密度函数为[38]

$$p(\nu) = \begin{cases} \dfrac{\nu}{\sigma^2} \mathrm{e}^{\frac{-(\nu^2+A^2)}{2\sigma^2}} \mathrm{I}_0\left(\dfrac{A\nu}{\sigma^2}\right), & A \geqslant 0, \nu \geqslant 0 \\ 0, & \nu < 0 \end{cases} \tag{18-197}$$

其中,参数 $A$ 为主信号幅度的峰值；$\mathrm{I}_0(x)$ 为零阶修正贝塞尔函数。莱斯分布中常用的参数为莱斯因子 $K$,其定义为主信号功率和多径分量方差的比值,即

$$K = A^2/(2\sigma^2) \tag{18-198}$$

莱斯因子完全确定了莱斯分布,如图 18-80 所示。当 $K$ 趋于 0 时,即主信号幅度逐步减小为 0,此时不再有主信号,莱斯分布变成了瑞利分布。

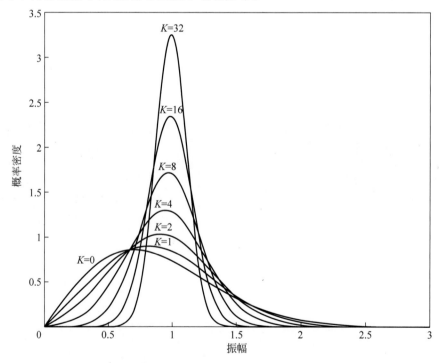

图 18-80　不同莱斯因子 $K$ 时的莱斯分布($K=0$ 时为瑞利分布)

在无线信道中,瑞利分布是常见的用于描述平衰落信号包络的一种衰落类型,莱斯分布则是在瑞利衰落分布的基础上,存在一条直射路径的影响而造成的。

由于接收机的运动产生了多普勒频移,不同的到达波入射角导致不同的多普勒频移,从而所有多径分量叠加形成了连续的多普勒谱。在不同的发射和散射环境下,相应的多普勒功率谱也不尽相同。最常见的两种多普勒功率谱是经典的 Jakes 功率谱和高斯功率谱。图 18-81 给出了动态莱斯信道的多普勒功率谱示意图[39]。

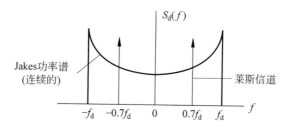

图 18-81　莱斯信道的多普勒功率谱示意图

## 18.3.5　DTTB 信道模型

### 1. 典型的 DTTB 信道模型

上文详细分析了一般的无线信道对信号传输的大尺度和小尺度效应,本节针对 DTTB 的具体情况,给出一些数字电视系统中典型的信道模型。

总体上讲,DTTB 无线信道是一个宽带(8MHz)、高传输速率(约 8Mbps)、高容量(多级码元)、大范围(几十千米)的广播信道,一般无法进行回传、重传或自适应调整。在这个传输环境下,除了由于山脉、建筑物等的遮挡所造成部分区域的"阴影衰落"外,常见的信道干扰如下:

(1)常规干扰。主要包括高斯噪声干扰和冲激干扰等,高斯噪声干扰来自无线信道中的电磁波辐射及收发端器件的热噪声等,冲激干扰则来自大气闪电、家电或汽车冲放电等产生的随机脉冲。此外,在 DTTB 传输的 VHF/UHF 频段,还有诸如单频干扰、窄带干扰等现象。它们的共同特点是都属于加性干扰。

(2)同播干扰。在从模拟电视广播向数字电视广播的过渡阶段,为了节省频道资源,在频率规划中常常将数字电视节目放在本地模拟电视台的"禁用频道"(Taboo)。因此数字电视节目会受到来自相邻服务区的同频道模拟电视干扰和来自本服务区的邻频道模拟电视干扰(大功率发射机的非线性使这种干扰加剧),这些干扰也属于加性干扰。当然,数字电视信号也会对模拟广播信号有一定干扰,但因为数字发射机的功率远低于模拟发射机的功率,因此相应的干扰影响较小。

(3)多径干扰。射频信号由于山川、建筑物、移动物体的影响而产生反射。这样,经过不同路径到达接收机的信号相位相互影响,从而导致信号衰落。多径干扰的特性在前面已有分析,这种干扰对模拟电视的影响结果就是使电视图像产生重影(ghost),而在数字电视接收系统中则会产生符号间干扰,干扰严重时会造成接收失败。在多径干扰很严重的情况下,只靠增加发射机的功率并不能有效降低误码率,因为此时互相干扰的多径强度也同比例增加了。这时就要采用分集、均衡、交织、纠错编码等各种抗衰落技术来提高系统性能。

（4）多普勒效应。发射机、多径信号的反射体和接收机本身的运动都会产生多普勒频移，这在前面也已有所介绍，多普勒频移的大小可根据式(18-185)计算。由于在很多情况下，数字电视广播节目要在移动台上接收，因此 DTTB 常常要考虑多普勒效应的影响。以在 DTTB 移动测试时常用的 28 频道为例，其中心频率为 634MHz，对应的波长为 0.47m，如果在高速公路上以 160km/h 的限速行驶，那么最高多普勒频移可达 93.93Hz。

2000 年，在巴西进行的数字电视场地测试中对多个测试地点进行了信道记录[40]，并且对检测到的各种干扰效应进行了归纳，结果见表 18-5。可见，多径效应在 100% 情况下都会发生，因此，各个 DTTB 系统给出的相应的信道模型都是在对多径效应进行准确的测试基础上建立的。

**表 18-5    巴西场地测试的信道中各种干扰效应存在概率**

| 干扰效应 | 存在概率/% | 干扰效应 | 存在概率/% |
|---|---|---|---|
| 多径效应 | 100 | 杂波起伏 | 2 |
| 脉冲杂波 | 23 | 低电平(30~51dB·$\mu$V/m) | 15 |
| 多普勒效应 | 2 | | |

所有上述干扰使得 DTTB 的接收信道随时间、地点和频率发生变化，这些因素在设计 DTTB 系统时都必须加以考虑。一般地，DTTB 中信道的最大时延扩展约为几十微秒，根据式(18-184)，信道相干带宽在 10kHz 量级，远小于 8MHz 的信号带宽。所以 DTTB 的多径信道是频率选择性信道，而且其多径分量是可分辨的，这样的信道冲激响应可以表示为式(18-174)。在此基础上，DTTB 系统仿真的信道主要包括以下两种类型：

（1）静态多径模型。该模型为时不变信道，所以多径衰落信道 $h(t,\tau)$ 变成 $h(\tau)$，式(18-174)可简化表示为

$$h(\tau) = \sum_{l=0}^{L-1} h_l \delta(\tau - \tau_l) \tag{18-199}$$

在室外天线静止接收的情况下，信道的统计特性随时间变化缓慢，在短时间内可以近似为时不变模型。

ATSC 和 DVB-T 提出了各自的信道测试模型，其中 ATSC 主要提供了静态模型，DVB-T 提供了固定接收(F1)和便携接收(P1)的信道模型[41]。这些模型主要是时不变的，可表示为

$$h_{\text{DVB}}(\tau) = \frac{1}{\sqrt{\sum_{l=0}^{L} \rho_l^2}} \sum_{l=0}^{L} \rho_l e^{-j2\pi\theta_l} \delta(n - \tau_l) \tag{18-200}$$

其中，$l=0$ 代表视距路径；$L$ 表示回波数，对于 DVB-T 的 F1 信道模型，$L=20$；$\theta_l$ 表示第 $l$ 条路径散射的相移；$\rho_l$ 表示第 $l$ 条路径的幅度衰减；$\tau_l$ 表示第 $l$ 条路径的相对时延。

固定接收(fixed reception，简称 F1)是一个莱斯信道，莱斯因子 $K$ 为直射径与反射径的功率比，即

$$K = \frac{1}{\rho_0^2} \sum_{l=1}^{L} \rho_l^2 \tag{18-201}$$

使用时设 $K=10$，则

$$\rho_0 = \sqrt{10 \sum_{l=1}^{L} \rho_l^2} \tag{18-202}$$

便携接收(portable reception,简称 P1)信道是一个瑞利衰落信道,即不存在主径($\rho_0 = 0$)。模型中使用到的 $\tau$、$\rho_l$ 和 $\theta_l$ 的值见表 18-6。DVB-T P1 信道的频域响应如图 18-82 所示,信道取 8MHz 带宽。

表 18-6   DVB-T P1 信道模型中 $\theta_l$、$\rho_l$ 和 $\tau$ 的值

| 抽头编号 | $\tau/\mu s$ | $\rho_l$ | $\theta_l/\text{rad}$ |
|---|---|---|---|
| 1 | 1.003019 | 0.057662 | 4.855121 |
| 2 | 5.422091 | 0.176809 | 3.419109 |
| 3 | 0.518650 | 0.407163 | 5.864470 |
| 4 | 2.751772 | 0.303585 | 2.215894 |
| 5 | 0.602895 | 0.258782 | 3.758058 |
| 6 | 1.016585 | 0.061831 | 5.430202 |
| 7 | 0.143556 | 0.150340 | 3.952093 |
| 8 | 0.153832 | 0.051534 | 1.093586 |
| 9 | 3.324866 | 0.185074 | 5.775198 |
| 10 | 1.935570 | 0.400967 | 0.154459 |
| 11 | 0.429948 | 0.295723 | 5.928383 |
| 12 | 3.228872 | 0.350825 | 3.053023 |
| 13 | 0.848831 | 0.262909 | 0.628578 |
| 14 | 0.073883 | 0.225894 | 2.128544 |
| 15 | 0.203952 | 0.170996 | 1.099463 |
| 16 | 0.194207 | 0.149723 | 3.462951 |
| 17 | 0.924450 | 0.240140 | 3.664773 |
| 18 | 1.381320 | 0.116587 | 2.833799 |
| 19 | 0.640512 | 0.221155 | 3.334290 |
| 20 | 1.368671 | 0.259730 | 0.393889 |

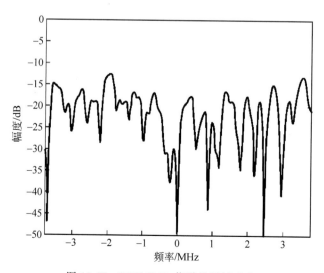

图 18-82   DVB-T P1 信道的频域响应

对于数字电视系统,另外两种常用的信道模型是中国国家广电总局推荐用于数字电视测试的 8 种信道模型(广电 1~广电 8),以及能比较客观反映数字电视广播信道特性的巴西信道(巴西 A~巴西 E)[40]。表 18-7 给出了几种典型的信道模型的信道冲激响应,每个信道均由 6 条路径组成,每条路径的时延和相对功率都列在表中。在这些模型中,每条路径的系数认为是一个宽平稳的窄带复高斯过程,其功率谱为 Jakes 模型。各个路径系数是相互独立的,并且它们的功率和被归一化。

表 18-7　中国、巴西数字电视信道模型参数举例

| 多径模型 | 多径延迟 | 幅度/dB | 延时/μs |
|---|---|---|---|
| 广电 1 | 0 | 0 | 0 |
| | 1 | −20 | −1.8 |
| | 2 | −20 | 0.15 |
| | 3 | −10 | 1.8 |
| | 4 | −14 | 5.7 |
| | 5 | −18 | 18 |
| 广电 6 | 0 | 0 | 0 |
| | 1 | −10 | −18 |
| | 2 | −20 | −1.8 |
| | 3 | −20 | 0.15 |
| | 4 | −10 | 1.8 |
| | 5 | −14 | 5.7 |
| 巴西 A | 0 | 0 | 0 |
| | 1 | −13.8 | 0.15 |
| | 2 | −16.2 | 2.22 |
| | 3 | −14.9 | 3.05 |
| | 4 | −13.6 | 5.86 |
| | 5 | −16.4 | 5.93 |
| 巴西 B | 0 | 0 | 0 |
| | 1 | −12 | 0.3 |
| | 2 | −4 | 3.5 |
| | 3 | −7 | 4.4 |
| | 4 | −15 | 9.5 |
| | 5 | −22 | 12.7 |

(2) 动态多径模型。这种模型考虑了信道的时变特性,有两种构造方法[42]:

① 相位调制衰落模型(phase-modulation fading simulator,PMFS)。这种模型下的信道冲激响应为

$$h(\tau) = \sum_{l=0}^{L-1} h_l e^{j2\pi f_l t} \delta(\tau - \tau_l) \tag{18-203}$$

其中,$f_l$ 为第 $l$ 条路径的多普勒频移。在该模型中假设各条路径的 $\{h_l, \tau_l, f_l\}$ 是互不相关的。PMFS 提供了一种构造动态多径的简单方法,然而它有一个明显的缺点,即尽管 $\{h_l, \tau_l, f_l\}$ 是随机产生的,但一旦选定,它们的数值在整个仿真过程中就不再变化,这与实际的动态多径信道显然是有差别的。

②　正交调制衰落模型(quadrature-modulation fading simulator,QMFS)。该模型的信道冲激响应如式(18-173)所示,其中,每条路径的系数都是广义平稳的窄带复高斯过程,其均值和功率谱由传输环境决定,同时各多径分量之间是互不相关的。在实际信道中,信号可以任何角度入射到接收机,假定接收机使用全向天线,并且认为信号到达接收机天线的入射角是一个均匀分布于 0~2π 的随机变量,则接收信号的多普勒功率谱函数就是前面所述的 Jakes 模型。

### 2. DTTB 单频网信道模型

单频网(single frequency network,SFN)是数字电视区别于模拟电视的一个显著特征。所谓单频网就是指若干个发射台同时在同一个频段上发射同样的无线信号,以实现对一定服务区域的可靠覆盖[43]。图 18-83 给出了模拟多频网与数字单频网频率覆盖图对比。单频网相较于传统的模拟电视广播多频网(multiple frequency network,MFN)具有很多优点:相较于模拟电视广播的一个 RF 频道上播送一套电视节目,单频网下可在一个 RF 频道上播送多套电视节目(一路高清节目或 4~6 路标清节目),节省了大量的频率资源;同时,单频网可以提供较强的场强,贯穿核心覆盖区。接收机可以获得该服务区内不同发射机的分集增益,使得接收可靠性得到增强,并可降低每个发射机的发射功率;通过调整发射机密度、发射塔高度和位置及每个发射机的发射功率,优化发射机网络,消除覆盖盲区,可产生更好的覆盖和频谱效率,同时使邻近网络和来自邻近网络的干扰保持在一个满意的水平[44]。

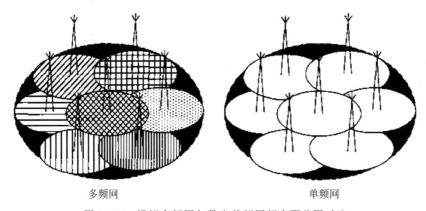

多频网　　　　　　　　　　　　　　　单频网

图 18-83　模拟多频网与数字单频网频率覆盖图对比

由于其高效的频谱利用率,单频网在数字电视地面广播中的应用更令人关注。单频网一般有两种基本的方式:一是同时采用多个大功率发射机协作实现对一个地区的覆盖,甚至可以实现对一个国家的完整覆盖;第二种方式由一个功率较大的主发射机和若干个发射功率小得多的"补点器"组成,"补点器"对主发射台的盲区进行补充覆盖。澳大利亚于 2001 年 1 月开始在悉尼等 5 个主要城市进行数字电视地面广播,并逐渐向全国扩展。在组网方式上,虽然单频网频谱效率高,但建网成本大,澳大利亚提出了纯单频网(pure SFN)和"1+1"(在 VHF 频段用大功率发射台,在 UHF 频段用低功率补点器)两套方案,供具体环境选择使用。欧洲各国,包括德国、瑞典、意大利、挪威、法国于 20 世纪末就先后开始了单频网广播的组网测试和实际使用工作。现在推进比较快的地区已经完全停止了模拟信号的播出,实现了单频网环境下的全数字地面广播。在中国地面数字电视标准 DTMB 中,无论是单载波模式还是多载波模式,都支持单频网这种组网方式。

单频网是一个多径情况严重的无线环境。单频网传输组网可以将其比拟成一个具有强烈多径信号的无线环境,除了反射、散射等造成的自然多径以外,其他发射机在同一频率上发射的信号也产生大量人工多径,而且可能是强度较大的长延时多径。人工延迟取决于两个发射机距离,比如当两个发射机相距 100km 时,延迟可达到 330μs。在组建大区网时,需注意发射机距离不能太大,保证人工延迟加上最大多径扩散小于保护间隔。单频网和单发射机情况典型的信道 PDP 如图 18-84 所示。正是这些长延时的强多径,大大增加了无线广播信道的频率选择性衰落,对数字电视接收机提出了很高的要求。

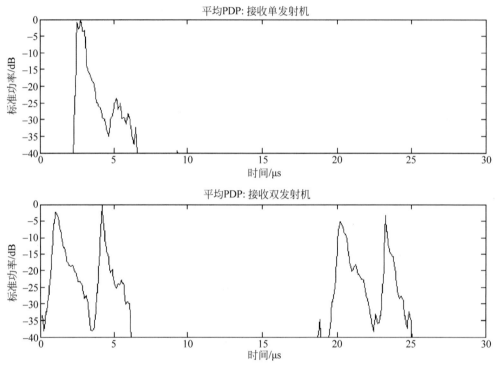

图 18-84 单频网和单发射机情况下典型的平均时延功率谱密度

在数字电视信道模型中,广电信道模型系列和巴西信道模型系列均包含了单频网信道,分别是广电 8 信道和巴西 E 信道,其具体的信道参数见表 18-8。可见,广电 8 信道模拟了较长时延的单频网信道(时延为 30μs 的 0dB 强多径),巴西 E 信道模拟了较短时延的单频网信道(时延分别为 1μs 和 2μs 的 0dB 强多径)。

表 18-8 中国、巴西数字电视信道模型中的单频网信道

| 多径模型 | 多径延迟 | 幅度/dB | 延时/μs |
|---|---|---|---|
| 广电 8 | 0 | 0 | 0 |
| | 1 | −18 | −1.8 |
| | 2 | −20 | 0.15 |
| | 3 | −20 | 1.8 |
| | 4 | −10 | 5.7 |
| | 5 | 0 | 30 |

续表

| 多径模型 | 多径延迟 | 幅度/dB | 延时/μs |
|---|---|---|---|
| 巴西 E | 0 | 0 | 0 |
| | 1 | 0 | 1.00 |
| | 2 | 0 | 2.00 |

实际信道仿真中要注意以下三个问题。

(1) 信道模型应尽可能接近实际应用环境,要与实际测试相结合。每个信道模型都要确定多径路径数 $L$ 和 $g_l$、$\tau_l$、$P_l$ 等参数,这些参数都要和实际应用环境相对应。如一般环境下,数字电视的多径延时范围为 $10\sim25\mu s$,而单频网应用中,在基站相距 36km 时的多径延时大约需要 $120\mu s$。相应地,多径动态变化速率与多普勒频移有关,由所要求的接收终端移动速度决定。在确定这些仿真参数时要结合实际应用给出,最好由在典型环境下测得的信道信息统计得到。ATSC 最初的设计目标是用于室外固定接收的地面广播和有线分配系统,不支持便携和移动接收,室内接收效果也不好。DVB-T 设计目标是室内、室外固定接收,并且提供便携接收而非移动接收。因此 ATSC 和 DVB-T 最初提供的信道模型主要是静态模型。而且 ATSC 的信道模型中一般都有一个能量比较高的主径,因为它开始主要针对室外应用,用户可以使用定向电视天线对准发射台。DVB-T 后来也开始在移动接收中使用,此时就必须使用动态信道来对 DVB-T 系统进行测试,才能验证它的移动接收能力。

(2) 信道数字化问题。在上述多径模型中,各多径分量的时延 $\tau_l$ 均为绝对时间。而在接收端,信号经过下变频和匹配滤波后,是以系统的符号周期 $T_s$ 进行采样的。因此在系统的基带模型中,对于实际多径信道,如果某多径分量的延时 $\tau_l$ 不在整数个采样周期 $T_s$ 上,那么该分量在接收端滤波和采样的作用下相当于经过了一个数字内插滤波器,滤波器系数中心对应最靠近多径延时处的整数倍 $T_s$ 采样点[36]。经过内插滤波后,该多径分量由一个径转化成很多个径,这些径分量都以 $T_s$ 为间隔排列,其中远离中心的幅度过小的径可以忽略,这样,实际的多径模型将等效为抽头延时线模型,该模型的多径分量具有相等的抽头间隔 $T_s$。

(3) MATLAB 信道仿真实例。在 MATLAB 的具体仿真中,最常用的信道函数是 Rician chan(莱斯信道)和 Rayleigh chan(瑞利信道)。以 Rayleigh chan 为例,其具体用法为:chan=Rayleigh chan($t_s$,$f_d$,$t_{au}$,$p_{db}$),其中 $t_s$ 为输入信号的采样间隔,单位为 s,$f_d$ 为信道的最大 Doppler 扩展,单位为 Hz,$t_{au}$ 表示多径时延矢量,单位为 s,$p_{db}$ 为多径平均增益矢量,单位为 dB。值得注意的是,在仿真中为了保证信道的连续变化,应该将 chan 的属性 Reset Before Filtering 设置为 0,同时如果希望周期性重复信道的"随机"变化过程(以保证每次仿真使用的是完全相同的衰落信道),应当使用 reset 函数初始化信道及其内部的随机数生成种子,如 reset(chan,[10;20]),更详细的用法说明请参考 MATLAB 的 help 文档。该函数将建立一个多径频率选择性衰落信道,其中每一条径是一个独立的瑞利平衰落过程。图 18-85 ~ 图 18-87 给出了单频网信道模型巴西 E 信道在 MATLAB 中利用 Rayleigh chan 生成的一个信道实例。图 18-85 给出了某时刻该瑞利信道的冲激响应,图 18-86 表示该时刻信道的幅频响应,图 18-87 则给出了该信道随时间的变化情况。

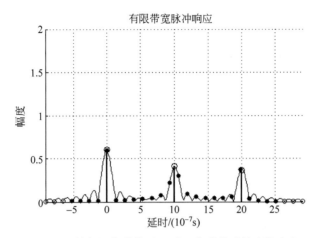

图 18-85　单频网信道模型巴西 E 信道的时域冲激响应

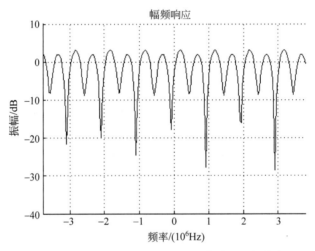

图 18-86　单频网信道模型巴西 E 信道的幅频响应

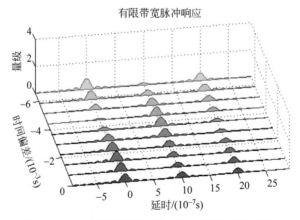

图 18-87　单频网信道模型巴西 E 信道的变化情况

# 参考文献

[1]  MEYR H,MOENECLAEY M,FECHTEL S A. Digital communication receivers: Synchronization, channel estimation and signal processing [M]. New York: Wiley,1997.

[2]  PROAKIS J G. 数字通信:英文版[M]. 4 版. 北京:电子工业出版社,2006.

[3]  EDFORS O,SANDELL M,VAN DE BEEK J-J,et al. OFDM channel estimation by singular value decomposition[J]. IEEE Transactions on Communications,1998,46(7): 931-939.

[4]  EDFORS O,SANDELL M,VAN DE BEEK J-J,et al. Analysis of DFT-based channel estimators for OFDM[J]. Wireless Personal Communications,2000,12(1): 55-70.

[5]  GARDNER F M. A BPSK/QPSK timing-error detector for sampled receivers[J]. IEEE Transactions on Communications,1986,34(5): 423-429.

[6]  DENG Y J,YANG Zh-X,PAN Ch-Y,et al. A simple feedforward timing offsets estimation algorithm for BPSK/QPSK[C]//The 2004 Joint Conference of the 10th Asia-Pacific Conference on Communications, 2004 and the 5th International Symposium on Multi-Dimensional Mobile Communications Proceeding. IEEE, 2004: 214-217.

[7]  LENG W M,ZHANG Y,YANG Zh-X. A modified gardner detector for multilevel PAM/QAM system [C]//ICCCAS 2008: International Conference on Communications,Circuits and Systems. IEEE,2008: 891-895.

[8]  PENG K W,XU A L,YANG Zh-X. Optimal correlation based frequency estimator with maximal estimation range[C]//ICCCAS 2008: International Conference on Communications,Circuits and Systems. IEEE,2008: 259-263.

[9]  LIU Q J,YANG Zh-X,SONG J,et al. A novel QAM joint frequency-phase carrier recovery method [C]//ICACT 2006: The 8th International Conference Advanced Communication Technology. IEEE, 2006: 1617-1621.

[10]  Advanced television systems committee. A/54A guide to use of the ATSC digital television standard, with corrigendum No. 1[S]. Washington,D. C: ATSC,2006.

[11]  WHITAKE J. 数字电视接收技术[M]. 姚冬苹,译. 北京:电子工业出版社,2003.

[12]  CLASSEN F,MEYR H. Frequency synchronization algorithms for OFDM systems suitable for communications over frequency selective fading channels[C]//1994 IEEE 44th Vehicular Technology Conference. IEEE,1994: 1655-1659.

[13]  VAN DE BEEK J J,SANDELL M,BORJESSON PO J. ML estimation of time and frequency offset in OFDM systems[J]. IEEE Transactions on Signal Processing,1997,45(7): 1800-1805.

[14]  尹长川,罗涛,乐光新. 多载波宽带无线通信技术[M]. 北京:北京邮电大学出版社,2004.

[15]  HÁZY L. Initial channel estimation and frame synchronization in OFDM systems for frequency selective channels[D]. Ottawa,Canada: Carleton University,1997.

[16]  COMBELLES P,DEL TOSO C,HEPPER D,et al. A receiver architecture conforming to the OFDM based digital video broadcasting standard for terrestrial transmission (DVB-T)[C]//ICC 98. Conference Record: IEEE International Communications,IEEE,1998: 780-785.

[17]  RENZO P. Advanced OFDM systems for terrestrial multimedia links [D]. Lausanne,Switzerland: EPFL,2005.

[18]  数字电视地面传输国家特别工作组. GB 20600—2006 数字电视地面广播传输系统帧结构、信道编码和调制标准[S]. 北京:中国标准出版社,2006.

[19]  SONG J,YANG Zh-X,YANG L,et al. Technical review on Chinese digital terrestrial television broadcasting standard and measurements on some working modes [J]. IEEE Transactions on

Broadcasting,2007,53(1)：1-7.

［20］　王军.地面数字电视广播的同步和信道估计算法研究[D].北京：清华大学,2003.

［21］　Advanced Television System Committee. A/53ATSC digital television standard[S],Washington,D. C：ATSC,1995.

［22］　王新梅,肖国镇.纠错码-原理与方法：修订版[M].西安：西安电子科技大学出版社,2001.

［23］　European Telecommunications Standards Institute. ETSI300 744 digital video broadcasting (DVB)： Framing Structure,Channel Coding and Modulation for Digital Terrestrial Television[S]. Nice,Fra. ： ETSI,1999.

［24］　OnVSB Modulation,Philliph Schniter.

［25］　Multi-carrier digital communications：theory and applications ofOFDM,ARS Bahai,BR Saltzberg,M Ergen,berkeley. edu.

［26］　Frequency domain equalization for single-carrier broadband wireless systems ［J］. IEEE Communication,2002.

［27］　Digital television transmission. ITS Technotes,1992.

［28］　European Telecommunications Standards Institute. Digital video broadcasting (DVB)； Second Generation Framing Structure. Channel Coding and Modulation Systems for Broadcasting. Interactive Services. News Gathering and other broadband satellite applications ［S］. EN 302-307.

［29］　WILSON S G. 数字调制与编码：英文版[M].北京：电子工业出版社,1999.

［30］　BERROU C,BLAVIEUX A,THITIMAJSHIMA P. Near Shannon limit error-correcting coding and decoding：Turbo-codes(1)［C］//ICC 93Technical Program,Conference Record IEEE International Conference on Communications. IEEE,1993：1064-1070.

［31］　GALLAGER R G. Low density parity check codes[J]. IEEETransationson Information Theory, 1962,8(3)：208-220.

［32］　MEYER H,MOENECLAEY M,FECHTEL S A. Digital communication receivers：Synchronization and channel estimation[M]. New York：Wiley,1997.

［33］　杨大成,等.移动传播环境：理论基础、分析方法和建模技术[M].北京：机械工业出版社,2003.

［34］　VHF and UHF propagation curves for the frequency range from 30MHz to 1000MHz. ITU-R P. 370-377,Geneva：ITU,1995.

［35］　BOITHIAS L. Radio Wave Propagation[M]. New York：McGraw-Hill,1987.

［36］　MEYR H,MOENECLAEY M,FECHTEL S. Digital communication receivers：Synchronization, channel estimation and signal processing[M]. New York：John Wiley & Sons,1997.

［37］　BELLO P A. Characterization of randomly time-varying linear channel[J]. IEEE Trans. Communi. , 1963,11：360-393.

［38］　PROAKIS J G. Digital communications[M].5th edition. McGraw-Hill,2007.

［39］　RAPPAPORT T S. Wireless communications principles and practice[M]. Prentice Hall,1996.

［40］　SET/ABERT. Digital television systems Brazilian tests final report. 2000.

［41］　Digital broadcasting systems for television,sound and data services：framing structure,channel coding and modulation for digital terrestrial television (DVB-T),ETSI EN 300,744,1999.

［42］　MOLIS A F.宽带无线数字通信[M].许希斌,译.北京：电子工业出版社,2002.

［43］　MATTSSON A. Single frequency networks in DTV[J]. IEEE Trans. Broadcast. ,2005,51：413-422.

［44］　REBHAN R,ZANDER J. On the outage probability in single frequency networks for digital broadcasting[J]. IEEE Trans. Broadcast. ,1993,39：413-422.

# 第19章

# 通信技术在海洋工程中的应用

## 19.1 宽频段多信道转信系统

通过在无人机平台上搭载转信系统,可为用户提供超视距互联互通的通信手段。该系统可完成中远距离通信空中转信、中远程和"动中通"通信,还可实现多个频段、不同通信网系之间的相互转信。

### 1. 典型指标

升空高度:300～3000m;

工作频段:覆盖30～400MHz;

转发/中继路数:2路;

业务种类以话音、数据为主,也可传输传真和图像;

转发距离:100～200km;

设备质量:小于30kg。

### 2. 系统组成

图19-1是空中平台宽频段多信道转信系统的示意图。它由宽动态范围的信道传输部分(地面电台及空中平台上的无线双工多信道设备)、多信道控制器及隐含在传输设备中的天线共用器、天馈系统等组成。地面车载/背负单工电台以异步多网方式工作,转信系统的调制方式、抗干扰方式、信道带宽等可通过编程控制实现兼容现役主要装备。多信道控制器根据信令控制转信系统,为地面、空中移动用户提供注册和注销、更改登记、连接管理、链路建立、转信、链路释放等服务,主要功能包括信令处理、基本服务和信道管理。

### 3. 主要特点

为了实现有效载荷的模块化、可扩展性及未来要求的互操作性,整体结构采用开放式、模块化结构,以软件化实现主要功能的方式构筑多频段、多信道的多种无线转信功能。使用

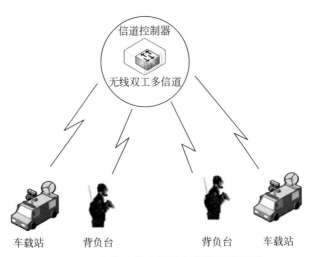

图 19-1　空中平台宽频段多信道转信系统

VME 控制总线,在基于高速 A/D、D/A 和并行数字信号处理的基础上建立多信道同时工作的公共通信硬件平台。其特点如下:

(1) 采用标准总线,在开放式公共硬件平台的基础上,通过相关处理软件,使系统具有模块化可编程信号重组能力;

(2) 通过通信控制器实现不同通信网系的组网通信;

(3) 以数字信号处理的方法,实现各种波形调制/解调、话音编码、抗干扰通信及终端控制等功能;

(4) 利用并行处理,同时实施对多个接收/发射信号的处理,以实现多信道同时工作,实现不同网络的互联互通;

(5) 更改部分组件即可引入新业务,方便系统功能的升级。

## 19.2　双工多信道共用系统

双工多信道共用系统的一种空中平台中心站组成如图 19-2 所示,它装有 8 部双工跳频(DFH)电台,提供 8 条双工信道,供平台中心站与地面双工移动台传输信令、数字话音和数据。采用专用信令信道控制方式,无线信道控制器(RCC)可任选 8 条双工信道中的一条作为信令信道,其余 7 条为业务信道。

RCC 提供 8 个无线信道接口和 2 个群路接口。可以进行 8 个无线信道自动转接,也可把 8 个无线信道的单路信号复接成 128kbit/s 群路信号送至接力机,或把接力机来的群路信号分接为单路信号给双工信道机。RCC 对平台中心站的保密机、密钥管理中心和 DFH 电台进行管理和控制,同时还设有与接力机的群路接口。群路信号经数字接力机传输,实现与地面中心台的群路通信。DFH 电台包括收发信机、控制单元、天馈系统三大部分,工作频率为 60～108MHz,信道间隔为 50kHz,跳频速率为 250 跳/s,工作方式为跳频/时分双工(FH/TDD),传输速率为 16kbit/s。系统采用无线单路数字加密体制,以保证所有移动用户信道的保密性;群路信号通过群路保密机加密。

地面部分由双工跳频电台、移动终端、移动保密遥控话机组成。单工电台通过单工值守

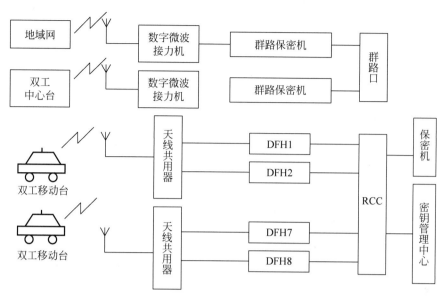

图 19-2 空中平台双工多信道共用系统

电台和 RAP 进入本双工网。

# 19.3 无人机中继通信系统

地面通信网络节点之间或通信子网之间的干线传输系统可通过空中平台中继节点扩展通信距离。目前具有代表性的是无人机中继转发系统,该系统由空中通信平台、地面总站及用户终端组成。地面总站包括测控站及通信交换机,总站对地面各终端话路或数字信息进行相互交换。例如,总站对各终端的发送链路可采用 TDMA 方式,并以广播的形式发送出去;地面各终端对总站的上行链路可采用 FDMA 方式发送;两链路信号通过空中平台中继转接。图 19-3 描绘了这种中继通信系统,图中 $f_a$、$f_b$ 为总站与空中平台通信的频点,$f_c$ 为空中平台对各终端的广播式发送频点,$f_1, f_2, \cdots, f_n$ 为各终端频分式上行频点。

最简单易行的方法是采用数字多路方式,如一次群 30 路,其数据率为 2Mbit/s,由图 19-3 可见,总站与空中平台的通信链路及平台至各终端的链路采用数字多路方式。总站将送往各终端的信号及对平台的遥控信号按数字多路方式复接发向平台,平台接收后进行解调并提取出遥控信号,同时再将该多路信号调制后发向地面各终端,各终端接收后解调、提取出各自时隙的信息,发射信号按频率分割方式发向空中平台,平台接收后解调出各种信号,再与其遥测信号进行复接、调制发向地面总站。总站配备了一个小型交换机,对各终端用户信号进行交换。由于采用了标准的数字多路通信帧格式,所以可方便地进入局域网。

各终端上行链路也可采用 CDMA 方式,应用扩频技术,平台对各路信号进行相关接收解调,再复接为数字多路信号传送到地面总站。这种方式将增加平台的设备量和复杂度,但带来的好处是提高了抗干扰性能。地面总站具有遥控遥测和通信网络管理两套系统。网管系统可对各终端进行监测、设置参数及设定工作方式等,总站采用单脉冲跟踪体制对平台进行实时跟踪和测控。平台采用全向天线,地面总站采用定向跟踪天线。实战飞行中,控制平

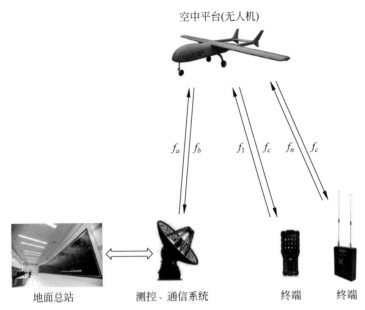

图 19-3   无人机中继通信系统

台应按尽量小的半径飞行,以保证可靠的中继通信。为了能在复杂的电磁环境中工作,系统必须具有抗干扰功能,一种有效的方法是采用扩展频谱技术。若数据率为 2Mbit/s,扩展增益为 20dB,则频谱扩展后的带宽是 200MHz,所以要选用较高的载波频率,如 C 频段或更高。

当主平台的飞行接近续航时间时,就要用备份平台对其进行接替,接替时要求保证通路无损伤进行切换,并且地面测控站能同时对两架无人机进行测控。如果平台载体是圆定翼的无人机,则可纵深至 200km 进行远距离中继。

## 19.4   自适应联合 C4ISR 节点

自适应联合 C4ISR 节点(AJCN)是从美国国防高级研究计划局(DARPA)1998 年实施的机载通信节点(ACN)计划演变而来的。其构想是以有人机或无人机作为空中通信平台,利用软件无线电概念,实现有保证的战区内通信、战区外回传连接和信息情报能力。AJCN实现了一种模块化、可扩缩的软件定义电台,能在两部或多部不同体制的电台之间实现话音或数据的桥接和转换,通过与 SINCGARS、EPLRS、JTRS 宽带组网波形、UHF 卫星通信、Link-16、情报广播等系统的通信波形的桥接,可实现将信息战文电转换(如 Link-16/可变报文格式 VMF)作为 AJCN 计划的第二期项目,进一步发展了初期构想的软件定义电台的概念,其主要目标是开发一种基于模块化、可扩缩体系结构的多功能 C4ISR 载荷。本节只简单介绍 AJCN 的通信问题。

AJCN 主要利用有人机或无人机作为空中通信平台来扩展通信距离,实现不同军种不同电台间的无缝链接。随着技术的发展,AJCN 的设计扩展了应用的范围,除用于空中平台外,AJCN 也适用于地面和海上平台。不同的是,机载 AJCN 所处的高度使其无线传输更具优势;而在应用上,地面和海上平台与空中平台基本相似。空中 AJCN 平台通信的载体(图 19-4)包括以下三种级别:

（1）战术级，其应用载体是一个小系统，如称为"影子"200 的无人机等。

（2）战区级，其应用载体是 CH-53 飞机或"捕食者"无人机。专门为"捕食者"设计的载荷量是 45kg，可容纳 12～16 个无线信道。

（3）战略级，其载体是"全球鹰"无人机。"全球鹰"载荷质量为 400kg 以上，可容纳 100 多个信道，使用先进的宽带接收机可以接收到很微弱的有用信号，通过到其他平台的交叉链路能够执行精确的地理定位，通信区域深度为 120km、宽为 200km，频率覆盖范围为 20MHz～2GHz。

图 19-4 ACN 适用不同载体

# 参考文献

［1］ 周正,周惠林,等. 通信工程新技术实用手册：移动通信技术分册［M］. 北京：北京邮电大学出版社,2002.

［2］ 霍尔 M P M. 对流传播与无线电通信［M］. 梁卓英,张忠志,译. 北京：国防工业出版社,1984.

［3］ 吕保维,王贞松. 无线电波传播理论及其应用［M］. 北京：科学出版社,2003.

［4］ 巴勇,张中兆,张乃通. 平流层通信系统在军事应用中的可行性探讨［J］. 系统工程与电子技术,1999,10.

［5］ 何晨,诸鸿文. 宽带无线中继新技术——平流层通信［J］. 计算机与网络,1999,12.

［6］ 吴佑寿. 发展中的平流层通信系统［J］. 工科物理,2000(10)：1-8.

［7］ 空军准备院与北京航空航天学会. 浮空器发展与应用学术交流会论文集［D］. 北京：空军准备院与北京航空航天学会,2005.

［8］ 张冬辰,周吉. 军事通信［M］. 2 版. 北京：国防工业出版社,2015.

第六篇

展 望 篇

# 第20章

# 海上无人系统未来发展展望

无人作战正在深刻改变战争面貌,是未来作战装备的首选之一。据新华社2020年7月23日报道,习近平总书记在空军航空大学察看无人机操控教学设施,了解无人机操控员培养情况时表示:"现在各类无人机系统大量出现,无人作战正在深刻改变战争面貌。要加强无人作战研究,加强无人机专业建设,加强实战化教育训练,加快培养无人机运用和指挥人才。"

未来"十四五"装备采购重点方向是重要的军工投资方向,笔者认为,可以从"消耗型装备"和"未来作战装备"两个维度进行筛选。"消耗型装备"的选择逻辑是实战化训练强度加大及作战战备导致武器装备的需求增加;"未来作战装备"则是顺应新军事变革下对武器装备赛道的选择。

## 20.1 未来战争的重要形式是战争无人化

无人装备是指无人驾驶的、完全按遥控操作或者按预编程序自主运作的、携带进攻性或防御性武器进行作战任务的一类武器平台,主要包括无人机(UAS)、无人地面车(UGV)、水下无人潜器(UUV)、水面无人艇(USV)等。

随着新军事变革的迅猛发展,人类战争正向信息化战争形态转变,战争无人化成为重要的发展趋势之一。各种无人作战平台在局部战争中开始崭露头角,显示出巨大的发展潜力,日益受到各国的重视,发展势头十分强劲。无人装备在多次现代战争中已有很多成功案例。笔者认为,无人装备在未来战争中将会显示出更加巨大的发展潜力。

## 20.2 无人装备未来发展特点

### 1. 无人装备成长逻辑:消耗属性强,军民共用潜力巨大

我们认为,无人装备作为新兴装备类型,未来成长逻辑主要体现在以下两个方面:

(1) 在军用领域,无人装备在战争中的应用场景不断拓展、消耗属性强,需求空间大。无人装备作为"消耗"品,具有"易耗"属性。由于无人装备损毁不会带来人员伤亡,且直接

损失相较于有人作战平台要小很多；此外，现代战争导弹、雷达等攻击性武器及作战辅助装备的性能越来越先进，大大增大了装备被击毁的风险。以无人机为例，作为"作战工具"是一种典型的消耗品，近年来，在战场上无人机被击落或损毁的报道不断。

（2）在民用领域，未来无人设备在测绘、巡检、勘探、气象、物流、环境监测、灾后救援、水下打捞等诸多方面将发挥不可替代的作用。

### 2. 无人装备向"九化"发展

未来无人机发展大致呈现出 9 种趋势：察打一体化、滞空长时化、结构隐身化、微小型化、高度智能化、综合集成化、使用协同化、作战网络化、装备系列化。其中长航时无人机、微小型无人机、作战无人机和无人机集群将是发展的重点方向（图 20-1）。

图 20-1 无人系统发展趋势

本书对发展海上无人装备的意义及国内外发展的历程和现状进行了阐述，以无人机和无人艇装备平台为例，从基本原理、关键技术及在海洋工程中的应用等维度剖析了海上无人装备技术特点。详细介绍了实现海上无人装备智能化发展的四项必要技术：声学技术、光电技术、雷达技术、海上通信技术。

海上无人装备成本低、功能多、机动性强等优势使其拥有广阔的应用前景，而人工智能技术的发展使其性能有了进一步的提升。在未来，海上无人装备必将极大地影响海洋运输、海洋资源开发的格局，而大量无人化军事装备也将在战争中得到使用，成为海洋战争中重要的组成部分。

# 参考文献

［1］ 兴业军工行业深度系列之四军用无人机行业深度研究［R］. 北京：证券研究报告，2017.
［2］ 行业专题研究之无人装备［R］. 北京：国盛证券研究报告，2020.
［3］ 行业专题研究之无人机系列［R］. 北京：广证恒生，2017.